综合实例　制作牛奶字
技术掌握　通道、滤镜、图层样式、剪贴蒙版

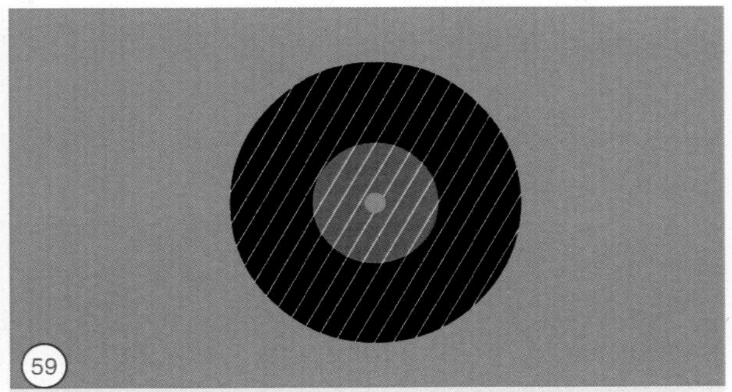

随堂练习　用【单列选框工具】制作斜线
技术掌握　掌握【单行选框工具】和【单列选框工具】的用法

随堂练习　用【快速选择工具】抠图
技术掌握　熟练使用【快速选择工具】

随堂练习　用【矩形选框工具】制作相片
技术掌握　掌握【矩形选框工具】的用法

随堂练习　用【色彩范围】命令抠图
技术掌握　熟练使用【色彩范围】命令

U0381832

综合实例 制作真人面具
技术掌握 图层蒙版、图层样式

随堂练习 编辑智能对象
技术掌握 学习编辑智能对象

随堂练习 替换智能对象
技术掌握 学习替换智能对象

随堂练习 用【魔棒工具】抠图
技术掌握 熟练使用【魔棒工具】

随堂练习 用【外发光】制作特效文字
技术掌握 学习【外发光】的使用方法

综合实例　制作牛奶裙

技术掌握　图层、抠图、滤镜

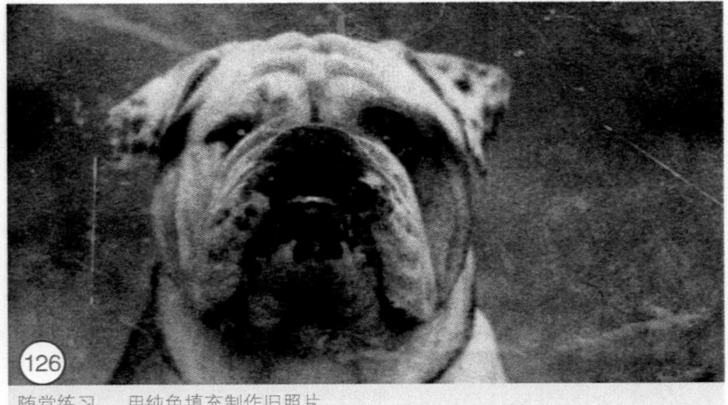

随堂练习　用纯色填充制作旧照片

技术掌握　学会使用纯色填充

随堂练习　通过变换制作特殊图案

技术掌握　学习使用【自由变换】

随堂练习　制作水滴效果

技术掌握　灵活运用图层样式

随堂练习　用渐变填充图层替换无云晴天

技术掌握　学会使用渐变填充

综合实例　制作撕边人体
技术掌握　自由变换、变形

随堂练习　用【透视】更换景色
技术掌握　学习使用【透视】命令

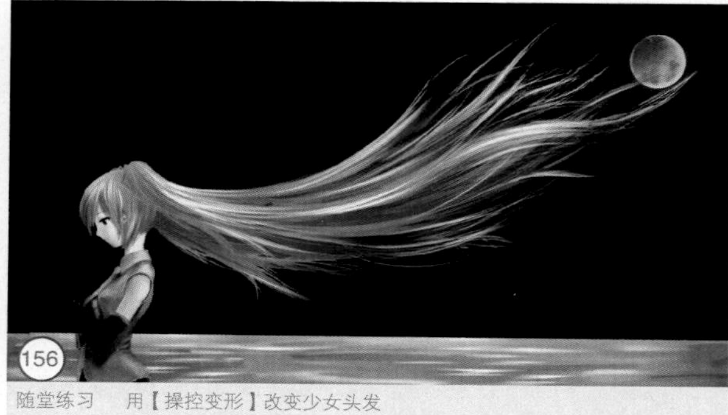

随堂练习　用【操控变形】改变少女头发
技术掌握　学习使用【操控变形】

随堂练习　用【画笔工具】制作眼影
技术掌握　学习使用【画笔工具】

随堂练习　用【历史记录画笔工具】为人像磨皮
技术掌握　学习使用【历史记录画笔工具】

随堂练习　用【画笔工具】制作炫彩效果

技术掌握　灵活运用【画笔工具】

随堂练习　用【模糊工具】和【锐化工具】突出主体

技术掌握　学习使用【模糊工具】和【锐化工具】

随堂练习　用【魔术橡皮擦工具】快速抠图

技术掌握　学习使用【魔术橡皮擦工具】

随堂练习　用【污点修复画笔工具】去痣

技术掌握　学习使用【污点修复画笔工具】

随堂练习　用【颜色替换工具】为向日葵换色

技术掌握　学习使用【颜色替换工具】

随堂练习　使用【色相/饱和度】制作特殊效果

技术掌握　学习使用【色相/饱和度】

随堂练习　用【变化】命令制作风景照片

技术掌握　学习使用【变化】命令

随堂练习　用【黑白】命令设计海报

技术掌握　学习使用【黑白】命令

随堂练习　用【色彩平滑】调整色偏

技术掌握　学习使用【色彩平衡】

随堂练习　用【照片滤镜】制作格海报

技术掌握　学习使用【照片滤镜】

随堂练习　用通道调出唯美色调照片

技术掌握　学习通过通道调出唯美色调照片

随堂练习　用【合并通道】创建彩色图像

技术掌握　学习通过【合并通道】创建彩色图像

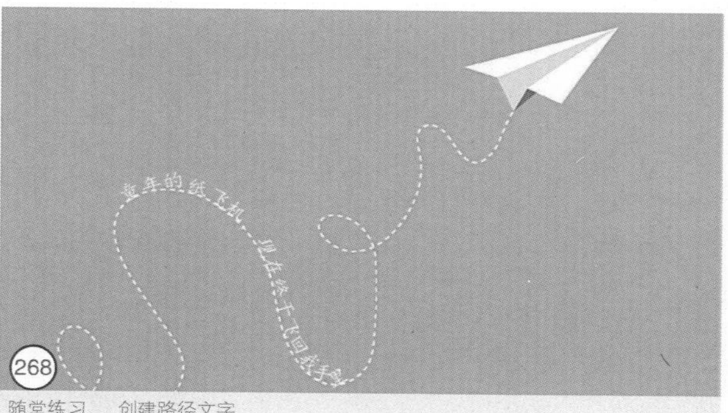

随堂练习　创建路径文字

技术掌握　学习创建路径文字

随堂练习　设置特殊字体样式

技术掌握　学习设置特殊字体样式

随堂练习　用图层蒙版合成风景照片

技术掌握　学习用图层蒙版合成风景照片

随堂练习　用半调图案制作抽丝效果

技术掌握　学习使用滤镜库

233

随堂练习　用【可选颜色】制作海报

技术掌握　学习使用【可选颜色】命令

279

随堂练习　创建剪切蒙版

技术掌握　学习创建剪切蒙版

综合实例　制作瑜伽狗

技术掌握　蒙版、自由变换

Photoshop CS6 从入门到精通实用教程

微课版

互联网 + 数字艺术教育研究院 编著

人民邮电出版社
北京

图书在版编目（C I P）数据

Photoshop CS6从入门到精通实用教程 : 微课版 / 互联网+数字艺术教育研究院编著. -- 北京 : 人民邮电出版社, 2017.1(2023.8重印)
ISBN 978-7-115-43700-6

Ⅰ. ①P… Ⅱ. ①互… Ⅲ. ①图象处理软件－教材 Ⅳ. ①TP391.413

中国版本图书馆CIP数据核字(2016)第297412号

内 容 提 要

本书全面系统地介绍了 Photoshop CS6 的基本操作方法和图形图像处理技巧，从最基础的图像知识开始讲起，以循序渐进的方式详细解读了图像基本操作、选区、图层、绘画、图像修饰、颜色调整、路径、文字、蒙版、通道和滤镜等功能，深入剖析了图层、蒙版和通道等软件核心功能与应用技巧，基本覆盖了 Photoshop CS6 常规使用的所有功能和命令。通过案例和综合练习的训练，读者可以使用 Photoshop CS6 自主制作一些平面图像。

本书以“理论结合实例”的形式进行编写，共 14 章，包含 84 个实例（78 个随堂练习和 6 个商业案例）。不仅可以帮助读者轻松掌握软件使用方法，还能满足数码照片处理、平面设计和特效制作等实际工作需要。本书中的每个案例均包含制作分析、重点软件工具（命令）、详细的制作步骤和总结概括；每个商业案例都有明确的制作提示。

本书不仅可作为普通高等院校的专业教材，还适合广大 Photoshop 初学者，以及有志于从事平面设计和广告设计等工作的人员使用。

◆ 编　　著　互联网+数字艺术教育研究院
责任编辑　税梦玲
责任印制　彭志环

◆ 人民邮电出版社出版发行　　北京市丰台区成寿寺路 11 号
邮编　100164　　电子邮件　315@ptpress.com.cn
网址　http://www.ptpress.com.cn
北京虎彩文化传播有限公司印刷

◆ 开本：787×1092　1/16　　彩插：4
印张：22　　2017 年 1 月第 1 版
字数：600 千字　　2023 年 8 月北京第11次印刷

定价：79.80 元（附光盘）

读者服务热线：(010)81055256　印装质量热线：(010)81055316
反盗版热线：(010)81055315

Photoshop CS6

编写目的

Photoshop是Adobe公司旗下最有名的图像处理软件，也是当今世界上用户群最多的图像处理软件之一。Photoshop CS6在数码照片处理、广告设计、视觉创意、平面设计、建筑效果图后期和网页制作等领域面都占据相当重要的位置。

本书按照理论结合实操的方式进行编排，在理论知识后紧接实操练习。为帮助读者更有效地掌握所学知识，人民邮电出版社充分发挥在线教育方面的技术优势、内容优势和人才优势，潜心研究，为读者提供一种"纸质图书+在线课程"相配套，全方位学习Photoshop软件的解决方案，读者可根据个人需求，利用图书和"微课云课堂"平台上的在线课程进行碎片化、移动化的学习。

平台支撑

"微课云课堂"（首页见下图）目前包含近50000个微课视频，在资源展现上分为"微课云""云课堂"这两种形式。"微课云"是该平台中所有微课的集中展示区，用户可按需选择；"云课堂"是在现有"微课云"的基础上，为用户组建的推荐课程群，用户可以在"云课堂"中按推荐的课程进行系统化学习，或者将"微课云"中的内容进行自由组合，定制符合自己需求的课程。

❖ "微课云课堂"主要特点

微课资源海量，持续不断更新："微课云课堂"充分利用了人民邮电出版社在信息技术领域的优势，以人民邮电出版社60多年的发展积累为基础，将资源经过分类、整理、加工以及微课化之后提供给用户。

精心分类资源，方便自主学习："微课云课堂"相当于一个庞大的微课视频资源库，按照门类进行一级和二级分类，以及按难度等级分类，不同专业、不同层次的用户均可以在平台中搜索自己需要或者感兴趣的内容资源。

多终端自适应，碎片化移动化：绝大部分微课时长不超过10分钟，可以满足读者碎片化学习的需要；平台支持多终端自适应显示，除了能够在PC端使用外，用户还可以在移动端随心所欲地进行学习。

❖ "微课云课堂"使用方法

扫描封面上的二维码或者直接登录"微课云课堂"（www.ryweike.com）→用手机号码注册→在用户中心输入本书激活码（a833ab5c），将本书包含的微课资源添加到个人账户，获取永久在线观看本课程微课视频的权限。

此外，购买本书的读者还将获得一年期价值168元的VIP会员资格，可免费学习50000个微课视频。

内容特点

本书章节内容按照"功能解析—随堂练习—要点提示—综合案例"这一思路组织教学，本书最后一章为6个综合实例，以帮助读者综合应用所学知识。

功能解析：结合实例对软件的功能和重要参数进行解析，让读者可深入掌握该功能。

随堂练习：通过精心挑选的"随堂练习"，读者能快速熟悉软件的基本操作和案例的设计思路。

要点提示："要点提示"这一环节用以帮助读者进一步拓展所学知识，同时总结出一些实用技巧。

综合案例：精心挑选了各种商业综合案例，用于帮助读者混合使用各种实用功能。

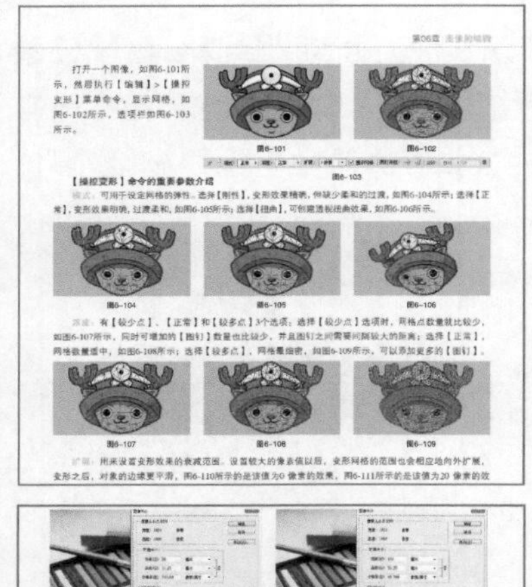

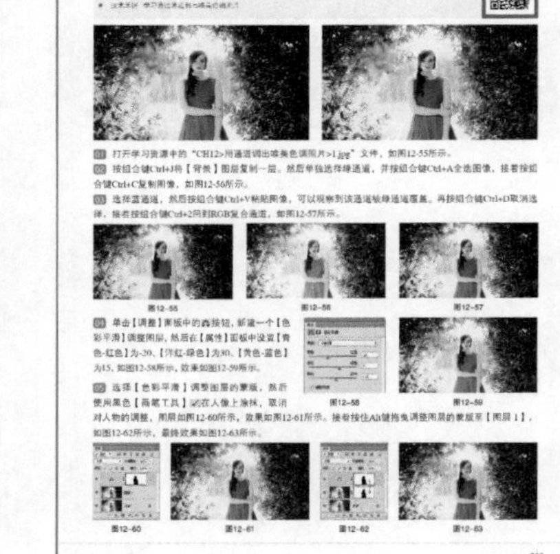

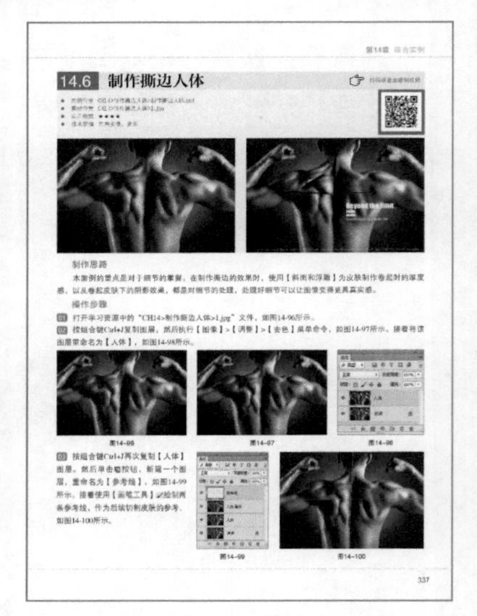

配套资源

为方便读者线下学习或教师教学，本书除了提供线上学习的支撑以外，还附赠一张光盘，光盘中包含"源文件和素材""微课视频"和"PPT课件"3个文件夹。

源文件和素材：包含随堂练习和商业实例中所需要的所有素材文件、Psd源文件和jpg效果图片。素材文件和实例文件放在同一文件夹下以方便用户查找和使用。

微课视频：包含课堂案例、课后习题和商业实例的操作视频。

PPT课件：包含与书配套、制作精美的PPT。

编 者

2016年7月

Photoshop CS6

CHAPTER

01 Photoshop CS6必备知识

本章主要介绍在学习Photoshop CS6前需要了解的基础图像知识，虽然是简单的理论知识，却是学习图像处理的必备基础，读者只有掌握了这些图像基础知识，才能更好地学习后面的软件技术。

* 了解位图与矢量图之间的差异
* 了解像素与分辨率之间的关系
* 区分分辨率与像素分辨率
* 了解常用的RGB颜色模式与CMYK模式
* 了解图像的位深度
* 了解常用的图像格式

1.1 像素与分辨率

Photoshop CS6中图像的清晰度是由图像的像素与分辨率来决定的。

1.1.1 像素

像素是组成位图图像最基本的元素，单位符号为px。把图1-1所示的大象放大数倍后，会发现这些连续色调是由许多色彩相近的小方块组成的，这些小方块就是构成图像的最小单位【像素】，如图1-2所示。每一个像素都有自己的位置，用于记载图像的颜色信息，一个图像包含的像素越多，颜色信息就越丰富，图像效果也就会越好，当然文件也就会越大。

图1–1

图1–2

1.1.2 分辨率

分辨率是指单位长度内包含像素点的数量，它的单位通常为ppi（像素/英寸）。分辨率决定了位图细节的精细程度，通常情况下，分辨率越高，包含的像素就越多，图像就越清晰，印刷出来的图像质量就越好。图1-3所示为两张尺寸与内容相同的图像，但是左图的分辨率为300ppi，右图分辨率为72ppi，可以看出两张图的清晰度有明显的差异。

图1–3

Tips

在这里有一点需要注意，书中所说的分辨率并不等同于屏幕分辨率，屏幕分辨率是指一张图片中像素点的排列方式。比如屏幕分辨率为1920×1080的图像，也就是横向是由1920个像素构成，纵向由1080个像素构成。在屏幕尺寸一样的情况下，分辨率越高，像素点就越小，过渡就越流畅，画面就显得更细腻。

1.1.3 像素与分辨率的关系

像素和分辨率是两个密不可分的重要概念，它们的组合方式决定了图像的数据量。在打印时，高分辨率的图像要比低分辨率的图像包含更多的像素，因此，像素点更小，像素的密度更高，所以可以重现更多细节和更细微的颜色过渡效果。

虽然分辨率越高，图像的质量越好，但这也会增加其占用的存储空间，只有根据图像的用途设置合适的分辨率才能取得最佳的使用效果。

Tips

下面介绍一个比较通用的分辨率设定规范。

如果图像用于屏幕显示或者网络传输，可以将分辨率设置为72ppi，这样可以减小文件的大小，提高传输和下载速度；如果图像用于喷墨打印机打印，可以将分辨率设置为100~150ppi；如果用于印刷，则应设置为300ppi。

1.2 位图与矢量图

计算机图形图像主要分为两类，图1-4所示的是位图图像，图1-5所示的是矢量图图像。可以发现位图图像表现出的效果非常细腻真实，而矢量图的过渡非常生硬，接近卡通效果。本书介绍的Photoshop CS6，就是一款经典的位图处理软件，但它也包含部分矢量功能（如文字、钢笔工具），下面就来介绍与这两种图像有关的内容。

图1-4

图1-5

1.2.1 位图的特征

位图图像在技术上被称为栅格图像，也就是常说的【点阵图像】或【绘制图像】。位图是由像素组成的，每个像素都会被分配一个特定的位置和颜色值，所以编辑位图图像时，编辑的就是像素。

用数码相机拍摄的照片、扫描仪扫描的图片，以及在计算机屏幕上抓取的图像等都属于位图。位图的特点是可以表现色彩的变化和颜色的细微过渡，达到逼真的效果，并且很容易在不同的软件之间交换使用，但是在保存时，需要记录每一个像素的位置和颜色值，所以位图占用的存储空间也比较大。另外，由于受到分辨率的制约，位图包含固定数量的像素，在对其缩放或旋转时，Photoshop CS6无法生成新的像素，它只能将原有的像素变大以填充多出来的空间，造成的结果往往会使清晰的图像变得模糊，也就是通常所说的图像变虚。例如，图1-6所示的书本，将其放大6倍后的局部图像如图1-7所示，可以看出原图细节已经变得模糊了。

图1-6

图1-7

Tips

在这里需要明确两个概念。

缩放工具是对文档窗口进行缩放，只影响视图比例，并不改变图像本身；而对图像的缩放则是对图像文件本身进行的物理缩放，它通过减少像素来使图像本身变小或变大。因此在屏幕上以高缩放比例对位图进行缩放，会丢失其中的细节，使图像出现锯齿现象。

1.2.2 矢量图的特征

矢量图像也称为矢量形状或矢量对象，是通过数学的向量方式进行计算得到的图形，它与分辨率没有直接关系，因此，进行任意缩放和旋转都不会影响图形的清晰度和光滑性。与位图图像不同，矢量文件中的图形元素称为矢量图像的对象，每个对象都是一个自成一体的实体，它具有颜色、形状、轮廓、大小和屏幕位置等属性。图1-8为矢量图像，将其放大5倍后的局部效果如图1-9所示，可以看到，图像依然保持光滑、清晰。矢量图的这一特点使其非常适合制作图标、Logo等需要经常缩放，或者按照不同尺寸输出的文件内容。

图1-8

图1-9

另外，矢量图像占用的存储空间要比位图小很多，但是它不能用于创建过于复杂的图形，也无法像照片等位图那样表现丰富的颜色变化和细腻的色调过渡。

Tips

典型的矢量图制作软件有CorelDRAW、Illustrator、FreeHand、Auto CAD、Flash等。

1.3 图像的色彩模式

图像的色彩模式是指将颜色表现为数字形式的模式，Photoshop CS6提供了多种色彩模式，这些色彩模式正是作品能够在屏幕和印刷品上成功表现的重要保障。在这些色彩模式中，经常使用到的有RGB模式、CMYK模式和Lab模式。另外，还有位图模式、灰度模式、双色调模式、索引模式和多通道模式。这些模式都可以在【图像】>【模式】菜单命令的子菜单中选择，如图1-10所示，每一种色彩模式都有不同的色域，并且各个模式之间可以转换。下面将介绍这8种色彩模式。

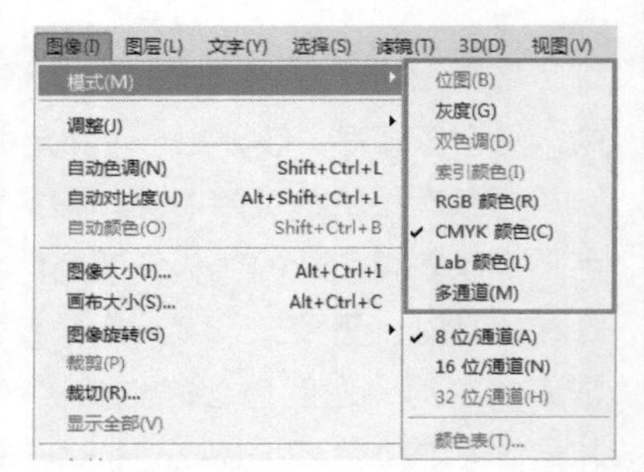

图1-10

1.3.1 RGB模式

RGB颜色模式是一种加色混合模式，也叫发光模式。它通过Red（红色）、Green（绿色）和Blue（蓝色）3种原色光混合的方式来显示颜色，在【通道】面板中可以查看3种颜色通道的状态信息，如图1-11所示。RGB颜色模式下的图像只有在发光体中才能显示出来，例如显示器、电视机和手机等。3种颜色叠加，可以有1670万种可能的颜色，这1670万种颜色足以表现出绚丽多彩的世界。

在Photoshop CS6中编辑图像，RGB模式是最佳选择，因为它可以提供全屏幕的多达24bit的色彩范围，一些计算机领域的色彩专家称之为【True Color（真色彩）】显示。

图1-11

Tips

在Photoshop CS6中，除非有特殊要求而使用特定的颜色模式，否则RGB模式都是首选。在这种模式下可以使用所有Photoshop CS6的工具和命令，而在其他模式中则只能使用部分工具和命令。

1.3.2 CMYK模式

CMYK颜色模式是一种减色混合模式，也叫印刷模式。它是指本身不能发光，但能吸收一部分光，并将剩余的光反射出去的色料混合，印刷用油墨、染料和绘画颜料等都属于减色混合。

CMYK模式是常用于商业印刷的一种四色印刷模式，它包含的颜色总数比RGB模式少很多，所以在显示器上观察到的图像要比印刷出来的图像亮丽一些，只有制作要用于印刷的图像时，才会用到该模式。另外，在CMYK模式下很多滤镜都不能使用。

“CMYK”是4种印刷油墨名称首字母的缩写，C代表Cyan（青色）、M代表Magenta（品红色）、Y代表Yellow（黄色）、K代表Black（黑色），在【通道】面板中可以查看4种颜色通道的状态信息，如图1-12所示。

在制作需要印刷的图像时就需要用到CMYK颜色模式，将RGB图像转换为CMYK图像时会产生分色。如果原始图像是RGB图像，那么最好先在RGB颜色模式下进行编辑，在编辑结束后再转换为CMYK颜色模式。

图1-12

Tips

在Photoshop CS6中，如果图像处于RGB模式，可以通过执行【视图】>【校样设置】菜单命令的子命令来模拟转换CMYK后的效果，如图1-13所示。

RGB模式（加色混合）与CMYK模式（减色混合）的对比：RGB模式中，红绿混合生成黄、红蓝混合生成洋红、蓝绿混合生成青，如图1-14所示；CMYK模式中，青洋红混合生成蓝、青黄混合生成绿、黄洋红混合生成红，如图1-15所示。

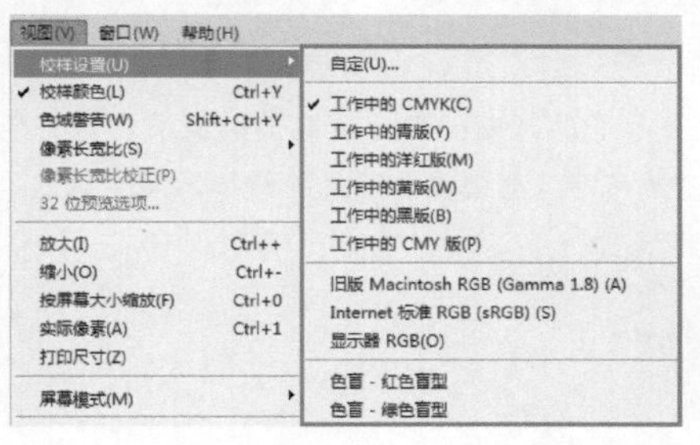

图1-13

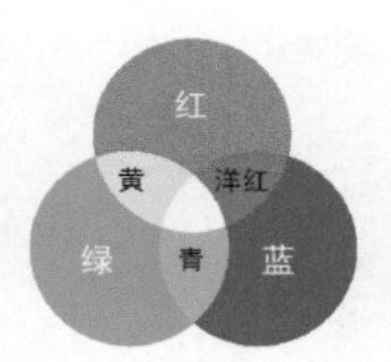

图1-14

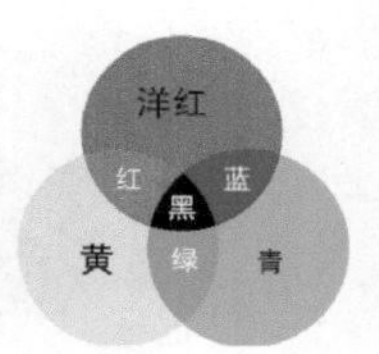

图1-15

1.3.3 Lab模式

Lab颜色模式是Photoshop CS6进行颜色模式转换时使用的中间模式。例如，将RGB模式转换为CMYK模式时，Photoshop CS6会先将其转换为Lab模式，再由Lab模式转换为CMYK模式。因此，Lab的色域最宽，它涵盖了RGB和CMYK的色域。

Lab颜色模式中，L表示Luminosity（照度），相当于亮度，它的范围为0~100；a表示从绿色到红色的颜色范围；b表示从蓝色到黄色的颜色范围，如图1-16所示，颜色分量a和b的取值范围是-128~+127。

Lab颜色模式在照片调色中有非常特别的优势，当处理明度通道时，可以在不影响色相与饱和度的情况下轻松修改图像的明暗信息；处理a和b通道时，则可以在不影响色调的情况下修改颜色。

图1-16

1.3.4 位图模式

位图模式只有黑和白两种颜色，它适合制作艺术样式或用于创作单色图形。彩色图像转换为该模式后，色相与饱和度信息都会被删除，只保留亮度信息，该模式包含的信息最少，因而图像文件也最小，可对比图1-17和图1-18。放大位图颜色模式的图像后，可以明显看到图像中的像素只有黑白两种颜色，如图1-19所示。

Tips

当一幅彩色图像要转换成位图模式时，不能直接转换，必须先将图像转换成灰度模式。

RGB颜色模式

图1-17

位图颜色模式

图1-18

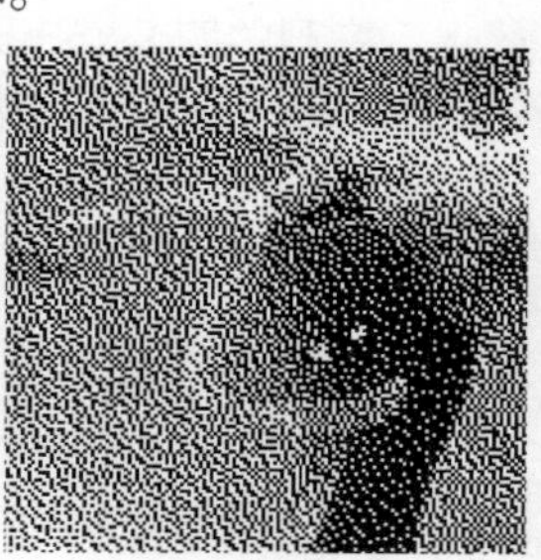
图1-19

1.3.5 灰度模式

灰度模式的图像不包含颜色，彩色图像转换为该模式后，色彩信息都会被删除。灰度图像中的每个像素都有一个0~255的亮度值，0代表黑色，255代表白色，其他值代表了黑、白中间过渡的灰色。在8位图像中，最多有256级灰色；在16位和32位图像中，图像中的级数比8位图像要大得多。

Tips

灰度模式用于将彩色图像转为高品质的黑白图像（有亮度效果）。将彩色图像转换为灰度模式时，所有的颜色信息都将被删除。虽然Photoshop CS6允许将灰度模式的图像再转换为彩色模式，但是原来已经丢失的颜色信息不能再找回。

1.3.6 双色调模式

运用双色调模式可以用一种灰色油墨或彩色油墨来渲染一个灰度图像，该模式最多可向灰度图像添加4种颜色，从而可以打印出比纯灰度更有趣的图像。

双色调模式采用2~4种彩色油墨混合其色阶来创建双色调（2种颜色）、三色调（3种颜色）和四色调（4种颜色）的图像，如图1-20、图1-21和图1-22所示，在将灰度图像转换为双色调模式的图像过程中，可以对色调进行编辑，产生特殊的效果。使用双色调模式的重要目的之一是使用尽量少的颜色表现尽量多的颜色层次，减少印刷成本。

原图

图1-20

单色调模式

图1-21

双色调模式

图1-22

Tips

当一幅彩色图像要转换成双色调模式时，不能直接转换，必须先将图像转换成灰度模式。

1.3.7 索引颜色模式

索引颜色模式是位图图像的一种编码方法，需要基于RGB、CMYK等更基本的颜色编码方法，可以通过限制图像中的颜色总数来实现有损压缩，如图1-23和图1-24所示。如果要将图像转换为索引颜色模式，那么这张图像必须是8位/通道的灰度图像或RGB颜色模式的图像。

RGB颜色模式

图1-23

索引颜色模式

图1-24

索引颜色模式中，采用一个颜色表存放并索引图像中的颜色（最多 256 种颜色），当转换为索引颜色时，Photoshop CS6 将构建一个颜色查找表（CLUT），用以存放并索引图像中的颜色。如果原始图像中的某种颜色没有出现在该表中，则程序将选取最接近的一种，或使用仿色以及现有颜色来模拟该颜色。

1.3.8 多通道模式

多通道颜色模式图像在每个通道都包含256个灰阶，该模式对于特殊打印时非常有用。将一张RGB颜色模式图像转换为多通道模式的图像后，之前的红、绿、蓝3个通道变为青色、洋红、黄色3个通道，如图1-25和图1-26所示。多通道颜色模式图像可以存储为PSD、PSB、EPS和RAW格式。

RGB模式

图1-25

多通道模式

图1-26

1.4 图像的位深度

位深度用于指定图像中的每个像素可以使用的颜色信息数量，每个像素使用的信息位数越多，可用的颜色就越多，颜色表现就更逼真。例如，位深度为1的图像的像素有两个可能的值：黑色和白色。

Photoshop CS6可以处理8位/通道、16位/通道和32位/通道的图像，在【图像】>【模式】菜单命令的子菜单可以进行转换，如图1-27所示。

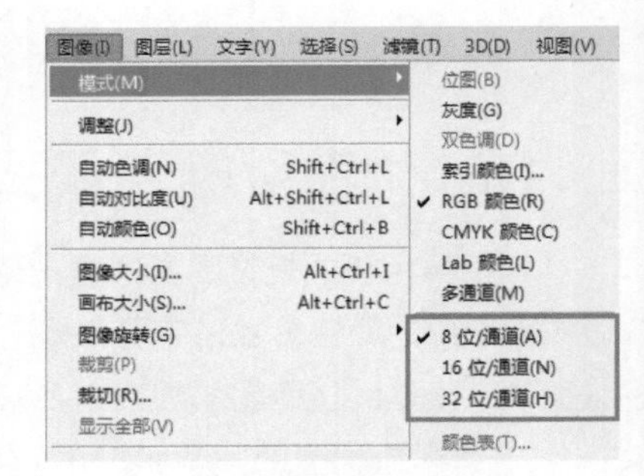

图1-27

1.4.1 8位/通道

位深度为8位/通道，每个通道可以包含256种颜色，意味着图像可能拥有1600万个以上的颜色。在对8位/通道模式下的Photoshop CS6文件进行处理时，所有命令都是可以正常使用的，大多数的图像处理都是在8位/通道模式下进行的。

1.4.2 16位/通道

位深度为16位/通道，每个通道可以包含65000种颜色信息。Photoshop CS6对处理16位/通道的图像提供以下支持：在灰度、RGB颜色、CMYK颜色、Lab颜色和多通道模式中工作，工具箱中除【历史记录艺术画笔工具】之外的所有工具都可以用来处理16位/通道的图像；可使用除【变化】之外的所有颜色和色调调整命令；可以在16位/通道的图像中处理图层（包括调整图层）；某些滤镜（包括【液化】）可以用于16位/通道的图像；要利用某些Photoshop CS6功能（如某些滤镜），可以将16 位/通道的图像转换为8 位/通道的图像，为此最好先执行【存储为】操作转换出一个图像文件的副本，以便原始文件仍保留完整的16位/通道的图像数据。

1.4.3 32位/通道

包含32位/通道的图像也称作高动态范围（High-Dynamic Range，HDR）图像，文件的颜色和色调更胜于16位/通道文件。目前，HDR图像主要用于制作影片、特殊效果、3D作品和某些高端图片等。图1-28就是一张高动态范围图像，相比普通的图像，高动态范围图像可以提供更多的动态范围和图像细节。高动态范围图像是根据不同曝光时间的低动态范围图像（Low-Dynamic Range，LDR），利用每个曝光时间相对应最佳细节的低动态范围图像来合成的，能够很好的反映真实环境中的视觉效果。

图1-28

1.5 常用的图像文件格式

用Photoshop CS6制作或处理好一幅图像后，就要对图像进行存储，选择一种合适的文件格式十分重要。下面介绍7种常用的文件格式，以便在面对不同的需求时能更好地运用它们。

1.5.1 PSD格式

PSD格式是Photoshop CS6的专用格式，能保存图像数据的每一个细小信息，包括像素信息、图层信息、通道信息、蒙版信息、色彩模式信息，所以PSD格式的文件比较大。在没有最终确定图像的效果前，最好先用PSD格式存储，由于PSD文件保留了所有的原图像数据信息，因而修改起来较为方便。大多数排版软件不支持PSD格式的文件，因此图像处理完以后，需要转换为占用空间小而且存储质量好的其他文件格式，以便其他软件使用。

1.5.2 JPEG格式

JPEG格式是常见的一种图像格式，JPEG格式的最大特色就是文件比较小，可以进行高倍率的压缩，是目前所有格式中压缩率最高的格式之一。但是JPEG格式在压缩保存的过程中会以失量最小的方式丢掉一些肉眼不易察觉的数据，因而保存的图像与原图有所差别，没有原图的质量好，因此印刷品最好不要用此图像格式。

JPEG格式图像支持CMYK、RGB和灰度的颜色模式，但不支持Alpha通道。当将一个图像另存为JPEG的图像格式时，会打开【JPEG 选项】对话框，如图1-29所示。在该选项中可以选择图像的品质和压缩比例，通常大部分的情况下选择【最佳】选项来压缩图像，所产生的图像品质与原来图像的质量差别不大，但文件大小会减少很多。

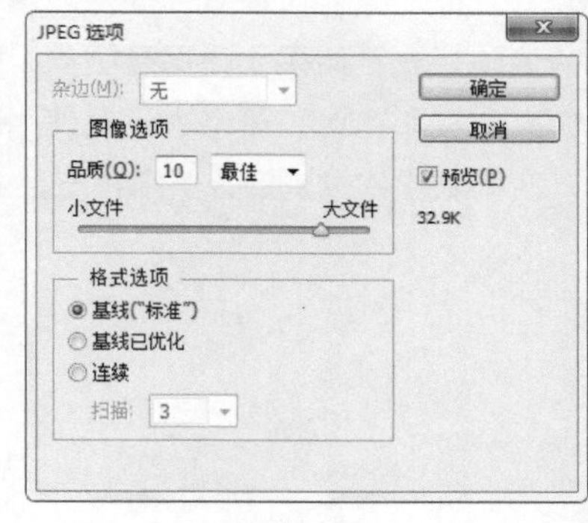

图1-29

Tips

关于Alpha通道的相关知识，请参阅“第12章 通道”。

1.5.3 JPEG 2000格式

JPEG 2000作为JPEG的升级版，其压缩率比JPEG高30%左右，同时支持有损压缩和无损压缩。JPEG 2000格式有一个极其重要的特征——它能实现渐进传输，即先传输图像的轮廓，然后逐步传输数据，不断提高图像质量，让图像由朦胧到清晰显示。此外，JPEG 2000还支持所谓的【感兴趣区域】特性，用户可以任意在影像上指定自己感兴趣区域的压缩质量，还可以选择指定的部分先解压缩。

JPEG 2000和JPEG相比，优势明显，且向下兼容，因此可取代传统的JPEG格式。JPEG 2000即可应用于扫描仪和数码相机等，又可用于网路传输和无线通信等。

1.5.4 GIF格式

GIF格式是由Compuserve公司制定的，能用于保存背景透明化的图像，但该格式只能处理256种色彩，常用于网络传输，其传输速度要比其他格式的文件快很多，并且可以将多张图像存储为一个文件以形成动画效果。

1.5.5 BMP格式

BMP格式是标准的Windows图像文件格式，是Photoshop CS6中最常见的位图格式。使用此种格式保存文件时几乎不经过压缩，因此它的文件格式比较大，占用的磁盘空间也较大。此种格式的图像支持RGB、灰度、索引、位图等色彩模式，但不支持Alpha通道。它是Windows环境下最不容易出错的文件格式。

1.5.6 TIFF格式

TIFF格式是一种通用的文件格式，是除PSD格式外唯一能存储多个通道的文件格式。它是一种无损压缩格式，它可以保存通道、图像和路径信息，几乎所有的扫描仪和多数图像软件都支持该格式。该种格式支持RGB、CMYK、Lab和灰度色彩模式，包含非压缩和LZW压缩两种方式。

只有使用Photoshop CS6打开保存了图层的TIFF文件，才能对其中的图层进行相应的编辑和修改。

1.5.7 EPS格式

EPS格式是为在PostScript打印机上输出图像而开发的一种文件格式，可同时包含像素信息和矢量信息。除了多通道模式的图像之外，其他模式都可以存储为EPS格式，但是它不支持Alpha通道。

它被广泛应用在Mac和PC环境下的图形设计和版面设计中，几乎所有的图形、图标和页面排版程序都支持这种格式。如果仅是保存图像，建议不要使用EPS格式。如果文件要到无PostScript的打印机上打印，为避免出现打印错误，最好也不要使用EPS格式，而采用TIFF格式或JPEG格式来代替。EPS格式最大的优点是可以在排版软件中以低分辨率预览，却以高分辨率进行图像输出。

CHAPTER

02 Photoshop的发展与应用

本章介绍了Photoshop的诞生与发展，重点介绍了Photoshop的主要功能，Photoshop是通过什么功能来让使用者达到自己想要的效果，同时也介绍了Photoshop在不同设计领域中具体的作用和Photoshop未来发展的方向。

* 了解Photoshop发展史
* 了解Photoshop的功能概况
* 了解Photoshop在不同领域的作用
* 了解Photoshop图像编辑的基础知识

2.1 Photoshop的发展史

Adobe Photoshop，简称PS，是由Adobe Systems开发和发行的图像处理软件。Photoshop诞生短短二十多年，却改变了人们认识世界、感知现实和表达自我的方式。下面介绍Photoshop的起源和发展，图2-1给出了历代Photoshop的图标。

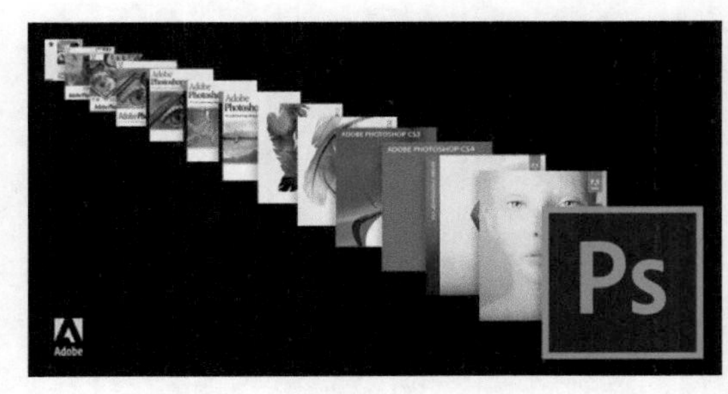

图2-1

2.1.1 Photoshop的起源

Adobe Photoshop作为一款标准工业化的图像处理软件和最先应用PSD文档格式的图像处理软件，其发展可追溯到20世纪80年代末。当时PS的创造者——博士生托马斯·诺尔（Thomas Knoll）正在撰写自己讲述数码图像处理的博士论文。

在逐步完成博士论文的过程中，托马斯在1987年开始用苹果计算机Mac开发图像处理程序。这个程序起初主要设计用于灰度图像处理，但在很短的时间内托马斯完成了进一步开发，为其增加了新的数码编辑功能，并将程序命名为Display。

在1988年，这个程序发生了巨大的变化，出现一系列新的功能和名称变化，最后命名为Photoshop。诺尔兄弟决定再用6个月的时间完成对Photoshop的测试，然后在硅谷大腕的帮助下尝试出售。

有家公司决定给Photoshop一个机会，但它不是Adobe。这家叫BarneyScan的公司首先采用了诺尔兄弟的软件，将扫描仪与大约200个程序许可副本搭配销售。很快，Adobe意识到Photoshop的潜在价值。1988年11月，约翰·诺尔（John Knoll）向Adobe内部创意团队介绍了Photoshop，剩下的事就水到渠成的了。图2-2所示的为Photoshop的前身Display。

图2-2

2.1.2 Photoshop的发展史

在诺尔兄弟与Adobe达成协议后，1990年2月，Photoshop Version 1.0已经准备就绪，但它仅支持Mac计算机。不过，Photoshop的推出已经重新定义了图像处理软件。

1992年11月，Adobe发布了支持Windows的PS 2.5版。2.5版的重要特点之一是支持16位文件类型。

2005年，代号为Space Monkey的Photoshop CS2发布。该版本中支持相机RAW3.x插件。Photoshop CS2增加了对HDR图像的支持，并从Adobe Photoshop Elements中引入了红眼工具。此外，Photoshop CS2还增加了污点修复画笔、智能对象、智能锐化和消失点工具（适用于编辑图像视角）等功能，以及选择多图层的功能。

Photoshop CS6在2012年5月被发布，它大幅度提升了Photoshop对图像处理的性能，同时增强了Photoshop的视频编辑和3D功能。其他改进的内容还包括图层、裁剪工具、3D立体选项、Camera RAW、属性面板、矢量绘图工具以及诸如新模糊滤镜、新内容感知工具、全新的颜色查找调整图层。

图2-3所示为Photoshop CS6的启动界面。

图2-3

2.2 Photoshop的功能简介

Photoshop是全球领先的数码影像编辑软件，它具备图像编辑、图像合成、校色调色及特效制作等功能。这些功能的交织使用成就了Photoshop在设计中不可撼动的强大地位。

2.2.1 图像编辑

图像编辑是图像处理的基础，在Photoshop中，可以对图像进行各种不同的变换，如缩小、放大、旋转、斜切、扭曲、透视和变形等，也可进行复制、去除斑点、修补、修饰图像的残损等。下面介绍7种常用的图像编辑功能的作用。

Tips

图像的编辑肯定会使位图图像信息造成不可逆转的更改或丢失，但是由于现在的图像分辨率都较高，所以肉眼很难观察出图像信息的改变。

1.缩小

图像缩小是为了增强图像的平滑度和清晰度，使得图像符合显示区域的大小，生成对应图像的缩略图，适当的缩放操作能使图像看起来更加清晰和平滑，图2-4所示为一张分辨率较低的图片，从Logo边缘可以看到图像不够流畅，将其进行缩小以后得到图2-5所示的图像。

图2-4

图2-5

2.放大

图像放大是为了使像素的可见度变得更高，从而可以显示在更高屏幕分辨率的显示设备上。图2-6所示为拍摄原图，将其放大后得到的局部图像如图2-7所示，可以明显看到图像变得模糊，并产生锯齿效果。

图2-6

图2-7

3.旋转

图像的旋转是指以图像的某一点为原点按逆时针或顺时针方向旋转一定的角度。图2-8所示为拍摄原图，将其旋转后效果如图2-9所示。注意，分辨率较高的图片旋转后，图片信息会有所损失，但是肉眼是很难观察出来。

图2-8

图2-9

4.斜切

图像斜切是指对图像的边界进行拉伸和压缩，但只能沿着该边界所在的直线上移动，图2-10所示为拍摄原图，经过图像斜切后如图2-11所示。

图2-10

图2-11

5.扭曲

图像扭曲就是将图像进行任意扭曲，以达到想要的效果。图2-12为图2-10经过图像扭曲后的图像。

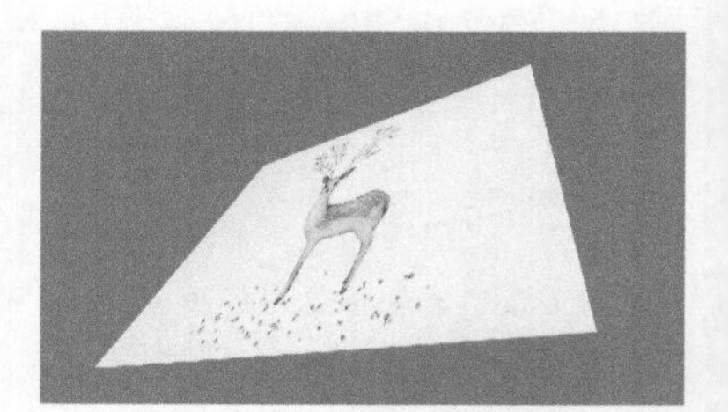
图2-12

6.透视

图像编辑中的透视能使图像看起来更有真实感，使得图像具有一种由近到远、由小到大的空间感。图2-13为图2-10经过图像透视处理后的图像。

图2-13

7.变形

图像编辑中的变形是指将图像分割成九块矩形，每个交点即为变形作用点，通过对每个变形作用点的调整来进行任意变形。图2-14为图2-10过图像变形处理后的图像。

图2-14

2.2.2 图像合成

图像合成是指将几幅图像通过图层操作和工具应用，最后合成完整的传达明确意义的一幅图像，这是学会设计的必经之路，而Photoshop CS6提供的绘图工具可以让图像与创意很好地融合。图2-15所示为由不同动物图片合成的设计作品，图2-16所示为通过图像合成创作的创意设计作品。

图2-15

图2-16

2.2.3 校色调色

通过校色调色可方便快捷地对图像的颜色进行明暗、色偏的调整和校正，也可以在不同颜色之间进行切换，以满足图像在不同领域的应用需求，如在网页设计、印刷和多媒体等应用领域。图2-17所示的风景图整体画面偏灰，灯光不够突出明亮，通过校色调色后可达到图2-18所示效果，校色调色让整体效果看起来更加美观明亮，而且主体明确，有了一定的层次关系。

图2–17

图2–18

2.2.4 特效制作

特效制作在软件中主要由滤镜、通道及工具综合应用来完成。特效制作包括图像的特效创意和特效字的制作，油画、浮雕、石膏画和素描等常用的传统美术技巧都可借由该软件的特效制作来完成。图2-19和图2-20所示为使用Photoshop制作的特效设计作品。

图2–19

图2–20

2.3 Photoshop能做什么

Photoshop是当今世界上用户群最多的设计软件，其功能强大到了令人瞠目结舌的地步，不论是在平面设计、界面设计、网页设计、文字设计、绘画制作、摄影后期、效果图后期中，还是在动画CG中，Photoshop都发挥着重要的作用。

2.3.1 平面设计

平面设计，也称为视觉传达设计，是以“视觉”作为沟通和表现的方式，通过多种方式来创造和结合符号、图片和文字，借此做出用来传达想法或信息的视觉表现。平面设计师可能会利用字体排印、视觉艺术和版面等方面的专业技巧，来达成创作计划的目的。

平面设计的常见对象包括标识（商标和品牌）、出版物（杂志、报纸和书籍）、平面广告、海报、广告牌、网站图形元素、标志和产品包装，图2-21~图2-24所示为使用Photoshop设计的作品。

图2-21

图2-22

图2-23

图2-24

2.3.2 用户界面设计

用户界面（User Interface,UI）设计是指对软件的人机交互、操作逻辑、界面美观的整体设计。好的用户界面设计不仅使软件变得有个性、有品位，还能让软件的操作变得舒适、简单和自由，能充分体现软件的定位和特点。随着计算机、网络和智能电子产品的普及与迅速发展，用户界面设计与制作已经在设计行业中有了一定的规模。图2-25~图2-28所示为利用Photoshop制作的界面设计作品。

图2-25

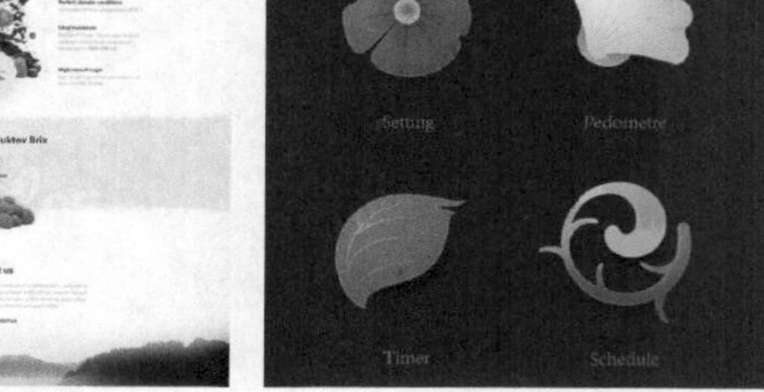

图2-26

图2-27

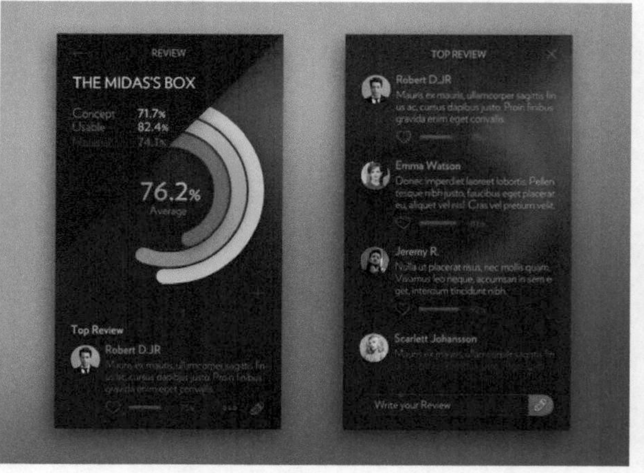

图2-28

2.3.3 网页设计

Photoshop可用于设计和制作网页页面，先将制作好的页面导入Dreamweaver中进行处理，再用Flash添加动画内容，便可以生成互动的网站页面，图2-29和图2-30所示为用Photoshop设计的网页。

Tips

用户界面设计包含了APP端（手机应用软件）和Web端（计算机网页），网页设计是用户界面设计中一个比较独立的内容。

图2-29

图2-30

2.3.4 字体设计

Photoshop可以设计制作具备各种质感和特效的文字，图2-31和图2-32所示为使用Photoshop制作的文字。

图2-31

图2-32

2.3.5 绘画创作

Photoshop具有一套优秀的绘画工具，对于手绘创作者来说，利用这些绘画工具就可以创作出各式各样精美的插画，图2-33和图2-34所示为使用Photoshop制作的游戏插画。

图2-33

图2-34

2.3.6 摄影后期

Photoshop强大的图像编辑功能，为数码艺术爱好者提供了无限的创作可能。用户可以随心所欲地对图像进行修改、合成与再加工，制作出各种充满想象力的作品。一些APP修图软件自带的各种功能，如美肤、美白、瘦脸、拉长等，都只是Photoshop众多功能中的一个。图2-35和图2-36所示为使用Photoshop处理人物图像前后的对比。

图2-35

图2-36

2.3.7 装修效果图后期

使用3ds Max制作建筑效果图时，渲染出的建筑模型通常都比较生硬，虽然3ds Max也可以渲染出很真实的环境，但是需要花费很多的时间和精力。这时候Photoshop的后期处理功能就体现出来了，它可为效果图添加人物、车辆、植物、天空、景观和装饰品等，还可调节色调、模拟灯光、增加特效等。这样不仅节约了很多的渲染时间，也增加画面的美感，在调节细节的快捷上是3ds Max所不能达到的。图2-37和图2-38所示为使用Photoshop处理后的建筑效果图后期，除建筑本身以外，其他所有细节都是通过Photoshop添加的。

图2-37

图2-38

2.3.8 动画CG设计

3ds Max、Maya等三维软件中的贴图制作功能都比较薄弱，模型贴图通常要用到Photoshop制作。使用Photoshop制作人物皮肤贴图、场景贴图和各种质感的材质不仅效果逼真，还能为动画渲染节省宝贵的时间，图2-39和图2-40所示的渲染作品就是采用了Photoshop制作的极具真实感的皮肤和服装。

图2-39

图2-40

2.4 Photoshop制作的经典案例

用Photoshop制作的一些优秀的设计作品，体现着设计者的情感与思想，能表达出设计者的无限创意，下面三幅图片为利用Photoshop制作的经典的、充满创意的设计作品。

图2-41所示的拉丁美洲的可口可乐海报：不同肤色人群之间相互加油打气。

图2-42所示的汽车保险协会公益广告：系好安全带，死亡时间由你掌控。

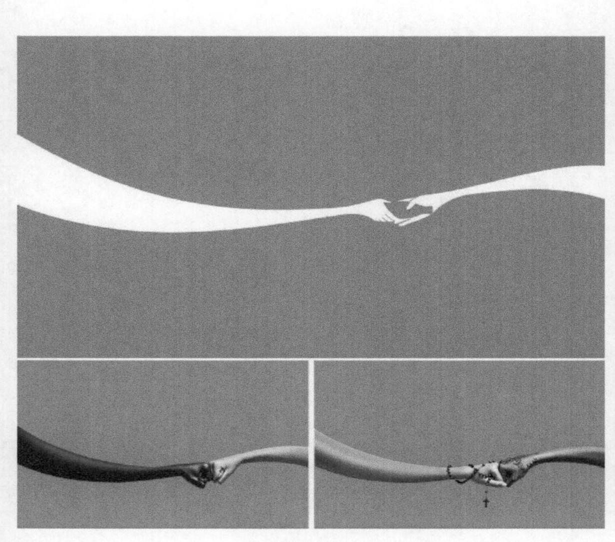

图2-41

图2-42

图2-43为世界自然基金会呼吁禁止为了皮毛滥杀动物的广告：它们从出生就被人类虎视眈眈地盯着。

图2-43

2.5 Photoshop的发展趋势

Adobe的资深项目经理史蒂芬.尼尔森（Stephen Nielson）说："Photoshop将朝着更高效、更简洁的方向发展，比如进军APP市场。而第二个趋势，就是更加专业化，相比于某些滤镜软件（如美图秀秀），Photoshop将更加深入地发掘图像修改技术的'无所不能'。第三个趋势就是技术创新，目前最大的一个机遇就是3D技术，如果3D图像技术成熟，第三个维度的增加也将给图像编辑带来革命性的改变。"

CHAPTER

03 Photoshop CS6的界面与操作

从本章开始，将正式进入操作Photoshop CS6软件的学习，本章主要讲解Photoshop CS6各种工作界面的内容及部分功能，学习本章可以帮助用户更好得完成文档导航、定位、测量等操作，这些操作学习起来比较简单，但却是必不可少的。

* 了解Photoshop CS6的工作界面
* 学会Photoshop CS6的基础操作
* 学会使用标尺、参考线、智能参考线、网格
* 学会恢复操作
* 熟练掌握技巧

3.1 Photoshop CS6的工作界面

随着版本的不断升级，Photoshop CS6的工作界面变得更加合理和人性化。Photoshop CS6的工作界面包括菜单栏、标题栏、文档窗口、工具箱、工具选项栏、选项卡、状态栏和面板等组件，如图3-1所示。

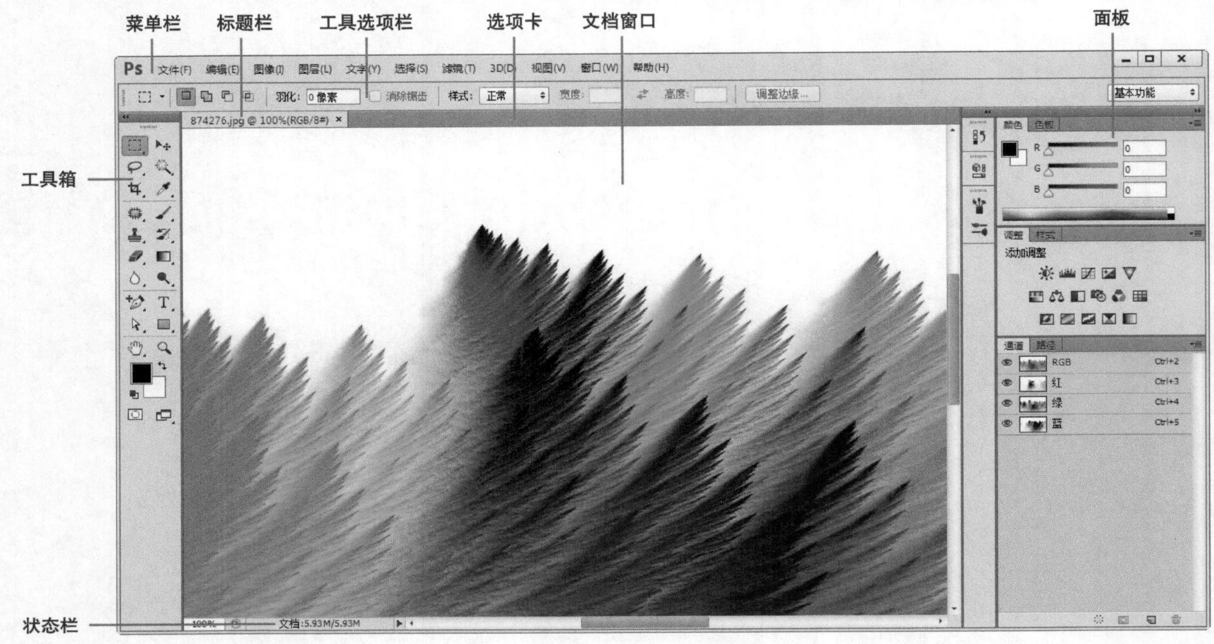

图3–1

3.1.1 菜单栏

Photoshop CS6包含11组菜单，如图3-2所示，菜单中包含各种可以执行的命令。例如【文件】菜单包含一系列设置文件的命令，【图像】菜单包含各种图像调整命令，【滤镜】菜单包含各种滤镜。

文件(F)　编辑(E)　图像(I)　图层(L)　文字(Y)　选择(S)　滤镜(T)　3D(D)　视图(V)　窗口(W)　帮助(H)

图3–2

1.如何打开菜单

单击一个菜单即可打开该菜单，带有黑色三角的命令表示还有下级子菜单。在菜单中，不同功能的命令之间采用分隔线隔开，如图3-3所示。

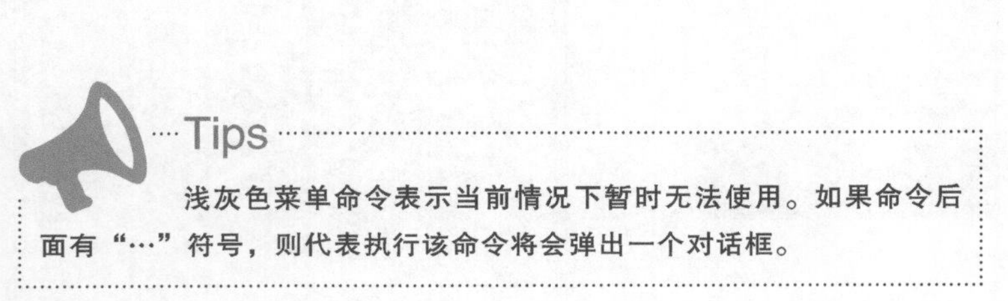

Tips

浅灰色菜单命令表示当前情况下暂时无法使用。如果命令后面有“…”符号，则代表执行该命令将会弹出一个对话框。

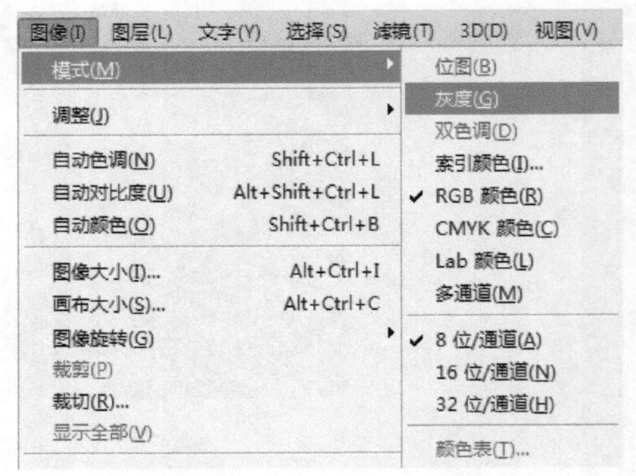

图3–3

2.如何执行菜单中的命令

单击菜单中的一个命令即可执行该命令，如图3-4所示。对于一些有快捷键的命令，按下快捷键即可快速执行该命令。例如，按组合键Ctrl+L，可以执行【图像】>【调整】>【色阶】菜单命令。

Tips

如果按下可执行快捷键后无反应，可检查快捷键是否与电脑其他程序产生冲突，设置了一样的快捷键，如QQ、输入法、YY语音等。可以在该程序中更改快捷键或关闭该程序，避免与Photoshop产生冲突。

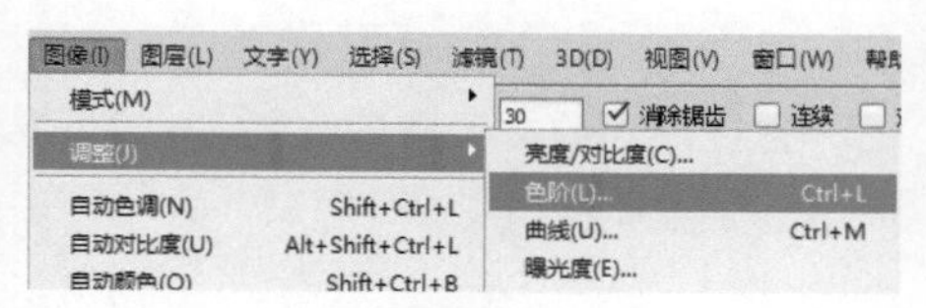

图3-4

3.1.2 选项卡

打开多个文档或面板时，窗口中只会显示一个文档（或面板），其他的都会最小化到选项卡中，如图3-5所示。单击选项卡中各个文档（或面板）名称便可以显示相应的文档（或面板）。

未标题-1 @ 50%(灰色/8) * × 1005461.jpg @ 66.7%(RGB/8#) × 1007964.jpg @ 66.7%(RGB/8#) × 1008846.jpg @ 66.7%(RGB/8#) ×

图3-5

3.1.3 文档窗口

在Photoshop CS6中打开一个图像时，便会创建一个文档窗口，文档窗口是显示和编辑图像的区域，如图3-6所示。

图3-6

1.切换文档窗口

如果打开多个图像，它们会出现在选项卡，如图3-7所示。单击一个文档的名称，可将其设置为当前操作窗口，按组合键Ctrl+Tab可以按顺序切换窗口，按组合键Ctrl+Shift+Tab则按照相反方向切换窗口。

图3-7

2.分离文档窗口

单击文档窗口的标题栏并将其拖出，它便成为了可以任意移动位置的的浮动窗口，如图3-8所示。

图3-8

3.调整文档窗口大小

拖曳浮动的文档窗口的任意一角可以调整窗口的大小，如图3-9所示。

4.并合文档窗口

拖曳浮动窗口的标题栏到选项卡中，当出现蓝色横线时放开鼠标，可以将窗口还原到选项卡中，如图3-10所示。

图3-9

图3-10

5.调整文档窗口顺序

单击文档窗口的标题栏，沿水平方向拖曳文档，可以调整它的排列顺序，图3-11所示。

图3-11

6.关闭文档窗口

单击窗口右上角的⊠按钮，可以关闭该窗口，如图3-12所示。也可以按组合键Ctrl+W快速关闭窗口，如果要关闭所有窗口，也可以在文档标题栏单击右键，在下拉菜单中选择【关闭全部】命令，如图3-13所示。

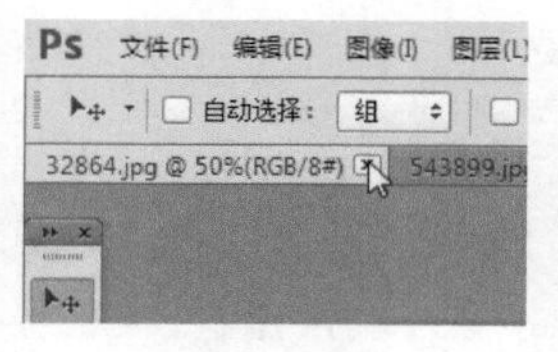

图3-12

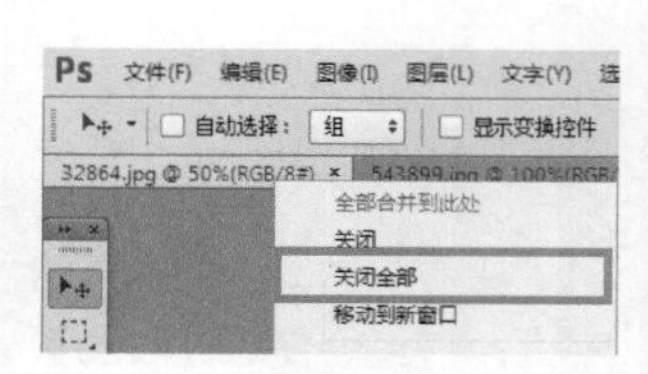

图3-13

3.1.4 工具箱

工具箱包含了Photoshop CS6中用于创建、编辑图像的工具，图3-14为原始工具箱。这些工具按照用途分为7组，如图3-15所示。图3-16所示为工具箱相应图标的扩展选项。单击工具箱顶端的◀◀按钮，可以将工具切换为单排或双板显示，单排工具箱可以为文档窗口预留更多的空间。

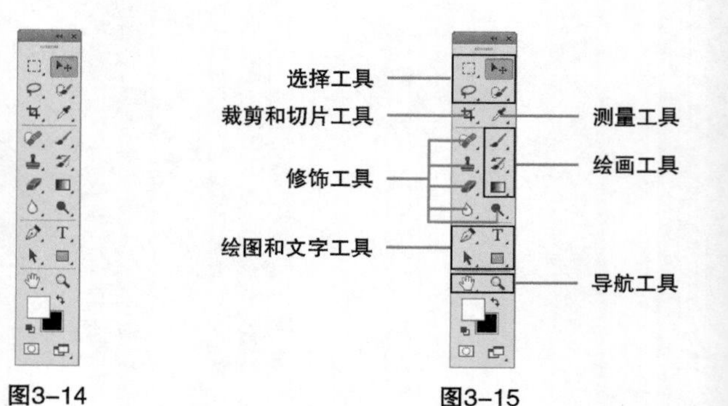

图3-14　图3-15

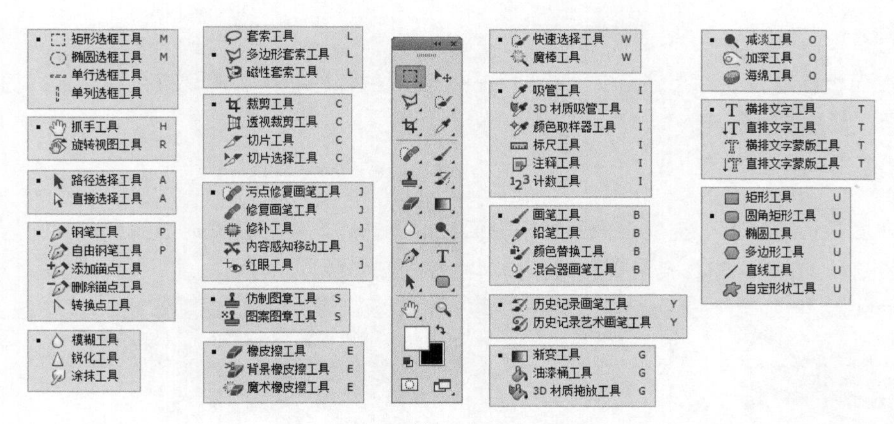

图3-16

3.1.5 标题栏

打开一个文件，Photoshop CS6会自动创建一个标题栏。在标题栏中会显示文档名称、文件格式、窗口缩放比例、颜色模式和位通道，如果文档中包含多个图层，则标题栏中还会显示当前工作图层的名称，如图3-17所示。

324801.jpg @ 66.7% (图层 1, RGB/8#) *

图3-17

3.1.6 工具选项栏

工具选项栏是用来设置工具的各种选项。随着所选工具的不同，选项栏中的内容也会发生改变，图3-18所示的是选择【套索工具】显示的选项栏，设置选项栏的各种属性可以达到不同的效果。执行【窗口】>【选项】菜单命令，可以显示和隐藏工具选项栏。

羽化: 0 像素 ☑ 消除锯齿 调整边缘...

图3-18

3.1.7 面板

Photoshop CS6有20多个面板，面板是用来设置颜色、工具参数和执行各种编辑命令的。在【窗口】菜单中可以选择需要的面板将其打开。默认情况下，面板以选项卡的形式成组出现，并显示在窗口右边，用户可以根据需要打开、关闭或自由组合面板，如图3-19所示。

1.如何选择面板

在面板选项卡中单击一个面板的名称，即可显示面板中的选项，如图3-20所示。

2.折叠与展开面板

单击面板右上方的按钮，可以将面板折叠为图标状，如图3-21所示。单击面板右上角方向相反的按钮，可以将面板图标展开，如图3-22所示。

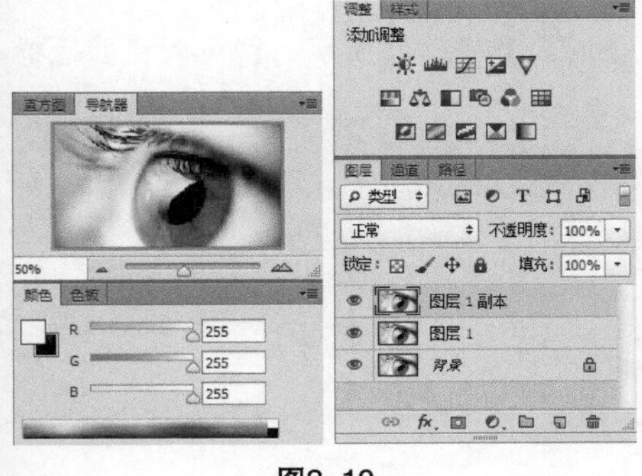

图3-19

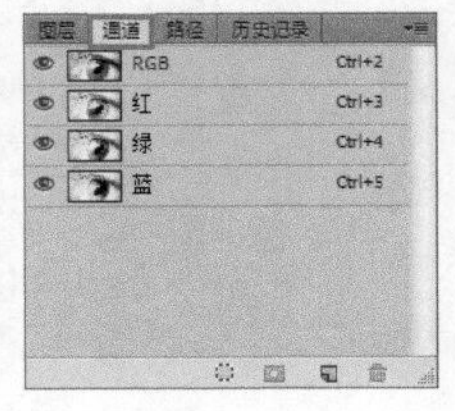

图3-20

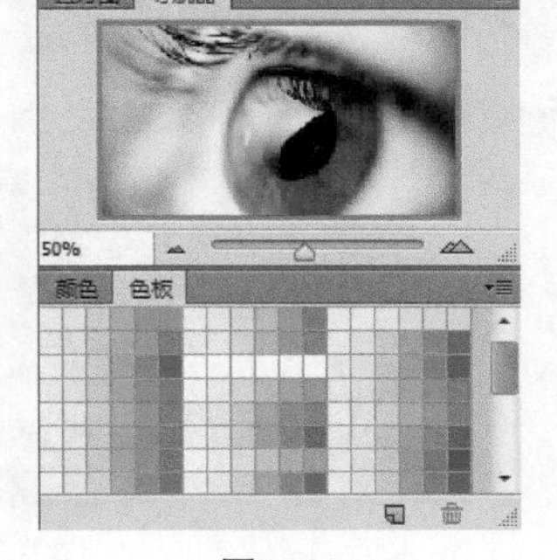

图3-21

图3-22

3.组合面板

把光标放在面板标题栏名称上，拖曳面板到另一个面板的标题栏上，出现蓝色框时放开鼠标，可以将其与目标面板组合，如图3-23所示。

4.链接面板

把光标放在面板标题栏上，拖曳面板到另一个面板的下方，出现蓝色框时放开鼠标，可以将这两个面板链接在一起，如图3-24所示。链接后的面板可以同时被移动和折叠。

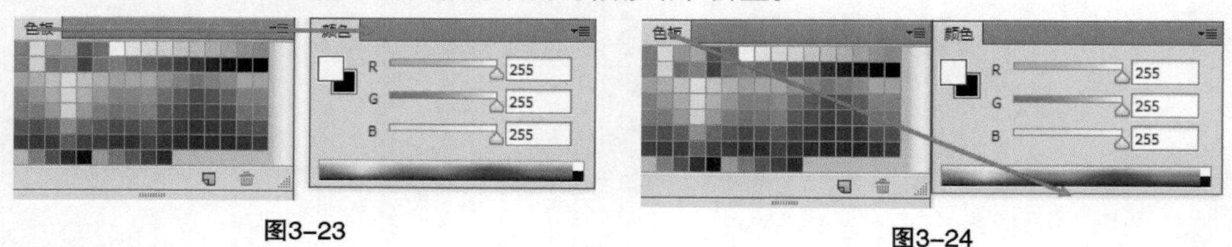

图3-23　　图3-24

5.分离面板

把光标放在面板的名称上，拖曳到其他任意地方可以分离面板，如图3-25所示。只用到某一个面板时可以将其分离出来，然后折叠其他面板，面板被分离后可以使之不受折叠和展开面板命令控制。

6.调整面板大小

把光标放在面板上下或侧边，可以任意调整面板的长宽，如图3-26和图3-27所示。

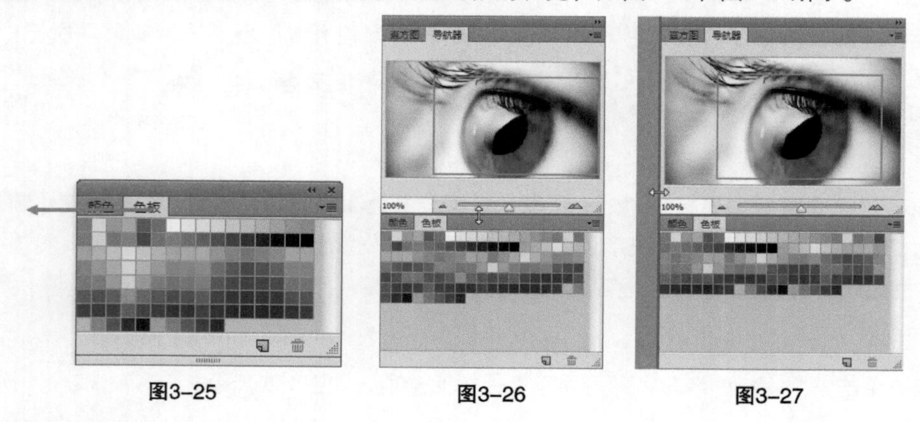

图3-25　　图3-26　　图3-27

7.打开面板菜单

单击面板右上角的按钮，可以打开面板菜单，菜单中包含了与该面板相关的各种命令。

8.打开和关闭面板

打开【窗口】菜单，在【窗口】菜单中可以单击选择打开或关闭面板，如图3-28所示。也可以在面板标题栏单击右键【关闭】面板，如图3-29所示。

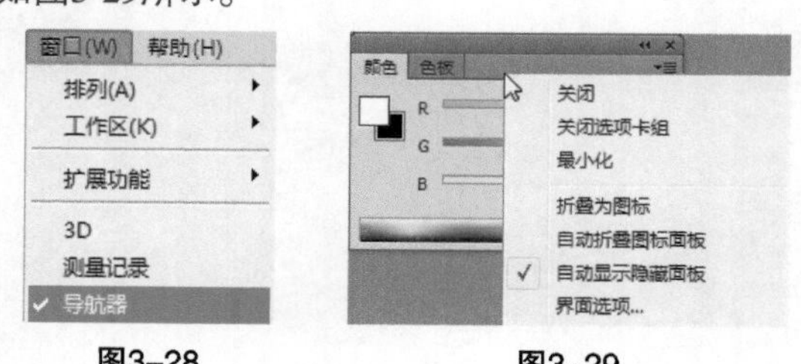

图3-28　　图3-29

3.1.8 状态栏

状态栏位于文档窗口的底部，单击▶按钮可以显示文档窗口的所有信息，如文档大小、文档尺寸、测量比例和当前使用工具等，如图3-30所示。

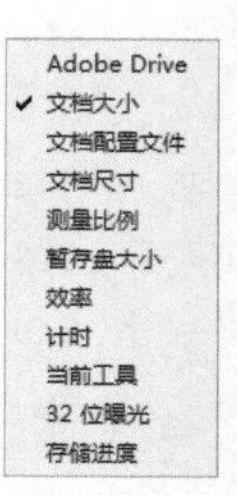

图3-30

3.2 Photoshop CS6的文件操作

在Photoshop中不仅可以编辑一个现有的图像，也可以创建一个全新的空白文件，然后在它上面绘画，或将其他图像拖曳至当前文件中，再对其进行编辑。

3.2.1 如何新建文件

在Photoshop CS6中想要新建文件，则可以执行【文件】>【新建】菜单命令，或按组合键Ctrl+N，弹出【新建】对话框，如图3-31所示。输入文件名，设置文件尺寸、分辨率、颜色模式等选项，单击【确定】按钮，即可创建一个空白文件，如图3-32所示。

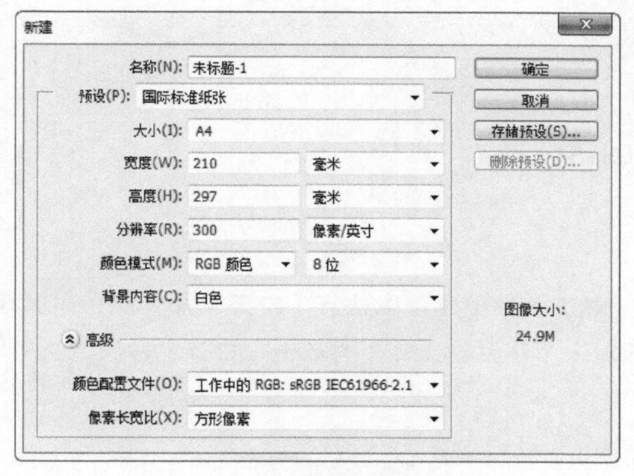

图3-31

图3-32

Tips

如果当前系统剪切板存储的是图像时，在【新建】对话框中设置【预设】为【剪切板】，如图3-33所示。然后单击【确定】按钮，会创建一个和当前系统剪切板具有同样大小和分辨率等的文档，然后按组合键Ctrl+V可以复制图像到文档中，图像刚好铺满新创建的文档。

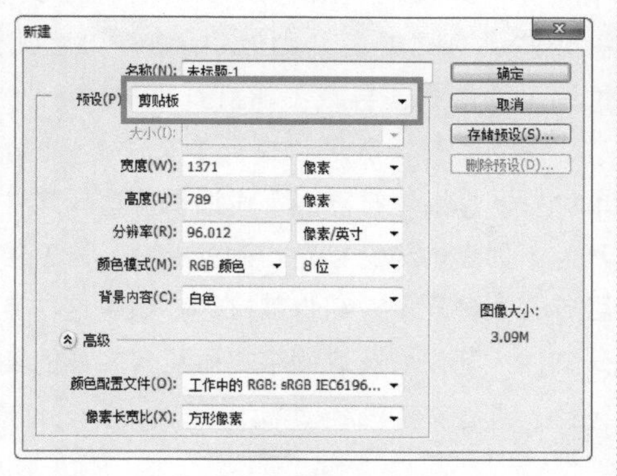

图3-33

3.2.2 打开文件的方式

要在Photoshop CS6中编辑一个图像文件，如图片素材、照片等，先要将其打开。文件的打开方式有很多种，下面讲6种常用的打开方式。

1.用【打开】菜单命令打开

执行【文件】>【打开】菜单命令，或按组合键Ctrl+O，弹出【打开】对话框，选择一个文件，如图3-34所示，单击【打开】按钮，或双击文件即可打开该文件。如果要选择多个文件打开，可以按住Ctrl键逐个单击想要的文件，如图3-35所示，单击【打开】按钮即可打开所有选择的文件。

图3-34

图3-35

Tips

双击Photoshop的灰色界面也可以执行【打开】命令。如果需要打开的文件较多，可以用鼠标直接框选所需要的目标，然后按住Ctrl键取消不需要的文件，再单击【打开】按钮。

2.用【打开为】菜单命令打开文件

如果使用与文件的实际格式不匹配的扩展名存储文件，如使用扩展名“.gif”存储PSD文件，或者文件没有扩展名，则Photoshop可能无法确定文件的正确格式，导致不能打开文件。

遇到这种情况可以执行【文件】>【打开为】菜单命令，弹出【打开为】对话框，选择文件并在【打开为】列表中为它指定正确的格式，图3-36所示，然后单击【打开】按钮将其打开。如果这种方式不能打开文件，则代表选取的格式可能与文件的实际格式不符合，或者文件已经损坏。

图3-36

3.用【在Bridge中浏览】菜单命令打开文件

Bridge即Adobe Bridge，是Adobe公司开发的一款组织工具程序，可以方便地浏览、查找文件，查看图像的所有信息。该程序需要使用Adobe Creative Clound安装。

4.用【打开为智能对象】菜单命令打开

执行【文件】>【打开为智能对象】菜单命令，如图3-37所示，弹出【打开】对话框，选择一个文件将其打开，它会自动转换为智能对象。在后面的学习中会详细介绍智能对象。

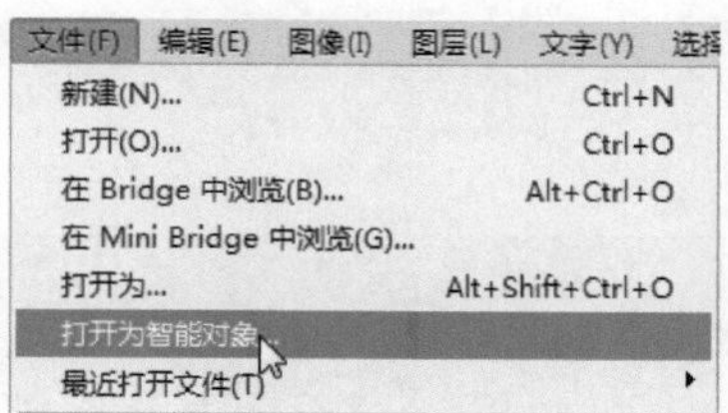

图3-37

Tips

智能对象是一个嵌入到当前文档中的文件，它可以保留原始数据，进行非破坏性编辑。关于智能对象的学习，请参阅第5章【图层的分解】。

5.用【最近打开文件】下拉菜单打开

在【文件】>【最近打开文件】下拉菜单中保存了用户最近在Photoshop中打开的20个文件，如图3-38所示，选择其中一个文件即可打开。如果要清除该目录，可以执行【文件】>【最近打开文件】>【清除最近的文件列表】菜单命令。

6.用快捷方式打开文件

在没有运行Photoshop的情况下，只要将一个图像文件拖曳至桌面Photoshop程序快捷方式上，如图3-39所示，即可运行Photoshop并打开该文件。如果运行了Photoshop，也可以将图像文件拖曳至桌面Photoshop的程序快捷方式上，在新的文档窗口打开文件。

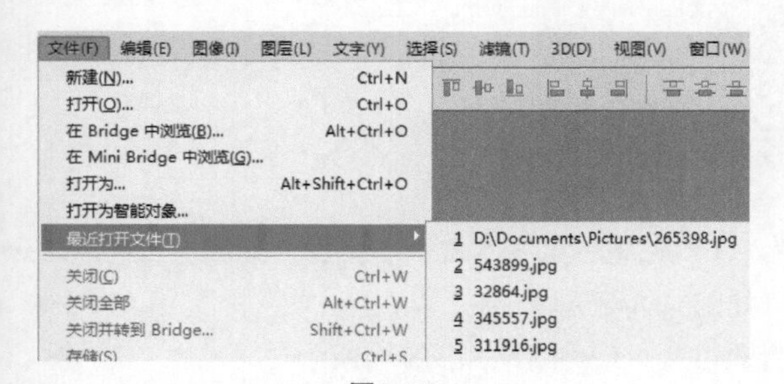

图3-38

图3-39

3.2.3 置入文件

打开或新建一个文档后，可以使用【文件】>【置入】菜单命令来置入新的对象至指定文档中，如图3-40所示。置入的对象为【智能对象】。

图3-40

随堂练习 置入对象

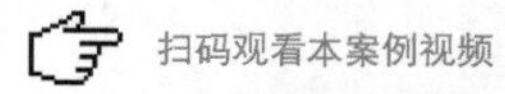

- 实例位置 CH03>置入对象>置入对象.psd
- 素材位置 CH03>置入对象> 1.jpg，2.gif
- 实用指数 ★★★
- 技术掌握 学习置入对象

01 打开Photoshop CS6，然后执行【文件】>【打开】菜单命令，接着在学习资源中打开“CH03>置入对象>1.jpg”文件，如图3-41所示。

图3-41

02 执行【文件】>【置入】菜单命令，然后在弹出的【置入】对话框中选择【2.gif】文件，如图3-42所示。接着单击【置入】按钮，最后按Enter键确定对象置入，效果如图3-43所示。

03 选择【移动工具】，然后光标回到画布移动对象至合适位置，最终效果如图3-44所示。

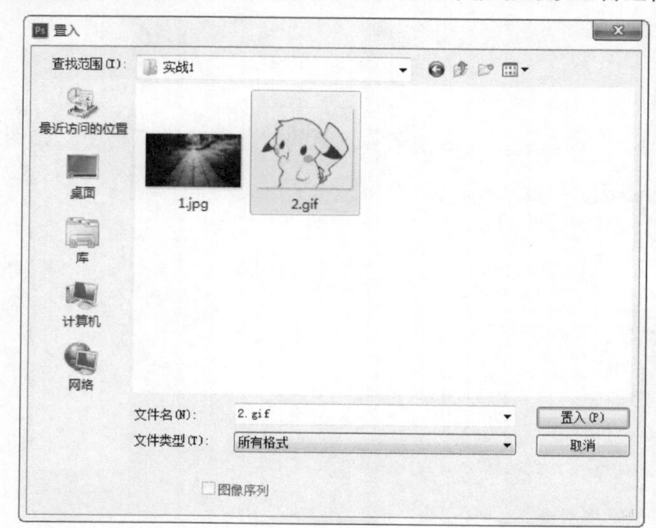

图3-42

图3-43

图3-44

3.2.4 保存文件

新建文件或打开文件进行编辑以后，应即刻保存文件，死机或断电都会造成文件无法找回。

1.用【存储为】菜单命令保存文件

如果要将文件存储为其他的名称和格式，或存储到其他位置，可以执行【文件】>【存储为】菜单命令，或按组合键Ctrl+Shift+S，在打开的【存储为】对话框中将文件另存，如图3-45所示。

2.用【存储】菜单命令保存文件

当打开一个可编辑文件并对其进行编辑以后，可以执行【文件】>【存储】菜单命令，如图3-46所示，或按组合键Ctrl+S，保存修改，修改后的文件会按原有的格式覆盖原文件。如果这是一个新建的文件，则软件会自动执行【存储为】菜单命令。

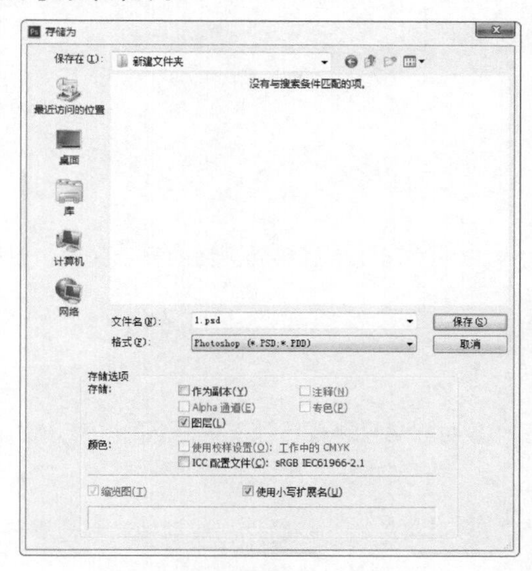

图3-45

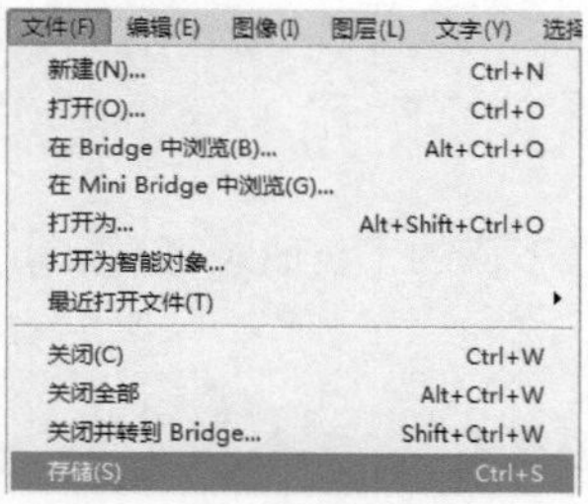

图3-46

3.2.5 关闭文件

当编辑完图像，对文件进行保存后，可以使用【文件】菜单中的命令，或单击窗口中的按钮来关闭文件。

1.【关闭】菜单命令

执行【文件】>【关闭】菜单命令，如图3-47所示，或按组合键Ctrl+W，或单击文档窗口右上角的☒按钮，可以关闭当前窗口文件，其他文件不受影响。

2.【关闭全部】菜单命令

如果在Photoshop中打开了多个文件，可以执行【文件】>【关闭全部】菜单命令来关闭所有文件，如图3-48所示。

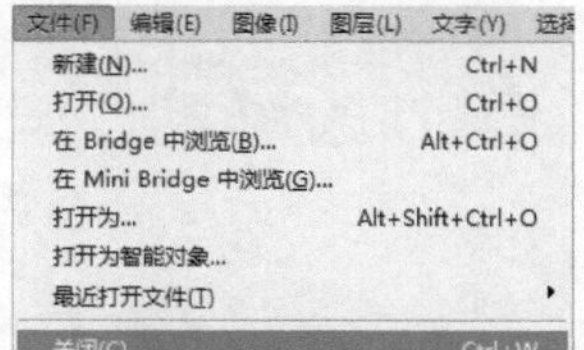

图3-47

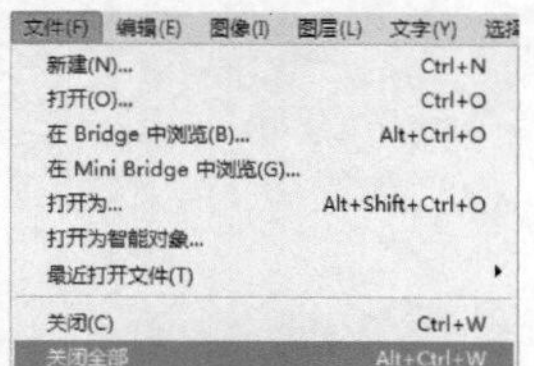

图3-48

3.【关闭并转到Bridge】菜单命令

执行【文件】>【关闭并转到Bridge】菜单命令，可以关闭当前文件，然后打开Bridge，如图3-49所示。

4.【退出】菜单命令

执行【退出】菜单命令，或单击程序窗口右上角的 × 按钮，可以关闭文件并退出Photoshop。如果有文件没有进行存储，软件会弹出一个对话框，询问是否存储文件，如图3-50所示。

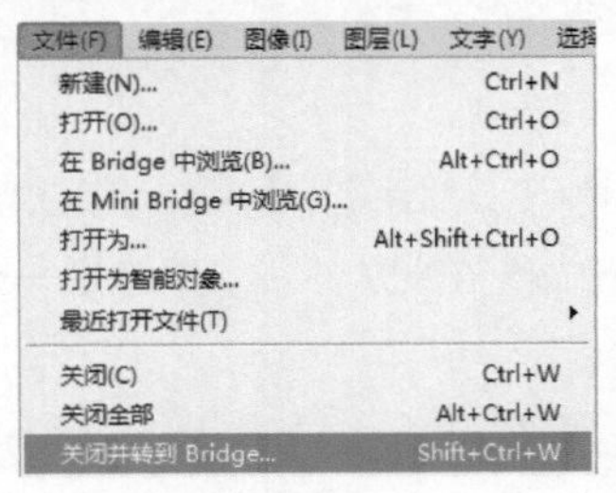

图3-49

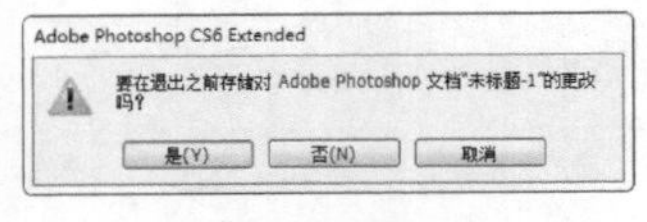

图3-50

3.3 如何查看图像

在编辑图像的过程中，经常需要放大或缩小窗口的显示比例或移动画面的显示区域，以便更好地观察和处理图像。

3.3.1 在不同屏幕模式下工作

单击工具箱最下面的【更改屏幕模式】按钮，可以切换屏幕显示模式，下面就来介绍这3种模式。

1.标准屏幕模式

【标准屏幕模式】：默认的屏幕模式，可以显示菜单栏、标题栏、滚动条和其他屏幕元素，如图3-51所示。

2.带有菜单栏的全屏模式

【带有菜单栏的全屏模式】：显示有菜单栏和50%灰色背景，无标题栏和滚动条的全屏窗口，如图3-52所示。

图3-51

图3-52

3.全屏模式

【全屏模式】：只显示黑色背景，无标题栏、菜单栏和滚动条的全屏窗口，如图3-53所示。

图3-53

Tips

按F键可以在各个屏幕模式之间切换；按Tab键可隐藏或显示工具箱、面板和工具选项栏；按组合键Shift+Tab可以显示或隐藏面板。

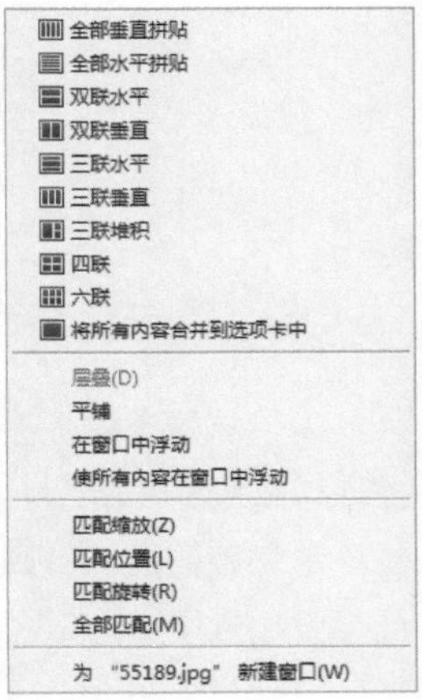

3.3.2 在多个窗口中查看图像

如果同时打开了多个图像文件，可以通过【窗口】>【排列】下拉菜单中的命令控制各个文档窗口的排列方式，如图3-54所示。下面介绍4个比较常用的查看图像命令。

全部垂直拼贴
全部水平拼贴
双联水平
双联垂直
三联水平
三联垂直
三联堆积
四联
六联
将所有内容合并到选项卡中
层叠(D)
平铺
在窗口中浮动
使所有内容在窗口中浮动
匹配缩放(Z)
匹配位置(L)
匹配旋转(R)
全部匹配(M)
为 "55189.jpg" 新建窗口(W)

图3-54

1.双联水平/双联垂直

会呈现出两个同样大小的窗口，在这里可以在不同窗口中对图像进行对比、编辑或参照，如图3-55和图3-56所示。

图3-55

图3-56

2.平铺

以边靠边的方式显示窗口，如图3-57所示。当关闭一个图像时，其他窗口会自动调整大小来填满可用空间。

3.使所有内容在窗口中浮动

使所有内容在窗口中都可以自由浮动，如图3-58所示。

图3-57

图3-58

4.将所有内容合并到选项卡中

使所有图像恢复为默认的视图状态，即显示一个图像，其他图像最小化到选项卡中，如图3-59所示。

图3-59

3.3.3 用【导航器】面板查看图像

【导航器】面板中包含图像的缩略图和窗口缩放控件，如图3-60所示。如果文件尺寸较大，画面中不能显示完整的图像，则通过该面板定位图像的显示区域会更加方便。

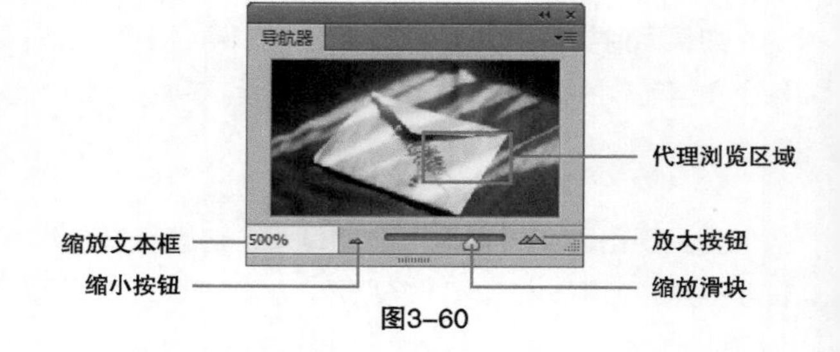

图3-60

1.通过按钮缩放窗口

单击▲按钮可以放大窗口的显示比例，相反单击▲按钮可以缩小窗口的显示比例。

2.通过缩放滑块缩放窗口

拖曳缩放滑块向左可以缩小窗口的显示比例，拖曳缩放滑块向右可以放大窗口的显示比例。

3.通过输入数值缩放窗口

缩放文本框中显示了窗口的显示比例。在文本框中输入数值并按下回车键，即可按照设定的比例缩放窗口。

4.移动画面

当窗口不能显示完整的图像时，将光标移动到【导航器】面板，单击或拖动鼠标可以移动【代理浏览区域】，而【代理浏览区域】显示的正是文档窗口所显示的图像，如图3-61所示。

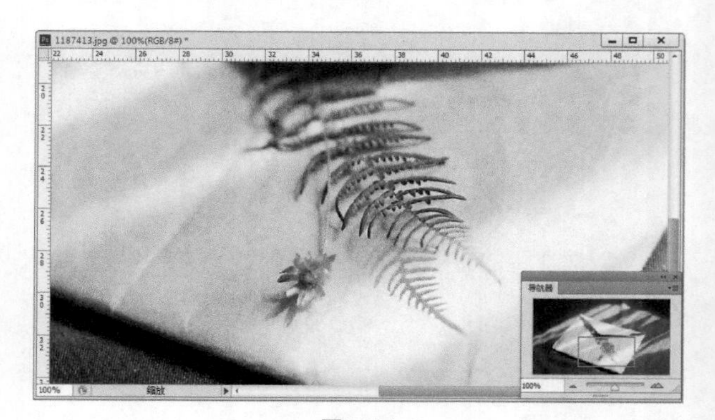

图3-61

3.3.4 了解窗口缩放命令

在Photoshop中编辑图像肯定会经常用到窗口缩放命令，以下介绍各种方法。

1.放大

执行【视图】>【放大】菜单命令，如图3-62所示，或按组合键Ctrl++，可以放大窗口的显示比例。

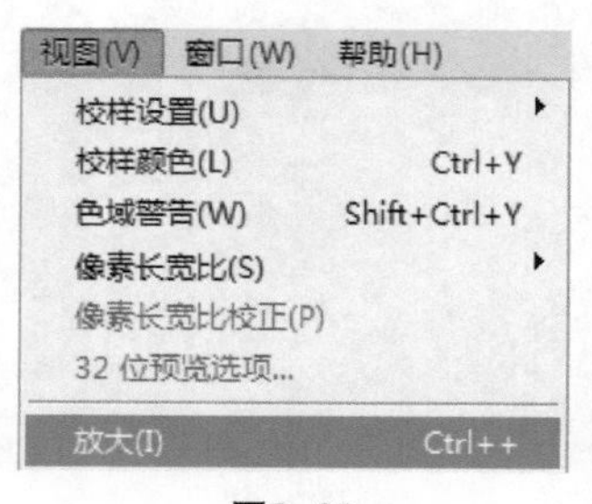

图3-62

2.缩小

执行【视图】>【缩小】菜单命令，如图3-63所示，或按组合键Ctrl+-，可以缩小窗口的显示比例。

3.按屏幕大小缩放

执行【视图】>【按屏幕大小缩放】菜单命令，如图3-64所示，或按组合键Crrl+0，可自动调整图像的比例，使之能够完整地在窗口中显示。

4.打印尺寸

执行【视图】>【打印尺寸】菜单命令，如图3-65所示，图像会按照实际的打印尺寸显示。

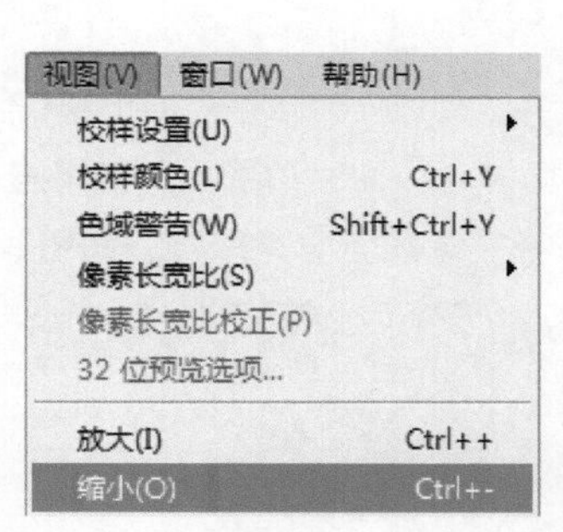

图3-63

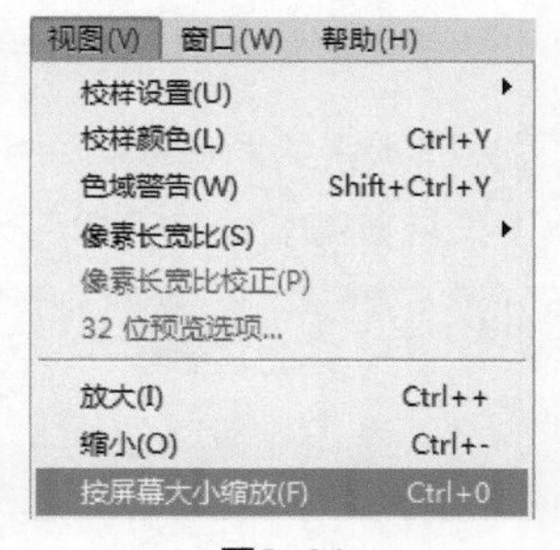

图3-64

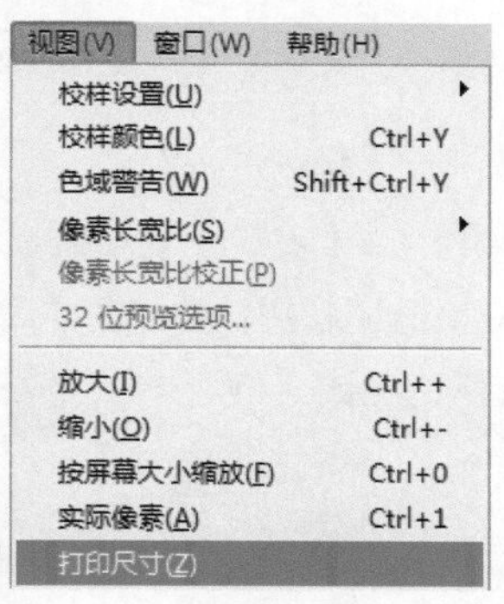

图3-65

3.4 如何拷贝与粘贴

在Photoshop中，拷贝、剪切和粘贴不仅是用来完成复制与粘贴整个图像的任务，它们还可以用来对选区内的图像进行复制与粘贴操作。

3.4.1 拷贝

打开一个文件，如图3-66所示，在图像中创建选区，如图3-67所示。执行【编辑】>【拷贝】菜单命令，或按组合键Ctrl+C，可以将选中的图像复制到剪切板，此时，画面中的图像内容保持不变。

图3-66

图3-67

3.4.2 合并拷贝

如果一个文档中包含多个图层，如图3-68所示，在图像中创建选区后执行【编辑】>【合并拷贝】菜单命令，可以将所有可见图层中的图像复制到剪切板。图3-69所示的是采用这种方法复制图像然后粘贴到另一个文档的效果。

> **Tips**
>
> 【拷贝】和【合并拷贝】的区别在于，【拷贝】只能复制该选区内当前图层的内容，而【合并拷贝】可以复制该选区内所有图层的内容。

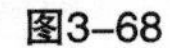

图3-68

图3-69

3.4.3 剪切

执行【编辑】>【剪切】菜单命令，可以将选中的图像从画面中切掉，如图3-70所示。如果是【图层】被剪切，图像变为透明状态，如果是【背景】图层被剪切，被剪切部分将被背景色填充取代，如图3-71所示。

图3-70

图3-71

3.4.4 粘贴

在图像中创建选区，拷贝或剪切图像后，执行【编辑】>【粘贴】菜单命令，或按组合键Ctrl+V，可以将剪切板中的图像粘贴到当前文档中，如图3-72所示。

图3-72

3.4.5 选择性粘贴

复制或剪切图像后，可以执行【编辑】>【选择性粘贴】下拉菜单中的命令粘贴图像，如图3-73所示。

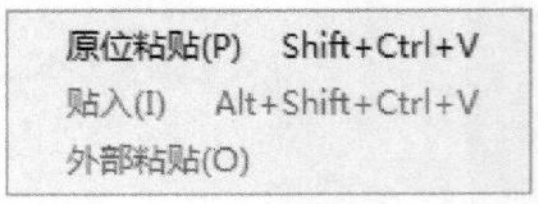

原位粘贴(P)	Shift+Ctrl+V
贴入(I)	Alt+Shift+Ctrl+V
外部粘贴(O)	

图3-73

1.原位粘贴

将图像按照其原位粘贴到文档中。

2.贴入

如果创建了选区，如图3-74所示，执行该命令，可以将图像粘贴到选区内并自动添加蒙版，将选区外的图像隐藏，如图3-75所示。

图3-74

图3-75

3.外部粘贴

如果创建了选区，执行该命令，可粘贴图像并自动创建蒙版，将选区内的图像隐藏，选区外的图像全部显示，如图3-76所示。

图3-76

Tips

关于蒙版的知识，请参阅“第11章 蒙版”。

↘3.4.6 清除图像

在图像中创建选区，如图3-77所示。执行【编辑】>【清除】菜单命令，可以将选中的图像清除，如图3-78所示。如果清除的是【背景】图层上的图像，则被清除区域会填充背景色，如图3-79所示。

图3-77

图3-78

图3-79

3.5 重要的辅助工具

在Photoshop中经常需要用到标尺、参考线和网络线，这些辅助工具可以使图像处理变得更加精准。

3.5.1 标尺的设置

设置标尺可以精准地编辑和处理图像。执行【编辑】>【首选项】>【单位与标尺】菜单命令，可以在弹出的【首选项】对话框中设置标尺的详细参数，如图3-80所示。

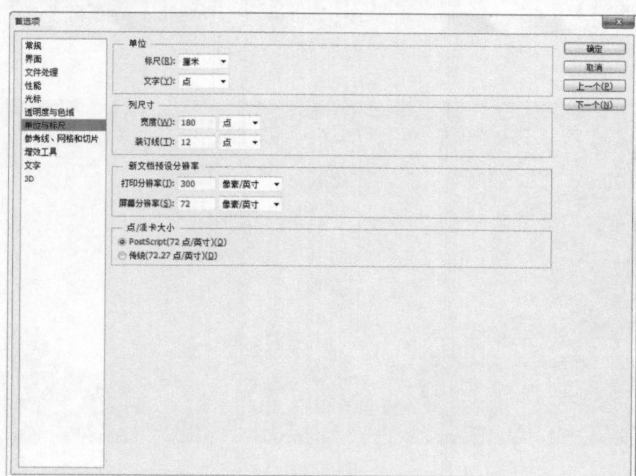

图3-80

执行【视图】>【标尺】菜单命令，或按组合键Ctrl+R，此时窗口的顶部和左边会出现标尺，如图3-81所示。

图3-81

Tips

在【标尺】上双击也可以快速弹出【单位与标尺】命令的【首选项】对话框。

默认情况下，标尺的原点位于窗口的左上角，修改原点的位置，可以从图像上的特定点开始进行测量。将光标放在左上角，单击并向右下拖曳，画面中会显示十字线，将它拖曳至合适位置，如图3-82所示，该处就会成为新的原点位置，如图3-83所示。

图3-82

图3-83

Tips

在定位原点过程中，按Shift键可以使标尺原点与标尺刻度记号对齐。此外，标尺的原点也是网格的原点，因此，调整标尺的原点也就是同时调整了网格的原点。

如果要将原点恢复到初始状态，将光标放在左上角双击即可。

3.5.2 参考线的设置

使用参考线可以快速定位图像的某个特定区域或某个对象的位置，以方便在图像处理中进行参考。

1.设置参考线

按下组合键Ctrl+R显示标尺，将光标放在标尺上，按住鼠标左键不放拖出水平参考线，如图3-84所示。标尺效果如图3-85所示。

图3-84　　图3-85

2.移动参考线

在工具箱中单击【移动工具】按钮，将光标放置在参考线上，当光标变成分隔符形状时，如图3-86所示，按住鼠标左键并拖曳即可移动参考线。

Tips

按组合键Ctrl+H可以快速地隐藏或显示图3-88所示的所有内容。

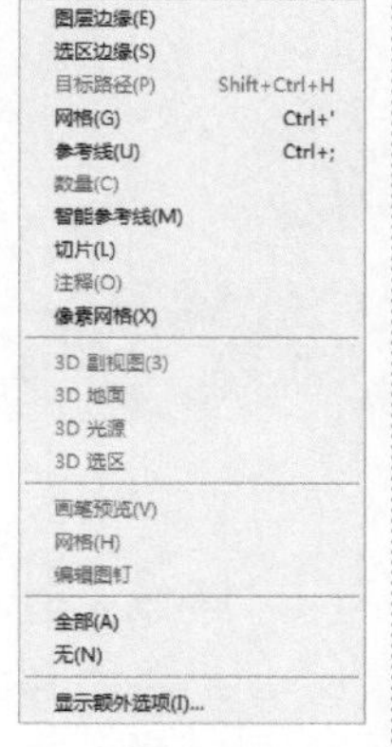

图3-88

3.隐藏/显示参考线

执行【视图】>【显示】>【参考线】菜单命令可以显示或隐藏参考线，如图3-87所示，或按组合键Ctrl+;来显示或隐藏参考线。

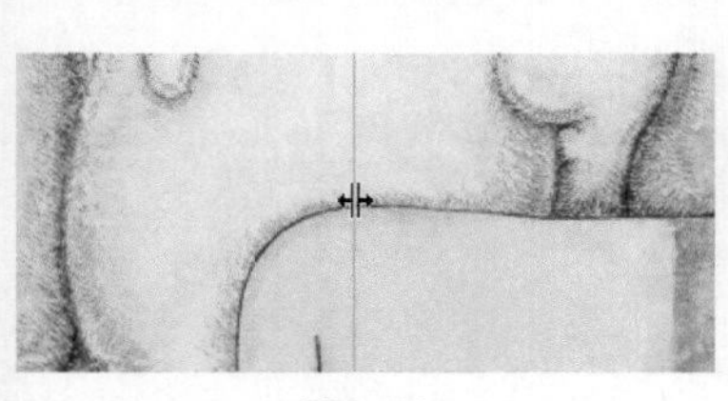

图3-86

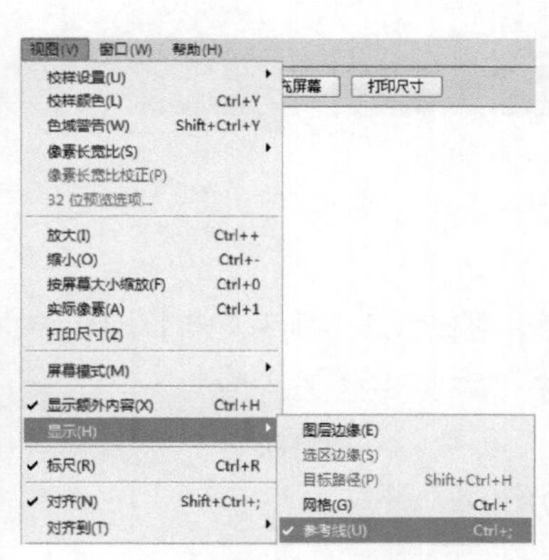

图3-87

4.删除参考线

在工具箱中选择【移动工具】按钮，将参考线拖曳出画布区域之外，即可删除某条参考线。执行【视图】>【清除参考线】菜单命令，可以删除所有参考线，如图3-89所示。

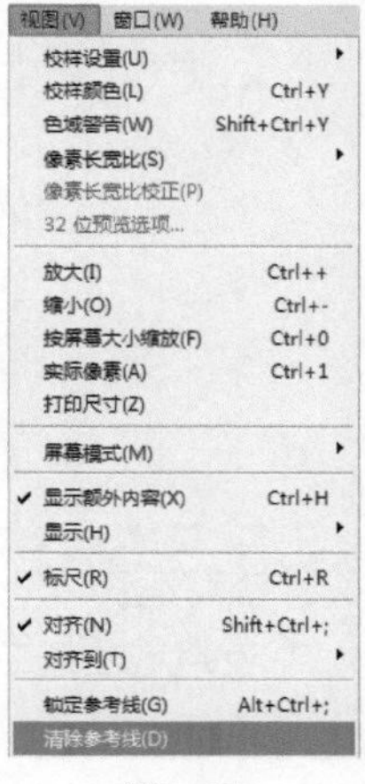

图3-89

5.智能参考线

智能参考线是一种智能化的参考线，它只在需要时出现，使用【移动工具】进行移动操作时，可以通过智能参考线对齐形状、切片和选区。

执行【视图】>【显示】>【智能参考线】菜单命令可以启用智能参考线。图3-90所示的是移动对象时显示的智能参考线。

图3-90

3.5.3 网格的设置

网格对于对称的布置非常有用。执行【视图】>【显示】>【网格】菜单命令，可以显示网格；显示网格后可执行【视图】>【对齐到】>【网格】菜单命令启用对齐功能，如图3-91和图3-92所示。此后进行创建选区和移动图像等操作时，对象会自动对齐到网格上。

图3-91

图3-92

3.5.4 抓手工具

在工具箱中单击【抓手工具】按钮，可以激活【抓手工具】，图3-93所示的是【抓手工具】的选项栏。

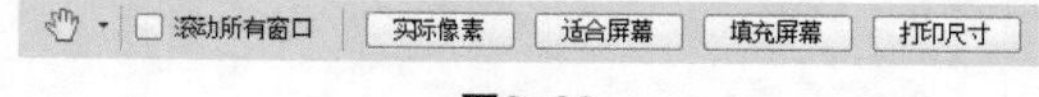

图3-93

【抓手工具】的重要按钮和参数介绍

滚动所有窗口：勾选后，可以允许滚动所有窗口。

实际像素：单击该选项后，图像以实际像素进行显示。

适合屏幕：单击该选项后，图像以合适的尺寸显示完整的图像。

填充屏幕：单击该选项后，可以在整个屏幕内最大化显示完整的图像。

打印尺寸：单击该选项后，按照实际的打印尺寸显示图像。

3.5.5 注释工具

使用【注释工具】可以在图像中添加文字注释、内容等，可以用这种功能来辅助制作图像、备忘录等。

选择【注释工具】，在画面中单击，弹出【注释】面板，输入需要注释的内容，如图3-94所示。创建注释后，鼠标单击处就会出现一个注释图标，如图3-95所示。

图3-94

图3-95

如果有多个注释，单击←或→可以循环显示各个注释。如果要删除注释，可在注释上单击右键，在打开的快捷菜单中选择【删除注释】命令，如图3-96所示。

图3-96

3.6 关于撤销、返回和恢复

在处理图像时，常常会由于操作错误而导致对效果不满意，这时可以撤销或返回此前的步骤，或者将图像恢复为最近保存的状态。Photoshop提供了很多用于恢复操作的功能，有了这些功能，处理图像变得更加随心所欲。

3.6.1 【还原】与【重做】

【还原】和【重做】是两个相互关联的命令。执行【编辑】>【还原】菜单命令，或按组合键Ctrl+Z，可以撤销对图像所作的最后一次修改。如果想取消【还原】操作，可以执行【编辑】>【重做】菜单命令，或按组合键Ctrl+Z。例如，执行命令后，步骤4将【还原】至步骤3，再此执行命令后，将【重做】步骤4，循环于步骤3和步骤4之间。

3.6.2 【前进一步】与【后退一步】

如果想要连续还原，就需要连续执行【编辑】>【后退一步】菜单命令，或按组合键Alt+Ctrl+Z，逐步进行撤销。

如果想逐步恢复被撤销的操作，可连续执行【编辑】>【前进一步】菜单命令，或按组合键Shift+Ctrl+Z，如图3-97所示。

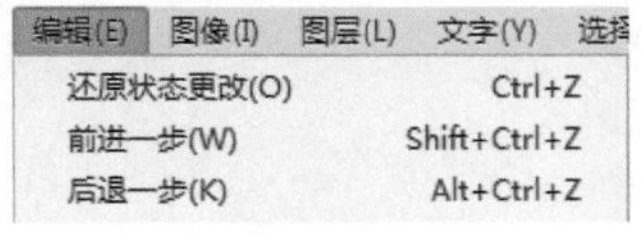

图3-97

Tips

在进行连续撤销操作后，按下组合键Ctrl+Z可以直接恢复到未进行撤销操作的状态，再按下组合键Ctrl+Z可以回到连续撤销操作后的状态，这样可以快速地对比操作之间的变化。

3.6.3 恢复

执行【文件】>【恢复】菜单命令，可以直接将文件恢复到最后一次保存的状态，如图3-98所示。

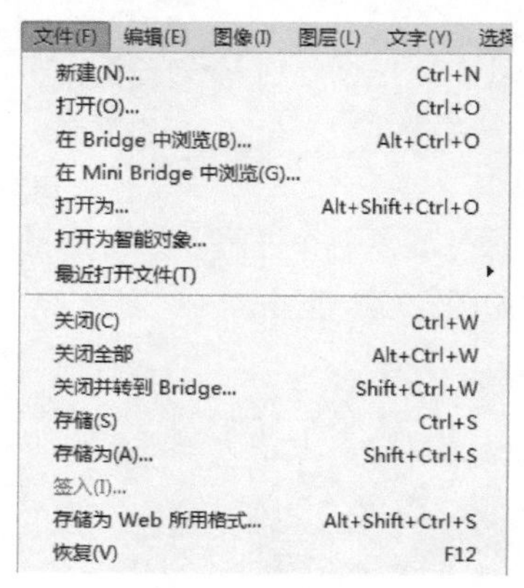

图3-98

3.7 用【历史记录】面板进行还原

用Photoshop编辑图像时，每进行一步操作，都会被记录在【历史记录】面板中。通过该面板可以将图像恢复到操作过程中某一步的状态，也可以再次回到当前的操作状态，或者将处理结果创建为快照或新的文档。

3.7.1 熟悉【历史记录】面板

执行【窗口】>【历史记录】菜单命令，打开【历史记录】面板，如图3-99所示。

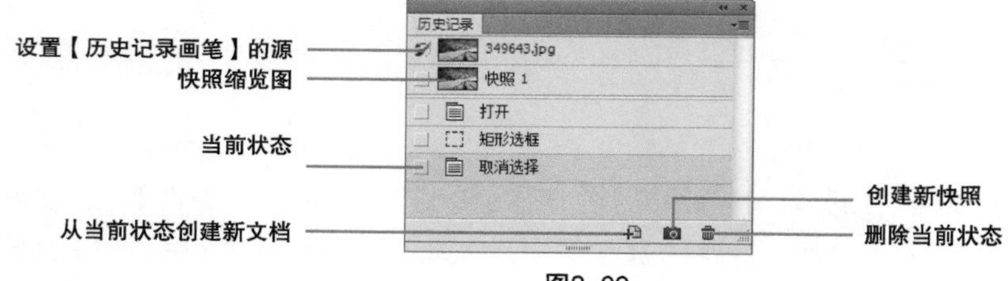

图3-99

历史记录面板重要按钮和参数介绍

设置【历史记录画笔】的源：使用历史记录画笔时，该图标所在的位置代表【历史记录画笔】的源图像。

快照缩览图：被记录为快照的图像状态。

当前状态：当前选定的图像编辑状态。

从当前状态创建新文档：基于当前操作步骤中图像的状态创建一个新的文件。

创建新快照：基于当前的图像状态创建快照。

删除当前状态：选择一个操作步骤，单击该按钮可将该步骤及后面的操作删除。

3.7.2 用【历史记录】面板还原图像

当处理图像进行了很多步以后，每一步操作都会被记录在【历史记录】面板中，此时可以通过单击【历史记录】面板中的各个步骤来还原到编辑该步骤时的状态。

随堂练习 使用【历史记录】面板还原文件

 扫码观看本案例视频

- 实例位置 CH03>使用历史记录面板还原文件>使用历史记录面板还原文件.psd
- 素材位置 CH03>使用历史记录面板还原文件> 1.jpg
- 实用指数 ★★★★
- 技术掌握 学习通过【历史记录】面板还原文件

01 打开Photoshop CS6，然后执行【文件】>【打开】菜单命令，接着在学习资源中打开“CH03>使用历史记录面板还原文件> 1.jpg”文件，如图3-100所示。

02 选择【套索工具】，然后在画布中勾勒出建筑形状的选区，如图3-101所示。

图3-100

图3-101

03 执行【选择】>【修改】>【羽化】菜单命令，然后在弹出的【羽化选区】对话框中设置参数【羽化半径】为【30】，如图3-102所示，再单击【确定】按钮。

04 执行【图层】>【新建】>【通过拷贝的图层】菜单命令，然后执行【图像】>【调整】>【反相】菜单命令，效果如图3-103所示。

羽化选区

羽化半径(R): 30 像素

确定

取消

图3-102

图3-103

05 打开【历史记录】面板，然后单击【历史记录】面板中的【套索】，如图3-104所示，即可将图像恢复到该步骤时的编辑状态，如图3-105所示。

06 单击【历史记录】面板中的【反相】，即可将图像恢复到该步骤时的编辑状态，如图3-106所示。

图3-104

图3-105

图3-106

3.7.3 用【快照】还原图像

【历史记录】面板只能还原设置的步骤数值，然而，使用画笔等工具时，每单击一下鼠标都会记录为一个操作步骤，如图3-107所示，根本没办法分辨哪一步是自己需要的状态，这就使得【历史记录】面板的还原能力非常有限，这时候就需要用到【快照】功能来还原操作步骤。

图3-107

1.用【快照】还原图像

创建新快照，就是将图像保存到某一状态下。例如，每当绘制完重要的效果以后，就单击【历史记录】面板中的【创建新快照】按钮，如图3-108所示，将画面的当前状态保存为一个快照。以后不论绘制了多少步，即使面板中新的步骤已经将其覆盖了，都可以通过单击快照将图像恢复为快照所记录的效果。

2.删除【快照】

在【历史记录】面板中，将一个快照拖曳到【删除当前状态】按钮上，即可将其删除，如图3-109所示。

图3-108

图3-109

3.8 知识拓展

在处理图像的过程中，在保证质量的情况下也要有一定的速度，这时候通过运用一些技巧来提高自己的操作速度非常重要。本节介绍Photoshop CS6中一些让编辑图像时更加快速的使用方法与技巧。

3.8.1 快捷使用【缩放工具】

【缩放工具】又叫放大镜工具，快捷键为Z，可以非常快捷地放大和缩小图像。

打开任意图片，如图3-110所示。

选择【缩放工具】，或按Z键，将光标放在画面中，光标会变成放大镜状（内部为加号），单击可以放大窗口的显示比例，如图3-111所示；按Alt键，光标变为放大镜状（内部为减号），单击图像可缩小窗口的显示比例，如图3-112所示。

图3-110

图3-111

图3-112

在【工具选项栏】中选择【细微缩放】选项，如图3-113所示；在画布中间区域单击并向右拖曳鼠标，能够以平滑的方式快速放大窗口，如图3-114所示；向左拖曳鼠标，则会快速地缩小窗口比例，如图3-115所示。

图3-113

图3-114

图3-115

3.8.2 快捷使用【抓手工具】

当图像尺寸较大，或因放大了窗口的显示比例而不能显示全部图像时，可以使用【抓手工具】移动画面，查看不同的区域。

使用绝大多数工具的同时，按住键盘的空格键都可以暂时切换成【抓手工具】，并且不影响之前的操作。例如，利用【多边形套索工具】绘制一个未完成的选区，此时，按住空格键，【多边形套索工具】转换为【抓手工具】，可以自由调整画面，松开空格键后变回【多边形套索工具】，可以继续进行绘制。

3.8.3 设置【历史记录状态】的最大数量

【历史记录】面板在实际中使用得非常频繁，但是系统默认的记录次数为20次，远远不够真实需要，除了添加快照以外，最好还可以增加【历史记录状态】的最大数量来增加可以还原的次数。弊端是记录的步骤数量越多，占用的内存就会越多。对于现在配置好一些的电脑，可以考虑增加【历史记录状态】的最大数量来避免一些不必要的麻烦。

打开Photoshop CS6，然后执行【编辑】>【首选项】>【性能】菜单命令，在弹出的【首选项】对话框中，【历史记录状态】右边的文本框可以用于更改【历史记录状态】的最大数量，如图3-116所示。根据自己电脑的性能设置为50~100。

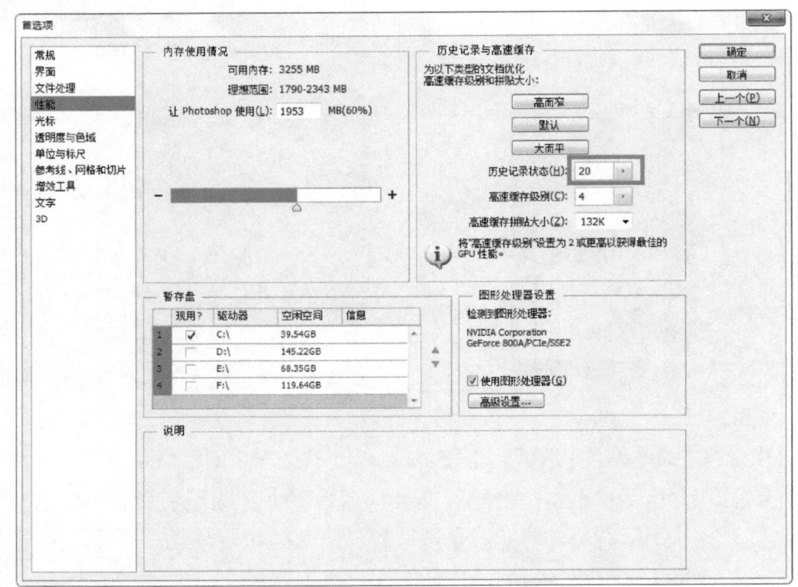

图3-116

3.8.4 清理内存加快运行速度

编辑图像时，Photoshop需要保存大量的中间数据，造成计算机运行速度变慢。此时，执行【编辑】>【清理】下拉菜单中的命令，如图3-117所示，可以释放由【还原】命令、【历史记录】面板、剪切板和视频暂用的内存，加快系统的处理速度。选择【全部】命令可以清理所有项目。

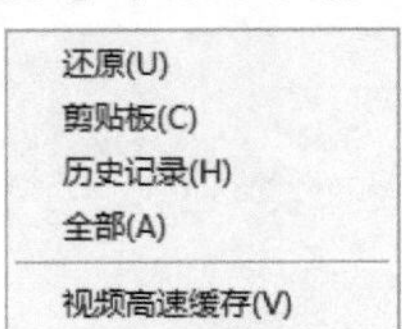

图3-117

CHAPTER

04 选区的灵活运用

本章主要讲解了Photoshop CS6中的选区，选区是指使用选择工具和命令创建的可以限定操作范围的区域，创建和编辑选区是处理图像的首要工作，通过本章学习可以深刻了解选区的作用和各种操作。

* 认识选区
* 掌握选区的操作方法
* 掌握编辑各种选区的方法
* 掌握各种绘制选区的方法

4.1 认识选区

在Photoshop中处理局部图像时，首先要指定编辑操作的有效区域，即创建选区。

通过选择特定区域，可以对该区域进行编辑并保持未选定区域不会被改动。例如，图4-1所示的是一张树叶照片，如果要想改变树叶的颜色，就要通过选区将树叶选中，再进行颜色调整，如图4-2所示。选区可以将编辑限定在一定的区域内，这样就可以处理局部图像而不会影响其他内容了。如果没有创建选区，则会修改整张照片的颜色，如图4-3所示。

图4-1

图4-2

图4-3

选区还有一种用途，就是可以分离图像，例如，如果要为树叶换一个背景，就要用选区选中它，如图4-4所示，再将其从背景中分离出来，然后置入新的背景，如图4-5所示。

图4-4

图4-5

Photoshop中可以创建两种类型的选区：一种是普通选区，普通选区具有明确的边界，使用它选出的图像边界清晰、准确，如图4-6所示；另外一种是羽化选区，使用羽化选区选出的图像，其边界会呈现逐渐透明的效果，如图4-7所示。羽化选区边缘看似比较模糊，但与其他图像合成时，能更好地过渡图像，使合成效果更加自然。

是否需要羽化，需要根据实际情况来看，比如有清晰轮廓的照片移到其他背景图片的时候有时候也是不需要羽化操作的，如果羽化了，边缘看起来会很不真实。羽化其实是为了与环境更加融合而进行操作的，这要根据实际情况来看，只要看起来自然就可以不必羽化。

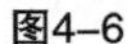

图4-6

图4-7

4.2 选择与抠图的方法

选择对象之后，如果将它从背景中分离出来，整个操作过程便是【抠图】。Photoshop CS6提供了大量的选择工具和命令，以适合选择不同类型的对象。但很多复杂的图像，如人像、毛发等，需要多种工具配合才能抠出。下面介绍Photoshop中的选择工具和主要抠图方法。

4.2.1 基本形状选择法

边缘为圆形、椭圆形和矩形的图像，可以用选框工具来选择，图4-8所示的是使用【椭圆选框工具】选择的地球。对于转折点比较明显的对象，可以使用【多边形套索工具】来选择，如图4-9所示。图4-10所示的是背景颜色比较单一的图像，也可以使用【魔棒工具】进行选择。

图4-8

图4-9

图4-10

4.2.2 色彩差异选择法

【快速选择工具】、【魔棒工具】、【色彩范围】命令、【混合颜色带】和【磁性套索工具】都可以基于色调之间的差异建立选区。如果需要选择的对象与背景之间差异明显，可以使用以上工具来选取。图4-11所示是原图，图4-12所示是使用【色彩范围】命令抠出来的人像。

图4-11

图4-12

4.2.3 【钢笔工具】选择法

Photoshop中的【钢笔工具】是矢量工具，它可以绘制光滑的曲线路径。如果边缘光滑，并且呈现不规则形状，便可以使用【钢笔工具】勾选出对象的轮廓，如图4-13所示；再将轮廓转换为选区，如图4-14所示，从而抠出对象，如图4-15所示。

图4-13

图4-14

图4-15

4.2.4 快速蒙版选择法

创建选区后，单击工具箱中的【以快速蒙板模式编辑】按钮，进入快速蒙版状态，可以将选区转换为蒙版图像，此时便可使用各种绘画工具和滤镜对选区进行细致加工，就像是处理图像一样。图4-16所示的是普通选区，图4-17所示的是快速蒙版下的选区。

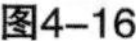
图4-16

图4-17

Tips

关于绘画工具的相关知识，请参阅“第7章 绘画与图像修饰”。

4.2.5 简单选区细化法

【调整边缘】是用于修改选区的命令，当创建的选区不够精准时，可以用它来进行调整。该命令可以轻松选择毛发等细微的对象，还能消除选区边缘的背景色。图4-18所示为原图，图4-19所示的是使用【调整边缘】命令抠出人像的精细毛发的图片。

图4-18

图4-19

↘ 4.2.6 通道选择法

通道是很强大的抠图工具，它适合选择像毛发等细节丰富的对象，玻璃、烟雾、婚纱等透明的对象，以及被风吹动的旗帜、高速行驶的汽车等边缘模糊的对象。在通道中，可以使用滤镜、选区工具、混合模式等编辑选区。图4-20所示为原图，图4-21所示是使用通道抠出的植被的图片。

图4-20

图4-21

↘ 4.2.7 插件选择法

很多软件公司开发过专门用于抠图的插件程序，如【抽出】滤镜、Mask Pro、Knockout等。可以将这些插件安装到Photoshop中使用。

4.3 选区的基本操作

选区的基本操作包括全选与反选、取消选择与重新选择、选区运算（新选区、与选区交叉、添加到选区、从选区减去）、移动选区和变换选区。在学习使用其他工具和命令前，学习选区的简单操作是为以后深入学习打下基础。

↘ 4.3.1 【全选】与【反选】

执行【选择】>【全部】菜单命令，或按组合键Ctrl+A，可以选择当前文档的全部图像，如图4-22所示。

如果需要复制整个图像，可执行该命令，再按组合键Crtl+C拷贝图层。如果文档中包含多个图层，可按组合键Shift+Ctrl+C来合并拷贝。

创建选区之后，执行【选择】>【反选】菜单命令，或按组合键Shift+Ctrl+I，可以反转选区。例如，如果需要选择的对象背景比较简单，可以使用魔棒等工具选择背景，如图4-23所示；再执行【反选】命令翻转选区，从而选中对象，如图4-24所示。

图4-22

图4-23

图4-24

4.3.2 【取消选择】与【重新选择】

创建选区以后，执行【选择】>【取消选择】菜单命令，或按组合键Ctrl+D，可以取消选择，如图4-25所示。如果要恢复被取消的选区，可以执行【选择】>【重新选择】菜单命令。

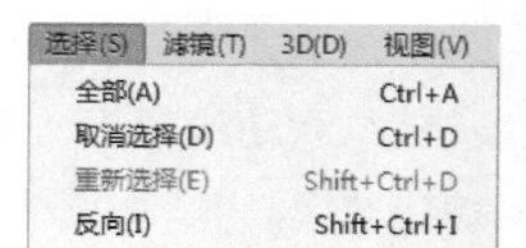

图4-25

4.3.3 选区的运算

选区运算是指在一个画面中已经存在选区的情况下，使用选框工具、套索工具和魔棒等工具创建选区时，新选区与现有选区之间的运算。通常情况下，在Photoshop中通过一次操作很难将所需对象完全选中，这就需要通过运算来对选区进行完善。图4-26所示的是工具选项栏中的选区运算按钮。

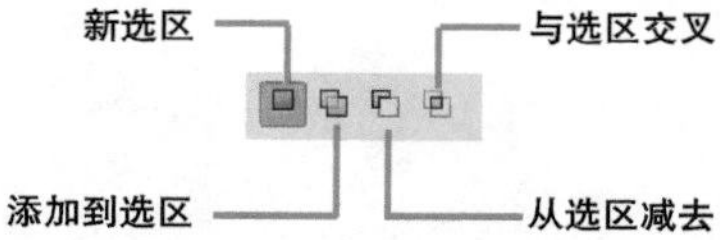

新选区　与选区交叉　添加到选区　从选区减去

图4-26

1. 新选区

单击该按钮后，如果图像中没有选区，可以创建一个选区，图4-27所示的是创建的矩形选区；如果图像中有选区存在，则新创建的选区会替换原有的选区。

2.添加到选区

单击该按钮后，可在原有选区的基础上添加新的选区。图4-28所示的是在现有矩形选区的基础上添加的椭圆选区。

图4-27

图4-28

3.从选区减去

单击该按钮后，可在原有选区中减去新创建的选区，如图4-29所示。

4.与选区交叉

单击该按钮后，画面中只保留原有选区与新创建的选区相交（同有）的部分，如图4-30所示。

图4-29

图4-30

随堂练习 运用选区运算的快捷键

扫码观看本案例视频

- 实例位置 CH04>运用选区运算的快捷键>运用选区运算的快捷键.psd
- 素材位置 CH04>运用选区运算的快捷键> 1.jpg
- 实用指数 ★★
- 技术掌握 灵活运用选区运算的快捷键

01 打开Photoshop CS6，然后执行【文件】>【打开】菜单命令，接着在学习资源中打开“CH04>运用选区运算的快捷键> 1.jpg”文件，如图4-31所示。

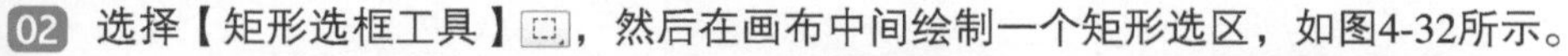

02 选择【矩形选框工具】，然后在画布中间绘制一个矩形选区，如图4-32所示。

图4-31

图4-32

03 按住Shift键不放，然后在画布中间绘制一个矩形选区，如图4-33所示，效果如图4-34所示（此步相当于运用【添加到选区】命令）。

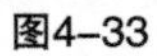

图4-33

图4-34

04 按住Alt键不放，然后在画布下方绘制一个矩形选区，如图4-35所示，效果如图4-36所示（此步相当于运用【从选区减去】命令）。

图4-35

图4-36

05 按住Shift+Alt键不放，在画布中间绘制一个矩形选区，如图4-37所示，效果如图4-38所示（此步相当于运用【与选区交叉】命令）。

图4-37

图4-38

4.3.4 移动选区

使用【矩形选框工具】和【椭圆选框工具】创建选区时，在放开鼠标前，按住空格键拖动鼠标，可以移动选区。

创建选区以后，如果【新选区】按钮为按下状态，则使用选框、套索和魔棒工具时，只要将光标放在选框内，单击并拖动鼠标即可移动选区，如图4-39和图4-40所示。

图4-39

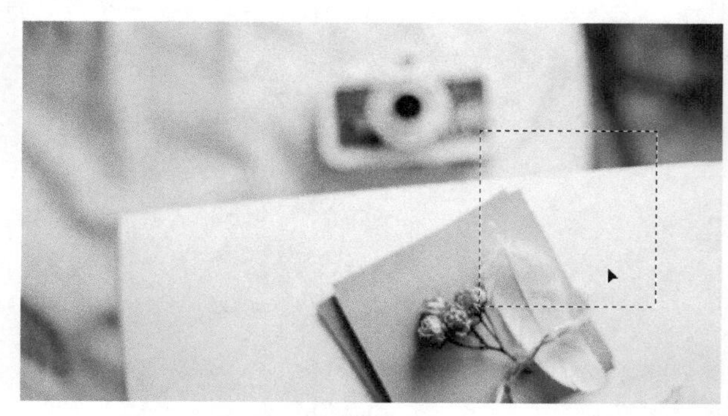

图4-40

Tips

使用【移动工具】也可以移动选区。按下键盘的↑、↓、←和→键可以轻微移动选区，这个方法适合在调整微小距离的时候使用。

4.4 基本选择工具

选框类工具包括：【矩形选框工具】、【椭圆选框工具】、【单行选框工具】、【单列选框工具】，它们可以用于创建规则的选区；套索类工具包括【套索工具】、【多边形套索工具】和【磁性套索工具】，它们可以用于创建不规则的选区。

4.4.1 矩形选框工具

【矩形选框工具】主要用于创建矩形或正方形选区（按住Shift键不放可创建正方形选区），如图4-41和图4-42所示。

图4-41

图4-42

【矩形选框工具】的选项栏如图4-43所示。

羽化: 0 像素 消除锯齿 样式: 正常 宽度: 高度: 调整边缘...

图4-43

【矩形选框工具】的重要按钮和参数介绍

羽化：用来设置选区的羽化范围。

样式：用来设置选区的创建方法。选择【正常】，可通过拖动鼠标创建任意大小的选区；选择【固定比例】，可在右侧的【宽度】和【高度】文本框中输入数值，创建固定比例的选区，例如，如果要创建一个宽度是高度两倍的选区，可输入宽度为2、高度为1；选择【固定大小】，可在【宽度】和【高度】文本框中输入选区的宽度与高度值，使用【矩形选框工具】时，只需在画面中单击便可以创建固定大小的选区。单击按钮，可以切换【宽度】与【高度】值。

调整边缘：单击该按钮，可以打开【调整边缘】对话框，对选区进行平滑、羽化等处理。

随堂练习 用【矩形选框工具】制作相片

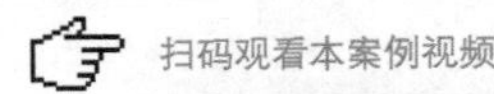

- 实例位置 CH04>用矩形选框工具制作相片>用矩形选框工具制作相片.psd
- 素材位置 CH04>用矩形选框工具制作相片> 1.jpg
- 实用指数 ★★★
- 技术掌握 掌握【矩形选框工具】的用法

01 打开Photoshop CS6，然后执行【文件】>【打开】菜单命令，接着在学习资源中打开“CH04>用矩形选框工具制作相片> 1.jpg”文件，如图4-44所示。

02 选择【矩形选框工具】，然后在画布中间区域绘制矩形选框，如图4-45所示。

图4-44

图4-45

03 执行【图层】>【新建】>【通过拷贝的图层】菜单命令，【图层】面板如图4-46所示。然后执行【编辑】>【描边】菜单命令，在弹出的【描边】对话框中设置参数【宽度】为30 像素、【颜色】为【白色】、【位置】为【居外】，如图4-47所示，效果如图4-48所示。

图4-46

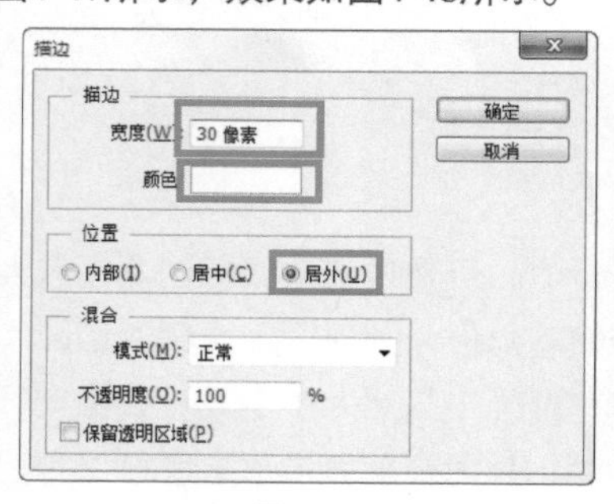

图4-47

图4-48

04 执行【编辑】>【自由变换】菜单命令，然后移动光标至对象右上角，鼠标变成可旋转状态，接着旋转图形至合适位置，如图4-49所示，最后按Enter键完成图形旋转，效果如图4-50所示。

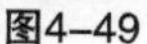

图4-49

图4-50

4.4.2 椭圆选框工具

【椭圆选框工具】的选项与【矩形选框工具】的选项基本一致，只是该工具可以使用【消除锯齿】功能。

【椭圆选框工具】的重要参数介绍

消除锯齿：像素是组成图像的最小元素，由于它们都是正方形的，因此，在创建圆形、多边形等不规则选区时便容易产生锯齿，例如，图4-51所示的是使用【椭圆选框工具】选出的对象。勾选该选项后，Photoshop会在选区边缘一个像素宽的范围内添加与周围图像相近的颜色，使选区看上去光滑，如图4-52所示。由于只有边缘像素发生变化，因而消除锯齿不会丢失细节。这项功能在剪切、拷贝和粘贴选区以创建复合图像时非常有用。

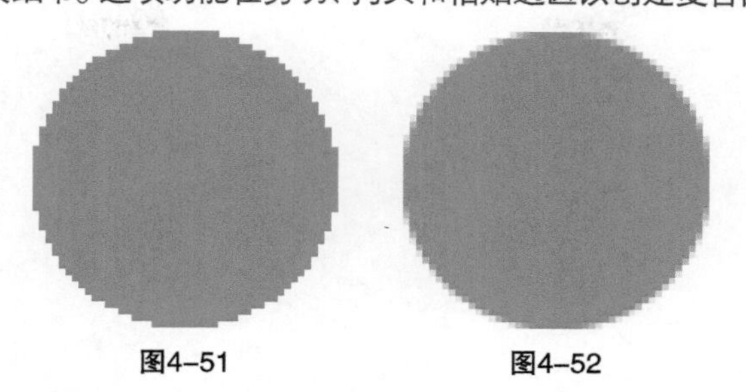

图4-51 图4-52

随堂练习 用【椭圆选框工具】制作光盘

- 实例位置 CH04>用椭圆选框工具制作光盘>用椭圆选框工具制作光盘.psd
- 素材位置 CH04>用椭圆选框工具制作光盘> 1.jpg，2.jpg
- 实用指数 ★★★
- 技术掌握 掌握【椭圆选框工具】的用法

01 打开学习资源中的"CH04>用椭圆选框工具制作光盘> 1.jpg"文件，如图4-53所示。

02 选择【椭圆选框工具】，然后按住Shift键在画面中单击并拖动鼠标创建圆形选区，选中光碟（可同时按住空格键调整选区，使选区与光盘对齐），如图4-54所示。接着在选项栏中单击【从选区减去】按钮，选中光盘中心的区域，将其从选区中减去，如图4-55所示（素材背景颜色单一，最方便的是用【魔棒工具】抠出，但是本案例是为了练习【椭圆选框工具】，所以使用该工具）。

图4-53

图4-54

图4-55

03 按组合键Ctrl+J将选区的图像复制到【图层 1】中，如图4-56所示。然后执行【文件】>【置入】菜单命令，在弹出的【置入】对话框中打开【2.jpg】文件，接着按Enter键确认置入，最后执行【图层】>【创建剪切蒙版】菜单命令，效果如图4-57所示。

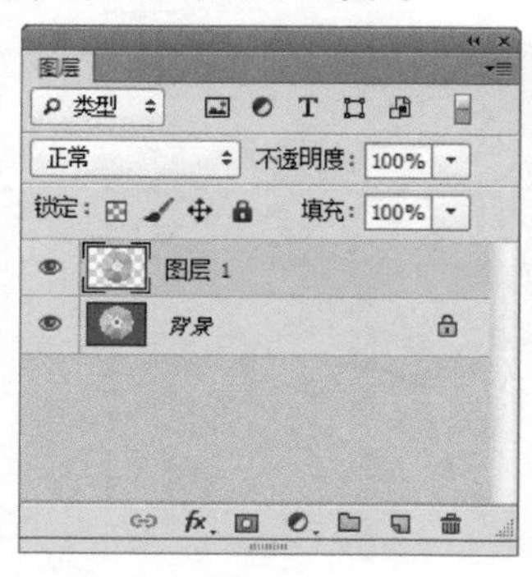

图4-56

图4-57

04 选择【2】图层，然后设置图层的【混合模式】为【叠加】，【不透明度】为60%，参数设置如图4-58所示，效果如图4-59所示。

图4-58

图4-59

05 选择【图层 1】，然后执行【图层】>【图层样式】>【投影】菜单命令，在弹出的【图层样式】对话框中设置参数【不透明度】为60、【角度】为120、【距离】为45、【大小】为30，如图4-60所示，最终效果如图4-61所示。

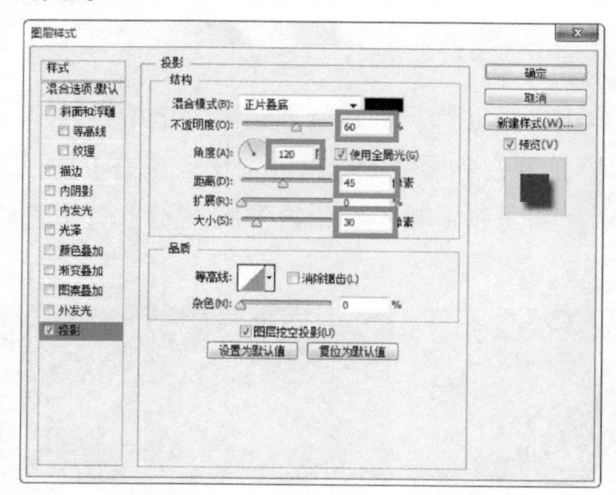

图4-60

图4-61

4.4.3 【单行选框工具】和【单列选框工具】

【单行选框工具】和【单列选框工具】只能用于创建高度为1像素的行或宽度为1像素的列，常用来制作网格。

随堂练习 用【单列选框工具】制作斜线

扫码观看本案例视频

- 实例位置 CH04>用单列选框工具制作斜线>用单列选框工具制作斜线.psd
- 素材位置 CH04>用单列选框工具制作斜线> 1.tif
- 实用指数 ★
- 技术掌握 掌握【单行选框工具】和【单列选框工具】的用法

01 打开学习资源中的"CH04>用单列选框工具制作斜线> 1.tif"文件，如图4-62所示。

02 执行【视图】>【显示】>【网格】菜单命令，在画面中显示网格，如图4-63所示。然后选择【单列选框工具】，在工具选项栏中单击【添加到选区】按钮，在网格上创建宽度为1像素的选区（放开按键前拖动可以移动选区），如图4-64所示。

图4-62

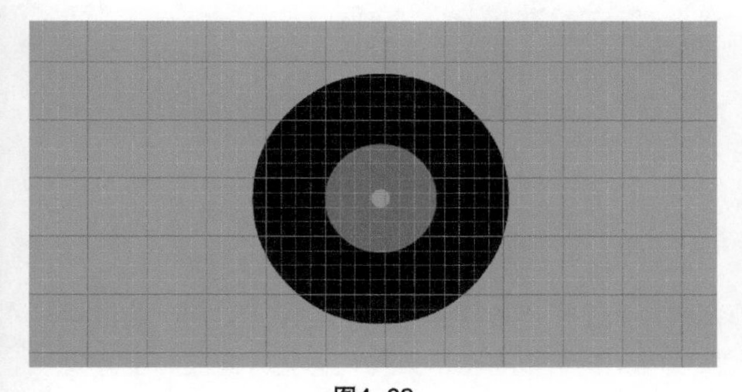

图4-63

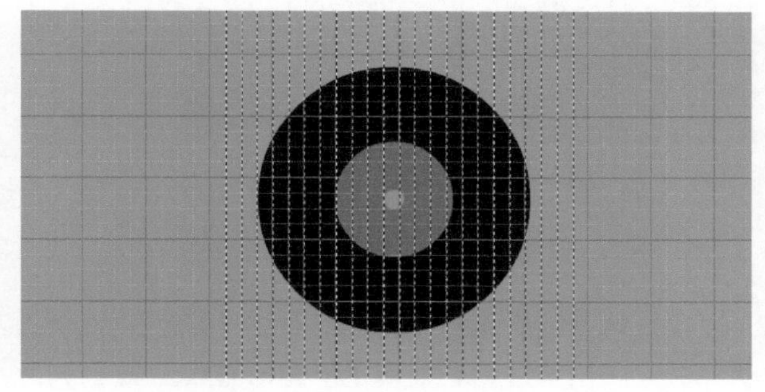

图4-64

03 单击【图层】面板底部的【创建新图层】按钮，在【图层 1】上面新建一个图层，如图4-65所示。然后按组合键Alt+Delete为选区填充前景色（白色），接着按组合键Ctrl+D取消选择。最后执行【视图】>【显示】>【网格】菜单命令，将网格隐藏，如图4-66所示。

图4-65

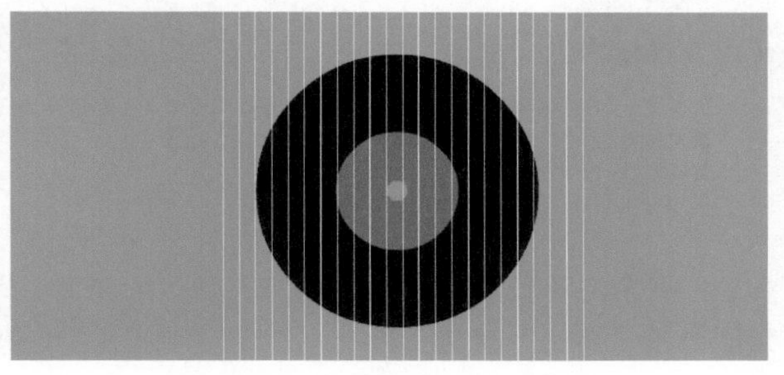

图4-66

04 执行【编辑】>【自由变换】菜单命令，然后在选项栏中设置参数【旋转】为30，如图4-67所示。接着按Enter键旋转线条，如图4-68所示。最后执行【图层】>【创建剪切蒙版】菜单命令，最终效果如图4-69所示。

图4-67

图4-68

图4-69

4.4.4 套索工具

使用【套索工具】可以非常自由地绘制形状不规则的选区。选择【套索工具】后，在图像上拖曳光标绘制选区边界，当松开鼠标左键时，选区将自动闭合，如图4-70和图4-71所示。

图4-70

图4-71

4.4.5 多边形套索工具

【多边形套索工具】与【套索工具】的使用方法类似。【多边形套索工具】用于绘制一些边缘转折比较明显的选区。在使用【多边形套索工具】时，按住Shift键可以在水平方向、垂直方向或45度方向上描绘直线，按Delete键或Backspace键可以删除最近绘制的一个锚点。

随堂练习 用【多边形套索工具】选择相片

- 实例位置 CH04>用多边形套索工具选择相片>用多边形套索工具选择相片.psd
- 素材位置 CH04>用多边形套索工具选择相片> 1.jpg
- 实用指数 ★★★
- 技术掌握 学习【多边形套索工具】的使用方法

01 打开学习资源中的“CH04>用多边形套索工具选择相片> 1.jpg”文件，如图4-72所示。

02 选择【多边形套索工具】，然后在照片的任意边缘上单击鼠标左键，作为多边形套索的起点，如图4-73所示。

图4-72

图4-73

03 在照片的各个转折点上依次单击鼠标左键（在绘制的过程中可以配合使用+键和-键来缩放图像，使用空格键将其转换为【抓手工具】来移动画布），如图4-74所示。然后继续绘制未完成的边直至连接至起点，光标变为状时，单击可封闭选区，如图4-75所示，

图4-74

图4-75

4.4.6 磁性套索工具

【磁性套索工具】可以自动识别对象的边界。如果对象边缘较为清晰，并且与背景对比明显，可以使用该工具快速选择对象。

【磁性套索工具】的选项栏中包含影响该工具的几个重要选项，如图4-76所示。其中【羽化】用来控制选区的羽化范围，【消除锯齿】与【椭圆工具】选项的功能一致。下面介绍后面的4个选项。

图4-76

【磁性套索工具】的重要参数介绍

宽度：该值决定了以光标中心为基准，其周围有多少个像素能够被工具检测到，如果对象的边界清晰，可使用一个较大的宽度值；如果对象的边界不是特别清晰，则需要使用一个较小的宽度值。图4-77和图4-78所示的分别是设置该值为10像素和50像素检测到的边缘。

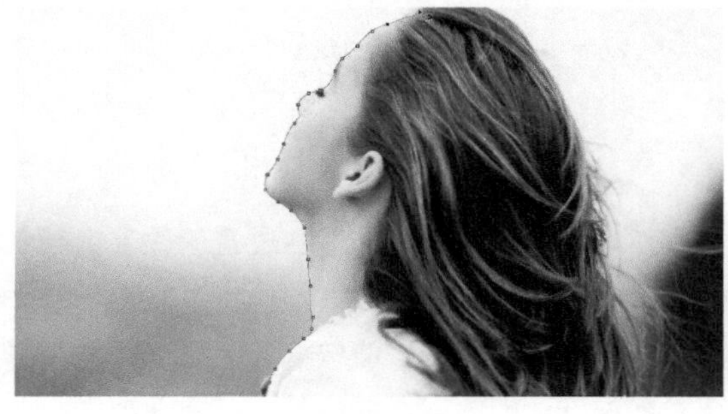

图4-77

图4-78

Tips

使用【磁性套索工具】时，按Caps Lock键，光标会变为⊕状，此时圆形的大小代表了工具能检测到的边缘的宽度。按下[键和]键，可调整检测宽度。

对比度：用来设置工具感应图像边缘的灵敏度。数值较高时,只检测环境对比鲜明的边缘；数值较低时,则检测低对比度边缘。如果图像的边缘清晰，可将该值设置得高一些；如果边缘不是特别清晰，则设置得低一些。

频率：在使用【磁性套索工具】创建选区的过程中会生成许多锚点，【频率】决定了锚点的数量。该值越高，生成的锚点数量越多，捕捉到的边界越准确，但是过多的锚点会造成选区的边缘不够光滑。图4-79和图4-80所示的分别是设置该值为10和50生成的锚点。

图4–79

图4–80

钢笔压力：如果计算机配置有数位板和压感笔，可以单击该按钮，Photoshop会根据压感笔的压力自动调整工具的检测范围。例如，增大压力会导致边缘宽度减小。

4.5 【魔棒工具】与【快速选择工具】

【魔棒工具】和【快速选择工具】是基于色调和颜色差异来构建选区的工具，它们可以用于快速选择色彩变化不大，且色调相近的区域。运用【魔棒工具】时，需要通过单击来创建选区；运用【快速选择工具】时，需要像绘画一样来绘制选区。

4.5.1 魔棒工具

【魔棒工具】的使用方法非常简单，只需在图像上单击，就会选择与单击点色调相似的像素。当背景颜色变化不大，需要选取的对象轮廓清楚、与背景色之间也有一定的差异时，使用【魔棒工具】可以快速选择对象，它在实际工作中的使用频率非常高，其选项栏如图4-81所示。

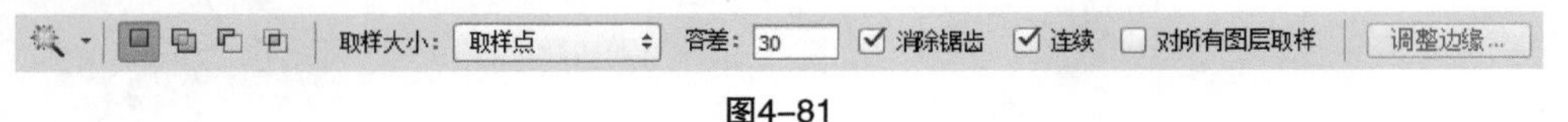

图4–81

【魔棒工具】的重要参数介绍

取样大小：用来设置【魔棒工具】的取样范围。选择【取样点】，可对光标所在位置的像素进行取样；选择【3×3平均】，可对光标所在位置3×3个像素区域内的平均颜色进行取样，其他选项的作用以此类推。

容差：【容差】决定了什么样的像素能够与鼠标单击点的色调相似。当该值较低时，只选择与单击点像素非常相似的少数颜色；该值越高，对像素相似程度的要求就越低，因此，选择的颜色范围就越广。在图像的同一位置单击，设置不同的容差值所选择的区域也不同，如图4-82和图4-83所示的就是分别设置该值为10和30创建的选区。

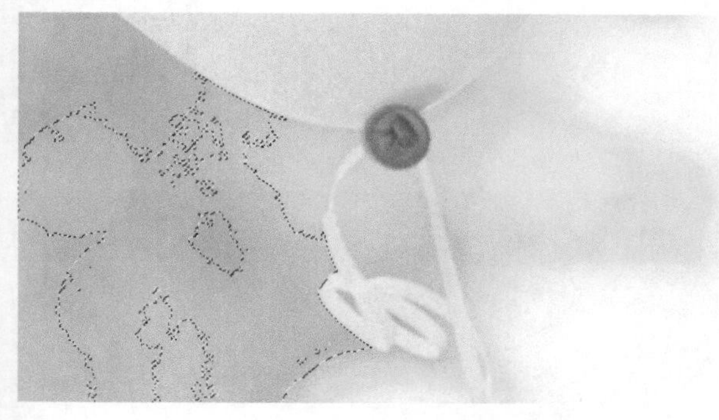

图4-82

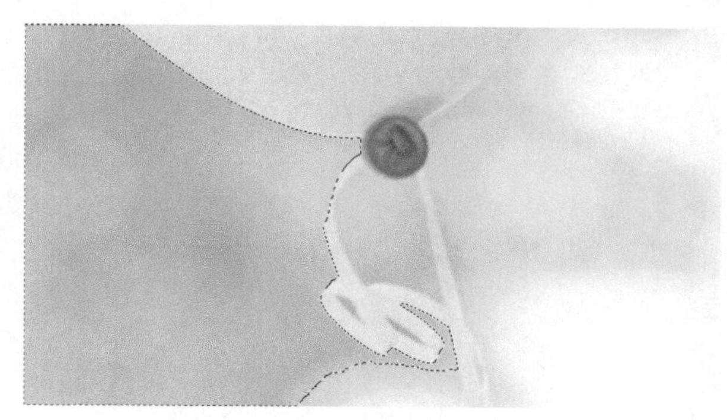

图4-83

连续：勾选该项后，只选择颜色连接的区域，如图4-84所示；取消勾选时，可以选择与鼠标单击点颜色相近的所有区域，包括没有连接的区域，如图4-85所示。

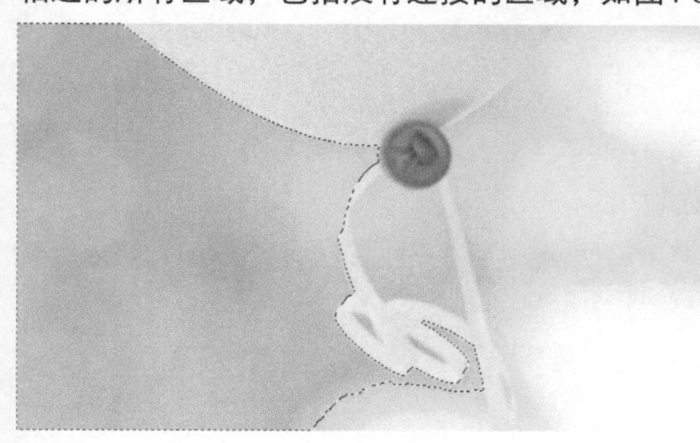

图4-84

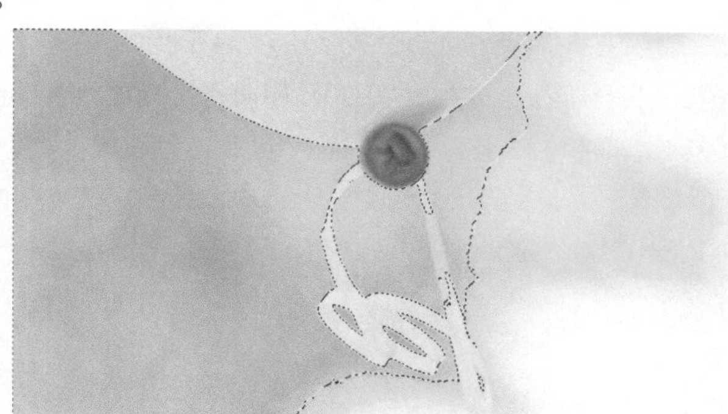

图4-85

对所有图层取样：如果文档中包含多个图层，如图4-86所示，勾选该项时，可选择所有可见图层上颜色相近的区域，如图4-87所示；取消勾选时，则仅选择当前图层颜色相近的区域，如图4-88所示。

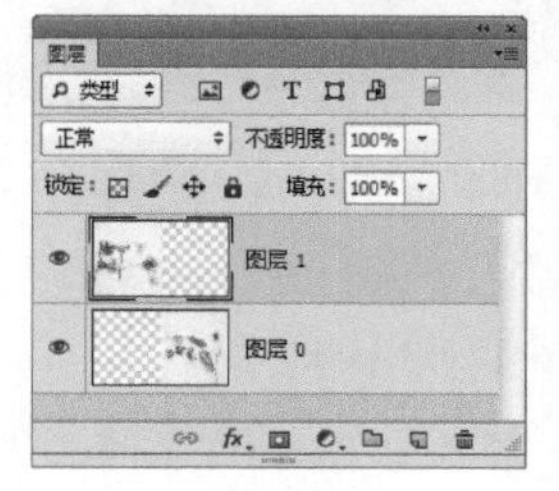

图4-86

图4-87

图4-88

随堂练习 用【魔棒工具】抠图

扫码观看本案例视频

- 实例位置 CH04>用魔棒工具抠图>用魔棒工具抠图.psd
- 素材位置 CH04>用魔棒工具抠图> 1.jpg，2.jpg
- 实用指数 ★★★
- 技术掌握 熟练使用【魔棒工具】

01 打开学习资源中的“CH04>用魔棒工具抠图> 1.jpg”文件，如图4-89所示。

02 选择【魔棒工具】，然后在选项栏设置参数【容差】为30，勾选【连续】，如图4-90所示。接着使用【魔棒工具】在背景的任意位置单击，选择容差范围内的区域，如图4-91所示。

03 按组合键Shift+Ctrl+I反选选区，然后按组合键Ctrl+J将选区内的图层复制到【图层 1】中，如图4-92所示。

图4-89

图4-90

图4-91

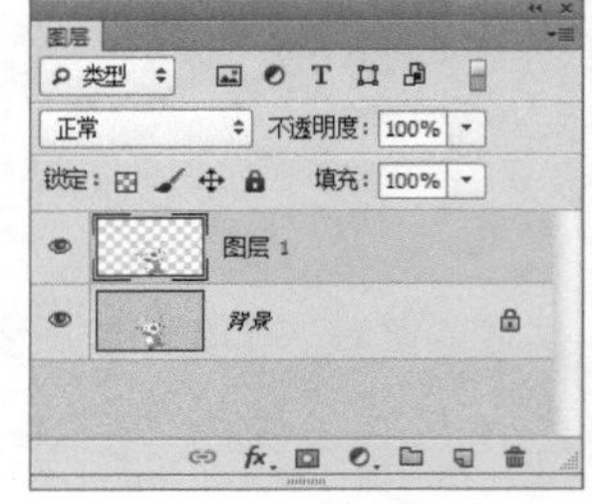

图4-92

04 执行【文件】>【置入】菜单命令，置入【2.jpg】文件，然后按Enter键确认置入。接着执行【图层】>【排列】>【后移一层】菜单命令，效果如图4-93所示。

05 执行【滤镜】>【油画】菜单命令，然后在弹出的【油画】对话框中单击【确定】按钮，最终效果如图4-94所示。

图4-93

图4-94

4.5.2 快速选择工具

【快速选择工具】的使用方法与【画笔工具】类似，该工具能够利用可调整的圆形笔尖快速绘制选区，也就是说可以像画画一样涂抹出选区。在拖动鼠标时，选区还会向外扩展并自动查找跟随图像中定义的边缘。图4-95所示的是【快速选择工具】的选项栏。

对所有图层取样 自动增强 调整边缘...

图4-95

【快速选择工具】的重要参数

选区运算按钮：单击【新选区】按钮，可创建一个新的选区；单击【添加到选区】按钮，可在原选区的基础上添加绘制的选区；单击【从选区减去】按钮，可在原选区的基础上减去当前绘制的选区。

笔尖下拉面板：单击按钮，可在打开的下拉面板中选择笔尖，设置大小、硬度和间距。在绘制选区的过程中，也可以按下]键将笔尖调大；按下[键，将笔尖调小。

对所有图层取样：可基于所有图层（而不是仅基于当前选择的图层）创建选区。

自动增强：可以减少选区边界的粗糙度和块效应。【自动增强】会自动将选区向图像边缘进一步流动并应用一些边缘调整。在【调整边缘】对话框中可以手动应用这些边缘调整。

随堂练习 用【快速选择工具】抠图

扫码观看本案例视频

- 实例位置 CH04>用快速选择工具抠图>用快速选择工具抠图.psd
- 素材位置 CH04>用快速选择工具抠图> 1.jpg，2.jpg
- 实用指数 ★★★
- 技术掌握 熟练使用【快速选择工具】

01 打开学习资源中的"CH04>用快速选择工具抠图> 1.jpg"文件，如图4-96所示。

图4-96

02 选择【快速选择工具】，然后在选项栏设置【笔尖大小】为6，勾选【自动增强】，如图4-97所示。接着在对象上单击并沿身体拖动鼠标，将对象选中，如图4-98所示。再按Alt键在选区中排除背景，最后按组合键Ctrl+J将它复制出来，如图4-99所示。

图4-97

图4-98

图4-99

03 执行【文件】>【置入】菜单命令，置入“2.jpg”文件，然后按Enter键确认置入。接着执行【图层】>【排列】>【后移一层】菜单命令，效果如图4-100所示。

图4-100

4.6 【色彩范围】命令和【快速蒙版】

【色彩范围】命令可用于根据图像的颜色范围创建选区，在这一点它与【魔棒工具】有很大的相似之处，但该命令提供了更多的控制选项，因此，选择精度更高。

4.6.1 【色彩范围】对话框

打开任意素材，如图4-101所示。执行【选择】>【色彩范围】菜单命令，打开【色彩范围】对话框，如图4-102所示。

图4-101

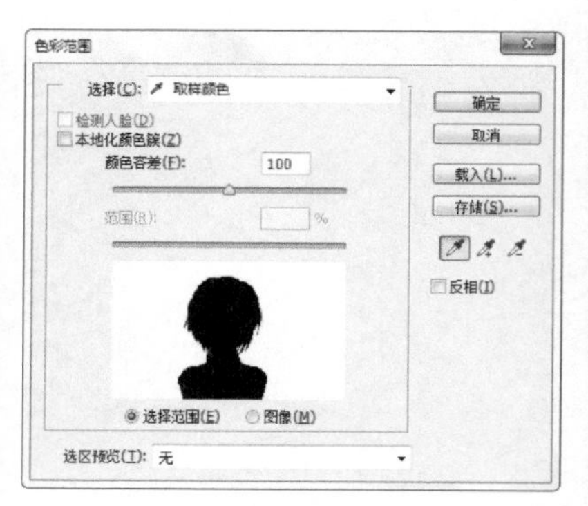

图4-102

【色彩范围】命令的重要参数介绍

选区预览图：选区预览图下方包含两个选项，勾选【选择范围】时，预览区域的图像中，白色代表了被选择的区域，黑色代表了未被选择的区域，灰色代表了被部分选择的区域（带有羽化效果的区域）；如果勾选【图像】，预览区内则会显示彩色图像。

选择：用来设置选区的创建方式。选择【取样颜色】时，在（光标为）文档窗口中的图像上，或【色彩范围】对话框中的预览图像上单击，可对颜色进行取样，如图4-103所示；如果要添加颜色，可单击【添加到取样】按钮，然后在预览区或图像上单击，如图4-104所示；如果要减去颜色，可单击【从取样中减去】按钮，然后在预览区或图像上单击，如图4-105所示。此外选择下拉菜单中的【红色】、【黄色】和【绿色】等选项时，可选择图像中的特定颜色，如图4-106所示；选择【高光】、【中间调】和【阴影】等选项时，可选择图像中的特定色调，如图4-107所示；选择【溢色】选项时，可选择图像中出现的溢色，如图4-108所示；选择【肤色】选项，可选择皮肤颜色。

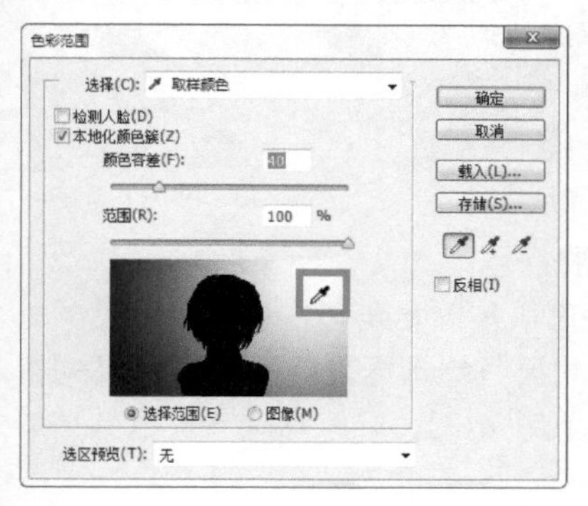

图4-103

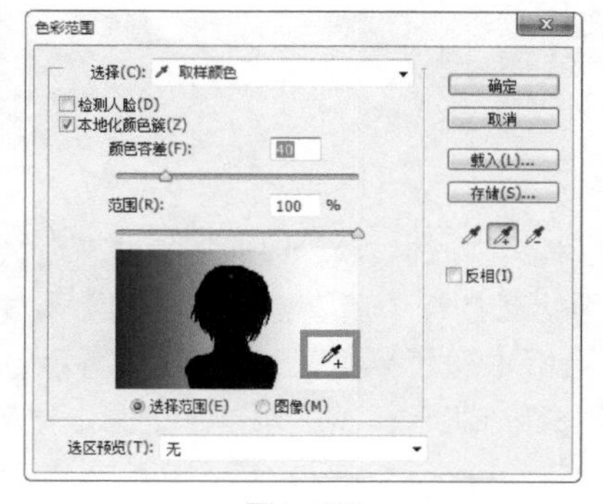

图4-104

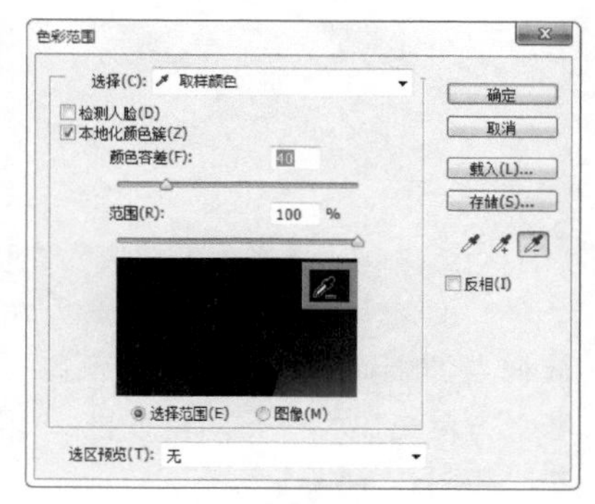

图4-105

图4-106

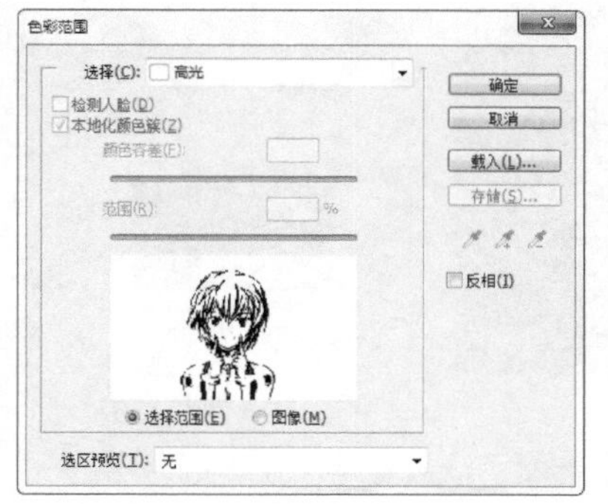

图4-107

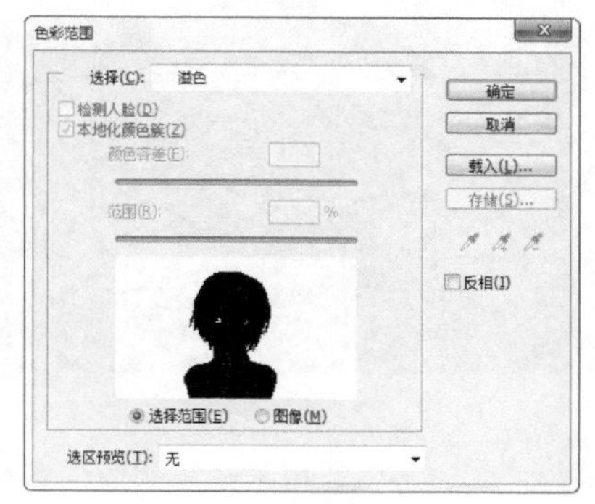

图4-108

选区预览：用来设置文档窗口中选区的预览方式。选择【无】，表示不在窗口显示选区，如图4-109所示；选择【灰度】，可以按照选区在灰度通道中的外观来显示选区，如图4-110所示；选择【黑色杂边】，可在未选择的区域上覆盖一层黑色，如图4-111所示；选择【白色杂边】，可在未选择的区域上覆盖一层白色，如图4-112所示；选择【快速蒙版】，可显示选区在快速蒙版状态下的效果，此时，未选择的区域会覆盖一层宝石红色，如图4-113所示。

图4-109

图4-110

图4-111

图4-112

图4-113

检测人脸：选择人像或人物皮肤时，可勾选该项，以便更加准确地选择肤色。

本地化颜色簇/范围：勾选【本地化颜色簇】后，拖曳【范围】滑块可以控制要包含在蒙版中的颜色与取样点的最大和最小距离。例如，画面中有两朵花，如图4-114所示；如果只想选择其中一朵，可以先在它上方单击鼠标进行颜色取样，如图4-115所示；然后调整【范围】值来缩小范围，就能够避免选中另一朵花，如图4-116所示。

图4-114

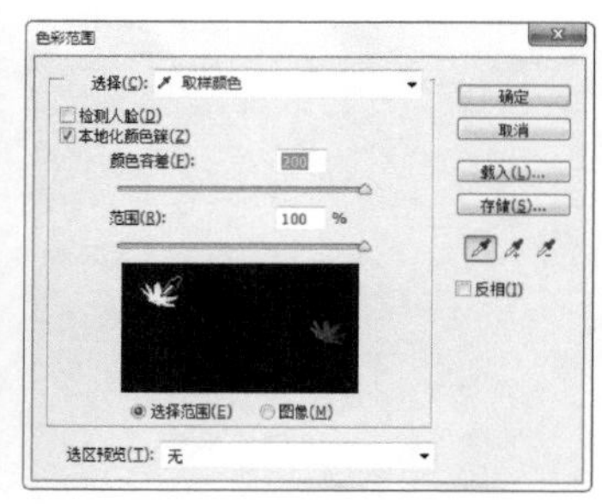

图4-115

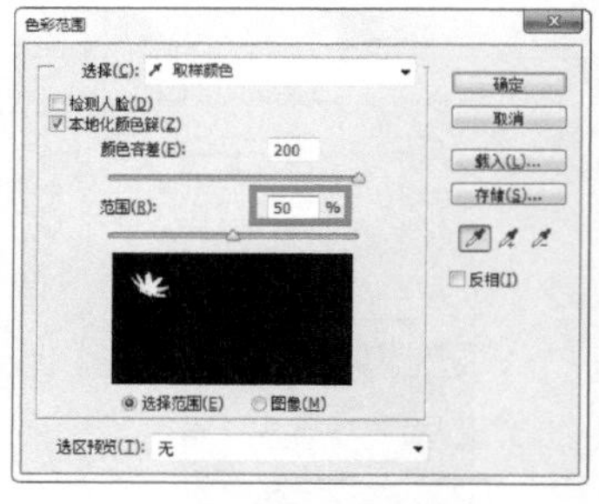

图4-116

颜色容差：用来控制颜色的选择范围，该值越高，包含的颜色越广。图4-117和图4-118所示的分别是设置该值为50和100所包含的颜色范围。

存储/载入：单击【存储】按钮，可以将当前的设置状态保存为选区预设；单击【载入】按钮，可以载入存储的选区预设文件。

反相：可以反转选区，这就相当于创建选区之后，执行【选区】>【反相】菜单命令。

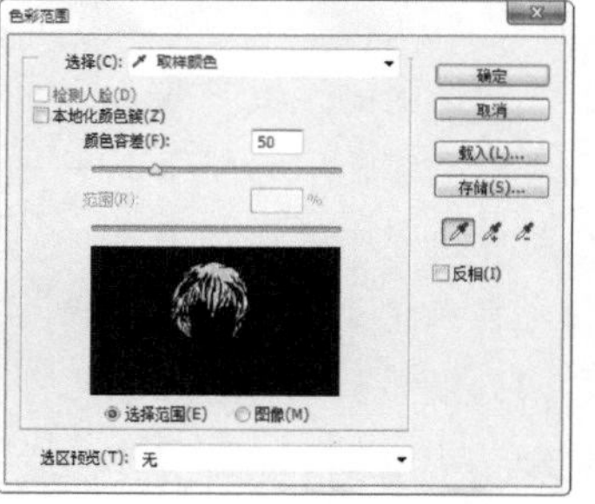

图4-117

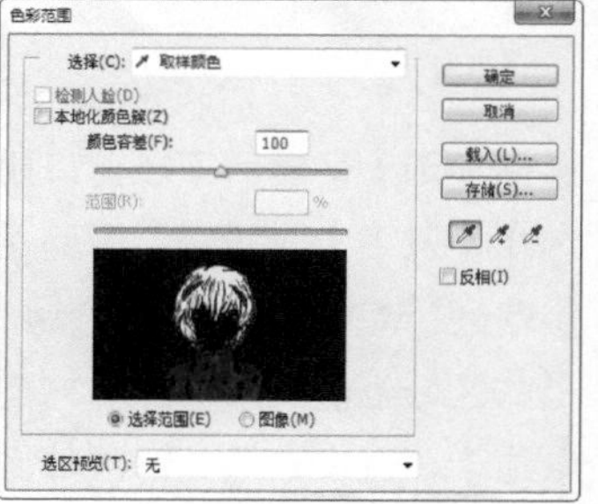

图4-118

Tips

如果在图像中创建了选区，则【色彩范围】命令只应用于选区中的图像，如果要细调选区，可以重复使用该命令。

随堂练习 用【色彩范围】命令抠图

扫码观看本案例视频

- 实例位置 CH04>用色彩范围命令抠图>用色彩范围命令抠图.psd
- 素材位置 CH04>用色彩范围命令抠图> 1.jpg，2.jpg
- 实用指数 ★★★
- 技术掌握 熟练使用【色彩范围】命令

01 打开学习资源中的“CH04>用色彩范围命令抠图> 1.jpg”文件，如图4-119所示。

02 执行【选择】>【色彩范围】菜单命令，然后在弹出的【色彩范围】对话框中设置参数【选择】为【取样颜色】。接着在图像的背景上方单击，取样背景的颜色。再勾选【本地化颜色簇】选项，最后设置【颜色容差】为30、【范围】为100，如图4-120所示。

图4-119

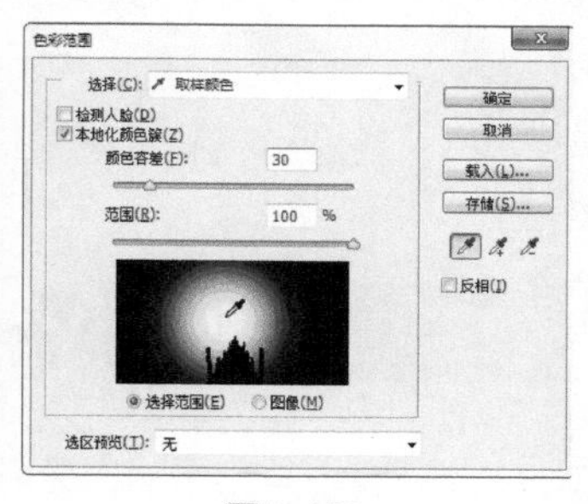

图4-120

03 单击【添加到取样】按钮，然后在【色彩范围】对话框中的选区预览图中单击并向四处移动鼠标，将背景区域全部添加到选区中，如图4-121所示，接着单击【确定】按钮，如图4-122所示。

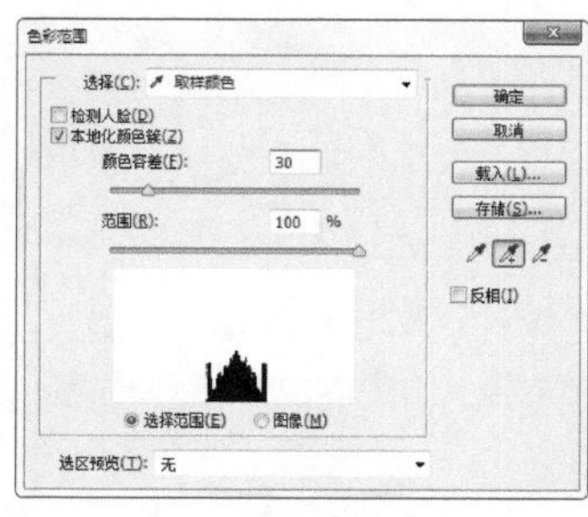

图4-121

图4-122

04 执行【选择】>【反向】菜单命令，然后执行【图层】>【新建】>【通过拷贝的图层】菜单命令，将选区内的图像复制到【图层 1】中，如图4-123所示。

05 置入【2.jpg】文件，然后按Enter键确认置入。接着执行【图层】>【排列】>【后移一层】菜单命令，效果如图4-124所示。

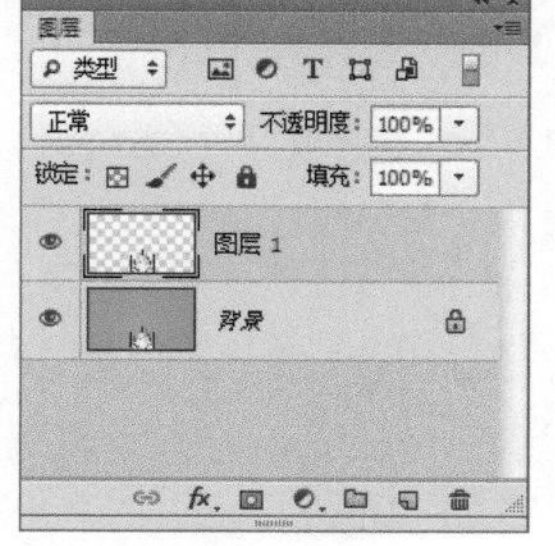

图4-123

图4-124

4.6.2 快速蒙版

【快速蒙版】是一种选区转换工具，它可以将任何选区转换成为一种临时的蒙版进行编辑，它可以直接在图像中进行编辑。将选区作为蒙版在图像中直接编辑的优点是几乎可以使用任何 Photoshop中的工具或滤镜修改蒙版。例如，如果用选框工具创建了一个矩形选区，如图4-125所示。可以按Q键进入快速蒙版模式并使用画笔扩展选区，如图4-126所示（也可以使用滤镜扭曲选区边缘。还可以使用选区工具，因为快速蒙版不是选区），然后退出快速蒙版模式，如图4-127所示。

图4-125

图4-126

图4-127

使用快速蒙版模式后，在该区域中添加或减去保护区域以修改蒙版。当离开快速蒙版模式时，未受保护区域成为选区。

Tips

关于蒙版的相关知识，请参阅“第11章 蒙版”。

4.7 用【调整边缘】命令细化选区

当选择一些细微的图像时，如毛发，可以先用【快速选择工具】或【色彩范围】命令等工具创建一个大致的选区，再使用【调整边缘】命令对选区进行细化操作，从而更精准地抠出对象。

4.7.1 视图模式

在图像中创建选区以后，如图4-128所示，执行【选择】>【调整边缘】菜单命令，可以打开【调整边缘】对话框。先在【视图】下拉菜单中选择一种视图模式，以便更好地观察选区的调整结果，如图4-129所示。

图4-128

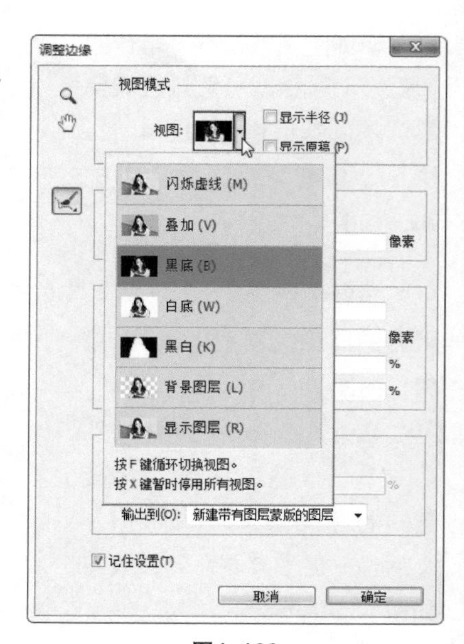

图4-129

视图模式的重要参数介绍

闪烁虚线：可查看具有闪烁边界的选区，如图4-130所示。在羽化的边缘选区上，边界将会围绕被选中50%以上的像素。

叠加：可在快速蒙版状态下查看选区，如图4-131所示。

黑底：在黑色背景上查看选区，如图4-132所示。

图4-130

图4-131

图4-132

白底：在白色背景上查看选区，如图4-133所示。

黑白：可预览用于定义选区的通道蒙版，如图4-134所示。

背景图层：可查看被选区蒙版的图层，如图4-135所示。

图4-133

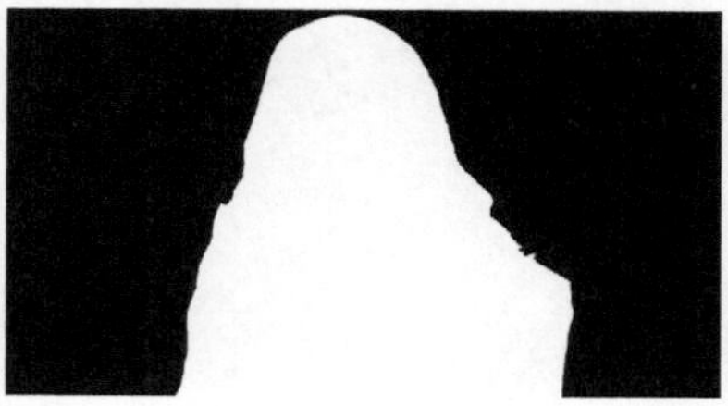

图4-134

图4-135

显示图层：可查看整个图层，不显示选区。

显示半径：显示按半径定义的调整区域。

Tips

按下F键可以循环显示各个视图；按下X键可暂时停用所有视图。

4.7.2 调整选区边缘

在【调整边缘】对话框中，【调整边缘】选项组可以对选区进行平滑、羽化、扩展等处理。创建一个矩形选区，如图4-136所示；然后打开【调整边缘】对话框，选择【背景图层】模式下预览选区效果，如图4-137所示。

图4-136

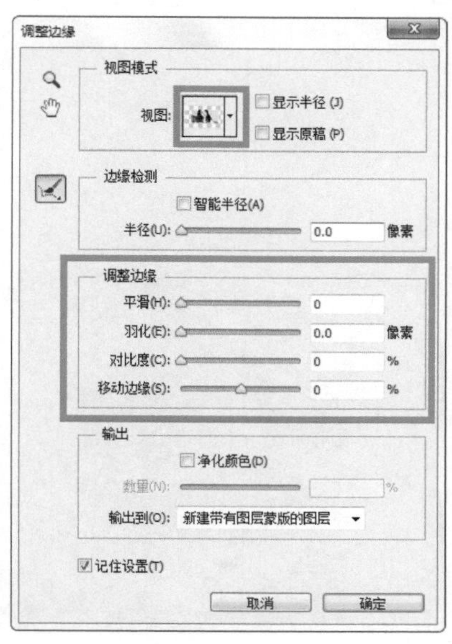

图4-137

【调整边缘】的重要参数介绍

平滑：可以减少选区边界中的不规则区域，创建更加平滑的选区轮廓。对于矩形选区，则可使其边角变得圆滑，如图4-138所示。

羽化：可为选区设置羽化（范围0~250像素），让选区边缘的图像呈现透明效果，如图4-139所示。

图4-138

图4-139

对比度：可以锐化选区边缘并去除模糊的不自然感。对于添加了羽化效果的选区，增加对比度可以减少或消除羽化。

移动边缘：负值表示收缩选区边界；正值表示扩展选区边界。

4.7.3 输出方式

【调整边缘】对话框中的【输出】选项组用于消除选区边缘的杂色、设定选区的输出方式，如图4-140所示。

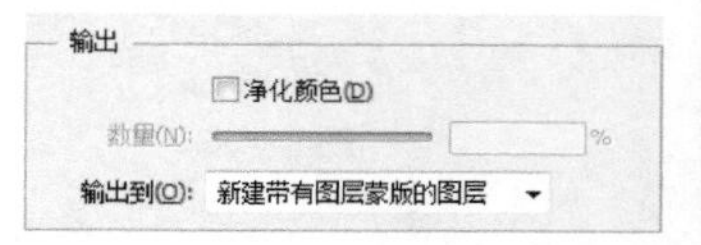

图4-140

输出方式的重要参数介绍

净化颜色：勾选该选项后，拖曳【数量】滑块可以去除图像的彩色杂边。【数量】值越高，清晰范围越广。

输出到：在该选项的下拉列表中可以选择选区的输出方式，如图4-141所示。图4-142所示的是创建了选区的图像，图4-143所示的是图层蒙版、图4-144所示的是新建图层、图4-145所示的是新建带有图层蒙版的图层。

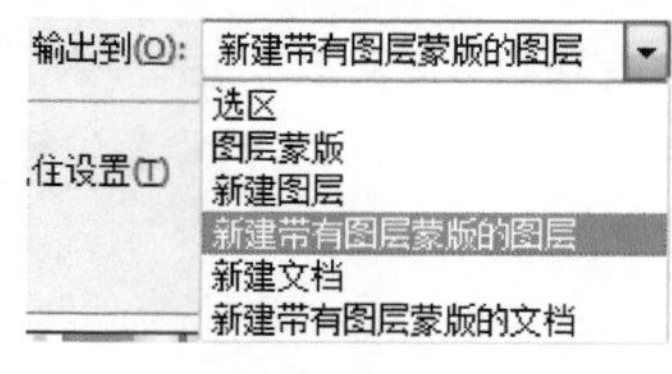

图4-141

图4-142

图4-143

图4-144

图4-145

4.7.4 细化工具和边缘检测

细化工具和边缘检测如图4-146和图4-147所示。

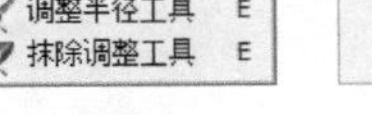

图4-146

图4-147

细化工具和边缘检测的重要参数

调整半径工具：可以扩展检测区域。

涂抹调整工具：可以恢复原始边缘。

智能半径：使半径自动适合图像边缘。

半径：控制调整区域的大小。

Tips

修改选区时，[键和]键可以调整笔尖大小，对话框中的【缩放工具】可以缩放视图，以便观察细节。

随堂练习 用【调整边缘】命令抠狗毛发

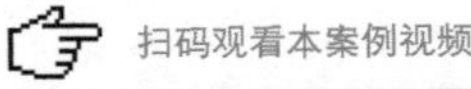

- 实例位置 CH04>用调整边缘命令抠狗毛发>用调整边缘命令抠狗毛发.psd
- 素材位置 CH04>用调整边缘命令抠狗毛发> 1.jpg
- 实用指数 ★★★★
- 技术掌握 学习【调整边缘】命令的使用方法

图4-148

01 打开学习资源中的“CH04>用调整边缘命令抠狗毛发> 1.jpg”文件，如图4-148所示。

02 选择【魔棒工具】，然后在选项栏设置参数【容差】为10，勾选【连续】，如图4-149所示。接着单击白色背景，选中背景，最后执行【选择】>【反相】菜单命令，如图4-150所示。

图4-149

图4-150

03 执行【选择】>【调整边缘】菜单命令，然后在弹出的【调整边缘】对话框中设置参数【视图】为【黑白】，勾选【智能半径】，设置【半径】为250.0，勾选【净化颜色】，设置【数量】为50，设置【输出到】为【新建带有图层蒙版的图层】，如图4-151所示，效果如图4-152所示（可以看到毛发大概被选取出来了）。

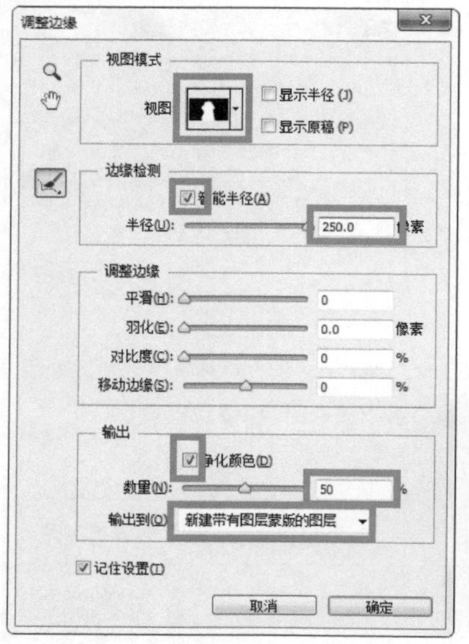

图4-151

04 单击【调整半径工具】按钮，然后在打开的下拉菜单中选择【涂抹调整工具】，再在未被完全选中的内容上涂抹，如图4-153所示（配合使用【调整边缘】对话框中的【缩放工具】；在选项栏中可以设置笔尖大小；按X键可以切换为原图）。

图4-152

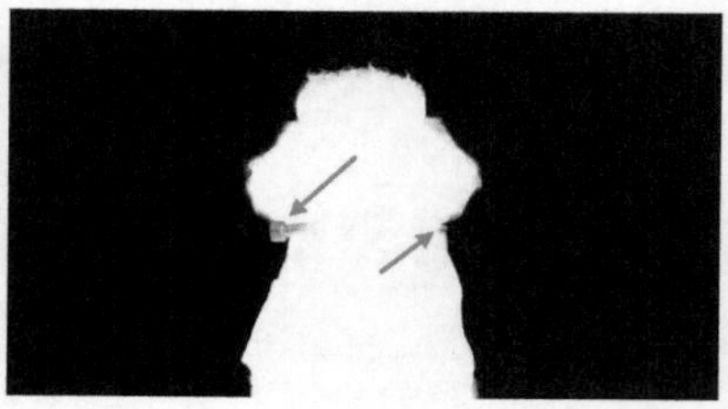

图4-153

05 找到狗狗身体未被完全选中的非毛发区域，然后使用【调整半径工具】涂抹，如图4-154所示，接着单击【确定】按钮，将狗狗抠出，如图4-155所示。

图4-154

图4-155

4.8 编辑选区

创建选区以后，往往要对其进行加工和编辑，才能使选区符合要求。【选择】菜单中包含用于编辑选区的各种命令，下面介绍怎么使用这些命令。

4.8.1 创建边界选区

在图像中创建选区，如图4-156所示，执行【选择】>【修改】>【边界】菜单命令，可以将选区的边界向内部和外部扩展，扩展后的边界与原来的边界形成新的选区。在【边界选区】对话框中，【宽度】用于设置选区扩展的像素值，例如，将该值设置为30像素时，原选区会分别向内和向外各扩展15像素，如图4-157所示。

图4-156

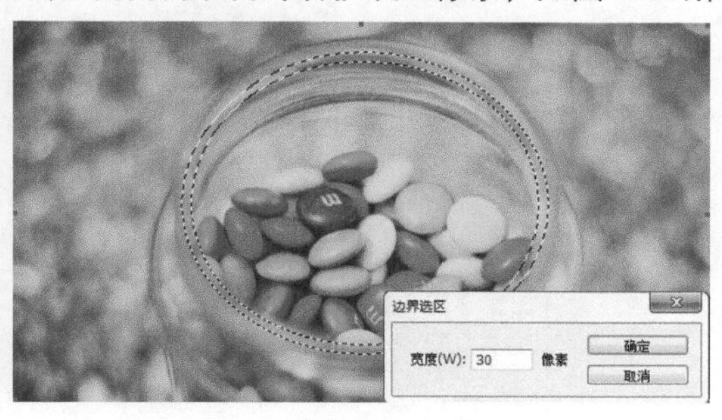

图4-157

4.8.2 平滑选区

创建选区后，如图4-158所示，执行【选择】>【修改】>【平滑】菜单命令，打开【平滑选区】对话框，在【取样半径】中设置数值，可以让选区变得更加平滑，如图4-159所示。

使用【魔棒工具】或【色彩范围】命令选择对象时，选区边缘往往较为生硬，可以使用【平滑】命令对选区边缘进行平滑处理。

图4-158

图4-159

4.8.3 扩展与收缩选区

创建选区以后，如图4-160所示，执行【选择】>【修改】>【扩展】菜单命令，打开【扩展选区】对话框，输入【扩展量】可以扩展选区范围，如图4-161所示。

图4-160

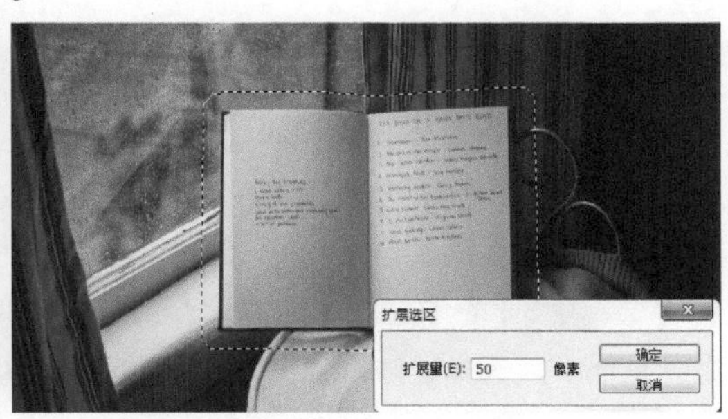

图4-161

执行【选择】>【修改】>【收缩】菜单命令，则可以收缩选区范围，如图4-162所示。

图4-162

4.8.4 对选区进行羽化

【羽化】命令用于对选区进行羽化。羽化是通过建立选区和选区周围像素之间的转换边界来模糊边缘的，这种模糊方式会丢失选区边缘的图像细节。

图4-163所示的是创建的选区，执行【选择】>【修改】>【羽化】菜单命令，打开【羽化】对话框，通过【羽化半径】可以控制羽化范围的大小。图4-164所示的是使用羽化后的选区选取的图像。

图4-163

图4-164

Tips

如果选区较小而羽化设置得较大，就会弹出一个羽化警告，如图4-165所示。单击【确定】按钮，表示确认当前设置的羽化半径，这时选区可能变得非常模糊，以至于在画面中看不到，但选区依然存在。如果不想出现该警告，应减少羽化半径或增大选区的范围。

图4-165

4.8.5 【扩大选取】与【选取相似】

【扩大选取】与【选取相似】都是用来扩展现有选区的命令，执行这两个命令时，Photoshop会基于【魔棒工具】选项栏中的【容差】值来决定选区的扩展范围，【容差】值越高，选区扩展的范围就越大。

执行【选择】>【扩大选取】菜单命令时，Photoshop会查找并选择那些与当前选区中的像素色调相近的像素，从而扩大选择区域。但该命令只用于扩大到与原选区相连接的区域。

执行【选择】>【选取相似】菜单命令时，Photoshop同样会查找并选择那些与当前选区中的像素色调相近的像素，从而扩大选择区域。但该命令可以用于查找整个文档，包括与原选区没有相邻的像素。

例如，图4-166所示的是创建的选区，图4-167所示的是执行【扩大选取】命令的扩展结果，图4-168所示的是执行【选取相似】命令的扩展结果。

图4-166

图4-167

图4-168

Tips

多次执行【扩大选取】或【选取相似】命令，可以按照一定的增量扩大选区。

4.8.6 变换选区

创建好选区后，如图4-169所示，执行【选择】>【变换选区】菜单命令，可以对选区进行移动、旋转和缩放等操作，如图4-170~图4-172所示。

图4-169

图4-170

图4-171

图4-172

Tips

【变换选区】命令和【自由变换】命令不同，使用【变换选区】命令只会更改选区，而使用【自由变换】命令会改变所在图层选中的图像。

在缩放选区的时候，按住Shift键不放可以等比例缩放选区；按住组合键Shift+Alt不放可以以选区中心为原点等比缩放选区。

4.8.7 存储选区

抠一些复杂的图像需要花费大量的时间，为避免因断电或其他原因造成劳动成果付诸东流，应及时保存选区，同时也为以后的使用和修改带来方便，

要存储选区，可单击【通道】面板底部的【将选区存储为通道】按钮，将选区保存在Alpha通道中，如图4-173和图4-174所示。

此外，使用【选择】菜单中的【存储选区】命令也可以保存选区。执行该命令时会打开【存储选区】对话框，如图4-175所示。

图4-173

图4-174

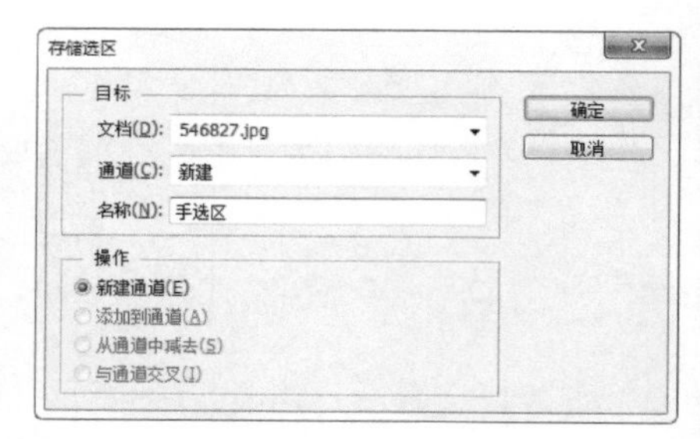

图4-175

【存储选区】对话框的重要参数介绍

文档：在下拉列表中可以选择保存选区的目标文件。在默认情况下，选区保存在当前文档中，也可以选择将其保存在一个新建的文档中。

通道：可以选择将选区保存到一个新建的通道，或保存到其他Alpha通道中。

名称：用来设置选区的名称。

操作：如果保存的目标文件包含有选区，则可以选择如何在通道中合并选区。选择【新建通道】，可以将当前选区存储在新通道中；选择【添加到通道】，可以将选区添加到目标通道的现有选区中；选择【从通道中减去】，可以从目标通道内的现有选区中减去当前的选区；选择【与通道交叉】，可以从与当前选区和目标通道中的现有选区交叉的区域中存储一个选区。

Tips

存储文件时，选择PSB、PSD、PDF和TIFF等格式可以保存多个选区。

4.8.8 载入选区

按住Ctrl键单击通道缩览图，即可将选区载入到图像中，如图4-176所示。此外，执行【选择】>【载入选区】菜单命令也可以载入选区。执行该命令时会打开【载入选区】对话框，如图4-177所示。

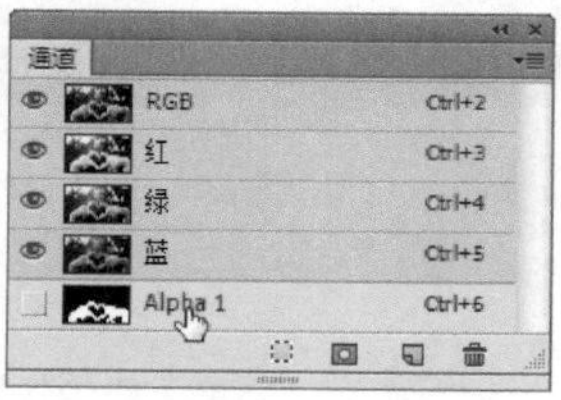

【载入选区】对话框的重要参数介绍

文档：用来选择包含选区的目标文件。

通道：用来选择包含选区的通道。

图4-176

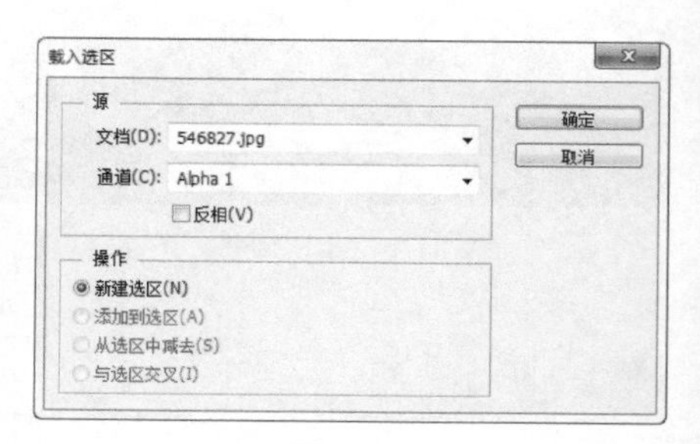

图4-177

反相：可以反转选区，相当于就是载入选区后执行【反相】命令。

操作：如果当前文档中包含选区，可以通过该选项设置如何合并载入的选区。选择【新建选区】，可用

载入的选区替换当前选区；选择【添加到选区】，可将载入的选区添加到当前选区中；选择【从选区中减去】，可以从当前选区中减去载入的选区；选择【与选区交叉】，可以得到载入的选区与当前选区交叉的区域。

4.8.9 填充选区

利用【填充】命令可以在当前图层或选区内填充颜色或图案，同时也可以设置填充时的不透明度和混合模式。执行【编辑】>【填充】菜单命令，或按组合键Shift+F5可以打开【填充】对话框，如图4-178所示。

填充选区的重要参数介绍

内容：用来设置填充内容，包含前景色、背景色、颜色、内容识别、图案、历史记录、黑色、50%灰色和白色等。

模式：用来设置填充内容的混合模式。

不透明度：用来设置填充内容的不透明度。

保留透明区域：勾选该选项以后，只填充图层中包含像素的区域，而透明区域不会被填充。

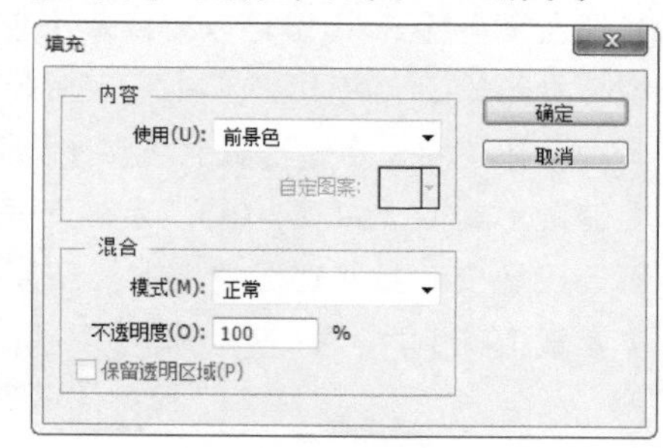

图4-178

4.9 知识拓展

本节主要讲解选区的使用技巧和【多边形套索工具】的拓展运用。

4.9.1 选区使用技巧

当按住Ctrl键或使用【移动工具】时拖曳选区，可以对选区内的对象进行剪切，如图4-179所示。

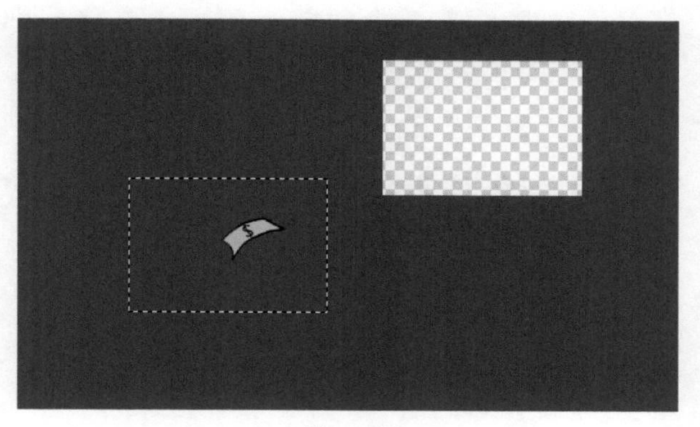

图4-179

选择【移动工具】，按住Alt键拖曳选区，可以对选区内的对象进行复制，如图4-180所示。

选择【移动工具】，同时按住Shift+Alt键拖曳选区，可以对选区内的对象进行水平、垂直或45度的复制，如图4-181所示。

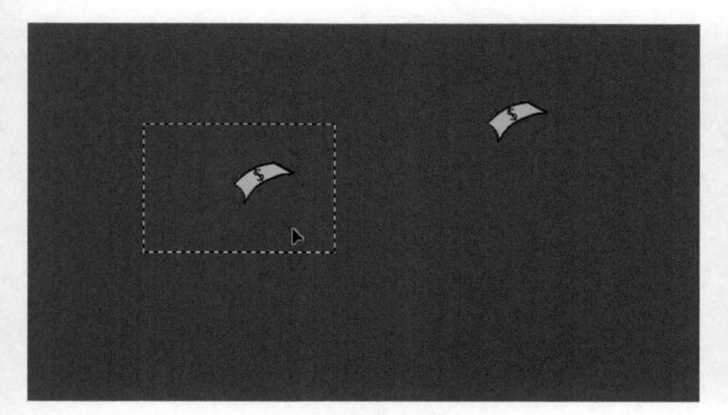

图4-180

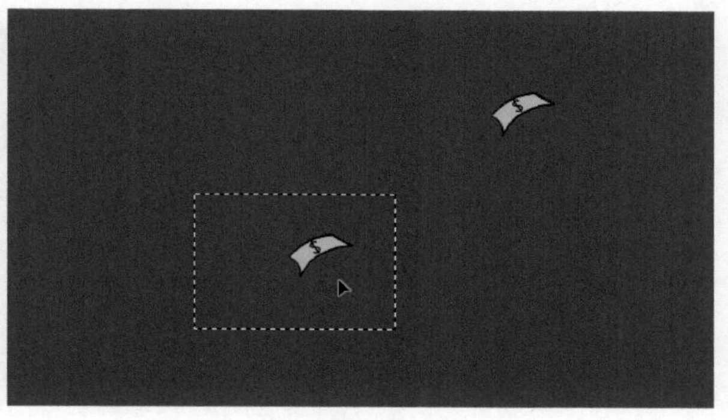

图4-181

4.9.2 多边形套索工具

在实际应用中，套索和磁性套索并不能快速地帮助你勾选出复杂的选区，只有熟练使用【多边形套索工具】才可以帮助用户快速地勾选出各种复杂的选区形状。

在使用的过程中按住Alt键可以互相转换【多边形套索工具】和【套索工具】：使用【套索工具】时需要按住鼠标左键绘制，此时按住Alt键再松开鼠标左键可以转换成【多边形套索工具】，按住鼠标左键再松开Alt键可以转换成【套索工具】，但是这样出错的可能性比较大（同时放开Alt键和鼠标左键会立即封闭选区），在勾选一些较大的选区时，一旦出错几乎就要从头来过，这会浪费很多不必要的时间；而在使用【多边形套索工具】时，如图4-182所示，只需要同时按住Alt键和鼠标左键就可以转换为【套索工具】，如图4-183所示；而同时松开就可以继续回到【多边形套索工具】，如图4-184所示，几乎不会出现自动封闭选区的情况。所以在实际使用中勾选复杂的选区时，【多边形套索工具】更简便于【套索工具】。

图4-182

图4-183

图4-184

CHAPTER

05 图层的分解

图层是Photoshop的核心功能，承载了几乎所有Photoshop的操作，相当于绘画的画纸。本章主要介绍图层的基础应用知识及应用技巧，也深入地讲解了图层地调整方法和混合模式、智能对象等。图层样式、混合模式、蒙版、滤镜、文字和调色命令等都依托于图层而存在。

* 掌握图层样式的用法
* 掌握混合模式的用法
* 掌握图层各个编辑方式
* 了解智能对象

5.1 图层的基础知识

通俗地讲，图层就像是含有文字或图形等元素的透明纸，一个个图层按顺序叠放在一起，组合起来形成页面的最终效果。

5.1.1 了解图层

从图像合成的角度来看，图层就如同一张张堆叠在一起的透明纸，如图5-1所示。每一张纸（图层）上都保存着各自的图像，可以透过上面的透明区域看到下面图层中的图像。

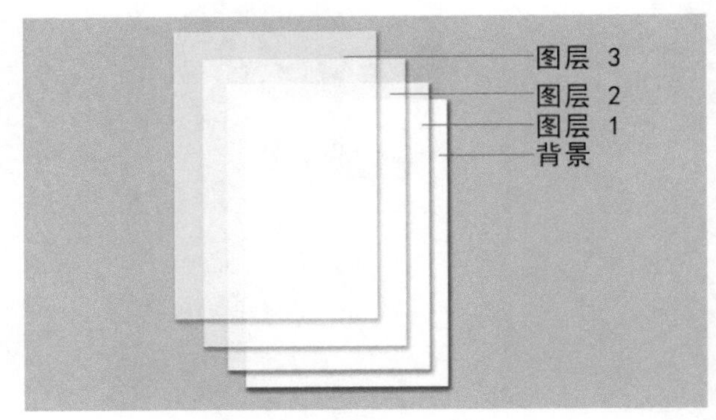

图5-1

图5-2所示的是图像效果和【图层】面板，各个图层中的对象都可以单独处理，而不会影响其他图层中的内容，图5-3所示的是改变了【图层 1】的颜色的效果。图层可以移动，也可以调整堆叠顺序，图5-4所示的是调整【图层 1】到【图层 2】上方后的效果，【图层 2】并没有消失，只是被【图层 1】遮住看不见。

图5-2

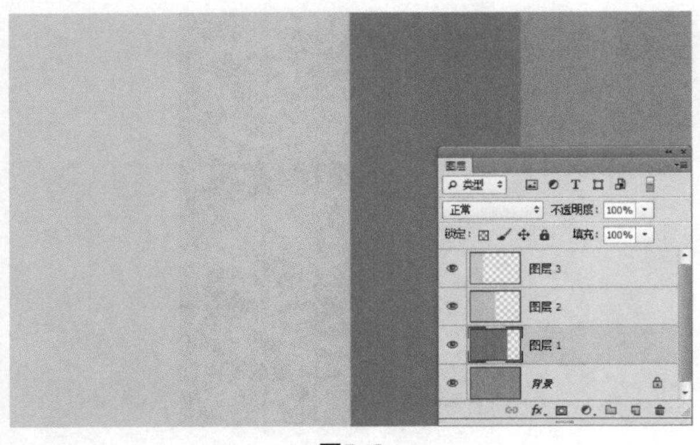

图5-3

图5-4

除【背景】图层外，其他图层都可以通过调整不透明度让图像变得透明，如图5-5所示；修改混合模式，可以让上下层之间的图像产生特殊的混合效果，如图5-6所示。可以反复调节不透明度和混合模式，不会对图像有任何损伤。

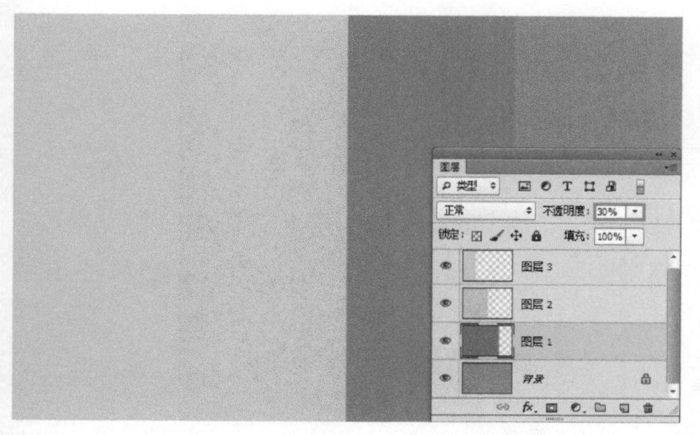
图5-5

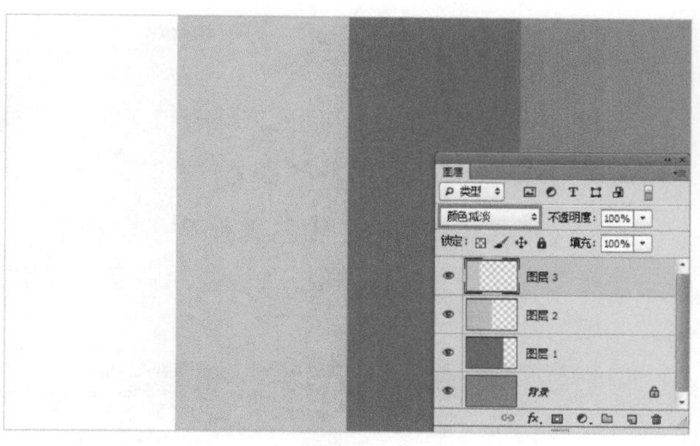
图5-6

Tips

绘画、颜色和色调调整都只能在一个图层中进行，而移动、对齐和变换等，可以一次应用于所选的多个图层。

5.1.2 【图层】面板

【图层】面板用于创作、编辑和管理图层，以及为图层添加样式。面板中列出了文档中包含的所有的图层、图层组和图层效果，如图5-7所示。

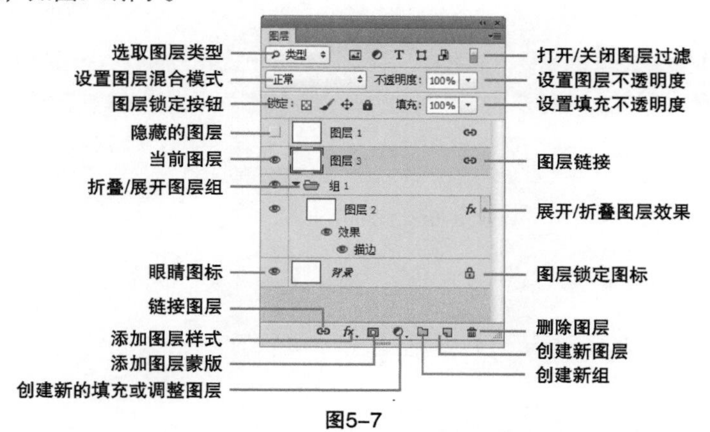

图5-7

在【图层】面板中，图层名称左侧的图像是该图层的缩览图，如图5-8所示，它显示了图层中包含的图像内容，缩览图中的棋盘格代表了图像的透明区域。在图层缩览图上单击鼠标右键，可在打开的快捷菜单中调整缩览图的大小，如图5-9所示。

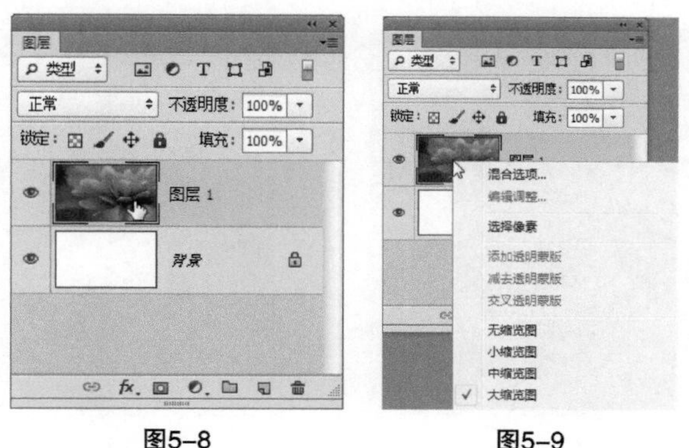
图5-8　　图5-9

5.1.3 创建图层

在Photoshop中，图层的创建方法有很多种，下面具体介绍操作方法。

1.在【图层】面板中创建图层

单击【图层】面板中的【创建新图层】按钮，如图5-10所示，即可在当前图层上面新建一个图层，新建的图层会自动成为当前图层，如图5-11所示。如果要在当前图层的下面新建图层，可以按住Ctrl键单击按钮，如图5-12所示。

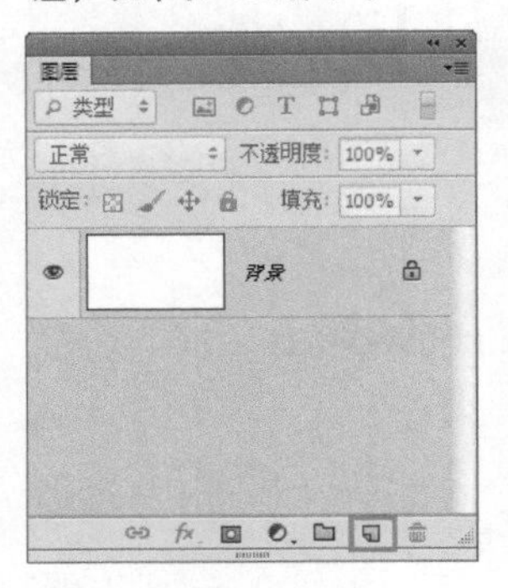

图5-10

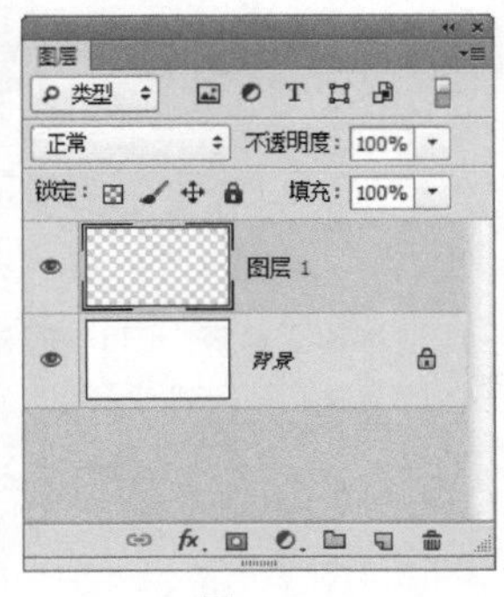

图5-11

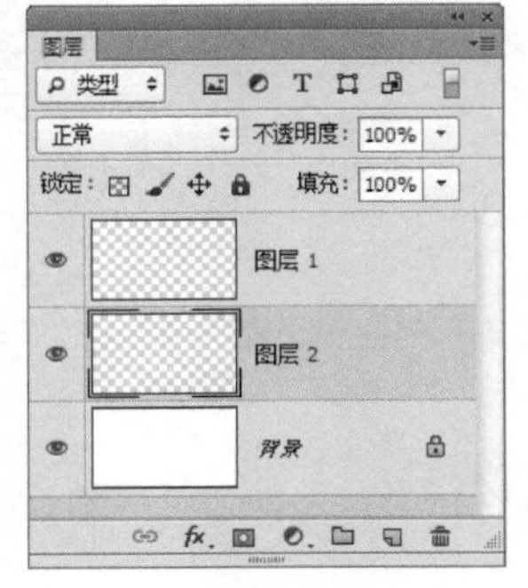

图5-12

Tips

如果当前图层为【背景】图层，即使按住Ctrl键也不能在其下方新建图层。

2.用【新建】命令创建图层

如果想要创建图层并设置图层的属性，如名称、颜色和混合模式等，可以执行【图层】>【新建】>【图层】菜单命令，或按住Alt键单击【创建新图层】按钮，打开【新建图层】对话框进行设置，如图5-13所示。

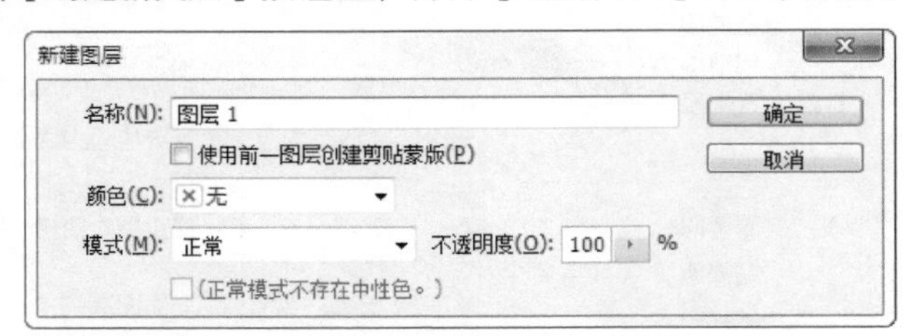

图5-13

3.用【通过拷贝的图层】命令创建图层

如果在图像中创建了选区，如图5-14所示，执行【图层】>【新建】>【通过拷贝的图层】菜单命令，或按组合键Ctrl+J，可以将选中的图像复制到一个新的图层中，原图层内容保持不变，如图5-15所示。如果没有创建选区，执行该命令则会复制当前图层，如图5-16所示。

图5-14

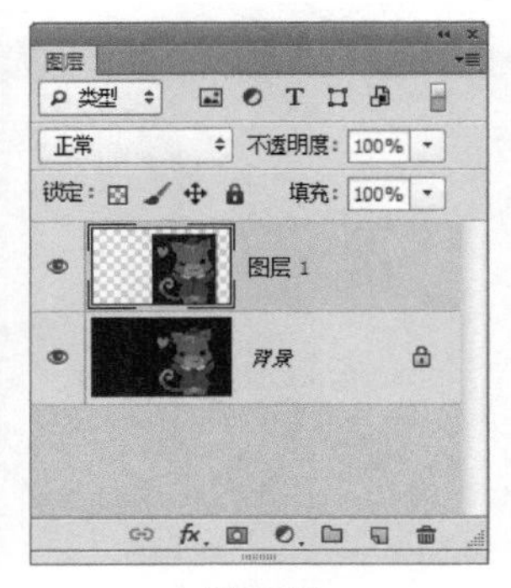

图5-15

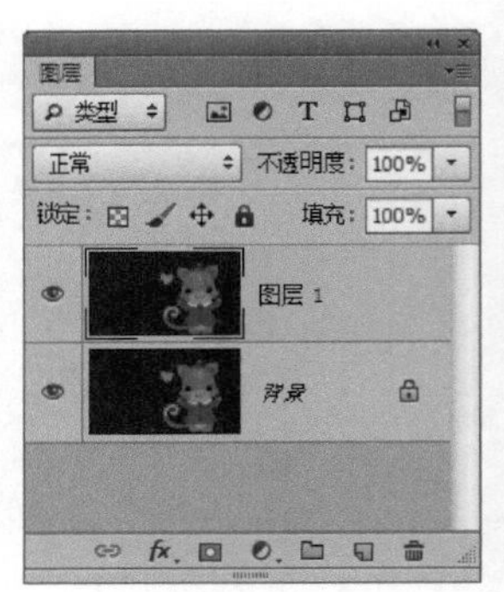

图5-16

4.用【通过剪切的图层】命令创建图层

在图像中创建选区以后，执行【图层】>【新建】>【通过剪切的图层】菜单命令，或按组合键Shift+Ctrl+J，可将选区内的图像从原图层中剪切到一个新的图层中，如图5-17所示。

5.创建【背景】图层

新建文档时，使用白色或背景色作为背景内容，【图层】面板最下面的图层便是【背景】图层，如图5-18所示，使用透明作为背景内容时，没有【背景】图层。

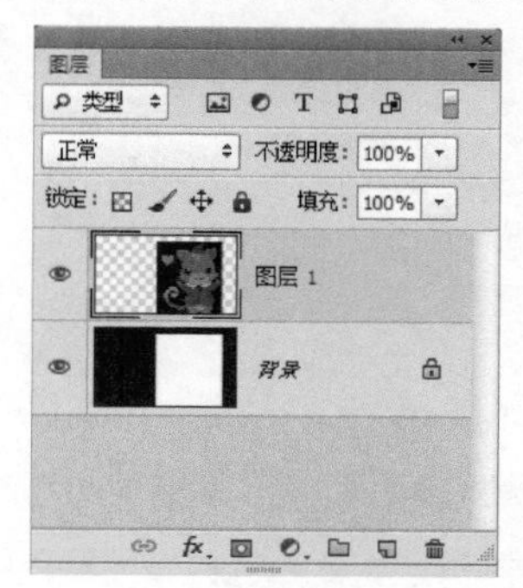

图5-17

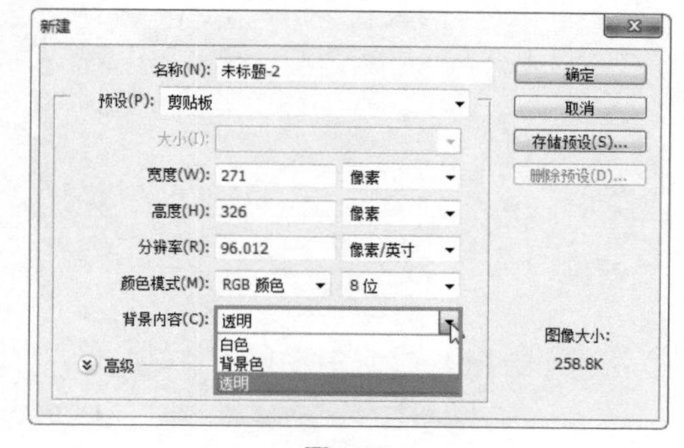

图5-18

6.【背景】图层与普通图层的转换

【背景】图层永远在【图层】面板的最底层，不能调整顺序，不能设置不透明度、混合模式，也不能添加效果。要进行这些操作，需要先将【背景】图层转换为普通图层。

双击【背景】图层，如图5-19所示，在打开的【新建图层】对话框中单击【确定】按钮，即可将其转换为普通图层，如图5-20所示。按住Alt键双击【背景】图层，可以不弹出对话框直接将其转换为普通图层。

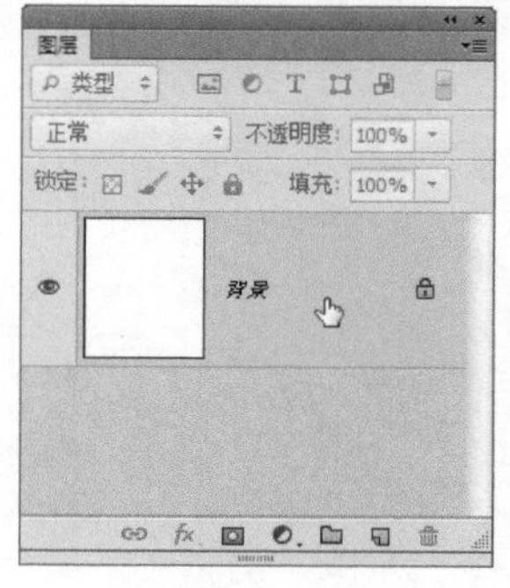

图5-19

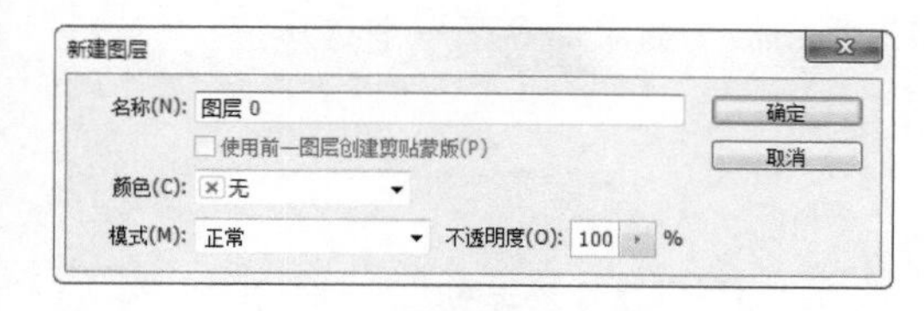

图5-20

如果没有【背景】图层，执行【图层】>【新建】>【背景图层】菜单命令可以转换普通图层为【背景】图层。一个文档中可以没有【背景】图层，但是最多也只能有一个【背景】图层。

Tips

创建选区后，按组合键Ctrl+C可以复制选中的图像，粘贴（按组合键Ctrl+V）图像在其他文档时，会创建一个新的图层。如果两个文档的分辨率设置不同，图像大小也会有所改变。

5.1.4 编辑图层

下面介绍图层的一些基本编辑方法，包括如何选择图层、复制图层、链接图层、显示与隐藏图层和栅格化图层等。

1.选择图层

选择一个图层：单击【图层】面板中的一个图层即可选择该图层，它会成为当前图层，如图5-21所示。

选择多个图层：如果要选择多个相邻的图层，可以单击第一个图层，如图5-22所示，然后按住Shift键单击最后一个图层，如图5-23所示；如果要选择多个不相邻的图层，可按住Ctrl键单击这些图层，如图5-24所示。

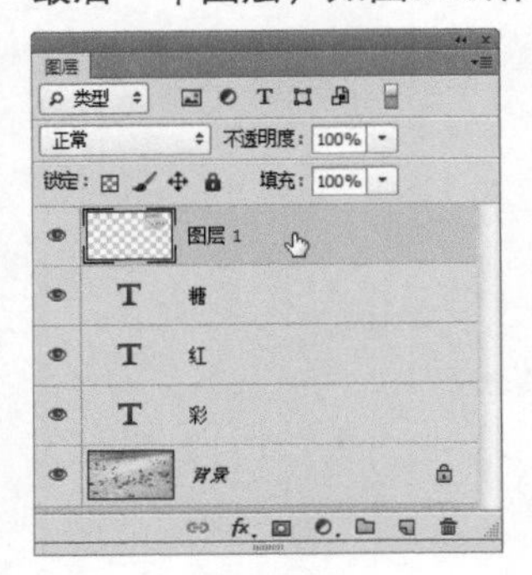

图5-21

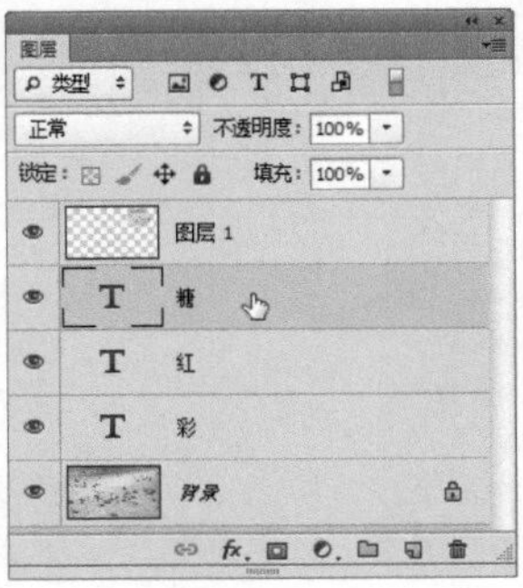

图5-22

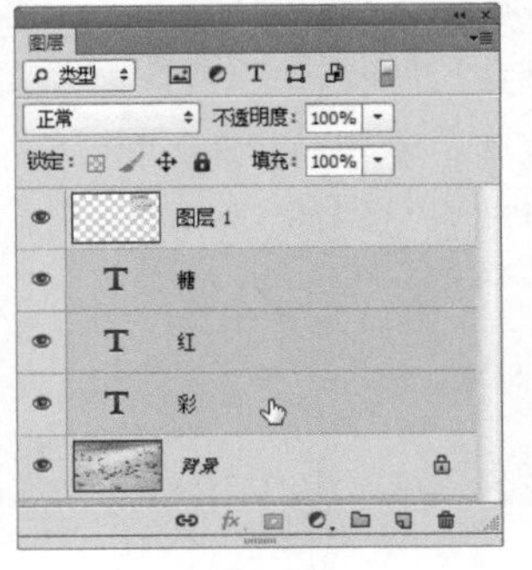

图5-23

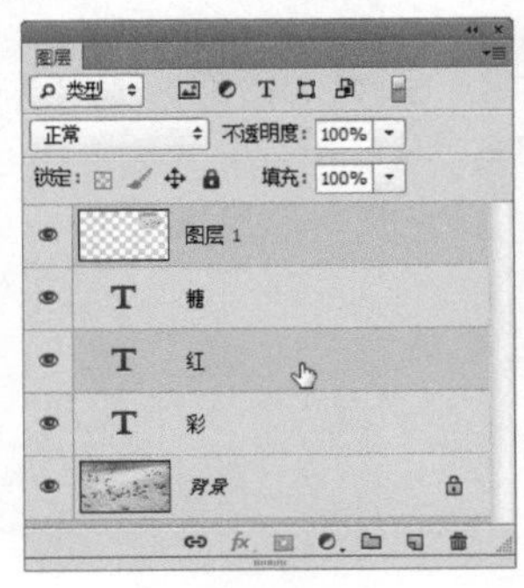

图5-24

选择所有图层：执行【选择】>【所有图层】菜单命令，可以选择【图层】面板中的所有图层，如图5-25所示。

选择链接的图层：选择其中一个链接的图层，如图5-26所示。然后执行【图层】>【选择链接图层】菜单命令，可以选择与之链接的所有图层，如图5-27所示。

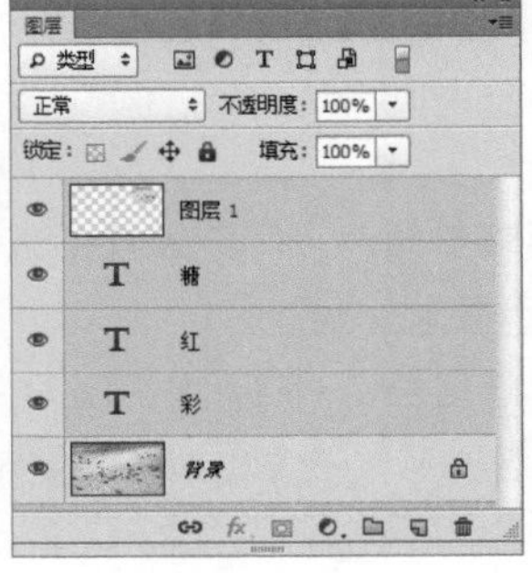

图5-25

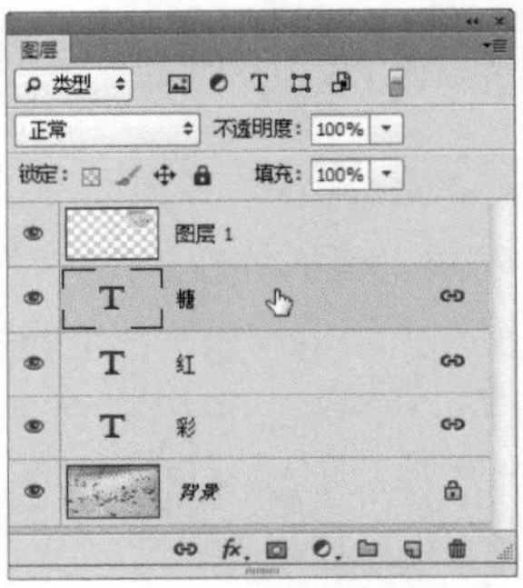

图5-26

图5-27

取消选择图层：如果不想选择任何图层，可在面板中最下面图层空白处单击，如图5-28所示。或执行【选择】>【取消选择图层】菜单命令来取消选择，如图5-29所示。

Tips

选择一个图层后，按下组合键Alt+]，可以将当前图层切换为与之相邻的上一个图层；按组合键Alt+[，可以将当前图层切换为与之相邻的下一个图层。

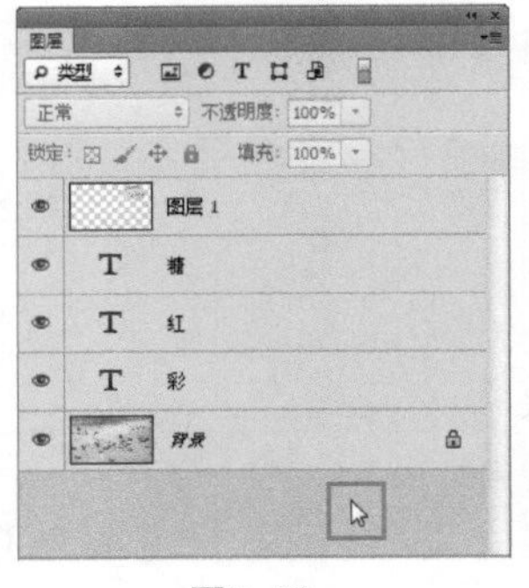

图5-28

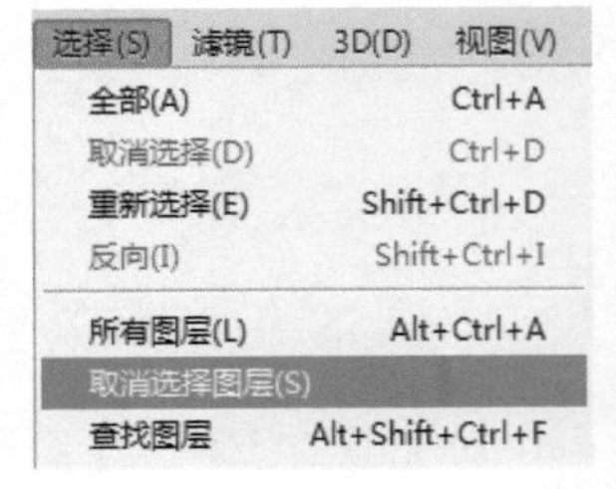

图5-29

2.复制图层

将需要复制的图层拖曳到【创建新图层】按钮上，即可复制该图层，如图5-30和图5-31所示。按组合键Ctrl+J也可复制当前图层。

图5-30

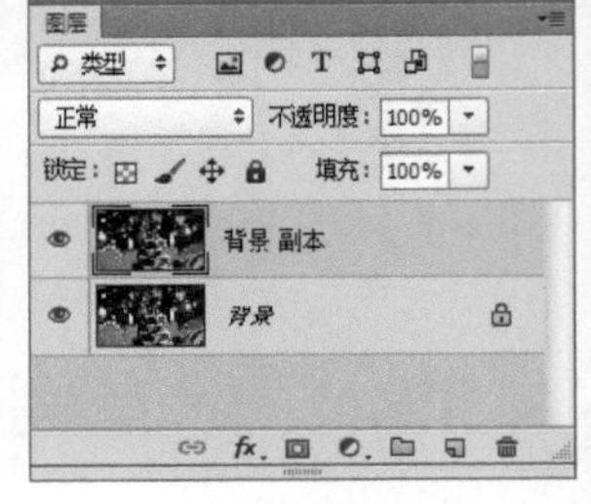

图5-31

选择一个图层，执行【图层】>【复制图层】菜单命令，打开【复制图层】对话框，如图5-32所示。输入图层名称并设置选项，单击【确定】按钮可以复制该图层。

【复制图层】对话框的重要参数介绍

为：用于输入图层名称。

文档：在下拉列表中选择其他打开的文档，可以将图层复制到其他文档中。选择【新建】，可以设置文档的名称，将图层内容创建为一个新文件。

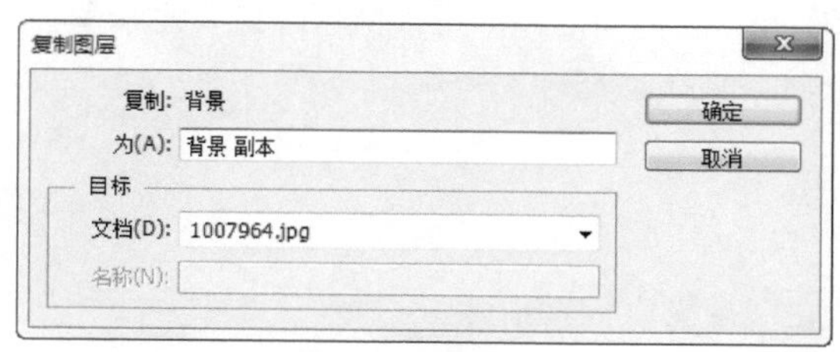

图5-32

3.链接图层

如果要同时移动、变换多个图层，可以将这些图层链接在一起再进行操作。在【图层】面板中选择两个或多个图层，如图5-33所示，单击【链接图层】按钮 ，或执行【图层】>【链接图层】菜单命令，即可将它们链接，如图5-34所示。如果要取消链接，选择需要取消的图层，然后单击 按钮。

图5-33

图5-34

4.修改图层的名称和颜色

如果要修改一个图层的名称，可选择该图层，执行【图层】>【重命名图层】菜单命令，或者双击图层的名称，如图5-35所示，然后在文本框中输入名称，如图5-36所示。如果要修改图层的颜色，可以选择该图层，然后单击鼠标右键，在打开的下拉菜单中选择颜色，如图5-37所示。

图5-35

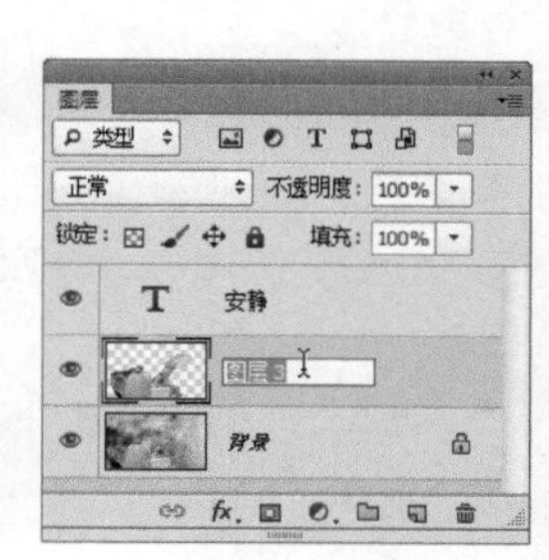

图5-36

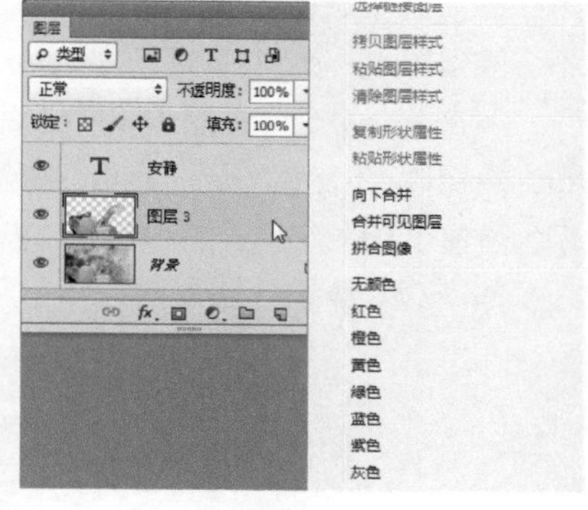

图5-37

5.显示与隐藏图层

图层缩览图前面的眼睛图标 用来控制图层的可见性，显示该图标的图层为可见图层，如图5-38所示。不显示该图标则是隐藏该图层，如图5-39所示。单击一个图层前面的眼睛图标 可以显示和隐藏该图层。

图5-38

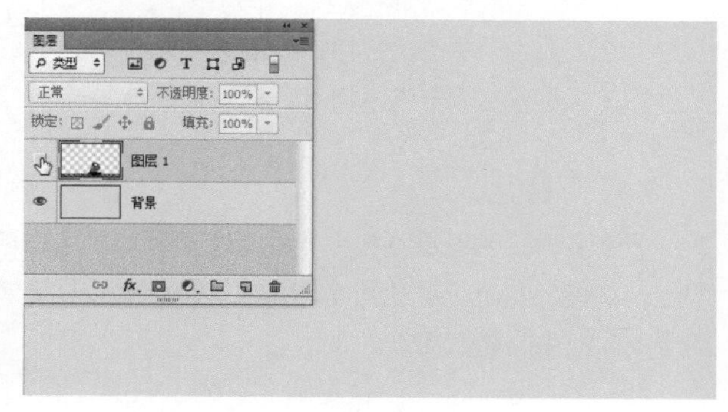

图5-39

将光标放在一个图层的眼睛图标上，单击并在眼睛图标列上拖动鼠标，可以快速隐藏和显示多个图层，如图5-40和图5-41所示。

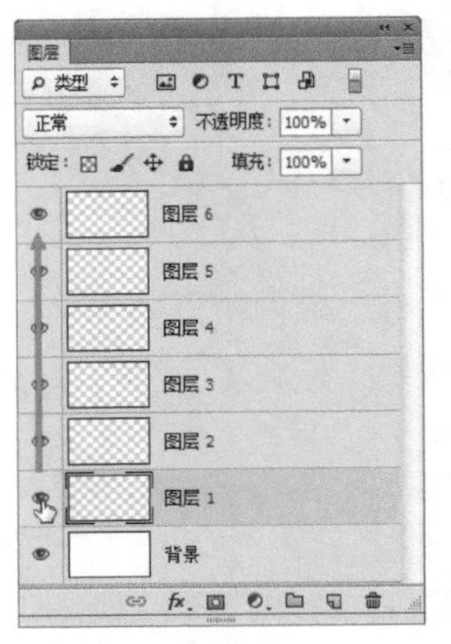

图5-40

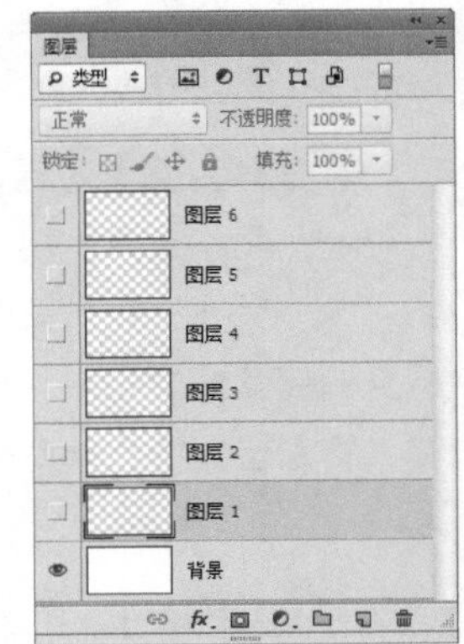

图5-41

Tips

按住Alt键单击一个图层的眼睛图标，可以将该图层以外的其他所有图层全部隐藏，按住Alt键再次单击同一图标，可以恢复其他隐藏图层。

6.锁定图层

【图层】面板中提供了用于保护图层的锁定功能，如图5-42所示。可以根据需要完全锁定或部分锁定图层，以免操作失误对图层的内容造成修改。

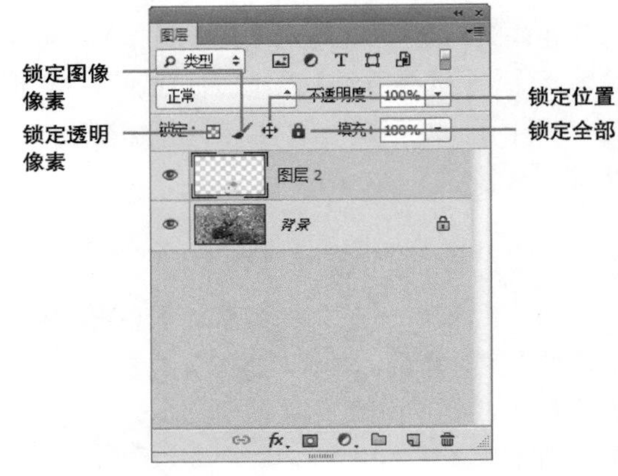

图5-42

锁定图层的具体参数介绍

锁定透明像素：单击该按钮后，可以将编辑范围限定在图层的不透明区域，使用其他工具修改时，透明区域不会受到影响，如图5-43所示。

锁定图像像素：单击该按钮后，只能对图层进行移动和变换操作，不能在图层上绘画、擦除或使用滤镜。图5-44所示的是使用【画笔工具】涂抹图像弹出的警告信息。

图5-43

图5-44

锁定位置：单击该按钮后，图层不能移动。

锁定全部：单击该按钮后，锁定全部选项。

7.删除图层

将需要删除的图层拖曳到【图层】面板中的【删除图层】按钮上，即可删除该图层，如图5-45所示。执行【图层】>【删除】子菜单中的命令，也可以删除当前图层或面板中的隐藏图层。

图5-45

8.栅格化图层

如果要使用绘画工具和滤镜编辑文字图层、形状图层、矢量蒙版和智能对象等图层，需要先将其栅格化，让图层中的内容转化为光栅图像，然后才能进行编辑。

选择需要栅格化的图层，执行【图层】>【栅格化】子菜单中的命令即可栅格化图层中的内容，如图5-46所示。图5-47和图5-48所示的是栅格化文字的图层效果。

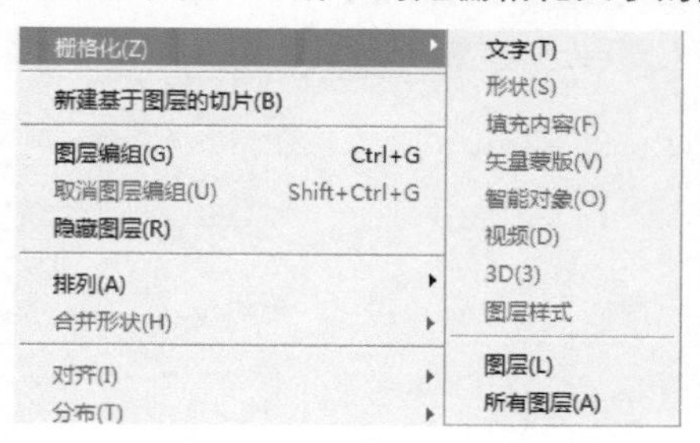

图5-46

图5-47

图5-48

9.清除图像杂边

移动或粘贴选区时，选区边框周围的一些像素也会包含在选区内。执行【图层】>【修边】子菜单中的命令可以清除这些多余的像素，如图5-49所示。

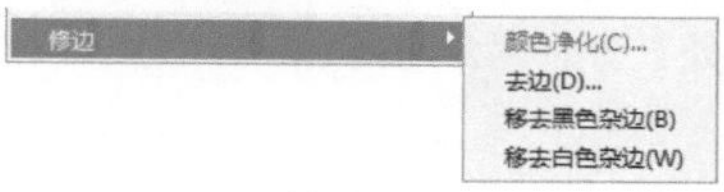

修边
颜色净化(C)...
去边(D)...
移去黑色杂边(B)
移去白色杂边(W)

图5-49

【修边】命令的各个子命令介绍

颜色净化：去除彩色杂边。

去边：用包含纯色（不含背景色的颜色）的邻近像素的颜色替换任何边缘像素的颜色。

移去黑色杂边：如果将黑色背景上创建的消除锯齿的选区粘帖到其他颜色的背景上，可执行该命令消除黑色杂边。

移去白色杂边：如果将白色背景上创建的消除锯齿的选区粘贴到其他颜色的背景中，可执行该命令消除白色杂边。

5.1.5 排列与分布图层

在【图层】面板中，图层是按照创建的先后顺序排列的，图层的顺序可以重新调整，也可以将多个图层对齐。

1.调整图层堆叠顺序

在【图层】面板中，将一个图层拖曳到另一个图层上面或下面即可调整图层顺序，改变图层顺序会影响图像显示效果，如图5-50和图5-51所示。

图5-50

图5-51

选择一个图层，然后执行【图层】>【排列】子菜单中的命令，也可以调整图层的堆叠顺序，如图5-52所示。

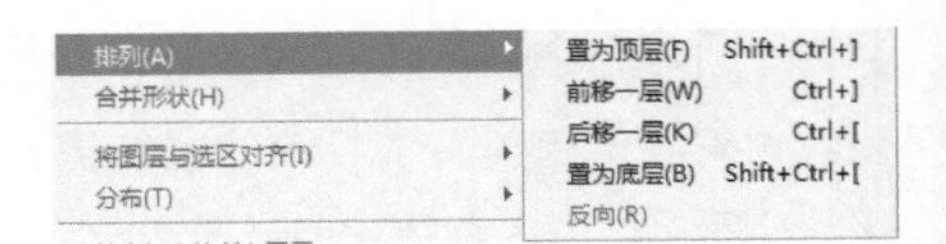

图5-52

2.对齐图层

如果要将多个图层中的图像内容对齐，可在【图层】面板中选择它们，然后在【图层】>【对齐】子菜单中选择一个对齐命令对它们进行操作，如图5-53所示。只有选择两个或两个以上图层，【对齐】选项才可用。

图5-54所示的是原图，图5-55所示的是选中的图层。

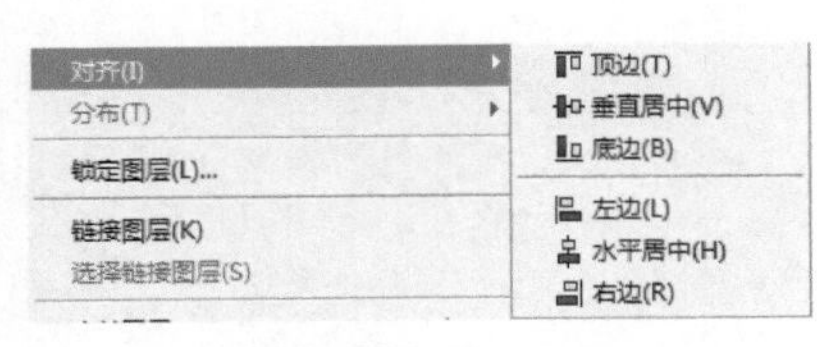

图5-53

图5-54

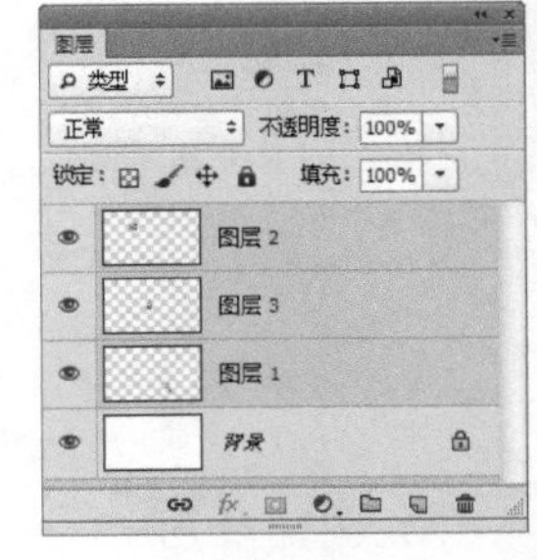

图5-55

执行【图层】>【对齐】>【顶边】菜单命令，可以将每个选定的图层对齐到所有选定图层最顶端的像素处，如图5-56所示。

执行【图层】>【对齐】>【垂直居中】菜单命令，可以将每个选定的图层对齐到所有选定图层的垂直中心像素处，如图5-57所示。

执行【图层】>【对齐】>【底边】菜单命令，可以将每个选定的图层对齐到所有选定图层的最底端像素处，如图5-58所示。

图5-56

图5-57

图5-58

执行【图层】>【对齐】>【左边】菜单命令，可以将每个选定的图层对齐到所有选定图层的最左端像素处，如图5-59所示。

执行【图层】>【对齐】>【水平居中】菜单命令，可以将每个选定的图层对齐到所有选定图层的水平中心像素处，如图5-60所示。

执行【图层】>【对齐】>【右边】菜单命令，可以将每个选定的图层对齐到所有选定图层的最右端像素处，如图5-61所示。

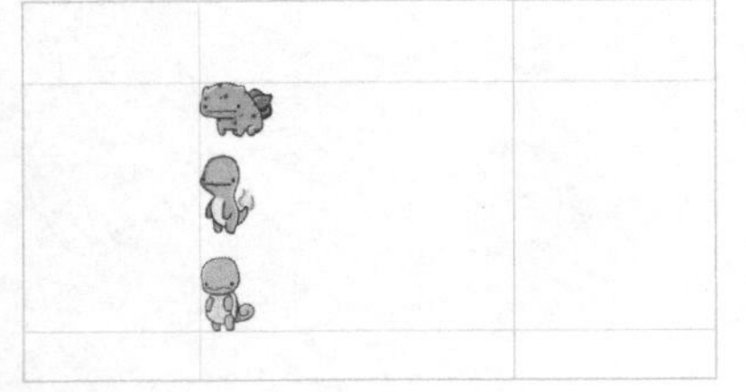

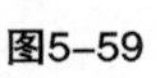

图5-59

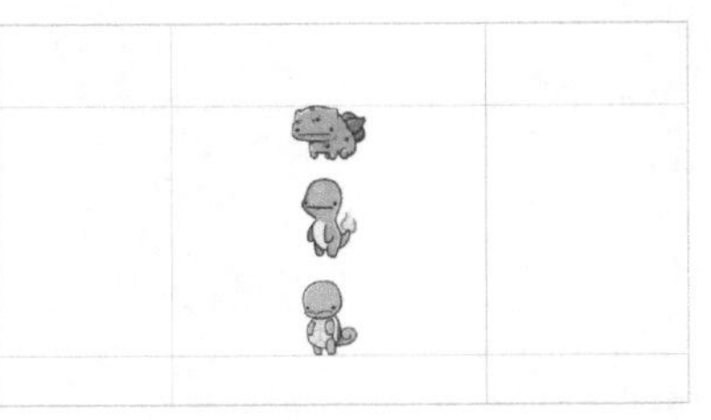

图5-60

图5-61

3.分布图层

如果要让3个或3个以上的图层采用一定的规律均匀分布，可以选择这些图层，然后执行【图层】>【分布】子菜单中的命令进行操作，如图5-62所示。

图5-63所示的是原图，图5-64所示的是选中的图层。

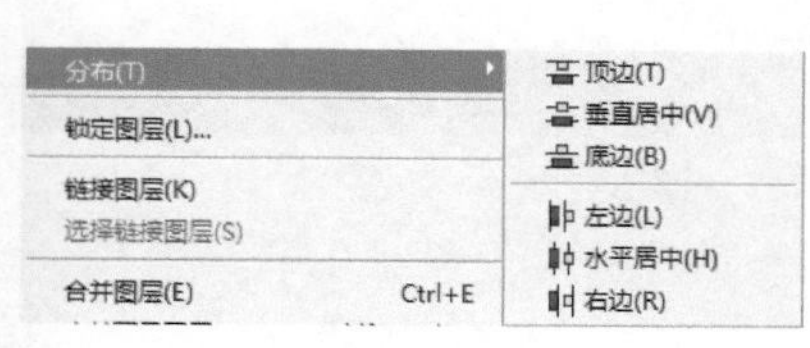

图5-62

图5-63

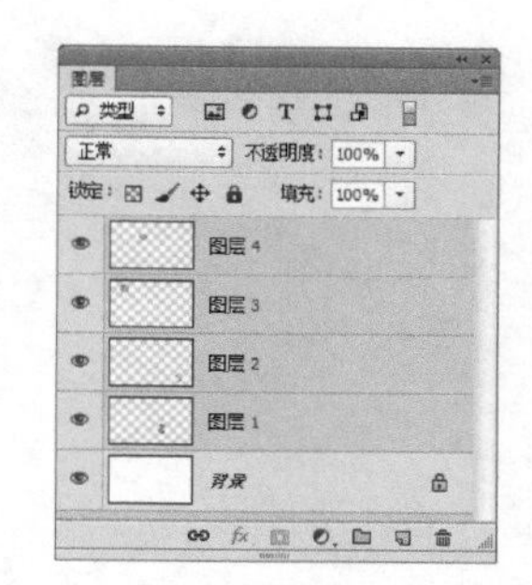

图5-64

执行【图层】>【分布】>【顶边】菜单命令，可以从每个图层的顶端像素处开始，间隔均匀地分布图层，如图5-65所示。

执行【图层】>【分布】>【水平居中】菜单命令，可以从每个图层的水平中心处开始，间隔均匀地分布图层，如图5-66所示。

图5-65

图5-66

执行【垂直居中】命令，可以从每个图层的垂直中心像素处开始，间隔均匀地分布图层；执行【底边】命令，可以从每个图层的底端像素处开始，间隔均匀地分布图层；执行【左边】命令，可以从每个图层的左端像素处开始，间隔均匀地分布图层；执行【右边】命令，可以从每个图层的右端像素处开始，间隔均匀地分布图层。

Tips

选中需要对齐或分布的图层后，选择【移动工具】，在选项栏中可以快速对齐或分布图层，如图5-67所示。

自动选择： 组 显示变换控件

图5-67

4.将图层与选区对齐

在画面中创建选区后，如图5-68所示；选择一个图层，如图5-69所示；执行【图层】>【将图层与选区对齐】子菜单中的命令，如图5-70所示，可基于选区对齐所选图层；图5-71所示的是应用【左边】命令的效果，图5-72所示的是应用【底边】命令的效果。

图5-68

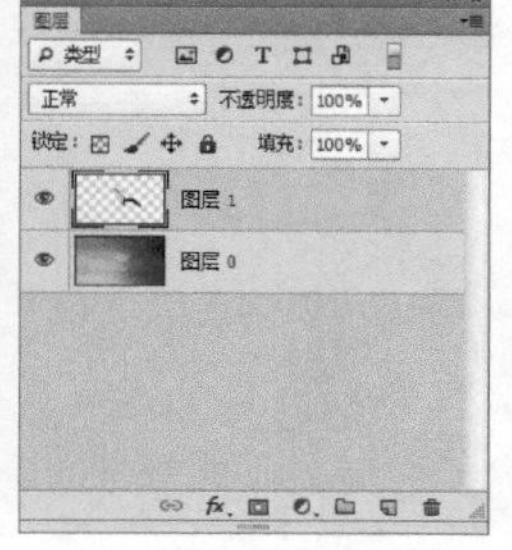

图5-69

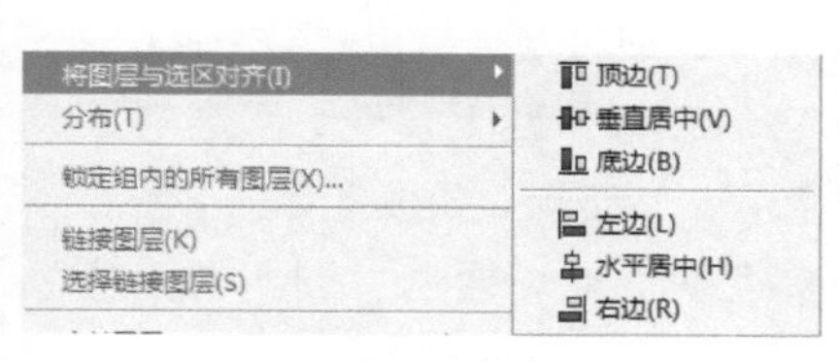

图5-70

图5-71

图5-72

5.2 合并与盖印图层

如果一个文档中含有过多的图层、图层组和图层样式，会占用非常多的计算机内存资源，导致计算机的处理速度变慢。遇到这种情况可以将相同属性的图层合并，将没有用处的图层删除，就可以减小文件的大小，释放内存空间。

5.2.1 合并图层

如果要合并两个或多个图层，可在【图层】面板中将它们选中，然后执行【图层】>【合并图层】菜单命令，合并后的图层使用最上面图层的名称，对图5-73执行【合并图层】命令后，效果如图5-74所示。

图5-73

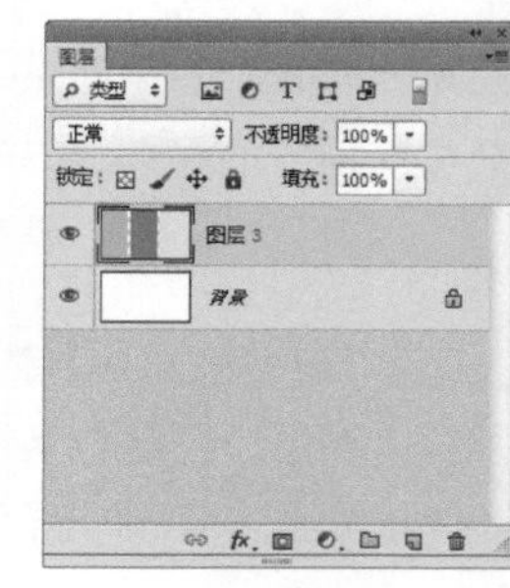

图5-74

5.2.2 向下合并图层

如果想要将一个图层与它下面的图层合并，可以选择该图层，如图5-75所示。然后执行【图层】>【向下合并】菜单命令，或按组合键Ctrl+E，合并后的图层使用最下面图层的名称，如图5-76所示。

图5-75

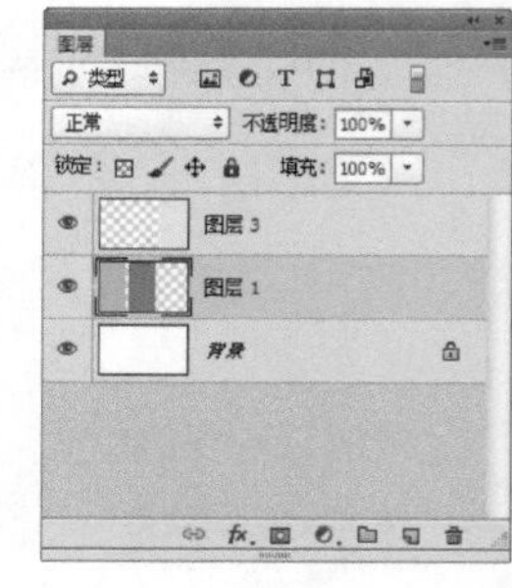

图5-76

5.2.3 合并可见图层

图5-77所示的是原图，如果要合并所有可见的图层，可以执行【图层】>【合并可见图层】菜单命令，或按组合键Shift+Ctrl+E，它们会合并到【背景】图层中，如图5-78所示。如果【背景】图层不可见，它们会合并到当前图层中，如图5-79所示。

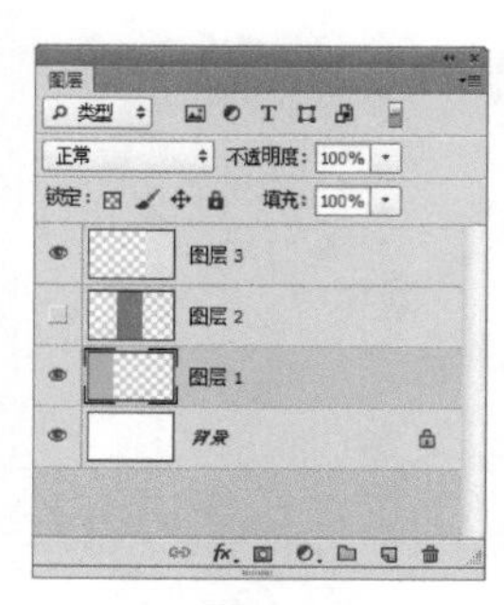

图5-77

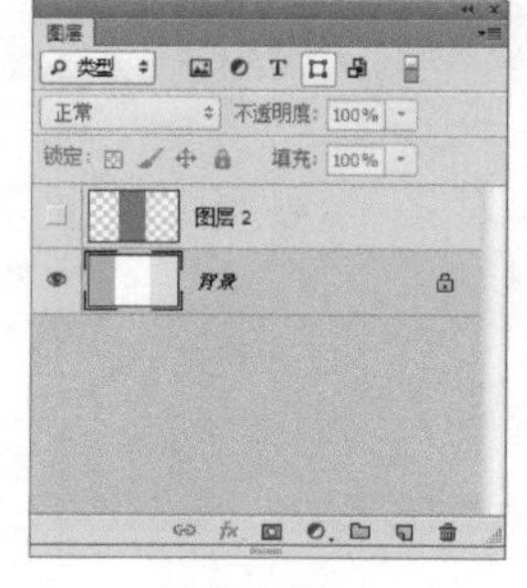

图5-78

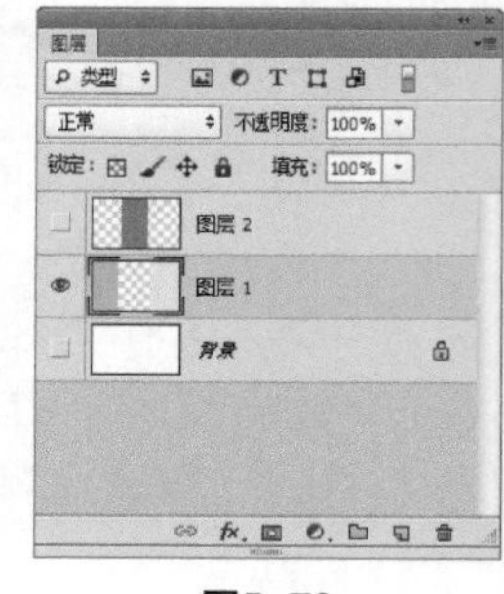

图5-79

5.2.4 拼合图层

如果要将所有图层都拼合到【背景】图层中，可以执行【图层】>【拼合图层】菜单命令。如果有隐藏的图层，则会弹出一个提示，询问是否删除隐藏的图层，如图5-80所示。

图5-80

5.2.5 盖印图层

盖印可以将多个图层中的图像内容合并到一个新的图层中，同时保持其他图层完好无损。如果想要得到某些图层的合并效果，而又要保持原图完整时，盖印是最好的办法。

1.向下盖印

选择一个图层，如图5-81所示。按组合键Ctrl+Alt+E，可以将该图层中的图像盖印到下面的图层中，原图保持不变，如图5-82所示。

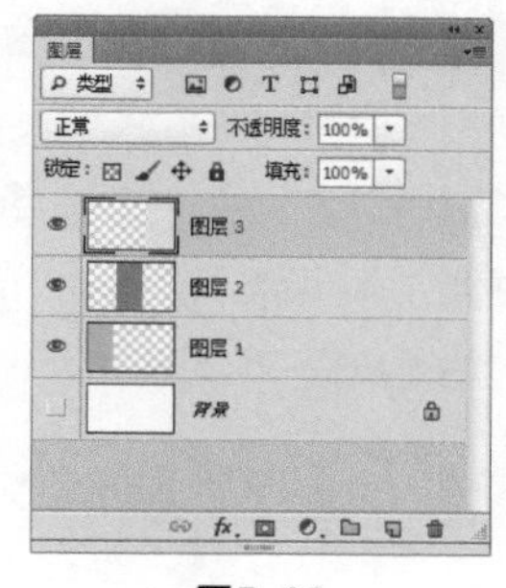

图5-81

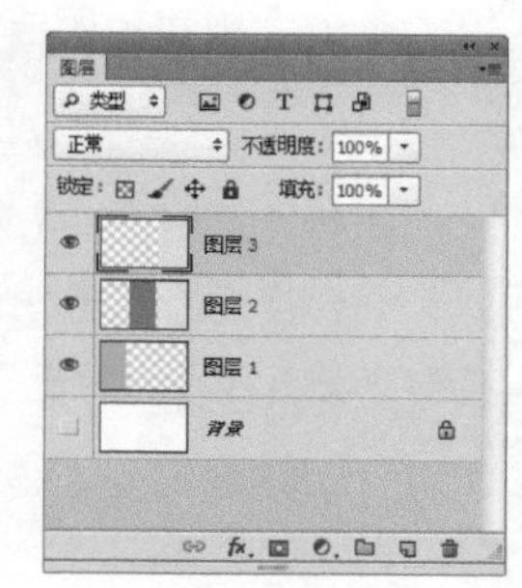

图5-82

2.盖印多个图层

选择多个图层，如图5-83所示。按组合键Ctrl+Alt+E，可以将它们盖印到一个新的图层中，原有的图层全部保持不变，如图5-84所示。

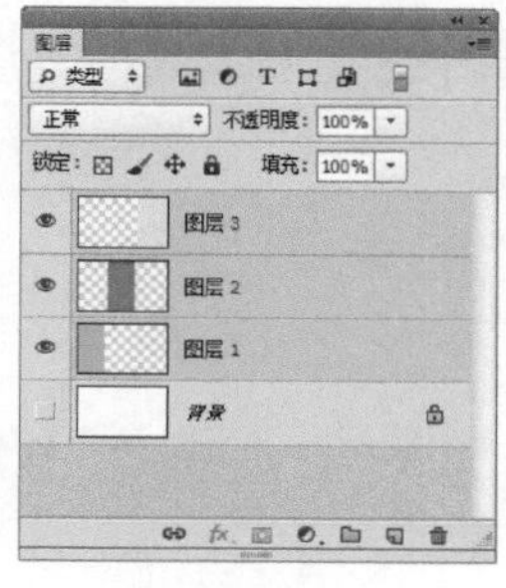

图5-83

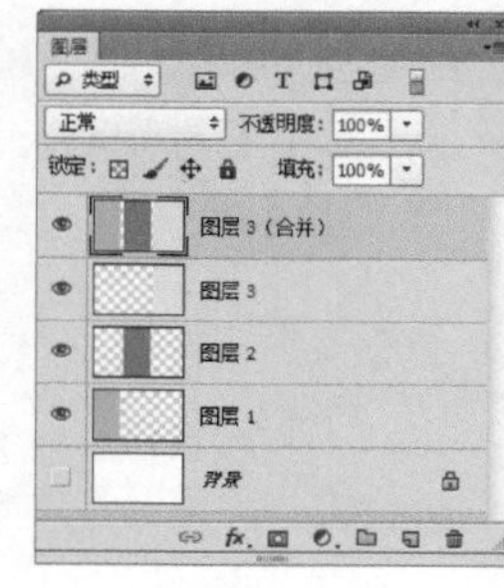

图5-84

3.盖印可见图层

按组合键Shift+Ctrl+Alt+E，可以将所有可见图层中的图像盖印到一个新的图层中，原有图层保持不变，如图5-85所示。

4.盖印图层组

选择图层组，如图5-86所示。按组合键Ctrl+Alt+E，可以将组中的所有可见图层内容盖印到一个新的图层中，原有图层内容保持不变，如图5-87所示。

图5-85

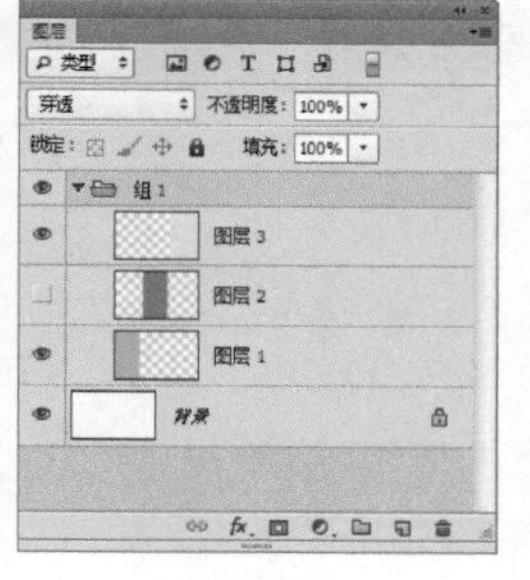

图5-86

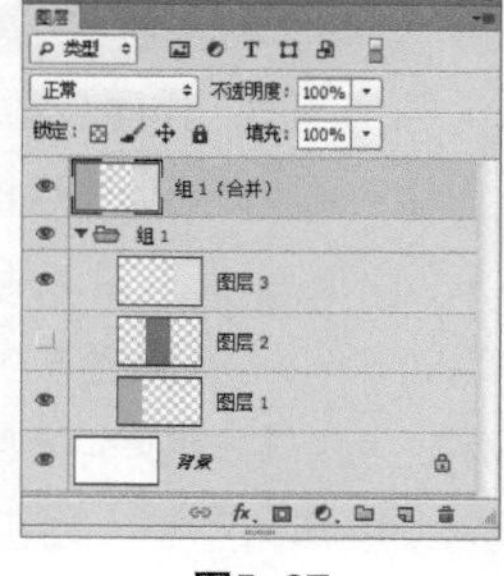

图5-87

Tips

合并图层可以减少图层的数量，而盖印会增加图层的数量。盖印多用于合成图像，它可以保留原有图层。

5.3 图层组

随着图像被不断编辑，图层的数量往往越来越多，用图层组来组织和管理图层，可以使【图层】面板中的图层结构更加清晰，以便于查找图层。图层组类似于文件夹，用于将图层按照不同类别放在不同的组中，然后关闭图层组时，在【图层】面板中就只显示图层组的名称。图层组可以像普通图层一样移动、复制、链接、对齐和分布，也可以合并，以减小文件的大小。

5.3.1 创建图层组

1.在【图层】面板创建图层组

单击【图层】面板中的【创建新组】按钮，可以创建一个新的图层组，如图5-88所示。选择该图层组，单击【创建新图层】按钮 所创建的图层将位于该组中，如图5-89所示。

2.用菜单命令创建图层组

执行【图层】>【新建】>【组】菜单命令，在打开的【新建组】对话框中可以设置图层组的名称、颜色、混合模式、不透明度等，对话框如图5-90所示，面板如图5-91所示。

图5-88

图5-89

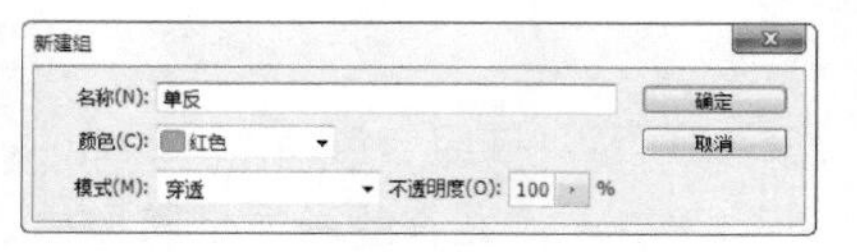

图5-90

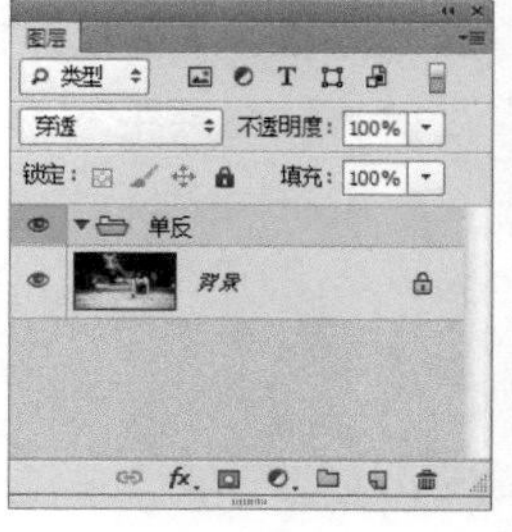

图5-91

Tips

模式【穿透】表示图层组不产生混合效果。如果选择其他模式，则组中的图层将以该组的混合模式与下面的图层混合。

3.从所选图层创建图层组

如果要将多个图层创建在一个图层组内，可以选择这些图层，如图5-92所示。然后执行【图层】>【图层编组】菜单命令，或按组合键Ctrl+G，如图5-93所示。编组后，可以单击组前面的三角按钮关闭或展开图层组，如图5-94所示。

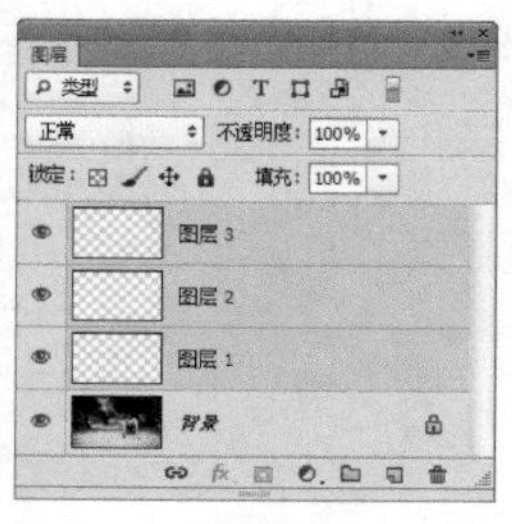

图5-92

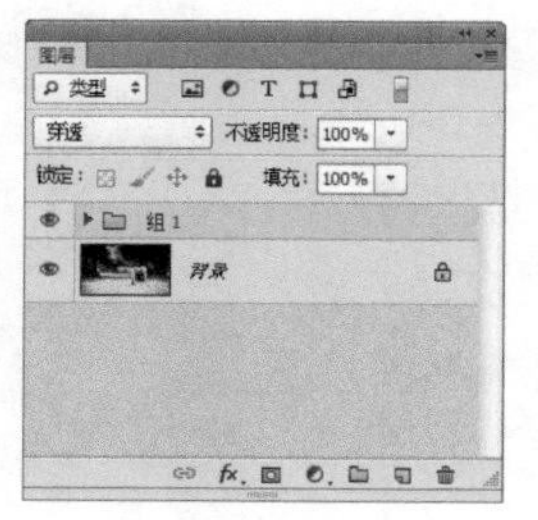

图5-93

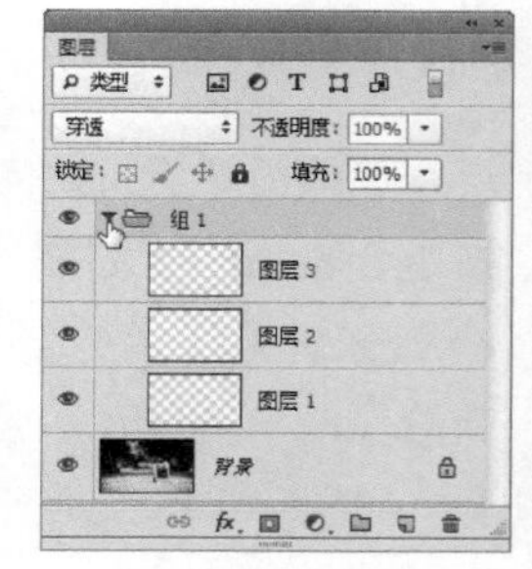

图5-94

5.3.2 将图层移入或移出图层组

选择一个或多个图层拖入图层组内，可将其添加到图层组中，如图5-95所示；将图层组中的图层拖到组外，可将其从图层组中移出，如图5-96所示。

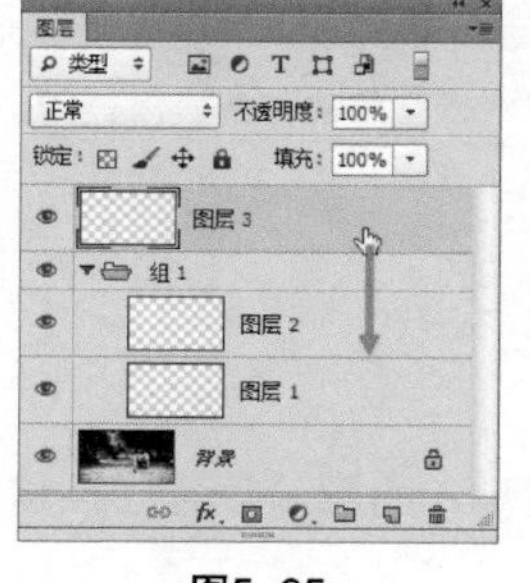

图5-95

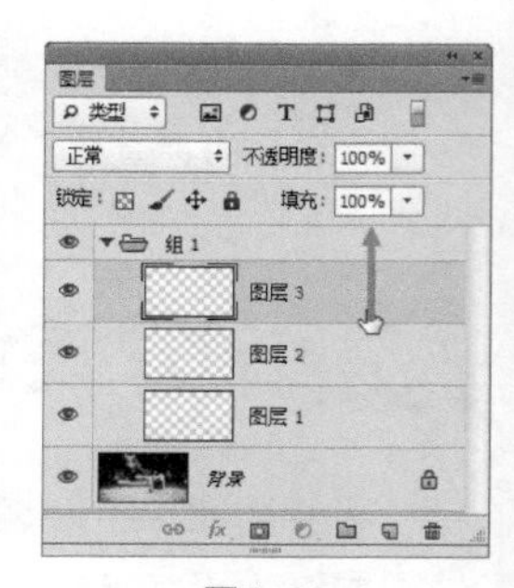

图5-96

5.3.3 取消图层编组

创建图层组以后，如果要取消图层编组，可以选择该图层组，如图5-97所示。然后执行【图层】>【取消图层编组】菜单命令，或按组合键Shift+Ctrl+G，如图5-98所示。

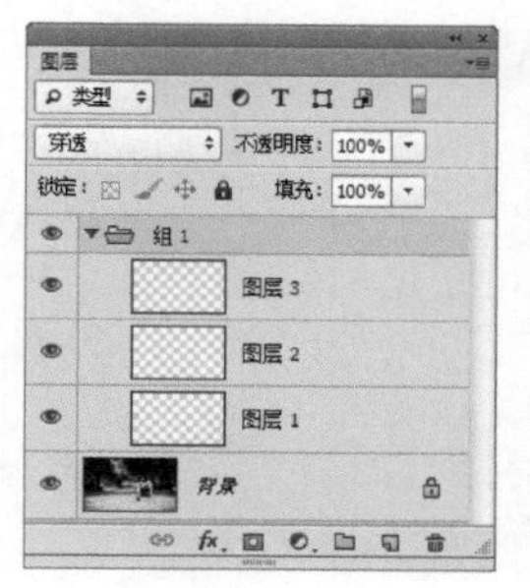

图5-97

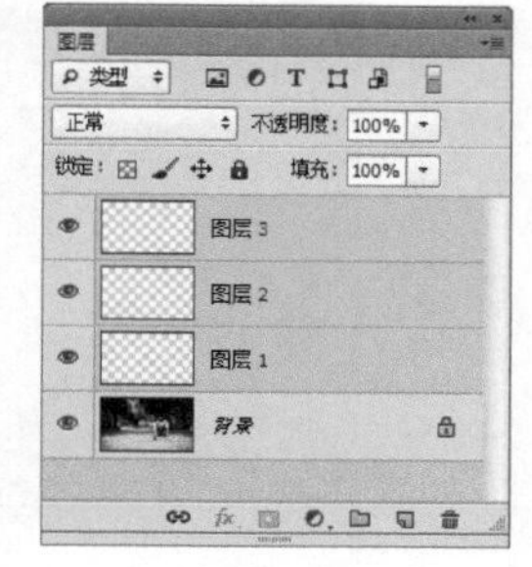

图5-98

5.4 图层样式

图层样式也称为图层效果，它是制作纹理、质感和特效的灵魂，它可以为图层中的图像添加投影、发光、浮雕、光泽和描边等效果，创建具有金属、玻璃、水晶和纹理以及具有独特立体感的效果。图层样式随时可以被修改、删除或隐藏。

5.4.1 添加图层样式

如果要为一个图层添加样式，可以先选择这一图层，然后使用以下3种方式来添加图层样式。

（1）打开【图层】>【图层样式】下拉菜单，选择一个效果命令，如图5-99所示，可以打开【图层样式】对话框，并进入到相应效果的设置面板，如图5-100所示。

（2）在【图层】面板下单击【添加图层样式】按钮 fx，打开下拉菜单，选择一个效果命令，如图5-101所示，可以打开【图层样式】对话框并进入到相应效果的设置面板。

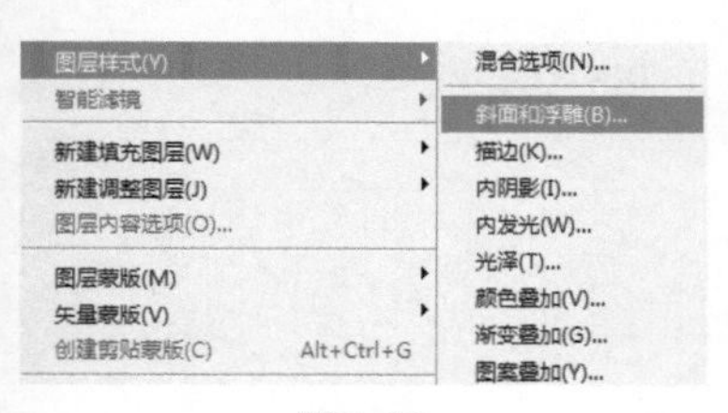

图5-99

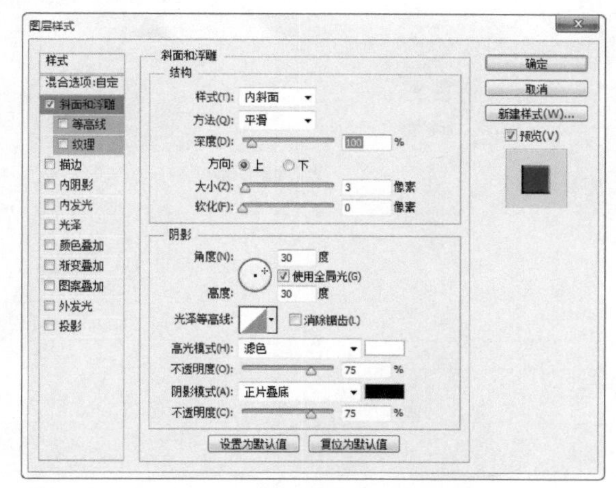

图5-100

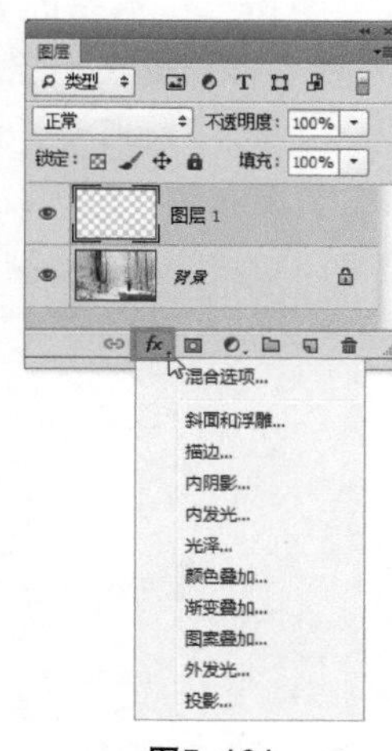

图5-101

（3）在【图层】面板中双击需要添加效果的图层，如图5-102所示；可以打开【图层样式】对话框，如图5-103所示。在对话框左侧选择要添加的效果即可，如图5-104所示。

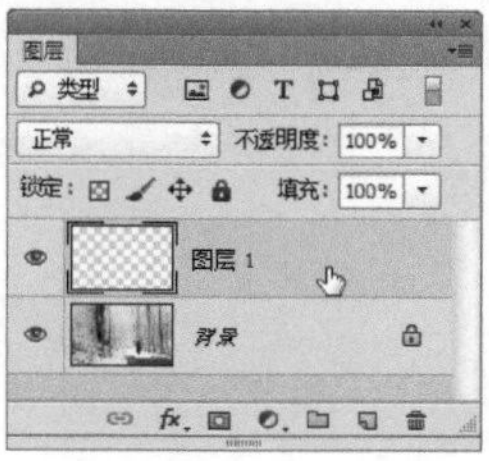

Tips

【背景】图层不能使用图层样式。如果需要使用，可以先将【背景】图层转换为普通图层，再进行添加图层样式。

图5-102

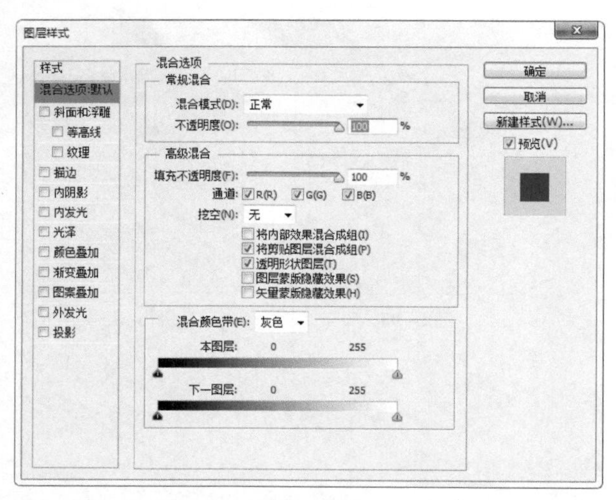

图5-103

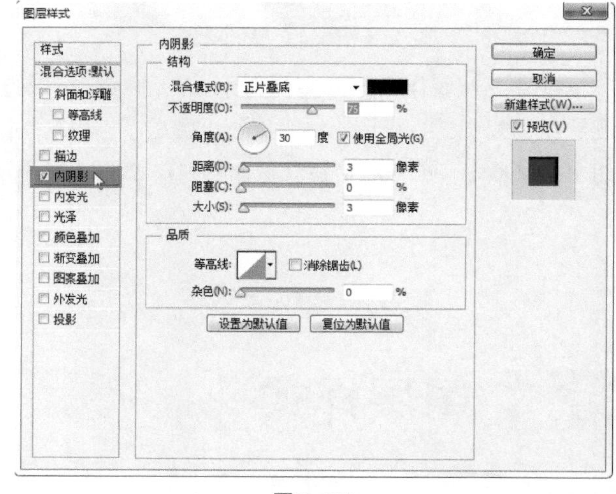

图5-104

5.4.2 【图层样式】对话框

【图层样式】对话框的左侧列出了10种效果，如图5-105所示。效果名称前面的复选框内有√标记，则表示在图层中添加了该样式。

单击一个效果的名称，可以选中该效果，对话框的右侧会显示与之对应的选项，如图5-106所示。如果单击效果名称之前的复选框，则可以应用该效果，但不会显示效果选项，如图5-107所示。

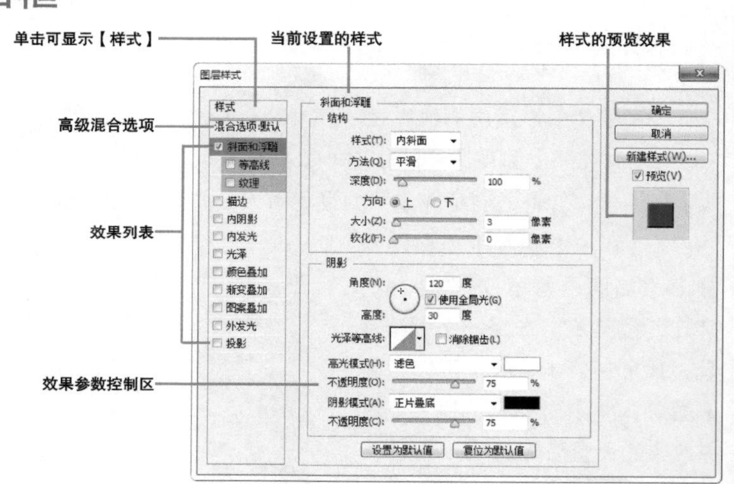

图5-105

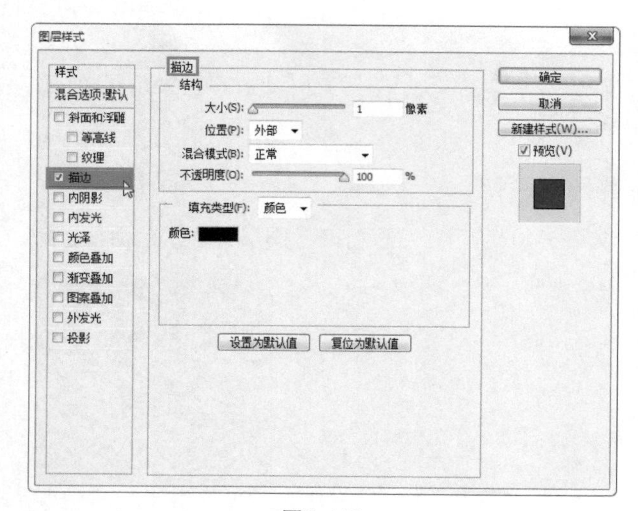

图5-106

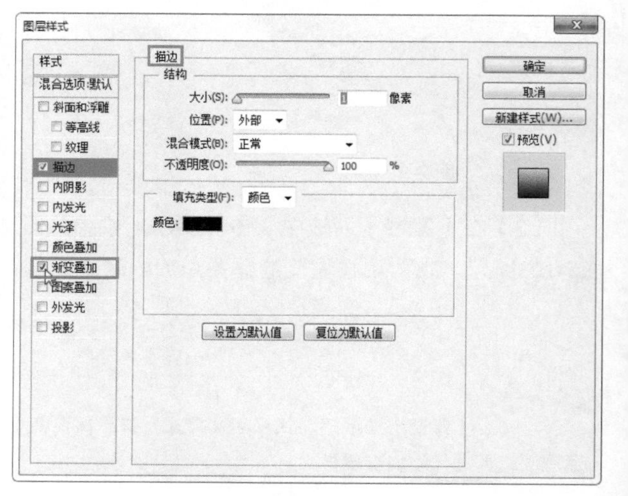

图5-107

在对话框中设置效果参数以后，单击【确定】按钮即可为图层添加效果。该图层会显示出一个【图层样式】图标和一个效果列表，如图5-108所示；单击按钮可以折叠或展开效果列表，如图5-109所示。

图5-108

图5-109

5.4.3 斜面和浮雕

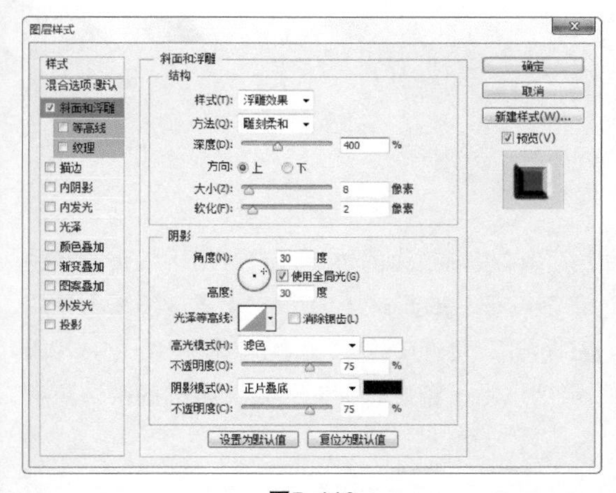

图5-110

【斜面和浮雕】样式可以用于为图层添加高光和阴影，使图像呈现立体的浮雕效果，图5-10所示的是【斜面和浮雕】参数设置，图5-111所示的是原图，图5-112所示的是添加该效果后的图像。

图5-111

图5-112

【斜面和浮雕】样式的重要选项介绍

样式：在该选项下拉列表中可以选择斜面和浮雕的样式。选择【外斜面】，可在图层内容的外侧边缘创建斜面，如图5-113所示；选择【内斜面】，可在图层内容的内侧边缘创建斜面，如图5-114所示；选择【浮雕效果】，可模拟使图层内容相对于下层图层呈浮雕状的效果，如图5-115所示；选择【枕状浮雕】，可模拟图层内容边缘压下图层中产生的效果，如图5-116所示；选择【描边浮雕】，可将浮雕应用于描边效果的边界，如图5-117所示。

图5-113

图5-114

图5-115

图5-116

图5-117

Tips

使用【描边浮雕】前，需要先为图层添加【描边】样式，如图5-118所示。

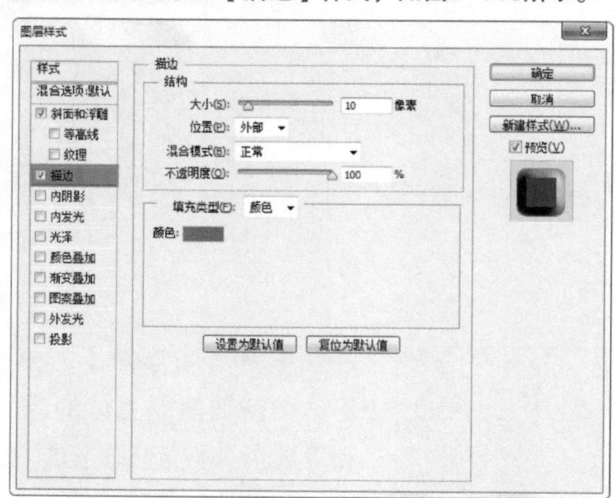

图5-118

方法：用来选择一种创建浮雕的方法，选择【平滑】，能够稍微模糊杂边的边缘，它可用于所有类型的杂边，不论其边缘是柔和还是清晰的，该技术不保留大尺寸的细节特征，如图5-119所示；【雕刻清晰】使用距离测量技术，主要用于消除锯齿形状，如文字的硬边杂边，它保留细节特征的能力优于【平滑】，如图5-120所示；【雕刻柔和】使用经过修改的距离测量技术，虽然不如【雕刻清晰】精确，但对于较大范围的杂边更有用，它保留特征的能力优于【平滑】，如图5-121所示。

图5-119

图5-120

图5-121

深度：用来设置浮雕斜面的应用深度，该值越高，浮雕的立体感越强。

方向：定位光源角度后，可通过该选项设置高光和阴影的位置。例如，将光源角度设置为90度后，选择【上】，高光位于上面，如图5-122所示；选择【下】，高光位于下面，如图5-123所示。

图5-122

图5-123

大小：用来设置斜面和浮雕中阴影面积的大小。

软化：用来设置斜面和浮雕的柔和程度，该值越高，效果越柔和。

角度/高度：【角度】选项用来设置光源的照射角度，【高度】选项用来设置光源的高度。需要调整这两个参数时候，可以在相应的文本框中输入数值，也可以拖曳图形图标内的指针来进行操作，图5-124和图5-125所示的是【高度】为0和30的浮雕效果。如果勾选【使用全局光】，可以让所有浮雕样式的光照角度保持一致。

图5-124

图5-125

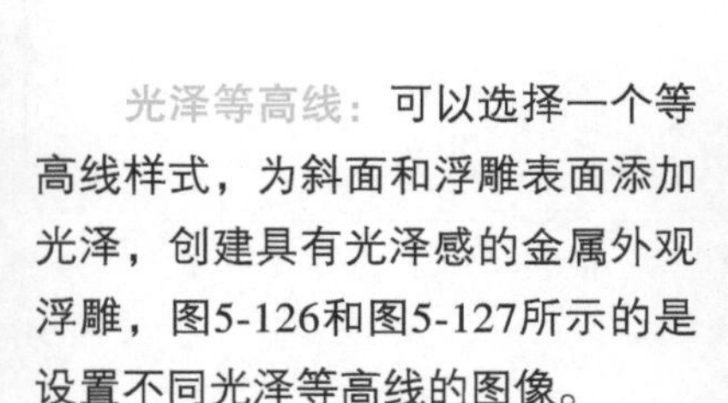

光泽等高线：可以选择一个等高线样式，为斜面和浮雕表面添加光泽，创建具有光泽感的金属外观浮雕，图5-126和图5-127所示的是设置不同光泽等高线的图像。

图5-126

图5-127

消除锯齿：可以消除由于设置了光泽等高线而产生的锯齿。

高光模式：用来设置高光的混合模式、颜色和不透明度。

阴影模式：用来设置阴影的混合模式、颜色和不透明度。

1.设置等高线

单击对话框左侧的【等高线】选项，可以切换到【等高线】设置面板，如图5-128所示。使用等高线可以勾画在浮雕中被遮住的起伏、凹陷和凸起，图5-129和图5-130所示的是使用不同等高线的效果。

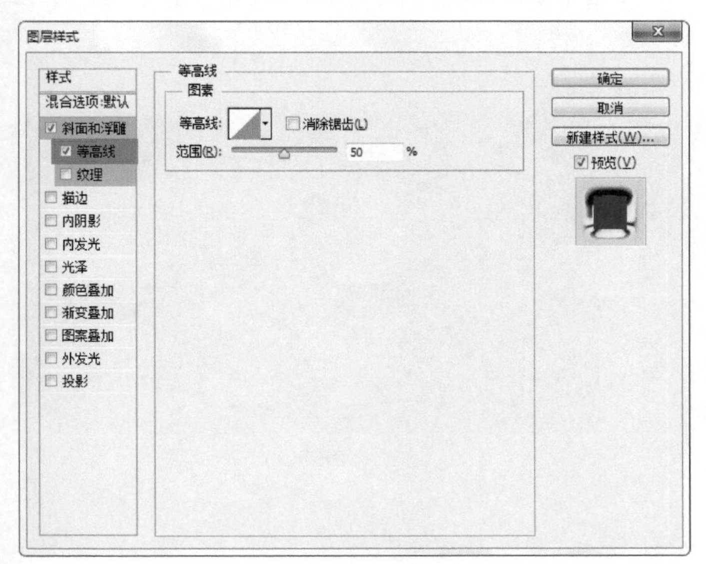

图5-128

图5-129

图5-130

2.设置纹理

单击对话框左侧的【纹理】选项，可以切换到【纹理】设置面板，如图5-131所示。

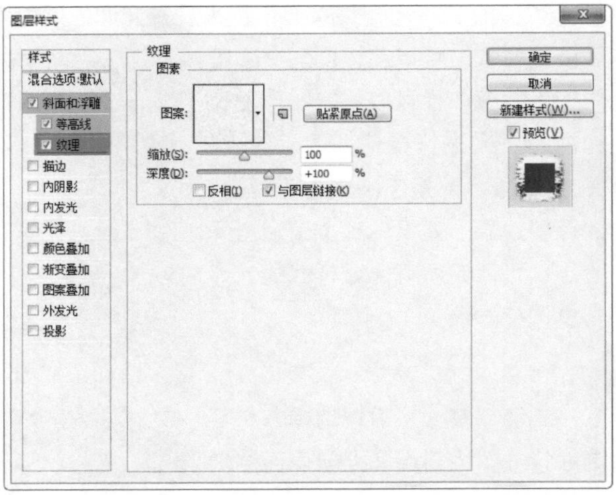

图5-131

【纹理】面板的重要选项介绍

图案：单击图案右侧的▾按钮，可以在打开的下拉面板中选择一个图案，将其应用到斜面和浮雕上，如图5-132和图5-133所示。

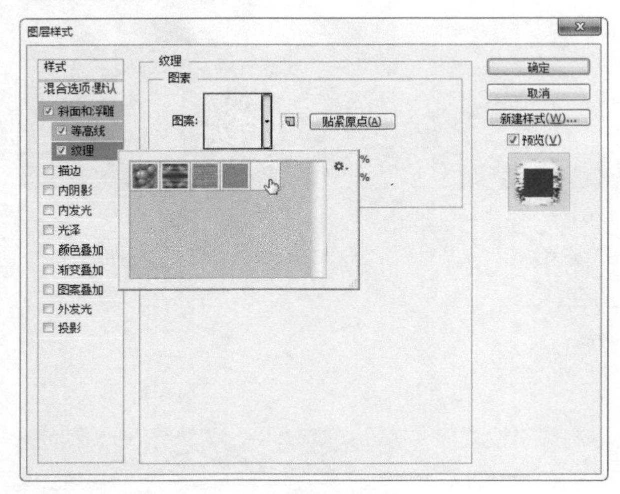

图5-132

图5-133

从当前图案创建新的预设：单击该按钮，可以将当前设置的图案创建为一个新的预设图案，新图案会保存在【图案】下拉面板中。

缩放：用来设置图案的纹理大小，如图5-134和图5-135所示。

图5-134

图5-135

深度：用来设置图案的纹理深度。

反相：勾选该选项，可以反转图案纹理的凹凸方向。

与图层链接：勾选后可以将图案链接到图层，此时对图层进行变换时，图案也会一同变化。

Tips

点击【图案】右侧的▾按钮，打开下拉面板，再单击面板右上角的⚙.按钮，可以在打开的下拉菜单中选择纹理素材库，将其载入使用，如图5-136所示。

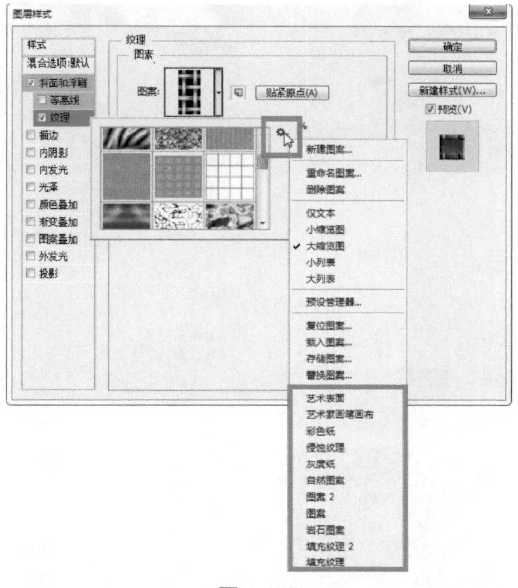

图5-136

5.4.4 描边

【描边】效果可以使用颜色、渐变或图案描画对象的轮廓，它对于硬边形状，如文字等特别有用，图5-137所示的是描边参数选项，图5-138所示的是原图像，图5-139所示的是使用颜色描边的效果，图5-140所示的是使用渐变描边的效果，图5-141所示的是使用图案描边的效果。

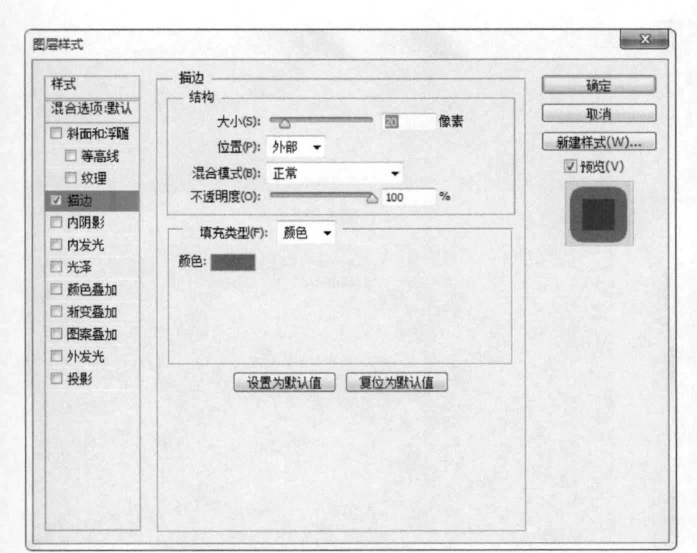

图5-137

图5-138

图5-139

图5-140

图5-141

5.4.5 内阴影

【内阴影】效果可以在紧靠图层内容的边缘内添加阴影，使图层内容产生凹陷效果。如图5-142所示的是原图像，图5-143所示的是内阴影参数选项。

图5-142

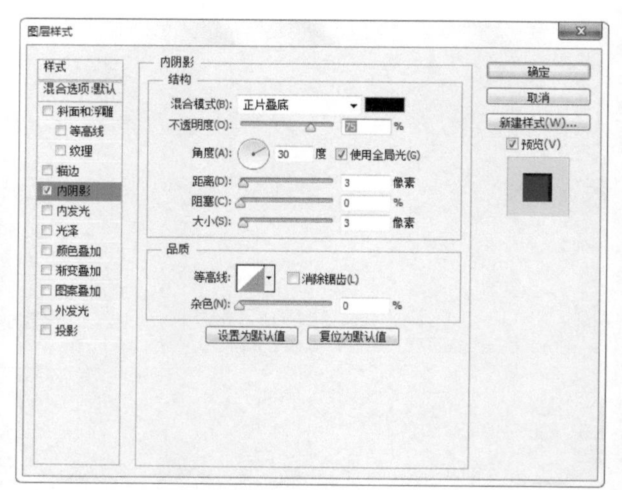

图5-143

【内阴影】的选项设置方法与【投影】基本相同。不同之处在于【投影】是通过【扩展】选项来控制投影边缘的渐变程度的，而【内阴影】则通过【阻塞】选项来控制。【阻塞】可以在模糊之前收缩内阴影的边界，如图5-144~图5-146所示。【阻塞】与【大小】选项相关联，【大小】值越高，可设置的【阻塞】范围也就越大。

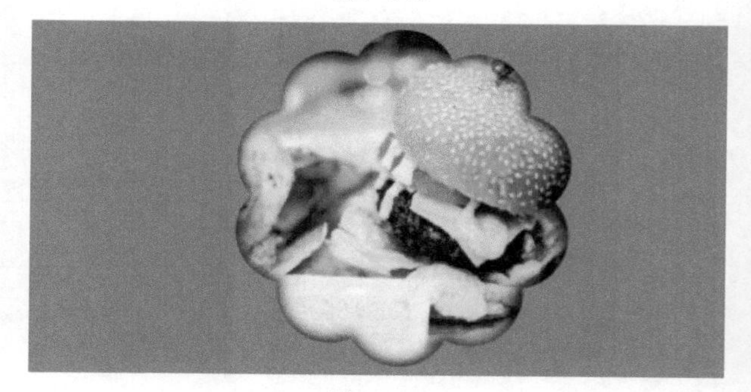

图5-144

图5-145

图5-146

5.4.6 内发光

【内发光】效果可以沿图层内容的边缘向内创建发光效果，图5-147所示的是内发光参数选项，图5-148所示的是原图像，图5-149所示的是添加内发光后的图像效果。

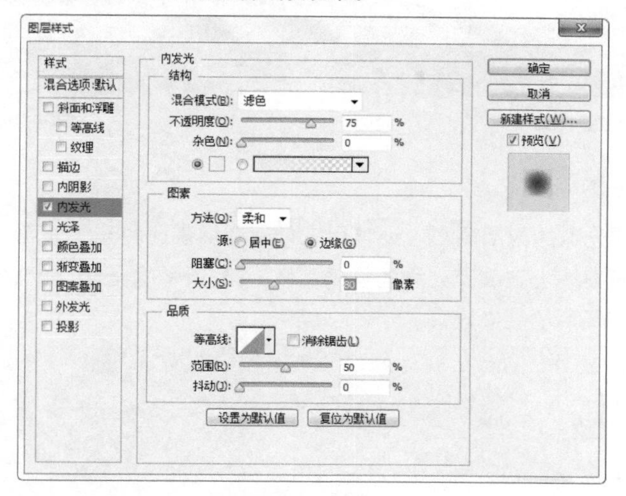

图5-147

图5-148

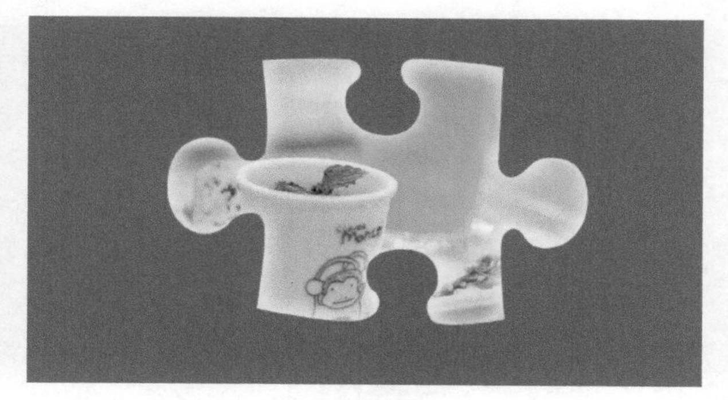

图5-149

【内发光】的重要选项介绍

源：用来控制发光光源的位置。选择【居中】，表示应用从图层内容的中心发出的光，如图5-150所示，此时如果增加【大小】值，发光效果会向图像的中央收缩，如图5-151所示；选择【边缘】，表示应用从图层内容的内部边缘发出的光，如图5-152所示，此时如果增加【大小】值，发光效果会向图像的中央扩展，如图5-153所示。

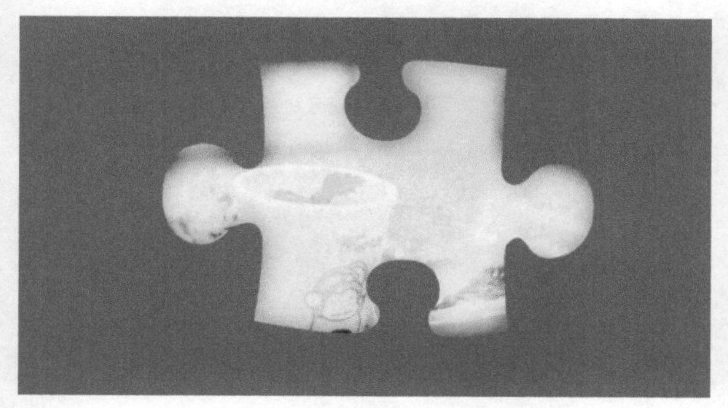

图5-150

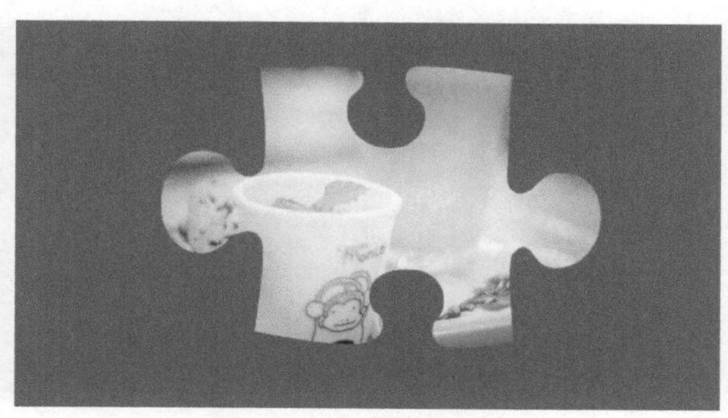

图5-151

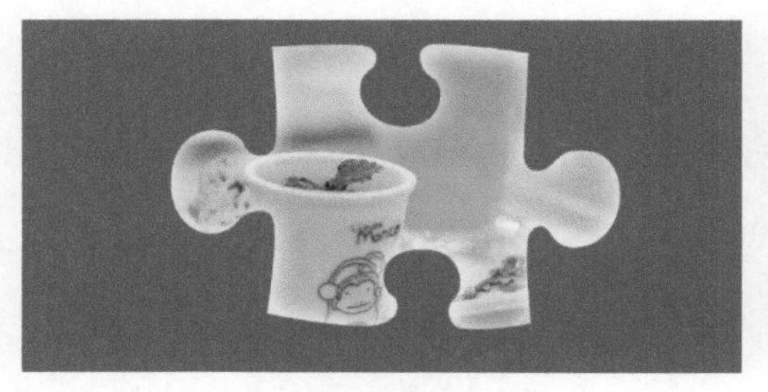

图5-152

图5-153

5.4.7 光泽

【光泽】效果可以生成光滑的内部阴影，通常用来创建金属表面的光泽外观。该效果没有特别的选项，但可以通过选择不同的【等高线】来改变光泽的样式，图5-154所示的是光泽参数选项，图5-155所示的是原图，图5-156所示的是添加光泽后的图像效果。

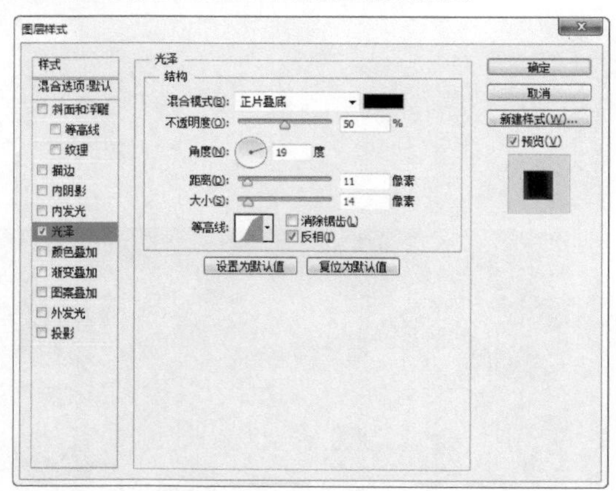

图5-154

图5-155

图5-156

5.4.8 颜色叠加

【颜色叠加】效果可以在图层上叠加指定的颜色，通过设置颜色的混合模式和不透明度，可以控制叠加效果。图5-157所示的是颜色设置参数选项，图5-158所示的是原图，图5-159所示的是添加效果后的图像。

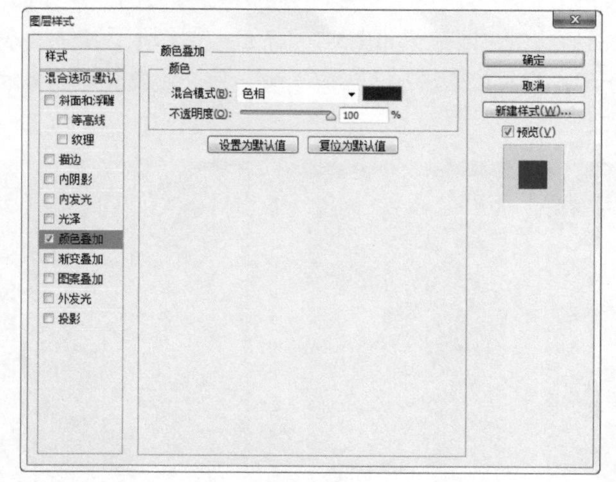

图5-157

图5-158

图5-159

5.4.9 渐变叠加

【渐变叠加】效果可以在图层上叠加指定的渐变颜色。图5-160所示的是渐变叠加参数选项，图5-161所示的是原图像，图5-162所示的是添加该效果后的图像。

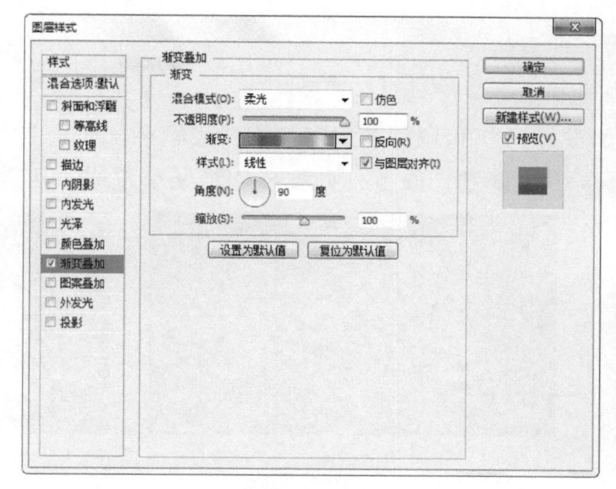

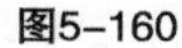

图5-160

图5-161

图5-162

5.4.10 图案叠加

【图案叠加】效果可以在图层上叠加指定的图案，并且可以缩放图案、设置图案的不透明度和混合模式。图5-163所示的是图案叠加参数选项，图5-164所示的是原图像，图5-165所示的是添加该效果后的图像。

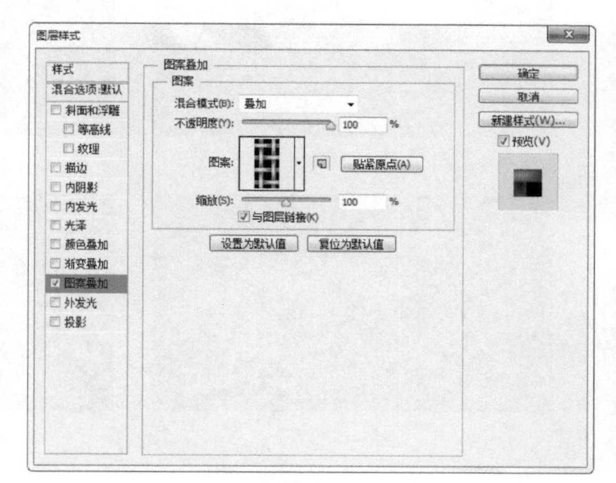

图5-163

图5-164

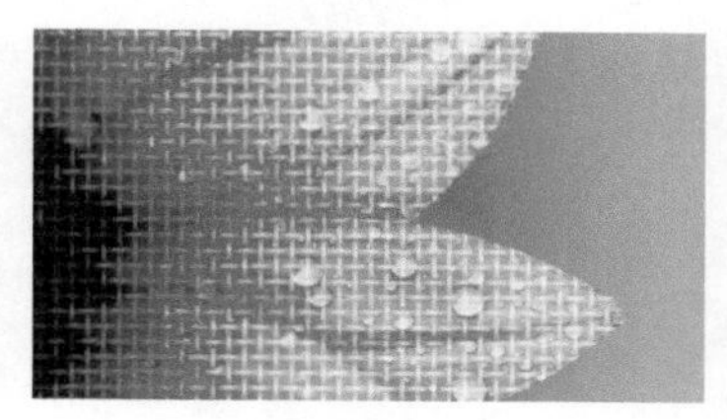

图5-165

5.4.11 外发光

【外发光】效果可以沿图层内容的边缘向外创建发光效果，图5-166所示的是外发光参数选项，图5-167所示的是原图像，图5-168所示的是添加外发光后的图像效果。

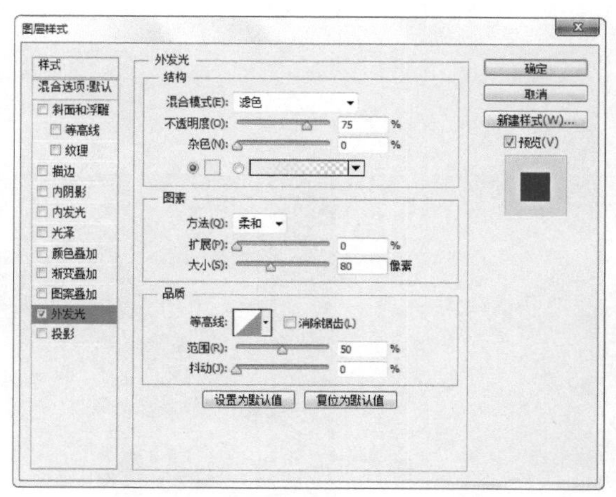

图5-166

图5-167

图5-168

【外发光】的重要选项介绍

混合模式/不透明度：【混合模式】用来设置发光效果与下面图层的混合方式；【不透明度】用来设置发光效果的不透明度，该值越低，发光效果越弱。

杂色：用于在发光效果中添加随机杂色，使光源呈现颗粒感。

发光颜色：【杂色】选项下面的颜色块和颜色条用来设置发光颜色。如果要创建单色发光，可单击左侧的颜色快，在打开的【拾色器】中设置发光颜色；如果要创建渐变发光，可单击右侧的渐变条，在打开的【渐变编辑器】中设置渐变颜色。图5-169所示的是单色发光效果，图5-170所示的是渐变发光效果。

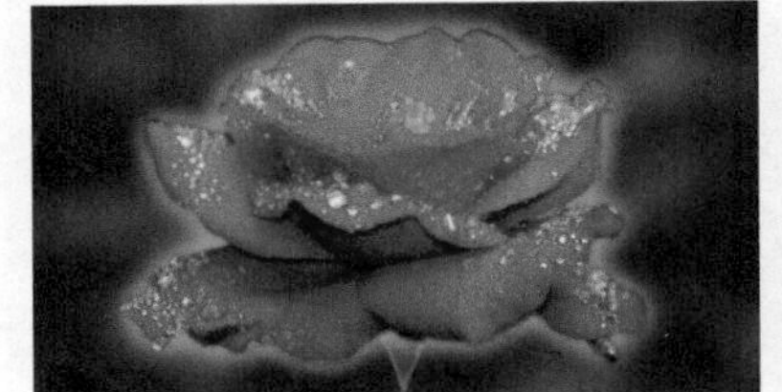

图5-169

图5-170

方法：用来设置发光的方法，以控制发光的精准程度。选择【柔和】，可以对发光应用模糊，得到柔和的边缘，如图5-171所示；选择【精确】，则得到精确的边缘，如图5-172所示。

图5-171

图5-172

扩展/大小：【扩展】用来设置发光范围的大小；【大小】用来设置光晕范围的大小。图5-173和图5-174所示的是设置不同数值的发光效果。

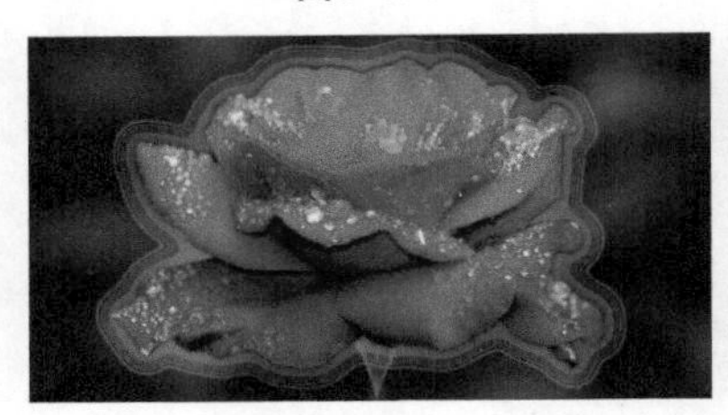

图5-173

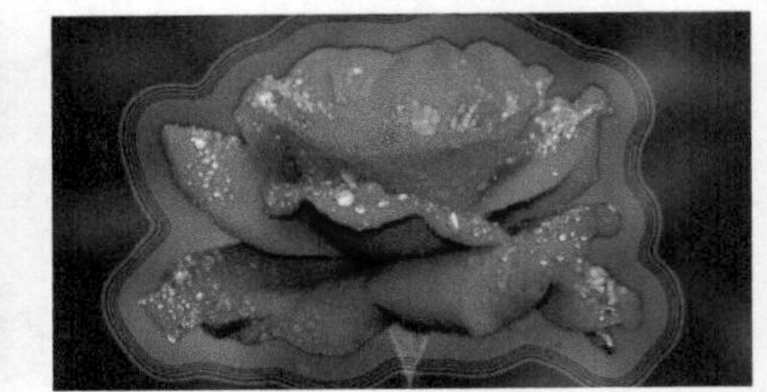

图5-174

随堂练习 用【外发光】制作特效文字

扫码观看本案例视频

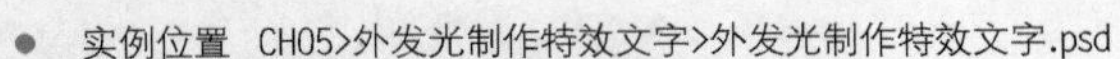

- 实例位置 CH05>外发光制作特效文字>外发光制作特效文字.psd
- 素材位置 CH05>外发光制作特效文字>1.jpg
- 实用指数 ★★★
- 技术掌握 学习【外发光】的使用方法

01 打开学习资源中的“CH05>用外发光制作特效文字> 1.jpg”文件，如图5-175所示。

02 选择【横排文字工具】T，然后在选项栏设置参数【字体】为Georgia、【字体样式】为Regular、【字体大小】为200 点、【消除锯齿的方式】为【平滑】、【颜色】为（R:156、G:65、B:60），如图5-176所示。接着在画布中输入文本，如图5-177所示（如果没有该字体，可以用其他合适字体代替）。

图5-176

图5-175

图5-177

03 选择【L】图层，然后设置【混合模式】为【正片叠底】，图层如图5-178所示，效果如图5-179所示。接着使用【移动工具】拖曳对象至合适位置，如图5-180所示。

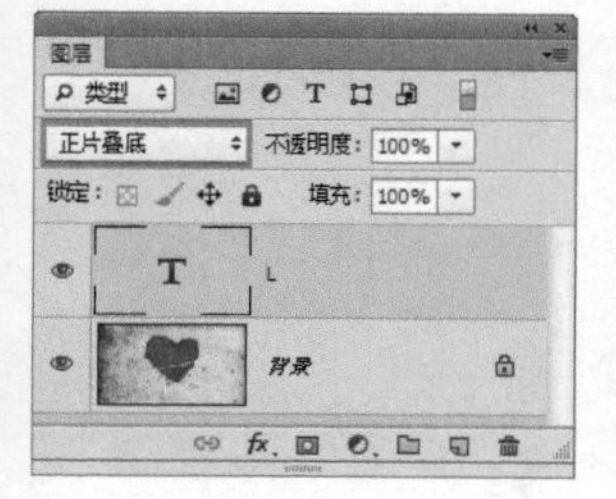

图5-178

图5-179

图5-180

04 选择【横排文字工具】T，然后在选项栏设置参数【字体】为MoolBoran、【字体大小】为300 点、【消除锯齿的方式】为【平滑】、【颜色】为【白色】，如图5-181所示。接着在画布中输入文本，如图5-182所示。最后使用【移动工具】拖曳对象至合适位置，如图5-183所示。

图5-181

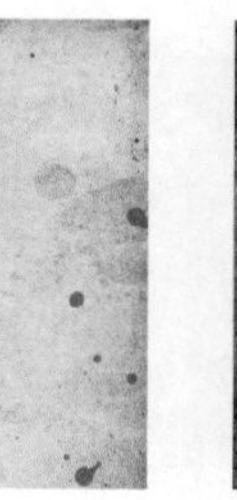

图5-182

图5-183

05 执行【图层】>【图层样式】>【外发光】菜单命令，然后在打开的【图层样式】对话框设置参数【混合模式】为【正常】、【发光颜色】为（R:156、G:65、B:60）、【方位】为【精确】、【扩展】为13、【大小】为13，如图5-184所示，接着单击【确定】按钮，如图5-185所示。

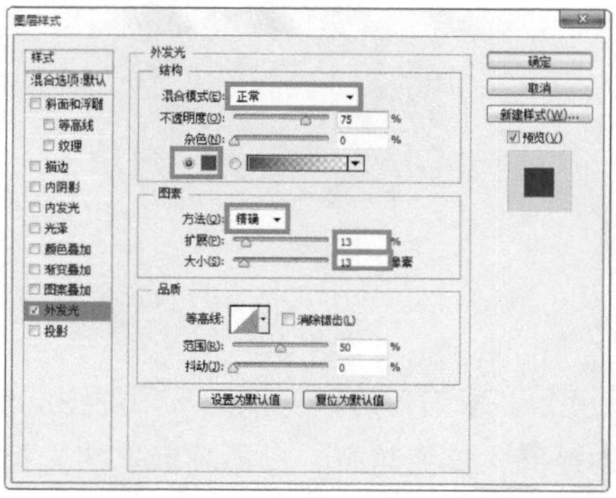

图5-184

图5-185

06 选择【ove】图层，然后设置【填充】为0%，图层如图5-186所示，效果如图5-187所示。

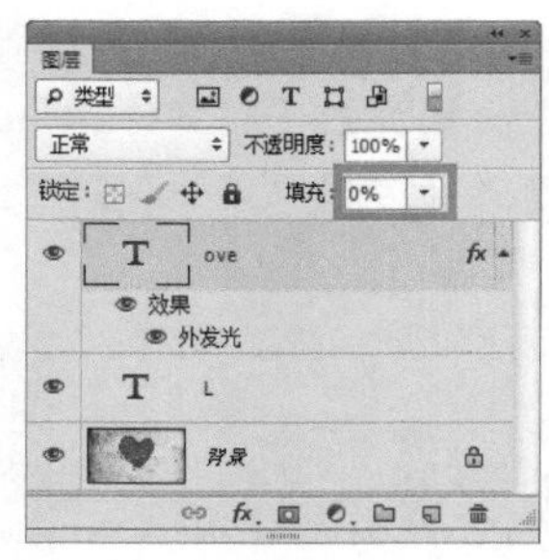

图5-186

图5-187

5.4.12 投影

【投影】效果可以为图层内容添加投影，使其产生立体感。图5-188所示的是【投影】效果参数选项，图5-189所示的是原图像，图5-190所示的是添加投影后的图像。

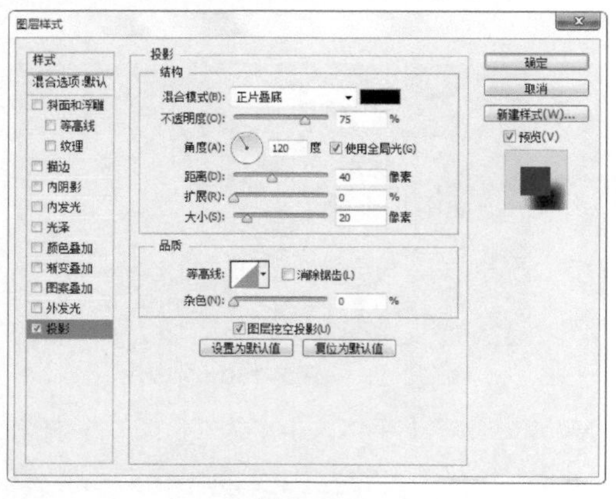

图5-188

图5-189

图5-190

【投影】的重要选项介绍

混合模式：用来设置投影与下面图层的混合方式，默认为【正片叠底】模式。

投影颜色：单击【混合模式】选项右侧的颜色快，可在打开的【拾色器】中设置投影颜色。

不透明度：拖曳滑块或输入数值可以调整投影的不透明度，该值越低，投影越淡。

角度：用来设置投影应用于图层时的光照角度，可在文本框中输入数值，也可以拖曳圆形内的指针来进行调整。指针指向的方向为光源的方向，相反方向为投影的方向。图5-191和图5-192所示的是设置不同角度创建的投影。

图5-191

图5-192

❖ 使用全局光：用于保持所有光照角度一致。取消勾选，可以为不同的图层设置不同的光照角度。

❖ 距离：用来设置投影偏移图层内容的距离，该值越高，投影越远。将光标放在文档窗口，光标会变为【移动工具】，单击并拖曳鼠标可以直接调整投影的距离和角度，如图5-193和图5-194所示。

图5-193

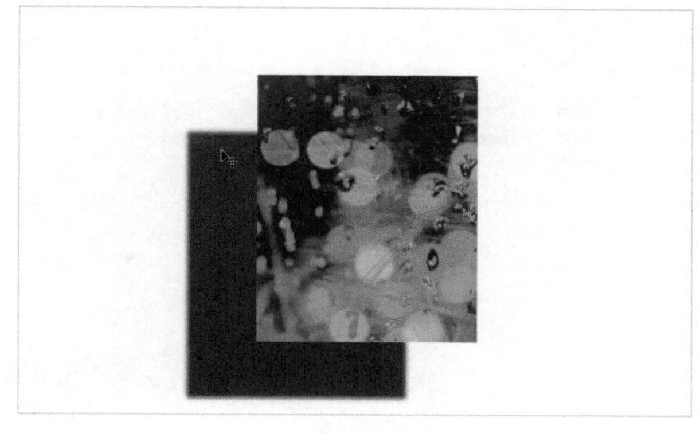

图5-194

大小/扩展：【大小】用来设置投影的模糊范围，该值越高，模糊范围越广；该值越小，投影越清晰。【扩展】用来设置投影的扩展范围，该值会受到【大小】选项的影响，例如，将【大小】设置为0像素后，无论怎么调整【扩展】值，都只生成与原图大小相同的投影。图5-195和图5-196所示的是设置不同参数的投影效果。

等高线：使用等高线可以控制投影的形状。

消除锯齿：用于混合等高线边缘的像素，使投影更加平滑。该选项对于尺寸小且具有复杂等高线的投影最有用。

杂色：可在投影中添加杂色。该值较高时，投影会变为点状，如图5-197所示。

图5-195

图5-196

图5-197

图层挖空投影：用来控制半透明图层中投影的可见性。选择该选项后，如果当前图层的填充不透明度小于100%，则半透明图层中的投影不可见，图5-198所示的是设置【填充】为50%的效果，图5-199所示的是取消选择时的投影。

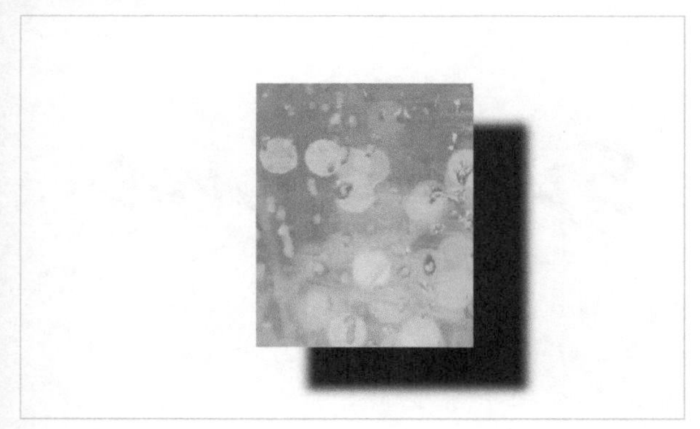

图5-198

图5-199

随堂练习 用多种样式制作文字

扫码观看本案例视频

- 实例位置 CH05>用多种样式制作文字>用多种样式制作文字.psd
- 实用指数 ★★★
- 技术掌握 灵活运用图层样式

Sunshine

01 执行【文件】>【新建】菜单命令，然后在打开的【新建】对话框中设置参数【名称】为【文字】、【宽度】为20厘米、【高度】为10厘米、【分辨率】为300像素/英寸，如图5-200所示，接着单击【确定】按钮。

02 选择【横排文字工具】T，然后在选项栏设置参数【字体】为Segoe Script、【样式】为Blod、【大小】为80 点、【颜色】为【黑色】，如图5-201所示。接着在画布中输入文本，如图5-202所示。

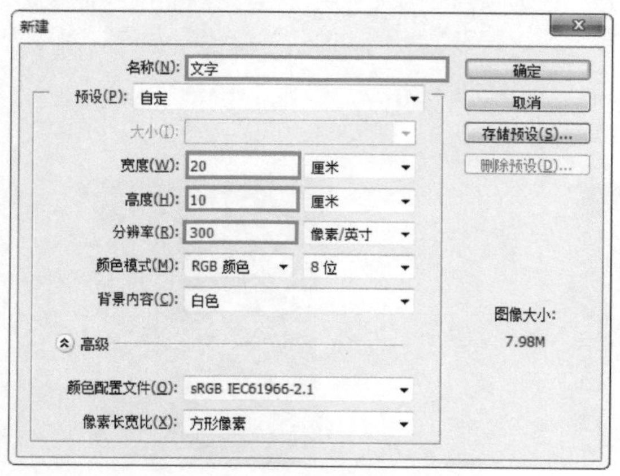

图5-200

Segoe Script | Bold | 80 点 | 无

图5-201

图5-202

03 执行【图层】>【图层样式】>【投影】菜单命令，然后在打开的【图层样式】对话框中设置参数【距离】为10、【扩展】为20、【大小】为20，如图5-203所示，接着单击【确定】按钮，如图5-204所示。

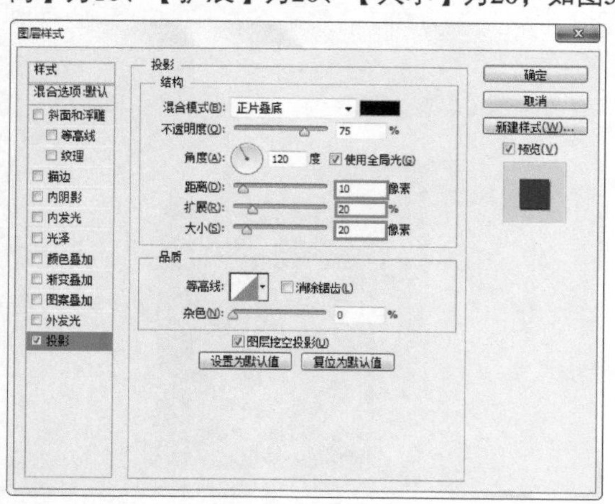

图5-203

图5-204

04 执行【图层】>【图层样式】>【渐变叠加】菜单命令，然后在打开的【图层样式】对话框中设置【渐变】为【色谱】、【角度】为120，取消勾选【与图层对齐】，参数设置如图5-205所示，效果如图5-206所示，接着单击【确定】按钮（单击【渐变】右边的▼按钮，然后在打开的列表中单击⚙按钮，接着在下拉菜单中选择【色谱】可以找到【色谱】渐变，在该下拉菜单下也可以找到其他渐变模式）。

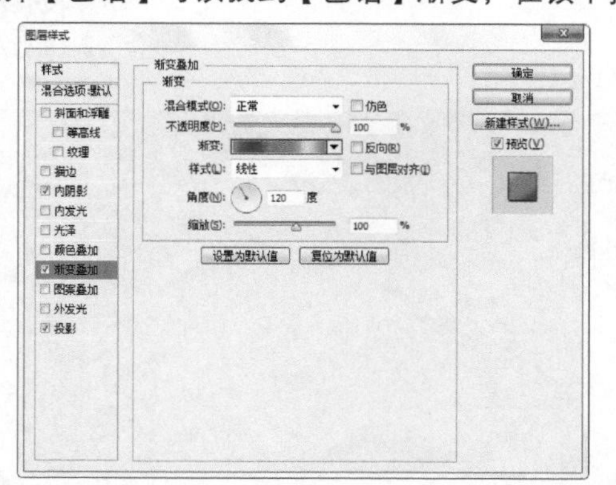

图5-205

图5-206

05 执行【图层】>【图层样式】>【斜面和浮雕】菜单命令，然后在打开的【图层样式】对话框中设置参数【样式】为【内斜面】、【方法】为【平滑】、【大小】为【20】、【软化】为【16】，参数设置如图5-207所示，效果如图5-208所示，接着单击【确定】按钮。

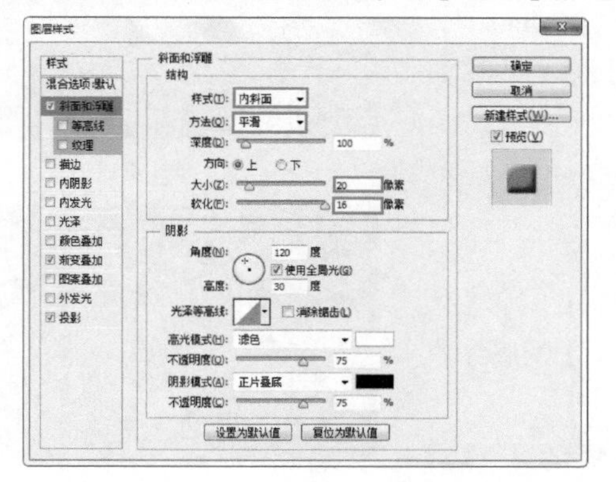

图5-207

图5-208

06 执行【图层】>【图层样式】>【内发光】菜单命令，然后在打开的【图层样式】对话框中设置参数【混合模式】为【正常】、【不透明度】为30、【发光颜色】为【白色】、【阻塞】为50、【大小】为10，参数设置如图5-209所示，接着单击【确定】按钮，最终效果如图5-210所示。

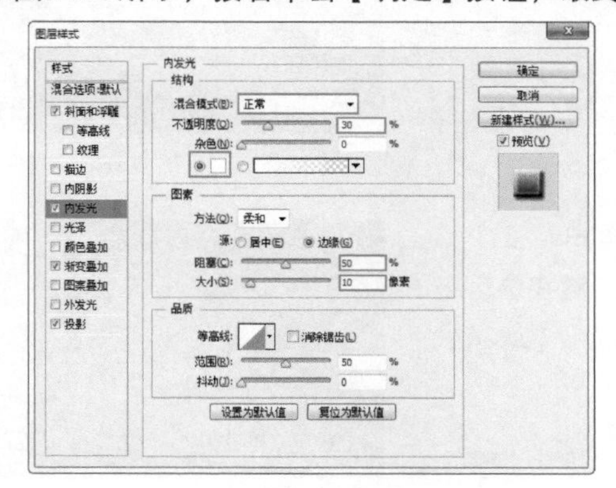

图5-209

图5-210

随堂练习 制作水滴效果

扫码观看本案例视频

- 实例位置 CH05>制作水滴效果>制作水滴效果.psd
- 素材位置 CH05>制作水滴效果> 1.jpg
- 实用指数 ★★★
- 技术掌握 灵活运用图层样式

01 打开学习资源中的“CH05>制作水滴效果> 1.jpg”文件，如图5-211所示。

图5-211

02 选择【横排文字工具】，然后在选项栏中设置参数【字体】为Impact、【大小】为200点、【消除锯齿方法】为【平滑】、【颜色】为【白色】，参数设置如图5-212所示；然后在画布中输入文本，如图5-213所示。

图5-212

图5-213

03 选择【Green】图层，然后执行【图层】>【栅格化】>【文字】菜单命令，图层如图5-214所示。接着按住Ctrl键单击【Green】图层缩览图，如图5-215所示，得到选区，如图5-216所示。

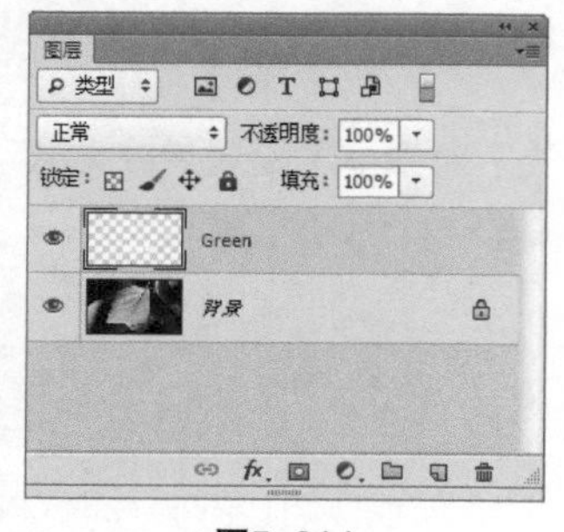

图5-214

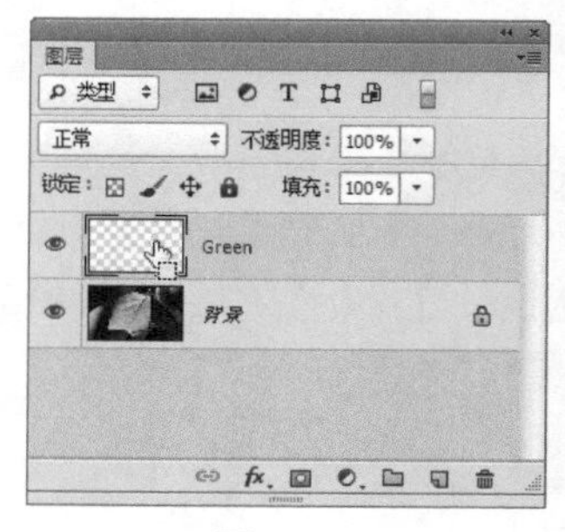

图5-215

图5-216

04 选择【渐变工具】，然后设置【渐变方式】为【黑白渐变】，再单击【线性渐变】按钮，如图5-217所示。接着按住Shift键在选区范围内从左至右拖曳鼠标，如图5-218所示。最后执行【选择】>【取消选择】菜单命令。

图5-217

图5-218

05 选择【Green】图层，然后改变【混合模式】为【叠加】，如图5-219所示。

图5-219

06 执行【图层】>【图层样式】>【内阴影】菜单命令，然后在打开的【图层样式】对话框中设置参数【距离】为1、【大小】为6，参数设置如图5-220所示，效果如图5-221所示，然后单击【确定】按钮。

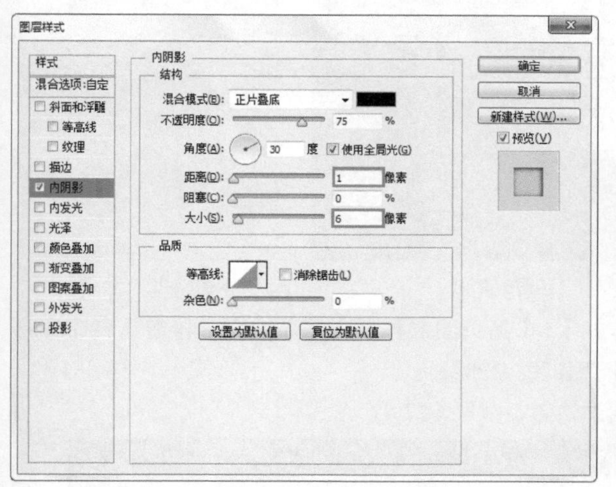

图5-220

图5-221

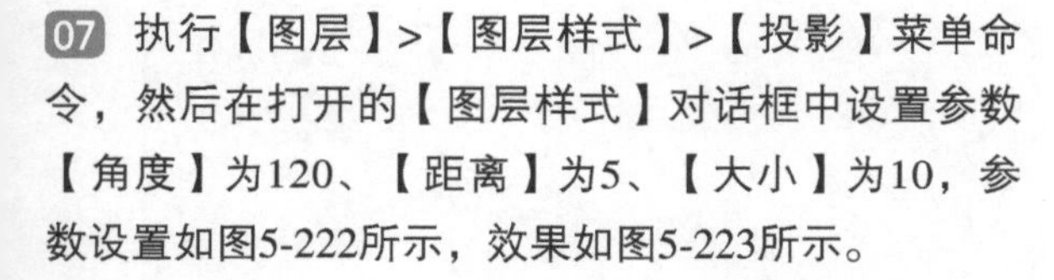

07 执行【图层】>【图层样式】>【投影】菜单命令，然后在打开的【图层样式】对话框中设置参数【角度】为120、【距离】为5、【大小】为10，参数设置如图5-222所示，效果如图5-223所示。

08 执行【图层】>【新建】>【图层】菜单命令，然后在打开的【新建图层】对话框中单击【确定】按钮。接着选择【套索工具】，在画布中随意绘制圆形选区，如图5-224所示。

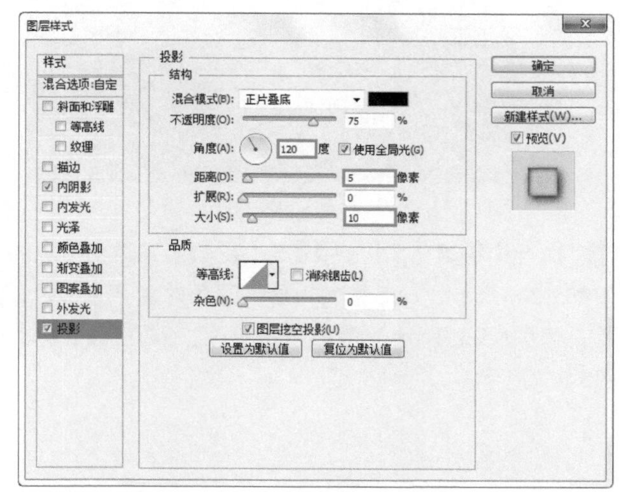

图5-222

图5-223

图5-224

09 执行【选择】>【修改】>【平滑】菜单命令，然后在弹出的【平滑选区】对话框中设置【取样半径】为20，接着单击【确定】按钮，如图5-225所示。

10 选择【渐变工具】，然后按住Shift键在选区范围内从左至右拖曳鼠标，如图5-226所示。接着执行【选择】>【取消选择】菜单命令，最后设置【混合模式】为【叠加】，如图5-227所示。

图5-225

图5-226

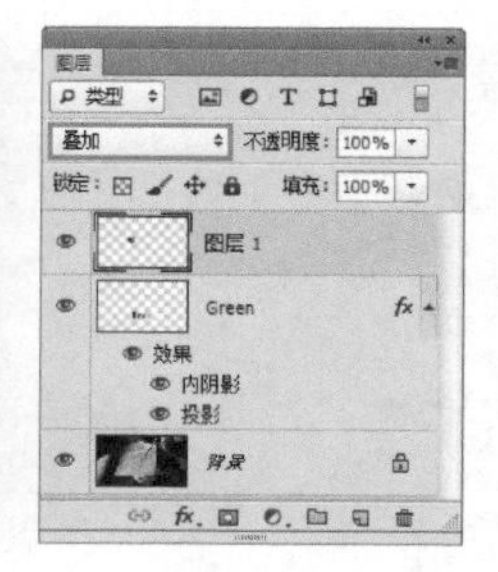

图5-227

11 选择【Green】图层，然后执行【图层】>【图层样式】>【拷贝图层样式】菜单命令。接着选择【图层1】，再执行【图层】>【图层样式】>【粘贴图层样式】，如图5-228所示。

12 选择【移动工具】，然后按住Alit键拖曳对象至合适位置，如图5-229所示。

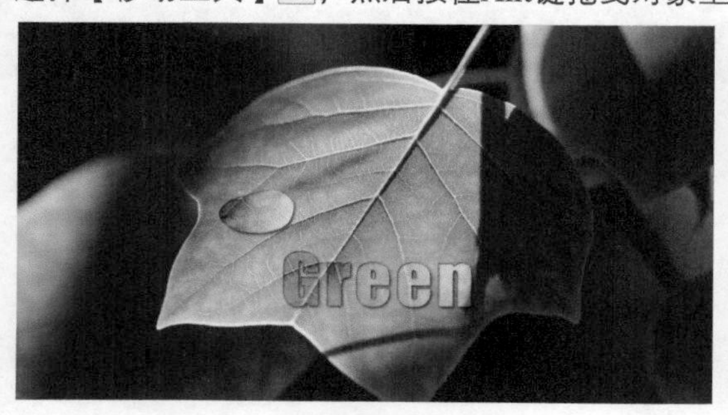

图5-228

图5-229

13 执行【编辑】>【变换】>【扭曲】菜单命令，如图5-230所示，然后拖曳对象右下角的点至合适位置，如图5-231所示，最后按Enter键完成扭曲，如图5-232所示。

图5-230

图5-231

图5-232

随堂练习 制作文字效果

扫码观看本案例视频

- 实例位置 CH05>制作文字效果>制作文字效果.psd
- 素材位置 CH05>制作文字效果> 1.jpg
- 实用指数 ★★★
- 技术掌握 灵活运用图层样式

01 打开学习资源中的"CH05>制作文字效果> 1.jpg"文件，如图5-233所示。

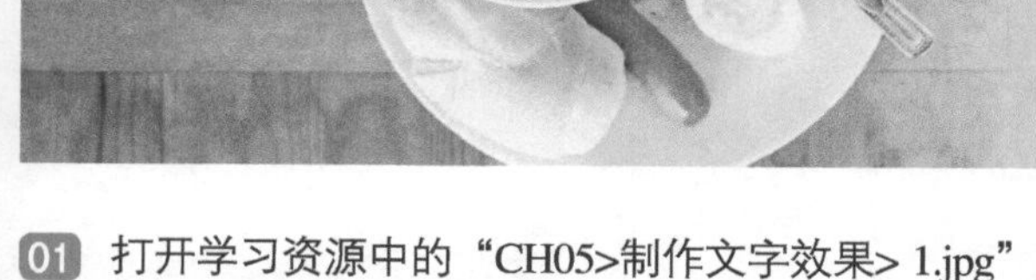

图5-233

02 选择【横排文字工具】T，然后在选项栏设置参数【字体】为Impact、【大小】为400 点、【消除锯齿方法】为【平滑】、【颜色】为（R:25，G:19，B:8），参数设置如图5-234所示。接着在画布中输入文本，如图5-235所示。

图5-234

图5-235

03 执行【图层】>【图层样式】>【混合选项】菜单命令，弹出【图层样式】对话框，如图5-236所示。

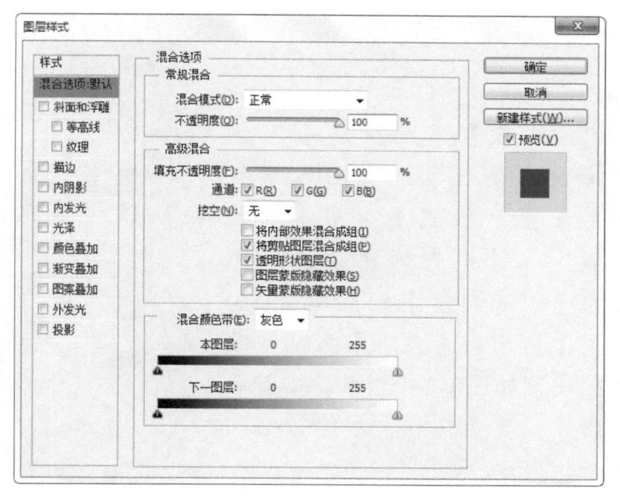

图5-236

04 单击【图层样式】左侧【内发光】选项，然后设置参数【混合模式】为【滤色】、【发光颜色】为（R:178，G:117，B:62）、【大小】为30，参数设置如图5-237所示，效果如图5-238所示。

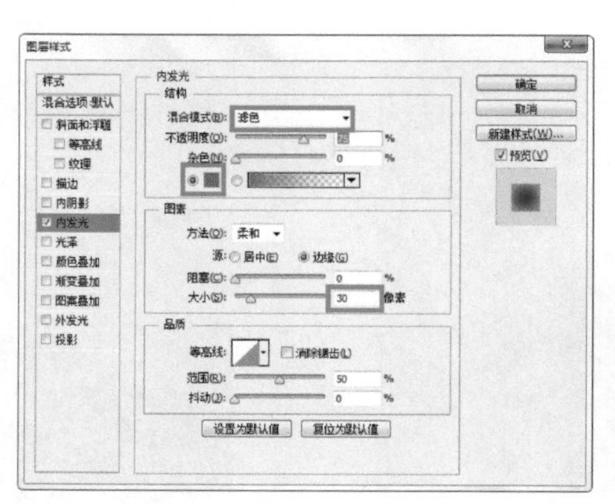

图5-237

图5-238

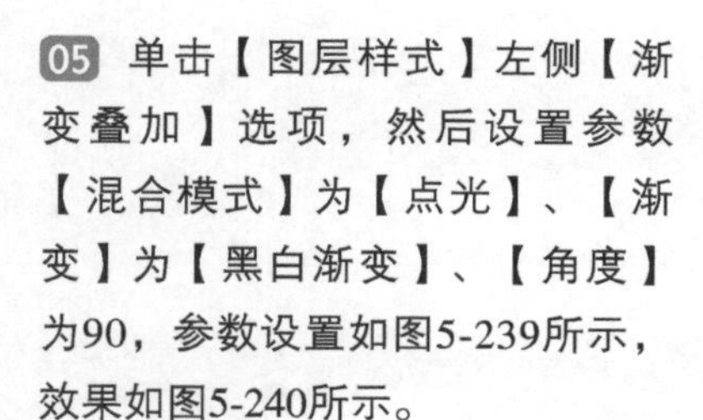

05 单击【图层样式】左侧【渐变叠加】选项，然后设置参数【混合模式】为【点光】、【渐变】为【黑白渐变】、【角度】为90，参数设置如图5-239所示，效果如图5-240所示。

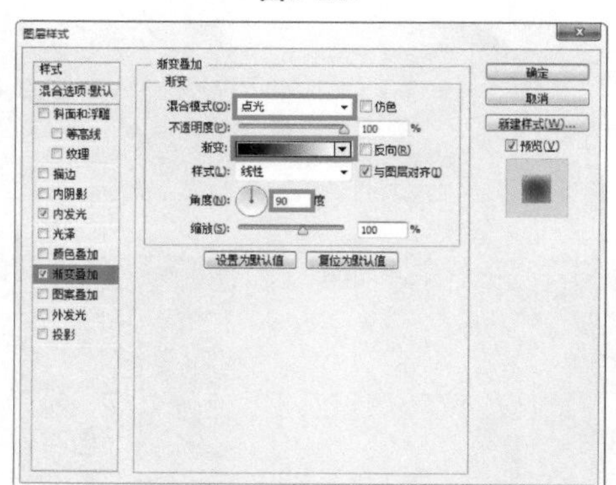

图5-239

图5-240

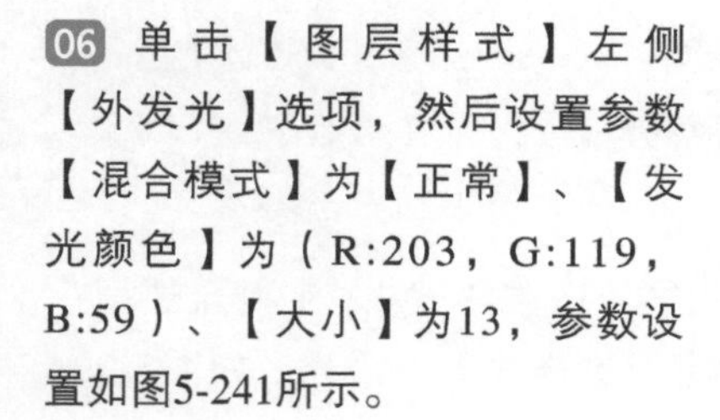

06 单击【图层样式】左侧【外发光】选项，然后设置参数【混合模式】为【正常】、【发光颜色】为（R:203，G:119，B:59）、【大小】为13，参数设置如图5-241所示。

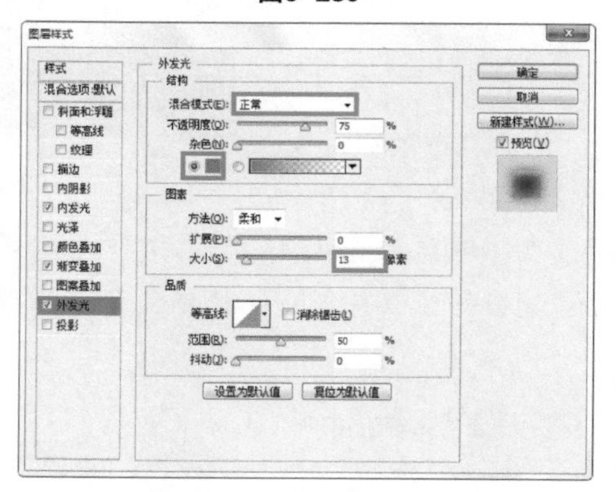

图5-241

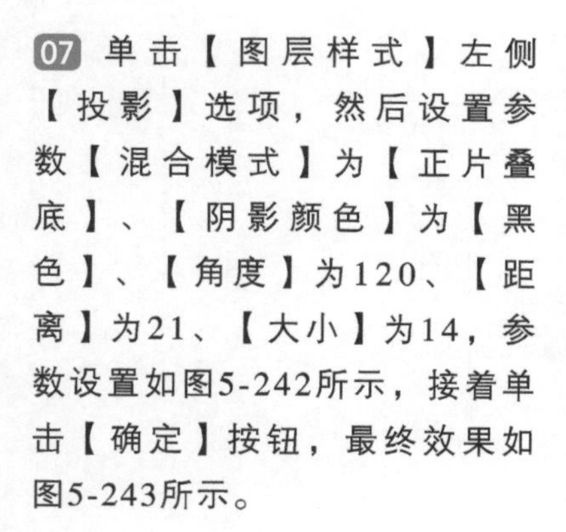

07 单击【图层样式】左侧【投影】选项，然后设置参数【混合模式】为【正片叠底】、【阴影颜色】为【黑色】、【角度】为120、【距离】为21、【大小】为14，参数设置如图5-242所示，接着单击【确定】按钮，最终效果如图5-243所示。

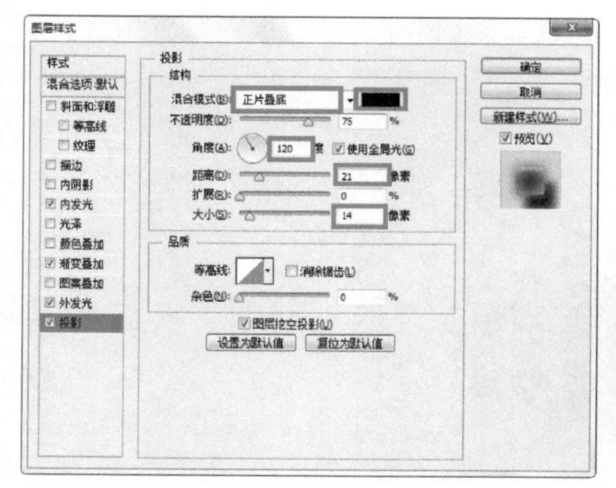

图5-242

图5-243

5.5 编辑图层样式

图层样式是非常灵活的功能，可以随时修改效果的参数，隐藏效果，或者删除效果，这些操作都不会对图层中的图像造成任何破坏。

5.5.1 显示与隐藏效果

在【图层】面板中，效果前面的眼睛图标用来控制效果的可见性，图层如图5-244所示，效果如图5-245所示。如果要隐藏一个效果，可单击该效果名称前的眼睛图标，图层如图5-246所示，效果如图5-247所示；如果要隐藏一个图层中的所有效果，可单击该图层【效果】前的眼睛图标，图层如图5-248所示，效果如图5-249所示。

图5-244

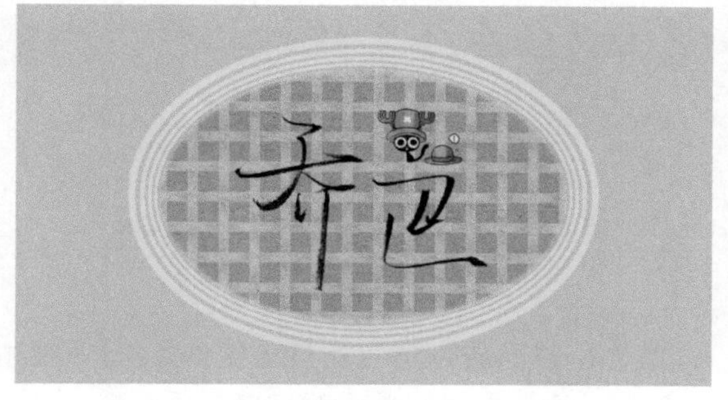

图5-245

图5-246

图5-247

图5-248

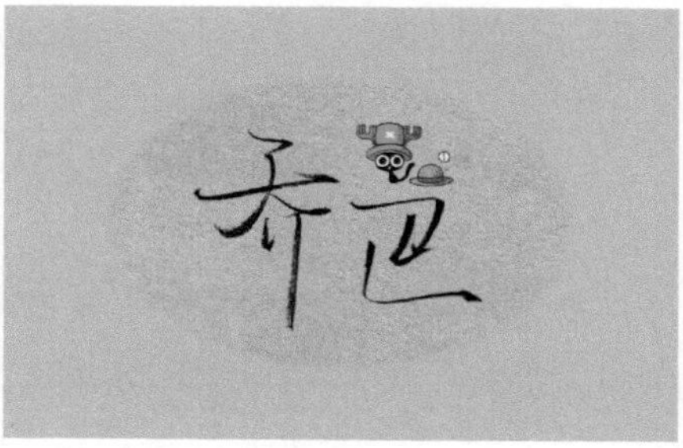

图5-249

如果要隐藏文档中所有图层的效果，可以执行【图层】>【图层样式】>【隐藏所有效果】菜单命令。

5.5.2 修改效果

在【图层】面板中，双击一个效果的名称，可以打开【图层样式】对话框并进入该效果的设置面板，此时可以修改效果参数，也可以在左侧列表中选择新效果，对话框如图5-250所示。设置完成后，单击【确定】按钮，可将修改后的效果应用于图像。

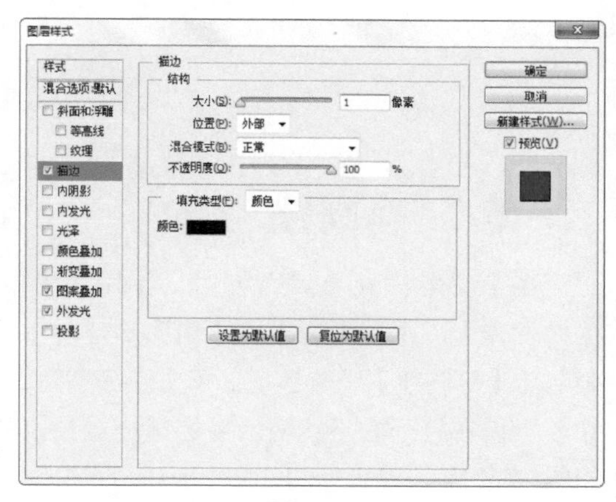

图5-250

5.5.3 复制、粘贴与清除效果

在图层样式创建后，可以对其进行复制、粘贴与清除等操作。

1.复制与粘贴效果

选择添加了图层样式的图层，如图5-251所示，执行【图层】>【图层样式】>【拷贝图层样式】菜单命令复制效果。选择其他图层，执行【图层】>【图层样式】>【粘贴图层样式】菜单命令，可以将效果粘贴到所选图层中，如图5-252所示。

按住Alt键拖曳【效果图标】fx从一个图层到另一个图层，可以将该图层的所有效果都复制到目标图层，如图5-253所示。如果只需要复制一个效果，可按住Alt键拖曳该效果的名称至目标图层，如图5-254所示。如果不按住Alt键直接拖曳，则直接剪切该效果到目标图层。

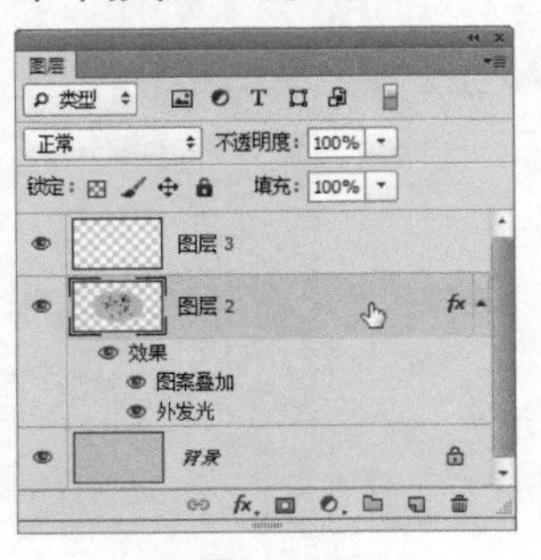

图5-251

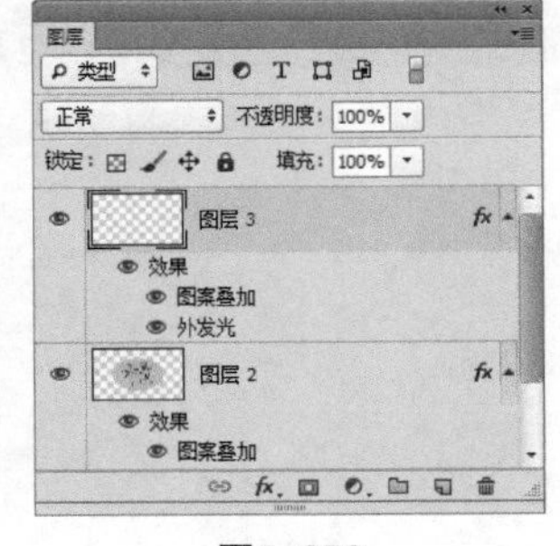

图5-252

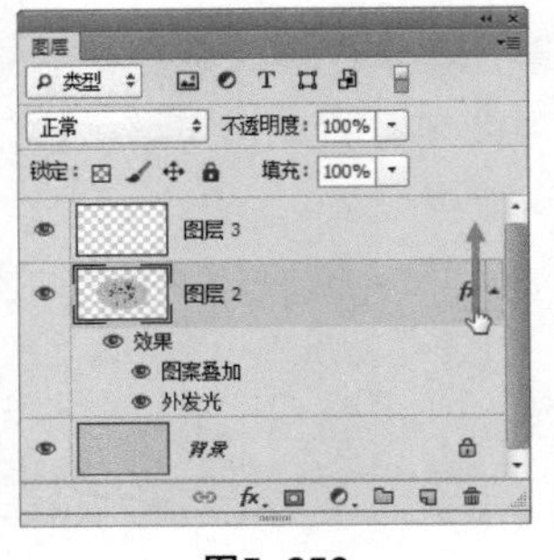

图5-253

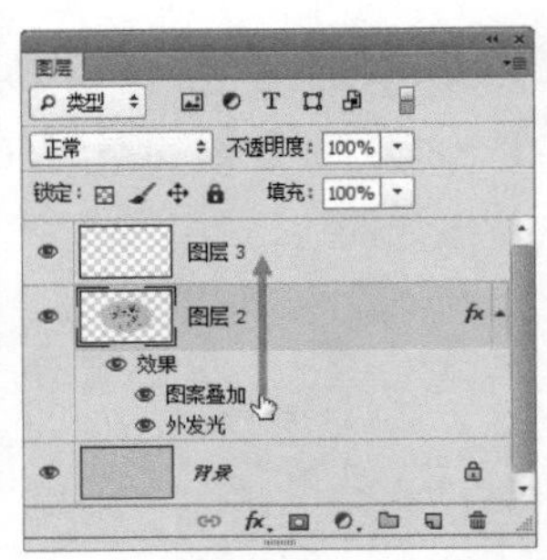

图5-254

2.清除效果

如果要删除一种效果，可以选择该图层，然后执行【图层】>【图层样式】>【清除图层样式】菜单命令，或者直接拖曳【效果图标】fx到🗑上，如图5-255所示。

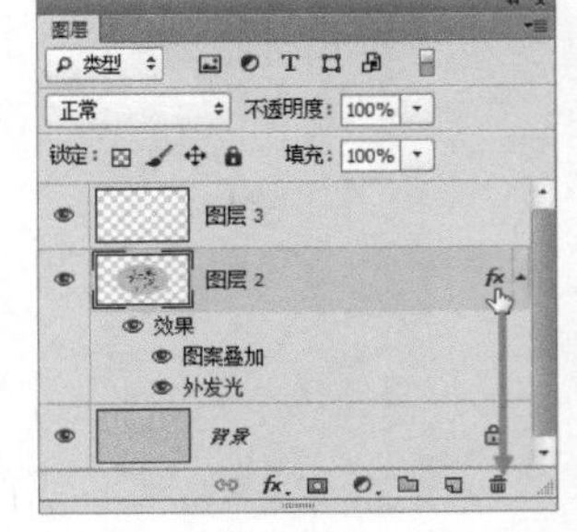

图5-255

5.5.4 使用全局光

在【图层样式】对话框中，【投影】、【内阴影】、【斜面和浮雕】效果都包含一个【使用全局光】选项，选择了该选项后，以上效果都会使用相同角度的光源。

如果要调整全局光的角度和高度，可执行【图层】>【图层样式】>【全局光】菜单命令，打开【全局光】对话框进行设置，如图5-256所示。

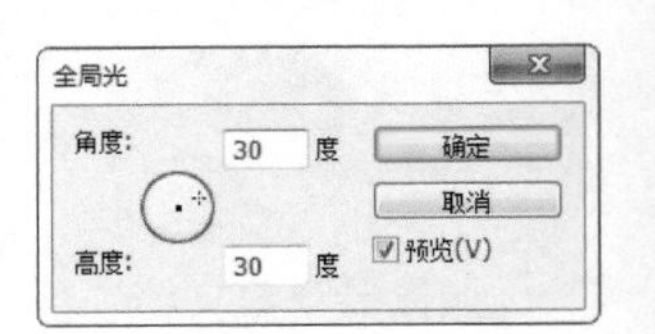

图5-256

5.5.5 等高线

在【图层样式】对话框中，【投影】、【内阴影】、【内发光】、【外发光】、【斜面和浮雕】和【光泽】效果都包含【等高线】设置选项。单击【等高线】选项右侧的▾按钮，可以在打开的下拉面板中选择一个预设的等高线样式，如图5-257所示。

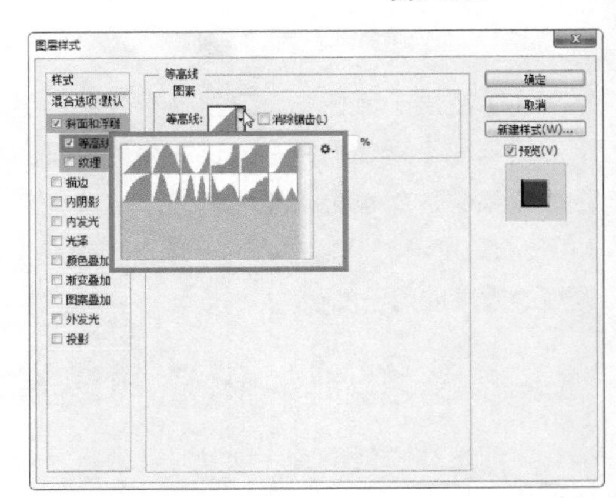

图5-257

如果单击等高线缩览图，则可以打开【等高线编辑器】，如图5-258所示。【等高线编辑器】与【曲线】对话框非常相似，可通过添加、删除和移动控制点来修改等高线的形状，从而影响【投影】、【内发光】等效果的外观。

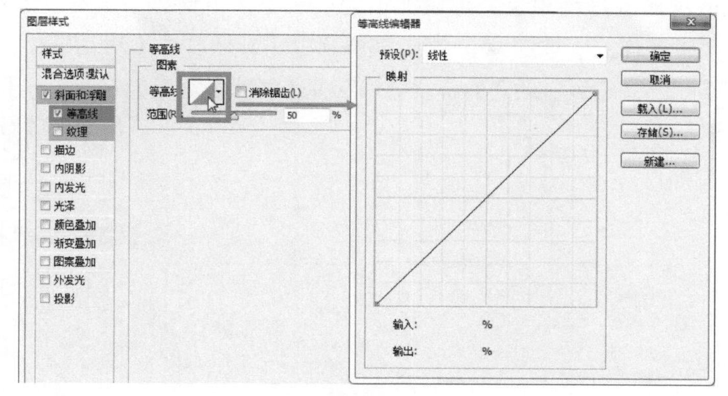

图5-258

5.6 管理图层样式

通过【样式】面板不仅可以重新设置样式，还可以对创建好的图层样式进行保存，也可以创建和删除图层样式。另外，还可以将外部样式载入到该面板中使用。

5.6.1 【样式】面板

执行【窗口】>【样式】菜单命令，打开【样式】面板，如图5-259所示，面板菜单如图5-260所示。在【样式】面板中，可以清除为图层添加的样式，也可以新建和删除样式。

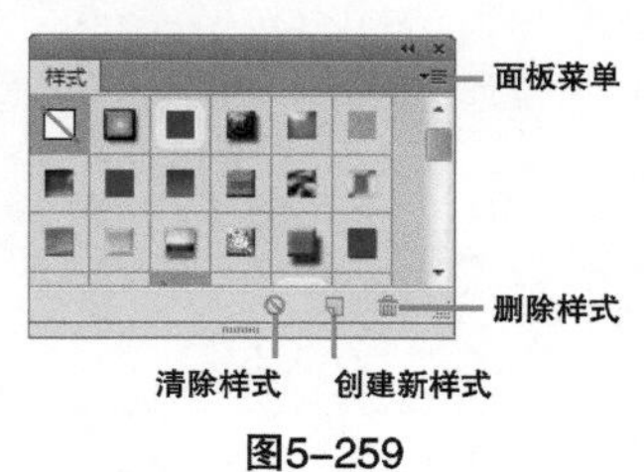

图5-259

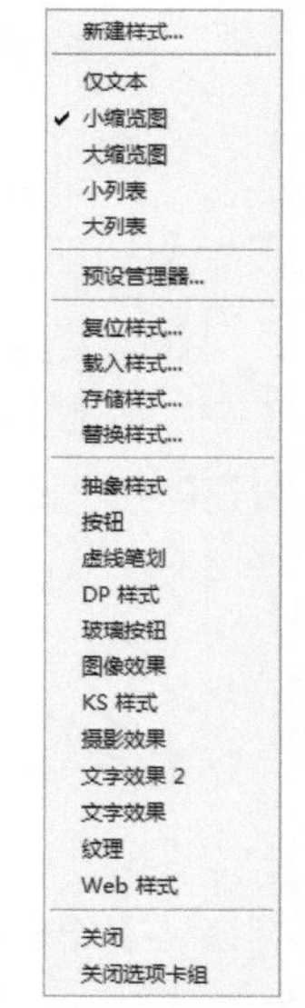

图5-260

如果要将【样式】面板中的样式应用到图层中，先选择该图层，如图5-261所示；然后在【样式】面板中单击需要的样式，如图5-262所示。

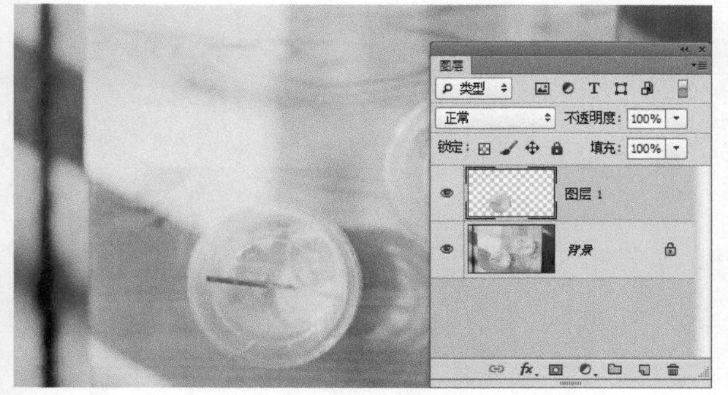

图5-261

图5-262

5.6.2 创建图层样式

如果要将当前图层的样式创建为预设，可以在【图层】面板中选择该图层，如图5-263所示。然后在【样式】面板下单击【创建新样式】按钮，接着在弹出的【新建样式】对话框中为样式设置一个名称，如图5-264所示。单击【确定】按钮后，新建的样式会保存在【样式】面板的后面，如图5-265所示。

图5-263

图5-264

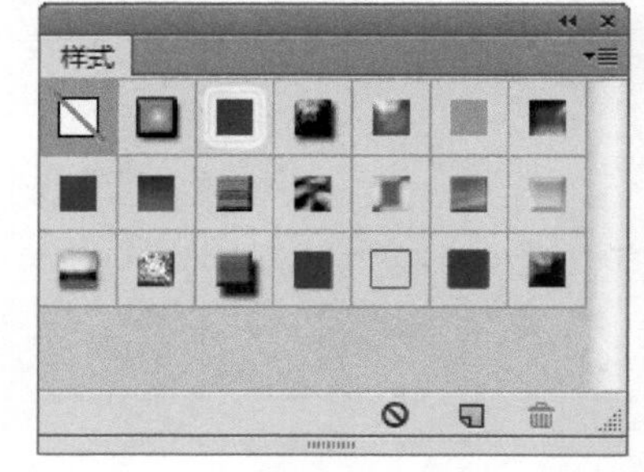

图5-265

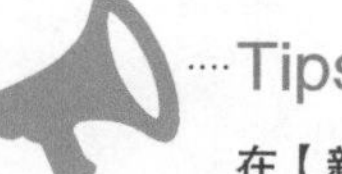

Tips

在【新建样式】对话框中勾选【包含图层混合选项】，创建的样式将具有图层中的混合模式。

使用【样式】面板中的样式时，如果当前图层中添加了效果，则新效果会替换原有效果。如果要保留原有效果，可以按住Shift键单击【样式】面板中的样式。

5.6.3 删除样式

如果要删除创建的样式，可以直接拖曳该样式到【样式】面板下的【删除样式】按钮，如图5-266所示。按住Alt键单击一个样式也可以直接删除该样式。

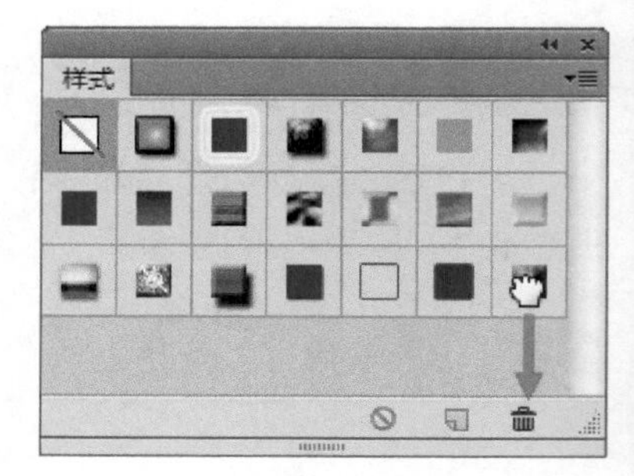

图5-266

5.6.4 存储样式库

在实际应用中，可以把经常使用到的图层样式存储到【样式】面板中。当积累到一定数量时，可以在【样式】面板菜单中选择【存储样式】命令，打开【存储】对话框，将其保存为一个单独的样式库，如图5-267所示。

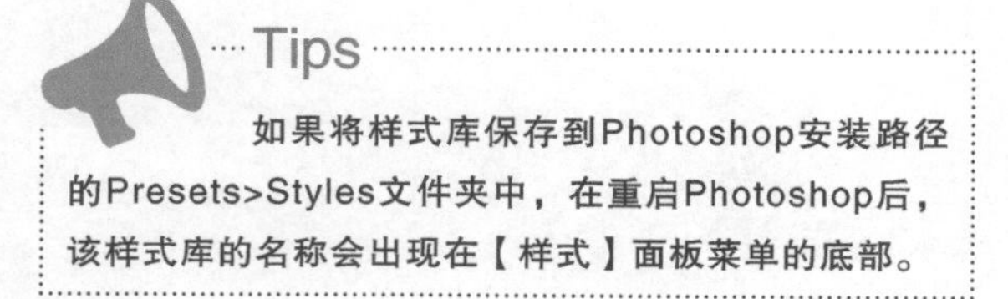

Tips

如果将样式库保存到Photoshop安装路径的Presets>Styles文件夹中，在重启Photoshop后，该样式库的名称会出现在【样式】面板菜单的底部。

图5-267

5.6.5 载入样式库

打开【样式】面板菜单，底部是Photoshop提供的预设样式库，如图5-268所示。选择一种样式库，如图5-269所示，系统会弹出一个提示对话框，如图5-270所示。如果单击【确定】按钮，可以载入该样式库并清除【样式】面板中原有的所有样式，如图5-71所示；如果单击【追加】按钮，则该样式库会被添加到原有样式的后面，如图5-272所示。

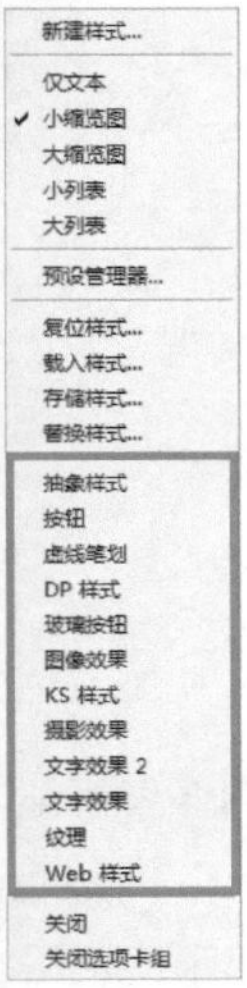

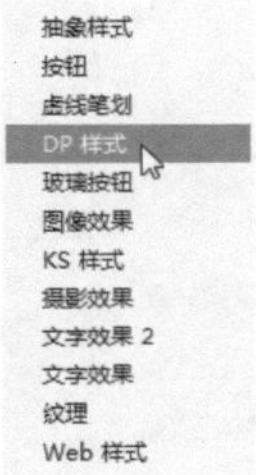

图5-269

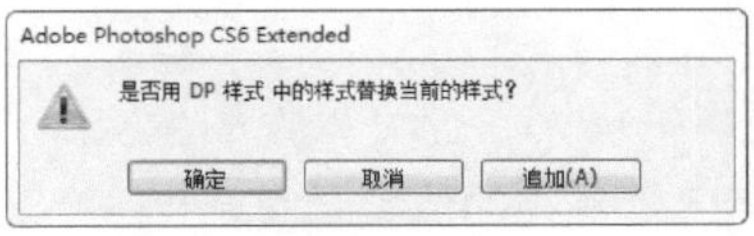

图5-270

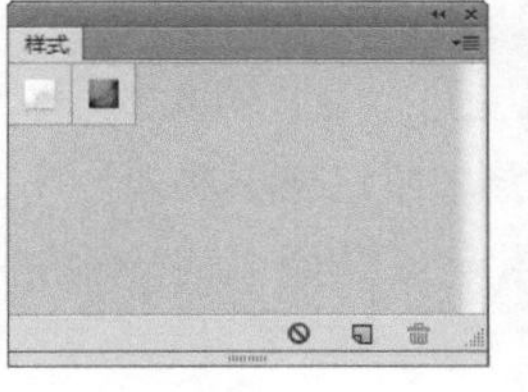

图5-271

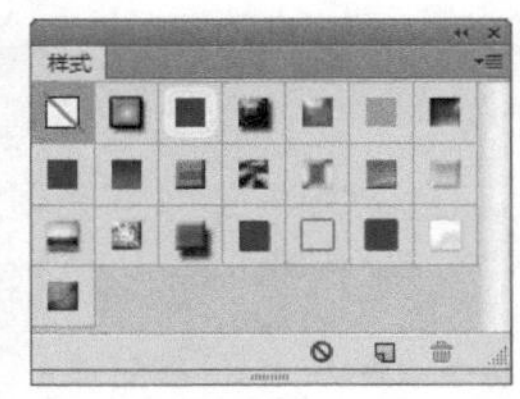

图5-272

Tips

如果要将样式恢复到默认状态，可以在【样式】面板中执行【复位样式】命令，然后在弹出的对话框中单击【确定】按钮。执行面板菜单中的【载入样式】命令，可以打开【载入】对话框，选择外部样式即可载入外部样式到【样式】面板中。

图5-268

5.7 图层的【不透明度】、【填充】和【混合模式】

【不透明度】和【填充】本质上有很大的区别。【混合模式】是Photoshop的一项非常重要的功能，它决定了上面图层内像素与下面图层内像素的混合方式，可以用来创建各种效果，并且不会损坏图像的任何信息。

5.7.1 【不透明度】和【填充】

【不透明度】和【填充】用于控制图层、图层组中图像的不透明度和填充。图5-273所示的是添加了【描边】样式的橡皮擦：调整图层【不透明度】时，会对橡皮擦和描边都产生效果，如图5-274所示；调整图层【填充】时，仅会影响橡皮擦，而描边效果并不会被改变，如图5-275所示。

图5-273

图5-274

图5-275

Tips

按下键盘中的数字键可以快速修改图层的不透明度：按下5，不透明度会变为50%，按下42；不透明度会变为42%；按下0，不透明度会变为100%。

5.7.2 【混合模式】类型

在【图层】面板中选择一个图层，单击面板顶部的按钮，在打开的下拉列表中可以选择一种【混合模式】。图层的【混合模式】分为6组，共27种，如图5-276所示。

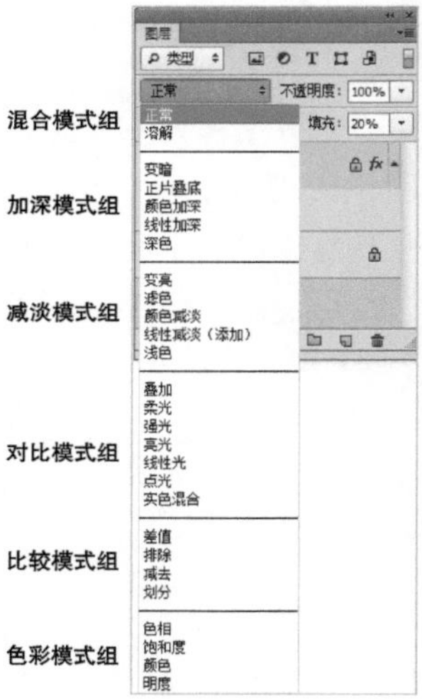

图5-276

【混合模式】组的详细介绍

组合模式组：该组中的【混合模式】需要降低图层的【不透明度】或【填充】才能起作用。

加深模式组：该组中的【混合模式】可以使图像变暗，在混合过程中，当前图层中的白色将被底层较暗的像素替代。

减淡模式组：该组与加深模式组产生的效果相反，它们可以使图像变亮。图像中的黑色会被较亮的像素替代，而任何比黑色亮的像素都可能加亮底层图像。

对比模式组：该组的【混合模式】可以加强图像的差异。在混合时，50%的灰色会完全消失，任何亮度高于50%灰色的像素都可能提亮下层的图像，亮度值低于50%的灰色的像素可能使下层图像变暗。

比较模式组：该组的【混合模式】可以比较当前图像与下层图像，将相同的区域显示为黑色，不同的区域显示为灰色或彩色。如果当前图层中包含白色，那么白色区域会使下层图像反相，而黑色不会对下层图像产生影响。

色彩模式组：使用该组中的【混合模式】时，Photoshop会将色彩分为色相、饱和度和亮度3种成分，然后再将其中的一种或两种应用在混合后的图像中。

5.7.3 详解【混合模式】

下面以图5-277所示的图层来讲解图层的各种混合模式特点。

图5-277

正常：这种模式是Photoshop的默认模式。正常情况下【不透明度】是100%，上层图像将完全遮盖住下层图像，只有降低【不透明度】数值后才能与下层图像混合，图5-278所示的是设置【不透明度】为50%时产生的效果。

溶解：在【不透明度】和【填充】数值为100%时，该模式下上层图像不会与下层图像相混合，只有这两个数值中的任何一个低于100%时才能产生效果，使透明度区域上的像素离散，产生点状颗粒，图5-279所示的是设置【不透明度】为50%时产生的效果。

变暗：比较每个通道中的颜色信息，当前图层较亮的像素会被底层较暗的像素替换，亮度值比底层像素低的保持不变，如图5-280所示。

图5-278

图5-279

图5-280

正片叠底：任何颜色与黑色混合产生黑色，任何颜色与白色混合保持不变，混合结果通常使图像变暗，如图5-281所示。

颜色加深：通过增加上下层图像之间的对比度来使像素变暗，与白色混合后不产生变化，如图5-282所示。

线性加深：通过减小亮度使像素变暗，与白色混合不产生变化，如图5-283所示。

图5-281

图5-282

图5-283

深色：通过比较两个图像的所有通道的数值的总和，然后显示数值较小的颜色，如图5-284所示。

变亮：比较每个通道中的颜色信息，并选择基色或混合色中较亮的颜色作为结果色，同时替换比混合色暗的像素，而比混合色亮的像素保持不变，如图5-285所示。

滤色：与黑色混合时颜色保持不变，与白色混合时产生白色，如图5-286所示。

图5-284

图5-285

图5-286

颜色减淡：通过减小上下层图像之间的对比度提亮底层图像的像素，如图5-287所示。

线性减淡（添加）：与【线性加深】模式产生的效果相反，可以通过提高亮度来减淡颜色，如图5-288所示。

浅色：通过比较两个图像的所有通道的数值的总和，然后显示数值较大的颜色，如图5-289所示。

图5-287

图5-288

图5-289

叠加：对颜色进行过滤并提亮上层图像，具体取决于底层颜色，同时保留底层图像的明暗对比，如图5-290所示。

柔光：使颜色变暗或变亮，具体取决于当前图像的颜色。如果上层图像比50%灰色亮，则图像变亮；如果上层图像比50%灰色暗，则图像变暗，如图5-291所示。

图5-290

图5-291

强光：当前图层中比50%灰色亮的像素会使图像变亮；比50%灰色暗的像素会使图像变暗。可以使混合后的颜色更加饱和，如图5-292所示。

亮光：如果当前图层中的像素比50%灰色亮，则通过减小对比度的方式使图像变亮；如果当前图层中的像素比50%灰色暗，则通过增加对比度的方式使图像变暗。可以使混合后的颜色更加饱和，如图5-293所示。

线性光：如果当前图层中的像素比50%灰色亮，可通过增加亮度使图像变亮；如果当前图层的像素比50%灰色暗，则通过减小亮度使图像变暗。与【强光】模式相比，【线性光】可以使图像产生更高的对比度，如图5-294所示。

图5-292

图5-293

图5-294

点光：如果当前图层中的像素比50%灰色亮，则替换暗的像素；如果当前图层中的像素比50%灰色暗，则替换亮的像素，这对于图像中的添加特殊效果时非常有用，如图5-295所示。

实色混合：如果当前图层中的像素比50%灰色亮，会使图层图像变亮；如果当前图层中的像素比50%灰色暗，则会使底部图像变暗。该模式通常会使图像产生色调分离效果，如图5-296所示。

差值：当前图层的白色区域会使底层图像产生反相效果，而黑色则不会对底层图像产生影响，如图5-297所示。

图5-295

图5-296

图5-297

排除：与【差值】模式的原理基本相似，但该模式可以创建对比度更低的混合效果，如图5-298所示。

减去：可以从目标通道中相应的像素上减去源通道中的像素值，如图5-299所示。

划分：查看每个通道中的颜色信息，从基色中划分混合色，如图5-300所示。

图5-298

图5-299

图5-300

色相：将当前图层的色相应用到底层图像的亮度与饱和度中，可以改变底部图像的色相，但不会影响其亮度与饱和度。对于黑色、白色和灰色区域，该模式不起作用，如图5-301所示。

图5-301

Tips

基色是图像中的原稿颜色。混合色是通过绘画或编辑工具应用的颜色。结果色是混合后得到的颜色。

饱和度：将当前图层的饱和度应用到底层图像的亮度和色相中，可以改变底层图像的饱和度，但不会影响其亮度和色相，如图5-302所示。

颜色：将当前图层的色相与饱和度应用到底层图像中，但保持底层图像的亮度不变，如图5-303所示。

明度：将当前图层的亮度应用于底层图像的颜色中，可改变底层图像的亮度，但不会对其色相与饱和度产生影响，如图5-304所示。

图5-302

图5-303

图5-304

5.8 填充图层

填充图层是一种比较特殊的图层，它可以使用纯色、渐变或图案填充图层。与调整图层不同，填充图层不会影响它们下面的图层。

5.8.1 纯色填充

纯色填充图层可以用一种颜色填充图层，并且带有一个图层蒙版。打开一个图像，如图5-305所示。然后执行【图层】>【新建填充图层】>【纯色】菜单命令，可以打开【新建图层】对话框，在该对话框中可以设置纯色填充图层的名称、颜色、混合模式和不透明度，并且可以为下一个图层创建剪切蒙版，如图5-306所示。

图5-305

在【新建图层】对话框中设置好相关选项后，单击【确定】按钮，打开【拾色器（纯色）】对话框，然后拾取一种颜色，如图5-307所示。单击【确定】按钮后即可创建一个纯色填充图层，如图5-308所示。

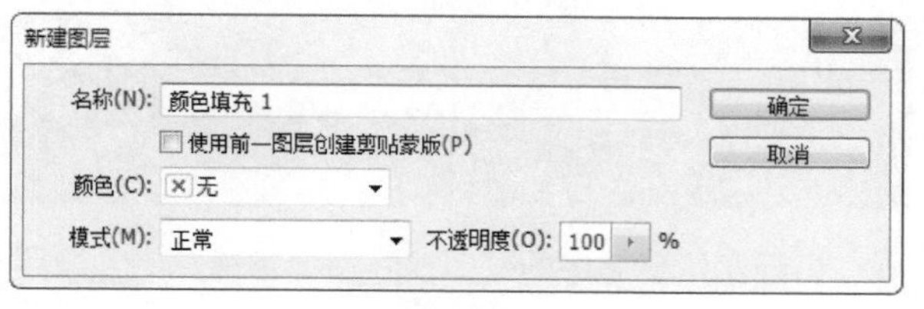

图5-306

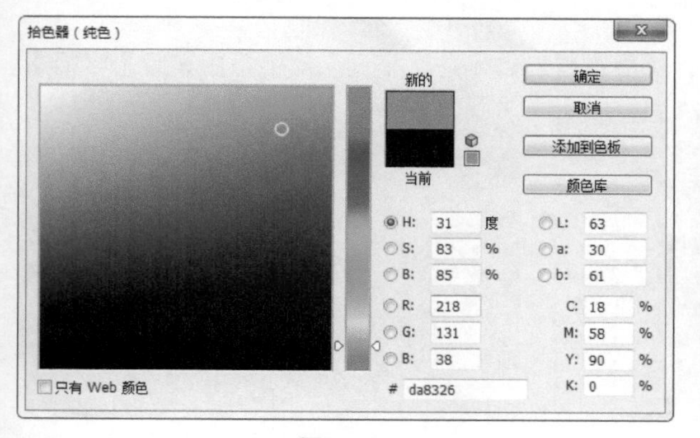

图5-307

图5-308

创建好纯色填充图层以后，可以调整其混合模式、不透明度或编辑其蒙版，使其与下面的图像混合在一起，如图5-309所示。

图5-309

随堂练习 用纯色填充制作旧照片

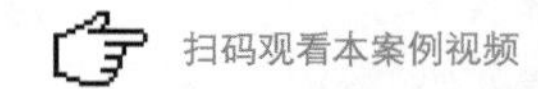

- 实例位置 CH05>用纯色填充制作旧照片>用纯色填充制作旧照片.psd
- 素材位置 CH05>用纯色填充制作旧照片> 1.jpg，2.jpg
- 实用指数 ★★
- 技术掌握 学会使用纯色填充

01 打开学习资源中的“CH05>用纯色填充制作旧照片> 1.jpg”文件，如图5-310所示。

02 执行【滤镜】>【模糊】>【高斯模糊】菜单命令，然后在弹出的【高斯模糊】对话框中设置【半径】为2.5，如图5-312所示，接着单击【确定】按钮，如图5-312所示。

图5-310

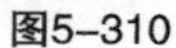

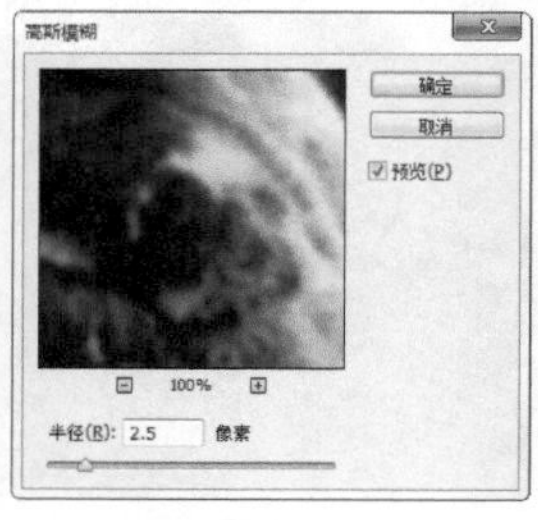

图5-311

图5-312

03 执行【滤镜】>【杂色】>【添加杂色】菜单命令，然后在弹出的【添加杂色】对话框中设置【数量】为15，再勾选【单色】，如图5-313所示，接着单击【确定】按钮，如图5-314所示。

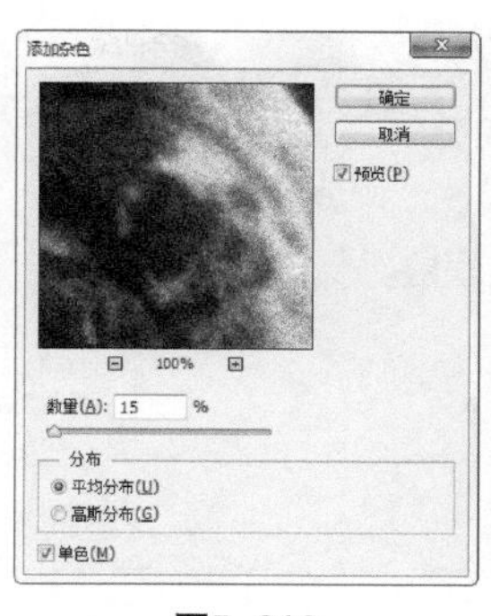

图5-313

图5-314

04 执行【图层】>【新建填充图层】>【纯色】菜单命令，然后在弹出的【新建图层】对话框单击【确定】按钮，接着在弹出的【拾色器（纯色）】对话框中拾取颜色（R:160，G:140，B:100），如图5-315所示；最后单击【确定】按钮，图层如图5-316所示。

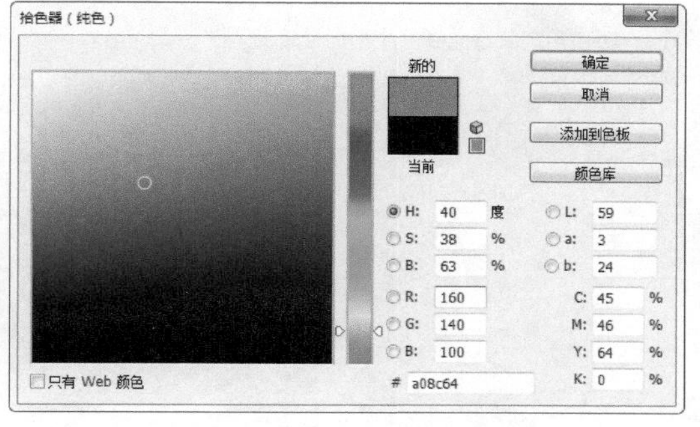

图5-315

图5-316

05 改变【颜色填充 1】图层【混合模式】为【颜色】，如图5-317所示，效果如图5-318所示。

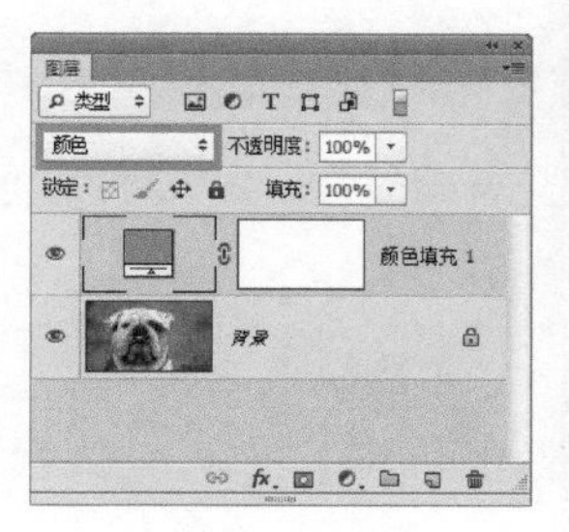

图5-317

图5-318

06 置入文件【2.jpg】，然后按Enter键完成置入。接着改变图层【混合模式】为【柔光】，如图5-319所示，最终效果如图5-320所示。

图5-319

图5-320

5.8.2 渐变填充

渐变填充图层可以用一种渐变色填充图层，并带有一个图层蒙版。执行【图层】>【新建填充图层】>【渐变】菜单命令，可以打开【新建图层】对话框，在该对话框可以设置渐变填充图层的名称、颜色、混合模式和不透明度，并且可以为下一个图层创建剪切蒙版。

在【新建图层】对话框中设置好相关选项以后，单击【确定】按钮，打开【渐变填充】对话框，在该对话框可以设置渐变的颜色、样式、角度和缩放等，如图5-321所示，单击【确定】按钮即可创建一个渐变填充图层。

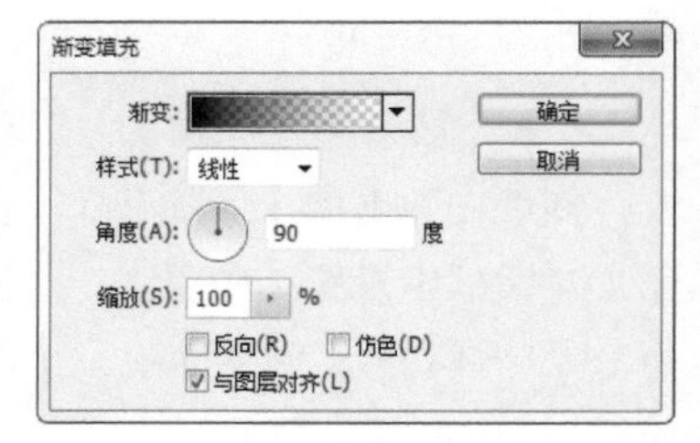

图5-321

随堂练习 用渐变填充图层替换无云晴天

- 实例位置 CH05>用渐变填充图层替换无云晴天>用渐变填充图层替换无云晴天.psd
- 素材位置 CH05>用渐变填充图层替换无云晴天> 1.jpg
- 实用指数 ★★★
- 技术掌握 学会使用渐变填充

01 打开学习资源中的“CH05>用渐变填充图层替换无云晴天> 1.jpg”文件，如图5-322所示。然后使用【快速选择工具】选中天空，如图5-323所示。

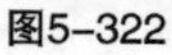

图5-322

图5-323

02 执行【图层】>【新建填充图层】>【渐变】菜单命令，然后在弹出的【新建图层】对话框中单击【确定】按钮，在弹出的【渐变填充】对话框中设置【角度】为-80，再单击【渐变】选项右侧的渐变色条，如图5-324所示，在弹出的【渐变编辑器】中设置从蓝色到白色渐变，如图5-325所示。最后单击两次【确定】按钮，图层如图5-326所示，效果如图5-327所示。

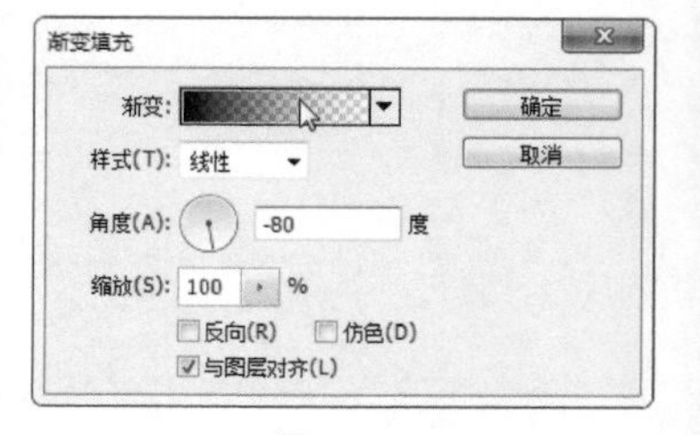

图5-324

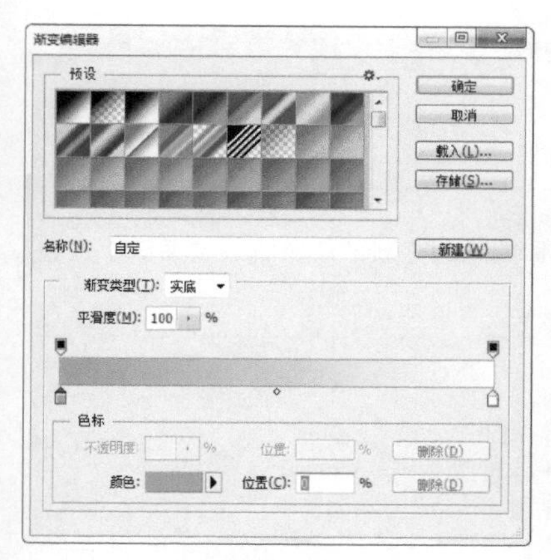
图5-325

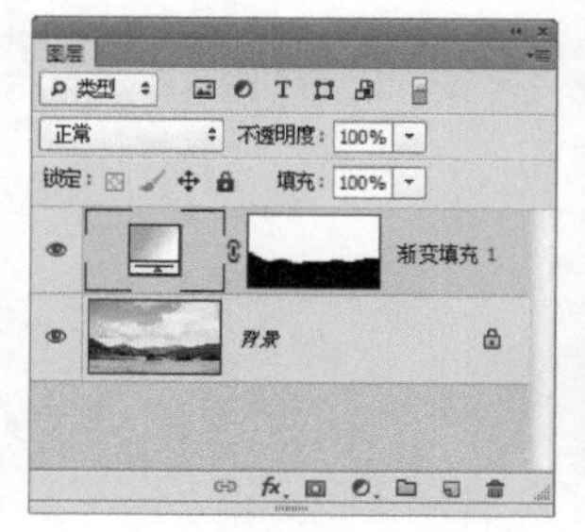
图5-326

图5-327

03 按住Alt键单击【图层】面板底部的【创建新图层】按钮，然后在弹出的【新建图层】对话框中设置【模式】为【滤色】，勾选【填充屏幕中性色（黑）】，如图5-328所示，接着单击【确定】按钮，图层如图5-329所示。

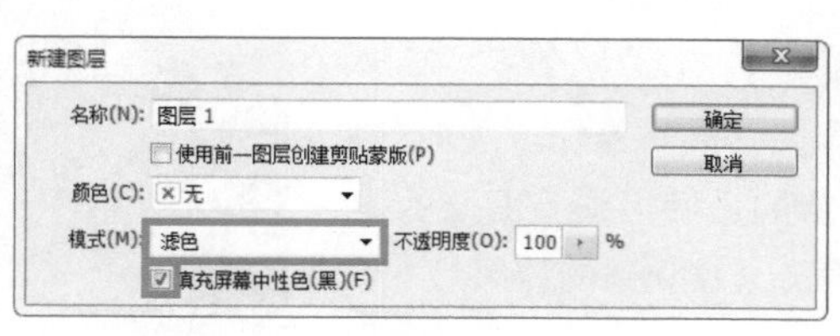

图5-328

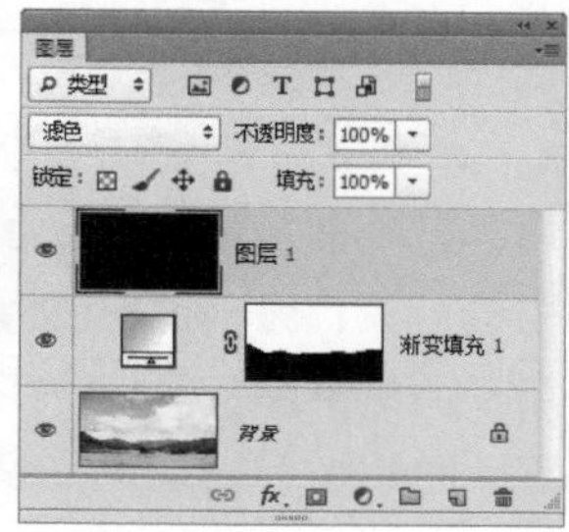
图5-329

04 执行【滤镜】>【渲染】>【镜头光晕】菜单命令，然后在打开的【镜头光晕】对话框的缩览图右边位置单击定位光晕中心，再设置【亮度】为150，如图5-330所示，接着单击【确定】按钮，最终效果如图5-331所示。

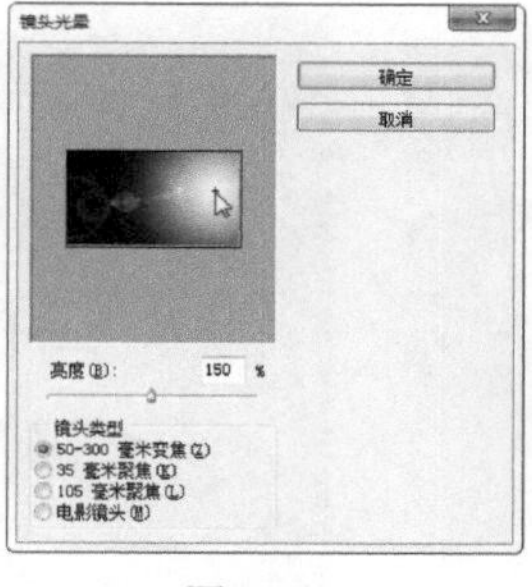
图5-330

图5-331

5.8.3 图案填充图层

图案填充图层可以用一种图案填充图层，并带有一个图层蒙版。执行【图层】>【新建填充图层】>【图案】菜单命令，可以打开【新建图层】对话框，在该对话框中可以设置图案填充图层的名称、颜色、混合模式和不透明度，并且可以为下一个图层创建剪切蒙版。

在【新建图层】对话框中设置好相关选项后，单击【确定】按钮，打开【图案填充】对话框，在该对话框中可以选择一种图案，并且可以设置图案的缩放比例等，如图5-332所示，单击【确定】按钮后即可创建一个图案填充图层，如图5-333所示。

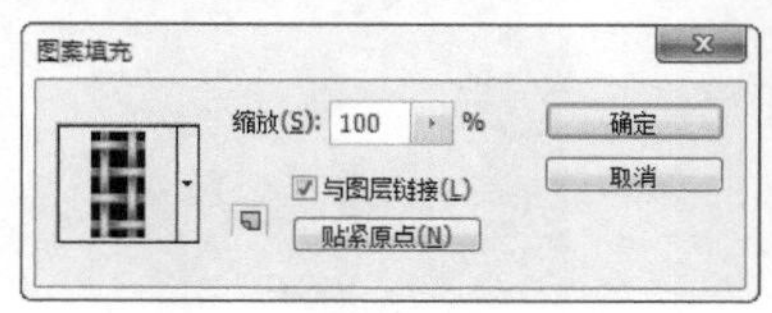

图5-332

图5-333

与其他填充图层相同，也可以通过设置【混合模式】、【不透明度】或编辑蒙版，使图案填充图层与其他图像混合在一起。

Tips

填充也可以直接在【图层】面板中进行创建，单击【图层】面板下面的【创建新的填充或调整图层】按钮 ，在弹出的菜单中选择相应的命令即可。

5.9 调整图层

调整图层是一种重要又特殊的图层，它可以将颜色和色调调整应用于图像，并且不会破坏图像的像素。

5.9.1 调整图层的优势

在Photoshop中，图像色彩与色调的调整方式有两种，一种方式是执行【图像】>【调整】下拉菜单中的命令，另一种是使用调整图层来操作。图5-334所示的是原图，图5-335所示的是使用调整图层的效果，图5-336所示的是在图像上直接调整的效果。

图5-334

图5-335

图5-336

可以看到【图像】>【调整】下拉菜单中的命令会直接修改所选图层的像素信息。而调整图层可以达到同样的调整效果，但不会修改像素。不仅如此，只要隐藏或删除调整图层，便可以使图像恢复为原来的状态。

创建调整图层以后，颜色和色调调整就存储在调整图层中，并影响它下面的所有图层。如果想要对多个图层进行相同的调整，可以在这些图层上面创建一个调整图层，通过调整图层来改变这些图层，而不必分别调整每个图层。将其他图层放在调整图层下面，就会对其产生影响，如图5-337所示；从调整图层下面移动到上面，则可取消对它的调整，如图5-338所示。

图5-337

图5-338

Tips

可以随时修改调整图层的参数，而【图像】>【调整】菜单中的命令一旦应用以后，关闭文档或历史记录被覆盖，图像就不能恢复了。

5.9.2 【调整】面板

执行【图层】>【新建调整面板】下拉菜单中的命令，或者单击【调整】面板中的按钮，如图5-339所示，即可在【图层】面板中创建调整图层，如图5-340所示。同时【属性】面板中会显示相应的参数设置选项，如图5-341所示。

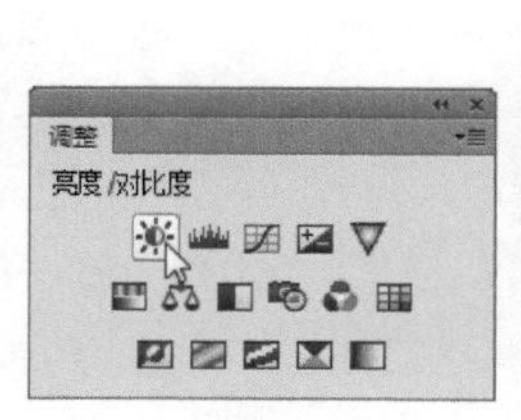

图5-339

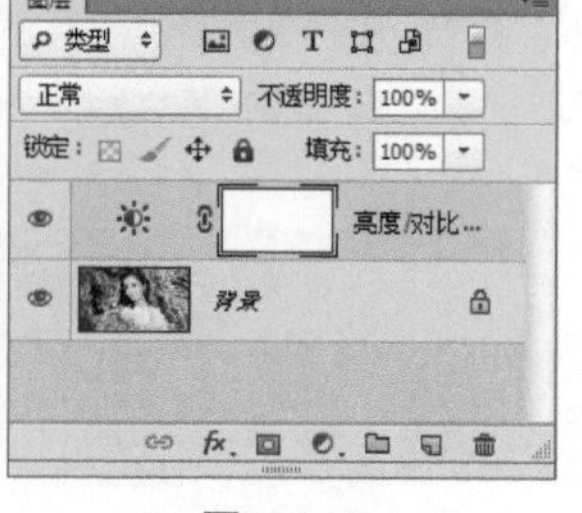

图5-340

属性

亮度/对比度

自动

亮度：0

对比度：0

使用旧版

复位到调整默认值

创建剪贴蒙版

删除调整图层

查看上一状态

切换图层可见性

图5-341

【属性】面板的重要参数介绍

创建剪贴蒙版：单击该按钮，可以将当前的调整图层与它下面的图层创建为一个剪贴蒙版组，使调整图层仅影响它下面的一个图层，如图5-342所示。再次单击该按钮时，调整图层会影响下面的所有图层，如图5-343所示。

图5-342

图5-343

切换图层可见性 ：单击该按钮，可以隐藏或重新显示调整图层。隐藏调整图层后，图像恢复为原状，如图5-344所示。

图5-344

查看上一个状态 ：调整参数后，单击该按钮，可在窗口中查看图像的上一个调整状态，松开后还原，可以方便比较两种效果。

复原到调整默认值 ：单击该按钮后，可以将调整参数恢复为默认值。

Tips

调整图层的图层蒙版是为了控制调整图层的有效范围。

5.9.3 修改调整图层

创建好调整图层以后，如图5-345所示；在【图层】面板中双击图层的缩览图，如图5-346所示；在弹出的【属性】面板中可以显示其相关参数，如图5-347所示。如果要修改参数，直接在【属性】面板中调整即可，如图5-348所示。

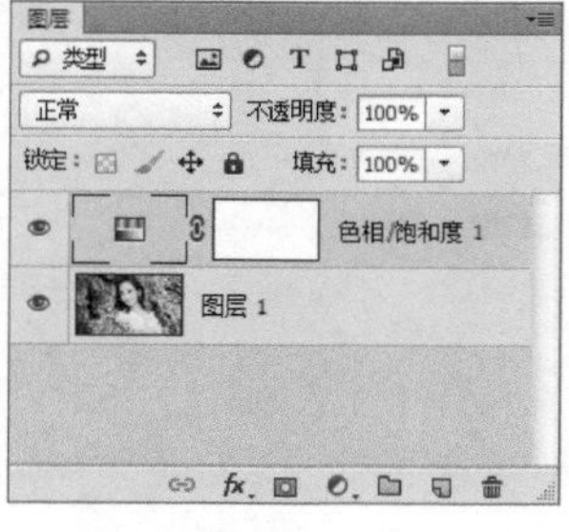

图5-345

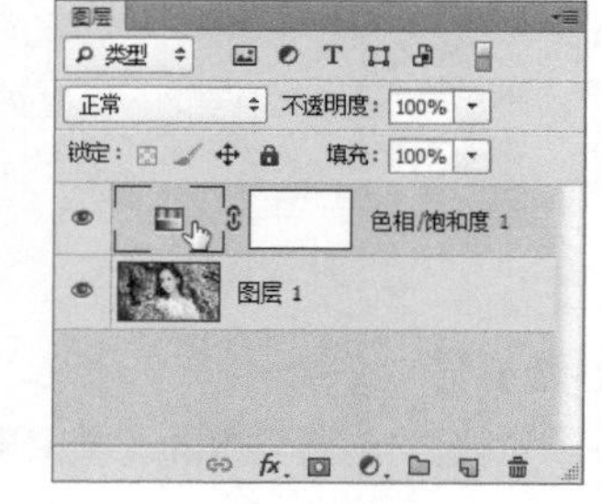

图5-346

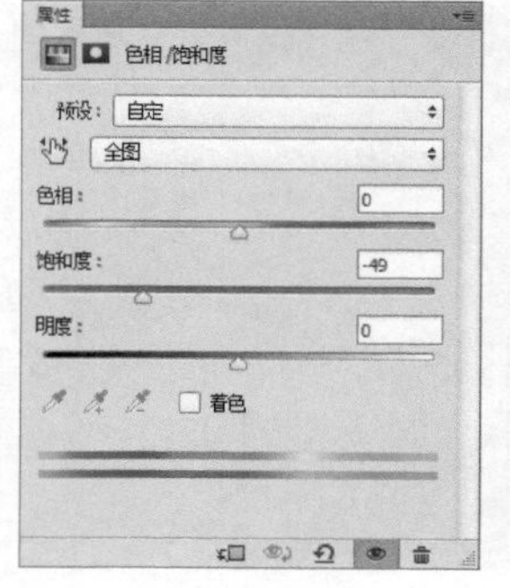

图5-347

图5-348

5.9.4 删除调整图层

选择调整图层，按下Delete键或将其拖曳到【图层】面板底部的【删除图层】按钮 上，即可将其删除，如图5-349所示。

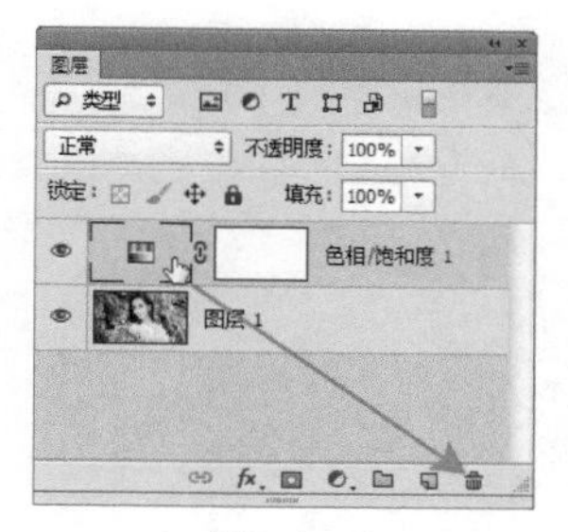

图5-349

随堂练习 用调整图层调整图像饱和度

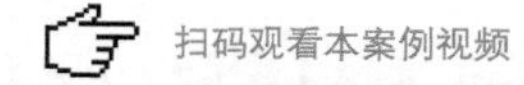
扫码观看本案例视频

- 实例位置 CH05>用调整图层调整图像饱和度>用调整图层调整图像饱和度.psd
- 素材位置 CH05>用调整图层调整图像饱和度> 1.jpg
- 实用指数 ★★★★
- 技术掌握 学会使用调整图层

01 打开学习资源中的“CH05>用调整图层调整图像饱和度> 1.jpg”文件，如图5-350所示。然后使用【快速选择工具】选取出西瓜的选区，如图5-351所示。接着执行【选择】>【修改】>【羽化】菜单命令，再在弹出的【羽化选区】对话框中设置【羽化半径】为3，单击【确定】按钮。最后执行【图层】>【新建】>【通过拷贝的图层】菜单命令，图层如图5-352所示。

图5-350

图5-351

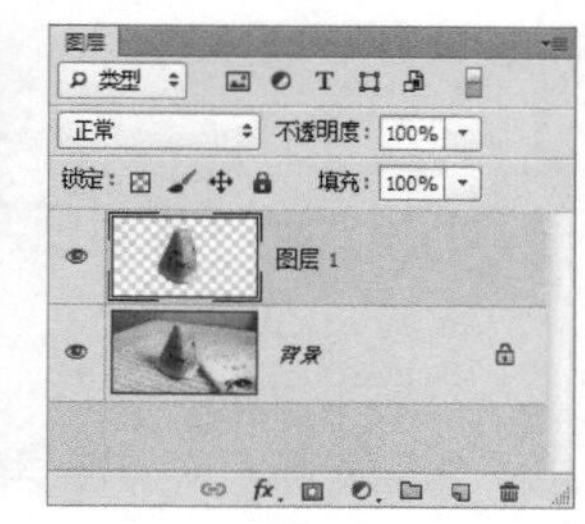

图5-352

02 选择【背景】图层，然后单击【调整】面板中的按钮，新建一个【色相/饱和度】调整图层，如图5-353所示。接着在【属性】面板中设置参数【饱和度】为-70，参数设置如图5-354所示，图层如图5-355所示，效果如图5-356所示。

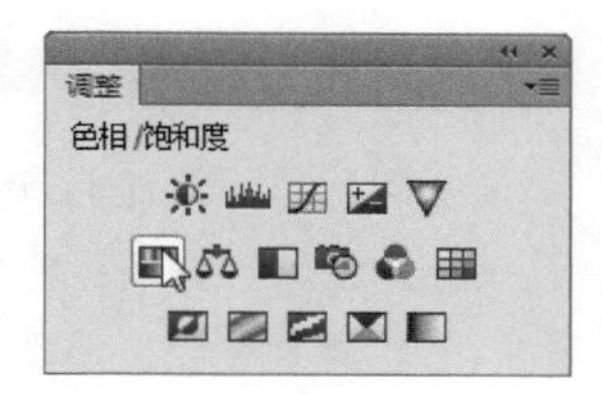

图5-353

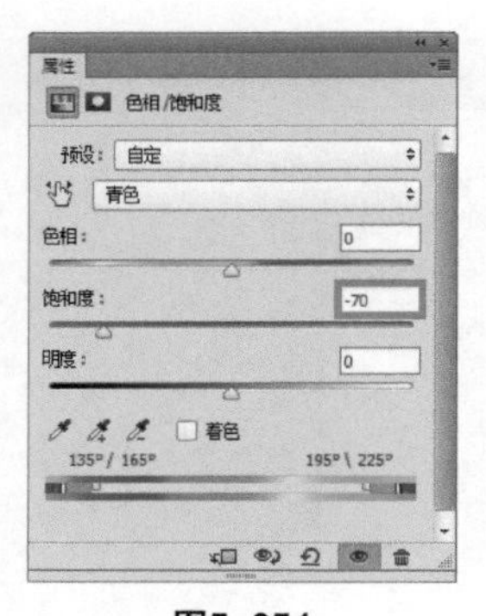

图5-354

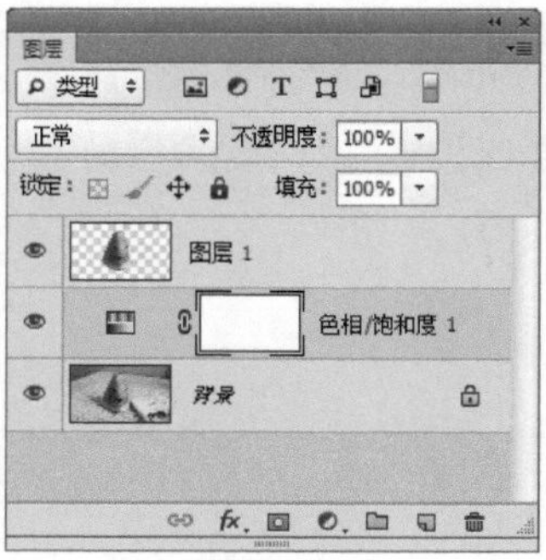

图5-355

图5-356

03 选择【图层 1】，然后单击【调整】面板的按钮，新建一个【亮度/对比度】调整图层，如图5-357所示。接着在【属性】面板设置参数【对比度】为20，如图5-358所示。再单击【创建剪切蒙版】按钮，如图5-359所示，图层如图5-360所示，最终效果如图5-361所示。

图5-357

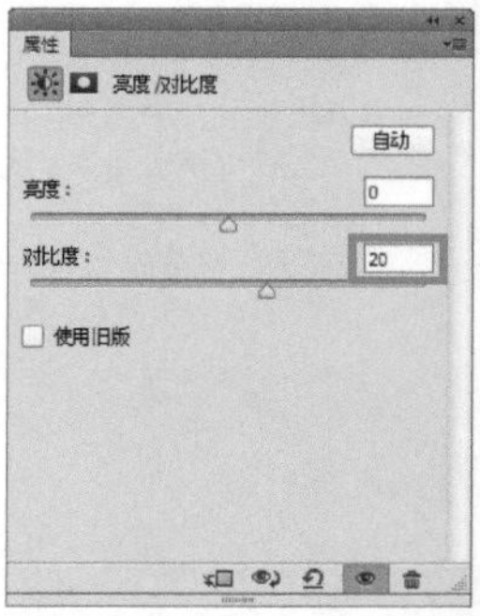

图5-358

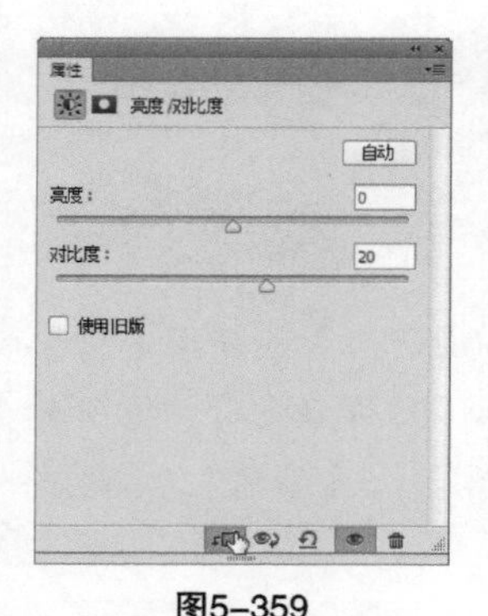

图5-359

图5-360

图5-361

5.10 智能对象

智能对象是一个嵌入到当前文档中的文件，它可以包含图像，也可以包含在Illustrator中创建的矢量图形。智能对象与普通图层的区别在于，它能够保留对象的源内容和所有的原始特征，隐藏在Photoshop中处理它时，不会直接应用到对象的原始数据。这是一种非破坏性的编辑功能。

5.10.1 智能对象的优势

智能对象可以进行非破坏性变换，例如，可以根据需要按任意比例缩放对象、旋转、进行变形等，不会丢失原始图像数据或者降低图像的品质。

智能对象可以生成多个副本，对原始内容进行编辑以后，所有与之链接的副本都会自动更新。

将多个图层内容创建为一个智能对象以后，可以简化【图层】面板中的图层结构。

应用于智能对象的所有滤镜都是智能滤镜。对于智能滤镜，可以随时修改其参数或者将其撤销，并且不会对图像造成任何破坏。

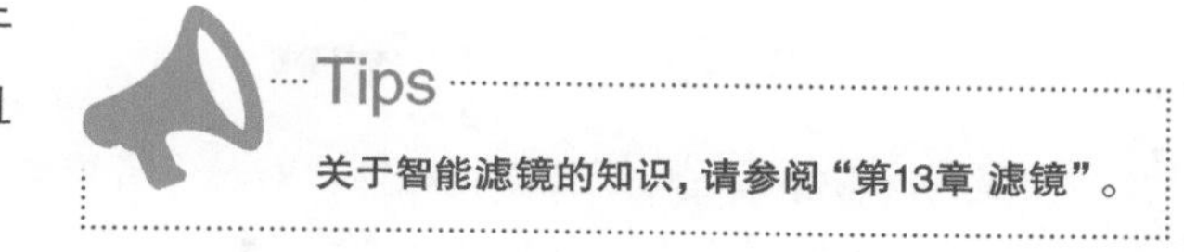

Tips

关于智能滤镜的知识，请参阅“第13章 滤镜”。

5.10.2 创建智能对象

执行【文件】>【打开为智能对象】命令，可以选择一个文件作为智能对象打开，如图5-362所示。在【图层】面板中，智能对象的缩览图右下角会显示智能对象图标，如图5-363所示。

图5-362

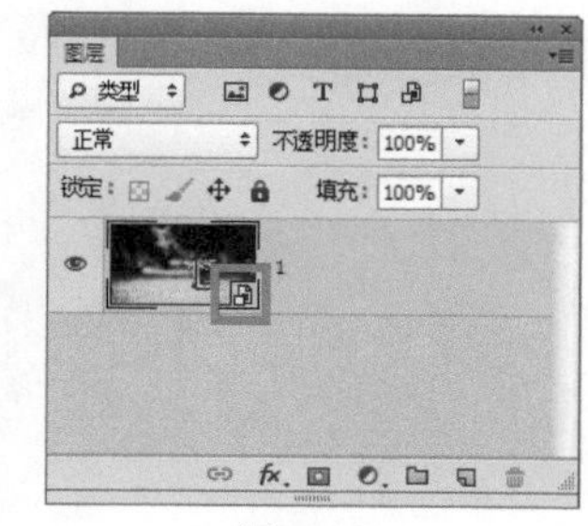

图5-363

打开一个文件，如图5-364所示。执行【文件】>【置入】菜单命令，可以将文件作为智能对象嵌入到当前文档中，如图5-365所示。

图5-364

图5-365

在【图层】面板中选择一个或多个图层，如图5-366所示。执行【图层】>【智能对象】>【转换为智能对象】菜单命令，可以将它们打包成一个智能对象，如图5-367所示。

Tips

在Illustrator中选择一个对象，按组合键Ctrl+C复制。切换到Photoshop中，按组合键Ctrl+V粘贴，在弹出的【粘贴】对话框中选择【智能对象】，可以将矢量图形粘贴为智能对象。

图5-366

图5-367

5.10.3 编辑智能对象

创建智能对象后，可以根据实际情况对其进行编辑。编辑智能对象不同于编辑普通图层，它需要在一个单独的文档中进行操作。下面就以随堂练习来讲解智能对象的编辑方法。

随堂练习 编辑智能对象

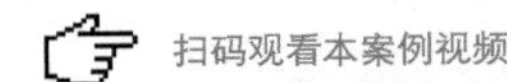

- 实例位置 CH05>编辑智能对象>编辑智能对象.psd
- 素材位置 CH05>编辑智能对象> 1.jpg，2.png
- 实用指数 ★★★
- 技术掌握 学习编辑智能对象

01 打开学习资源中的“CH05>编辑智能对象> 1.jpg”文件，如图5-368示。

02 执行【文件】>【置入】菜单命令，置入【2.png】文件，此时该文件以智能对象置入到当前文档中，如图5-369所示。

图5-368

图5-369

03 执行【图层】>【智能对象】>【编辑内容】菜单命令，或双击智能对象图层的缩览图，如图5-370所示，Photoshop会弹出一个对话框，如图5-371所示；单击【确定】按钮，可以将智能对象在一个单独的文档中打开，如图5-372所示。

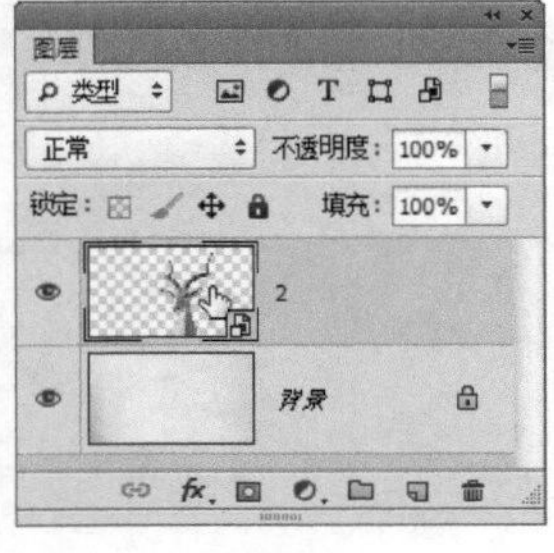

图5-370

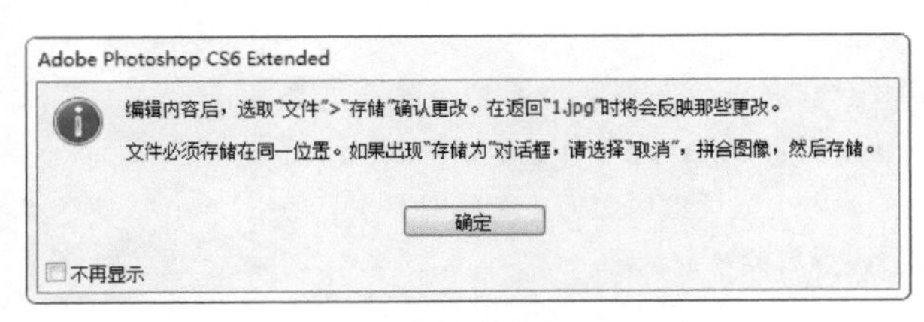

图5-371

图5-372

04 执行【图像】>【调整】>【反相】菜单命令，如图5-373所示。然后执行【文件】>【存储】菜单命令，切换回原文档，可以看到【存储】后，原文档内容也被更改，如图5-374所示。

图5-373

图5-374

5.10.4 创建链接的智能对象

创建智能对象后，选择智能对象，如图5-375所示；执行【图层】>【新建】>【通过拷贝的图层】菜单命令，可以复制出新的智能对象，如图5-376所示。新创建的智能对象和原对象保持链接关系，点击其中一个智能对象缩览图进入新文档编辑智能对象后，所有的链接智能对象都会被更改，如图5-377所示。

图5-375

图5-376

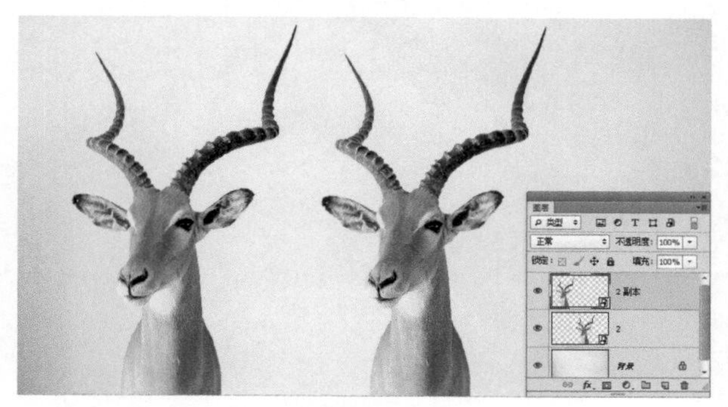

图5-377

↘5.10.5 创建非链接的智能对象

执行【图层】>【智能对象】>【通过拷贝新建智能对象】菜单命令，可以新建一个与原智能对象各自独立的智能对象，编辑其中一个，不会影响其他智能对象，如图5-378所示。

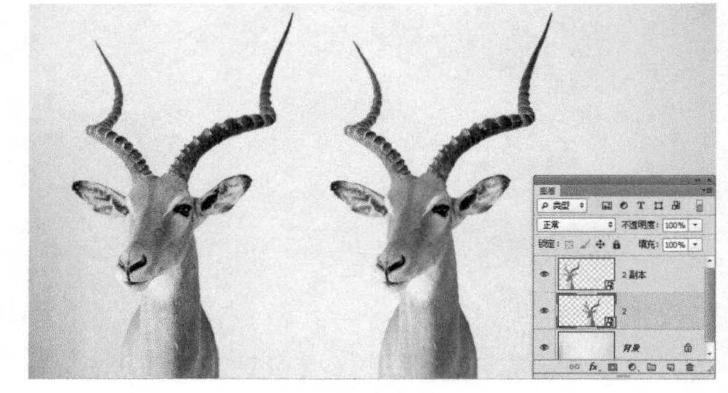

图5-378

↘5.10.6 替换智能对象

创建智能对象后，如果对其不满意，可以将其替换成其他智能对象。下面继续用随堂练习讲解如何替换智能对象。

随堂练习 替换智能对象

- 实例位置 CH05>替换智能对象>替换智能对象.psd
- 素材位置 CH05>替换智能对象> 1.jpg，2.png，3.png
- 实用指数 ★★★
- 技术掌握 学习替换智能对象

01 打开学习资源中的“CH05>替换智能对象> 1.jpg”文件，如图5-379所示。

02 执行【文件】>【置入】菜单命令，然后置入【2.png】文件，如图5-380所示。

图5-379

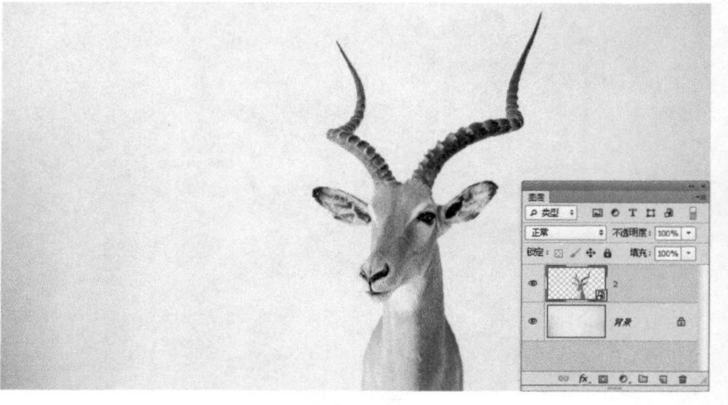

图5-380

03 选择【2】图层，然后执行【图层】>【智能对象】>【替换内容】菜单命令，打开【置入】对话框，如图5-381所示；选择【3.png】文件置入，此时【2.png】智能对象被替换为【3.png】智能对象，如图5-382所示。

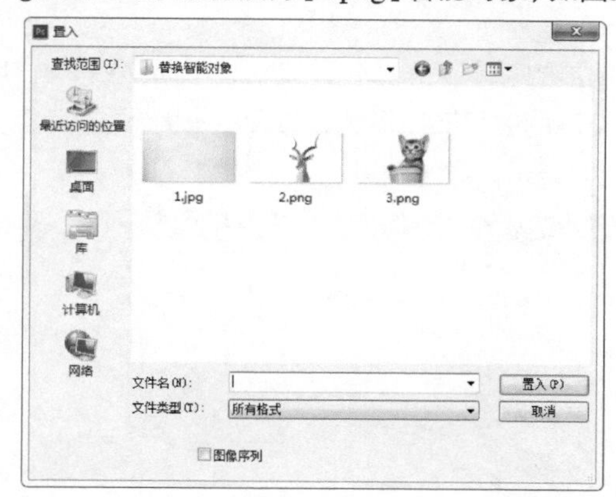

图5-381

图5-382

5.10.7 导出智能对象

在【图层】面板中选择智能对象，然后执行【图层】>【智能对象】>【导出内容】菜单命令，如图5-383所示，可以将智能对象以原始置入格式导出。如果智能对象是利用图层来创建的，那么则会以PSB格式导出。

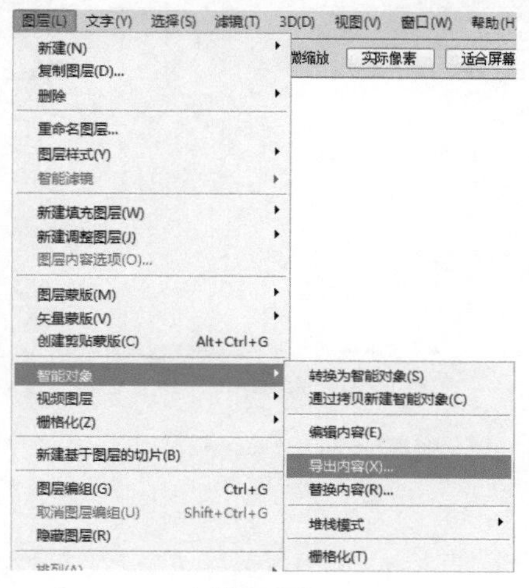

图5-383

5.11 知识拓展

通过本章的学习重点掌握了图层的基本操作和各种模式，下面介绍一些Photoshop中常用的技巧。

如果【图层】面板中有很多杂乱的图层和图层组，按住Ctrl键点击顶级图层组的箭头可以一次打开或关闭所有的图层组，如图5-384和图5-385所示。

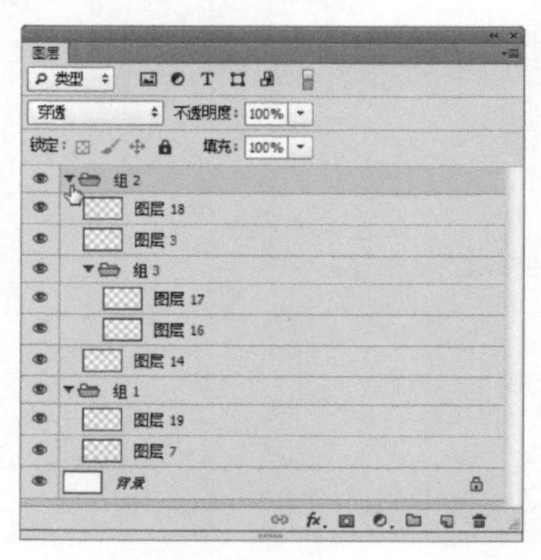

图5-384

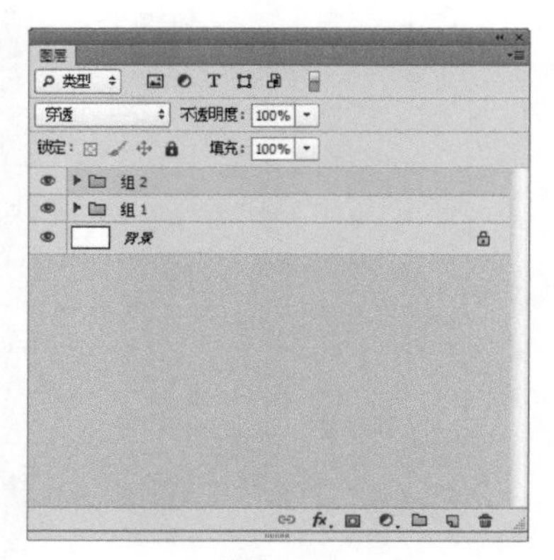

图5-385

如果【图层】面板中有很多杂乱的图层样式，按住Alt键点击任意图层样式的【效果图标】fx可以一次打开或关闭所有的嵌套，如图5-386和图5-387所示（不影响图层样式显示效果）。

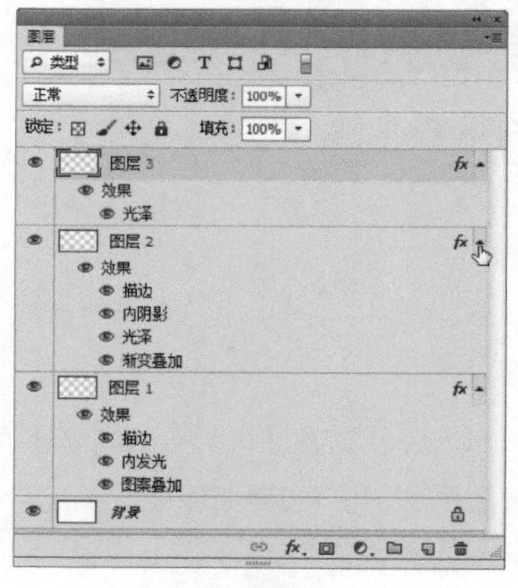

图5-386

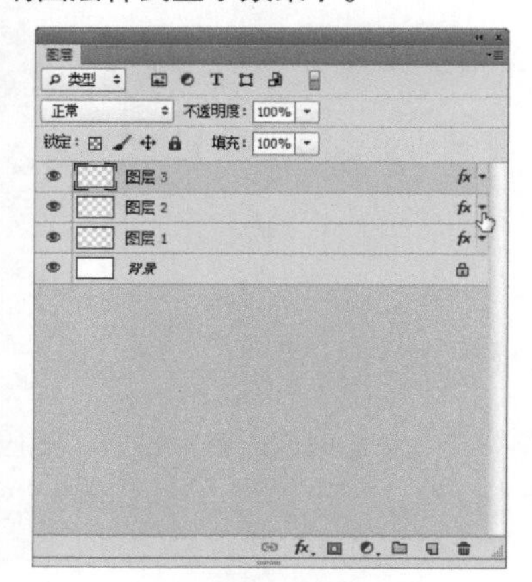

图5-387

CHAPTER

06 图像的编辑

本章是对图像基础操作的强化，主要介绍的是各种图像的编辑方法，讲解了更多需要用到的工具以及操作方法，通过对本章的学习，读者可以更加熟悉相应的工具，以及快速对图像进行编辑。

* 了解图像与画布的基础知识
* 掌握图像的移动
* 掌握【裁剪工具】的用法
* 掌握自由变换命令的用法

6.1 图像的移动、复制、粘贴与删除

在Photoshop中，可以非常便捷地移动、复制与粘贴图像。熟练这些可以让图像后期处理更加便捷。

6.1.1 移动图像

移动图像分为两种情况：一种是在同一个文档中进行移动，这种情况在之前的学习中已经出现过；第二种方法是在不同的文档中移动。

1.在同一文档中移动图像

图6-1所示有两个图层，图6-2所示的是图层对应的图像效果。

在工具箱中选择【移动工具】，然后在选项栏中勾选【自动选择】选项，并在列表中选择【图层】，如图6-3所示。将光标放在图像上单击鼠标左键即可选择相应图层所在的图像，此时拖曳鼠标就可以移动图像，如图6-4所示。

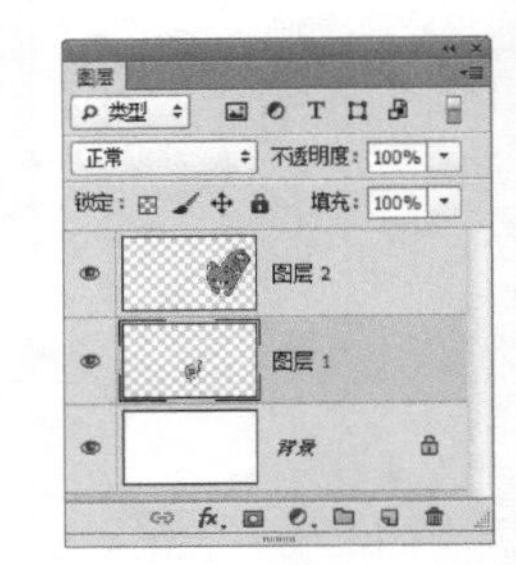

图6-1

图6-2

图6-3

图6-4

Tips

【自动选择】功能在实际应用的方便之处在于，不需要在【图层】面板选择图层，只需要在图像上单击所需要的内容，即可自动选择该内容对应的图层，直接进行移动。在实际操作中如果图层很多，运用此功能选择图层会非常方便。

2.在不同的文档中移动图像

打开任意两个文件，如图6-5和图6-6所示。

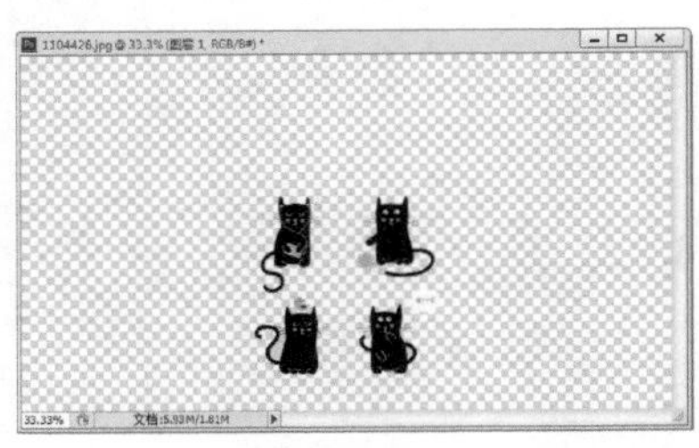

图6-5

图6-6

使用【移动工具】选中猫咪，按住鼠标左键向背景中拖曳，当鼠标光标变为加号图标时，如图6-7所示，释放鼠标，猫咪图片将被移动到背景中，效果如图6-8所示。

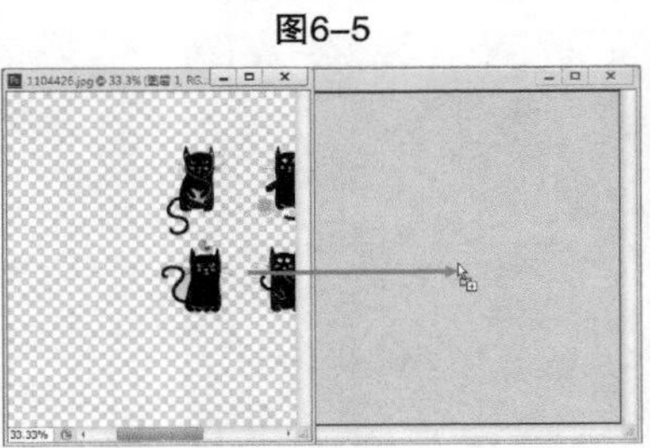

图6-7

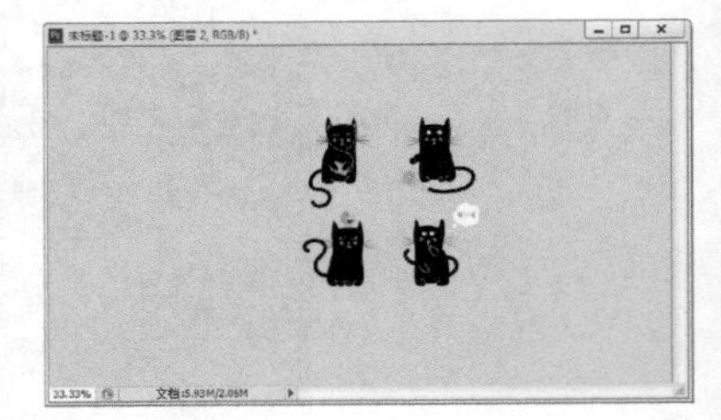

图6-8

Tips

将一个图像拖入另一个文档时，按住Shift键操作可以使拖入的图像位于当前文档的中心。如果这两个文档的大小相同，则拖入的图像就会与当前文档的边界对齐。

6.1.2 复制与粘贴图像

要在操作过程中随时按照需要复制图像，就必须掌握图像的复制方法。在复制图像前，需要选择要复制的图像区域，即创建所需图像的选区，然后使用移动工具复制图像。

图6-9所示的是原图，图6-10所示的是使用【矩形选框工具】选中的图像。

图6-9

图6-10

选择【移动工具】，将光标放在选区中，光标变为剪刀图标，如图6-11所示。按住Alt键，光标变成叠加图标，如图6-12所示，单击鼠标左键并按住Alt键不放，拖曳选区中的图像到合适位置，释放鼠标和Alt键，完成图像内的复制，按组合键Ctrl+D，取消选择，效果如图6-13所示。用此方法复制的图像都处于同一图层内。

图6-11

图6-12

图6-13

6.1.3 删除图像

在删除图像前，首先选择将要删除的区域，如图6-14所示。然后执行【编辑】>【清除】菜单命令，即可将选中的图像删除，接着按组合键Ctrl+D，取消选择，效果如图6-15所示（被删除的如果是【背景】图层，将被填充为背景色）。

图6-14

图6-15

6.2 图像大小

更改图像的像素大小不仅会影响图像在屏幕上的大小，还会影响图像的质量及其打印特性（图像的打印尺寸和分辨率）。执行【图像】>【图像大小】菜单命令，或按组合键Ctrl+Alt+I，打开【图像大小】对话框，在【像素大小】选项下即可修改图像的像素大小，如图6-16所示。

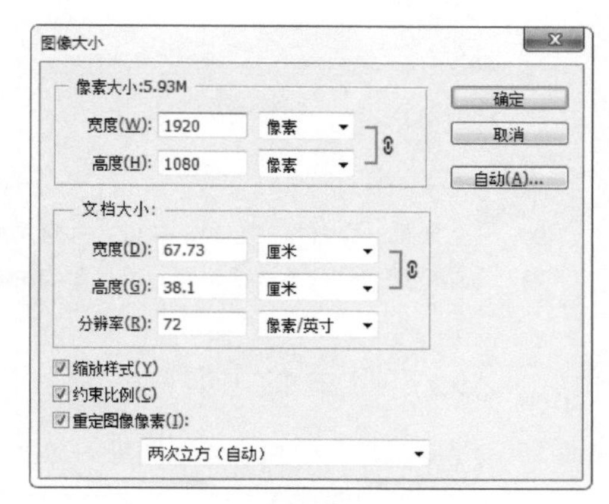

图6-16

6.2.1 像素大小

【像素大小】选项组下的参数主要用来设置图像的尺寸。修改像素大小后，新文件的大小会出现在对话框的顶部，旧文件的大小在括号内显示，如图6-17所示。

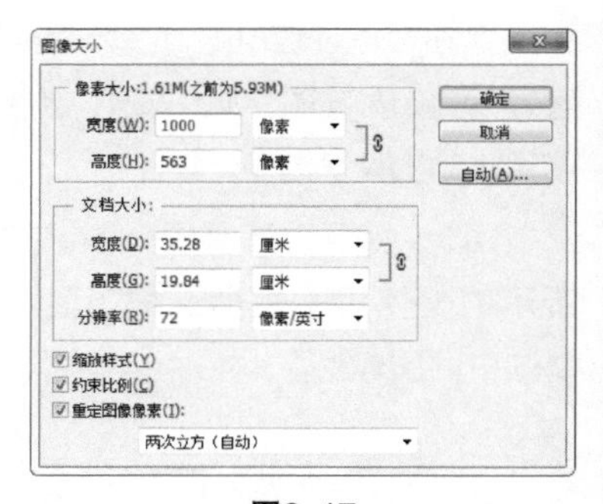

图6–17

6.2.2 文档大小

【文档大小】选项组下的参数主要用来设置图像的打印尺寸。当勾选【重定图像像素】选项时，如果减小图像的大小，就会减小像素数量，此时图像虽然变小了，但是画面质量仍然保持不变，如图6-18所示；如果增加图像大小或提高分辨率，则会增加新的像素，此时图像尺寸虽然变大了，但是画面的质量会下降。

当关闭【重定图像像素】选项时，即使修改图像的宽度和高度，图像的像素总量也不会发生变化，也就是说，减少宽度和高度时，会自动提高分辨率，如图6-19和图6-20所示；当增加宽度和高度时，会自动降低分辨率，如图6-21所示。

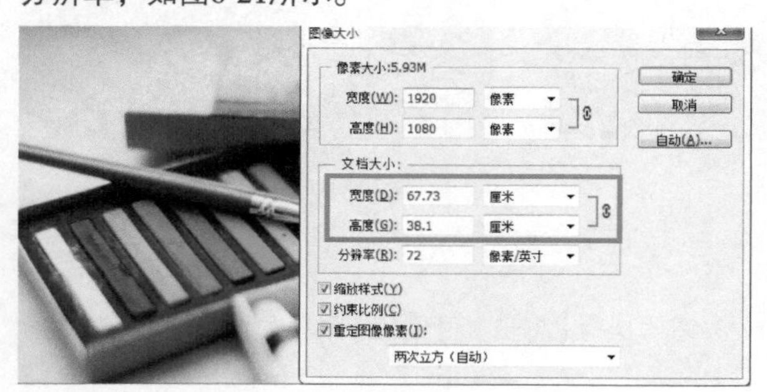

图6–18

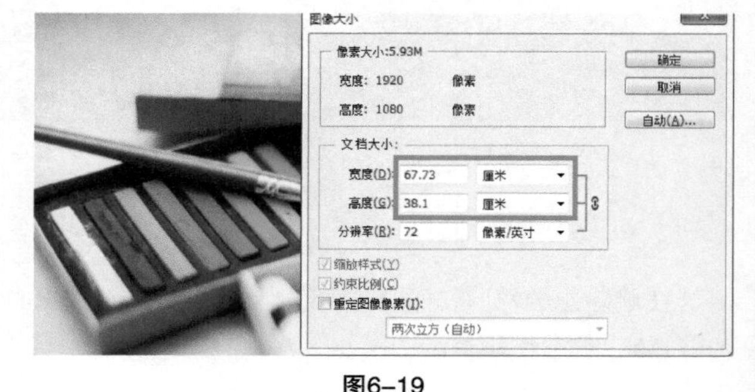

图6–19

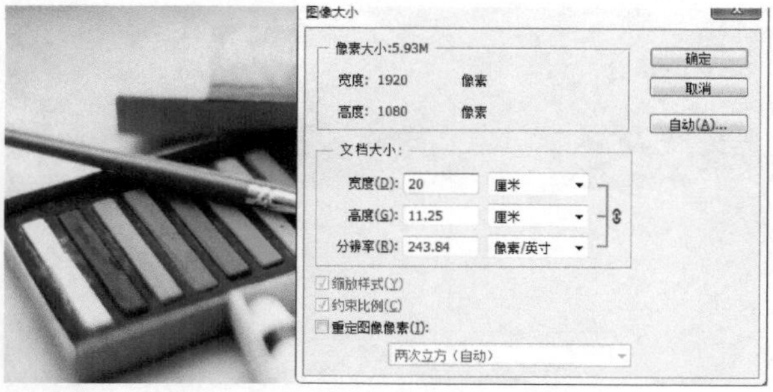

图6–20

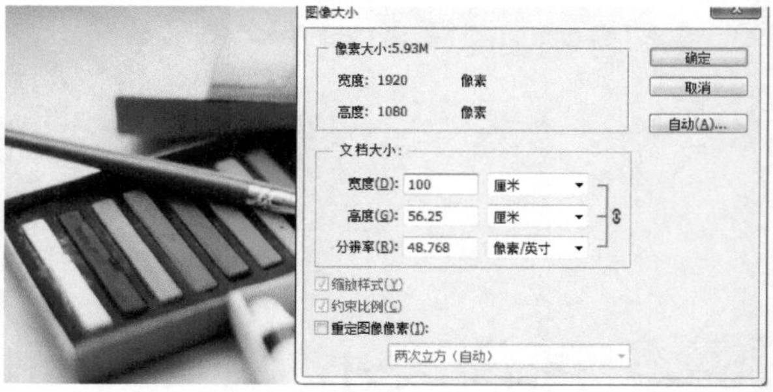

图6–21

Tips

如果一张图像的分辨率较低，并且图像模糊，即使提高图像的分辨率也不能使其更加清晰。因为Photoshop只能在原始数据的基础上进行调整，但是无法生成新的数据。

6.2.3 约束比例

当勾选该项后，可以在修改图像的宽度或高度时，保持宽度和高度的比例不变，在大部分情况下都应该勾选该选项。取消勾选该选项可以自由更改宽度或高度而不影响另一个选项，如图6-22和图6-23所示。

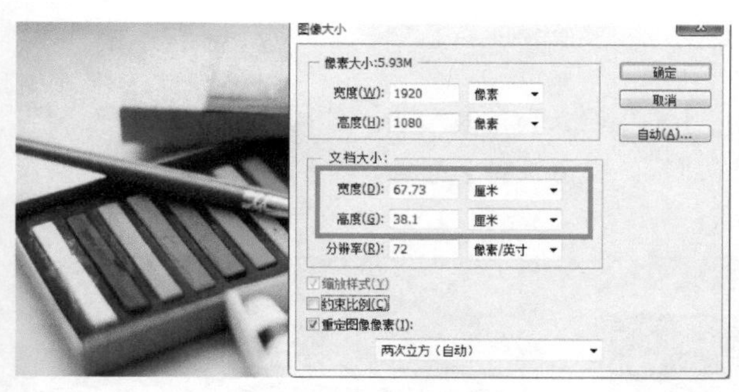

图6-22

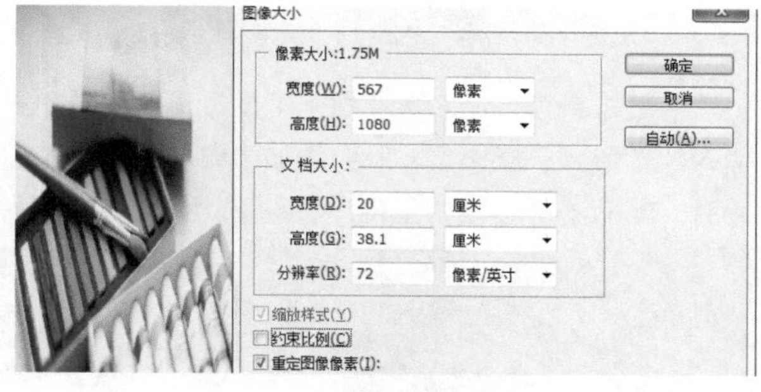

图6-23

6.2.4 缩放样式

如果为文档中的图层添加了图层样式，勾选【缩放样式】选项后，可以在调整图像的大小时自动缩放样式效果。只有在勾选了【约束比例】选项时，【缩放样式】才可用。

6.2.5 插值方法

修改图像的像素大小，在Photoshop中称为【重新取样】。当减小像素的数量时，就会从图像中删除一些信息；当增加像素的数量或增加像素取样时，则会增加一些新的像素。在【图像大小】对话框最底部的下拉列表中提供了6种插值方法，可确定添加或删除像素的方式，如图6-24所示。

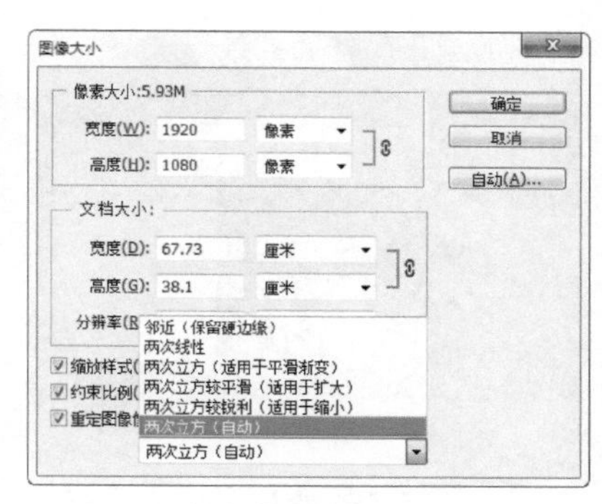

图6-24

6.3 修改画布大小

画布是指整个文档的工作区域，如图6-25所示。执行【图像】>【画布大小】菜单命令，可以在打开的【画布大小】对话框中修改画布尺寸，如图6-26所示。

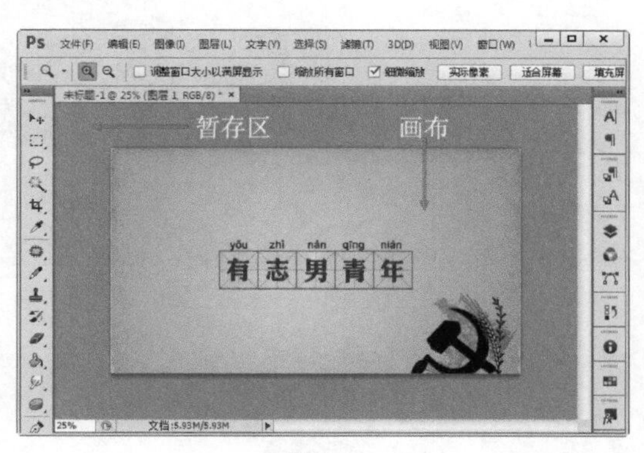

图6-25

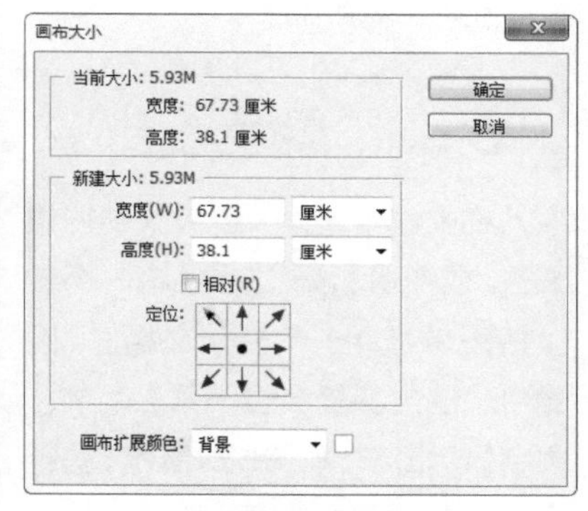

图6-26

6.3.1 当前大小

【当前大小】显示了图像宽度和高度的实际尺寸和文档的实际大小。

↘6.3.2 新建大小

通过【新建大小】选项组，可以在【宽度】和【高度】框中输入画布的尺寸。图6-27所示的是原图，当输入的数值大于原来尺寸时会增加画布的尺寸，如图6-28所示；当输入的【宽度】和【高度】值小于原来尺寸时，Photoshop会裁切画布，如图6-29所示。

图6-27

图6-28

图6-29

当勾选【相对】后，【宽度】和【高度】中的数值将代表实际增加或者减少的区域的大小，而不再代表整个文档的大小，此时输入正值表示增加画布尺寸，输入负值则减小画布尺寸。

【定位】选项主要用来设置当前图像在重设画布上的位置，图6-30~图6-32所示的是设置不同的方向后，再增加画布尺寸后的效果。

图6-30

图6-31

图6-32

【画布扩展颜色】是指填充新画布的颜色。如果图像的背景是透明的，那么【画布扩展颜色】选项将不可用，新增加的画布也是透明的，如图6-33所示。

图6-33

↘6.3.3 显示全部

在文档中置入一个较大的图像文件，或使用【移动工具】将一个较大的图像拖入一个较小文档时，图像中一些内容就会位于画布之外，不会显示出来，如图6-34所示。执行【图像】>【显示全部】菜单命令，Photoshop会通过判断图像中像素的位置，自动扩大画布，显示全部图像，如图6-35所示。

图6-34

图6-35

6.4 旋转画布

在【图像】>【图像旋转】下拉菜单中包含用于旋转画布的命令，如图6-36所示，执行这些命令可以旋转或翻转整个图像。图6-37所示的是原图，图6-38所示的是执行【水平翻转画布】命令的图像效果。

图像旋转(G)
裁剪(P)
裁切(R)...
显示全部(V)
复制(D)...
应用图像(Y)...
180 度(1)
90 度(顺时针)(9)
90 度(逆时针)(0)
任意角度(A)...
水平翻转画布(H)
垂直翻转画布(V)

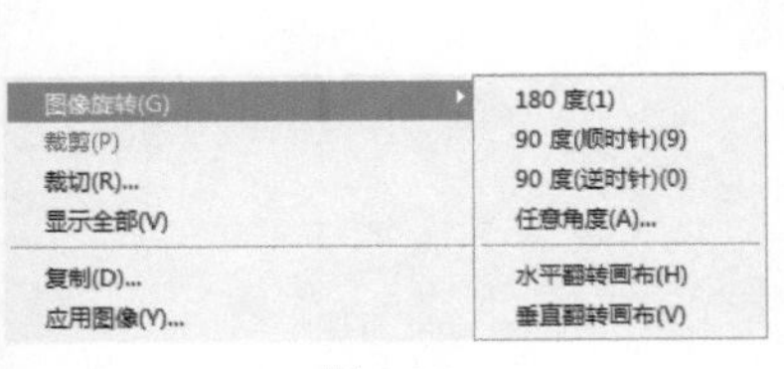

图6–36

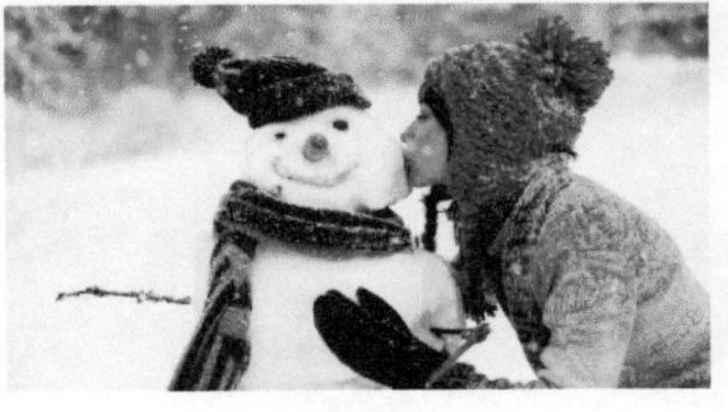

图6–37

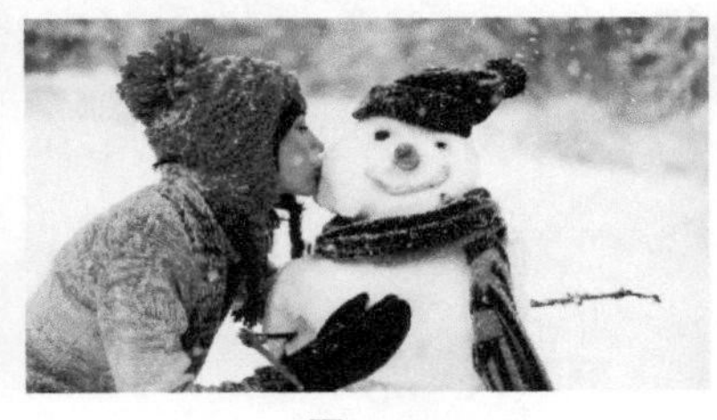

图6–38

6.5 图像的变换与变形

移动、旋转、缩放、扭曲、斜切等是处理图像的基本方法。其中移动、旋转和缩放被称为变换操作，扭曲和斜切称为变形操作。通过执行【编辑】菜单下的【自由变换】命令和【变换】命令，可以改变图像的形状。在之前的学习中已经了解了图像变换的基础知识，接下来学习具体的操作。

6.5.1 定界框、中心点和控制点

在执行【编辑】>【自由变换】菜单命令与执行【编辑】>【变换】菜单命令时，当前对象的周围会出现一个用于变换的定界框。定界框的中间有一个中心点，四周还有控制点，如图6-39所示。在默认情况下，中心点位于变换对象的中心，用于定义对象的变换中心，拖曳中心点可以移动它的位置；控制点主要用来变换图像，图6-40~图6-42所示的是中心点在不同位置的缩放效果。

定界框
控制点
中心点

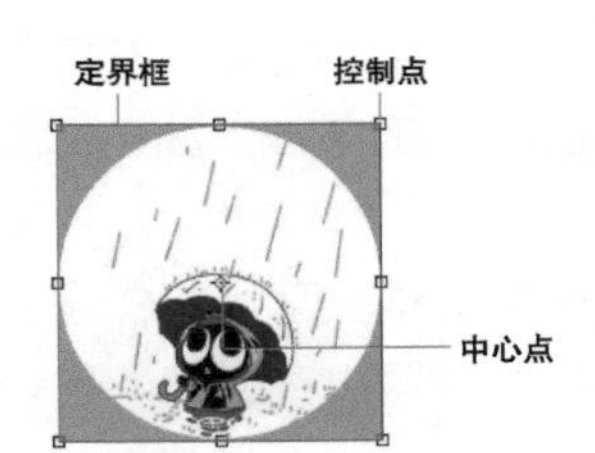

图6–39

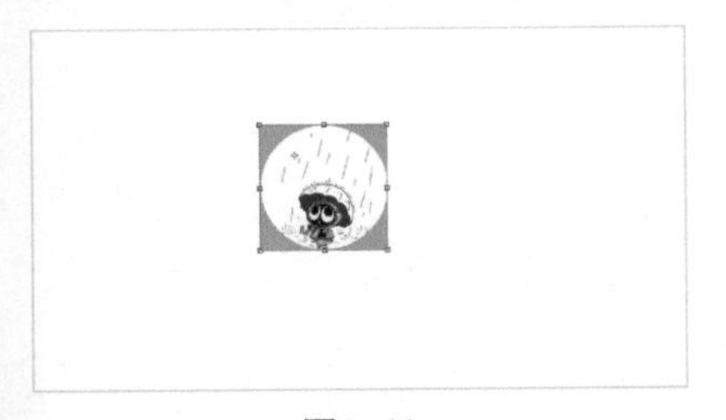

图6–40

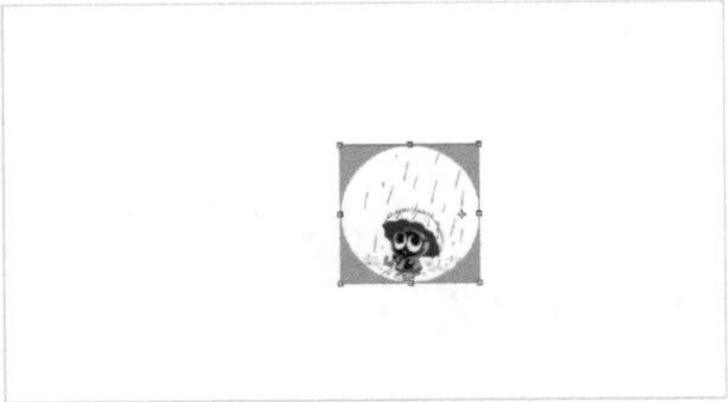

图6–41

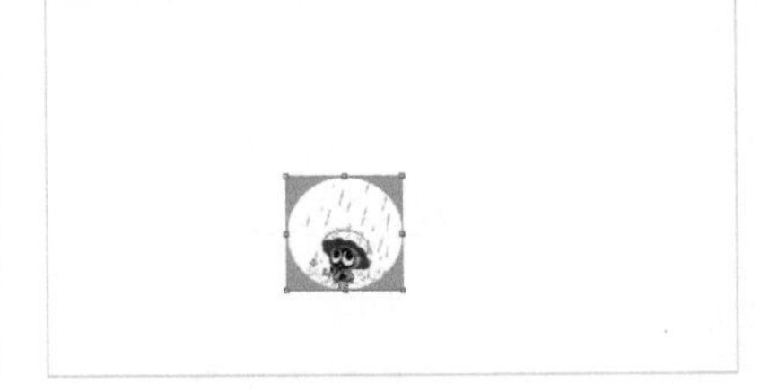

图6–42

6.5.2 变换与变形

在【编辑】>【变换】菜单命令上提供了各种变换命令，如图6-43所示。使用这些命令可以对图层、路径、矢量图形，以及选区中的图像进行变换操作；另外，还可以对矢量蒙版和Alpha通道应用【变换】。

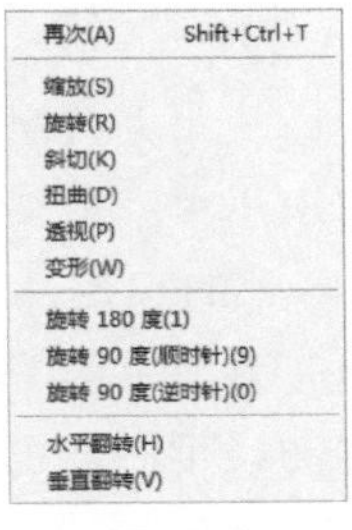

再次(A) Shift+Ctrl+T
缩放(S)
旋转(R)
斜切(K)
扭曲(D)
透视(P)
变形(W)
旋转 180 度(1)
旋转 90 度(顺时针)(9)
旋转 90 度(逆时针)(0)
水平翻转(H)
垂直翻转(V)

图6–43

缩放：使用【缩放】命令可以相对于变换对象的中心点对图像进行缩放。图6-44所示的是原图，如果不按任何快捷键，可以任意缩放图像，如图6-45所示；如果按住Shift键，将鼠标放在四角的控制点上可以等比例缩放图像，如图6-46所示；如果按组合键Shift+Alt，可以以设置的中心为基准点等比例缩放图像，如图6-47所示。

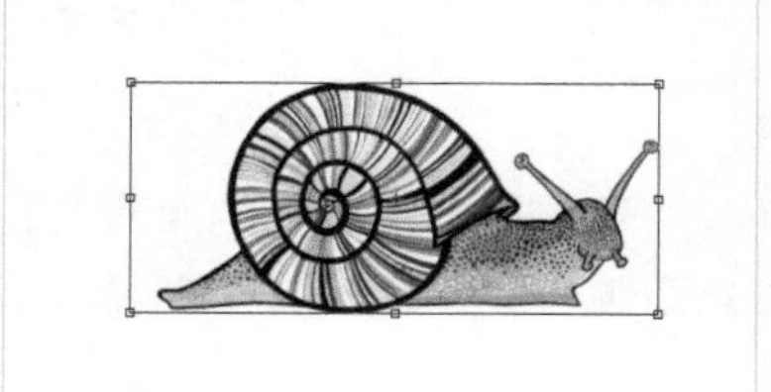
图6-44

图6-45

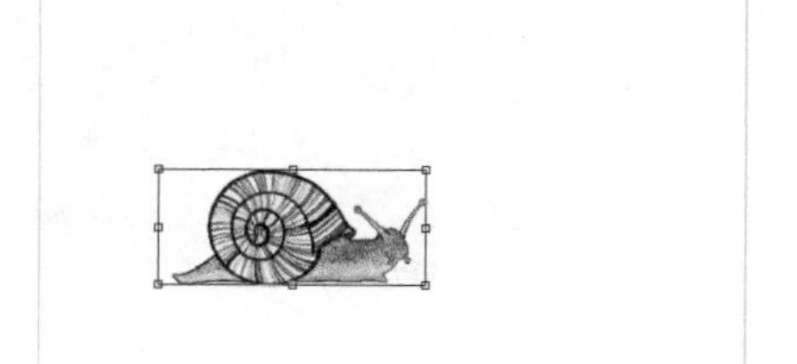
图6-46

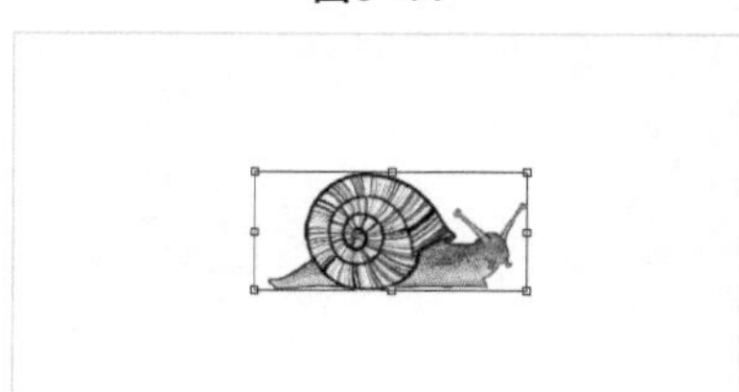
图6-47

旋转：使用【旋转】命令可以围绕中心点转动变换对象。如果不按住任何快捷键，可以以任意角度旋转图像，如图6-48所示；如果按住Shift键，可以以15°为单位旋转图像，如图6-49所示。

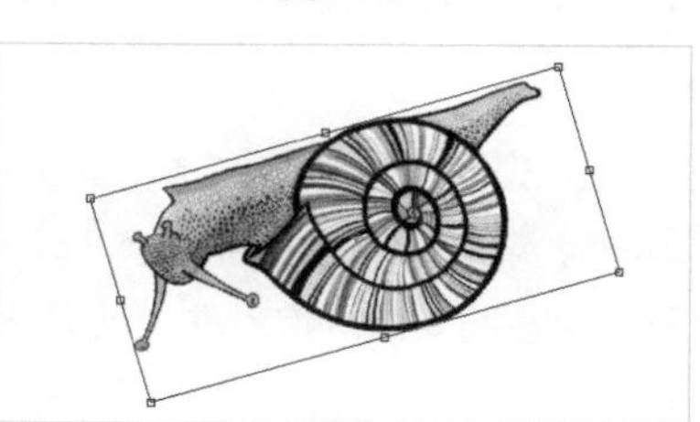
图6-48

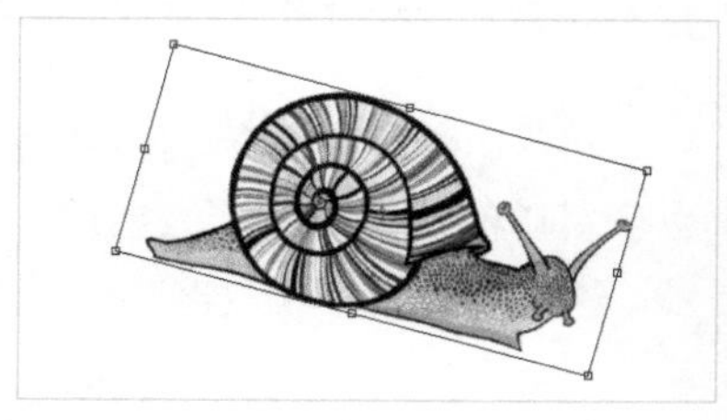
图6-49

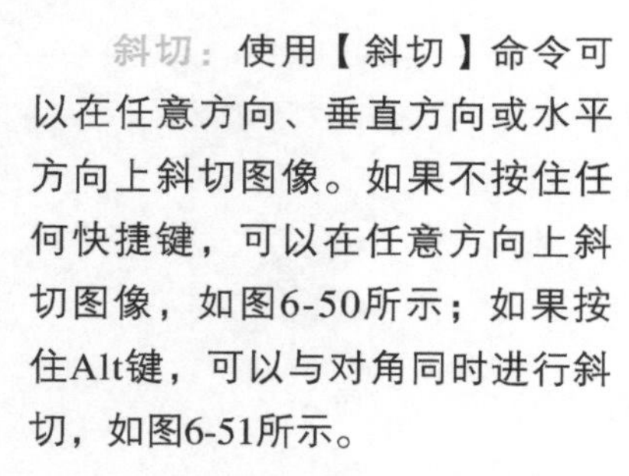

斜切：使用【斜切】命令可以在任意方向、垂直方向或水平方向上斜切图像。如果不按住任何快捷键，可以在任意方向上斜切图像，如图6-50所示；如果按住Alt键，可以与对角同时进行斜切，如图6-51所示。

图6-50

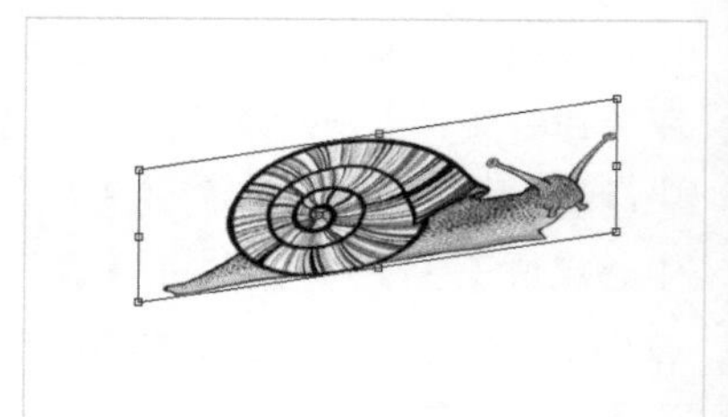
图6-51

扭曲：使用【扭曲】命令可以在各个方向上变换对象。如果不按住任何快捷键，可以在任意方向上扭曲图像，如图6-52所示；如果按住Shift键，可以在垂直或水平方向上扭曲图像，如图6-53所示。

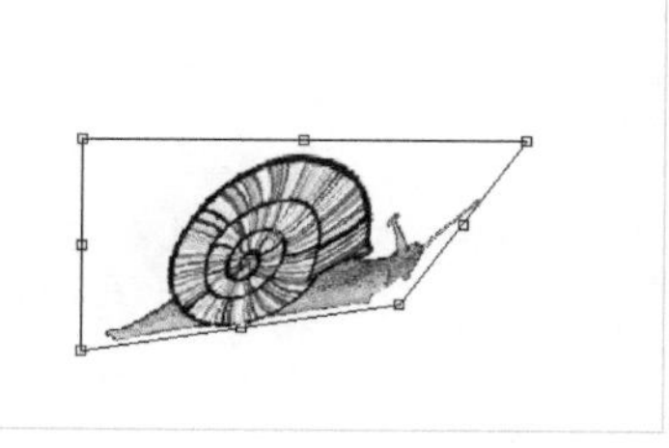
图6-52

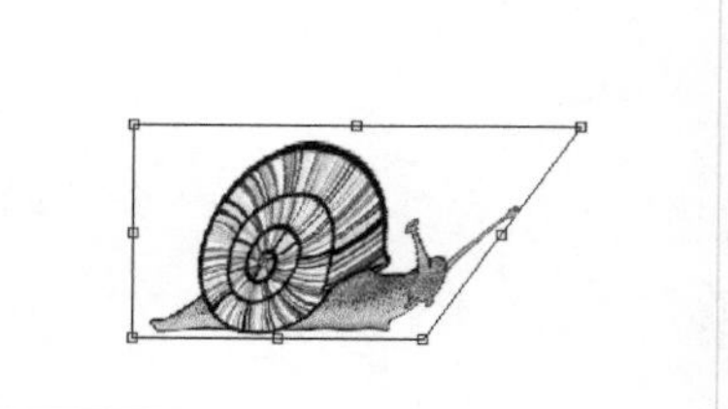
图6-53

透视：使用【透视】可以对变换对象应用单点透视。拖曳定界框4个角上的控制点，可以在水平或垂直方向上对图像应用透视，如图6-54和图6-55所示。

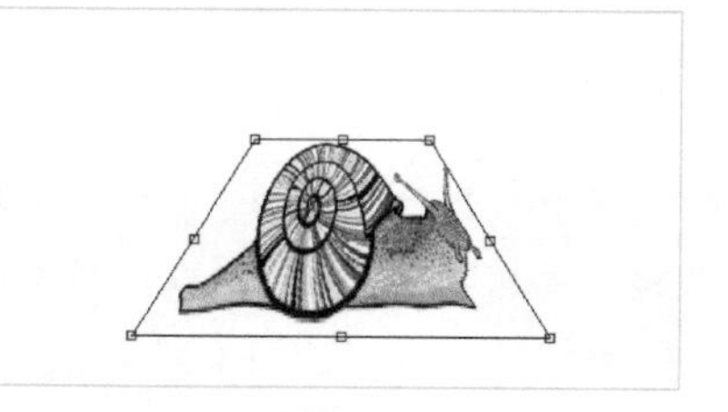
图6-54

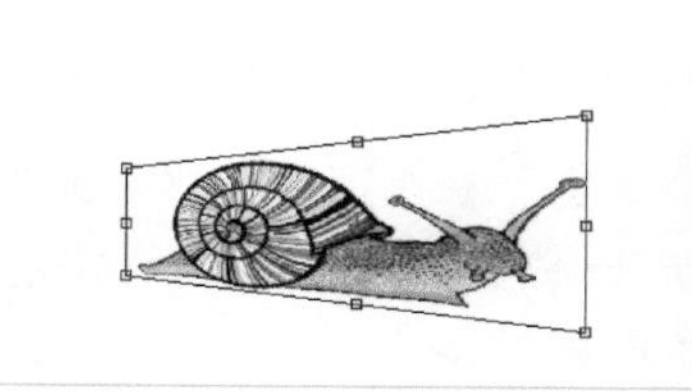
图6-55

变形：如果要对图像的局部内容进行扭曲，可以使用【变形】命令来操作。执行该命令时，图像上将会出现变形网格和锚点，拖曳锚点或调整锚点的方向线可以对图像进行更加自由和灵活的变形处理，如图6-56所示。

水平/垂直翻转：执行【水平翻转】命令可以将图像在水平方向上进行翻转，如图6-57所示；执行【垂直翻转】命令可以将图像在垂直方向上进行翻转，如图6-58所示。

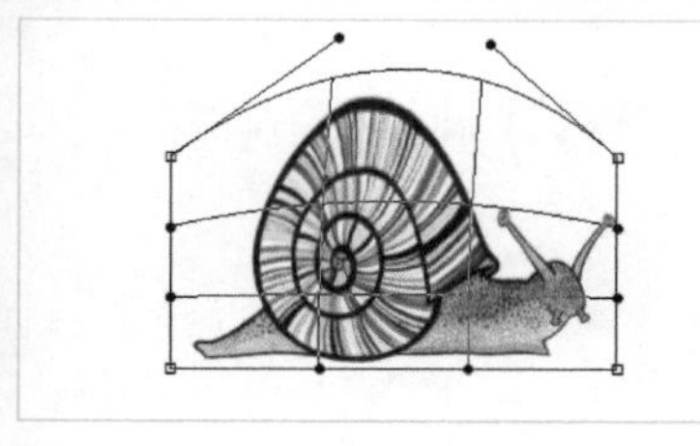

图6-56

图6-57

图6-58

Tips

【镜头校正】滤镜也可以校正透视扭曲。

6.5.3 自由变换

【自由变换】命令是【变换】命令的加强版，它可以在一个操作中应用到旋转、缩放、斜切、扭曲、透视和变形，选中需要【自由变换】的对象后，执行【编辑】>【自由变换】菜单命令，如图6-59所示，或按组合键Ctrl+T，可以进入【自由变换】状态。

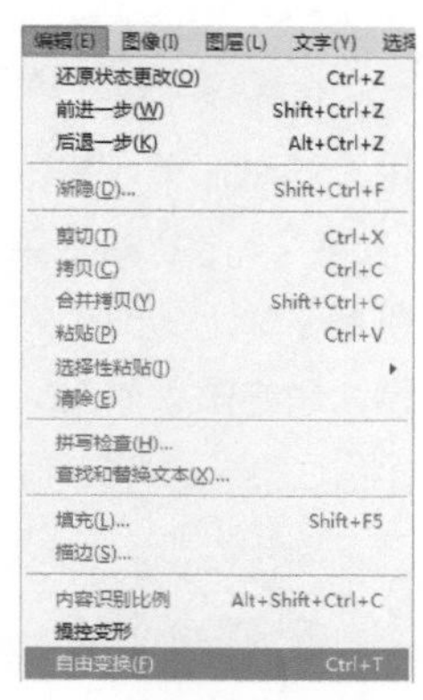

图6-59

随堂练习 给宝丽莱相片添加内容

扫码观看本案例视频

- 实例位置 CH06>给宝丽莱相片添加内容>给宝丽莱相片添加内容.psd
- 素材位置 CH06>给宝丽莱相片添加内容>1.jpg，2.jpg
- 实用指数 ★★
- 技术掌握 学习使用【自由变换】

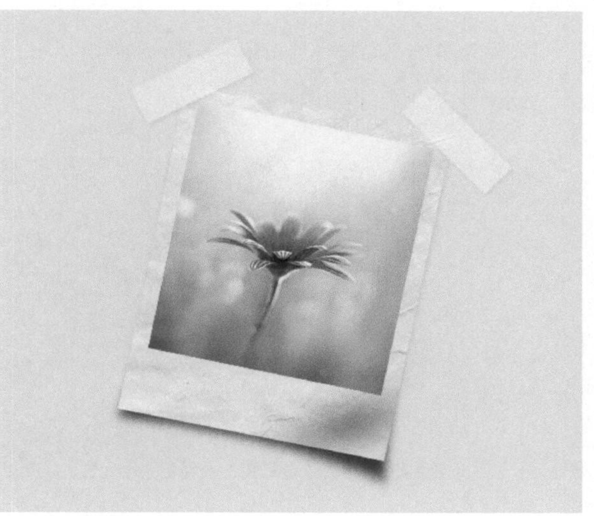

01 打开学习资源中的“CH05>给宝丽莱相片添加内容>1.jpg”文件，如图6-60所示。

02 打开【2.jpg】文件，然后使用【移动工具】拖曳花朵至相片文档中，如图6-61所示，图层如图6-62所示。

图6-60

图6-61

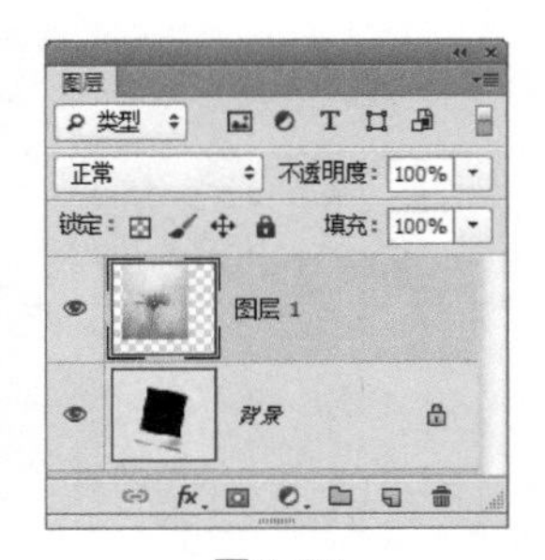

图6-62

03 使用【移动工具】，然后移动【图层 1】与宝丽莱相片的一个角重叠，如图6-63所示。接着执行【编辑】>【变换】>【扭曲】菜单命令，如图6-64所示。

04 调整剩下3个角上的控制点，使它们与宝丽莱相片的另外3个角刚好对齐，如图6-65所示，然后按Enter键完成操作，最终效果如图6-66所示。

图6-63

图6-64

图6-65

图6-66

随堂练习 通过变换制作特殊图案

扫码观看本案例视频

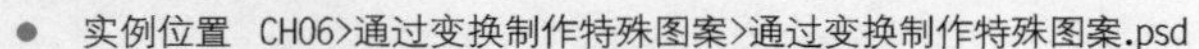

- 实例位置 CH06>通过变换制作特殊图案>通过变换制作特殊图案.psd
- 素材位置 CH06>通过变换制作特殊图案>1.jpg，2.png
- 实用指数 ★★★
- 技术掌握 学习使用【自由变换】

01 打开学习资源中的“CH06>通过变换制作特殊图案>1.jpg”文件，如图6-67所示。

02 打开【2.png】文件，然后使用【移动工具】拖曳龙猫至背景文档中，如图6-68所示；接着按组合键Ctrl+J复制，如图6-69所示。

图6-67

图6-68

图6-69

03 按组合键Ctrl+T自由变换图形，然后将图像中心点拖曳到定界框外，如图6-70所示。接着在选项栏中设置参数【W】为95%、【H】为95%、【角度】为16，参数设置如图6-71所示；最后按Enter键确认变换，如图6-72所示。

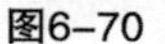

图6-70

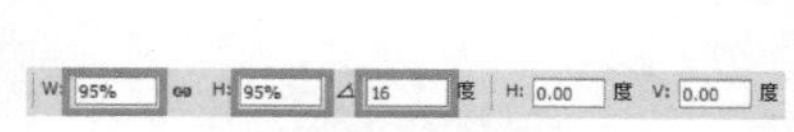

图6-71

图6-72

04 连续按组合键Alt+Shift+Ctrl+T，每按一次会形成一个新的图像，位于新的图层中，但是会自动重复上次的操作，如图6-73所示。

05 选择所有龙猫图层，如图6-74所示，然后执行【图层】>【排列】>【反向】菜单命令，反转图层的堆叠顺序，如图6-75所示。

图6-73

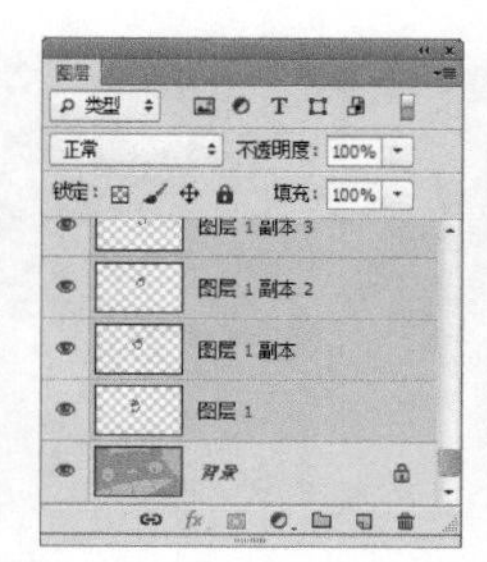

图6-74

图6-75

Tips

重复自由变换（组合键Alt+Shift+Ctrl+T）的作用是重复上一次自由变换操作，并且生成一个新的图层。要使用该组合键，上一步骤必须是自由变换（组合键Ctrl+T）操作。这个功能还能用来制作等距离的线条。

随堂练习 用变形为杯子贴图

扫码观看本案例视频

- 实例位置 CH06>用变形为杯子贴图>用变形为杯子贴图.psd
- 素材位置 CH06>用变形为杯子贴图>1.jpg，2.jpg
- 实用指数 ★★
- 技术掌握 学习使用【变形】命令

01 打开学习资源中的“CH06>用变形为杯子贴图>1.jpg”文件，如图6-76所示。

02 打开【2.jpg】文件，然后使用【移动工具】拖曳树至咖啡杯文档中，如图6-77所示。接着执行【编辑】>【变换】>【变形】菜单命令，如图6-78所示。

图6-76

图6-77

图6-78

03 拖曳图像四个角的锚点至杯体的边缘，使之与边缘对齐，如图6-79所示。然后拖曳锚点两侧的实心方向点，使图像依照杯壁的结构扭曲，并覆盖住杯子，如图6-80所示。

图6-79

图6-80

04 按下Enter键确认变形操作，然后在【图层】面板设置【图层 1】的混合模式为【正片叠底】，图层如图6-81所示，最终效果如图6-82所示。

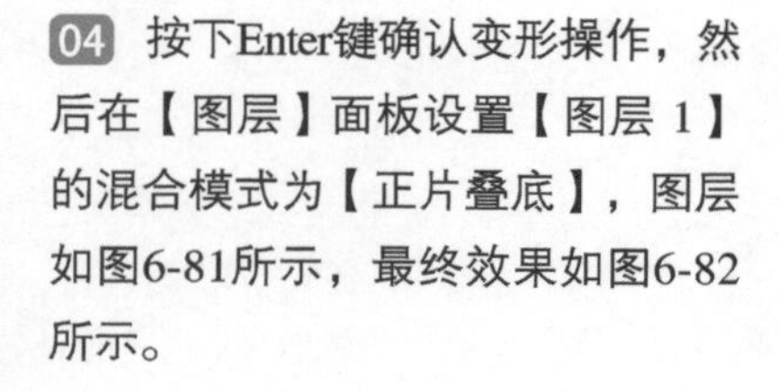

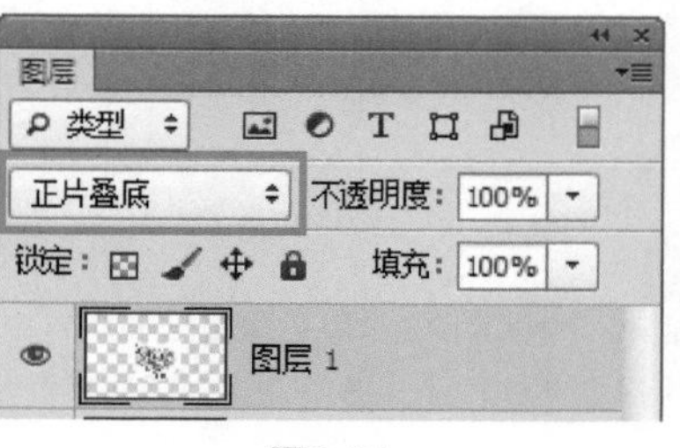

图6-81

图6-82

随堂练习 用【透视】更换景色

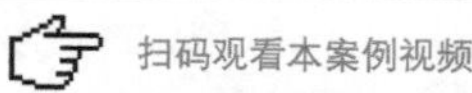

- 实例位置 CH06>用透视更换景色>用透视更换景色.psd
- 素材位置 CH06>用透视更换景色>1.jpg，2.jpg
- 实用指数 ★★★
- 技术掌握 学习使用【透视】命令

01 打开学习资源中的“CH06>用透视更换景色>1.jpg”文件，如图6-83所示。

图6-83

02 选择【多边形套索工具】，然后选中图像中景色的部分，如图6-84所示；接着按组合键Shift+Ctrl+I反向选择，再按组合键Ctrl+J复制图层，最后隐藏【背景】图层，效果如图6-85所示，图层如图6-86所示。

图6-84

图6-85

图6-86

03 打开【2.jpg】文件，然后使用【移动工具】拖曳风景至当前文档中，如图6-87所示。接着按组合键Ctrl+[后移一层，如图6-88所示，图层如图6-89所示。

图6-87

图6-88

图6-89

04 执行【编辑】>【变换】>【透视】菜单命令，然后向上拖曳右下角的一个控制点，如图6-90所示，接着按Enter键确认变换。

图6-90

05 按组合键Ctrl+J复制【图层 2】，如图6-91所示。然后执行【编辑】>【变换】>【水平翻转】菜单命令，接着使用【移动工具】向右拖曳对象至右侧窗户处，如图6-92所示。

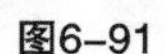
图6-91

图6-92

06 单击【图层】面板的【创建新图层】按钮，如图6-93所示。然后使用【多边形套索工具】创建两扇窗户的选区，如图6-94所示。

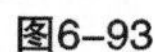
图6-93

图6-94

07 设置前景色为（R:6，G:35，B:50），然后按组合键Alt+Delete填充选区，如图6-95所示。接着设置【混合模式】为【叠加】，创造玻璃反光的效果，图层如图6-96所示，最终效果如图6-97所示。

图6-95

图6-96

图6-97

6.5.4 操控变形

【操控变形】是非常灵活的变形工具，它可以随意地扭曲特定的图像区域，同时保持其他区域不变。例如，可以轻松地让人的手臂完全、身体摆出不同的姿态；也可用于小范围的修饰，如修改发型等。【操控变形】可以用于编辑图像图层、图层蒙版和矢量蒙版。使用该功能时，需要在图像的关键点上放置【图钉】，通过拖曳【图钉】来对图像进行变形操作。

执行【编辑】>【操控变形】菜单命令后，图像上会布满网格，如图6-98所示。通过在图像中关键点添加【图钉】，可以修改动物的一些动作，如图6-99所示，图6-100所示的是修改颈部后的图像。

图6-98

图6-99

图6-100

打开一个图像，如图6-101所示，然后执行【编辑】>【操控变形】菜单命令，显示网格，如图6-102所示，选项栏如图6-103所示。

图6-101

图6-102

图6-103

【操控变形】命令的重要参数介绍

模式：可用于设定网格的弹性。选择【刚性】，变形效果精确，但缺少柔和的过渡，如图6-104所示；选择【正常】，变形效果明确，过渡柔和，如图6-105所示；选择【扭曲】，可创建透视扭曲效果，如图6-106所示。

图6-104

图6-105

图6-106

浓度：有【较少点】、【正常】和【较多点】3个选项：选择【较少点】选项时，网格点数量就比较少，如图6-107所示，同时可增加的【图钉】数量也比较少，并且图钉之间需要间隔较大的距离；选择【正常】，网格数量适中，如图6-108所示；选择【较多点】，网格最细密，如图6-109所示，可以添加更多的【图钉】。

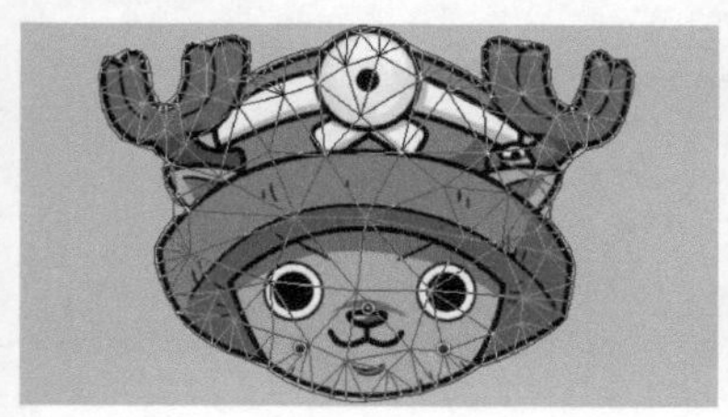

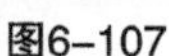

图6-107

图6-108

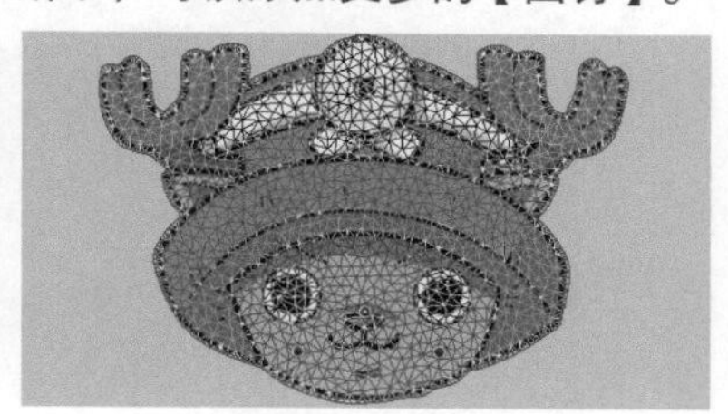

图6-109

扩展：用来设置变形效果的衰减范围。设置较大的像素值以后，变形网格的范围也会相应地向外扩展，变形之后，对象的边缘更平滑，图6-110所示的是该值为0 像素的效果，图6-111所示的是该值为20 像素的效果；反之，数值越小，则图像边缘变化效果越生硬，图6-112所示的是该值为-20 像素的效果。

图6-110

图6-111

图6-112

显示网格：取消选择该选项时，可以只显示【图钉】，从而显示更清晰的变换预览。

图钉深度：选择一个【图钉】，单击或按钮，可以将它向上层/向下层移动一个堆叠顺序。

旋转：选择【自动】，在拖曳图钉扭曲图像时，Photoshop会自动对图像内容进行旋转处理；如果要设定准确的旋转角度，可以选择【固定】选项，然后在其右侧的文本框中输入旋转角度值，图6-113所示的是该值为60的效果。此外，选择一个图钉以后，按住Alt键，会出现图6-114所示的变换框；此时拖动鼠标即可旋转图钉，如图6-115所示。

图6-113

图6-114

图6-115

复位/撤销/应用：单击选项栏的 按钮，可删除所有图钉，将网格恢复到变形前的状态；单击 按钮或按下Esc键，可放弃变形操作；单击✓或按下回车键，可以确认变形操作。

随堂练习 用【操控变形】改变少女头发

- 实例位置 CH06>用操控变形改变少女头发>用操控变形改变少女头发.psd
- 素材位置 CH06>用操控变形改变少女头发>1.jpg，2.png
- 实用指数 ★★★
- 技术掌握 学习使用【操控变形】

01 打开学习资源中的“CH06>用操控变形改变少女头发>1.jpg”文件，如图6-116所示。

02 打开【2.png】，然后使用【移动工具】拖曳少女到背景文档中，如图6-117所示。

03 执行【编辑】>【操控变形】菜单命令，然后在少女的重要位置添加【图钉】，如图6-118所示。

图6-116

图6-117

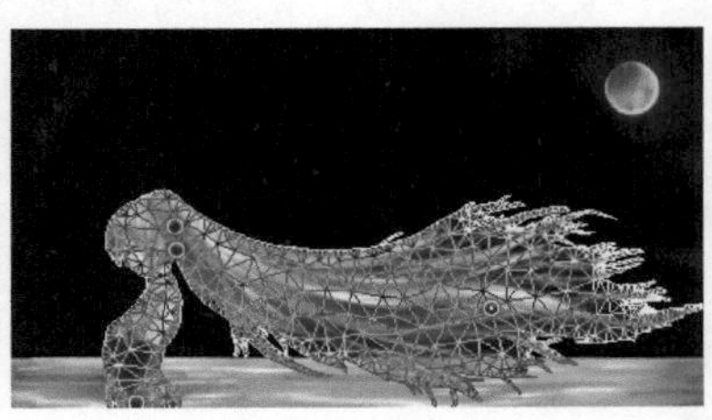
图6-118

Tips

删除【图钉】的方法：选择该【图钉】，然后按Delete键即可删除；按住Alt键单击该【图钉】，也可以删除该图钉。

04 将光标放置在【图钉】上，然后使用鼠标左键调整【图钉】的位置，此时图像也会随之变形，如图6-119所示。

05 按Enter键确认操控变形更改，最终效果如图6-120所示。

图6-119

图6-120

6.6 内容识别比例

【内容识别比例】是Photoshop中非常实用的缩放功能，它可以在不更改重要可视内容（人物、建筑、动物等）的情况下缩放图像大小。常规缩放在调整图像时会影响所有像素，而【内容识别比例】命令主要影响非重要内容区域中的像素，图6-121所示的是原图，图6-122所示的是常规缩放的图像，图6-123所示的是【内容识别比例】缩放的图像。

图6-121

图6-122

图6-123

在执行【编辑】>【内容识别比例】菜单命令后，会出现该工具的选项栏，如图6-124所示。

X: 960.00 像素 △ Y: 540.00 像素 W: 100.00% H: 100.00% 数量: 100% 保护: 无

图6-124

【内容识别比例】的重要参数介绍

参考点位置：单击该其他的白色方块，可以指定缩放图像时需要围绕的参考点。在默认情况下该点位于中心。

使用参考点相对定位△：单击该按钮，可以指定相对于当前参考点位置的新参考点位置。

X/Y：设置参考点的水平和垂直位置。

W/H：设置图像按原始大小的缩放百分比。

数量：用来指定内容识别缩放与常规缩放的比例。可在文本框中输入数值或单击箭头和移动滑块来指定内容识别缩放的百分比。在一般情况下，都要设置为100%。

保护：可以选择一个Alpha通道，通道中白色对应的图像不会变形。

保护肤色：单击该按钮，可以保护包含肤色的图像区域，使之避免变形。

随堂练习 用Alpha通道保护图像

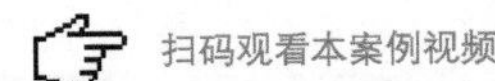

- 实例位置 CH06>用Alpha通道保护图像>用Alpha通道保护图像.psd
- 素材位置 CH06>用Alpha通道保护图像>1.jpg
- 实用指数 ★★★
- 技术掌握 学习使用【内容识别比例】

对于一些Photoshop不能识别的重要对象，即使单击了【保护肤色】按钮也无法改善变形结果，此时可以通过Alpha通道来指定哪些重要内容需要保护。

01 打开学习资源中的“CH06>用Alpha通道保护图像>1.jpg”文件，如图6-125所示。然后按组合键Ctrl+J，复制图层，最后单击【背景】图层前面的图标将其隐藏。

02 选择【快速选择工具】，然后在纸盒人身上拖动将其选中，如图6-126所示。接着单击【通道】面板中的【将选区存储为通道】按钮，将选区保存为Alpha通道，如图6-127所示，最后按组合键Ctrl+D取消选择。

图6-125

图6-126

图6-127

03 执行【编辑】>【内容识别缩放】命令，然后在选项栏设置【保护】为Alpha 1，如图6-128所示。接着向左拖曳右侧控制点，使画面变窄，如图6-129所示，此时可以观察到只有背景被压缩了，而纸盒人没有任何改变。

图6-128

04 而没有使用Alpha通道的纸盒人即使通过【内容识别比例】依然会被压缩变形得很严重，如图6-130所示。

图6-129

图6-130

6.7 裁剪与裁切

当使用数码相机拍摄照片或将老照片进行扫描时，经常需要裁切掉多余的内容，使画面的构图更加完美。裁剪图像主要使用【裁剪工具】、【裁剪】命令和【裁切】命令来完成。

6.7.1 裁剪工具

裁剪是指移去部分图像，以突出或加强构图效果的过程。使用【裁剪工具】可以裁剪掉多余的图像，并重新定义画布的大小。选择【裁剪工具】后，在画面中拖曳出一个矩形区域，选择要保留的部分，然后按Enter键或双击鼠标左键即可完成裁剪。

在工具箱中单击【裁剪工具】，其选项栏如图6-131所示。

图6-131

【裁剪工具】的选项介绍

不受约束：单击该按钮，可以在打开的下拉菜单中选择预设的裁剪选项，如图6-132所示。

不受约束：选择该项后，可以自由地拖曳裁剪框，不受任何限制。

原始比例：选择该项后，拖曳裁剪框时始终会保持图像原始的长宽比例。

预设的长宽比/预设的裁剪尺寸：1×1（方形）、4×5（8×10）等选项是预设的长宽比。

存储/删除预设：拖出裁剪框后，选择【存储预设】命令，可以将当前创建的长宽比保存为一个预设文件。如果要删除自定义的预设文件，可将其选择，再执行【删除预设】命令。

不受约束
原始比例
1×1（方形）
4×5（8×10）
8.5×11
4×3
5×7
2×3（4×6）
16×9
存储预设...
删除预设...
大小和分辨率... R
旋转裁剪框 X

图6-132

大小和分辨率：选择该选项后，会弹出【裁剪图像大小和分辨率】对话框，如图6-133所示。分别可以输入裁剪框的宽度、高度和分辨率，并可以选择分辨率单位，Photoshop就会按照设定的尺寸裁剪图像。如图6-134所示的是输入了大小和分辨率定义的裁剪范围，图6-135所示的是裁剪后的图像效果，在进行裁剪时会始终锁定长宽比，并且裁剪后图像的尺寸和分辨率会与设定的数值一致。

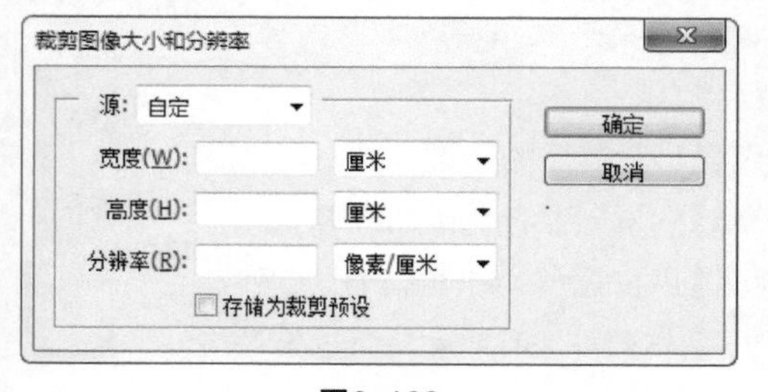

图6-133

图6-134

图6-135

旋转裁剪框：选择该选项后，裁剪框周围光标会变为旋转状态，单击拖曳即可旋转画布，如图6-136所示。

宽/高文本框：在文本框内，可以输入裁剪框的长宽比。

纵向与横向旋转裁剪框：单击该按钮，即可调换宽和高的数值，如图6-137和图6-138所示。

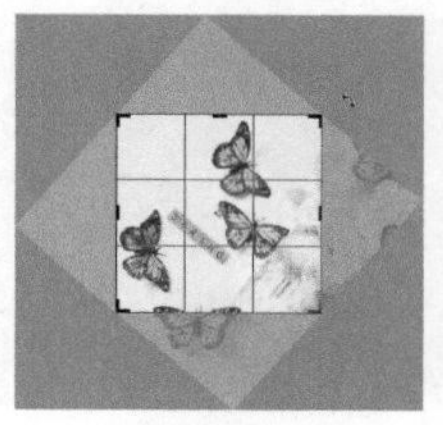

图6-136

图6-137

图6-138

拉直：单击该按钮后就有【拉直工具】只要在图像上画一直线，就可校直该图像与地平面的倾斜。

视图：单击该按钮，可以打开一个下拉菜单，如图6-139所示。视图提供了一系列参考线选项，可以帮助用户进行合理构图，使画面更加艺术、美观。例如，选择【三等分】，能帮助用户以1/3增量仿制组成元素；选择【网格】，可根据裁剪大小显示具有间距的固定参考线。图6-140~图6-145所示的是各个参考线的具体样式。

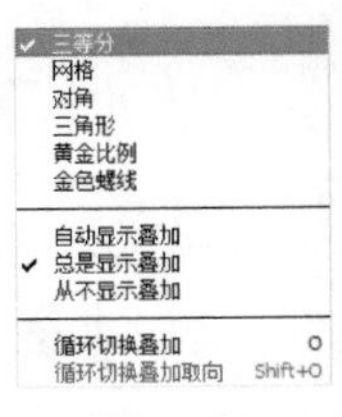

图6-139

图6-140

图6-141

图6-142

图6-143

图6-144

图6-145

Tips

【三等分】是基于摄影中的三分结构，是构图的一种技巧。将画面按水平方向在1/3、2/3位置画两条水平线，按垂直方向在1 /3、2/3位置画两条垂直线，然后尽量把这两条垂直线放在交点上。

单击工具选项栏中的按钮，可以打开一个下拉面板，如图6-146所示。

使用经典模式：勾选该项后，可以使用Photoshop早期版本的裁剪工具来操作。

自动居中预览：勾选该项后，裁剪框内的图像会自动位于画面中心。

显示裁剪区域：勾选该项可以显示裁剪的区域，取消勾选则仅显示裁剪后的区域。

启用裁剪屏蔽：勾选该项后，裁剪框外的区域会被颜色屏蔽。默认的屏蔽颜色为画布外暂存区的颜色。如果要修改颜色，可以在【颜色】下拉列表中选择【自定义】进行调整，如图6-147，图6-148所示的是不透明度为100%的效果。勾选【自动调整不透明度】时，编辑裁剪边界时会降低不透明度。

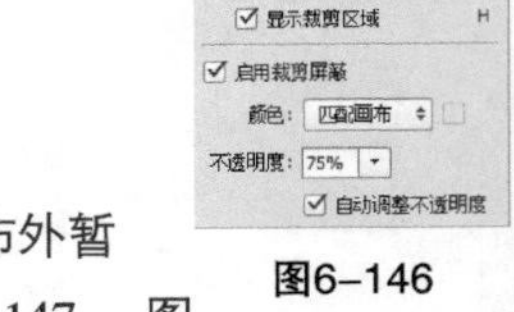

图6-146

图6-147

图6- 148

删除裁剪的像素：在默认情况下，Photoshop会将裁剪的图像保留在文件中（使用【移动工具】拖曳图像，可以将隐藏的图像内容显示出来）。如果要彻底删除被剪切的图像，可勾选该项，再进行裁剪操作。

随堂练习 用【裁剪】命令裁剪图像

扫码观看本案例视频

- 实例位置 CH06>用裁剪命令裁剪图像>用裁剪命令裁剪图像.psd
- 素材位置 CH06>用裁剪命令裁剪图像>1.jpg
- 实用指数 ★★★
- 技术掌握 学习使用【裁剪】命令

使用【裁剪工具】时，如果裁剪框太靠近文档窗口的边缘，便会自动吸附到画布边界上，此时无法对裁剪框进行细微的调整。遇到这种情况时，可以考虑使用【裁剪】命令来进行操作。

01 打开学习资源中的“CH06>用裁剪命令裁剪图像>1.jpg”文件，如图6-149所示。

02 选择【矩形选框工具】，单击并拖动鼠标创建一个矩形选区，选中需要保留的图像，如图6-150所示。

03 执行【图层】>【裁剪】菜单命令，可以将选区以外的图像裁剪掉，只保留选区内的图像，按组合键Ctrl+D取消选择，效果如图6-151所示。

图6-149

图6-150

图6-151

Tips

如果在图像上创建的是圆形选区或不规则选区，裁剪后的图像仍然是矩形。

6.7.2 【裁切】命令

使用【裁切】命令可以基于像素的颜色来裁剪图像。执行【编辑】>【裁切】菜单命令，打开【裁切】对话框，如图6-152所示。

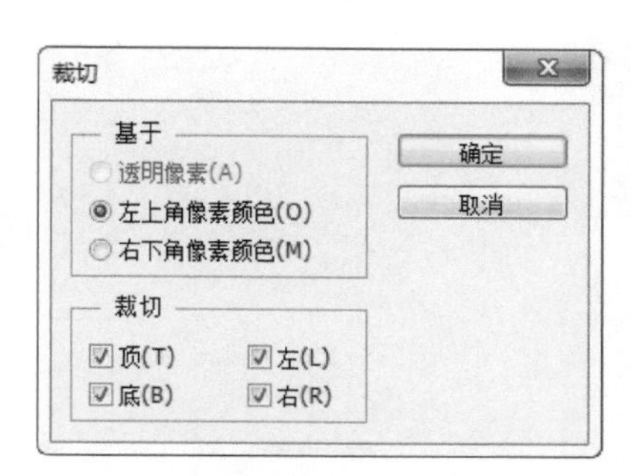

图6-152

【裁切】命令的重要参数介绍

透明像素：可以删除图像边缘的透明区域，留下包含非透明像素的最小图像。

左上角像素颜色：从图像中删除左上角像素颜色的区域。

右下角像素颜色：从图像中删除右下角像素颜色的区域。

顶/底/左/右：用来设置要修正的图像区域。

随堂练习 用【裁切】命令去掉多余纯色

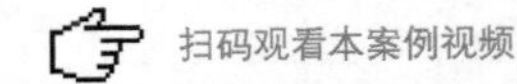

- 实例位置 CH06>用裁切命令去掉多余纯色>用裁切命令去掉多余纯色.psd
- 素材位置 CH06>用裁切命令去掉多余纯色>1.jpg
- 实用指数 ★★★
- 技术掌握 学习使用【裁切】命令

01 打开学习资源中的“CH06>用裁切命令去掉多余纯色>1.jpg”文件，如图6-153所示，可以观察到这种图像有很多留白区域。

02 执行【图像】>【裁切】菜单命令，然后在弹出的【裁切】对话框中设置【基于】为【左上角像素颜色】，如图6-154所示，最终效果如图6-155所示。

图6-153

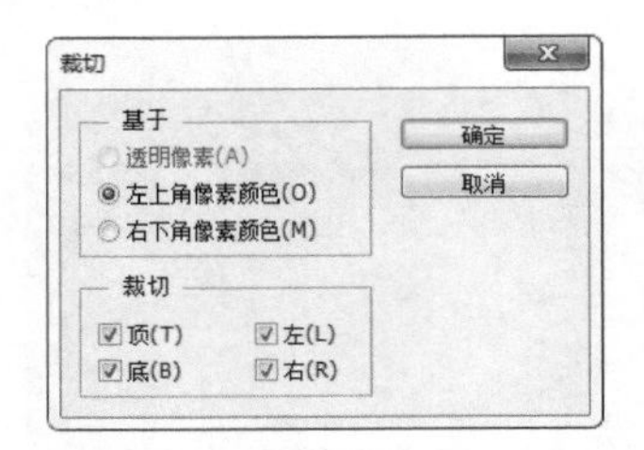

图6-154

图6-155

CHAPTER

07

绘画与图像修饰

本章内容由绘画知识和图像修饰知识组成。绘画知识主要介绍了色彩设置工具和绘画类工具，其中最重要的是画笔工具，图像修饰知识主要介绍了各种修补修复图像的方法。

* 掌握颜色的设置方法
* 掌握画笔工具的用法
* 掌握绘画工具的用法
* 掌握图像修复与修补工具的用法
* 掌握图像擦除工具的用法

7.1 颜色设置

使用画笔、渐变和文字等工具，以及进行填充、描边选区、修改蒙版、修饰图像等操作时，需要指定颜色。Photoshop提供了非常实用的颜色选择工具，可以帮助用户找到任何需要的色彩。

7.1.1 前景色与背景色

Photoshop工具箱底部有一组前景色和背景色的设置图标，如图7-1所示。前景色决定了绘画工具、画笔和铅笔绘制线条的颜色，以及使用文字工具创建文字时的颜色；背景色常用于生成渐变填充和填充图像中被抹除的区域。

默认前景色和背景色　切换前景色和背景色
设置前景色　设置背景色

图7-1

默认情况下，前景色为黑色，背景色为白色。单击【设置前景色】或【设置背景色】图标，如图7-2和图7-3所示，可以打开【拾色器】，在对话框中即可修改它们的颜色。单击【切换前景色和背景色】图标，或按X键，可以切换前景色和背景色的颜色，如图7-4所示。如果修改了前景色和背景色以后，如图7-5所示，单击【默认前景色和背景色】图标，可以将它们恢复为系统默认的颜色，如图7-6所示。

图7-2

图7-3

图7-4

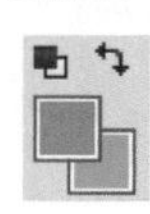

图7-5

图7-6

7.1.2 拾色器

在Photoshop中，只要设置颜色几乎都需要使用到【拾色器】，如图7-7所示。在【拾色器】中，可以选择用HSB（色相、饱和度、亮度）、RGB（红色、绿色、蓝色）、Lab或CMYK（青色、洋红、黄色、黑色）模式来指定颜色。

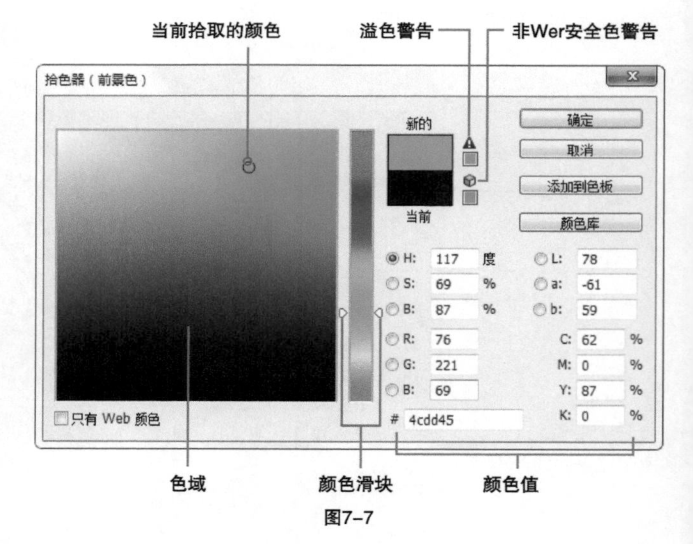

图7-7

【拾色器】对话框的重要参数介绍

色域/当前拾取的颜色：在【色域】中拖动鼠标可以改变当前拾取的颜色。

新的/当前：【新的】颜色块中显示的是当前设置的颜色，【当前】颜色块显示的是上一次使用的颜色。

颜色滑块：拖曳颜色滑块可以调整颜色范围。

颜色值：显示了当前设置的颜色的值。输入颜色值可以精确定义颜色。

溢色警告：RGB、HSB和Lab模式中的一些颜色在CMYK模式中没有等同的颜色，因此无法精确地打印出来，这些颜色就是通常所说的【溢色】。出现该警告后可以单击它下面的小色块，将颜色替换为CMYK色域（可打印出的颜色）中与其最接近的颜色。

非Web安全色警告：表示当前设置的颜色不能在网上精确显示，单击警告下面的小色块，可以将颜色替换为与其最接近的Web安全颜色。

只有Web颜色：勾选以后只在色域中显示Web安全色。

7.1.3 吸管工具

使用【吸管工具】可以在打开图像的任何位置采集色样来作为前景色或背景色。把光标放在图像上，单击鼠标可以显示一个取样环，此时可拾取单击点的颜色为当前颜色，如图7-8所示；按住鼠标左键拖动，取样环中会出现两种颜色，下面的是前一次拾取的颜色，上面的则是当前拾取的颜色，如图7-9所示。

按住Alt键单击，可拾取单击的颜色并设置为背景色，如图7-10所示。如果将光标放在图像上，然后按住鼠标左键在屏幕上拖动，可以拾取当前屏幕内所有颜色。

图7-8

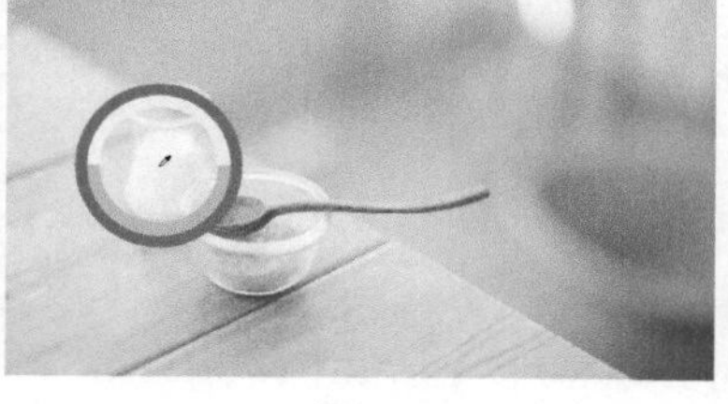
图7-9

图7-10

在使用任何工具打开的【拾色器】对话框中，把光标移至画布任何位置都会转变为吸管工具。图7-11所示的是【吸管工具】的选项栏。

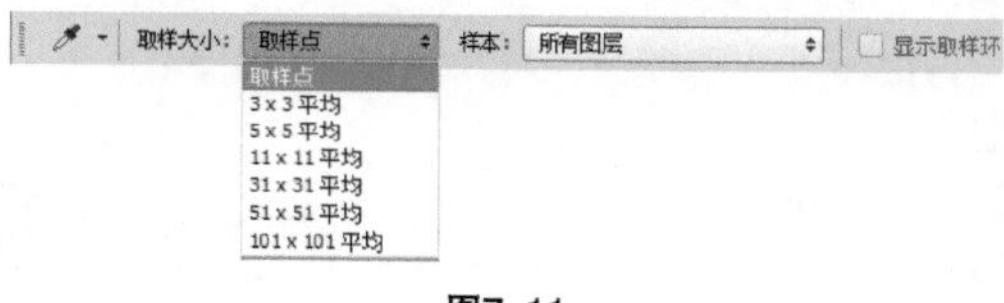

图7-11

【拾色器】选项栏的重要选项介绍

取样大小：设置吸管取样范围的大小。图7-12所示的是【取样点】的效果，图7-13所示的是【3×3平均】的效果，图7-14所示的是【5×5平均】的效果。

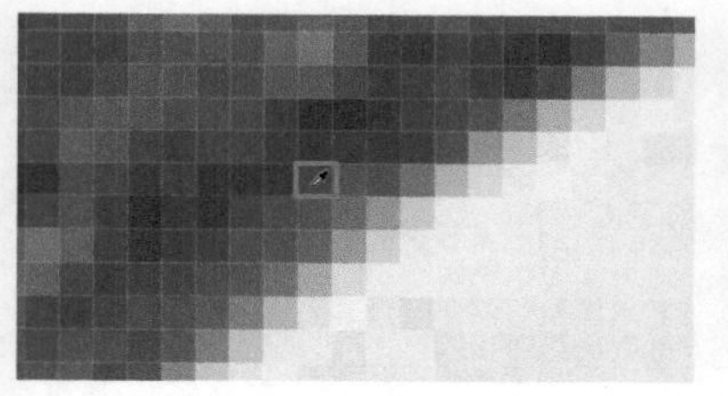
图7-12

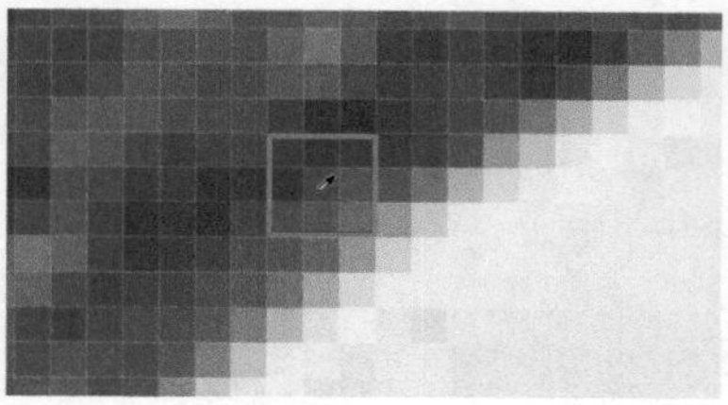

图7-13

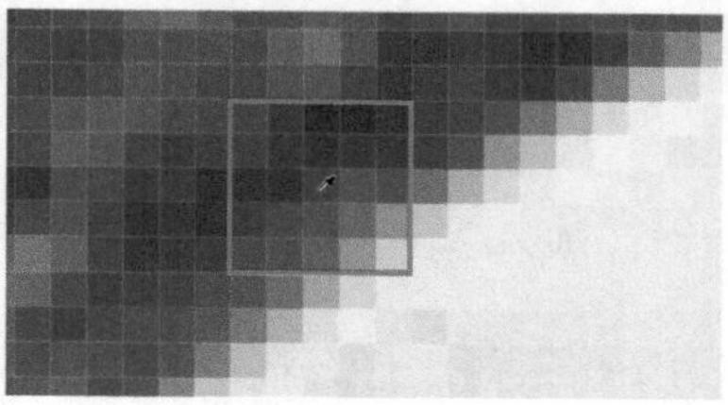

图7-14

样本：可以从【当前图层】或【所有图层】中采集颜色。

显示取样环：勾选该选项后，可以在拾取颜色时显示取样环。

7.1.4 【颜色】面板

执行【窗口】>【颜色】菜单命令，可以打开【颜色】面板，如图7-15所示。【颜色】面板中显示了当前设置的前景色和背景色，同时也可以在该面板中设置前景色和背景色。

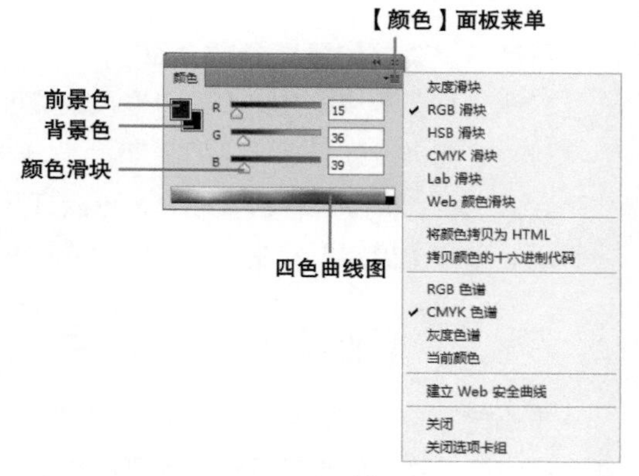

图7-15

↘7.1.5 【色板】面板

【色板】面板放置着一些系统预设的颜色，单击相应的颜色即可将其设置为前景色。执行【窗口】>【色板】菜单命令，可以打开【色板】面板，如图7-16所示。

【色板】面板菜单
删除色板
创建前景色的新色板

图7-16

【色板】面板的重要参数介绍

创建前景色的新色板：使用【吸管工具】拾取一种颜色以后，单击【创建前景色的新色板】按钮，可以将其添加到【色板】面板中。如果要修改新色板的名称，可以双击添加的色板，如图7-17所示；然后在弹出的【色板名称】对话框中进行设置，如图7-18所示。

删除色板：如果要删除一个色板，按住鼠标左键拖曳该色板到【删除色板】按钮上，即可删除该色板，或按住Alt键单击该色板即可将其删除。

【色板】面板菜单：单击该图标，可以打开【色板】面板的菜单，如图7-19所示。

图7-17

图7-18

图7-19

7.2 【画笔】面板

【画笔】面板是最重要的面板之一，它可以用于设置绘画工具，如画笔、铅笔和历史记录画笔等，以及修饰工具，如涂抹、加深、减淡、模糊和锐化等的笔尖种类、画笔大小和硬度；并且用户还可以创建自己需要的特殊画笔。

↘7.2.1 画笔下拉菜单

单击工具选项栏中的按钮，如图7-20所示，可以打开画笔下拉面板。在面板中不仅可以选择笔尖，调整画笔大小，还可以调整笔尖的硬度，如图7-21所示。

图7-20

画笔下拉菜单的重要参数介绍

大小：拖曳滑块或在文本框中输入数值可以调整笔尖大小。

硬度：用来设置画笔笔尖的硬度。

创建新的预设：单击该按钮，可以打开【画笔名称】对话框，输入画笔的名称后，单击【确定】按钮，可以将当前画笔保存为一个预设的画笔。

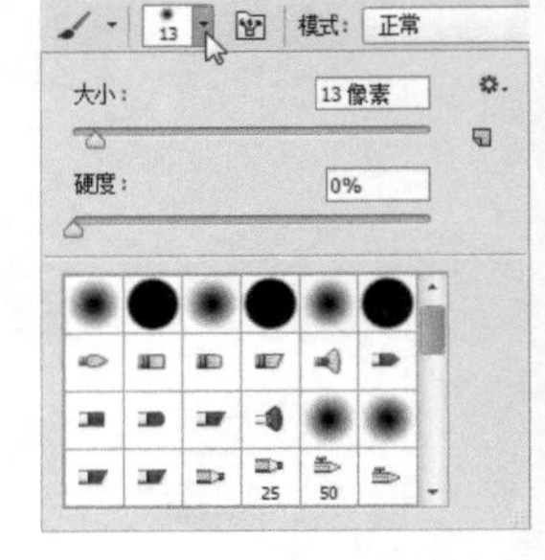

图7-21

↘7.2.2 【画笔预设】面板

【画笔预设】面板中提供了各种系统预设的画笔，这些预设的画笔带有大小、形状和硬度等属性。用户在使用绘画工具、修饰工具时，都可以从【画笔预设】面板中选择画笔的形状。执行【窗口】>【画笔预设】

菜单命令，打开【画笔预设】面板，如图7-22所示。

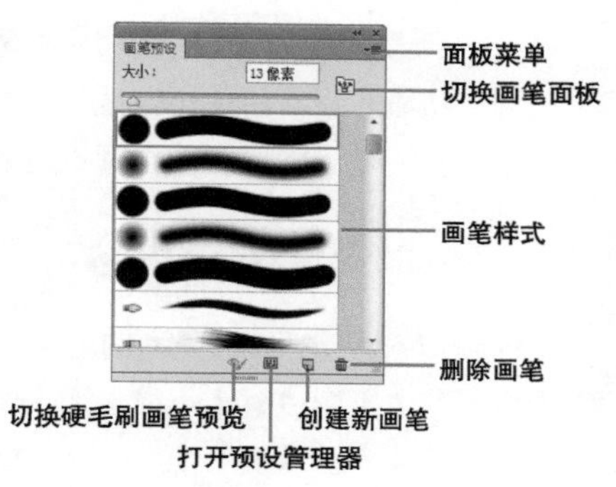

图7- 22

【画笔预设】面板的重要参数介绍

大小：通过输入数值和拖曳滑块调整画笔大小。

切换画笔面板：单击【切换画笔面板】按钮可以打开【画笔】面板。

切换硬毛刷画笔预览：使用毛刷笔尖时，在画布中实时显示笔尖的样式。

打开预设管理器：打开【预设管理器】对话框。

创建新画笔：将当前设置的画笔保存为一个新的预设画笔。

删除画笔：选中画笔以后，单击【删除画笔】按钮，可以将该画笔删除。将画笔拖曳到【删除画笔】按钮上，也可以删除画笔。

画笔样式：拖曳滚动条可显示预设画笔的笔刷样式。

面板菜单：单击该按钮可以打开【画笔预设】面板的菜单，如图7-23所示。

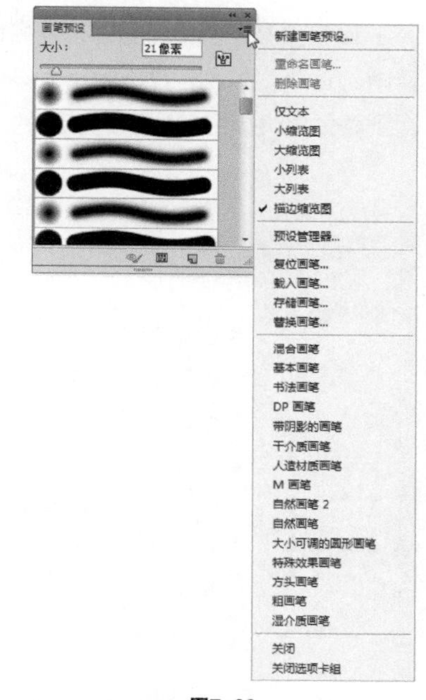
图7-23

7.2.3 【画笔】面板

在了解其他绘制及修饰工具之前，首先需要掌握【画笔】面板。【画笔】面板是最重要的面板之一，它可以设置绘画工具、修饰工具的笔刷种类，画笔大小的硬度等。

打开【画笔】面板的方法主要有以下3种。

第1种：在工具箱中单击【画笔工具】，然后在选项栏中单击【切换画笔面板】按钮。

第2种：执行【窗口】>【画笔】菜单命令，或按F5键。

第3种：在【画笔预设】面板中单击【切换画笔面板】按钮。

打开的【画笔】面板如图7-24所示。

【画笔】面板的重要选项介绍

画笔预设：单击该按钮，可以打开【画笔预设】面板。

画笔设置：单击这些画笔设置选项，可以切换到与该选项相对应的内容。

启用/关闭选项：勾选代表启用，未勾选代表关闭。

锁定/未锁定：图标代表处于锁定状态；图标代表该选项处于未锁定状态。

选中的画笔笔尖：处于选择状态时的画笔笔尖。

画笔笔尖：显示Photoshop提供的预设笔尖。

画笔选项参数：用来设置画笔的相关参数。

画笔描边预览：选择一个画笔以后，可以在预览框中预览该画笔的外观形状。

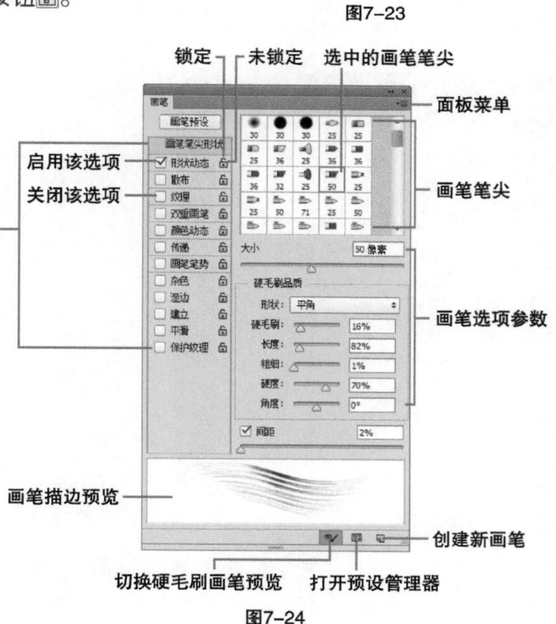

图7-24

切换硬毛刷画笔预览：使用毛刷笔尖时，在画布中实时显示笔尖的样式。

打开预设管理器：单击该按钮，可以打开【预设管理器】对话框。

创建新画笔：如果对一个预设的画笔进行了设置，可单击该按钮，将其保存为一个新的预设画笔。

7.2.4 笔尖的种类

Photoshop提供了3种类型的笔尖：圆形笔尖、图像样本笔尖和毛刷笔尖，图7-25所示的是在【画笔预设】的【面板菜单】中设置【小缩览图】的面板。

圆形笔尖包含尖角、柔角、实边和柔边几种样式。使用尖角和实边笔尖绘制的线条具有清晰的边缘；而柔角和柔边，就是线条的边缘柔和，呈现逐渐淡出的效果。

通常情况下，尖角和柔角笔尖比较常用，如图7-26所示。将笔尖硬度设置为100%可以得到尖角笔尖，它具有清晰的边缘，如图7-27所示；笔尖硬度低于100%时可得到柔角笔尖，它的边缘是模糊的，如图7-28所示。

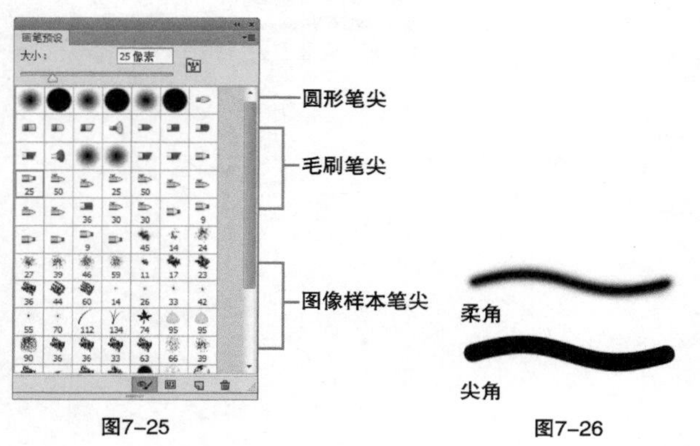

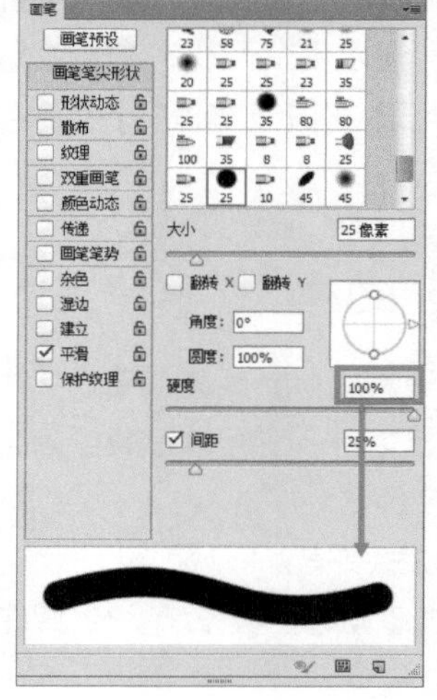

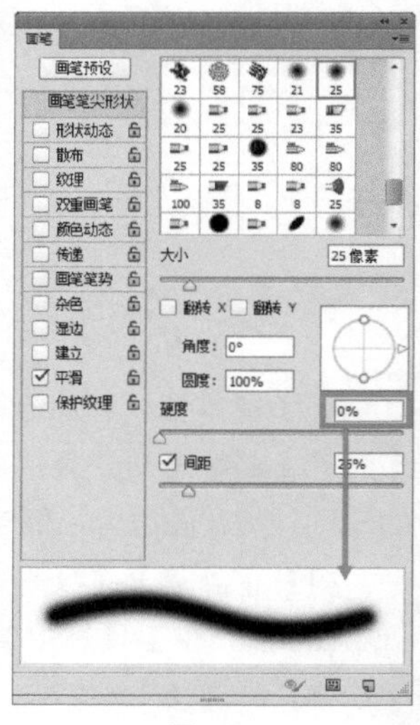

图7-25　图7-26　图7-27　图7-28

7.2.5 画笔笔尖形状

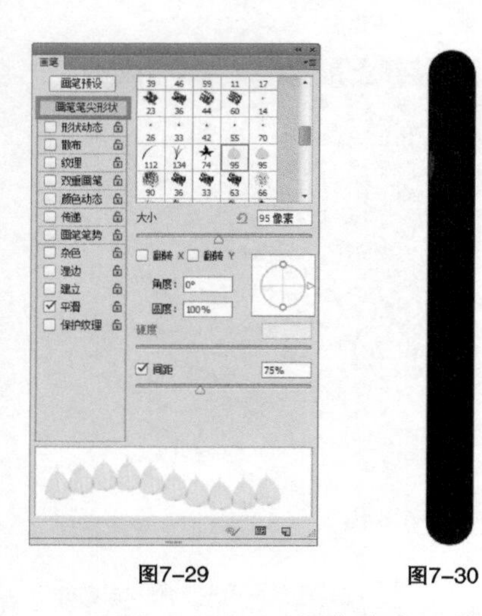

图7-29　图7-30　图7-31

如果要对预设的画笔进行一些修改，如调整画笔的大小、角度、圆度、硬度和间距等笔尖形状特征等，可单击【画笔】面板中的【画笔笔尖形状】选项，然后在选项中进行设置，如图7-29所示；图7-30所示的是普通画笔绘制的直线，图7-31所示的是改变笔尖形状后绘制的直线。

【画笔笔尖形状】的重要参数介绍

大小：用来设置画笔的大小，图7-32所示的是10像素的画笔，图7-33所示的是30像素的画笔。

图7-32　图7-33

翻转X/翻转Y：用来改变画笔笔尖在X轴或Y轴上的方向，图7-34所示的是原画笔，图7-35所示的是勾选【翻转X】的效果，图7-36所示的是勾选【翻转Y】的效果。

图7-34

图7-35

图7-36

角度：用来设置笔尖和图像样本笔尖的旋转角度。可以在文本框中输入角度值，也可以拖曳箭头进行调整，图7-37所示的是角度为30° 的笔尖，图7-38所示的是角度为-60° 的笔尖。

圆度：用来设置画笔长轴和短轴之间的比例。该值为100%时笔尖为圆形，如图7-39所示；设置为60%时会将画笔压扁，如图7-40所示。

图7-37

图7-38

图7-39

图7-40

硬度：用来设置画笔硬度中心的大小。该值越小，画笔的边缘越柔和，图7-41所示的是硬度为100%的笔尖，图7-42所示的是硬度为50%的笔尖，图7-43所示的是硬度为0%的笔尖。

图7-41

图7-42

图7-43

间距：用来控制描边中两个画笔笔迹之间的距离。该值越高，笔迹之间的间隔越大，图7-44所示的是间距为1%的效果，图7-45所示的是间距为50%的效果，图7-46所示的是间距为100%的效果。如果取消勾选【间距】，Photoshop会根据光标的移动速度自动调整笔迹的间距。

图7-44

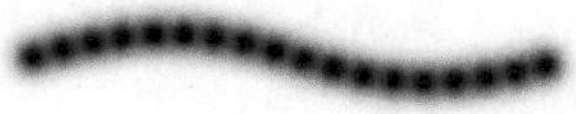

图7-45

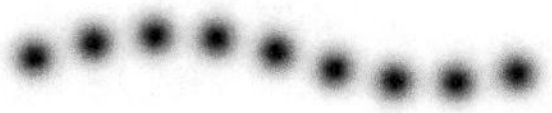

图7-46

7.2.6 形状动态

【形状动态】决定了画笔的笔迹如何变化，可以使画笔的大小、圆度等产生随机变化效果，图7-47所示的是【画笔】面板中的【形状动态】选项。图7-48所示的是未设置形状动态的画笔绘制的直线，图7-49所示的是设置后绘制的直线。

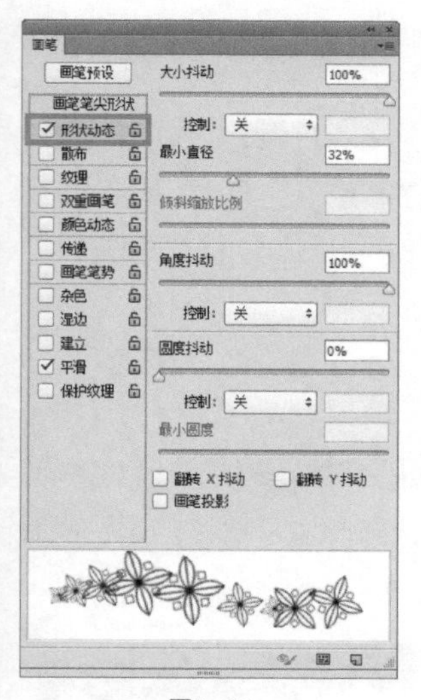

图7-47

图7-48

图7-49

【形状动态】的重要参数介绍

大小抖动：用来设置画笔笔迹大小的改变方式。该值越高，轮廓越不规则，图7-50所示的是该值为0%的效果，图7-51所示的是该值为100%的效果。在【控制】选项下拉列表中可以选择抖动的方式，选择【关】表示无抖动，如图7-52所示；选择【渐隐】，可按照指定数量的步长在初始直径和最小直径之间渐隐，产生淡出效果，如图7-53所示。其他的为数位板控制选项。

图7-50　图7-51　图7-52　图7-53

最小直径： 启用了【大小抖动】后，可通过该选项设置笔迹可以缩小的最小百分比，图7-54所示的是该值为0%的效果，图7-55所示的是该值为40%的效果（该选项配合控制后的文本框可以达到不同效果）。

角度抖动： 用来改变画笔笔迹的角度，如图7-56和图7-57所示的是该值为0%和100%下的画笔笔迹。

图7-54　图7-55　图7-56　图7-57

圆度抖动/最小圆度：【圆度抖动】用来设置画笔笔迹的圆度在绘制中的变化方式，图7-58所示的是圆度抖动为0%的效果，图7-59所示的是圆度抖动为50%的效果。【最小圆度】可以用于设置画笔笔迹的最小圆度。

翻转X抖动/翻转Y抖动： 用来设置笔尖在其X轴和Y轴上的方向。

图7-58　图7-59

↘7.2.7 散布

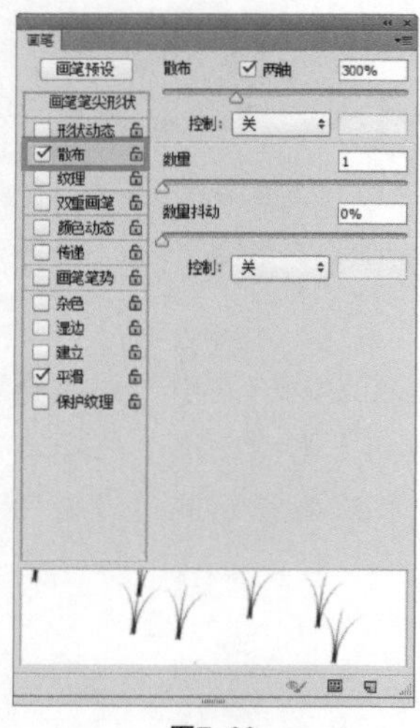

图7-60

【散布】决定了画笔笔迹的数目和位置，使笔迹沿绘制的线条扩散。图7-60所示的是【画笔】面板中的【散布】选项，图7-61所示的是未设置【散布】的画笔绘制效果，图7-62所示的是设置后绘制的效果。

图7-61

图7-62

【散布】的重要参数介绍

散布/两轴：【散布】用来设置画笔笔迹的分散程度，该值越高，分散越广，图7-63所示的是该值为0%的效果，图7-64所示的是该值为300%的效果。勾选【两轴】，笔迹将以中间为基准，向两侧分散，如图7-65所示。如果要设置笔迹如何散布，可以在【控制】后的下拉列表中设置。

图7-63 　图7-64　图7-65

数量： 用来指定画笔笔迹数量，图7-66所示的是【散布】为200%、【数量】为1的效果，图7-67所示的是【散布】为200%、【数量】为5的效果。

数量抖动：用来制动画笔笔迹的数量如何针对各种间隔而变化，图7-68所示的是设置【数量抖动】为0%的效果，图7-69所示的是设置【数量抖动】为100%的效果。【控制】选项用来设置笔迹的数量如何变化。

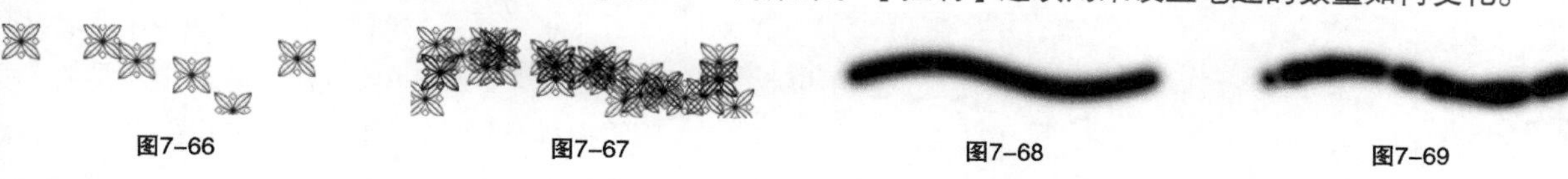

图7-66 图7-67 图7-68 图7-69

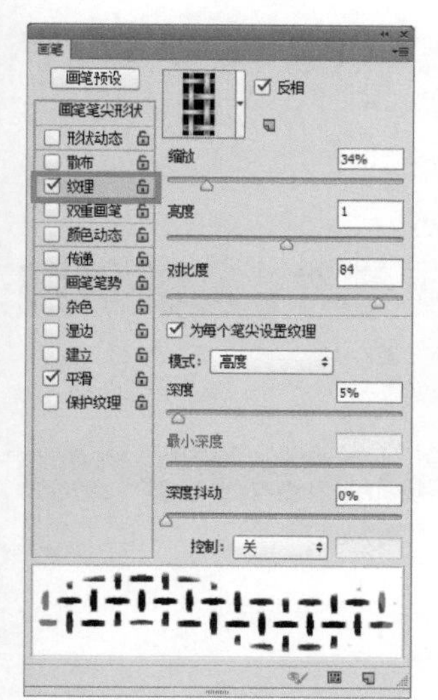

图7-70

7.2.8 纹理

如果要使画笔绘制出带有纹理的线条，可以单击【纹理】选项，选择一种图案，将其添加到笔迹中，模拟各种画布效果，如图7-70所示。图7-71所示的是未设置纹理的绘制效果，图7-72所示的是设置后的效果。

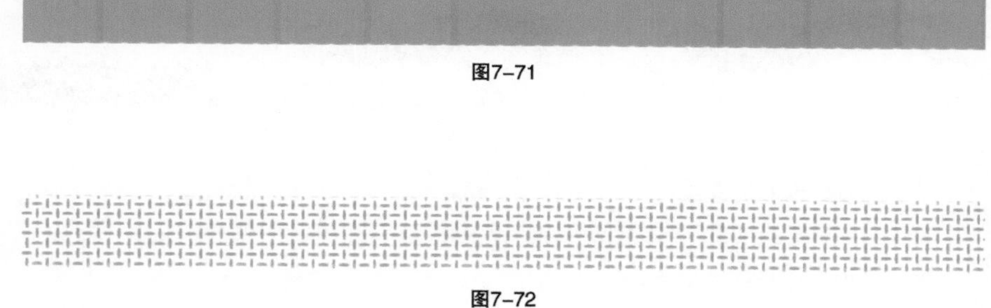

图7-71

图7-72

【纹理】的重要参数介绍

设置纹理/反相：单击缩览图或右侧按钮，可以在打开的下拉列表中选择一个图案设置为纹理。勾选【反相】，可基于图案中的色调反转纹理中的亮点和暗点。

缩放：缩放图案，如图7-73和图7-74所示。

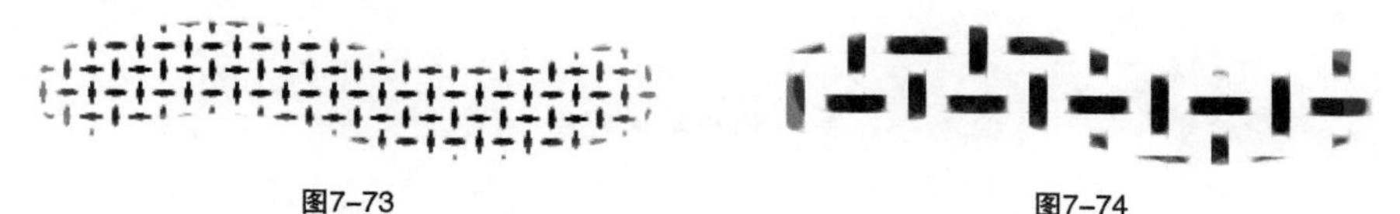

图7-73 图7-74

为每个笔尖设置纹理：用来决定绘画时是否单独渲染每个笔尖。

模式：在该选项下拉列表中可选择图案与前景色之间的混合模式。

深度：用来指定油彩渗入纹理中的深度。【模式】变化，【深度】也会跟着变化。

最小深度：用来设定油彩可渗入的最小深度，打开【控制】选项，该选项才可用，如图7-75和图7-76所示。

深度抖动：用来设置纹理抖动的最大百分比，如图7-77和图7-78所示。如果要指定如何控制笔迹的深度变化，可在【控制】下拉列表中选择一个选项。

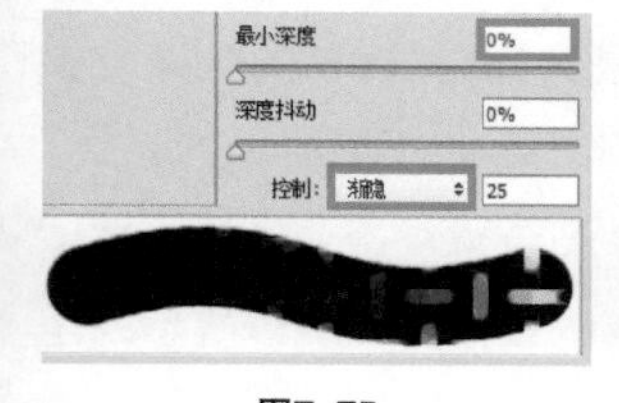

图7-75

图7-76

图7-77

图7-78

7.2.9 双重画笔

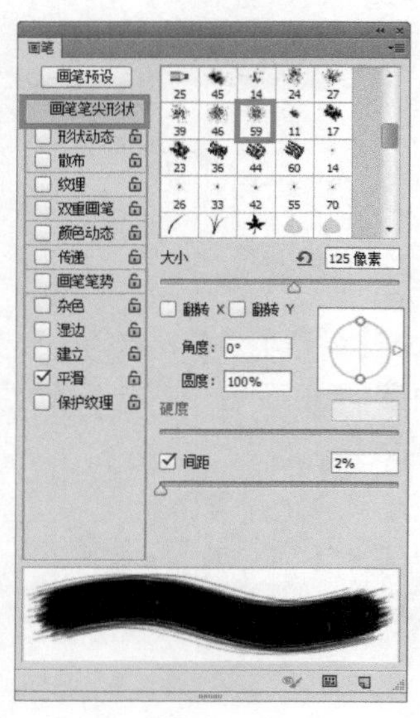

图7-79

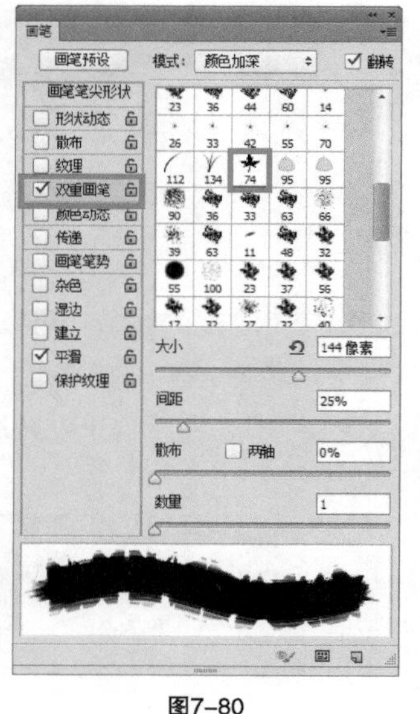

图7-80

【双重画笔】是指让描绘的线条中呈现出两种画笔效果。要使用【双重画笔】，首先要在【画笔笔尖状态】选项设置主笔尖，如图7-79所示；然后再从【双重画笔】部分中选择另一个笔尖，如图7-80所示。图7-81所示的是未设置该选项的效果，图7-82所示的是设置后的效果。

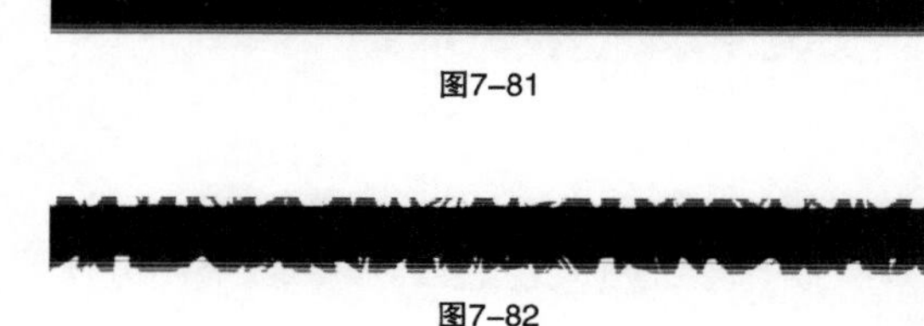

图7-81

图7-82

【双重画笔】的重要参数介绍

模式：在该选项的下拉列表可以选择两种笔尖在组合时使用的混合模式。

大小：用来设置笔尖大小。

间距：用来控制笔迹中双笔尖之间的距离。

散布：用来指定画笔笔迹的分布方式。如果勾选【两轴】，双笔尖画笔笔迹按径向分布；取消勾选，则双笔尖画笔笔迹垂直于笔迹中间分布。

数量：用来指定在每个间距间隔应用的双笔尖笔迹数量。

7.2.10 颜色动态

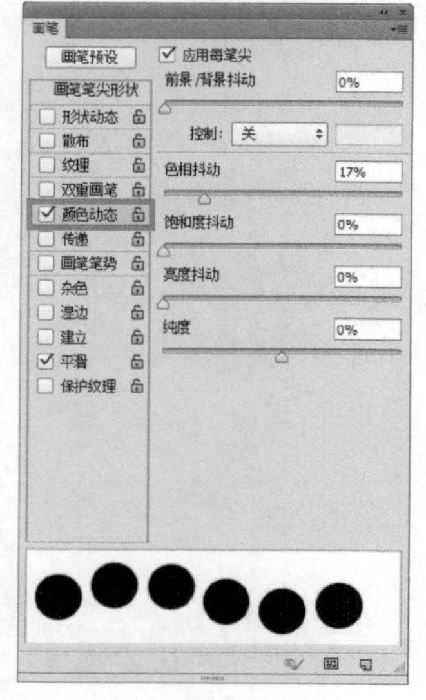

图7-83

如果要让绘制出的线条的颜色、饱和度和明度等产生变化，可单击【画笔】面板左侧的【颜色动态】选项，通过设置选项来改变画笔笔迹中油彩颜色的变化方式，如图7-83所示。图7-84所示的是未设置该选项的效果，图7-85所示的是设置后的效果。

图7-84

图7-85

【颜色动态】的重要参数介绍

前景/背景抖动：用来指定前景色和背景色之间的油彩变化方式。该值越小，变化后的颜色越接近前景色；该值越大，变化后的颜色越接近背景色，图7-86所示的是该值为0%的效果，图7-87所示的是该值为100%的效果。如果要指定如何控制画笔笔迹的颜色变化，可在【控制】选项中选择一个选项。

色相抖动：用来设置颜色变化范围。该值越小，颜色越接近背景色；该值越大，色相变化越丰富，图7-88所示的是该值为20%的效果，图7-89所示的是该值为100%的效果。

图7-86　　图7-87

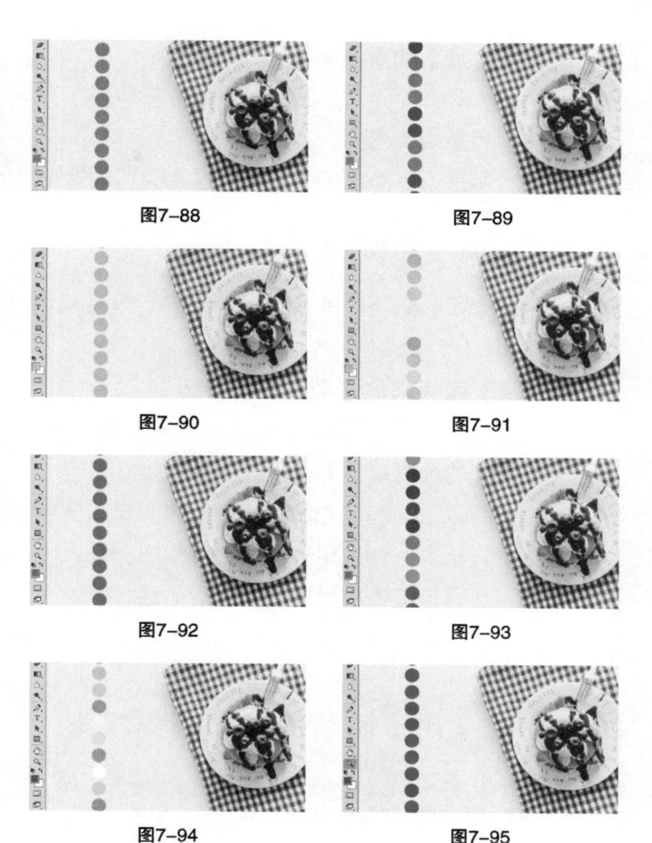

图7-88　　图7-89

图7-90　　图7-91

图7-92　　图7-93

图7-94　　图7-95

饱和度抖动：用来设置颜色的饱和度变化范围。该值越小，饱和度越接近前景色；该值越大，色彩的饱和度越高，图7-90所示的是该值为0%的效果，图7-91所示的是该值为100%的效果。

亮度抖动：用来设置颜色的亮度变化范围。该值越小，亮度越接近前景色；该值越大，颜色的亮度越大，图7-92所示的是该值为0%的效果，图7-93所示的是该值为100%的效果。

纯度：用来设置颜色的纯度。该值为-100%时，笔迹的颜色为黑色和白色；该值越大，颜色饱和度越高，图7-94所示的是前景/背景抖动为100%、纯度值为-100%的效果，图7-95所示的是前景/背景抖动为100%、纯度值为+100%的效果。

7.2.11 传递

【传递】用来确定油彩在笔迹中的改变方式，如图7-96所示。图7-97所示的是未设置该选项的效果，图7-98所示的是设置后的效果。

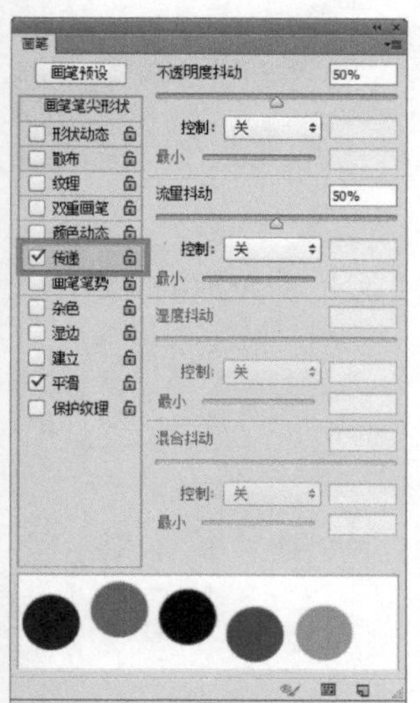

图7-96

图7-97

图7-98

7.2.12 画笔笔势

【画笔笔势】用来调整毛刷画笔笔尖、侵蚀画笔笔尖的角度，如图7-99所示。图7-100所示的是默认的笔尖，图7-101所示的是启用【画笔笔势】的笔尖。

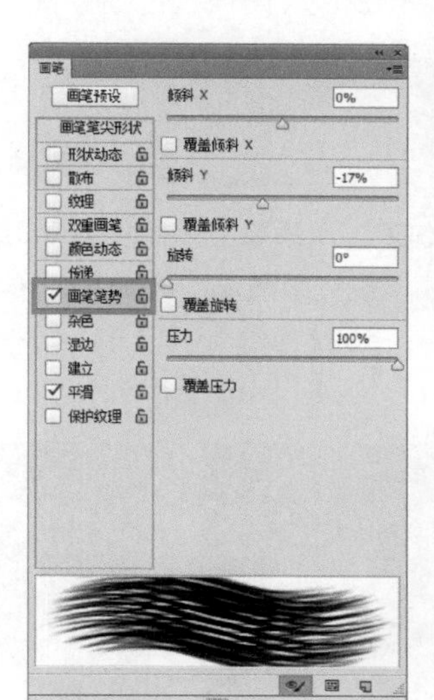

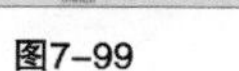

图7-99

图7-100

图7-101

【画笔笔势】的重要参数介绍

倾斜X/倾斜Y：可以让笔尖沿X轴或Y轴倾斜。

旋转：用来旋转笔尖。

压力：用来调整画笔压力，该值越高，绘制速度越快，线条越粗犷。

7.2.13 其他选项

【画笔】面板最下面的其他选项，它们没有可调整的数值，只需勾选即可启用，如图7-102所示。

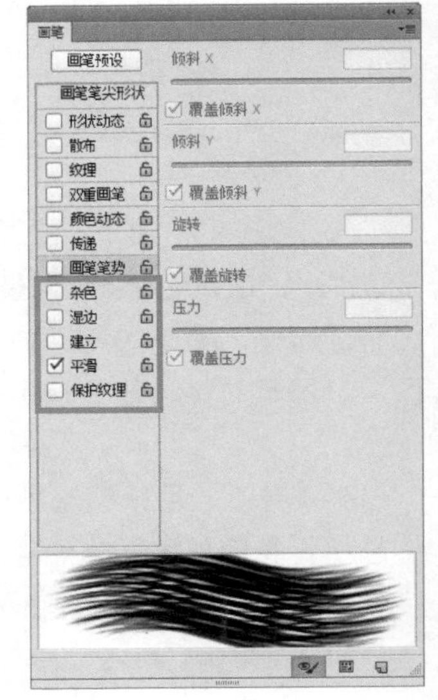

图7-102

【画笔】面板其他选项的详细介绍

杂色：可以为个别画笔笔尖增加额外的随机性。当应用于柔画笔笔尖时（包含灰度值的画笔笔尖），该选项最有效。

湿边：可以沿画笔笔迹的边缘增大油彩量，创建水彩效果。

建立：将渐变色调应用于图像，模拟喷枪技术。

平滑：在画笔笔迹中生成更平滑的曲线。

保护纹理：将相同图案和缩放比例应用于具有纹理的所有画笔预设。

随堂练习 用【画笔工具】制作眼影

扫码观看本案例视频

- 实例位置 CH07>用画笔工具制作眼影>用画笔工具制作眼影.psd
- 素材位置 CH07>用画笔工具制作眼影>1.jpg
- 实用指数 ★★★★
- 技术掌握 学习使用【画笔工具】

01 打开学习资源中的“CH07>用画笔工具制作眼影>1.jpg”文件，如图7-103所示。

02 按住Z键，然后拖曳鼠标放大眼睛局部，如图7-104所示。接着选择【画笔工具】，再在选项栏设置画笔预设参数【大小】为【10 像素】、【硬度】为0%，参数设置如图7-105所示，最后设置【前景色】为（R:197，G:93，B:168）。

图7-103

图7-104

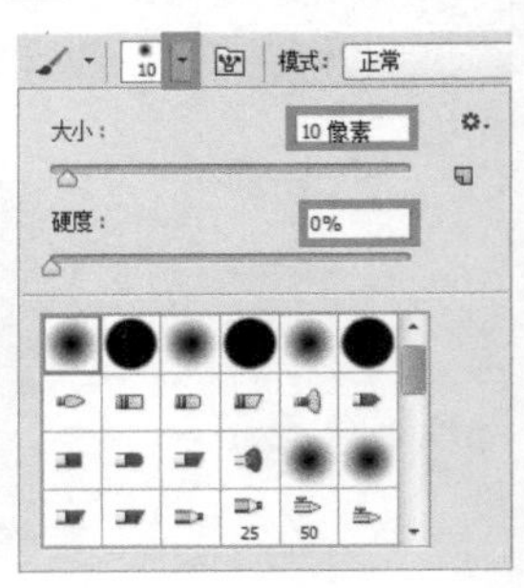

图7-105

03 单击【图层】面板的【创建新图层】按钮，创建一个新的图层，如图7-106所示，然后使用【画笔工具】在眼皮上进行涂抹，如图7-107所示。

Tips

绘制过程中配合使用[键和]键来缩放笔尖大小可以画出细长的效果。

图7-106

图7-107

04 执行【滤镜】>【模糊】>【高斯模糊】菜单命令，然后在弹出的【高斯模糊】对话框中设置参数【半径】为2.0，如图7-108所示，再单击【确定】按钮，如图7-109所示。

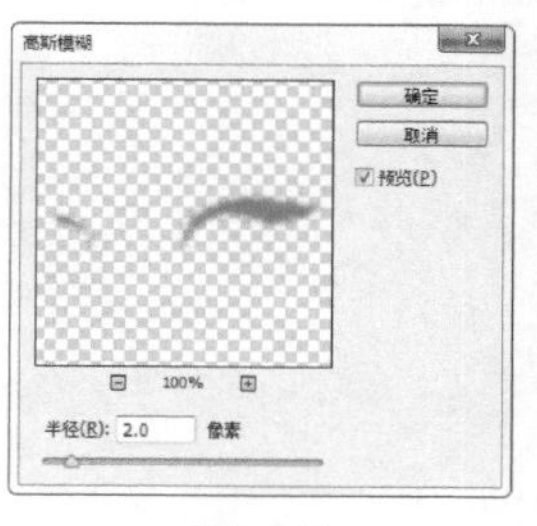

图7-108

图7-109

05 执行【图层】>【新建】>【从拷贝的图层】菜单命令，然后执行【滤镜】>【杂色】>【添加杂色】菜单命令，再在弹出的【添加杂色】对话框中设置参数【数量】为20、【分布】为【高斯分布】，勾选【单色】，如图7-110所示，接着单击【确定】按钮，效果如图7-111所示。

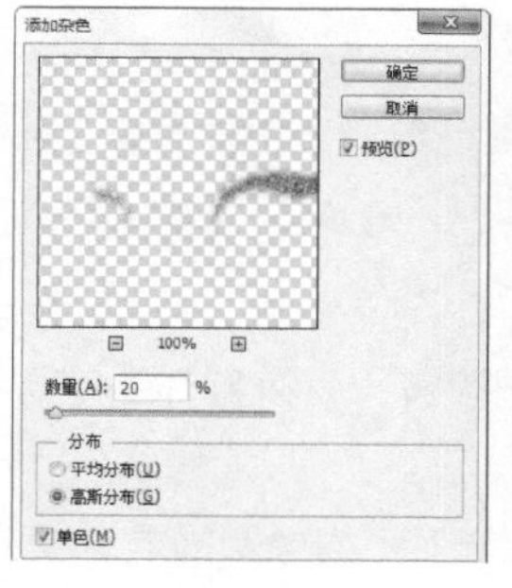

图7-110

图7-111

06 同时选择【图层 1】和【图层 1 副本】，然后设置【混合模式】为【柔光】，图层如图7-112所示，效果如图7-113所示。

图7-112

图7-113

07 选择【图层 1 副本】，然后设置【不透明度】为20%，如图7-114所示，效果如图7-115所示。

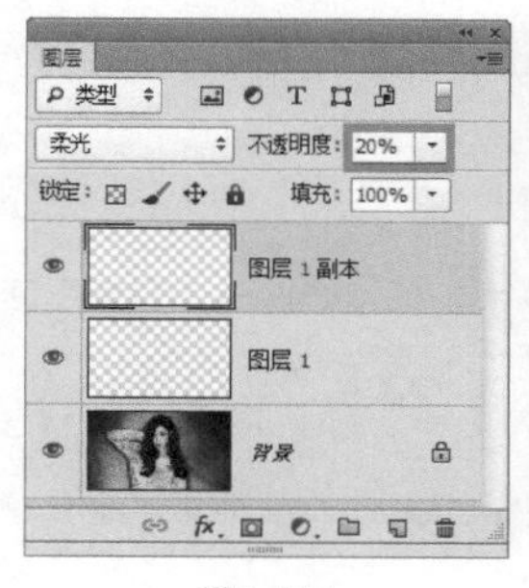

图7-114

图7-115

08 按住Z键，然后在画布上单击鼠标右键，如图7-116所示；接着在打开的下拉菜单中选择【按屏幕大小缩放】命令，最终效果如图7-117所示。

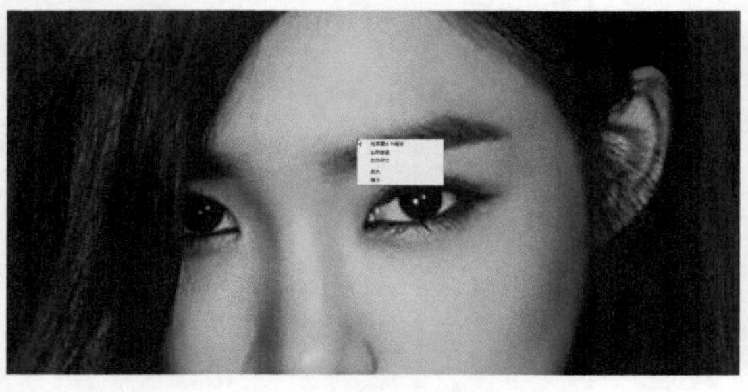
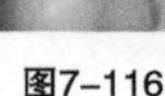

图7-116

图7-117

7.3 绘画工具

画笔、铅笔、颜色替换和混合器画笔工具是Photoshop中用于绘画的工具，它们可以绘制图画和修改像素。下面介绍这些工具的使用方法。

7.3.1 画笔工具

【画笔工具】与毛笔比较相似，可以使用前景色绘制出各种线条，同时也可以利用它来修改通道和蒙版，是使用频率最高的工具之一，图7-118所示的是【画笔工具】的选项栏。

图7-118

【画笔工具】的重要参数介绍

画笔下拉面板：单击【画笔】选项右侧的按钮，可以打开画笔下拉面板，在面板中可以选择笔尖，设置画笔的大小和硬度参数。

模式：在下拉列表中可以选择画笔笔迹颜色与下面的像素的混合模式。

不透明度：用来设置画笔的不透明度，该值越低，线条透明度越高，图7-119所示的是该值为100%时绘制的效果，图7-120所示的是该值为50%绘制的效果。

流量：用来设置当光标移动到某个区域上方时应用颜色的速率。在某个区域上方涂抹时，如果一直按住鼠标左键，颜色将根据流动速率增加，直至达到不透明度设置。

图7-119

图7-120

喷枪：单击该按钮，启用喷枪功能，Photoshop会根据按住鼠标左键的时间长度确定画笔线条的填充数量。

Tips

按[键可以将画笔调小，按]键可以将画笔调大。按组合键Shift+[减小画笔的硬度，按组合键Shift+]增加硬度。

按下键盘中的数字键可调整画笔不透明度，按下1，画笔不透明度变成1%；按下55，画笔不透明度变成55%，按下0，不透明度变成100%。

使用【画笔工具】时，在画面中单击，然后按住Shift键单击画面中其他任意一点，两点之间会以直线连接。而按住Shift键和鼠标左键可以绘制水平、垂直或45°角的直线。

随堂练习 用【画笔工具】制作炫彩效果

扫码观看本案例视频

- 实例位置 CH07>用画笔工具制作炫彩效果>用画笔工具制作炫彩效果.psd
- 素材位置 CH07>用画笔工具制作炫彩效果>1.jpg
- 实用指数 ★★★★
- 技术掌握 灵活运用【画笔工具】

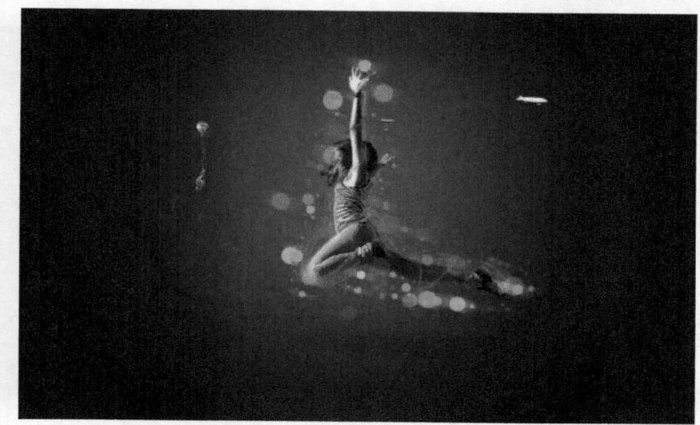

01 打开学习资源中的“CH07>用画笔工具制作炫彩效果>1.jpg”文件，如图7-121所示。

图7-121

02 选择【画笔工具】，然后执行【窗口】>【画笔】菜单命令，打开【画笔】面板，如图7-122所示，接着设置参数【大小】为【50像素】、【硬度】为100%、【间距】为180%，参数设置如图7-123所示。

03 单击【形状动态】选项，然后设置【大小抖动】为100%，如图7-124所示。接着单击【散布】选项，再设置【散布】为400%，如图7-125所示。

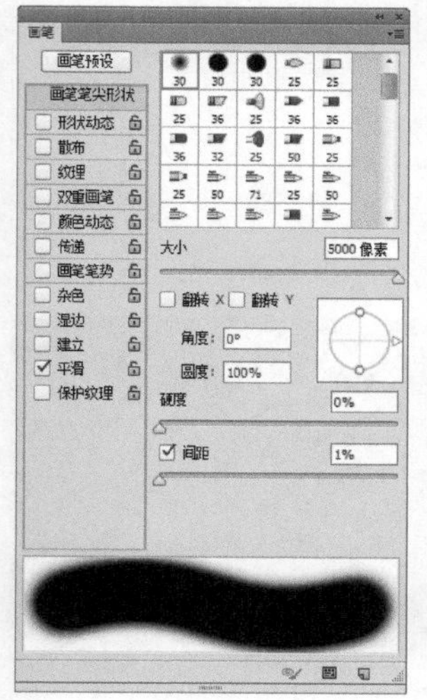

图7-122

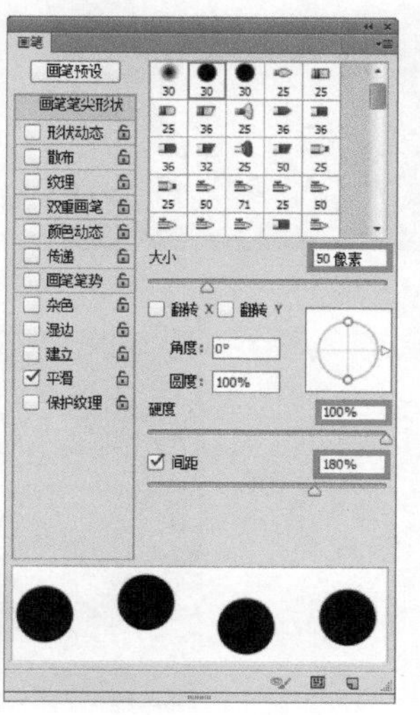

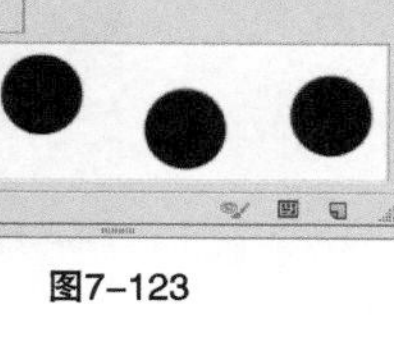

图7-123

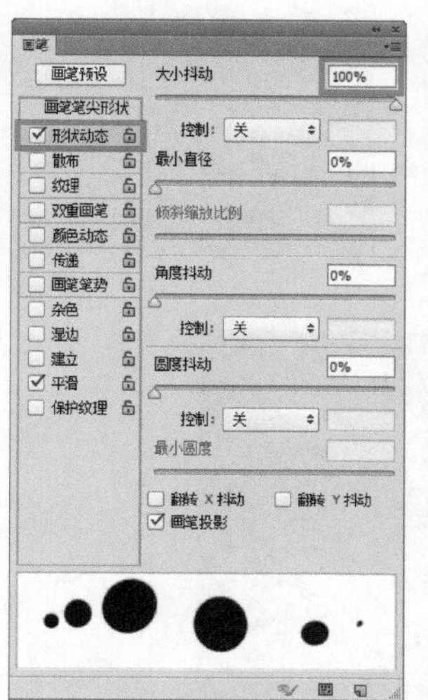

图7-124

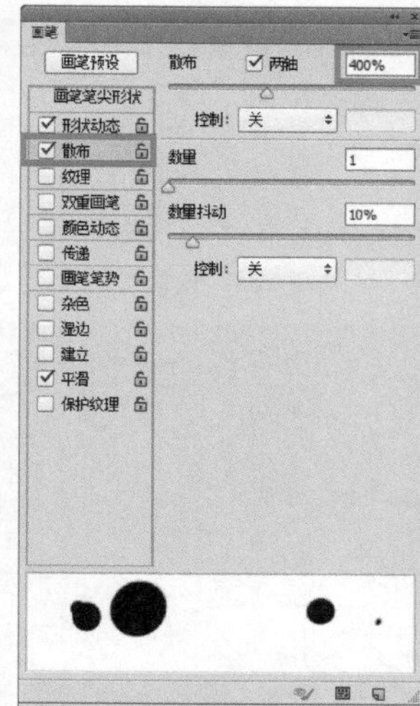

图7-125

04 单击【颜色动态】选项，然后勾选【应用每笔尖】，再设置【前景/背景抖动】为100%、【色相抖动】为100%、【饱和度抖动】为100%、【亮度抖动】为100%、【纯度】为+100%，如图7-126所示。接着单击【传递】选项，并设置【不透明抖动】为100%，如图7-127所示。

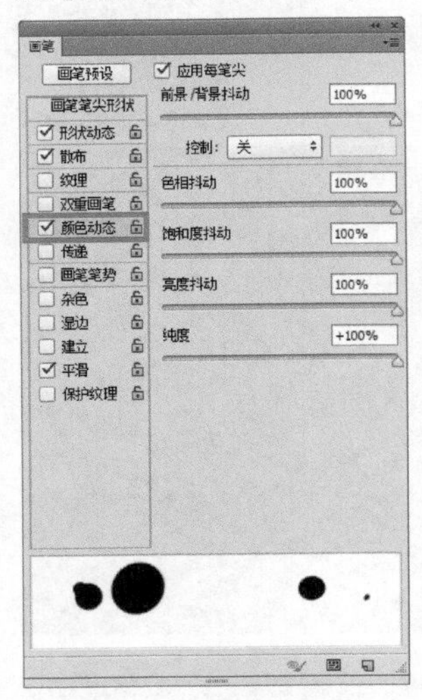

图7-126

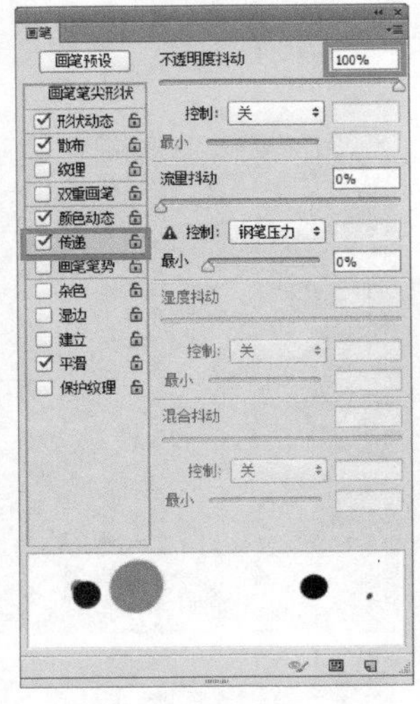

图7-127

05 设置【背景色】为（R:15，G:224，B:96），然后单击【创建新图层】按钮，接着使用【画笔工具】在人身体周围绘制图案，如图7-128所示（配合[键和]键缩放笔尖大小绘制）。

图7-128

06 改变【图层 1】的【混合模式】为【滤色】，图层如图7-129所示，效果如图7-130所示。然后按组合键Ctrl+J复制图层，接着执行【滤镜】>【模糊】>【动感模糊菜单命令】菜单命令，再在弹出的【动感模糊】对话框中设置参数【角度】为-17、【距离】为70，参数设置如图7-131所示，最后单击【确定】按钮，最终效果如图7-132所示。

07 单击【图层】面板【创建新图层】按钮，然后设置【图层 2】的【混合模式】为【线性简单（添加）】，如图7-133所示。接着使用【画笔工具】在画布中绘制少量图案，最终效果如图7-134所示。

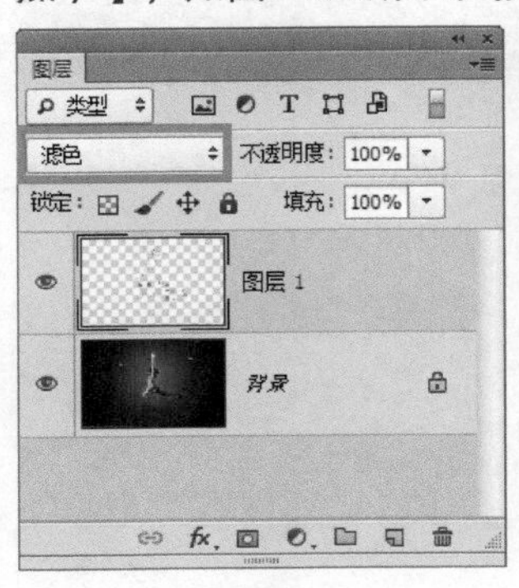

图7-129

图7-130

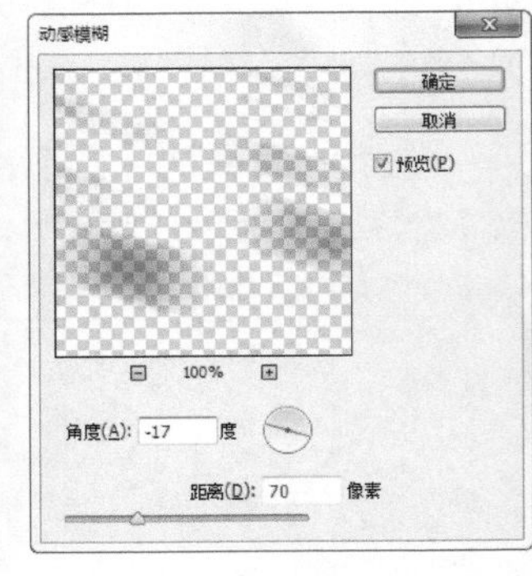

图7-131

图7-132

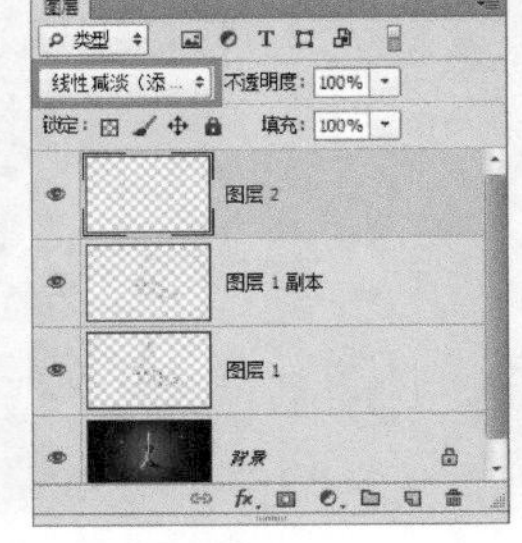

图7-133

图7-134

7.3.2 铅笔工具

【铅笔工具】也是使用前景色来绘制线条的，它与【画笔工具】的区别是：【画笔工具】可以绘制带有柔边效果的线条，而【铅笔工具】只能绘制硬边线条。图7-135所示的是铅笔工具的选项栏，除【自动涂抹】功能外，其他选项均与【画笔工具】相同。

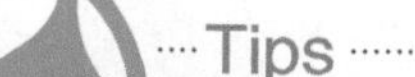

图7-135

【铅笔工具】的重要功能介绍

自动涂抹：选择该选项后，开始拖动鼠标时，如果光标的中心在包含前景色的区域上，可将该区域涂抹成背景色。

> **Tips**
>
> 【自动涂抹】选项只适用于原始图像，也就是只能在同一图层下才能绘制设置的前景色和背景色。
>
> 【铅笔工具】绘制的线条，用缩放工具放大可以观察到边缘呈现清晰的锯齿，适用于像素风格的画作。

7.3.3 颜色替换工具

【颜色替换工具】可以用前景色替换图像中的颜色。该工具不能用于位图、索引或多通道颜色模式的图像，图7-136所示的是【颜色替换工具】的工具选项栏。

图7-136

【颜色替换工具】的重要功能和参数介绍

模式：用来设置可以替换的颜色属性，包括【色相】、【饱和度】、【颜色】和【明度】。默认为【颜色】，它表示可以同时替换色相、饱和度和明度。

取样：用来设置颜色的取样方式。单击【连续】按钮后，在拖动鼠标时可连续对颜色取样；单击【一次】按钮，只替换包含第一次单击的颜色区域中的目标颜色；单击【背景色板】按钮，只替换包含当前背景色的区域。

限制：选择【不连续】，只替换出现在光标下的样本颜色；选择【连续】，可替换与光标指针（即圆形画笔中心的十字线）相邻的、且与光标指针下方颜色相近的其他颜色；选择【查找边缘】，可替换包含样本颜色的连续区域，同时保留形状边缘的锐化程度。

容差：用来设置工具的容差。【颜色替换工具】只替换鼠标单击点颜色容差范围内的颜色，该值越高，对颜色的相似性要求程度就越低，也就是说可替换范围越广。

消除锯齿：勾选该项，可以为校正的区域定义平滑的边缘，从而消除锯齿。

随堂练习 用【颜色替换工具】为向日葵换色

扫码观看本案例视频

- 实例位置 CH07>用颜色替换工具为向日葵换色>用颜色替换工具为向日葵换色.psd
- 素材位置 CH07>用颜色替换工具为向日葵换色>1.jpg
- 实用指数 ★★★
- 技术掌握 学习使用【颜色替换工具】

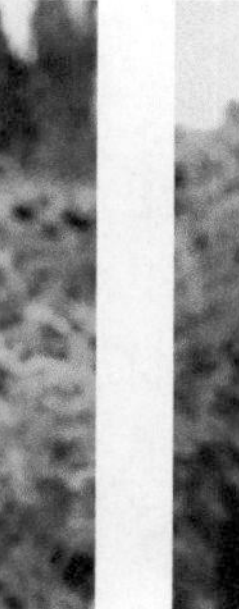

01 打开学习资源中的"CH07>用颜色替换工具为向日葵换色>1.jpg"文件，如图7-137所示，然后设置【前景色】为（R:231，G:31，B:25），如图7-138所示。

图7-137

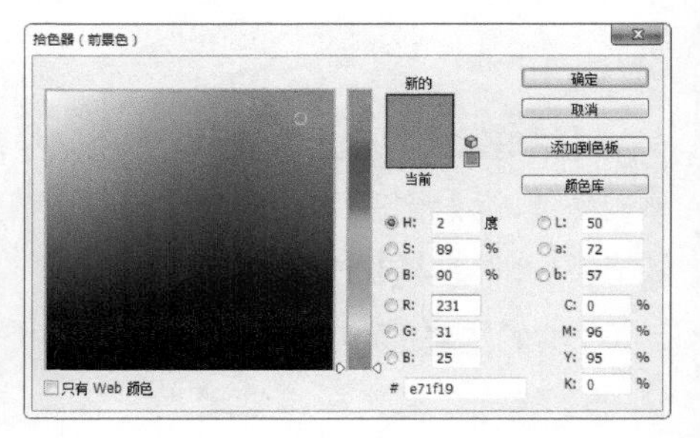

图7-138

02 选择【颜色替换工具】，然后在选项栏中选择一个柔角笔尖，单击【连续】按钮，再设置参数【限制】为【连续】，【容差】设置为30%，参数设置如图7-139所示，在向日葵上涂抹替换颜色，如图7-140所示（光标中心的十字不要碰到除向日葵外其他内容，否则会替换到其他颜色）。

03 按[键调小笔尖，然后在花瓣未被替换的地方涂抹，如图7-141所示。

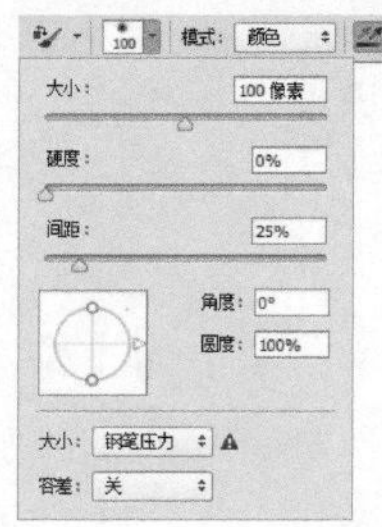

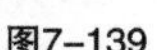

图7-139

图7-140

图7-141

7.3.4 混合器画笔工具

【混合器画笔工具】可以混合像素，它能模拟真实的绘画技术，如混合画布上的颜色、组合画笔上的颜色和使用不同的绘画湿度，其选项栏如图7-142所示。

图7-142

【混合器画笔工具】的重要功能和参数介绍

潮湿：控制画笔从画布拾取的油彩量。较高的参数设置会产生较长的绘画条痕。

载入：指定储槽中载入的油彩量。载入速率较低时，绘画描边干燥的速度会更快。

混合：控制画布的油彩量与设置的油彩量的比例。当混合比例为100%时，所有油彩将从画布中拾取；当混合比例为0%时，所有油彩都来自储槽。

流量：控制混合画笔的流量大小。

对所有图层取样：拾取所有可见图层中的画布颜色。

7.4 图像修复与修补工具

有时候，拍摄的相片会出现各种折痕，找到的素材也有不满意的地方，这时候，使用Photoshop的图像修复工具可以轻松地将带有缺陷的照片修复成需要的照片。仿制图章、污点修复画笔、修复与画笔、修补和红眼等工具可以快速修复图像中的污点和瑕疵。下面就来介绍这些工具的使用方法。

7.4.1 【仿制源】面板

使用图章工具或图像修复工具时，都可以通过【仿制源】面板来设置不同的样本源、显示样本源的叠加，以帮助用户在特定位置设置【仿制源】。此外。它还可以缩放或旋转样本源，以便更好匹配目标的大小和方向。

打开一个文件，如图7-143所示，执行【窗口】>【仿制源】菜单命令，打开【仿制源】面板，如图7-144所示。

图7-143

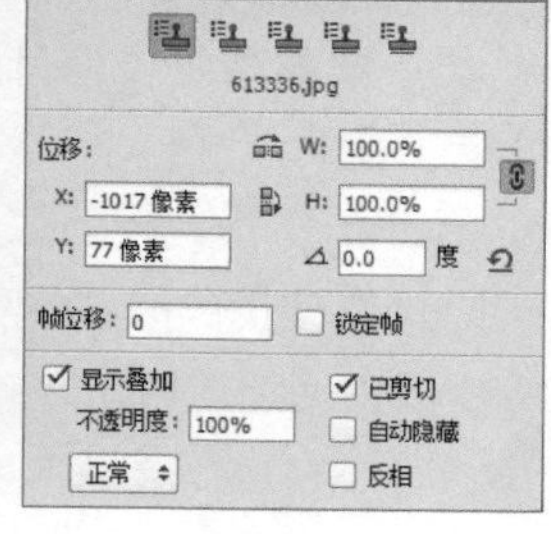
图7-144

【仿制源】面板的重要功能和参数介绍

仿制源：单击【仿制源】按钮后，如图7-145所示，使用【仿制图章工具】或【修复画布工具】，按住Alt键在画面中单击，可以设置取样点，如图7-146所示。再单击其他【仿制源】按钮，还可以继续取样，最多设置5个不同的取样源，【仿制源】面板会存储样本源，直到关闭文档。

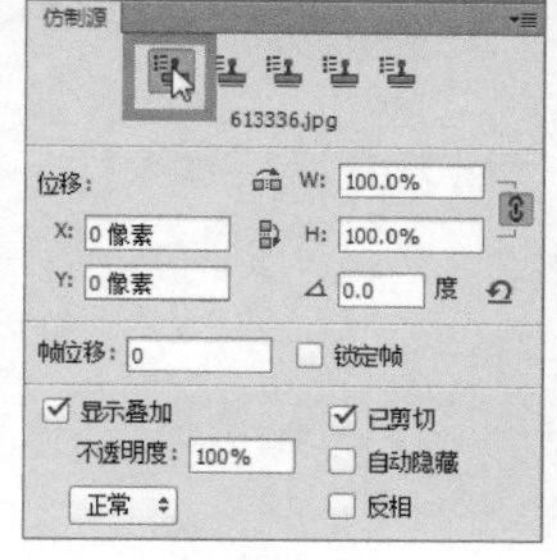
图7-145

图7-146

位移：如果想要在相对于取样点的特定位置进行绘制，可以指定X和Y像素位移值。

缩放：输入W（宽度）和H（高度）值，可以缩放所仿制的源图像，如图7-147和图7-148所示。

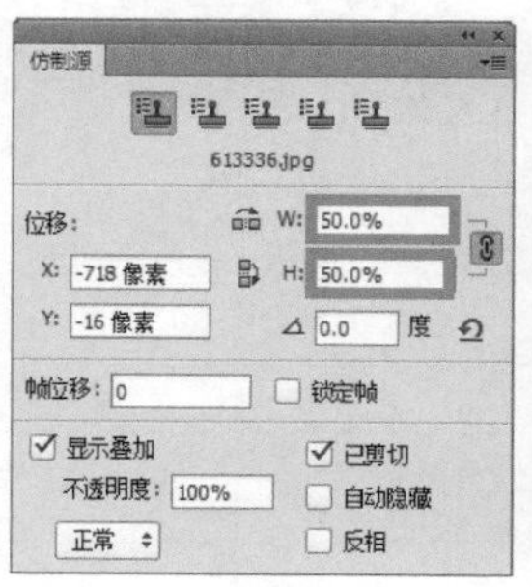
图7-147

图7-148

旋转：在文本框中输入旋转高度，可以旋转仿制的原图像，如图7-149和图7-150所示。

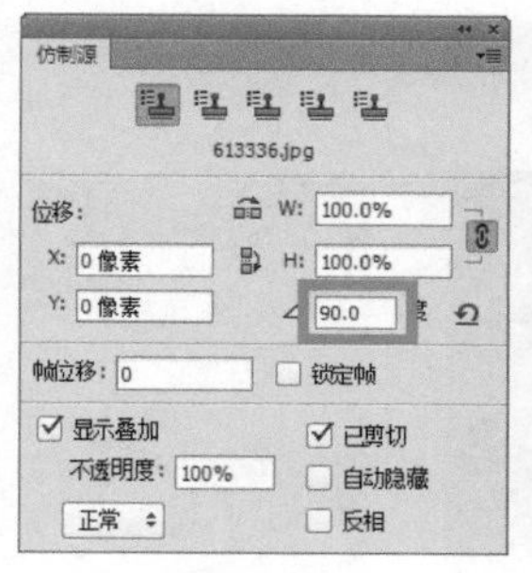
图7-149

图7-150

翻转：单击按钮，可以进行水平翻转，如图7-151所示；单击按钮，可进行垂直翻转，如图7-152所示。

重置转换：单击该按钮，可以将样本源复位到其初始的大小和方向。

图7-151

图7-152

帧位移/锁定帧：在【帧位移】中输入帧数，可以使用与初始取样的帧相关的特定帧进行绘制。输入正值时，要使用的帧在初始取样的帧之后；输入负值时，要使用的帧在初始取样的帧之前；如果选择【锁定帧】，则总是使用初始取样的相同帧进行绘制。

显示叠加：选择【显示叠加】并指定叠加选项，可在使用仿制图章或修复画笔时更好地查看叠加以及下面的图像。其中，【不透明度】用来设置叠加图像的不透明度；选择【自动隐藏】，可在应用绘画描边时隐藏叠加；选择【已剪切】，可将叠加剪切到画笔大小；如果要设置叠加的外观，可以从【仿制源】面板底部的弹出菜单中选择一种混合模式；勾选【反相】，可反相叠加中的颜色。

7.4.2 仿制图章工具

图7-153所示的是【仿制图章工具】的选项栏，除【对齐】和【样本】外，其他选项均与【画笔工具】相同。

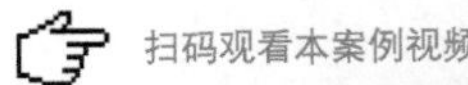

图7-153

【仿制图章工具】的重要功能和参数介绍

对齐：勾选该项，可以连续对像素进行取样；取消选择，则每单击一次鼠标，都使用初始取样点中的样本像素，因此，每次单击都被视为是另一次复制。

样本：用来选择从指定的图层中进行数据取样。如果要从当前图层及其下方的可见图层中取样，应选择【当前和下方图层】；如果仅从当前图层中取样，可选择【当前图层】；如果要从所有可见图层中取样，可选择【所有图层】；如果要从调整图层以外的所有可见图层中取样，可选择【所有图层】，然后单击选项右侧的忽略调整图层按钮。

切换仿制源面板：单击该按钮可以打开【仿制源】面板。

切换画笔面板：单击该按钮可以打开【画笔】面板。

随堂练习 用【仿制图章工具】抹去杂物

扫码观看本案例视频

- 实例位置 CH07>用仿制图章工具抹去杂物>用仿制图章工具抹去杂物.psd
- 素材位置 CH07>用仿制图章工具抹去杂物>1.jpg
- 实用指数 ★★★
- 技术掌握 学习使用【仿制图章工具】

01 打开学习资源中的“CH07>用仿制图章工具抹去杂物>1.jpg”文件，如图7-154所示，按组合键Ctrl+J复制【背景】图层，如图7-155所示。

Tips

在作图过程中应先复制一次保存原图像，以免意外保存造成原图不可逆的更改。

图7-154

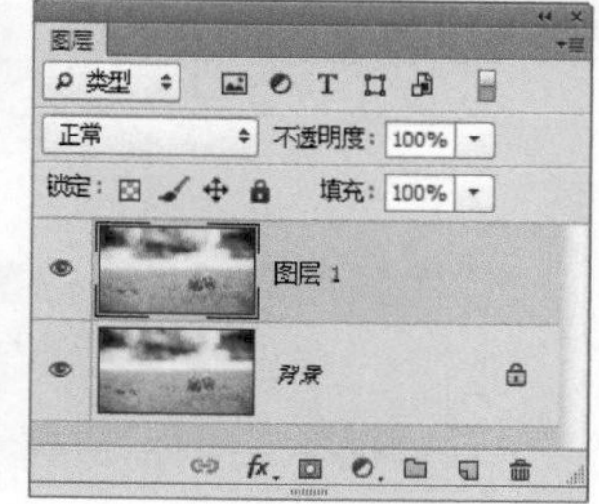

图7-155

02 选择【仿制图章工具】，然后在选项栏的【画笔预设】中设置参数【大小】为【200 像素】、【硬度】为0%，如图7-156所示。

03 将光标放置在图7-157所示的位置，然后按住Alt键单击进行取样，接着在球体上单击鼠标左键进行仿制，如图7-158所示。

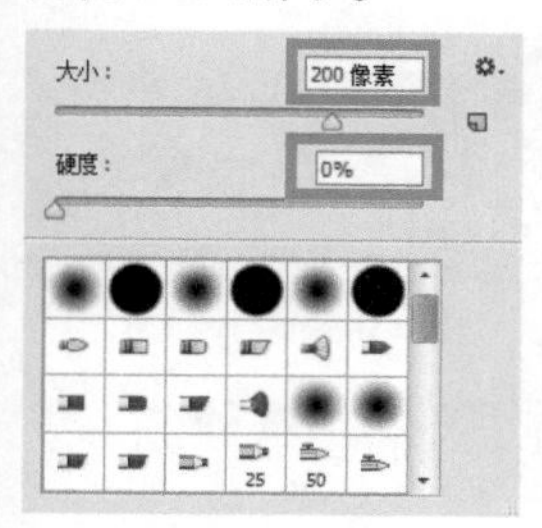

图7-156

图7-157

图7-158

04 将光标放置在图7-159所示的位置，然后按住Alt键单击进行取样，接着在剩下球体上进行仿制，如图7-160所示。

图7-159

图7-160

Tips

尽量选取同一水平位置的图像进行仿制，这样大小、光照、阴影等关系比较接近。

如果仿制的对象重复效果过于明显，如图7-161所示，可以从其他类似图案中截取部分进行涂抹，图7-162所示的是截取其他图案仿制后的图像。

图7-161

图7-162

7.4.3 图案图章工具

【图案图章工具】可以使用预设图案或载入的图案进行绘画，其选项栏如图7-163所示。

图7-163

【图案图章工具】的重要功能介绍

对齐：勾选该选项以后，可以保持图案与原始起点的的连续性，即使多次单击鼠标也不例外；关闭选择时，则每次单击鼠标都重新应用图案。

印象派效果：勾选该选项以后，可以模拟出印象派效果的图案。

7.4.4 污点修复画笔工具

使用【污点修复画笔工具】可以消除图像中的污点和某个对象，如图7-164和图7-165所示。【污点修复画笔工具】不需要设置取样点，因为它可以自动从所修饰区域的周围进行取样，其选项栏如图7-166所示。

图7-164

图7-165

图7-166

【污点修复画笔工具】的重要参数介绍

模式：用来设置修复图像时使用的混合模式。其中【替换】模式可以保留画笔描边的边缘处的杂色、胶片颗粒和纹理。

类型：用来设置修复的方法。【近似匹配】可以使用边缘周围的像素来查找用作选定区域修补的图像区域；【创建纹理】选项可以使用选区中的所有像素创建一个用于修复该区域的纹理；【内容识别】选项可以使用选区周围的像素进行修复。

随堂练习 用【污点修复画笔工具】去痣

扫码观看本案例视频

- 实例位置 CH07>用污点修复画笔工具去痣>用污点修复画笔工具去痣.psd
- 素材位置 CH07>用污点修复画笔工具去痣>1.jpg
- 实用指数 ★★
- 技术掌握 学习使用【污点修复画笔工具】

01 打开学习资源中的“CH07>用污点修复画笔工具去痣>1.jpg”文件，如图7-167所示。

图7-167

02 选择【污点修复画笔工具】，然后再按[键或]键调节笔尖大小至可以覆盖污点，如图7-168所示。接着在图像上单击污点，即可消除污点，如图7-169所示。

03 使用同样的方法消除其他污点，如图7-170所示。

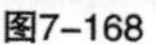
图7-168

图7-169

图7-170

7.4.5 修复画笔工具

【修复画笔工具】与仿制工具类似，它也利用图像或图案中的样本像素来绘画，但该工具可以从被修饰区域的周围取样，并将样本的纹理、光照、透明度和阴影等与所修饰的像素匹配，从而去除照片中的污点和划痕，修复的人工痕迹不明显。图7-171所示的是其选项栏。

图7-171

【修复画笔工具】的重要功能介绍

模式：在下拉列表中可以设置修复图像的混合模式。【替换】模式比较特殊，它可以保留画笔描边的边缘处的杂色、胶片颗粒和纹理，使修复效果更加真实。

源：设置用于修复的像素的来源。选择【取样】，可以直接从图像上取样，图7-172所示的是原图，图7-173所示的是修复效果；选择【图案】，则可在图案下拉列表中选择一个图案作为取样来源，如图7-174所示，图7-175所示的是其效果。

图7-172

图7-173

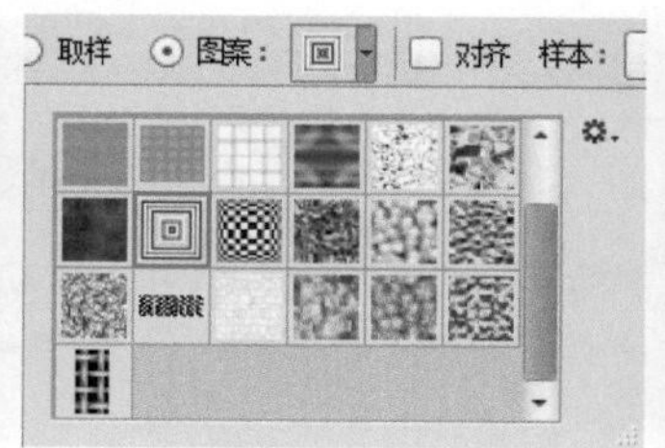

图7-174

图7-175

随堂练习 用【修复画笔工具】去除细纹

扫码观看本案例视频

- 实例位置 CH07>用修复画笔工具去除细纹>用修复画笔工具去除细纹.psd
- 素材位置 CH07>用修复画笔工具去除细纹>1.jpg
- 实用指数 ★★
- 技术掌握 学习使用【修复画笔工具】

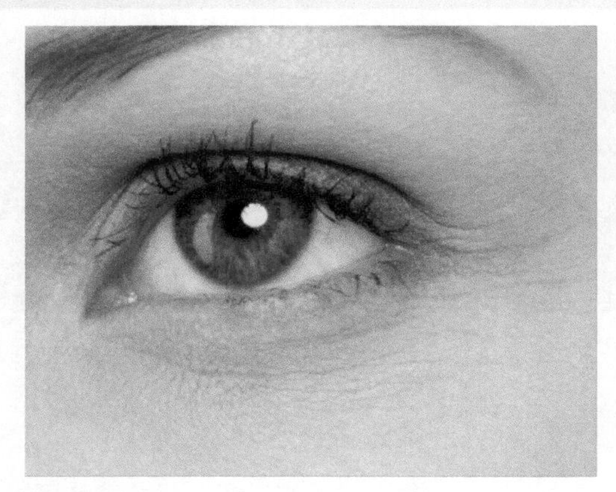

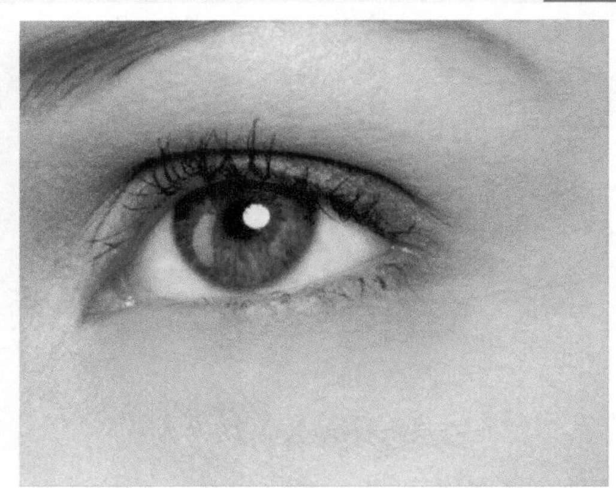

01 打开学习资源中的“CH07>用修复画笔工具去除细纹>1.jpg”文件，如图7-176所示。

02 选择【修复画笔工具】，然后在选项栏【画笔预设】设置参数【大小】为【25 像素】、【硬度】为0%，如图7-177所示。再设置【模式】为【替换】、【源】为【取样】，如图7-178所示。

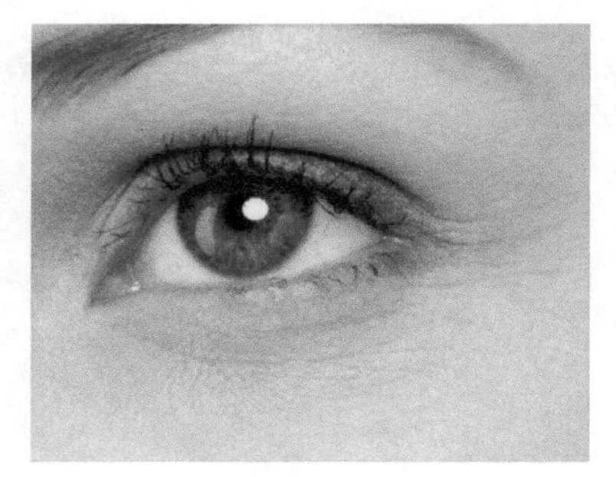

图7-176

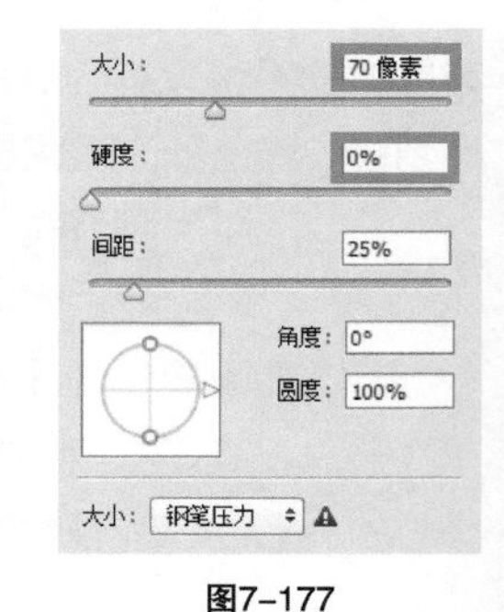

图7-177

图7-178

03 按住Alt键，然后将光标放在眼角附近肤色相近没有皱纹的皮肤上单击进行取样，如图7-179所示；接着松开Alt键，再在皱纹处单击并拖曳鼠标进行修复，如图7-180所示。

04 按住Alt键，然后将光标放在眼角附近肤色相近没有皱纹的皮肤上单击取样，如图7-181所示；接着修复鱼尾纹，如图7-182所示。

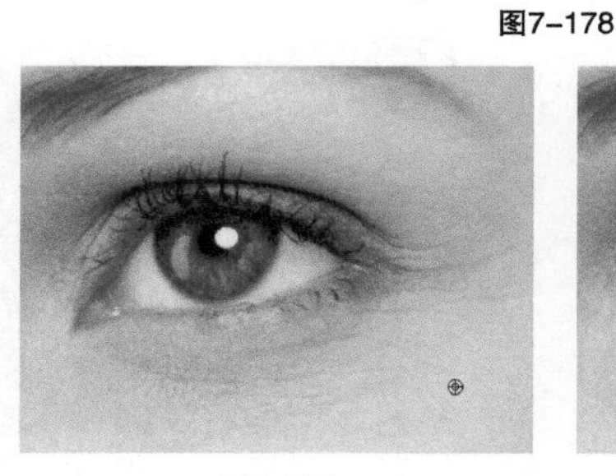

图7-179

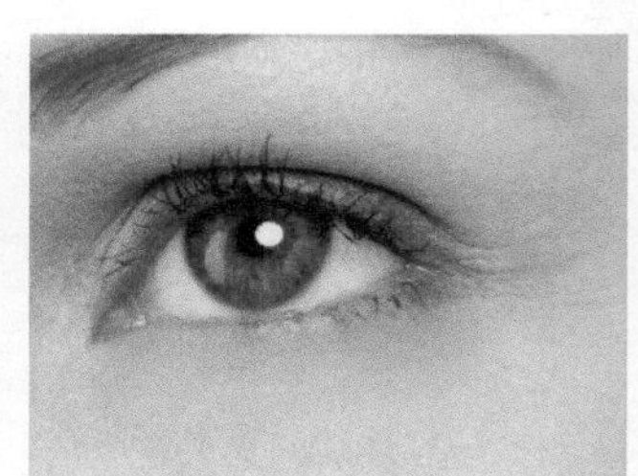

图7-180

05 按住Alt键，然后将光标放置在眼白上取样，修复眼中的血丝，如图7-183所示（修复过程中需配合多次取样和调整笔尖合适大小）。

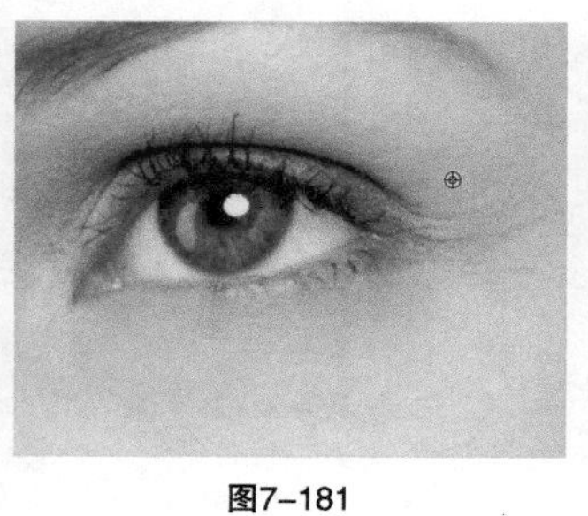

图7-181

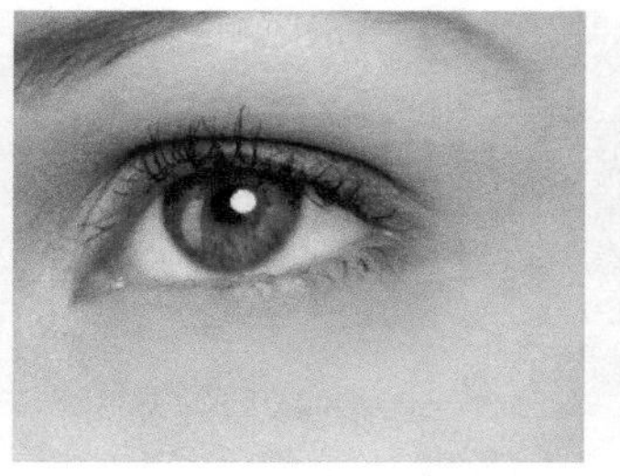

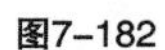

图7-182

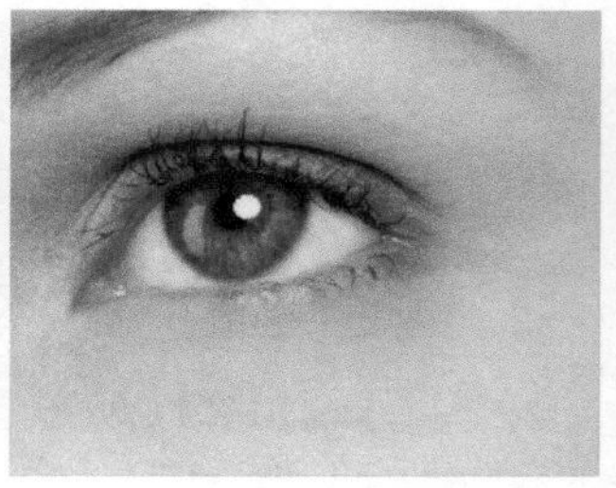

图7-183

7.4.6 修补工具

【修补工具】可以利用其他区域或图案中的像素来修复选中的区域，并将样本像素的纹理、光照或阴影与源像素进行匹配。该工具的特别之处就是需要用选区来定位修补范围。图7-184所示的是修补工具的选项栏。

图7-184

【修补工具】选项栏的重要功能和参数介绍

选区创建方式：单击【新选区】按钮，可以创建一个新的选区，如果图像中包含选区，则新选区会替换原有选区；单击【添加到选区】按钮，可以在当前选区的基础上添加新的选区；单击【从选区减去】按钮，可以从原选区中减去当前绘制的选区；单击【与选区交叉】按钮，可得到原选区与当前创建选区相交的部分。

修补：用来设置修补方式。选择【源】选项，将选区拖至要修补的区域后，会使用当前光标下方的图像修补选中的图像，如图7-185和图7-186所示；选择【目标】，则会将选中的图像复制到目标区域，如图7-187所示。

图7-185

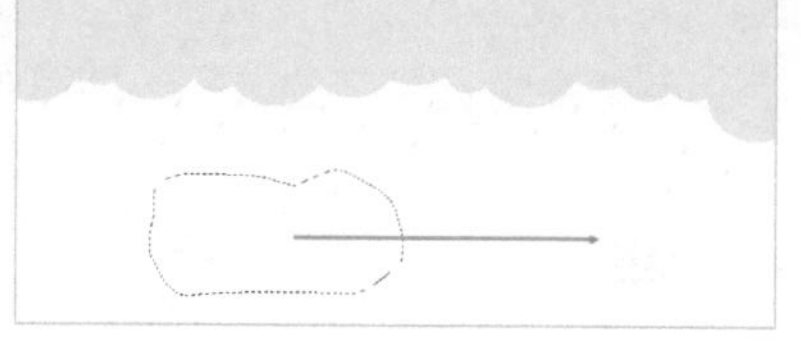

图7-186

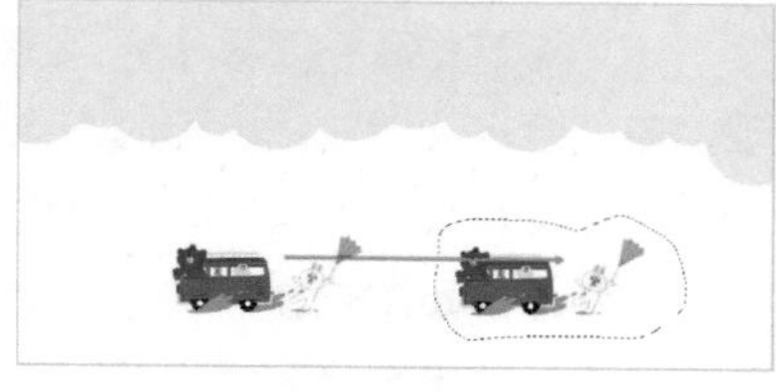

图7-187

透明：勾选该项后，可以使修补的图像与原图像产生透明的叠加效果。

使用图案：在图案下拉面板中选择一个图案，单击该按钮，可以使用图案修补选区内的图像。

随堂练习 用【修补工具】去除海鸥

扫码观看本案例视频

- 实例位置 CH07>用修补工具去除海鸥>用修补工具去除海鸥.psd
- 素材位置 CH07>用修补工具去除海鸥>1.jpg
- 实用指数 ★★
- 技术掌握 学习使用【修补工具】

01 打开学习资源中的“CH07>用修补工具去除海鸥>1.jpg”文件，如图7-188所示。

02 使用【修补工具】沿着海鸥轮廓绘制出选区，如图7-189所示。

图7-188

图7-189

03 将光标放置在选区内，然后按住鼠标左键将选区向左上拖曳，当选区内没有显示出海鸥时松开鼠标左键，如图7-190所示，效果如图7-191所示。

04 按组合键Ctrl+D取消选区，最终效果如图7-192所示。

图7-190

图7-191

图7-192

7.4.7 内容感知移动工具

【内容感知移动工具】是更加强大的修复工具，它可以选择和移动局部图像。当图案重新组合后，出现的空洞会自动填充相匹配的图像内容。不需要进行复杂的选择，即可产生出色的视觉效果。图7-193所示的是【内容感知移动工具】的选项栏。

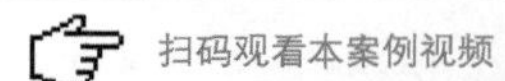

图7-193

【内容感知移动工具】的重要参数介绍

模式：用来选择图像的移动方式。

适应：用来设置图像修复精度。

对所有图层取样：如果文档中包含多个图层，勾选该选项，可以对所有图层中的图像进行取样。

随堂练习 用【内容感知移动工具】加工照片

扫码观看本案例视频

- 实例位置 CH07>用内容感知移动工具加工照片>用内容感知移动工具加工照片.psd
- 素材位置 CH07>用内容感知移动工具加工照片>1.jpg
- 实用指数 ★★★
- 技术掌握 学习使用【内容感知移动工具】

01 打开学习资源中的“CH07>用内容感知移动工具加工照片>1.jpg”文件，如图7-194所示。

02 选择【内容感知移动工具】，然后在选项栏设置参数【模式】为【移动】，如图7-195所示。接着在画面中沿着小鸭和影子绘制选区，如图7-196所示。

图7-194

图7-196

图7-195

03 将光标放在选区内，然后单击鼠标左键不放并向左侧拖曳，如图7-197所示，小鸭被移动到新的位置，如图7-198所示。

图7-197

图7-198

04 在选项栏设置参数【模式】为【扩展】，参数设置如图7-199所示。然后将光标放在选区内，再单击鼠标左键不放并向右侧拖曳，如图7-200所示。

图7-199

图7-200

7.4.8 红眼工具

【红眼工具】可以去除闪光灯导致的红色反光，以及动物照片中的白色或绿色反光，其选项栏如图7-201所示。

图7-201

【红颜工具】的重要参数介绍

瞳孔大小：用来设置瞳孔的大小，即眼睛暗色中心的大小。

变暗量：用来设置瞳孔的暗度。

随堂练习 用【红眼工具】去除照片红眼

- 实例位置 CH07>用红眼工具去除照片红眼>用红眼工具去除照片红眼.psd
- 素材位置 CH07>用红眼工具去除照片红眼>1.jpg
- 实用指数 ★★★
- 技术掌握 学习使用【红眼工具】

01 打开学习资源中的“CH07>用红眼工具去除照片红眼>1.jpg”文件，如图7-202所示。

02 选择【红眼工具】，然后在选项栏设置参数【瞳孔大小】为46%、【变暗量】为50%，参数设置如图7-203所示。

图7-202

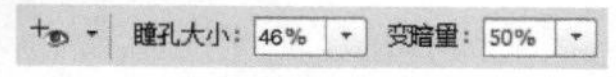

图7-203

03 按住鼠标左键在右眼绘制一个矩形区域，如图7-204所示，然后松开鼠标校正红眼，如图7-205所示。

04 将光标放在左眼的红眼区域中间，如图7-206所示，然后单击校正红眼，如图7-207所示。

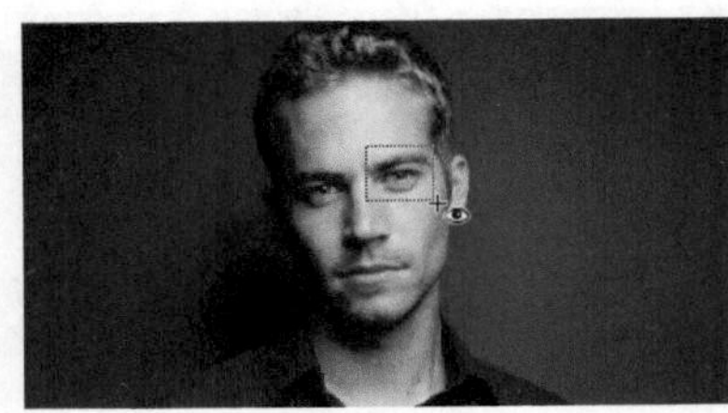

图7-204

图7-205

图7-206

图7-207

Tips

如果对结果不满意可以还原，设置不同的【瞳孔大小】和【变暗量】再次尝试。

7.4.9 历史记录画笔工具

【历史记录画笔工具】可以将图像恢复到编辑过程中的某一步骤的状态，或者将部分图像恢复为原样，该工具需要配合【历史记录】面板一同使用。该工具选项栏如图7-208所示。

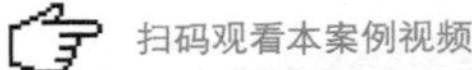
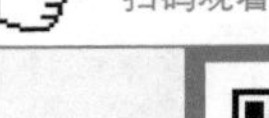

图7-208

随堂练习 用【历史记录画笔工具】为人像磨皮

扫码观看本案例视频

- 实例位置 CH07>用历史记录画笔工具为人像磨皮>用历史记录画笔工具为人像磨皮.psd
- 素材位置 CH07>用历史记录画笔工具为人像磨皮>1.jpg
- 实用指数 ★★
- 技术掌握 学习使用【历史记录画笔工具】

01 打开学习资源中的“CH07>用历史记录画笔工具为人像磨皮>1.jpg”文件，如图7-209所示。

图7-209

02 执行【滤镜】>【模糊】>【特殊模糊】菜单命令，然后在弹出的【特殊模糊】对话框中设置参数【半径】为5.0、【阈值】为20.0，参数设置如图7-210所示，接着单击【确定】按钮，效果如图7-211所示。

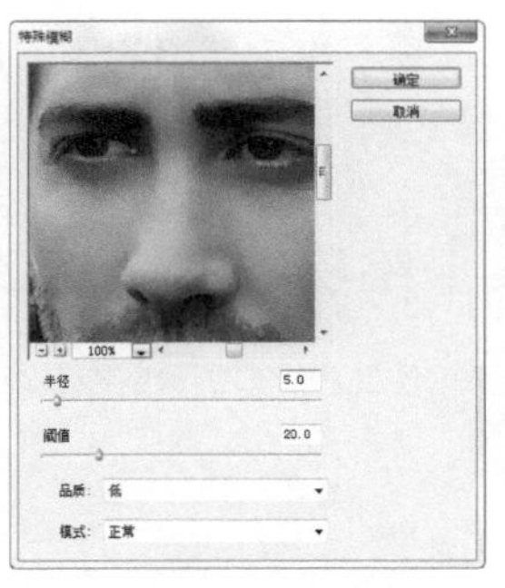

图7-210

图7-211

03 由于【特殊模糊】会将整个图都模糊，因此需要在【历史记录】面板中标记【特殊模糊】操作，如图7-212所示；然后单击【打开】操作，如图7-213所示。

图7-212

图7-213

04 在【历史记录画笔工具】的选项栏中选择柔边画笔，然后设置【不透明度】为50%、【流量】为50%，如图7-214所示。接着使用【历史记录画笔工具】对脸部进行涂抹，如图7-215所示（随时调节笔尖大小）。

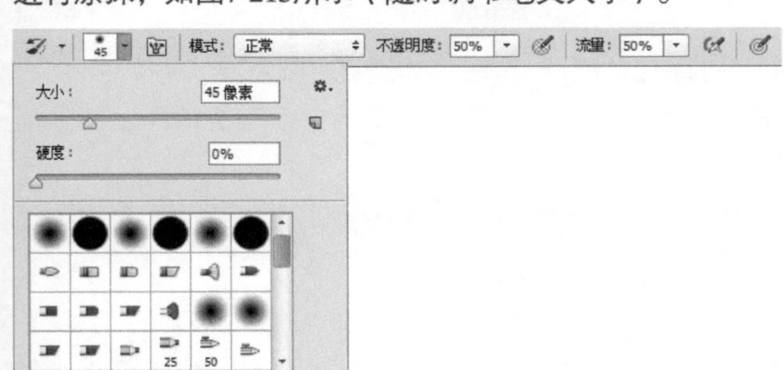

图7-214

图7-215

05 使用【历史记录画笔工具】继续涂抹脖子，完成后效果如图7-216所示（有毛发的地方，如胡子、头发、眉毛等不需要涂抹）。

图7-216

7.4.10 历史记录艺术画笔工具

【历史记录艺术画笔工具】与【历史记录画笔】的工作方式完全相同，但它在恢复图像的同时会进行艺术化处理，创建出独具特色的艺术效果。图7-217所示的是其选项栏。

图7-217

【历史记录艺术画布工具】的重要参数介绍

样式：可以选择一个选项来控制绘画描边的形状，包括【紧绷短】、【紧绷中】和【紧绷长】等。

区域：用来设置绘画描边所覆盖的区域。该值越高，覆盖的区域越广，描边的数量也越多。

容差：容差值用来限定可应用绘画描边的区域。低容差用于在图像中的任何地方绘制无数条描边，高容差将绘画描边限定在与源状态或快照中的颜色明显不同的区域。

随堂练习 用【历史记录艺术画笔工具】绘制特殊涂抹效果

- 实例位置 CH07>用历史记录艺术画笔工具绘制特殊涂抹效果>用历史记录艺术画笔工具绘制特殊涂抹效果.psd
- 素材位置 CH07>用历史记录艺术画笔工具绘制特殊涂抹效果>1.jpg
- 实用指数 ★
- 技术掌握 学习使用【历史记录艺术画笔工具】

01 打开学习资源中的“用历史记录艺术画笔工具绘制特殊涂抹效果”文件，如图7-218所示。

02 选择【历史记录艺术画笔工具】，然后在选项栏的【画笔预设】中选择【硬画布蜡笔】，再设置【样式】为【紧绷短】，如图7-219所示。

图7-218

图7-219

03 调整画笔【大小】为50像素，然后在背景区域绘制，如图7-220所示。

04 调整画笔【大小】为35像素，然后在风扇上进行绘制，如图7-221所示。

图7-220

图7-221

7.5 擦除工具

擦除工具用来擦除图像。Photoshop中包含3种擦除工具：橡皮擦、背景橡皮擦和魔术橡皮擦。后两种多用于抠图，而橡皮擦因为选项的不同，用途也不同。

7.5.1 橡皮擦工具

【橡皮擦工具】可以擦除图像。图7-222所示的是其选项栏。如果处理的是【背景】图层或锁定了透明区域的图层，涂抹区域会显示为背景色，如图7-223所示；如果在普通图层进行擦除，则擦除的图像会变成透明色，如图7-224所示。

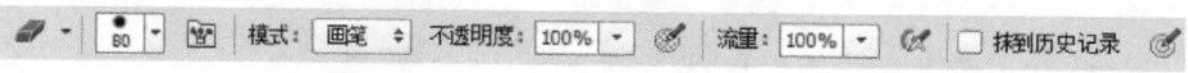

图7-222

图7-223

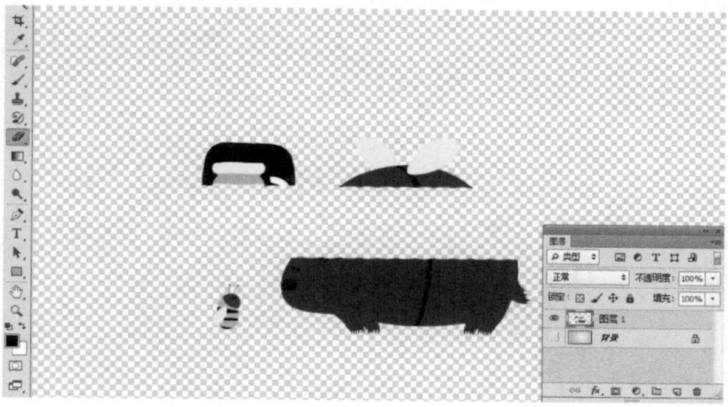

图7-224

【橡皮擦工具】的重要功能和参数介绍

模式：可以选择橡皮擦的种类。【画笔】可以创建柔边擦除效果，如图7-225所示；【铅笔】可以创建硬边擦除效果，如图7-226所示；【块】擦除的效果为块状，如图7-227所示。

图7-225

图7-226

图7-227

不透明度：用来设置工具的擦除强度。设置100%的不透明度，可以完全擦除像素；设置较低的不透明度，将部分擦除像素。将【模式】设置为【快】的时候不能使用该选项。

流量：用来控制工具的涂抹速度。

抹到历史记录：与【历史记录画笔工具】的作用相同。勾选该选项后，在【历史记录】面板选择一个状态或快照，在擦除时，可以将图像恢复为指定状态。

7.5.2 背景橡皮擦工具

【背景橡皮擦工具】是一种智能的橡皮擦。设置好背景色以后，使用该工具可以在涂抹背景的同时保留前对象的边缘，其选项栏如图7-228所示。

图7-228

【背景橡皮擦工具】的重要功能和参数介绍

取样：用来设置取样方式。单击【连续】按钮，在拖动鼠标时可连续对颜色取样，凡是出现在光标中心十字线内的图像都会被擦除，如图7-229所示；单击【一次】按钮，只擦除包含第一次单击点颜色的图像，如图7-230所示；单击【背景色板】按钮，只擦除包含背景色的图像，如图7-231所示。

图7-229

图7-230

图7-231

限制：定义擦除时的限制模式。选择【不连续】，可擦除出现在光标下任何位置的样本颜色；选择【连续】，只擦除包含样本颜色并且互相连接的区域；选择【查找边缘】，可擦除包含样本颜色的连接区域，同时更好地保留形状边缘的锐化程度。

容差：用来设置颜色的容差范围。设置低容差，可擦除与样本颜色非常相似的区域；设置高容差，可擦除范围更广的颜色。

保护前景色：勾选该项，可防止擦除与前景色匹配的区域。

随堂练习 用【背景橡皮擦工具】抠图

扫码观看本案例视频

- 实例位置 CH07>用背景橡皮擦工具抠图>用背景橡皮擦工具抠图.psd
- 素材位置 CH07>用背景橡皮擦工具抠图>1.jpg
- 实用指数 ★
- 技术掌握 学习使用【背景橡皮擦工具】

01 打开学习资源中的“CH07>用背景橡皮擦工具抠图>1.jpg”文件，如图7-232所示。

02 选择【背景橡皮擦工具】，然后在选项栏设置笔尖【硬度】为0%，单击【一次】按钮，再设置【限制】为【连续】、【容差】为50%，勾选【保护前景色】，如图7-233所示。

图7-232

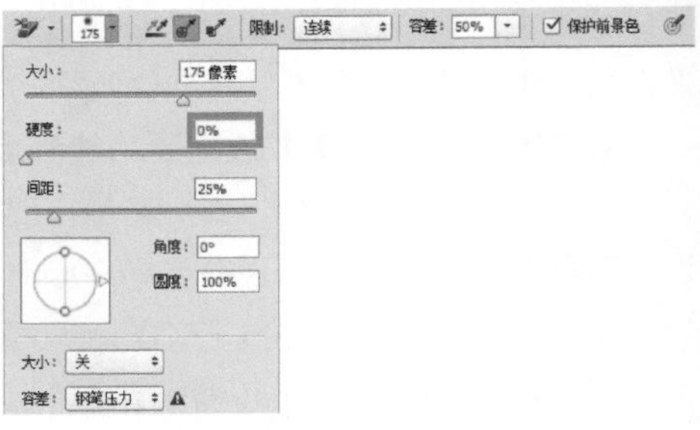

图7-233

03 将光标放在背景图像上，然后调整笔尖至合适大小，如图7-234所示，接着单击并拖曳鼠标，将左侧背景擦除，如图7-235所示。

图7-234

图7-235

04 按Alt键在小猫右脸上拾取颜色，如图7-236所示。然后缩小笔尖，单击并拖曳鼠标擦除右边的图像，如图7-237所示（右脸和背景图像比较接近，用大笔尖容易擦除图像）。

05 调整笔尖大小，然后擦除剩余的背景图像，如图7-238所示。

图7-236

图7-237

图7-238

06 单击【图层】面板【创建新图层】按钮，如图7-239所示；设置【前景色】为（R:198，G:135，B:46），然后按组合键Alt+Delete填充前景色，接着按组合键Ctrl+[调整图层顺序，如图7-240所示。此时可以看到图像还有一些背景色未被抠干净，如图7-241所示。

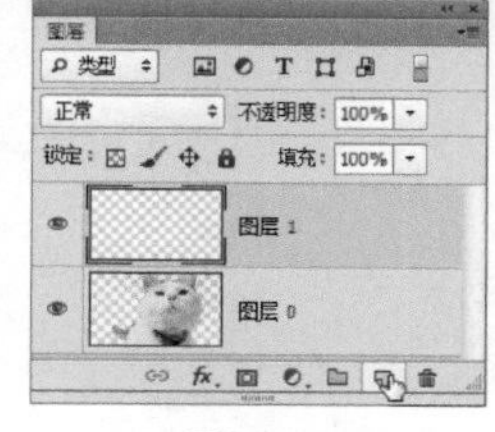

图7-239

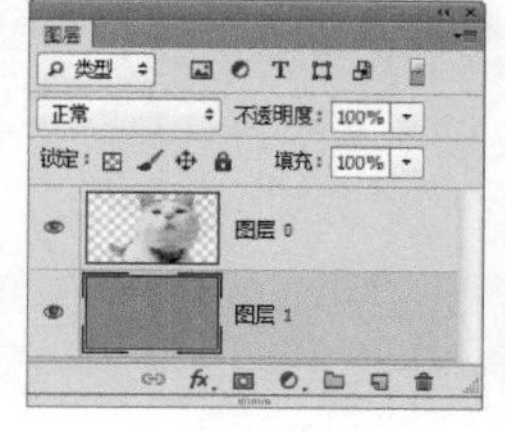

图7-240

图7-241

07 选择【图层 0】，然后在选项栏设置【限制】为【不连续】。接着放大图像，调整笔尖大小，仔细擦除小猫身上较为明显的残留背景图像，如图7-242所示（在擦除边缘细节的时候调小笔尖，配合按Alt键吸取颜色，可以保护被吸取的颜色不被擦除）。

08 背景上还残留一些背景图像使背景看起来很脏，然后使用【橡皮擦工具】，擦除背景上残留的的背景图像，最终效果如图7-243所示。

图7-242

图7-243

7.5.3 魔术橡皮擦工具

用【魔术橡皮擦工具】在图像中单击时，可以将所有相似的像素改为透明。如果是在【背景】图层或是锁定了透明区域的图层上使用该工具，被擦除的区域会变成背景色，其选项栏如图7-244所示。

【魔术橡皮擦工具】的重要功能介绍

图7-244

容差：用来设置可擦除的颜色范围。

消除锯齿：可以使擦除区域的边缘变得平滑。

连续：勾选该选项时，只擦除与单击点像素邻近的像素；关闭该选项时，可以擦除图像中所有相似的像素。

不透明度：用来设置擦除的强度。值为100%时，将完全擦除像素；设置较低的值，可以擦除部分像素。

随堂练习 用【魔术橡皮擦工具】快速抠图

扫码观看本案例视频

- 实例位置 CH07>用魔术橡皮擦工具快速抠图>用魔术橡皮擦工具快速抠图.psd
- 素材位置 CH07>用魔术橡皮擦工具快速抠图>1.jpg，2.jpg
- 实用指数 ★★★
- 技术掌握 学习使用【魔术橡皮擦工具】

01 打开学习资源中的“用魔术橡皮擦工具快速抠图”文件，如图7-245所示。然后按组合键Ctrl+J复制【背景】图层，如图7-246所示。

02 单击【背景】图层前面的眼睛图标将其隐藏，如图7-247所示。

图7-245

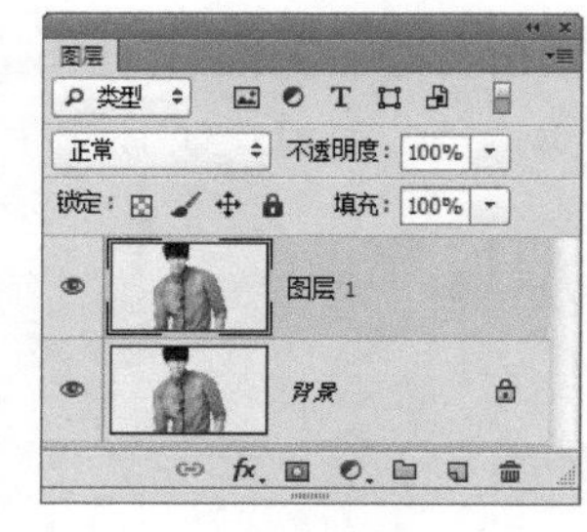

图7-246

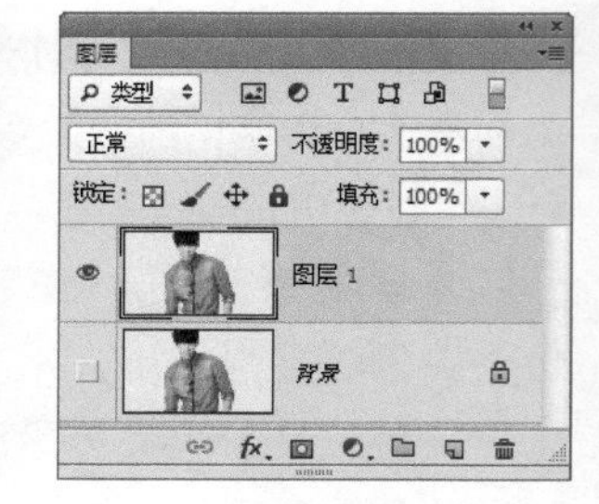

图7-247

03 选择【魔术橡皮擦工具】，然后在选项栏设置参数【容差】为20，取消勾选【连续】，如图7-248所示。在背景上单击鼠标左键，删除背景，观察图像看到，人物的面部也被删除了部分，如图7-249所示。

图7-248

图7-249

04 选择【背景】图层，然后单击【背景】图层前面的眼睛图标将其显示，如图7-250所示。接着使用【套索工具】选中缺失的图像，如图7-251所示。最后按组合键Ctrl+J复制选区的图层到一个新的图层中，如图7-252所示。

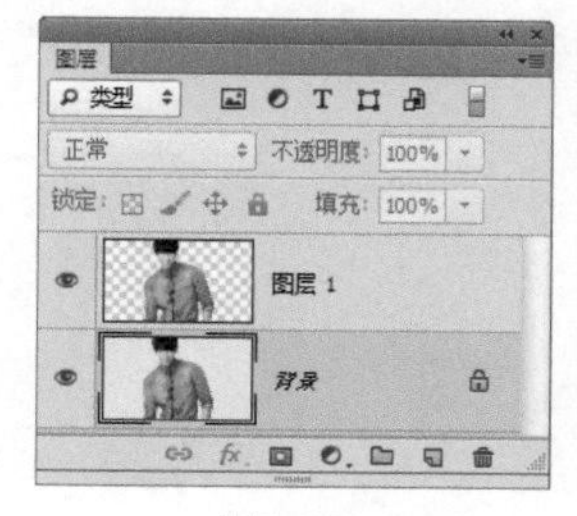

图7-250

图7-251

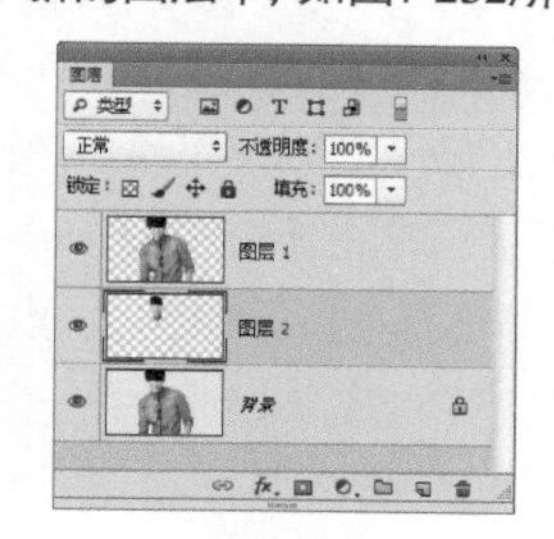

图7-252

05 按住Ctrl键同时选中【图层 1】和【图层 2】，如图7-253所示。然后按组合键Ctrl+E合并图层，如图7-254所示。

06 打开【2.jpg】文件，然后使用【移动工具】拖曳文档“2”的【背景】图层至文档“1”中，如图7-255所示。接着按组合键Ctrl+[后移图层，最终效果如图7-256所示。

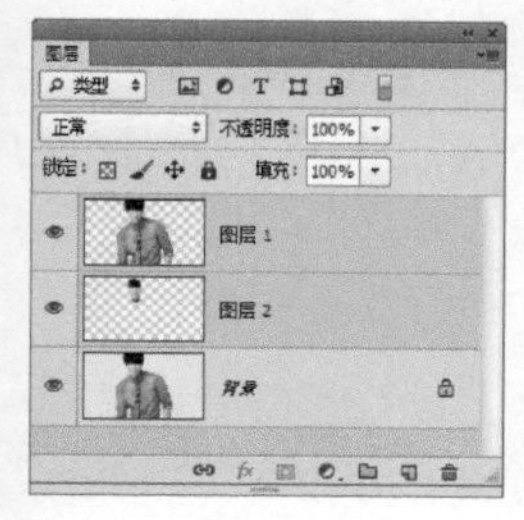

图7-253

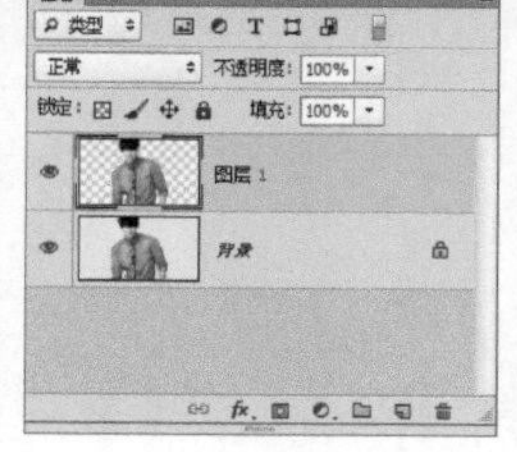

图7-254

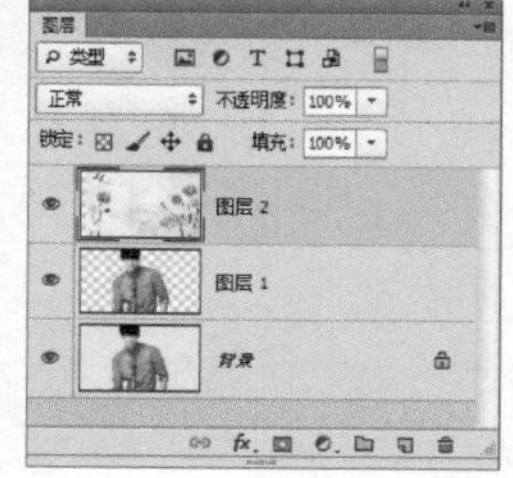

图7-255

图7-256

7.6 图像填充工具

图像填充工具主要用来为图像添加装饰效果。Photoshop有两种图像填充工具，分别是【渐变工具】和【油漆桶工具】。

7.6.1 渐变工具

【渐变工具】用来在整个文档或选区内填充渐变颜色。渐变在Photoshop中的应用非常广泛，它不仅可以填充图像，还能用来填充图层蒙版、快速蒙版和通道。此外，调整图层和填充图层也会用到渐变。其选项栏如图7-257所示。

【渐变工具】选项栏的重要功能和参数介绍

渐变颜色条：显示了当前的渐变颜色，单击右侧的按钮，可以打开【渐变】拾色器，如图7-258所示。如果直接单击渐变颜色条，则会弹出【渐变编辑器】对话框，在对话框中可以编辑渐变颜色，或者存储渐变，如图7-259所示。

图7-257

图7-258

图7-259

渐变类型：单击【线性渐变】按钮，可创建以直线从起点到终点的渐变，如图7-260所示；单击【径向渐变】按钮，可创建以圆形图案从起点到终点的渐变，如图7-261所示；单击【角度渐变按钮】，可创建围绕起点以逆时针扫描方式的渐变，如图7-262所示；单击【对称渐变】按钮，使用均衡的线性渐变在起点的任意一侧创建渐变，如图7-263所示；单击【菱形渐变】按钮，则会以菱形方式从起点向外渐变，终点定义菱形的一个角，如图7-264所示。

图7-260

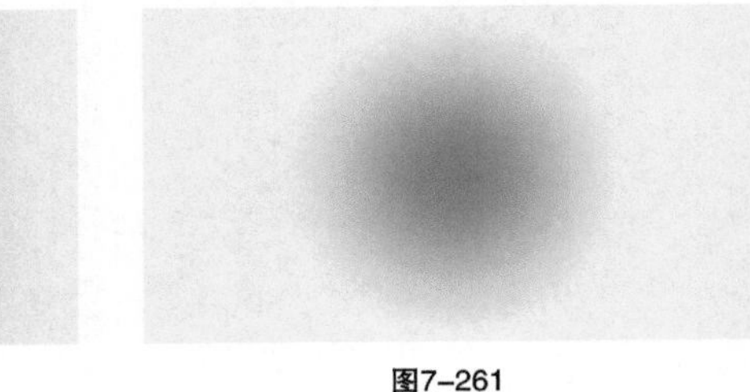
图7-261

图7-262

图7-263

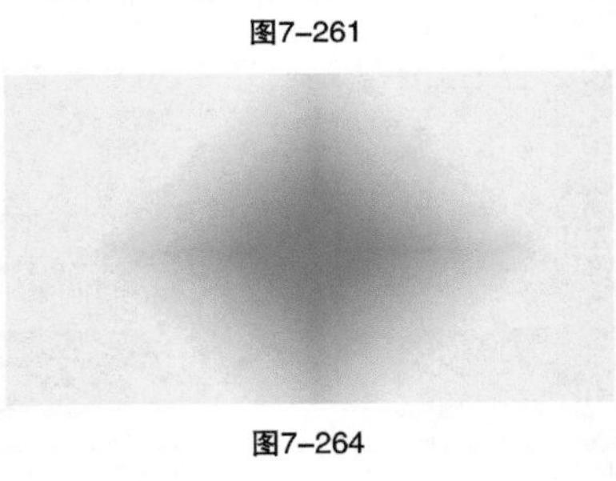
图7-264

模式：用来设置应用渐变时的混合模式。

不透明度：用来设置渐变效果的不透明度。

反向：转变渐变中的颜色顺序，得到相反的渐变效果。

仿色：勾选该项时，可以使渐变效果变得更加平滑。主要防止打印时出现条带化现象，在屏幕上不能明显体现出作用。

透明区域：勾选该项时，可以创建包含透明像素的渐变，如图7-265所示；取消勾选则所有透明区域将被实色填充，如图7-266所示。

图7-265

图7-266

随堂练习 用实色渐变制作水晶按钮

扫码观看本案例视频

- 实例位置 CH07>用实色渐变制作水晶按钮>用实色渐变制作水晶按钮.psd
- 实用指数 ★★
- 技术掌握 学习使用渐变工具

01 打开Photoshop，接着按组合键Ctrl+N，在弹出的【新建】对话框中设置参数【宽度】为16、【高度】为10、【背景内容】为【白色】，如图7-267所示；再单击【确定】按钮，如图7-268所示。

02 选择【渐变工具】，然后在选项栏中单击【线性渐变】按钮，再单击【渐变颜色条】，如图7-269所示，打开【渐变编辑器】对话框，如图7-270所示。

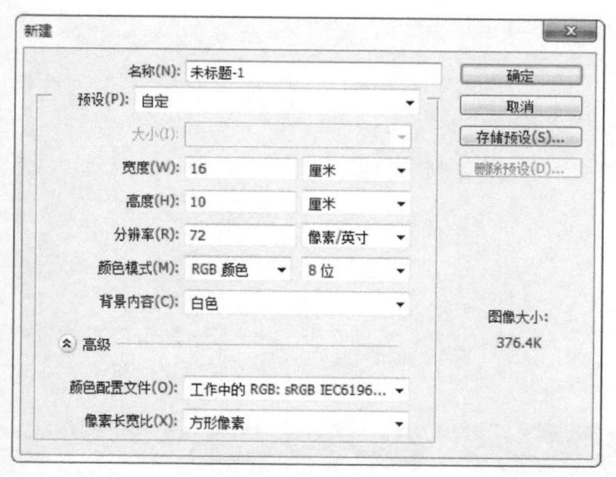

图7-267

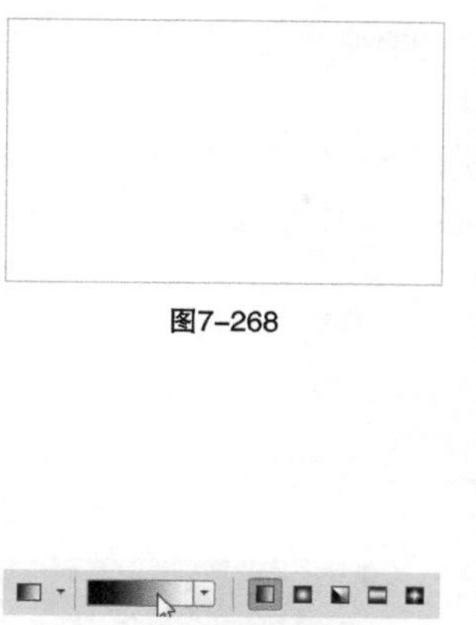

图7-268

图7-269

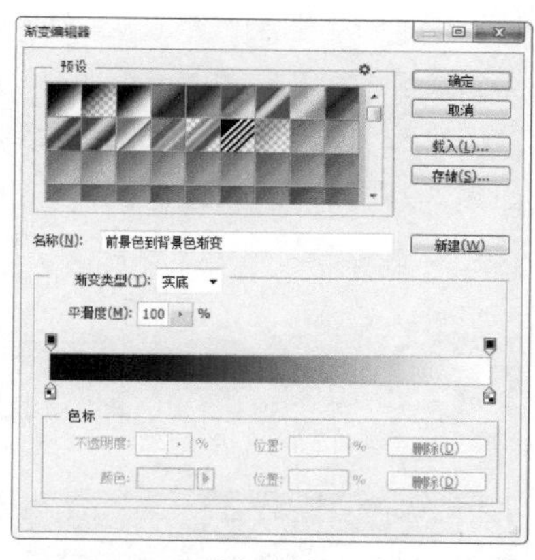

图7-270

03 双击第1个色标，如图7-271所示；然后在弹出的【拾色器】中设置颜色为（R:176，G:222，B:241），如图7-272所示，再单击【确定】按钮回到【渐变编辑器】。

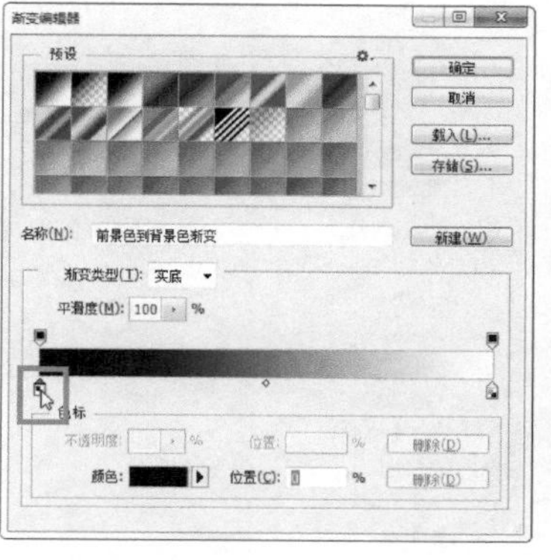

图7-271

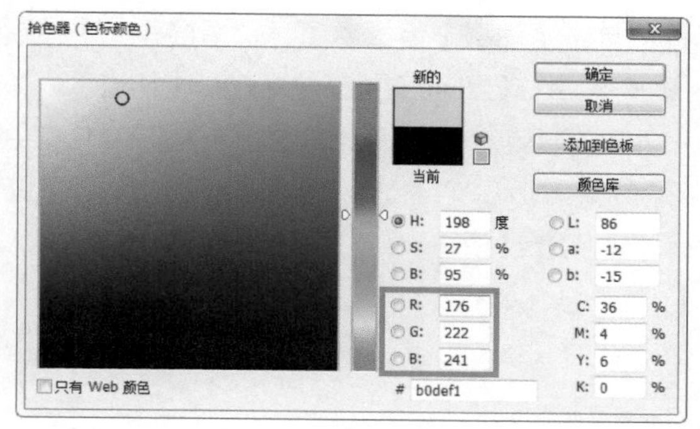

图7-272

04 在渐变颜色条底部边缘上单击鼠标左键，添加一个色标，如图7-273所示；然后设置颜色为（R:15，G:70，B:91），如图7-274所示。接着设置第3个色标颜色为（R:224，G:240，B:250），如图7-275所示，最后单击【确定】按钮完成渐变编辑。

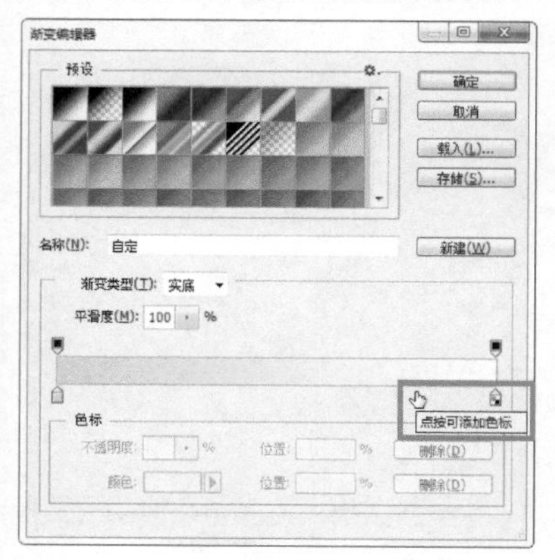

图7-273

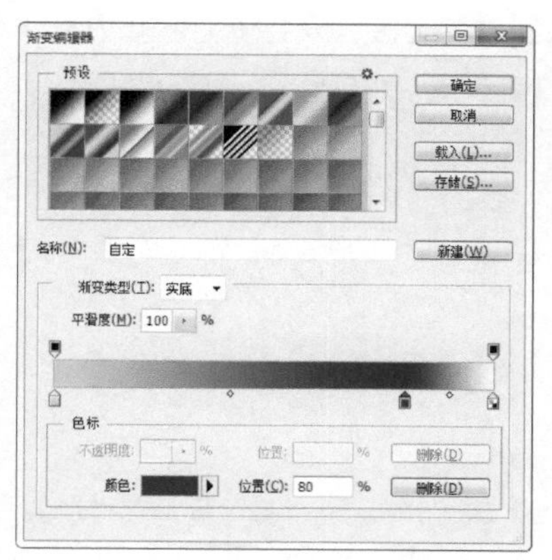

图7-274

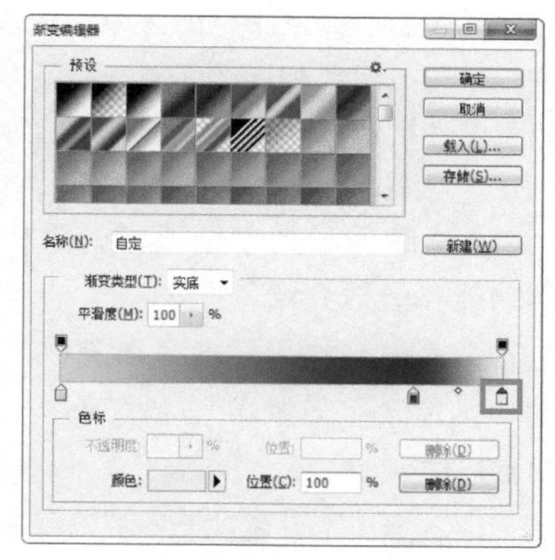

图7-275

05 新建一个图层，然后选择【圆角矩形工具】，再在选项栏设置参数【填充】为【黑色】、【描边】为【无描边】、【半径】为【50像素】，参数设置如图7-276所示。接着在画布中绘制一个圆角矩形，如图7-277所示。

图7-276

图7-277

06 新建一个图层，如图7-278所示。然后按住Ctrl键单击【圆角矩形 1】缩览图，得到选区，如图7-279所示。

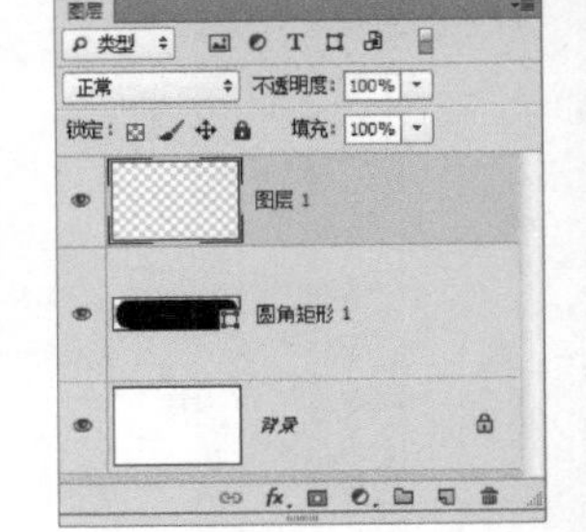

图7-278

07 选择【渐变工具】，然后按住Shift键从选区下边缘向上边缘拉出渐变，如图7-280所示，效果如图7-281所示，接着按组合键Ctrl+D取消选择（如果相反，查看是否勾选了【反向】）。

Tips

按住Shift拉出的渐变呈垂直、水平或45°。

图7-279

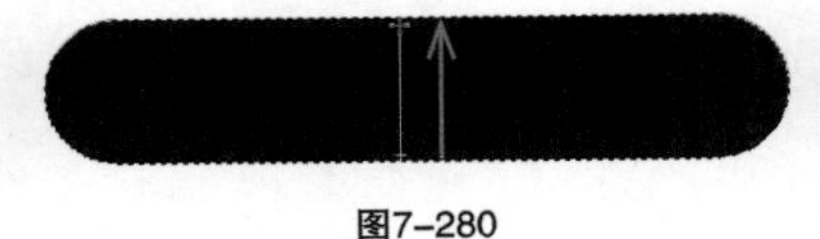

图7-280

图7-281

08 单击【图层】面板中【添加图层样式】按钮，然后在打开的下拉菜单中选择【描边】，如图7-282所示。接着在弹出的【图层样式】对话框中设置【大小】为1，再勾选【投影】，如图7-283所示，最后单击【确定】按钮，最终效果如图7-284所示。

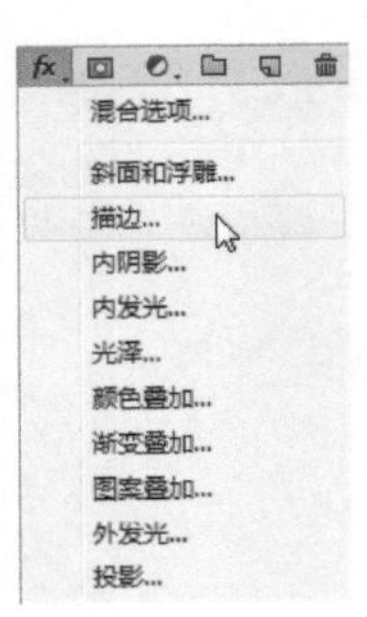

图7-282

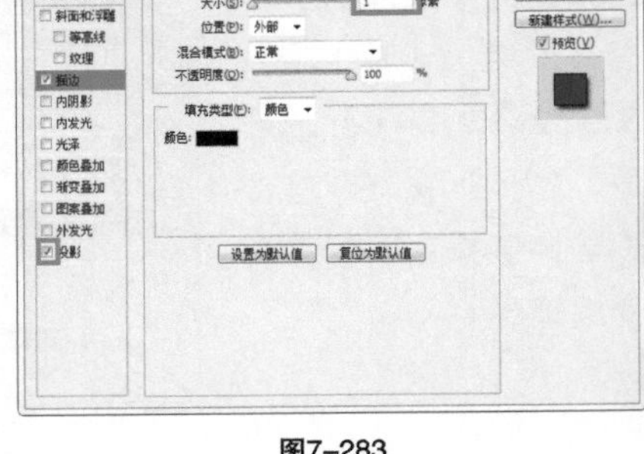

图7-283

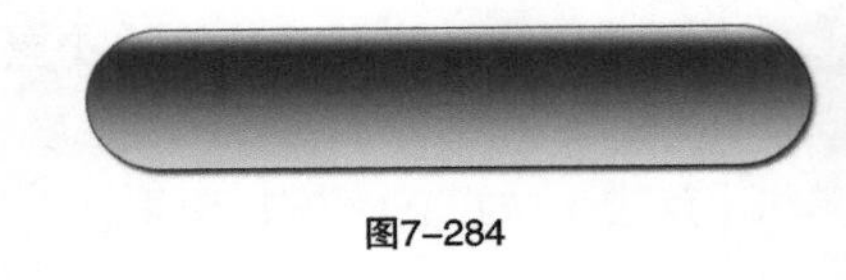

图7-284

7.6.2 油漆桶工具

【油漆桶工具】可以在图像中填充前景色或图案，填充画布中与鼠标单击点颜色相近的区域，如果创建了选区，只会填充区域内与鼠标单击点颜色相近的区域，如图7-285和图7-286所示，图7-287所示的是其选项栏。

图7-285

图7-286

【油漆桶工具】选项栏的重要功能和参数介绍

填充内容：用于选择填充的模式，包含【前景】和【图案】两种模式。

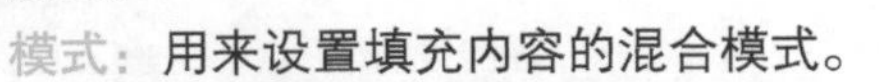

模式：用来设置填充内容的混合模式。

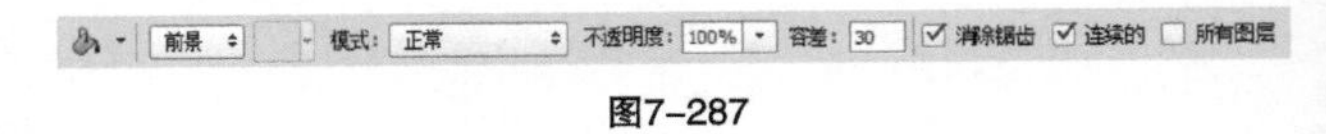

图7-287

不透明度：用来设置填充内容的不透明度。

容差：用来定义必须填充的像素的颜色相似程度。设置低容差，会填充颜色值范围内与单击点像素非常像素的像素；设置高容差，则填充更大范围内的像素。

消除锯齿：可以平滑填充选区的边缘。

连续的：勾选该选项时，只填充与鼠标点相邻的像素；取消勾选时，可填充图像中所有类似的像素。

随堂练习 用【油漆桶工具】为卡通填色

- 实例位置 CH07>用油漆桶工具为卡通填色>用油漆桶工具为卡通填色.psd
- 素材位置 CH07>用油漆桶工具为卡通填色>1.jpg
- 实用指数 ★
- 技术掌握 学习使用【油漆桶工具】

01 打开学习资源中的“CH07>用油漆桶工具为卡通填色>1.jpg”文件，如图7-288所示。

图7-288

02 选择【油漆桶工具】，然后在选项栏设置参数【填充】为【前景】、【容差】为30，勾选【连续的】，参数设置如图7-289所示。接着设置【前景色】为（R:102，G:203，B:255），再在图7-290所示的区域单击，填充前景色。

03 调整设置【前景色】为（R:254，G:193，B:225），然后在图7-291所示的区域单击，为其填充颜色。

图7-289

图7-290

图7-291

04 选择【画笔工具】，然后在选项栏中【画笔预设】设置参数【画笔大小】为【30 像素】、【硬度】为100%，参数设置如图7-292所示；接着为小兔绘制脸部红晕，如图7-293所示。

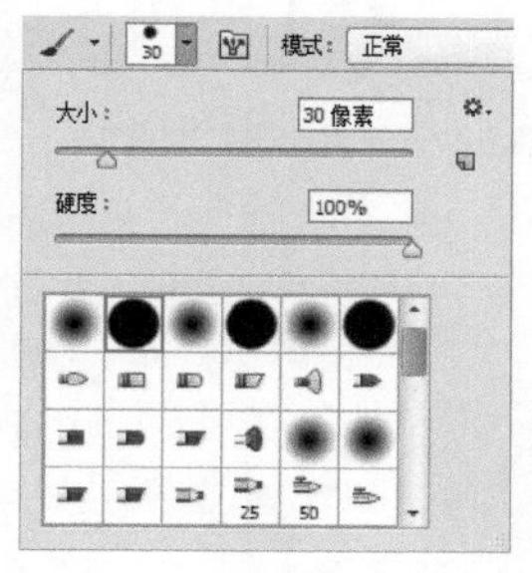

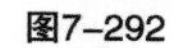

图7-292

图7-293

7.7 修饰工具

模糊、锐化、涂抹、减淡、加深和海绵等工具可以对照片进行润湿，改善图像的细节、色调、曝光，以及色彩的饱和度。这些工具适用于小范围、局部图像。

7.7.1 【模糊工具】与【锐化工具】

【模糊工具】可用于柔化硬边缘或减少图像中的细节；【锐化工具】可以用于增强相邻像素之间的对比，提高图像的清晰度。选择这两个工具以后，在图像中单击并拖动鼠标即可进行处理。例如，图7-294所示的是原图，使用【模糊工具】处理背景使其变虚，可以创建景深效果，如图7-295所示；使用【锐化工具】在前景涂抹，可以使用前景图像更加清晰，如图7-296所示。

图7-294

图7-295

图7-296

使用【模糊工具】时，如果反复涂抹图像上的同一区域，会使该区域变得更加模糊；使用【锐化工具】反复涂抹同一区域，则会造成图像失真。这两个工具的选项栏基本相同，如图7-297所示，【模糊工具】没有【保护细节】选项。

600 模式：正常 强度：80% 对所有图层取样 保护细节

图7-297

【模糊工具】和【锐化工具】选项栏的重要功能和参数介绍

画笔：可以选择一个笔尖，模糊或锐化区域的大小取决于画笔的大小。单击按钮，打开【画笔】面板。

模式：用来设置涂抹效果的混合模式。

强度：用来设置工具的修改强度。

对所有图层取样：如果文档中包含多个图层，勾选该选项，表示使用所有可见图层中的数据进行处理；取消勾选，则只处理当前图层中的数据。

保护细节：勾选该选项，可以增强细节，弱化不自然干。如果要产生更夸张的弱化效果，应取消选择此选项。

Tips

模糊和锐化工具适合处理小范围内的图像细节，如果要对整幅图像进行处理，或想更好地进行调节，最好使用【模糊】和【锐化】滤镜。

随堂练习 用【模糊工具】和【锐化工具】突出主体

扫码观看本案例视频

- 实例位置 CH07>用模糊工具和锐化工具突出主体>用模糊工具和锐化工具突出主体.psd
- 素材位置 CH07>用模糊工具和锐化工具突出主体>1.jpg
- 实用指数 ★★★
- 技术掌握 学习使用【模糊工具】和【锐化工具】

01 打开学习资源中的“CH07>用模糊工具和锐化工具突出主体>1.jpg”文件，如图7-298所示，然后按组合键Ctrl+J复制图层。

02 选择【模糊工具】，然后在选项栏中设置参数【大小】为【500像素】、【硬度】为【50%】、【强度】为80%，如图7-299所示。接着在画布四周区域进行涂抹，如图7-300所示。

图7-298

图7-299

图7-300

03 在选项栏设置【强度】为60%，缩小笔尖大小，然后在主体的周围区域进行涂抹，如图7-301所示。

04 选择【锐化工具】，然后调整合适笔尖大小，选择同样的【硬度】，设置【强度】为80%，接着在主体上涂抹，最终效果如图7-302所示。

图7-301

图7-302

7.7.2 涂抹工具

使用【涂抹工具】涂抹图像时，可拾取鼠标单击点的颜色，并沿拖移的方向展开这种颜色，模拟出类似手指拖过湿油漆时的效果，如图7-303和图7-304所示。图7-305所示的是【涂抹工具】的选项栏。

图7-303

图7-304

图7-305

7.7.3 【减淡工具】与【加深工具】

在调节照片特定区域曝光度的摄影技术中，摄影师通过遮挡光线以使照片中的某个区域变亮（减淡），或增加曝光度使照片中的区域变暗（加深）。Photoshop中的【减淡工具】和【加深工具】正是基于这种技术，可用于处理照片的曝光。这两个工具的选项栏是一样的，如图7-306所示。

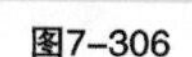
图7-306

【减淡工具】与【加深工具】的重要功能和参数介绍

范围：可以选择要修改的色调。选择【阴影】，可以处理图像中的暗色调；选择【中间调】，可以处理图像的中间调（灰色的中间范围色调）；选择【高光】，则处理图像的亮部色调。

图7-307所示的是原图，图7-308所示的是减淡阴影的效果，图7-309所示的是减淡中间调的效果，图7-310所示的是减淡高光的效果。

图7-307

图7-308

图7-309

图7-310

图7-311所示的是加深阴影的效果，图7-312所示的是加深中间调的效果，图7-313所示的是加深高光的效果。

图7-311

图7-312

图7-313

曝光度：可以为【减淡工具】或【加深工具】指定曝光。该值越高，效果越明显。

喷枪：单击该按钮，可以为画笔开启喷枪功能。

保护色调：可以减少对图像色调的影响，还能防止色偏。

7.7.4 海绵工具

【海绵工具】可以用于修改色彩的饱和度。选择该工具后，在画面单击并拖动鼠标涂抹即可进行处理。图7-314所示的是其选项栏。

模式：饱和 流量：50% 自然饱和度

图7-314

【海绵工具】选项栏的重要功能和参数介绍

模式：图7-315所示的是原图，选择【降低饱和度】涂抹时，可以降低色彩的饱和度，如图7-316所示；选择【饱和】涂抹时，可以增加色彩的饱和度，如图7-317所示。

图7-315

图7-316

图7-317

流量：该值越高，修改强度越大。

自然饱和度：勾选后，在进行增加饱和度的操作时，可以避免出现溢色。

CHAPTER

08 图像颜色与色调调整

图像颜色与色调的调整是处理图片的基础知识，同时也是一张图片能否处理好的关键环节。本章将重点介绍色彩的相关知识以及各种调色的命令，色彩对于设计来说是非常重要的内容，有一个好的色彩搭配是作品成功的关键，希望读者能认真学习本章知识。

* 了解调整命令的相关知识
* 掌握快速调整图像颜色与色调的命令
* 掌握调整图像颜色与色调的命令
* 掌握匹配/替换/混合颜色的命令
* 了解特殊色调调整的命令
* 了解色域与溢色

8.1 Photoshop调整命令概览

在一张图像中，色彩不仅是真实地记录下物体，还能够带给人们不同的心理感受。创造性地使用色彩，可以营造各种独特的氛围和意境，使图像更具表现力。Photoshop提供了大量色彩和色调调整工具，可用于处理图像和数码照片。下面就来介绍这些工具的使用方法。

8.1.1 调整命令的分类

Photoshop的【图像】菜单中包含用于调整图像色调和颜色的各种命令，如图8-1所示。这其中，一部分常用的命令也通过【调整】面板提供给了用户，如图8-2所示。这些命令主要分为以下4种类型。

图8-1

图8-2

调整面板各个命令功能介绍

调整颜色和色调的命令：【色阶】和【曲线】命令可以用于调整颜色和色调，它们是最重要、最强大的调整命令；【色相/饱和度】和【自然饱和度】命令用于调整色彩；【阴影/高光】和【曝光度】命令只能用于调整色调。

匹配、替换和混合颜色的命令：【匹配颜色】、【替换颜色】、【通道混合器】和【可选颜色】命令可以用于匹配多个图像之间的颜色，替换指定的颜色或者对颜色通道做出调整。

快速调整命令：【自动色调】、【自动对比度】和【自动颜色】命令能够用于自动调整图片的颜色和色调，可以进行简单的调整，适合初学者使用；【照片滤镜】、【色彩平衡】和【变化】是用于调整色彩的命令，使用方法简单且直观；【亮度/对比度】和【色调均化】命令用于调整色调。

应用特殊颜色调整的命令：【反向】、【阈值】、【色调分离】和【渐变映射】是特殊的颜色调整命令，它们可以用于将图片转换为负片效果、简化为黑白图像、分离色彩或者用渐变颜色转换图片中原有的颜色。

8.1.2 调整命令的两种方法

Photoshop的调整命令可以通过两种方式来使用，第一是直接用【图像】>【调整】中的命令来处理图像，第二种是在之前【图层的分解】章节讲到的调整图层。这两种方式可以达到相同的调整结果。它们的不同之处在于：【图像】菜单中的命令会修改图像的像素数据，而调整图层则不会修改像素，它是一种非破坏性的调整功能。

8.2 快速调整颜色与色调的命令

在【图像】菜单下，有一部分命令可以快速调整图像的颜色和色调，这些命令包含【自动色调】、【自动对比度】、【自动颜色】、【亮度/对比度】、【色彩平衡】、【自然饱和度】、【照片滤镜】、【变化】、【去色】，可以自动对图像的颜色和色调进行简单的调整，适合对于各种调色工具不太熟悉的初学者使用。

8.2.1 【自动调色】命令

【自动调色】命令可以用于自动调整图像中的黑场和白场，将每个颜色通道中最亮和最暗的像素映射到纯白和纯黑，中间像素值按比例重新分布，从而增强图像的对比度。

打开一张发灰的照片，如图8-3所示，执行【图像】>【自动色调】菜单命令，会自动调整图像，使色调变得清晰，如图8-4所示。

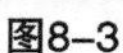
图8–3

图8–4

8.2.2 【自动对比度】命令

【自动对比度】命令可以用于自动调整图像的对比度，使高光看上去更亮，阴影看上去更暗。图8-5所示的是一张色调有些发白的照片，执行【图像】>【自动对比度】命令，效果如图8-6所示。

图8–5

图8–6

Tips

【自动对比度】命令不会单独调整通道，它只调整色调，而不会改变平衡，因此也就不会产生色偏，但也不能用于消除色偏。该命令可以改进彩色图像的外观，但无法改善单色图像。

8.2.3 【自动颜色】命令

【自动颜色】命令可以用于通过搜索图像来标识阴影、中间调和高光，从而调整图像的对比度和颜色。该命令可以用来校正出现色偏的照片。例如，图8-7所示的照片颜色偏黄，执行【图像】>【自动颜色】菜单命令，即可校正颜色，如图8-8所示。

图8–7

图8–8

8.2.4 【亮度/对比度】命令

【亮度/对比度】命令可以用于调整图像的色调范围。它的使用方法非常简单，对于暂时还不能灵活使用【色阶】和【曲线】的用户，需要调整色调与饱和度时，可以用过该命令来操作。打开一张照片，如图8-9所示；执行【图像】>【调整】>【亮度/对比度】菜单命令，打开【亮度/对比度】对话框，如图8-10所示；向左拖曳滑块可降低亮度和对比度，如图8-11所示；向右拖曳滑块可增加亮度和对比度，如图8-12所示。

图8–9

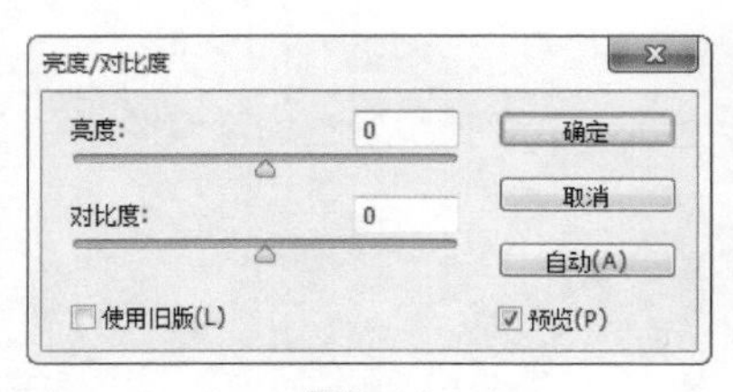

图8-10

图8-11

图8-12

【亮度/对比度】的重要功能介绍

亮度：用来设置图像的整体亮度。数值为负值时，降低图像的亮度；数值为正值时，提高图像的亮度。

对比度：用来设置图像亮度对比的强烈程度。

预览：勾选后，在对话框中调节参数时，可以在文档窗口中观察到图像的变化。

使用旧版：勾选后，可以使用之前版本的调整效果。

8.2.5 色彩平衡

对于普通的色彩校正，【色彩平衡】命令可以更改图像的总体颜色的混合程度。打开一张图像，如图8-13所示；然后执行【图像】>【调整】>【色彩平滑】菜单命令，或按组合键Ctrl+B，打开【色彩平衡】对话框，如图8-14所示。

在对话框中，相互对应的两个颜色互为补色，提高某种颜色的比重时，位于另一侧的补色的颜色就会减少。

图8-13

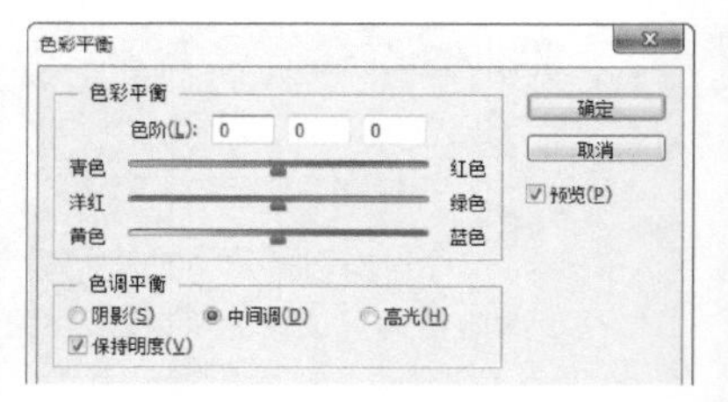

图8-14

【色彩平衡】的重要参数介绍

色彩平衡：在【色阶】文本框中输入数值，或拖曳滑块可以向图像中增加或减少颜色。例如，如果将最上面的滑块移向【青色】，可在图像中增加青色，同时减少其补色红色，如图8-15所示；将滑块移向【红色】，则减少青色，增加红色，如图8-16所示。图8-17~图8-20所示的是调整不同滑块对图像产生的影响。

图8-15

图8-16

图8-17

图8-18

图8-19

图8-20

随堂练习 用【色彩平衡】调整色偏

扫码观看本案例视频

- 实例位置 CH08>用色彩平衡调整色偏>用色彩平衡调整色偏.psd
- 素材位置 CH08>用色彩平衡调整色偏>1.jpg
- 实用指数 ★★★
- 技术掌握 学习使用【色彩平衡】

01 打开学习资源中的“CH08>用色彩平衡调整色偏>1.jpg”文件，可以观察到图像颜色比较灰暗且偏绿，如图8-21所示。

02 执行【图层】>【新建调整图层】>【亮度/对比度】菜单命令，创建一个【亮度/对比度】调整图层，如图8-22所示。然后在【属性】面板设置【亮度】为40，如图8-23所示，效果如图8-24所示。

图8-21

图8-22

图8-23

图8-24

03 执行【图层】>【新建调整图层】>【色彩平衡】菜单命令，创建一个【色彩平衡】调整图层。然后在【属性】面板设置参数【洋红-绿色】为-52、【黄色-蓝色】为+55，如图8-25所示，效果如图8-26所示。

图8-25

图8-26

8.2.6 自然饱和度

使用【自然饱和度】命令可以快速调整图像的饱和度，并且可以在增加饱和度的同时有效地防止颜色过于饱和而出现溢色现象。打开一张图像，然后执行【图像】>【调整】>【自然饱和度】菜单命令，打开【自然饱和度】对话框，如图8-27所示。

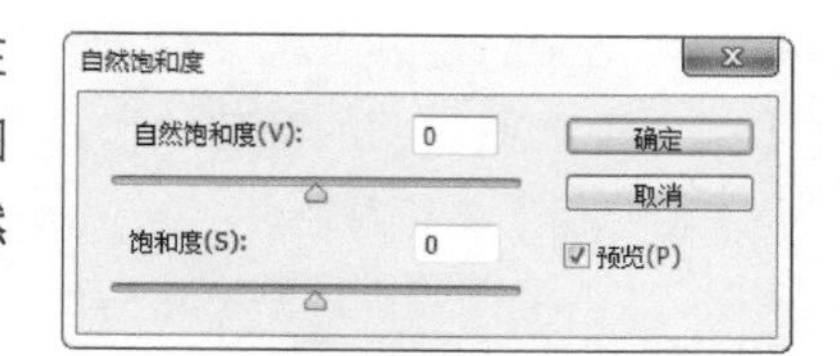

图8-27

【自然饱和度】对话框的重要参数介绍

自然饱和度：向左拖曳滑块，可以降低颜色的饱和度；向右拖曳滑块，可以增加颜色的饱和度。

饱和度：向左拖曳滑块，可以降低所有颜色的饱和度；向右拖曳滑块，可以增加所有颜色的饱和度。

随堂练习 用【自然饱和度】调整照片

扫码观看本案例视频

- 实例位置 CH08>用自然饱和度调整照片>用自然饱和度调整照片.psd
- 素材位置 CH08>用自然饱和度调整照片>1.jpg
- 实用指数 ★★★
- 技术掌握 学习使用【自然饱和度】

01 打开学习资源中的“CH08>用自然饱和度调整照片>1.jpg”文件，可以观察女孩的肤色不够红润，色彩有些苍白，如图8-28所示。

02 执行【图像】>【调整】>【自然饱和度】菜单命令，打开【自然饱和度】对话框。然后设置参数【自然饱和度】为+100，可以观察到Photoshop不会产生溢色的效果，如图8-29所示。

图8-28

图8-29

8.2.7 照片滤镜

【照片滤镜】可以模仿相机镜头前添加彩色滤镜的效果，以便调整通过镜头传输的光的色彩平衡、色温和胶片曝光。【照片滤镜】允许选取一种颜色将色相调整应用到图像中。打开一张图像，如图8-30所示；然后执行【图像】>【调整】>【照片滤镜】菜单命令，打开【照片滤镜】对话框，如图8-31所示。

图8-30

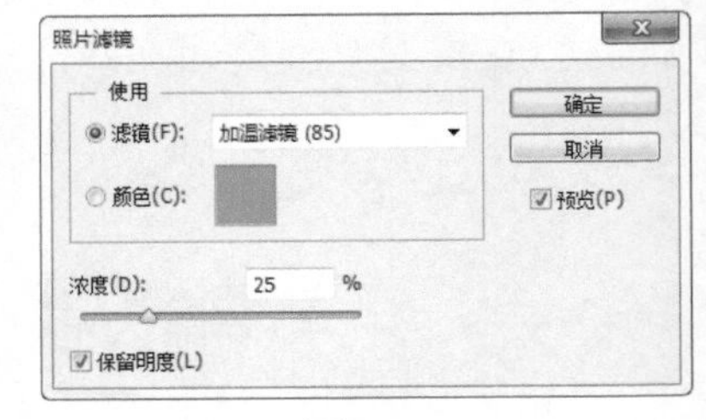

图8-31

【照片滤镜】的重要参数介绍

滤镜/颜色：在【滤镜】下拉列表可以选择要使用的滤镜。如果要自定义滤镜的颜色，可单击【颜色】选项右侧的颜色块，打开【拾色器】调整颜色。

浓度：可调整应用到图像中的颜色量，该值越高，颜色的应用就越大，图8-32所示的是该值为50%的效果，图8-33所示的是该值为100%的效果。

图8-32

图8-33

保留明度：勾选该项时，可以保持图像的明度不变，如图8-34所示；取消勾选，则会因添加滤镜效果而使图像的色调变暗，如图8-35所示。

图8-34

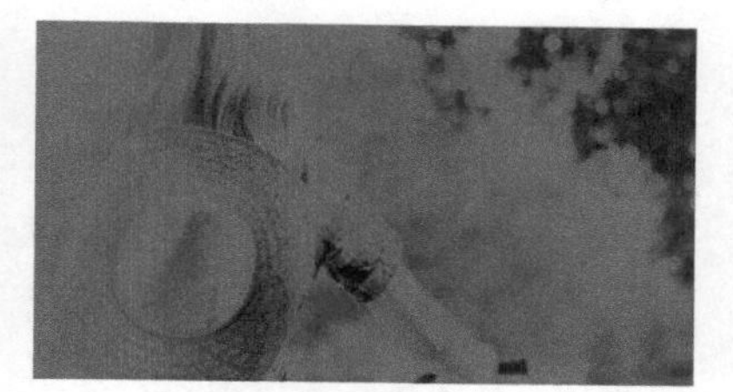

图8-35

随堂练习 用【照片滤镜】制作风格海报

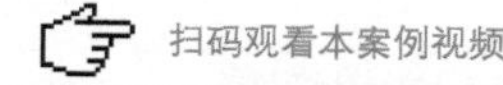

- 实例位置 CH08>用照片滤镜制作风格海报>用照片滤镜制作风格海报.psd
- 素材位置 CH08>用照片滤镜制作风格海报>1.jpg，2.png
- 实用指数 ★★
- 技术掌握 学习使用【照片滤镜】

01 打开学习资源中的“CH08>用照片滤镜制作风格海报>1.jpg”文件，如图8-36所示。

02 执行【滤镜】>【滤镜库】菜单命令，然后在打开的对话框中选择【艺术效果】>【木刻】，如图8-37所示；接着单击【确定】按钮，效果如图8-38所示。

图8-36

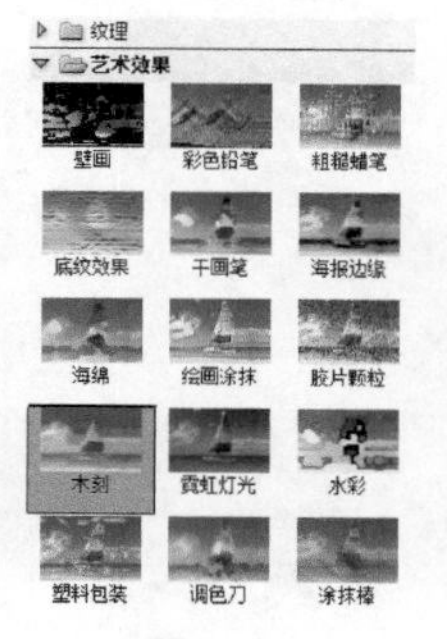

图8-37

图8-38

03 执行【图像】>【调整】>【照片滤镜】菜单命令，打开【照片滤镜】对话框，然后设置参数【滤镜】为【加温滤镜（81）】、【浓度】为91%、勾选【保留明度】，参数设置如图8-39所示，效果如图8-40所示。

04 打开【2.png】，然后使用【移动工具】移动文字至当前文档中，如图8-41所示。

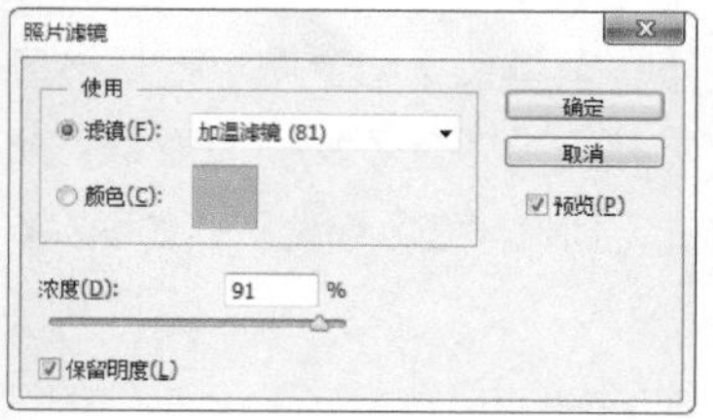

图8-39

图8-40

图8-41

↘8.2.8 变化

【变化】命令是一个简单且直观的调色命令，只需要单击缩览图即可调整图像的色彩、饱和度与明度，同时还可以预览调色的整个过程。打开一张图像，如图8-42所示；执行【图像】>【调整】>【变化】菜单命令，打开【变化】对话框，如图8-43所示。

图8-42

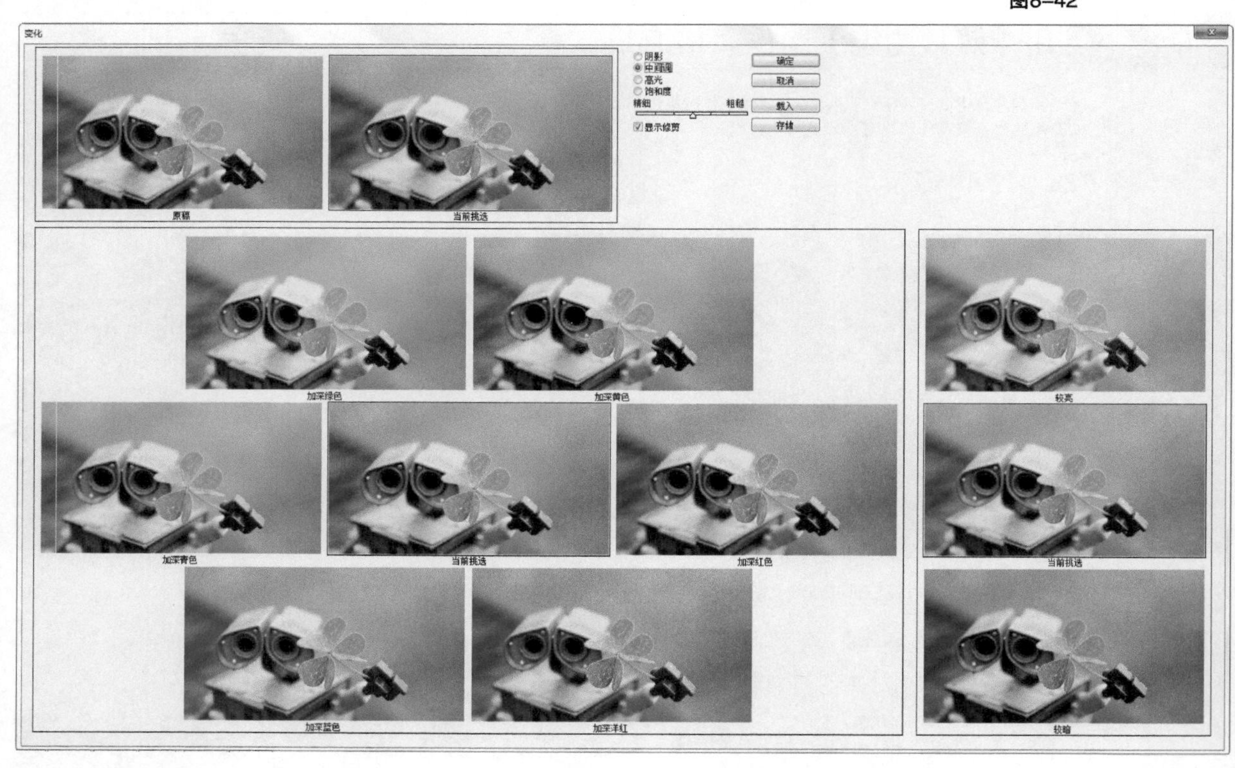

图8-43

【变化】对话框的重要功能和参数介绍

原稿/当前挑选：对话框顶部的【原稿】缩览图中显示了原始图像，【当前挑选】缩览图中显示了图像的调整结果，如图8-44所示。

图8-44

加深绿色、加深黄色等缩览图：在对话框左侧的7个缩览图中，位于中间的【当前挑选】缩览图也是用来显示调整结果的，另外6个缩览图用来调整颜色，单击其中任何一个缩览图都可将相应的颜色添加到图像中。如果要减少一种颜色，可单击其对角的颜色缩览图，例如，要减少绿色，可以单击【加深洋红】缩览图，如图8-45所示。

阴影/中间调/高光：可以分别对图像的阴影、中间调和高光进行调节。

饱和度/显示精修：【饱和度】专门用于调节图像的饱和度。勾选该选项后，在对话框的下面会显示3个缩略图，单击【减少饱和度】缩览图可以减少图像的饱和度，单击【增加饱和度】缩览图可以增加图像的饱和度，如图8-46所示；勾选【显示修剪】选项，可以警告超出了饱和度范围的最高限度。

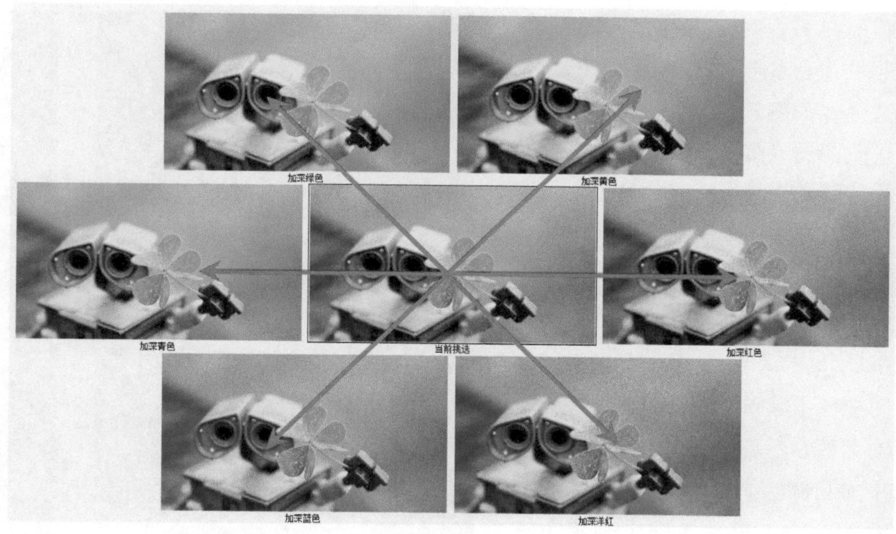

图8-45

图8-46

❖ 精细/粗糙：用来控制每次的调整量，每移动一格滑块，可以使调整量双倍增加。

Tips

单击调整缩览图产生的效果是累积性的。例如，单击两次【加深红色】缩览图，将应用两次调整。

随堂练习 用【变化】命令制作风景照片

扫码观看本案例视频

- 实例位置 CH08>用变化命令制作风景照片>用变化命令制作风景照片.psd
- 素材位置 CH08>用变化命令制作风景照片>1.jpg，2.jpg
- 实用指数 ★★
- 技术掌握 学习使用【变化】命令

01 打开学习资源中的“CH08>用变化命令制作风景照片>1.jpg”文件，如图8-47所示。

02 打开【2.jpg】文件，然后使用【移动工具】移动风景图片至文字文档中，如图8-48所示。

图8-47

图8-48

03 选择【矩形选框工具】，然后框选风景图像的1/2，如图8-49所示，接着按组合键Ctrl+J将选区图像复制到【图层 2】中。

04 执行【图像】>【调整】>【变化】菜单命令，打开【变化】对话框，然后单击【加深绿色】、【加深青色】、【加深蓝色】缩览图各一次，接着单击【确定】按钮，最终效果如图8-50所示。

图8-49

图8-50

8.2.9 去色

【去色】命令可以用于将图像中的颜色去掉，使其成为灰度图像。打开一张图像，如图8-51所示；然后执行【图像】>【调整】>【去色】菜单命令，可以将其调整为灰度效果，如图8-52所示。

图8-51

图8-52

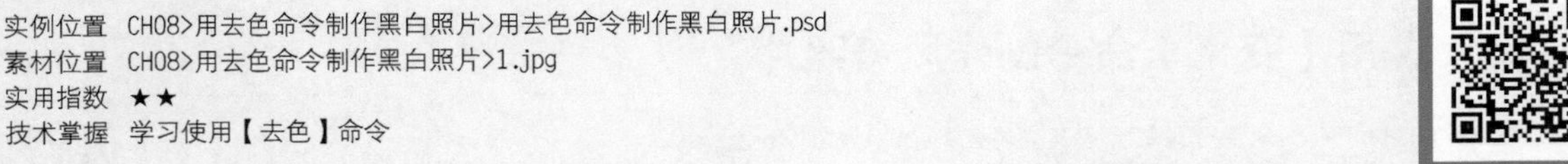

随堂练习 用【去色】命令制作黑白照片

扫码观看本案例视频

- 实例位置 CH08>用去色命令制作黑白照片>用去色命令制作黑白照片.psd
- 素材位置 CH08>用去色命令制作黑白照片>1.jpg
- 实用指数 ★★
- 技术掌握 学习使用【去色】命令

01 打开学习资源中的“CH08>用去色命令制作黑白照片>1.jpg”文件，如图8-53所示。

02 执行【图像】>【调整】>【去色】菜单命令，删除图像的颜色，如图8-54所示。然后按组合键Ctrl+J复制

【背景】图层，得到【图层 1】，接着设置它的【混合模式】为【滤色】、【不透明度】为70%，提高图像的亮度，如图8-55所示。

图8-53

图8-54

图8-55

03 执行【滤镜】>【模糊】>【高斯模糊】菜单命令，然后在弹出的【高斯模糊】对话框中设置参数【半径】为80，如图8-56所示；接着单击【确定】按钮，最终效果如图8-57所示。

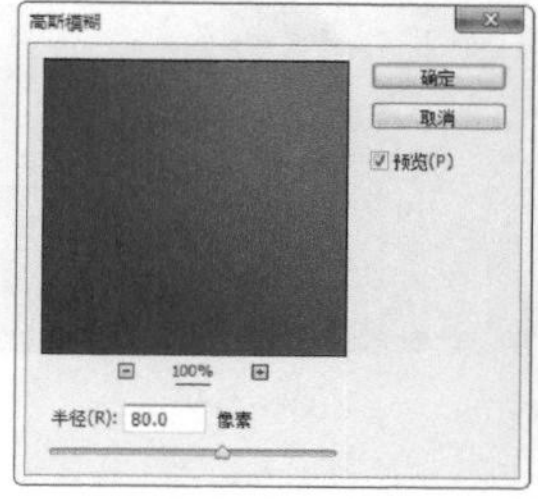

图8-56

图8-57

8.2.10 色调均化

【色调均化】命令可以用于重新分布像素的亮度值，将最亮的值调整为白色，最暗的值调整为黑色，中间的值分布在整个灰度范围中，使它们更均匀地呈现所有范围的亮度级别。该命令还可以用于增加那些颜色相近的像素间的对比度。打开一个文件，如图8-58所示；然后执行【图像】>【调整】>【色调均化】菜单命令，效果如图8-59所示。

图8-58

图8-59

如果在图像中创建了选区，如图8-60所示；执行【色调均化】命令时会弹出一个对话框，如图8-61所示。选择【仅色调均化所选区域】，表示仅均匀分布选区内的像素，如图8-62所示；选择【基于所选区域色调均化整个图像】，可根据选区内的像素均匀分布所有图像像素，包括选区外的像素，如图8-63所示。

图8-60

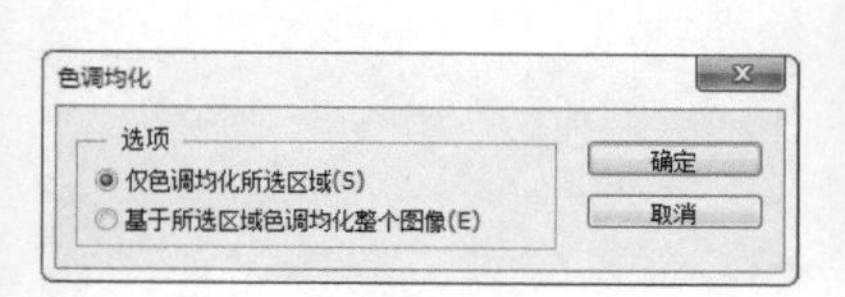

图8-61

图8-62

图8-63

8.3 调整颜色与色调的命令

在【图像】菜单下，【色阶】和【曲线】命令是专门针对颜色和色调进行调整的命令；【色相/饱和度】命令是专门针对色彩进行调整的命令；【曝光度】命令是专门针对色调进行调整的命令。

8.3.1 色阶

【色阶】命令是一个非常强大的颜色和色调调整工具，它可以用于调整图像的阴影、中间调和高光的强度级别，校正色调范围和色彩平衡。也就是说，【色阶】不仅可以调整色调，还可以调整色彩。打开一张图像，如图8-64所示；然后执行【图像】>【调整】>【色阶】菜单命令，或按组合键Ctrl+L，打开【色阶】对话框，如图8-65所示。

图8-64

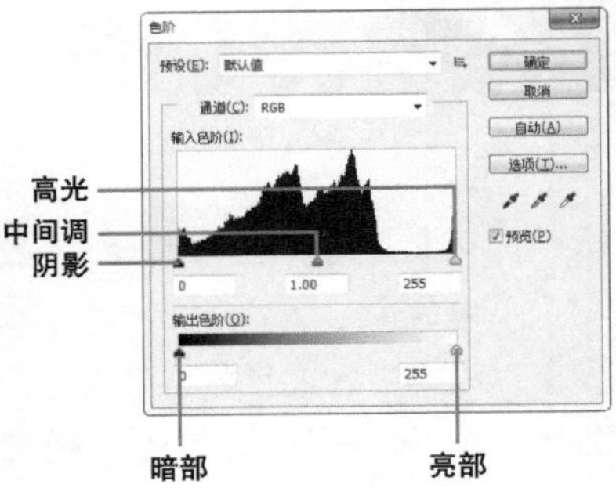

图8-65

【色阶】命令的重要功能和参数介绍

预设：单击【预设】选项右侧的按钮，在打开的下拉列表中选择【存储】命令，可以将当前的调整参数保存为一个预设文件。在使用相同的方式处理其他图像中，可以用该文件自动完成调整。

通道：可以选择一个颜色通道来进行调整。调整通道会改变图像的颜色，如图8-66所示。

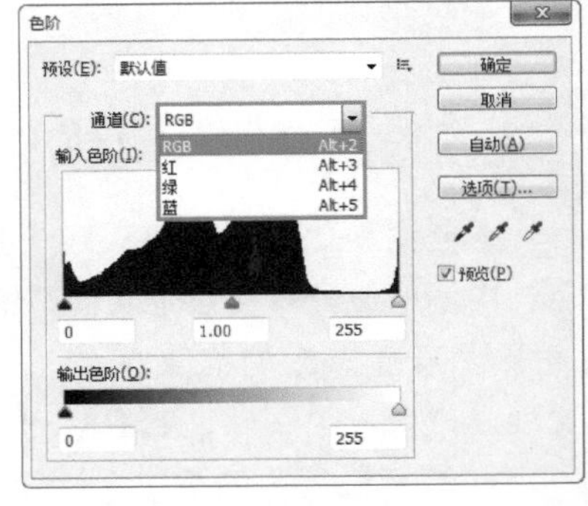

图8-66

输入色阶：用来调整图像的阴影（左侧滑块）、中间调（中间滑块）和高光区域（右侧滑块）。可拖曳滑块或者在滑块下面的文本框中输入数值来进行调整，向左拖曳滑块，与之相应的色调会变暗，如图8-67所示和图8-68所示；向右拖曳，相应的色调会变暗，如图8-69和图8-70所示。

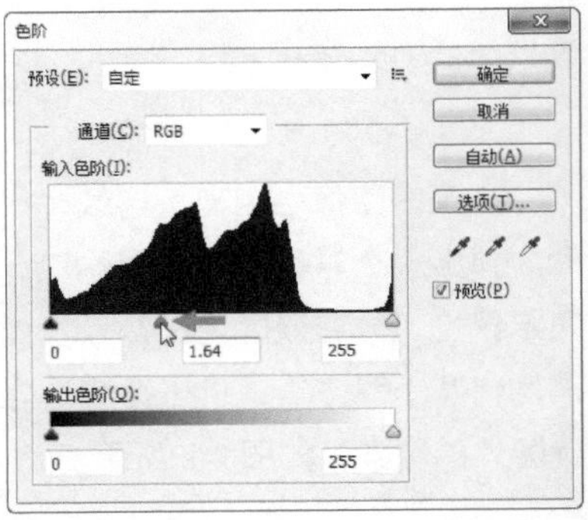

图8-67

图8-68

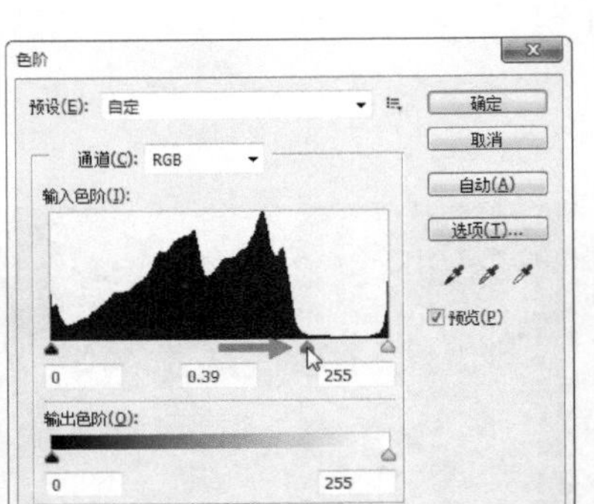

图8-69

图8-70

输出色阶：可以限制图像的亮度范围，降低对比度，使图像呈现褪色效果，如图8-71和图8-72所示。

设置黑场：使用该工具在图像中单击，可以将单击点的像素调整为黑色，原图中比该点暗的像素也变为黑色，如图8-73所示。

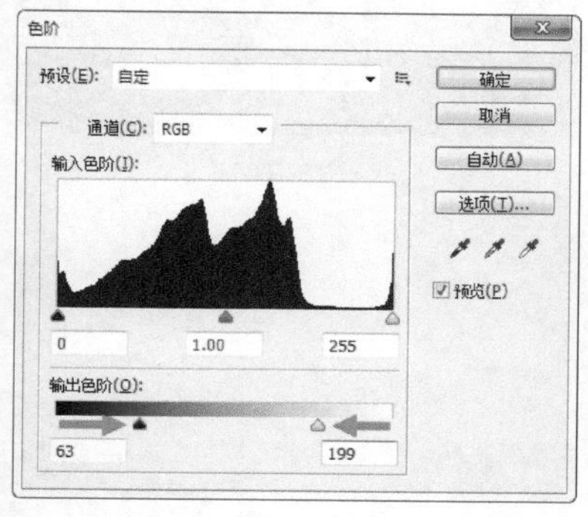

图8-71

图8-72

图8-73

设置灰点：使用该工具在图像中单击，可根据单击点像素的亮度来调整其他中间色调的平均亮度，如图8-74所示，它可以用来校正色偏。

设置白场：使用该工具在图像中单击，可以将单击点的像素调整为白色，比该点亮度值高的像素也会变为白色，如图8-75所示。

图8-74

图8-75

自动：单击该按钮，可应用自动颜色校正，Photoshop会以0.5%的比例自动调整色阶，使图像的亮度分布更加均匀。

选项：单击该按钮，可以打开【自动颜色校正选项】对话框，在对话框中可以设置黑色像素和白色像素的比例。

随堂练习 用【色阶】调整照片

扫码观看本案例视频

- 实例位置 CH08>用色阶调整照片>用色阶调整照片.psd
- 素材位置 CH08>用色阶调整照片>1.jpg
- 实用指数 ★★★
- 技术掌握 学习使用【色阶】调整

01 打开学习资源中的“CH08>用色阶调整照片>1.jpg”文件，如图8-76所示。

图8-76

02 按下组合键Ctrl+L，然后打开【色阶】对话框，如图8-77所示，可以看到，直方图呈现L形，山脉都在左侧，说明阴影区域包含很多信息。接着向左侧拖曳中间调滑块，将色调调亮，就可以显示出更多的细节，如图8-78和图8-79所示，最后按下回车键确认调整，此时可以观察到图像色彩比较灰白。

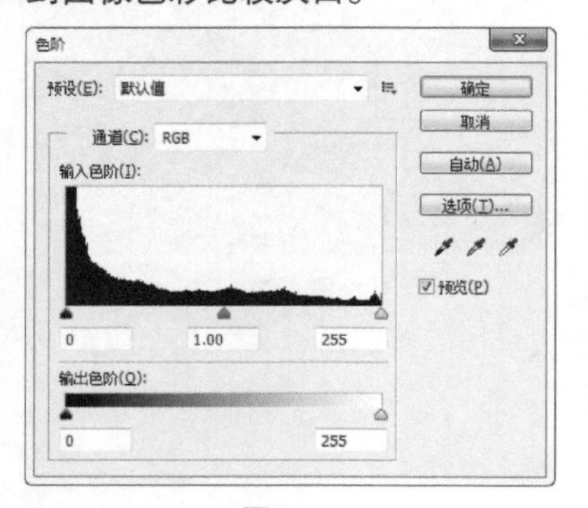
图8-77

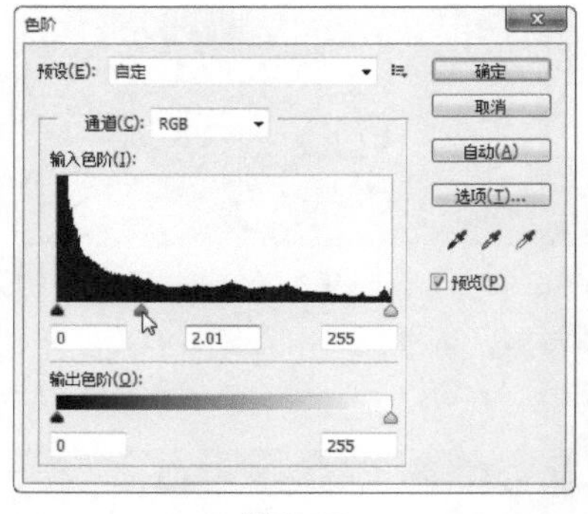
图8-78

图8-79

03 按组合键Ctrl+U打开【色相/饱和度】对话框，然后提高色彩的【饱和度】为+30，如图8-80所示。接着分别调整红、黄色的饱和度，如图8-81和图8-82所示，最后按【确定】按钮。

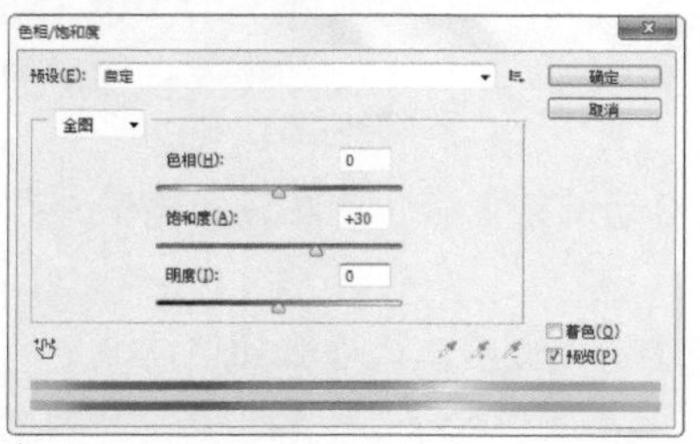
图8-80

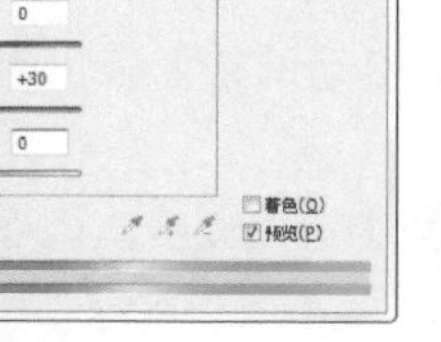
图8-81

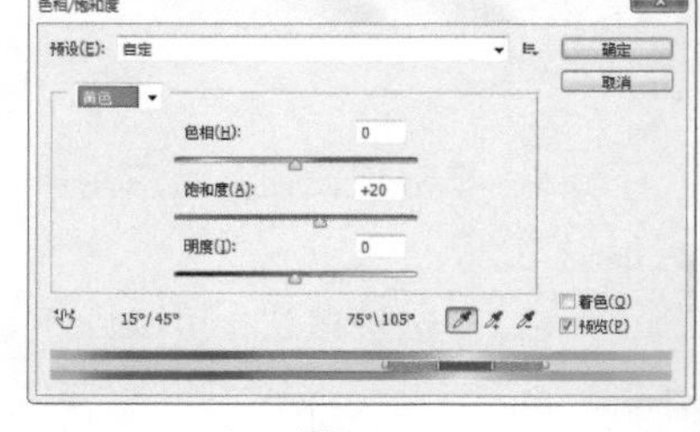
图8-82

04 现在色彩比较鲜艳了，如图8-83所示，但依然有些偏色，执行【图像】>【自动色调】菜单命令校正色偏，如图8-84所示。

图8-83

图8-84

8.3.2 曲线

【曲线】命令是最强大的调整工具，也是实际中使用频率最高的调整命令之一。它整合【亮度/对比度】、【色阶】和【阈值】等命令的功能。曲线上可以添加14个控制点，通过移动这些控制点，可以对图像的色彩和色调进行非常精确的调整。打开一张图像，如图8-85所示；然后执行【图像】>【调整】>【曲线】菜单命令，或按组合键Ctrl+M，打开【曲线】对话框，如图8-86所示。

在曲线上单击可以添加控制点，拖曳控制点改变曲线形状便可以调整图像的色调和颜色。单击控制点，可将其选择，按住Shift键单击可以选择多个控制点。选择控制点后，按下Delete键可以将其删除。

图8-85

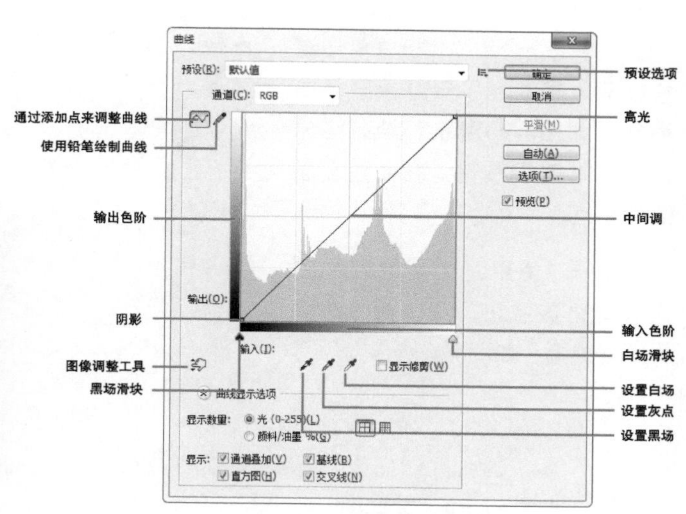

图8-86

【曲线】对话框的重要参数介绍

预设/预设选项：【预设】包含了Photoshop提供的各种预设调整文件，可用于调整图像，效果如图8-87所示。单击预设右侧的【预设选项】按钮打开下拉列表，选择【存储预设】命令，可以将当前的调整状态保存为预设文件，在对其他图像应用相同的调整时，可以选择【载入预设】命令，载入预设文件自动调整；选择【删除当前预设】命令，则删除所存储的预设文件。

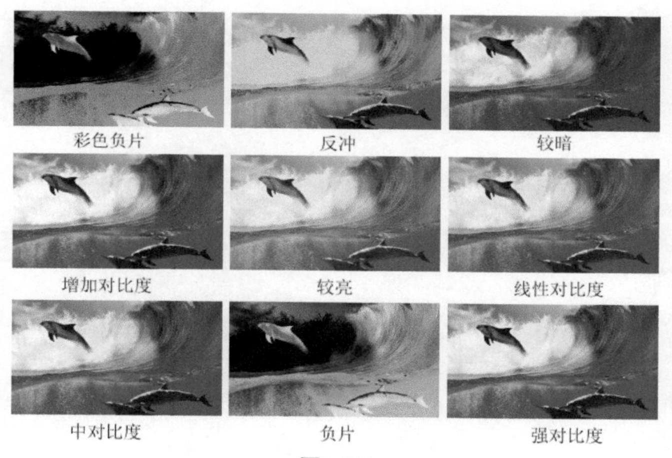

图8-87

通道：在下拉列表中可以选择一个通道来对图像进行调整，以校正图像的颜色。

通过添加点来调整曲线：打开【曲线】对话框时，该按钮为按下状态，此时在曲线中单击可添加新的控制点，拖曳控制点改变曲线形状，即可调整图像。当图像为RGB模式时，曲线向上弯曲，可以将色调调亮，如图8-88所示；曲线向下弯曲，可以将色调调暗，如图8-89所示。如果图像为CMYK模式，则曲线向上弯曲可以将色调调暗；曲线向下弯曲可以将色调调亮。

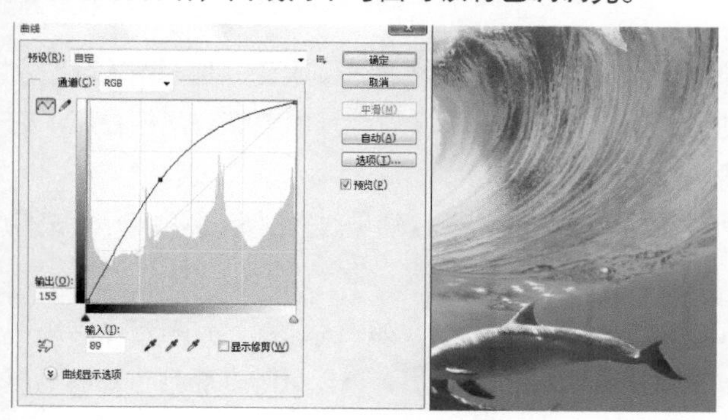

图8-88

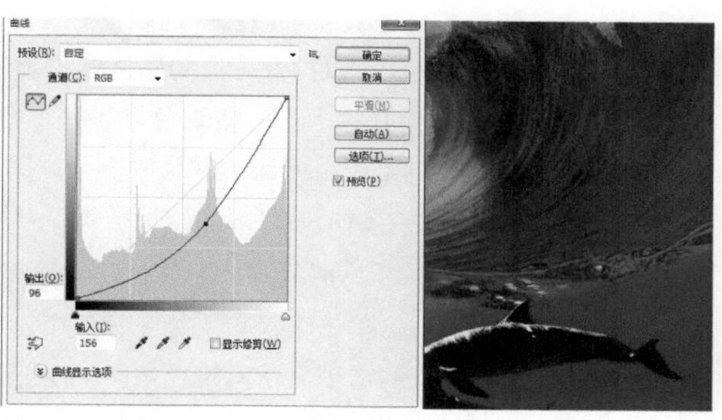

图8-89

使用铅笔绘制曲线：单击该按钮后，可绘制手绘效果的自由曲线，如图8-90所示。绘制完成后，可单击按钮，在曲线上显示控制点。

平滑：使用工具绘制曲线后，单击该按钮，可以对曲线进行平滑处理，如图8-91所示。

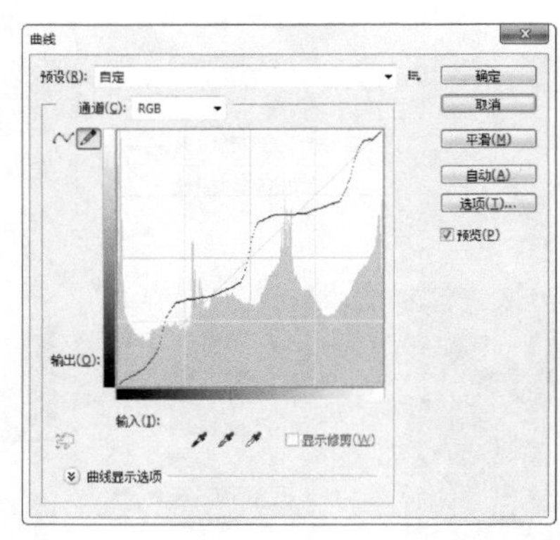

图8-90

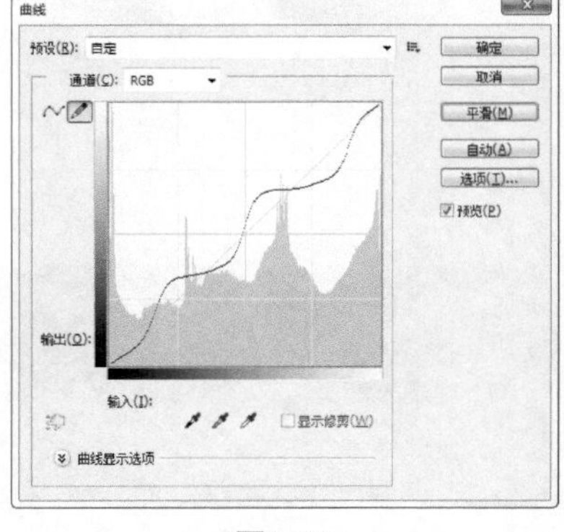

图8-91

图像调整工具：选择该工具后，将光标放在图像上，曲线上会出现一个空的圆形图形，它代表了光标处的色调在曲线上的位置，如图8-92所示。在画面中单击并拖动鼠标可添加控制点并调整相应的色调，如图8-93所示。

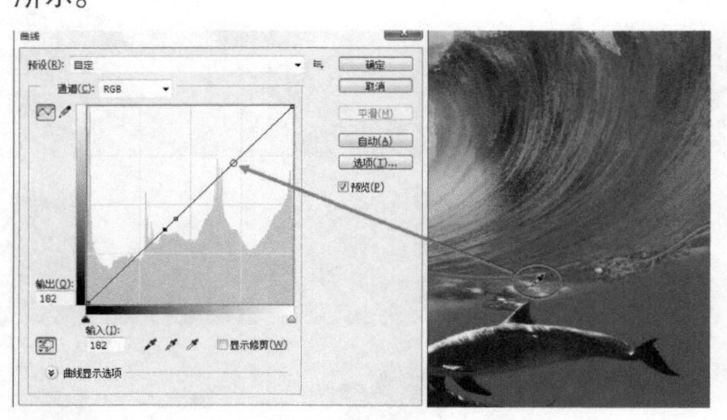

图8-92

图8-93

输入色阶/输出色阶：【输入色阶】显示了调整前的像素值，【输出色阶】显示了调整后的像素值。

设置黑场/灰点/白场：这几个工具与【色阶】对话框中的相应工具完全一样。

显示修剪：勾选该项后，可以检查图像中是否出现溢色。

Tips

溢色是指超出RGB色域范围，不能准确打印的颜色。

自动：单击该按钮，可对图像应用【自动颜色】、【自动对比度】或【自动色调】校正。具体的校正内容取决于【自动颜色校正选项】对话框中的设置。

选项：单击该按钮，可以打开【自动颜色校正选项】对话框。【自动颜色校正选项】用来控制由【色阶】和【曲线】中的【自动颜色】、【自动色调】、【自动对比度】和【自动】选项应用的色调和颜色校正。它允许指定阴影和高光的修剪百分比，并为阴影、中间调和高光指定颜色值。

显示数量：可反转强度值和百分比的显示。图8-94所示的是选择【光（0-255）】选项时的曲线，图8-95所示的是选择【颜料/油墨%】选项时的曲线。

简单网格/详细网格：单击【简单网格】按钮田，会以25%的增量显示网格，如图8-96所示；单击【详细网格】按钮▦，则以10%的增量显示网格，如图8-97所示。在【详细网格】状态下，可以更加准确地将控制点对齐到直方图上。按住Alt键单击网格，也可以在这两种网格间切换。

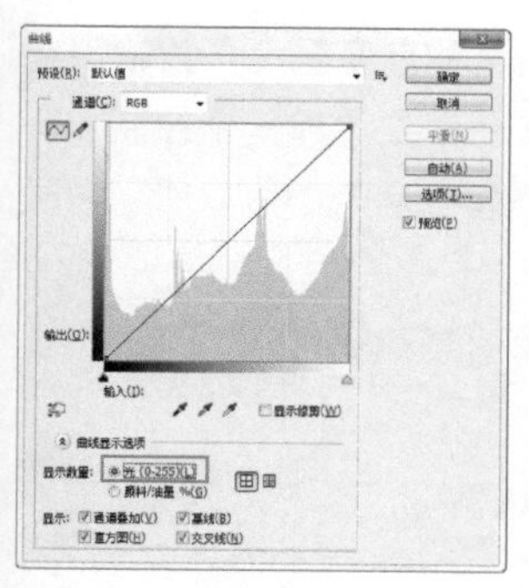

图8-94

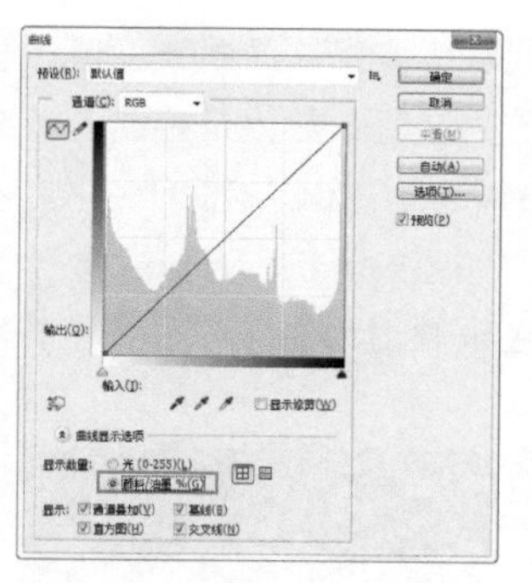

图8-95

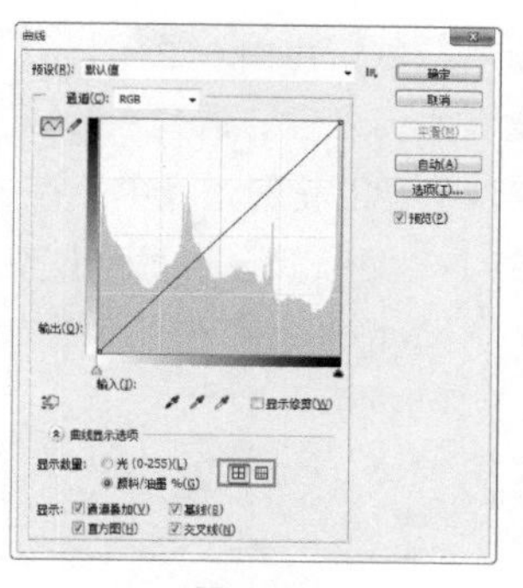

图8-96

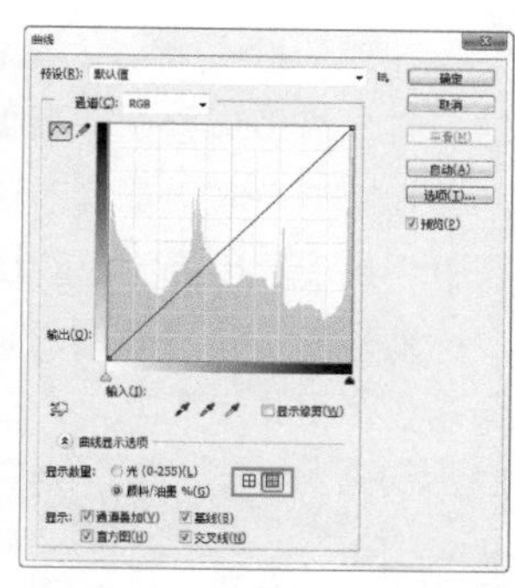

图8-97

通道叠加：可在复合曲线上方叠加各个颜色通道的曲线，如图8-98所示。

直方图：可在曲线上叠加直方图，图8-99所示的是未勾选该选项的效果，图8-100所示的是勾选该选项的效果。

基线：网格上显示以45度角绘制的基线，如图8-101所示。

交叉线：调整曲线时，显示水平线和垂直线，以帮助用户在相对于直方图或网格进行拖曳时将点对齐，如图8-102所示。

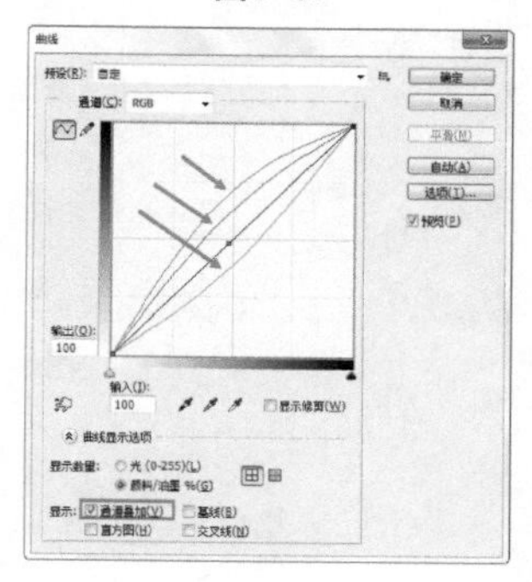

图8-98

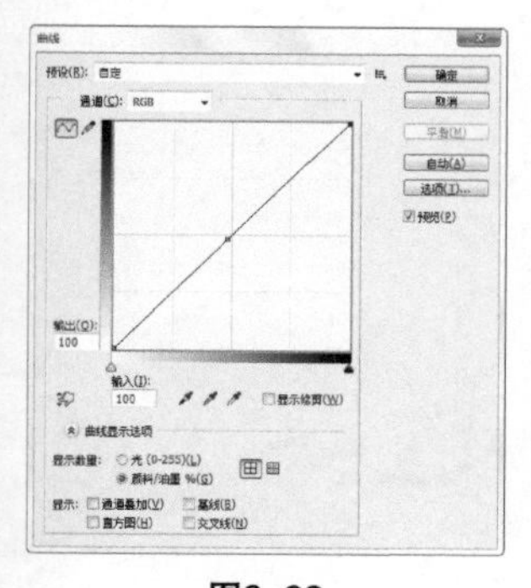

图8-99

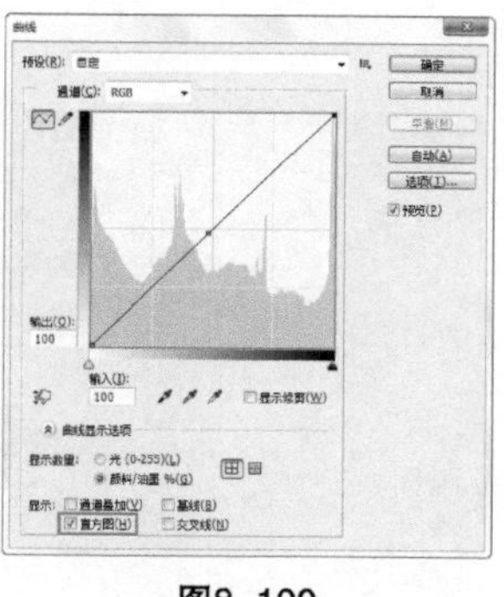

图8-100

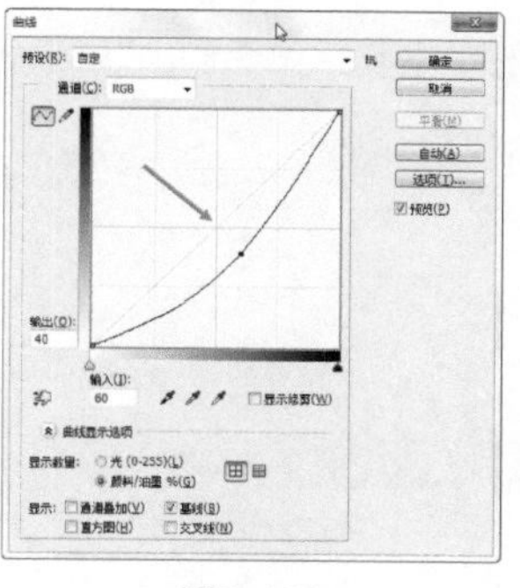

图8-101

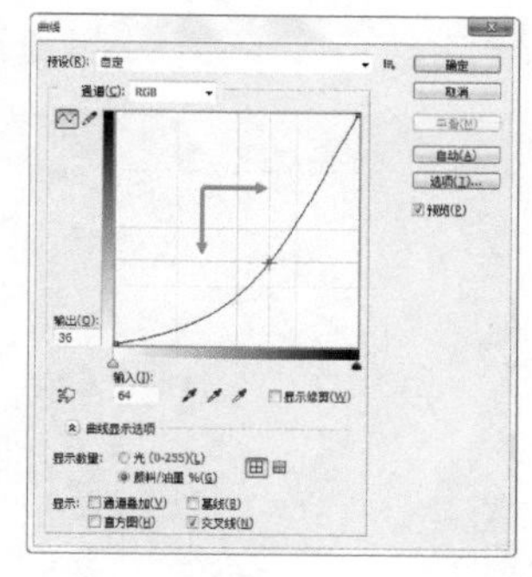

图8-102

下面来介绍一下曲线的色调映射原理。打开一个文件，按组合键Ctrl+M，打开【曲线】对话框，如图8-103所示。

图8-103

在对话框中，水平的渐变颜色条为输入色阶，它代表了像素的原始强度值；垂直的渐变颜色条为输出色阶，它代表了调整曲线后像素的强度值。调整曲线以前，这两个数值是相同的。在曲线上添加一个控制点，向上拖曳该点时，在输入色阶中可以看到图像中正在被调整的色调（色阶103），在输出色阶中可以看到它被映射为更浅的色调（色阶151），图像就会因此而变亮，如图8-104所示。

如果向下拖曳控制点，则Photoshop会将所调整的色调映射为更深的色调（将色阶152映射为色阶103），图像也会因此而变暗，如图8-105所示。

图8–104

图8–105

Tips

整个色阶范围为0~255，0代表了全黑，255代表了全白，因此色阶数值越高，色调越亮。

将曲线调整为【S】形，可以使高光区域变亮、阴影区域变暗，从而增强色调的对比度，如图8-106所示；反【S】形曲线则会降低对比度，如图8-107所示。

图8–106

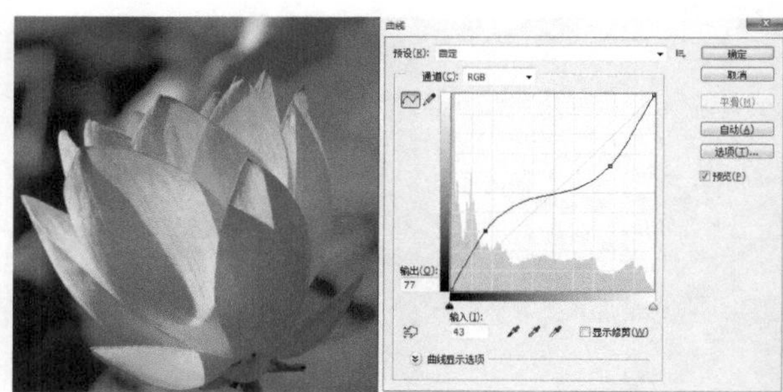

图8–107

向上移动曲线底部的控制点，可以把黑色映射为灰色，阴影区域因此而变亮，如图8-108所示；向下移动曲线顶部的控制点，可以将白色映射为灰色，高光区域因此而变暗，如图8-109所示。

图8–108

图8–109

将曲线的两个端点向中间移动，色调反差会变小，色彩会变得灰暗，如图8-110所示；将曲线调整为水平直线，可以将所有像素都映射为灰色（R=G=B），如图8-111所示。水平线越高，灰色色调越亮。

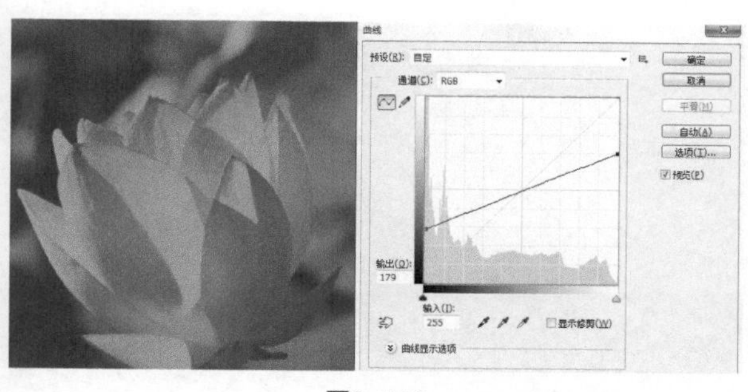

图8-110

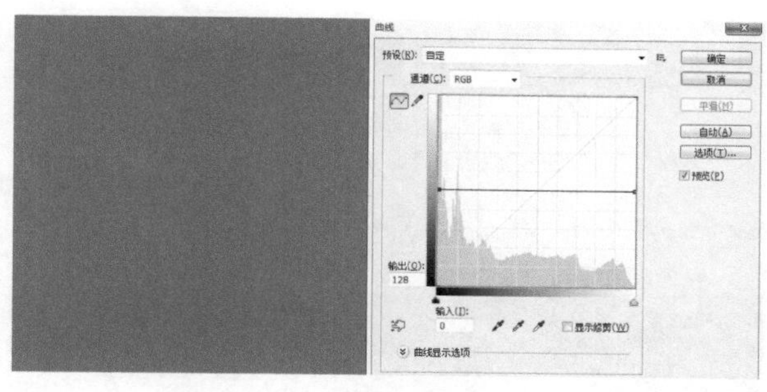

图8-111

将曲线顶部的控制点向左移动，可以将高光滑块（白色三角滑块）所在点位的灰色映射为白色，因此，高光区域会丢失细节（即高光溢出），如图8-112所示；将曲线底部的控制点向右移动，可以将阴影滑块（黑色三角滑块）所在点位的灰色映射为黑色，因此，阴影区域会丢失细节（即阴影溢出），如图8-113所示。

图8-112

图8-113

将曲线顶部和底部的控制点同时向中间移动，可以增加色调反差（效果类似于【S】形曲线），但会压缩中间调，因此，中间调会丢失细节，如图8-114所示；将顶部和底部的控制点移动到最中间，可以创建色调分离效果，如图8-115所示。

图8-114

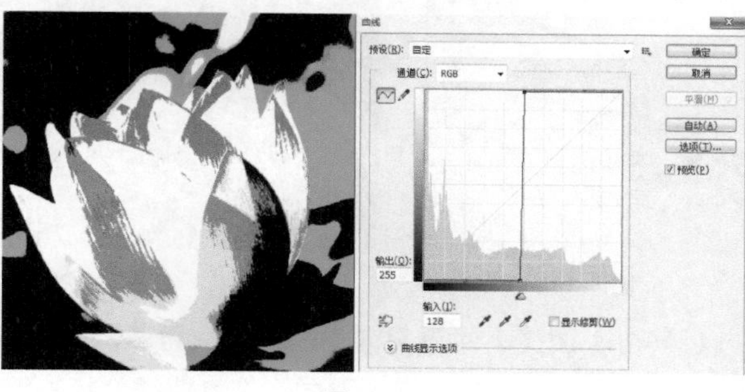

图8-115

将曲线顶部和底部的控制点调换位置，可以将图像反向成为负片，效果与执行【图像】>【调整】>【反向】菜单命令相同，如图8-116所示；将曲线调整为【N】形，可以使部分图像反向，如图8-117所示。

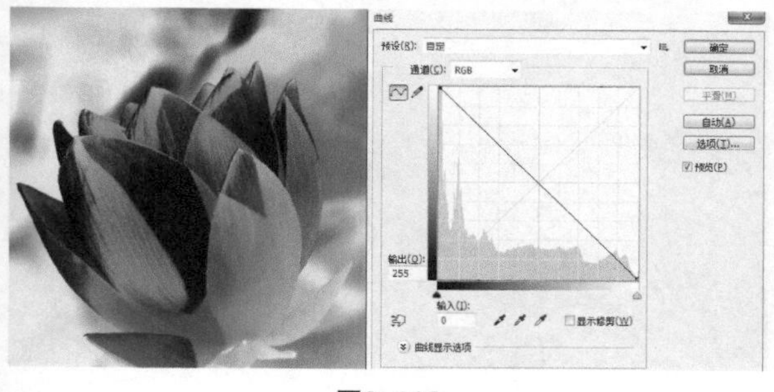

图8-116

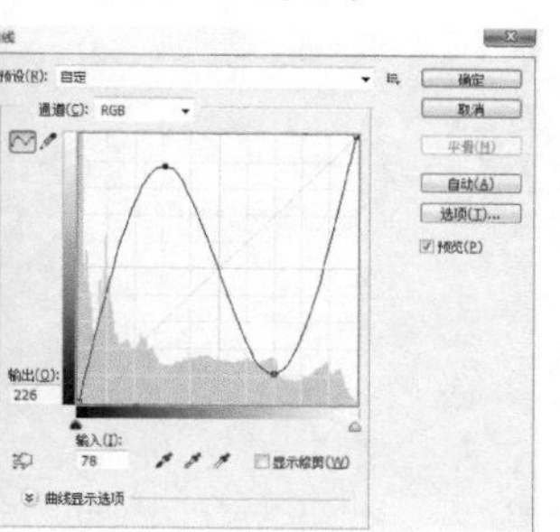

图8-117

随堂练习 用【曲线】调亮图像

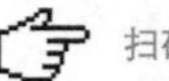
扫码观看本案例视频

- 实例位置 CH08>用曲线调亮图像>用曲线调亮图像.psd
- 素材位置 CH08>用曲线调亮图像>1.jpg
- 实用指数 ★★
- 技术掌握 学习使用【曲线】调整

01 打开学习资源中的"CH08>用曲线调亮图像>1.jpg"文件，如图8-118所示，可以看到画面很暗，导致阴影区域的细节非常少。

图8-118

02 按组合键Ctrl+J复制【背景】图层，得到【图层 1】。然后将它的【混合模式】改为【滤色】，提高图像的整体亮度，图层如图8-119所示，效果如图8-120所示。

03 两次按组合键Ctrl+J，复制两次【图层 1】，效果如图8-121所示。

图8-119

图8-120

图8-121

04 单击【调整】面板中的【曲线】按钮，创建一个【曲线 1】调整图层，如图8-122所示。然后在曲线偏下的位置添加一个控制点，再向上拖曳曲线，将暗部区域调亮，如图8-123所示，效果如图8-124所示。

图8-122

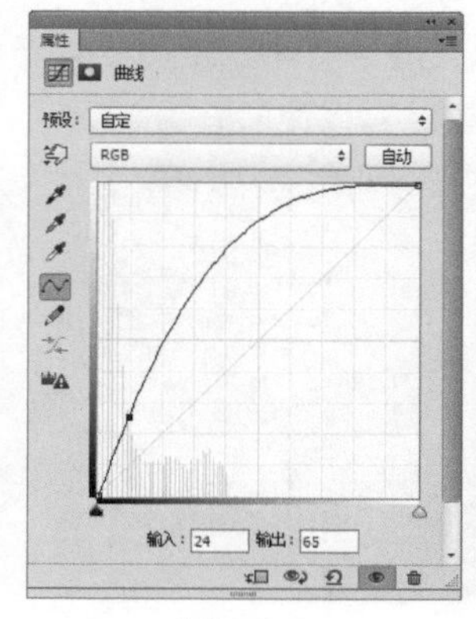

图8-123

图8-124

Tips

使用【曲线】和【色阶】增加彩色图像的对比度时，通常还会增加色彩的饱和度，有可能导致出现色偏，如图8-125所示。

要避免色偏，可以通过先建立【曲线】或【色阶】的调整图层，然后再将图层的【混合模式】改为【明度】即可，如图8-126所示。

图8-125

图8-126

8.3.3 色相/饱和度

【色相/饱和度】可以调整整个图像或选区的图像的色相、饱和度与明度，同时也可以对单个通道进行调整，该命令也是实际工作使用频率最高的调整命令之一。打开一张图像，如图8-127所示。然后执行【图像】>【调整】>【色相/饱和度】菜单命令，或按组合键Ctrl+U，打开【色相/饱和度】对话框，如图8-128所示，对话框中有【色相】、【饱和度】和【明度】3个滑块，拖曳相应的滑块可调整颜色的色相、饱和度与明度。

图8-127

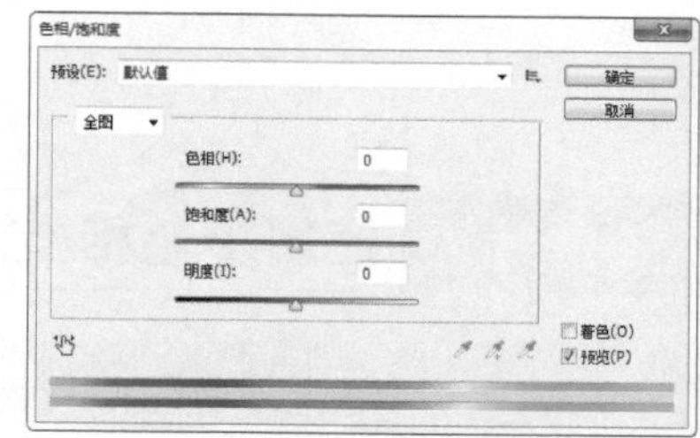
图8-128

【色相/饱和度】的重要参数介绍

编辑：单击全图按钮，在下拉列表可以选择要调整的颜色。选择【全图】，然后拖曳下面的滑块，可以调整图像中所有颜色的色相、饱和度与明度，如图8-129和图8-130所示；选择其他选项，则可单独调整红色、黄色、绿色和青色等颜色的色相、饱和度与明度。图8-131和图8-132所示的是只调整黄色的效果。

图8-129

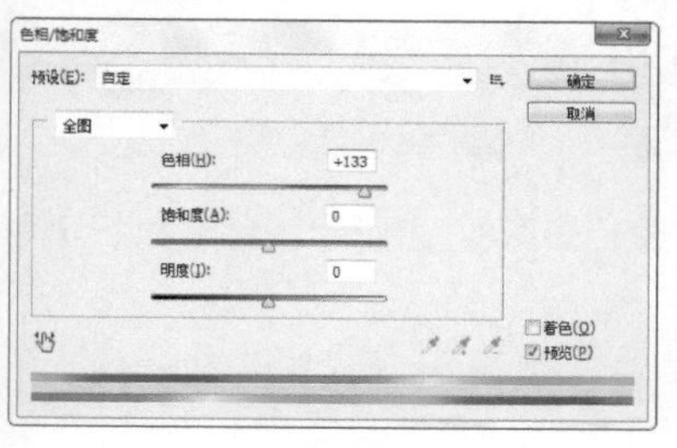
图8-130

图8-131

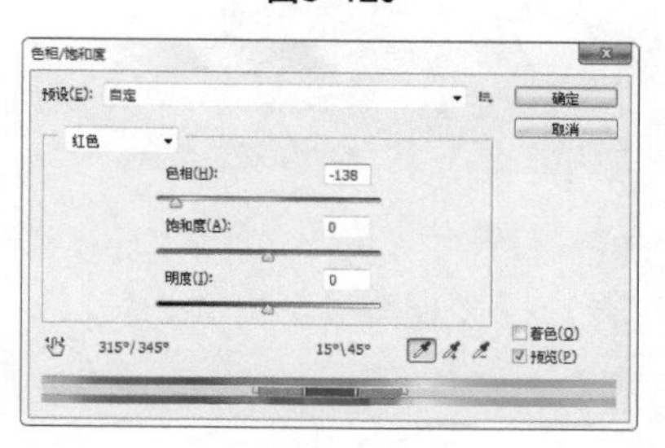
图8-132

图8-133

图像调整工具：选择该工具以后，将光标放在要调整的颜色上，如图8-133所示。单击并拖动鼠标即可修改单击点颜色的饱和度，向左拖动鼠标可以降低饱和度，如图8-134所示；向右拖动则增加饱和度，如图8-135所示。按住Crtl键拖动鼠标，则可以修改色相，如图8-136所示。

图8-134

图8-135

图8-136

着色：勾选该选项以后，如果前景色是黑色或白色，图像会转换为红色，如图8-137所示；如果前景色不是黑色或白色，则图像会转换为当前前景色的色相，如图8-138所示。变为单色图像以后，可以拖曳【色相】滑块修改颜色，或者拖曳下面的两个滑块调整饱和度和明度。

图8-137

图8-138

随堂练习 使用【色相/饱和度】制作特殊效果

扫码观看本案例视频

- 实例位置 CH08>使用色相/饱和度制作特殊效果>使用色相/饱和度制作特殊效果.psd
- 素材位置 CH08>使用色相/饱和度制作特殊效果>1.jpg，2.png，3.png
- 实用指数 ★★★
- 技术掌握 学习使用【色相/饱和度】

01 打开学习资源中的“CH08>使用色相/饱和度制作特殊效果>1.jpg”文件，如图8-139所示，然后执行【图层】>【复制图层】菜单命令。

02 打开【2.png】文件，然后使用【移动工具】移动卡片至文档中，如图8-140所示。接着打开【3.png】文件，再使用【移动工具】移动手至文档中，如图8-141所示。

图8-139

图8-140

图8-141

03 按住Ctrl键单击【图层1】图层的缩览图，载入选区，图层如图8-142，效果如图8-143所示。

04 执行【选择】>【变换选区】菜单命令，显示定界框，然后按住Ctrl键拖曳控制点调整选区大小，如图8-144所示，接着按下回车键确认变换。

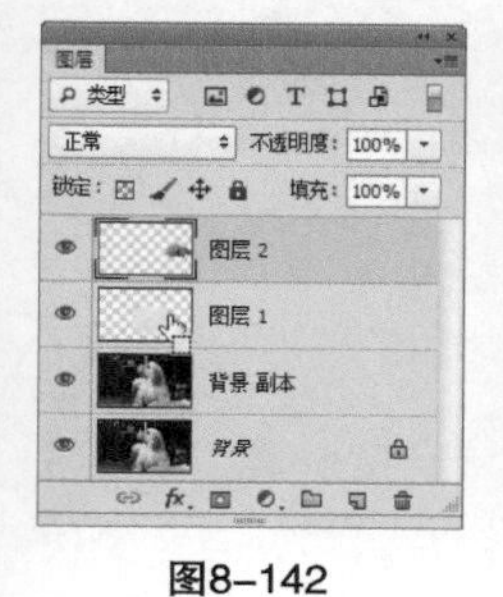
图8-142

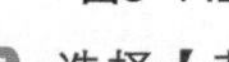

图8-143

图8-144

05 选择【背景 副本】图层，然后点击【添加图层蒙版】按钮，如图8-145所示。接着按下组合键Ctrl+]将该图层向上移动一个堆叠顺序，图层如图8-146所示，效果如图8-147所示。

06 单击【调整】面板的按钮，创建【色相/饱和度】调整图层，然后在【属性】面板将【饱和度】滑块拖曳到最左侧，如图8-148所示，效果如图8-149所示。

图8-145

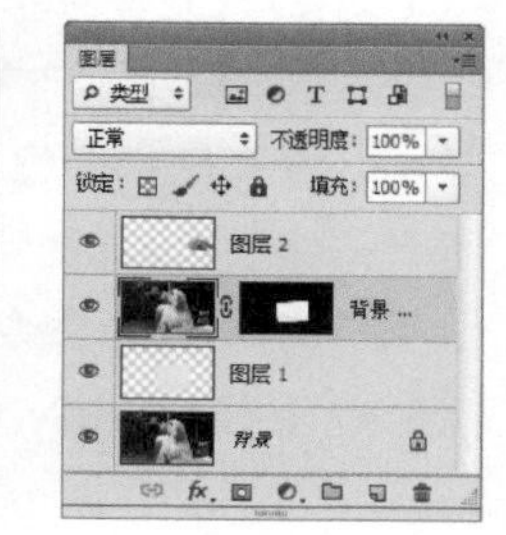
图8-146

图8-147

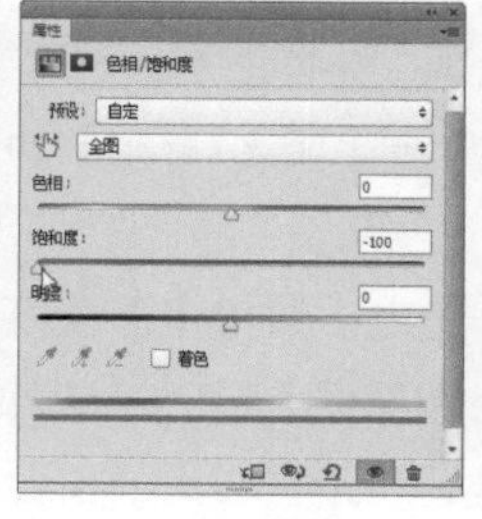
图8-148

图8-149

07 按组合键Alt+Ctrl+G创建剪切蒙版，使调整图层只影响它下面的一个图层，图层如图8-150所示，效果如图8-151所示。

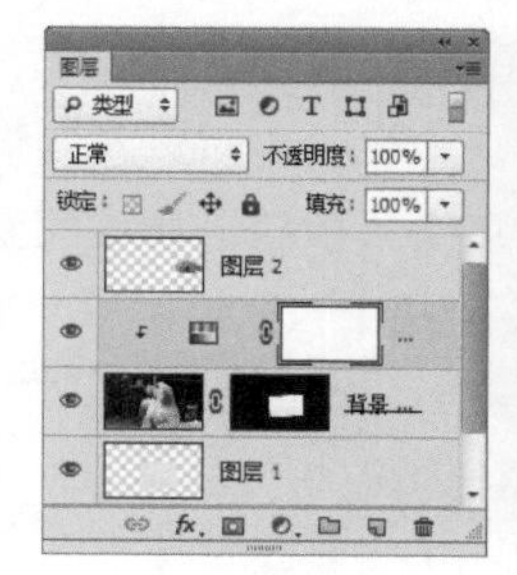
图8-150

图8-151

08 单击【调整】面板中的按钮，创建【曲线】调整图层，然后拖曳控制点增强色调的对比度，如图8-152所示。接着按组合键Alt+Ctrl+G，使调整图层只影响它下面的一个图层，图层如图8-153所示，最终效果如图8-154所示。

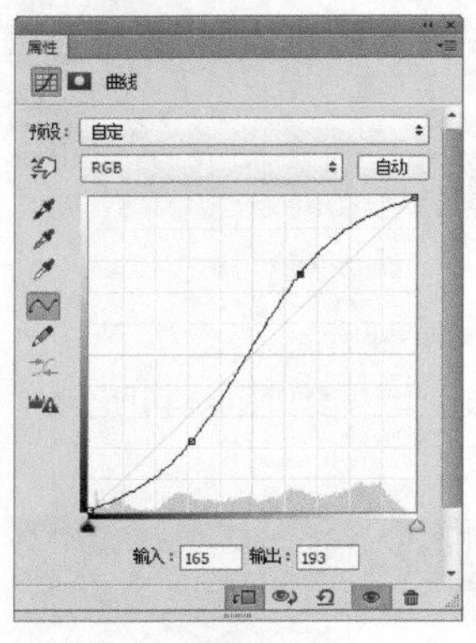
图8-152

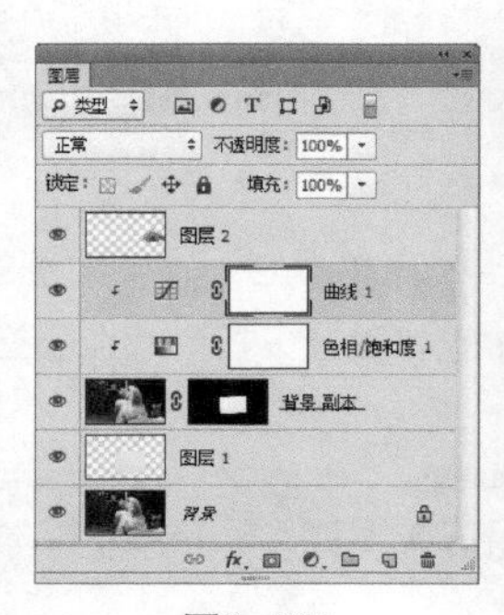
图8-153

图8-154

8.3.4 阴影/高光

使用数码相机逆光拍摄时，经常会遇到一种情况，场景中亮的区域特别亮，暗的区域又特别暗。拍摄时如果考虑亮调不能过曝，就会导致暗调区域过暗，看不清内容，形成高反差。处理这种照片最好的方法是使用【阴影/高光】命令来单独调整阴影区域，它能够基于阴影或高光中的局部相邻像素来校正每个区域，对阴影的影响很小。非常适合校正强逆光而形成剪影的照片，也可以校正由于太接近相机闪光灯而有些发白的交点。打开一张图像，如图8-155所示，然后执行【图像】>【调整】>【阴影/高光】菜单命令，打开【阴影/高光】对话框，如图8-156所示。

图8-155

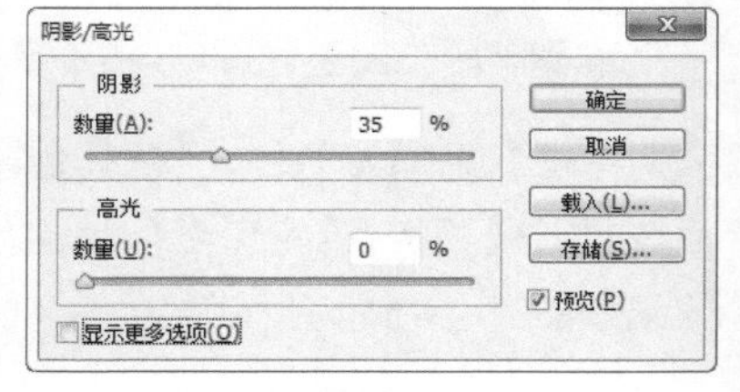

图8-156

【阴影/高光】的重要功能和参数介绍

显示更多选项：勾选该选项以后，可以显示【阴影/高光】的完整选项，如图8-157所示。

【阴影】选项组：可以将阴影区域调亮。拖曳【数量】滑块可以控制调整强度，该值越高，阴影区域越亮；【色调宽度】用来控制色调的修改范围，较小的值会限制只对较暗的区域进行校正，较大的值会影响更多的色调；【半径】可控制每个像素周围的局部相邻像素的大小，相邻像素决定了像素是在阴影中还是在高光中。

【高光】选项组：可以将高光区域调暗。【数量】可以控制调整强度，该值越高，高光区域越暗；【色调宽度】可以控制色调的修改范围，较小的值只对较亮的区域进行校正；【半径】可以控制每个像素周围的局部相邻像素的大小。

【调整】选项组：【颜色校正】可以调整已更改区域的色彩；【中间调对比度】选项用来调整中间调的对比度；【修剪黑色】和【修剪白色】决定了在图像中将多少阴影和高光剪到新的阴影中。

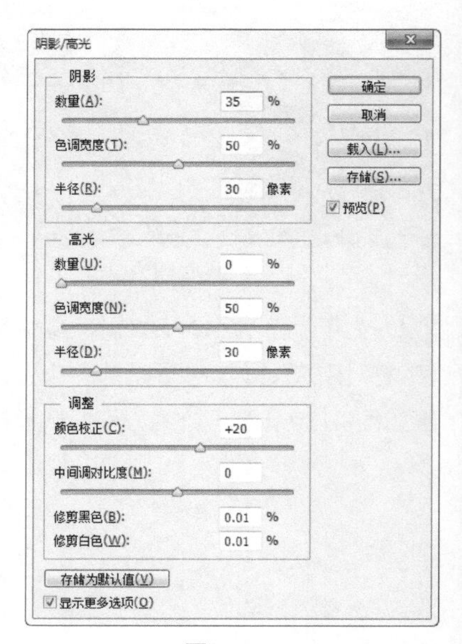

图8-157

存储为默认值：如果要将对话框中的参数设置存储为默认值，可以单击该按钮。存储为默认值以后，再次打开【阴影/高光】对话框时，就会显示该参数。

Tips

如果要将存储的默认值恢复为Photoshop的默认值，可以在【阴影/高光】对话框中按住Shift键，此时【存储为默认值】按钮会变成【复位默认值】按钮，单击即可复位为Photoshop的默认值。

随堂练习 用【阴影/高光】命令调整逆光照片

扫码观看本案例视频

- 实例位置 CH08>用阴影/高光命令调整逆光照片>用阴影/高光命令调整逆光照片.psd
- 素材位置 CH08>用阴影/高光命令调整逆光照片>1.jpg
- 实用指数 ★★
- 技术掌握 学习使用【阴影/高光】调整命令

01 打开学习资源中的“CH08>用阴影/高光命令调整逆光照片>1.jpg”文件，如图8-158所示。

图8-158

02 执行【图像】>【调整】>【阴影/高光】菜单命令，打开【阴影/高光】对话框。然后单击【显示更多选项】按钮，接着在【阴影】选项组设置参数【数量】为100、【半径】为2500，提高调整强度，使画面边亮，参数设置如图8-159所示，效果如图8-160所示。

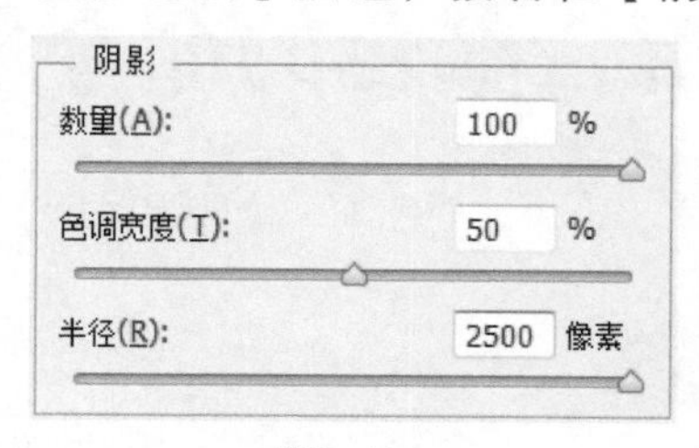

图8-159

图8-160

03 在【高光】选项组下设置参数【数量】为20，参数设置如图8-161所示，效果如图8-162所示。

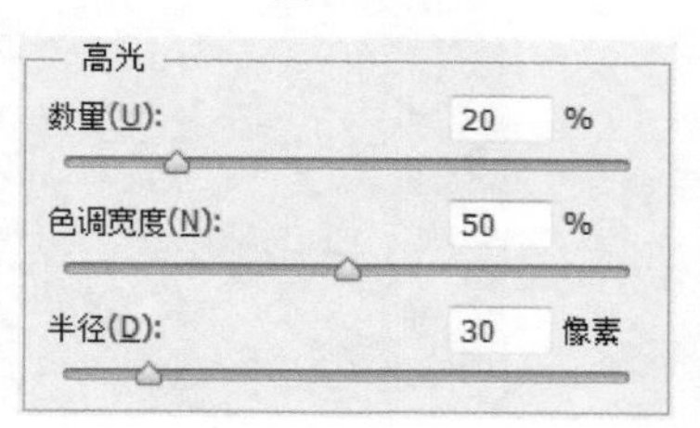

图8-161

图8-162

04 在【调整】选项组下设置参数【颜色校正】为+50、【中间调对比度】为-20，增加颜色的饱和度，参数设置如图8-163所示，最终效果如图8-164所示。

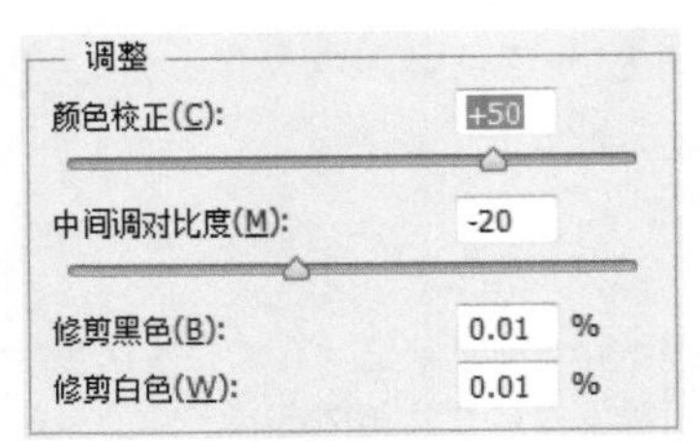

图8-163

图8-164

8.3.5 曝光度

【曝光度】命令专门用于调整HDR图像的曝光效果，它是通过在线性颜色空间执行计算而得出的曝光效果。打开一张图片，如图8-165所示；然后执行【图像】>【调整】>【曝光度】菜单命令，打开【曝光度】对话框，如图8-166所示。

图8-165

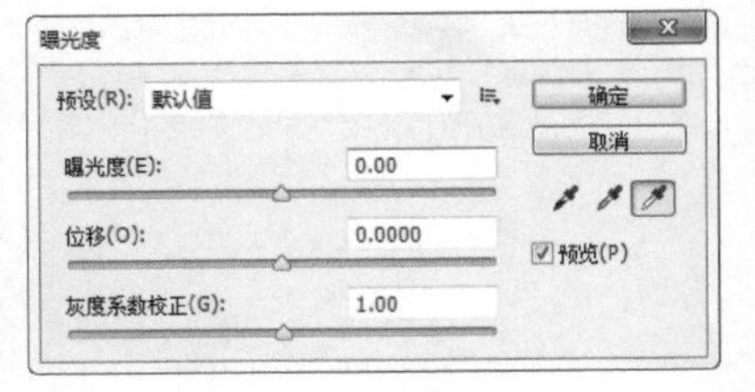

图8-166

【曝光度】对话框的重要参数介绍

预设/预设选项：Photoshop预设了4种曝光效果，如图8-167所示；单击【预设选项】按钮，可以对当前设置的参数进行保存，或载入一个外部的预设调整文件。

曝光度：向左拖曳滑块，可以降低曝光效果，如图8-168所示；向右拖曳滑块，可以增强曝光效果，如图8-169所示。

位移：该选项主要对阴影和中间调起作用，可以使其变暗，但对高光基本不会产生影响。

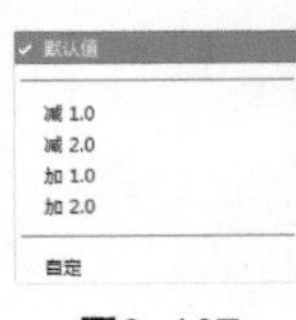

图8-167

图8-168

图8-169

灰度系数校正：使用一种乘方函数来调整图像灰度系数。

8.4 匹配/替换/混合颜色的命令

【图像】菜单下的【通道混合器】、【可选颜色】、【匹配颜色】和【替换颜色】命令可以对多个图像的颜色进行匹配或替换。

8.4.1 通道混合器

使用【通道混合器】命令可以对图像的某一个通道的颜色进行调整，以创建出各种不同色调的图像，同时也可以用来创建高品质的灰度图像。打开一张图像，如图8-170所示，执行【图像】>【调整】>【通道混合器】菜单命令，打开【通道混合器】对话框，如图8-171所示。

图8-170

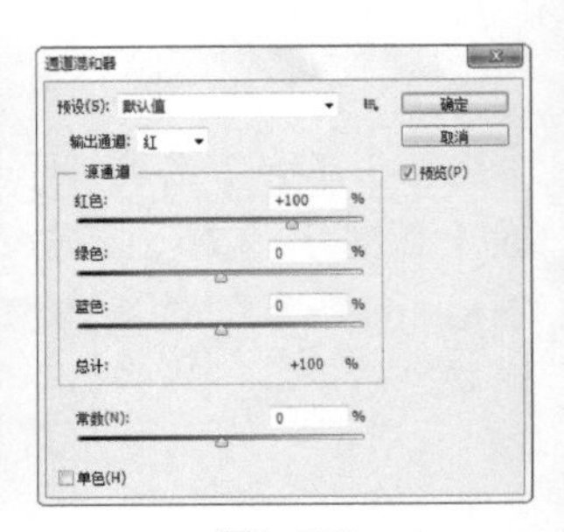

图8-171

【通道混合器】的重要参数介绍

预设/预设选项：Photoshop提供了6种制作黑白图像的预设效果，如图8-172所示。单击【预设选项】按钮，可以对当前设置的参数进行保存，或载入一个外部的预设调整文件。

输出通道：在下拉列表中可以选择一种通道来对图像的色调进行调整。

源通道：用来设置源通道在输出通道中所占的百分比。将一个源通道的滑块向左拖曳，可以减小该通道在输出通道中所占的百分比；向右拖曳，则可以增加百分比。

总计：显示源通道的计数值。如果计数值大于100%，则有可能会丢失一些阴影和高光细节。

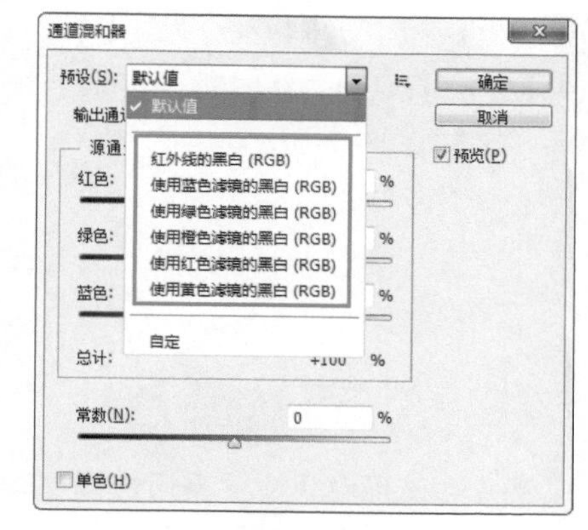

图8-172

常数：用来设置输出通道的灰度值。设置负值，可以在通道中增加黑色；设置正值，可以在通道中增加白色。

单色：勾选该项以后，图像将变成黑白效果。

随堂练习 使用【通道混合器】变换季节

扫码观看本案例视频

- 实例位置 CH08>使用通道混合器变换季节>使用通道混合器变换季节.psd
- 素材位置 CH08>使用通道混合器变换季节>1.jpg
- 实用指数 ★★★
- 技术掌握 学习使用【通道混合器】命令

01 打开学习资源中的“CH08>使用通道混合器变换季节>1.jpg”文件，如图8-173所示。

02 执行【图像】>【调整】>【通道混合器】菜单命令，然后设置【输出通道】为【红】，再设置【源通道】中【红色】为-10、【绿色】为144、【蓝色】为-50，如图8-174所示，效果如图8-175所示。

图8-173

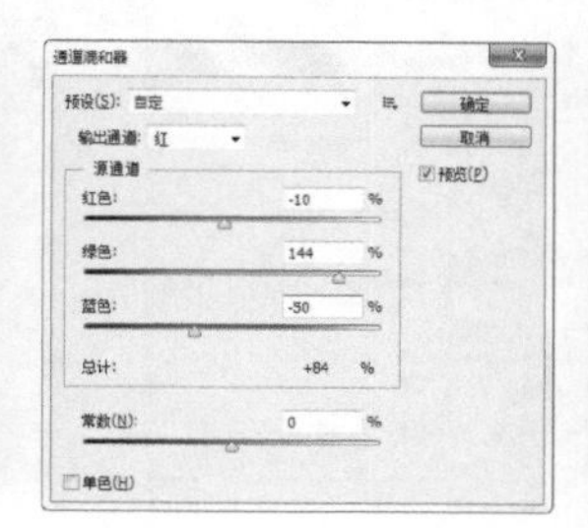

图8-174

图8-175

03 设置【输出通道】为【蓝】，然后设置【源通道】中【红色】为3、【绿色】为-8、【蓝色】为88，如图8-176所示，效果如图8-177所示。

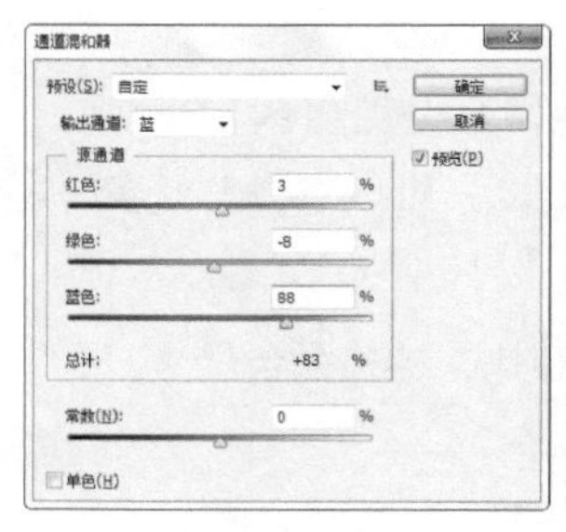

图8-176

图8-177

8.4.2 可选颜色

【可选颜色】命令是通过调整印刷油墨的含量来控制颜色的。印刷色由青、洋红、黄、黑4种油墨混合而成，使用【可选颜色】命令可以有选择性地修改主要颜色中的印刷色的含量，但不会影响其他主要颜色。例如，可以减少绿色图素中的青色，同时保留蓝色图素中的青色不变。打开一张图像，如图8-178所示，然后执行【图像】>【调整】>【可选颜色】菜单命令，打开【可选颜色】对话框，如图8-179所示。

图8-178

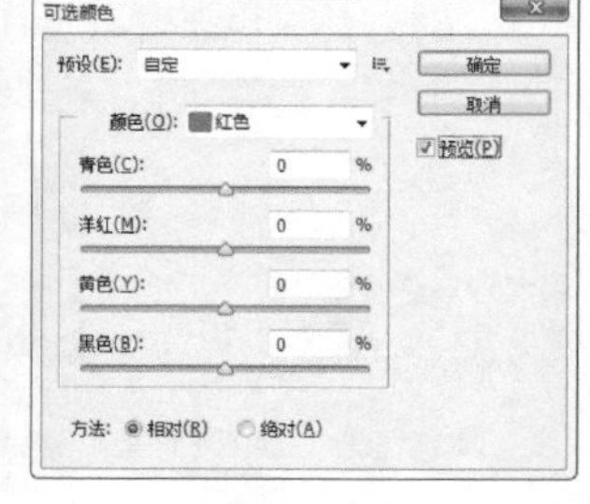

图8-179

【可选颜色】对话框的重要参数介绍

颜色/滑块：在【颜色】下拉列表中选择要修改的颜色后，拖曳下面的各个颜色滑块，即可调整所选颜色中的青色、洋红色、黄色和黑色的含量。例如，图中有不同的颜色拼图，并且这些拼图都不是纯色的，每种颜色中混有其他颜色，如果用【可选颜色】命令减少绿色中的黄色，则其他拼图中的黄色不会受到影响。图8-181所示的是减少绿色拼图中的黄色的效果，图8-182所示的是减少黄色拼图中的黄色的效果，图8-183所示的是减少红色拼图中的黄色的效果，图8-184所示的是减少中性色中的黄色的效果。

方法：用来设置调整方式。选择【相对】，可按照总量的百分比修改现有的青色、洋红、黄色和黑色的数量；选择【绝对】方式，可以采用绝对值来调整颜色。

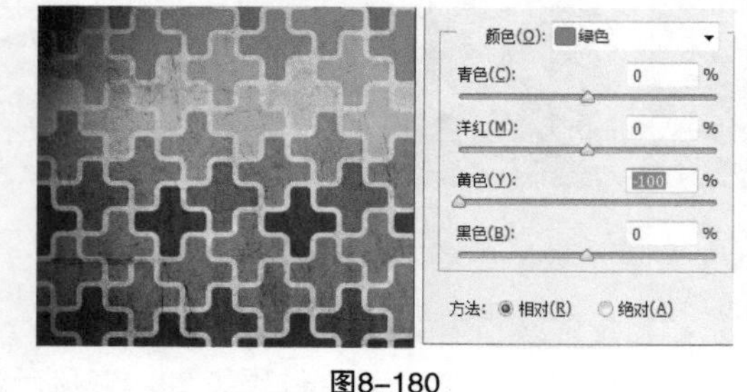

图8-180

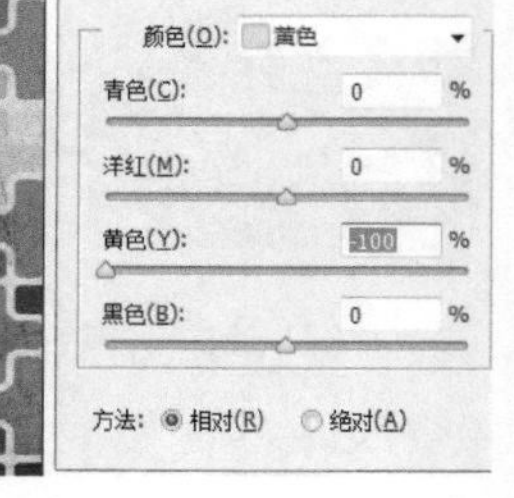

图8-181

图8-182

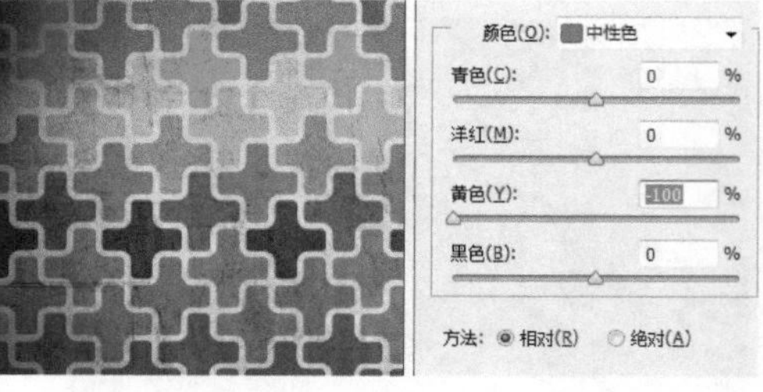

图8-183

随堂练习 用【可选颜色】制作海报

扫码观看本案例视频

- 实例位置 CH08>用可选颜色制作海报>用可选颜色制作海报.psd
- 素材位置 CH08>用可选颜色制作海报>1.jpg，2.png
- 实用指数 ★★
- 技术掌握 学习使用【可选颜色】命令

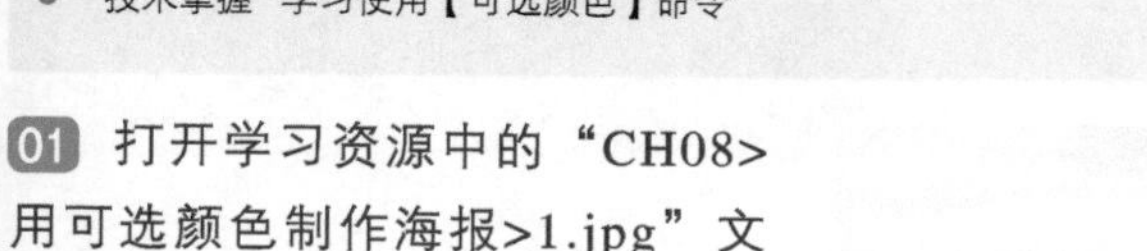

01 打开学习资源中的“CH08>用可选颜色制作海报>1.jpg”文件，如图8-184所示。

02 单击【调整】面板的按钮，创建【可选颜色】调整图层。然后在【属性】面板设置【颜色】为【白色】，再设置【青色】为+60、【洋红】为-21、【黄色】为+47、【黑色】为+22，如图8-185所示，效果如图8-186所示。

03 打开【2.png】，然后使用【移动工具】拖曳纹理素材至当前文档中，最终效果如图8-187所示。

图8-184

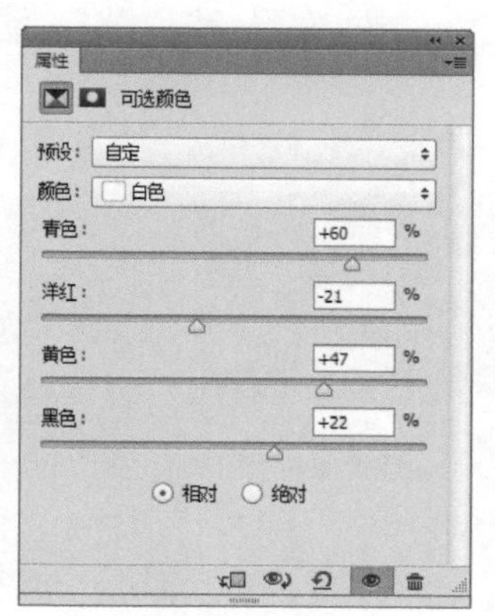

图8-185

图8-186

图8-187

8.4.3 匹配颜色

【匹配颜色】命令可以将一个图像（源图像）的颜色与另一个图像（目标图像）的颜色匹配起来，也可以匹配同一个图像中不同图层之间的颜色。打开两张图像，如图8-188和图8-189所示；然后在火车的文档窗口中执行【图像】>【调整】>【匹配颜色】菜单命令，打开【匹配颜色】对话框，如图8-190所示。在【源】选项下拉列表中选择花朵素材，让照片的色彩成分主要由橙色和黄色组成，效果如图8-191所示。

图8-188

图8-189

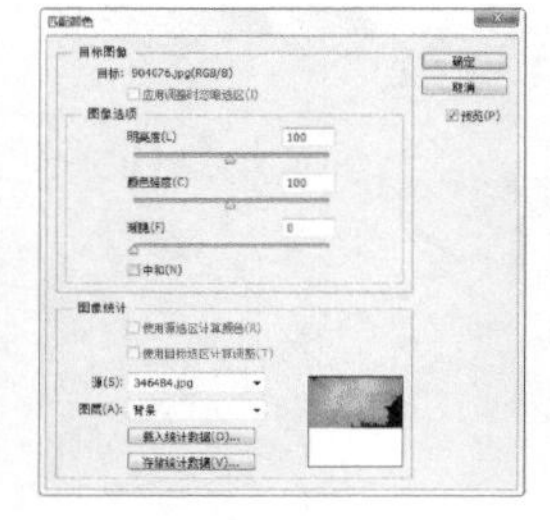

图8-190

图8-191

【匹配颜色】的重要参数介绍

目标：显示可被修改的图像的名称和颜色模式。

❖ 应用调整时忽略选区：如果当前图像中包含选区，勾选该项，可忽略选区，将调整应用于整个图像，如图8-192所示；取消勾选，则仅影响选中的图像，如图8-193所示。

明亮度：可以改变图像的亮度，图8-194所示的是该值为1的效果，图8-195所示的是该值为200的效果。

颜色强度：用来调整色彩的饱和度。该值为1时，生成灰度图像。图8-196所示的是该值为1的效果，图8-197所示的是该值为200的效果。

图8-192

图8-193

图8-194

图8-195

图8-196

图8-197

渐隐：用来控制应用于图像的调整量，该值越高，调整强度越弱。图8-198所示的是该值为0的效果，图8-199所示的是该值为50的效果，图8-200所示的是该值为100的效果。

图8-198

图8-199

图8-200

使用源选区计算颜色：如果在源图像中创建了选区，勾选该选项，可使用选区中的图像匹配当前图像的颜色；取消勾选，则会使用调整图像进行匹配。

中和：勾选该选项，可以消除图像中出现的色偏，图8-201所示的是未勾选该选项的效果，图8-202所示的是勾选该选项的效果。

图8-201

图8-202

使用目标选区计算调整：如果在目标图像中创建了选区，勾选该选项，可使用选区内的图像来计算调整；取消勾选，则使用整个图像中的颜色来计算调整。

源：可选择要将颜色与目标图像中的颜色相匹配的源图像。

图层：用来选择需要匹配的图层。如果要将【匹配颜色】命令应用于目标图像中的特定图层，应确保在执行【匹配颜色】命令时该图层处于当前选择状态。

存储统计数据/载入统计数据：单击【存储统计数据】按钮，将当前的设置保存；单击【载入统计数据】按钮，可载入已存储的设计。使用载入的统计数据时，无须在Photoshop中打开源图像，就可以完成匹配当前目标图像的操作。

随堂练习 用【匹配颜色】为模特调整肤色

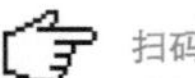
扫码观看本案例视频

- 实例位置 CH08>用匹配颜色为模特调整肤色>用匹配颜色为模特调整肤色.psd
- 素材位置 CH08>用匹配颜色为模特调整肤色>1.jpg，2.jpg
- 实用指数 ★★★
- 技术掌握 学习使用【匹配颜色】命令

01 打开学习资源中的“CH08>用匹配颜色为模特调整肤色>1.jpg，2.jpg”文件，如图8-203和图8-204所示。

图8-203

图8-204

02 选择【1.jpg】文档，然后执行【图像】>【调整】>【匹配颜色】菜单命令，打开【匹配颜色】对话框。接着在【源】选项下拉列表中选择【2.jpg】，设置参数【明亮度】为20、【颜色强度】为200、【渐隐】为40，再勾选【中和】，如图8-205所示；最后单击【确定】按钮，效果如图8-206所示。

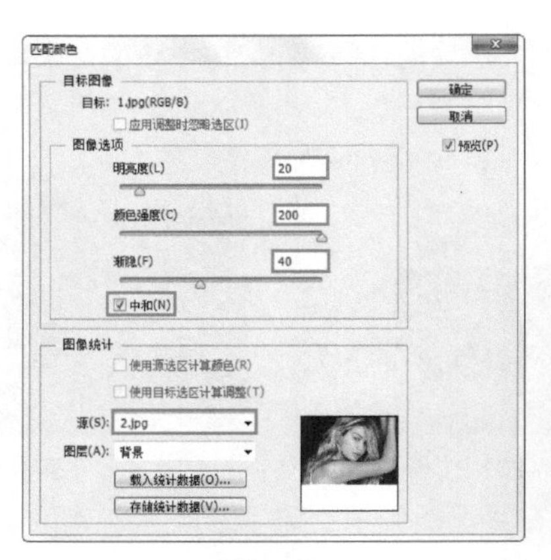

图8-205

图8-206

03 执行【图像】>【调整】>【曲线】菜单命令，然后调整曲线增加图像对比度，如图8-207所示，最终效果如图8-208所示。

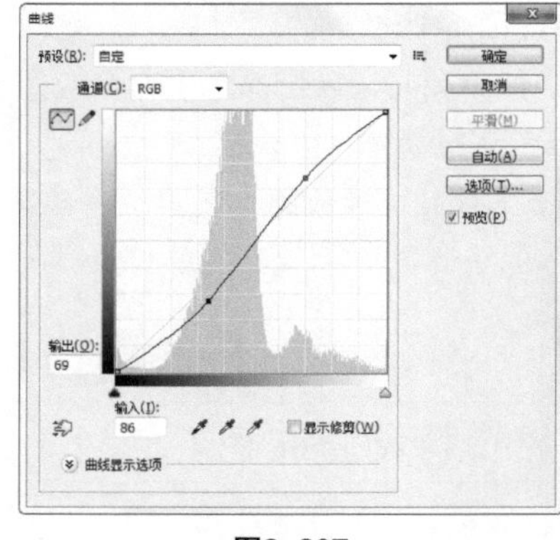

图8-207

图8-208

8.4.4 替换颜色

【替换颜色】命令可以将选定的颜色替换为其他颜色，颜色的替换是通过更改选定颜色的色相、饱和度与明度来实现的。打开一张图像，如图8-209所示；然后执行【图像】>【调整】>【替换颜色】菜单命令，打开【替换颜色】对话框，如图8-210所示。

图8-209

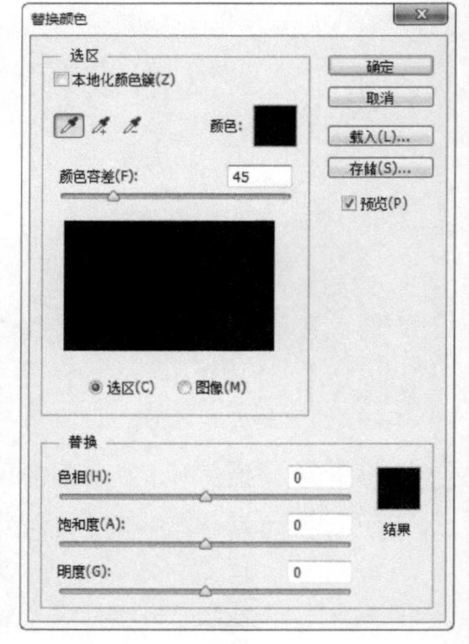

图8-210

【替换颜色】的重要参数介绍

吸管工具：用【吸管工具】在图像中单击，可以选中光标下面的颜色（在【颜色容差】选项下面的缩览图中，白色代表了选中的颜色），如图8-211所示；用【添加到取样工具】在图像中单击，则可以添加新的颜色，如图8-212所示；用【从取样中减去工具】在图像中单击，可以减少颜色，如图8-213所示。

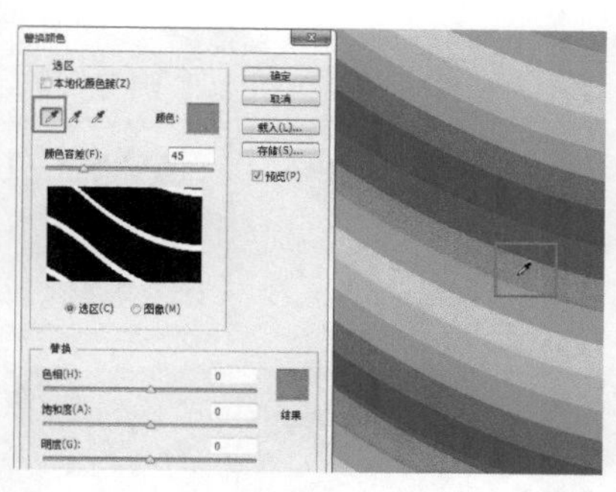

图8-211

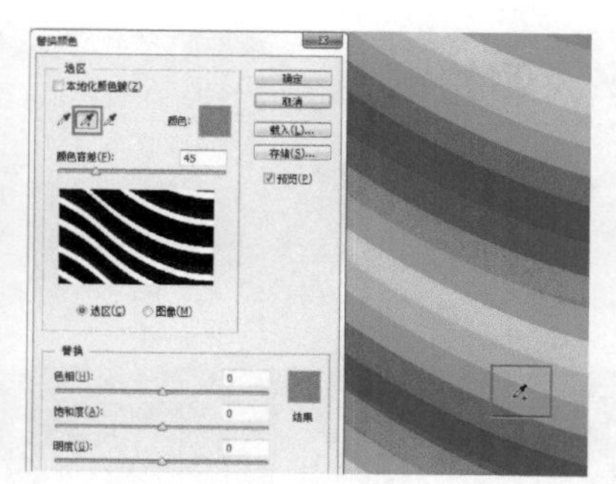

图8-212

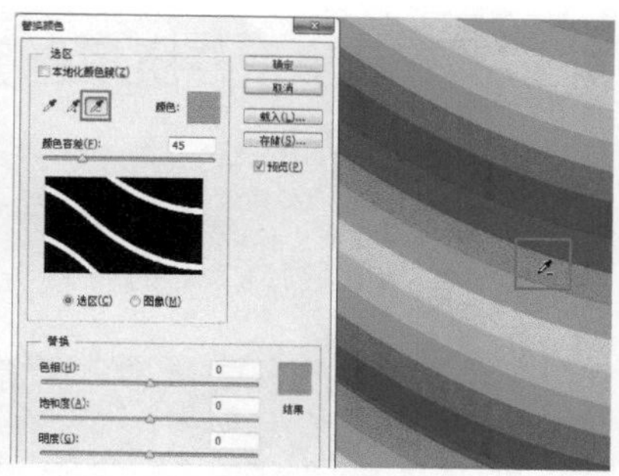

图8-213

本地化颜色簇：如果在图像中选择相似且连续的颜色，可勾选该项，使选择范围更加精确。

颜色容差：用来控制颜色的选择精度。该值越高，选中的颜色范围越广（白色代表了选中的颜色），如图8-214和图8-215所示。

选区/图像：勾选【选区】，可在预览区中显示代表选区范围的蒙版（黑白图像），其中，黑色代表了未选择的区域，白色代表选中的区域，灰色代表了被部分选择的区域，如图8-216所示；勾选【图像】，则会显示图像内容，不显示选区，如图8-217所示。

图8-214

图8-215

图8-216

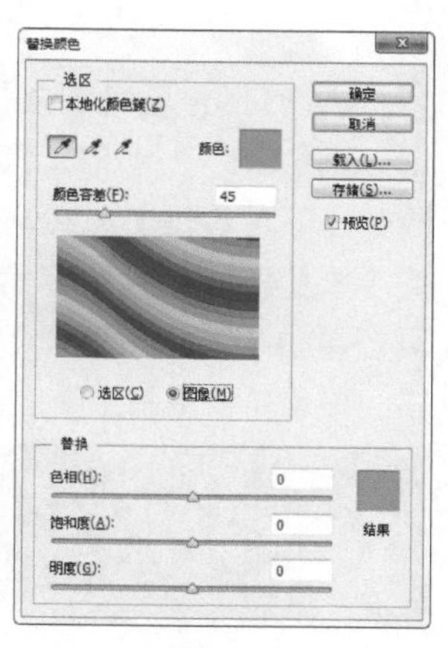

图8-217

替换：拖曳各个滑块即可调整所选颜色的色相、饱和度与明度，如图8-218所示。

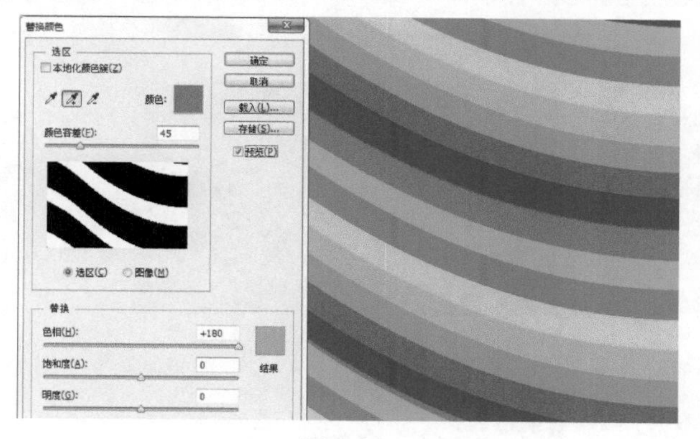

图8-218

Tips

【替换颜色】命令中的色彩选择方式与【色彩范围】命令相同。

随堂练习 用【替换颜色】为照片换色

扫码观看本案例视频

- 实例位置 CH08>用替换颜色为照片换色>用替换颜色为照片换色.psd
- 素材位置 CH08>用替换颜色为照片换色>1.jpg
- 实用指数 ★★★
- 技术掌握 学习使用【替换颜色】命令

01 打开学习资源中的“CH08>用替换颜色为照片换色>1.jpg”文件，如图8-219所示。

02 执行【图像】>【调整】>【替换颜色】菜单命令，打开【替换颜色】对话框。然后使用【吸管工具】在枯叶上单击，如图8-220所示；接着设置参数【颜色容差】为200、【色相】为-57，参数设置如图8-221所示；最后单击【确定】按钮，效果如图8-222所示。

03 单击【添加到取样】按钮，然后在图像上未被选中的枯叶上单击，接着单击【确定】按钮，最终效果如图8-223所示。

图8-219

图8-220

图8-221

图8-222

图8-223

> **Tips**
> 多次使用【替换颜色】命令，有时候可以达到更好的效果。

8.5 特殊色调调整的命令

在【图像】菜单下，有一部分命令可以调整出特殊的色调，它们是【黑白】、【反相】、【阈值】、【色调分离】、【渐变映射】和【HDR色调】命令。

↘8.5.1 黑白

【黑白】命令可把彩色图像转换为黑白图像，同时可以控制每一种色调的量。另外，【黑白】命令还可以为黑色图像着色，以创建单色图像。打开一张图像，如图8-224所示；执行【图像】>【调整】>【黑白】菜单命令，或按组合键Alt+Shift+Ctrl+B，打开【黑白】对话框，如图8-225所示。

图8-224

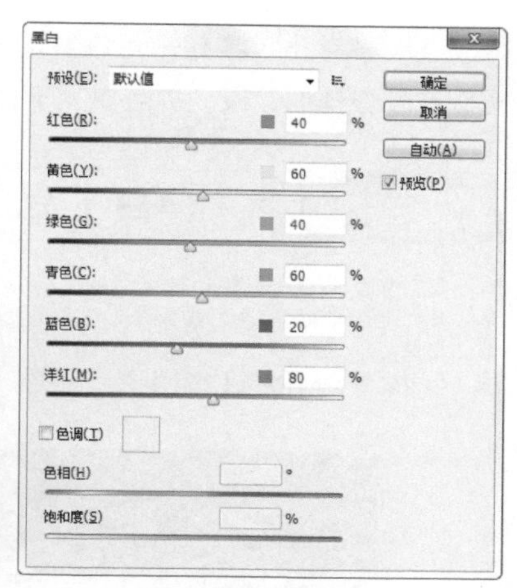

图8-225

【黑白】命令的重要参数介绍

预设：在【预设】下拉列表中可以选择一个预设的调整文件，对图像自动应用调整，如图8-226所示。图8-227所示的是使用不同预设文件创建的黑白效果。如果要存储当前的调整设置结果，可单击选项右侧的按钮，在下拉菜单中选择【存储预设】命令。

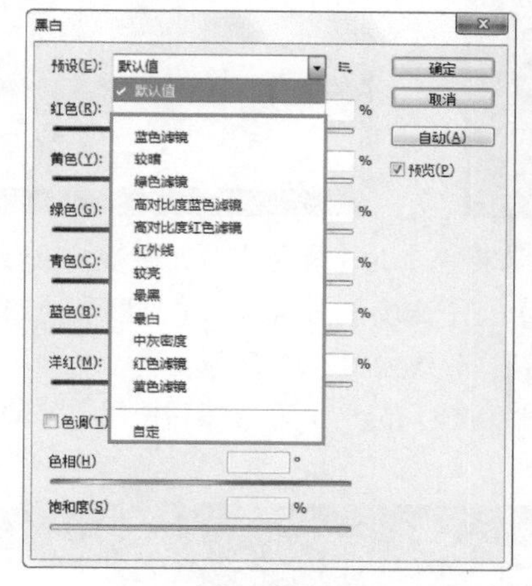

图8-226

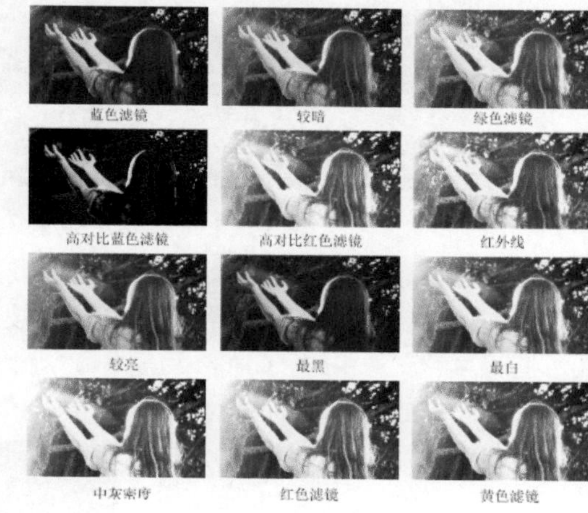

图8-227

拖曳颜色滑块调整：拖曳各个原色的滑块可调整图像中特定的灰色调。例如，向左拖曳红色滑块时，可以使图像中由红色转换而来的灰色调变暗，如图8-228所示；向右拖曳，则会使这样的灰色调变亮，如图8-229所示。

为灰度着色：如果要为灰度着色，创建单色调效果，可勾选【色调】选项，再拖曳【色相】滑块和【饱和度】滑块进行调整。单击颜色块，可以打开【拾色器】对颜色进行调整。图8-230和图8-231所示的是创建的单色调效果。

图8-228

图8-229

图8-230

图8-231

自动：单击该按钮，可设置基于图像的颜色值的灰度混合，并使灰度值的分布最大化。【自动】混合通常会产生极佳的效果，并可以用于使用颜色滑块调整灰度值的起点。

随堂练习 用【黑白】命令设计海报

扫码观看本案例视频

- 实例位置 CH08>用黑白命令设计海报>用黑白命令设计海报.psd
- 素材位置 CH08>用黑白命令设计海报>1.jpg
- 实用指数 ★★★
- 技术掌握 学习使用【黑白】命令

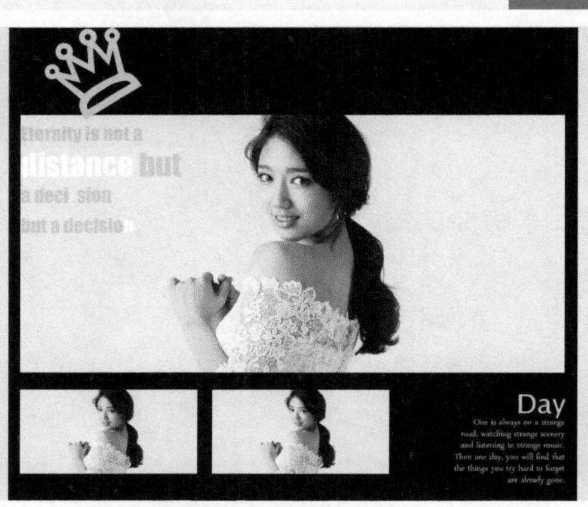

01 打开Photoshop，然后在【工具箱】设置【背景色】为【黑色】。接着按组合键Ctrl+N，在打开的【新建】对话框中设置参数【名称】为【封面设计】、【宽度】为1454、【高度】为1248、【背景内容】为【背景色】，如图8-232所示，最后按下【确定】按钮，效果如图8-233所示。

02 打开学习资源中的“CH08>用黑白命令设计海报>1.jpg”文件，然后使用【移动工具】移动模特至当前文档，如图8-234所示。

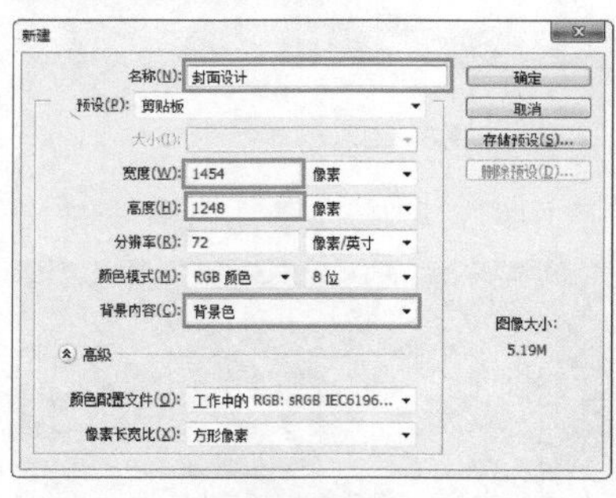

图8-232

图8-233

图8-234

03 按组合键Ctrl+J复制【图层 1】，得到【图层 1 副本】，如图8-235所示。然后按组合键Ctrl+T自由变换图形，如图8-236所示。接着按住Shift键拖曳右上角控制点缩小图像至合适位置，如图8-237所示。

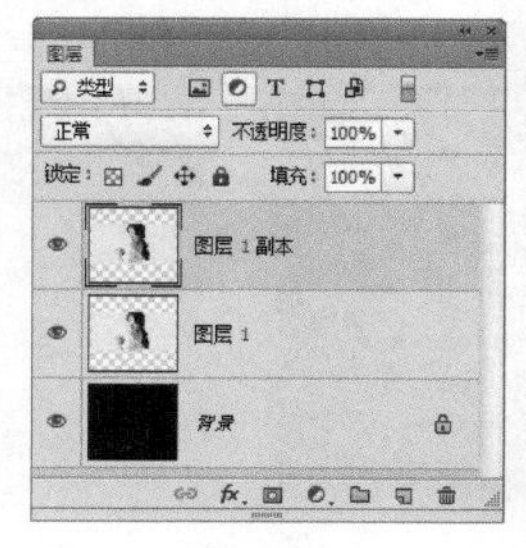

图8-235

图8-237

图8-236

04 多次按下↓键，向下移动图像至画布左下位置，然后按下Enter键确认自由变换，如图8-238所示。

05 按组合键Ctrl+J复制【图层 1 副本】，得到【图层 1 副本 2】，如图8-239所示；然后使用【移动工具】，并按住Shift键向右水平移动图像至合适位置，如图8-240所示。

图8-238

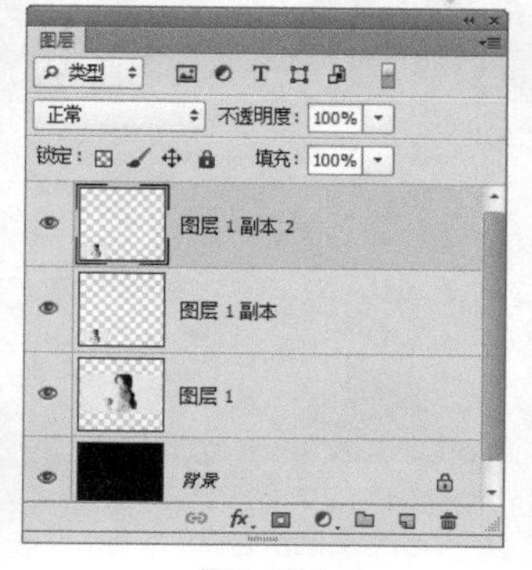

图8-239

图8-240

06 执行【图像】>【调整】>【黑白】菜单命令，打开【黑白】对话框，然后单击【确定】按钮，如图8-241所示。

07 选择【图层 1】，然后执行【图像】>【调整】>【黑白】菜单命令，在打开的【黑白】对话框中单击【确定】按钮，效果如图8-242所示。

08 使用【横排文字工具】T.在图像上输入一些文字，并使用【自定义工具】绘制一些图形作为装饰，如图8-243所示。

图8-241

图8-242

图8-243

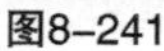

8.5.2 反相

【反相】命令可以将图像中的某种颜色转换为它的补色，即将原来的黑色变成白色，白色变成黑色，从而创建出负片效果。打开一张图像，如图8-44所示；然后执行【图层】>【调整】>【反相】菜单命令或按组合键Ctrl+I，即可得到反相效果，如图8-245所示。

图8-244

图8-245

Tips

【反相】命令是一个可以逆向操作的命令，比如对一张图像执行【反相】命令，创建出负片效果，再次对负片图像执行【反相】命令，又会得到原来的图像。

8.5.3 阈值

【阈值】命令可以删除图像中的色彩信息，将其转换为只有黑、白两种颜色的图像。打开一张图像，如图8-246所示；然后执行【图像】>【调整】>【阈值】菜单命令，打开【阈值】对话框，如图8-247所示；输入【阈值色阶】数值或拖曳直方图下面的滑块可以指定一个色阶作为阈值，比阈值亮的像素将转换为白色，比阈值暗的像素将转换为黑色，如图8-248所示。

图8-246

图8-247

图8-248

8.5.4 色调分离

使用【色调分离】命令可以指定图像中每个通道的色调级数目或亮度值，然后将像素映射到最接近的匹配级别。打开一张图像，如图8-249所示；然后执行【图像】>【调整】>【色调分离】菜单命令，打开【色调分离】对话框，如图8-250所示；设置的【色阶】值越小，分离的色调越多，如图8-251所示；设置的【色阶】值越大，保留的图像细节就越多，如图8-252所示。

图8-249

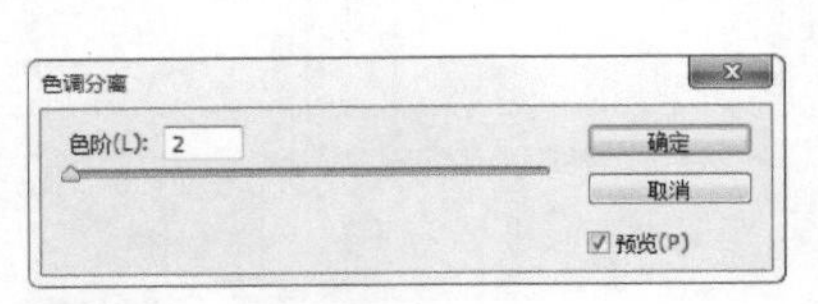

图8-250

图8-251

图8-252

8.5.5 渐变映射

【渐变映射】命令可以将图像转换为灰度，再用设定的渐变色替换图像中的各级灰度。如果指定的是双色渐变，图像中的阴影就会映射到渐变填充的一个端点颜色，高光则映射到另一个端点颜色，中间调映射为两个端点颜色之间的渐变。

打开一个图像文件，如图8-253所示；执行【图像】>【调整】>【渐变映射】菜单命令时，打开【渐变映射】对话框，如图8-254所示；Photoshop会使用当前的前景色和背景色改变图像的颜色，如图8-255所示。

图8-253

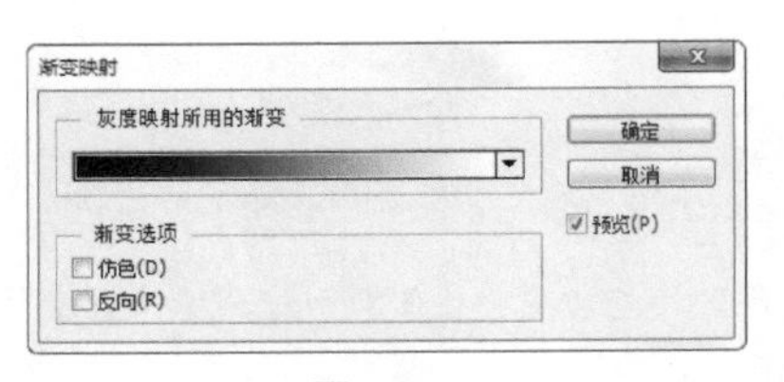

图8-254

图8-255

【渐变映射】对话框的重要参数介绍

调整渐变：单击渐变颜色条右侧的三角形按钮，可以在打开的下拉面板中选择一个预设的渐变，如图8-256和图8-257所示。如果要创建自定义的渐变，则可以单击渐变颜色条，打开【渐变编辑器】对话框进行设置。

仿色：可以添加随机的杂色来平滑渐变填充的外观，减少带宽效应，使渐变效果更加平滑。

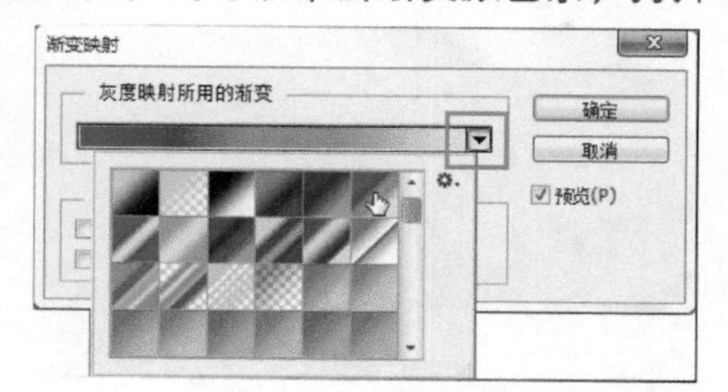

图8-256

图8-257

反向：可以反转渐变颜色的填充方向，如图8-258和图8-259所示。

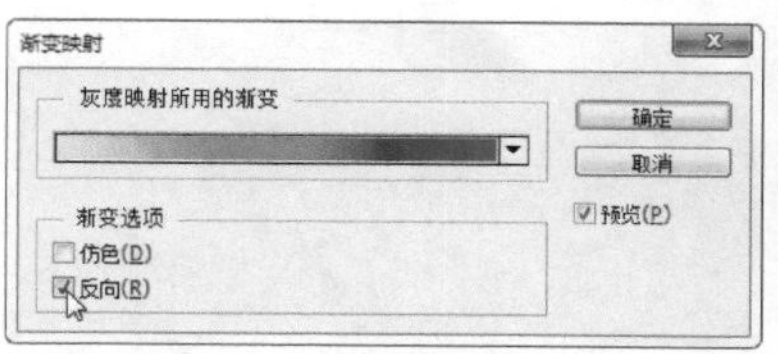

图8-258

图8-259

Tips

【渐变映射】会改变图像色调的对比度。要避免出现这种情况，可以使用【渐变映射】调整图层，然后将调整图层的混合模式设置为【颜色】，使它只改变图像的颜色，不会影响亮度。如图8-260~图8-262所示。

图8-260

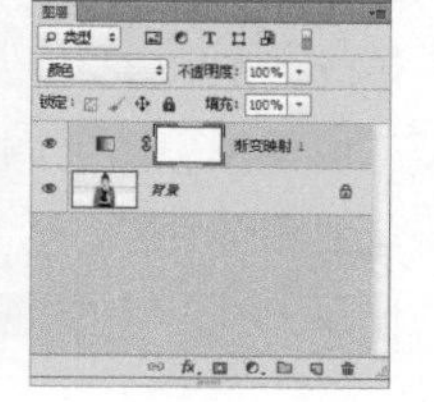

图8-261

图8-262

8.5.6 HDR色调

【HDR色调】命令可以用来修补太亮或太暗的图像，制作出高动态范围的图像效果，对于处理风景图像非常有用。打开一张图像，如图8-263所示，然后执行【图像】>【调整】>【HDR色调】菜单命令，打开【HDR色调】对话框，如图8-264所示。

图8-263

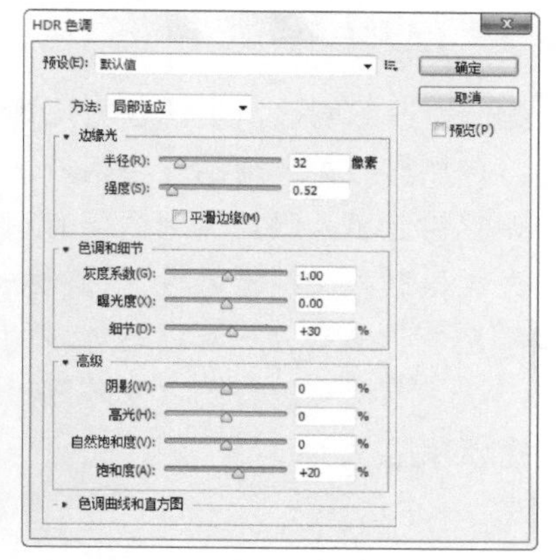

图8-264

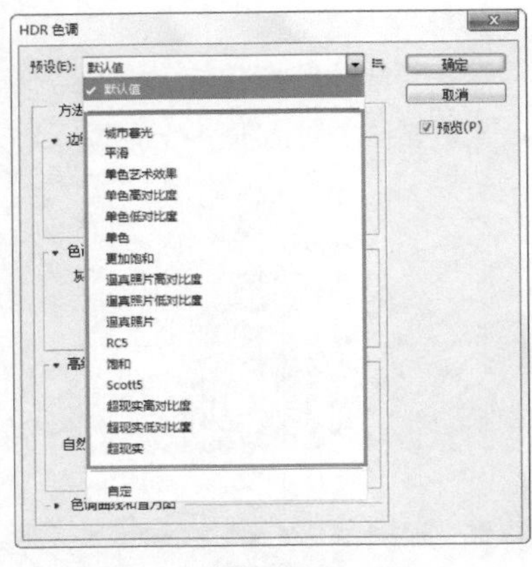

图8-265

【HDR色调】的重要参数介绍

预设：在下拉列表中可以选择预设的HDR效果，既有黑白效果，也有彩色效果，如图8-265所示，图8-266~图8-270所示的是部分预设效果。

图8-266

图8-267

图8-268

图8-269

图8-270

方法：选择调整图像采用何种HDR方法。

边缘光：该选项组用于调整图像边缘光的强度。

色调和细节：该选项组中的选项可以使图像的色调和细节更加丰富细腻。

颜色：该选项组可以用来调整图像的整体色彩。

色调曲线和直方图：该选项组的使用方法与【曲线】命令的使用方法相同。

8.6 色域与溢色

数码相机、扫描仪、显示器、打印机以及印刷设备等都有特定的色彩空间，了解它们的特征和区别，对于平面设计、网页设计、印刷等工作都有较大帮助。

8.6.1 色域

色域是一种设备能够产生的色彩范围。在现实世界中，自然界可见光谱的颜色组成了最大的色域空间，它包含了人眼能见到的所有颜色。国际照明委员会根据人眼视觉特性，把光线波长转换为亮度和色相，创建了一套描述色域的色彩入局，如图8-271所示。可以看到色彩范围最小的是CMYK模式（印刷模式）。

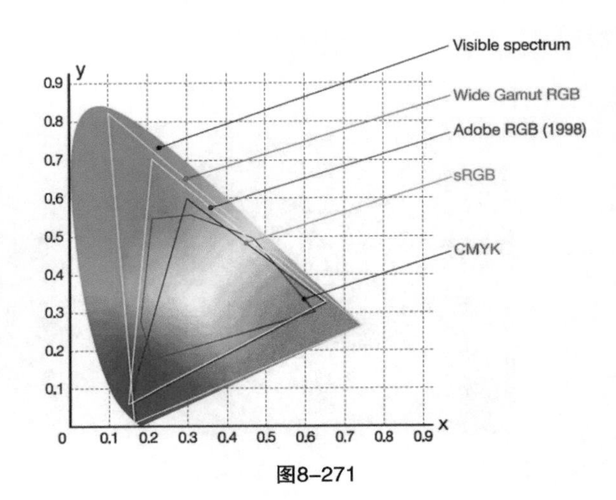

图8-271

↘8.6.2 溢色

显示器的色域（RGB模式）要比打印机（CMYK模式）的色域广，这就导致我们在显示器上看到或用Photoshop调出的颜色有可能打印不出来。那些不能被打印机准确输出的颜色为【溢色】。

使用【拾色器】或【颜色】面板设置颜色时，如果出现溢色，Photoshop就会给出警告信息，如图8-272和图8-273所示。在它下面有一个小颜色块，这是Photoshop提供的与当前颜色最为接近的可打印颜色，单击该颜色块，就可以用它来替换溢色，如图8-274所示。

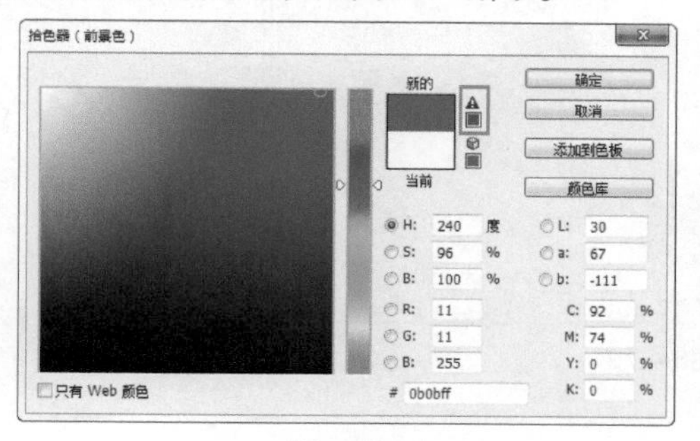

图8-272

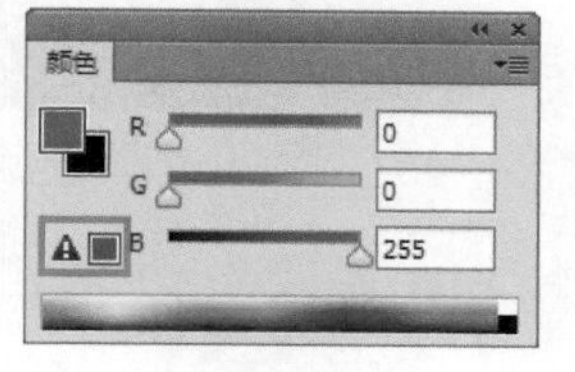

图8-273

图8-274

使用【图像】>【调整】菜单中的命令，或者通过调整图层增加色彩的饱和度时，如果想要在操作过程中了解是否出现溢色，可以先用【颜色取样器工具】在图像中建立取样点，然后在【信息】面板的吸管图标上单击鼠标右键并选择CMYK颜色，如图8-275所示；调整图像时，如果取样点的颜色超出了CMYK色域，CMYK值旁边会出现感叹号，如图8-276所示。

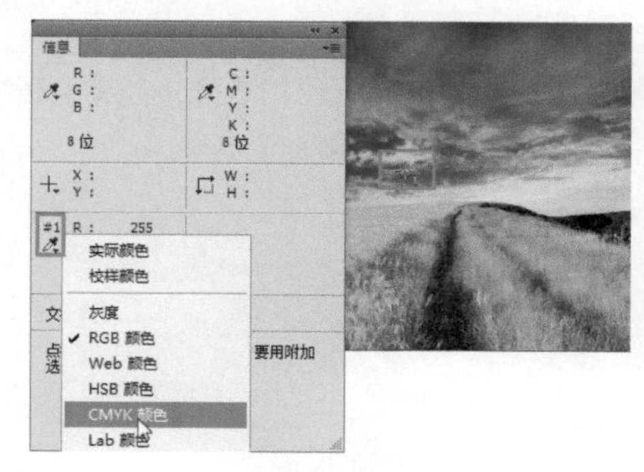

图8-275

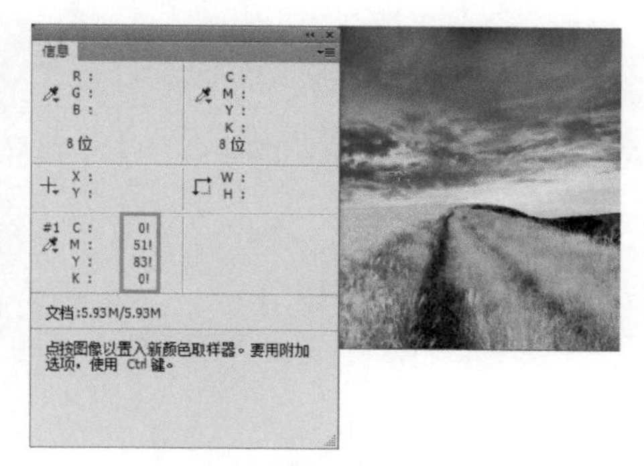

图8-276

↘8.6.3 开启【色域警报】

打开一个文件，如图8-277所示。如果想要了解哪些区域出现了溢色，可以执行【视图】>【色域警告】菜单命令，画面中被灰色覆盖的便是溢色区域，如图8-278所示。再次执行该命令，可以关闭【色域警告】。

图8-277

图8-278

Tips

如果打开【拾色器】以后执行【色域警告】命令，对话框中的溢色会显示为灰色，如图8-279所示。

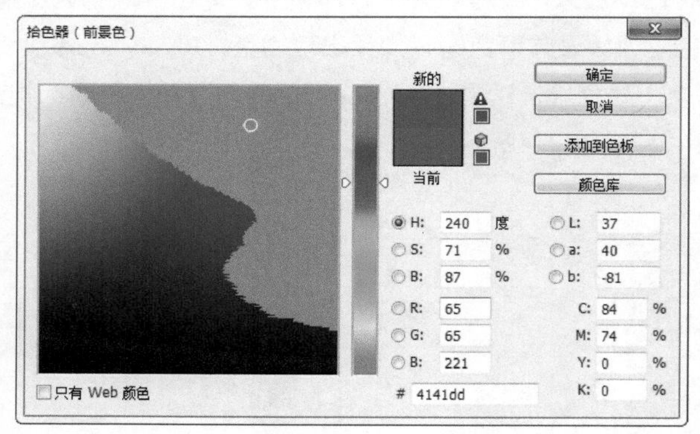

图8-279

8.6.4 在计算机屏幕上模拟印刷

在创建用于商业印刷机上输出的图像，如小册子、海报和杂志封面等时，可以在计算机屏幕上查看这些图像将来印刷后的效果会是怎么样的。打开一个文件，执行【视图】>【校样设置】>【工作中的CMYK】菜单命令，然后再执行【视图】>【校样颜色】菜单命令，启动电子校样，Photoshop就会模拟图像在商用印刷上的效果。

【校样颜色】只是提供了一个CMYK模式预览，以便用户查看转换后RGB颜色信息的丢失情况，而并没有真正将图像转换为CMYK模式。如果要关闭电子校样，可再次执行【校样颜色】命令。

CHAPTER

09 矢量工具与路径

本章主要介绍路径的绘制、编辑方法，以及图形的绘制与应用技巧，路径与矢量工具在图片处理后期与图像合成中的使用是非常频繁的。在Photoshop中，绘制匀称的圆形、椭圆、光滑流畅的曲线以及各种几何图形都要用矢量工具来完成。矢量图形最大的特点是可以任意缩放和旋转而不会出现锯齿。本章同时也是Photoshop基础知识中的重点与难点。

* 了解绘图模式
* 掌握【钢笔工具】的使用方法
* 掌握路径的基本操作方法
* 了解【路径】面板
* 掌握形状工具的基本使用方法

9.1 了解绘图模式

Photoshop中的钢笔和形状等矢量工具可以创建不同类型的对象，包括形状图层、工作路径和像素图形。选择一个矢量工具后，需要先在工具选项栏中选择相应的绘制模式，然后再进行绘图操作。

9.1.1 选择绘图模式

选择【形状】选项后，可在单独的形状图层中创建形状。形状图层由填充区域和形状两部分组成，填充区域定义了形状的颜色、图案和图层的不透明度，形状则是一个矢量图形，它同时出现在【路径】面板中，如图9-1~图9-3所示。

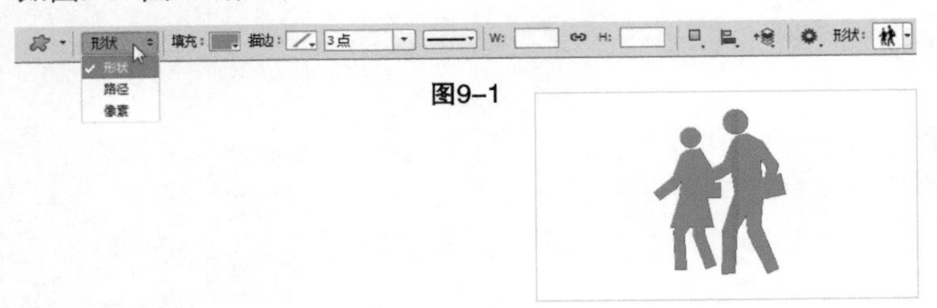

图9-1

图9-2

图9-3

选择【路径】选项后，可创建工作路径，它出现在【路径】面板中，如图9-4~图9-6所示。路径可以转换为选区或创建矢量蒙版，也可以填充和描边从而得到光栅化的图像。

图9-4

图9-5

图9-6

选择【像素】选项后，可以在当前图层上绘制栅格化的图形（图形的填充颜色为前景色）。由于不能创建矢量图形，因此，【路径】面板中也不会有路径，如图9-7~图9-9所示。该选项不能用于【钢笔工具】。

图9-7

图9-8

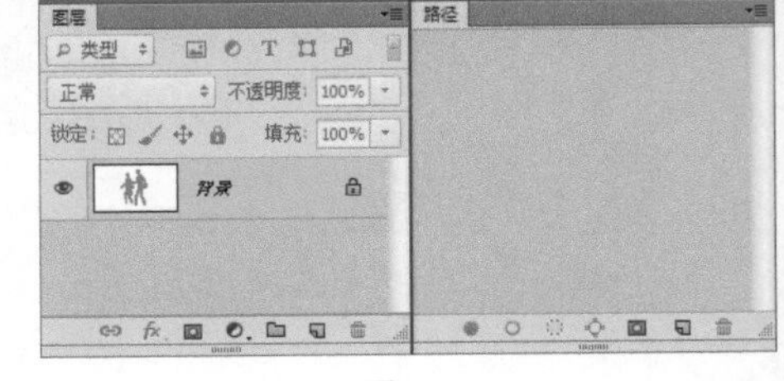

图9-9

9.1.2 形状

1.填充

选择【形状】选项后，可以在【填充】选项下拉列表以及【描边】选项组中单击一个按钮，然后选择用纯色、渐变或图案对图形进行填充和描边，如图9-10所示。

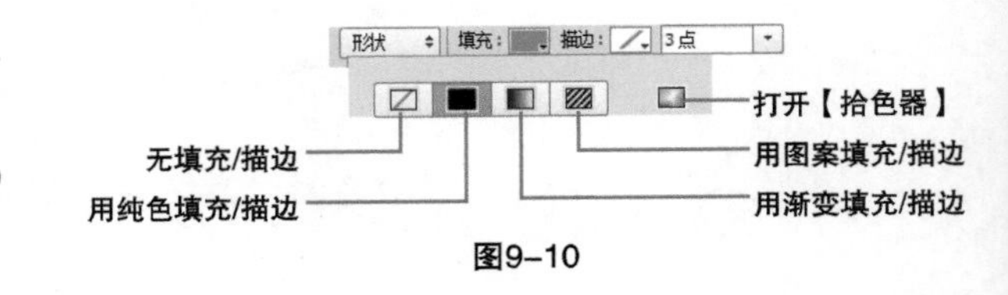

图9-10

图9-11所示的是使用纯色填充的效果，图9-12所示的是使用渐变填充的效果，图9-13所示的是使用图案填充的效果。如果要自定义填充颜色，可以单击■按钮，打开【拾色器】进行调整。

Tips

创建形状图层后，执行【图层】>【图层内容选项】菜单命令，可以打开【拾色器】修改形状的填充颜色。

图9-11

图9-12

图9-13

2.描边

在【描边】选项组中，可以用纯色、渐变或图案为图形进行描边，图9-14所示的是纯色描边，图9-15所示的是渐变描边，图9-16所示的是图案描边。

图9-14

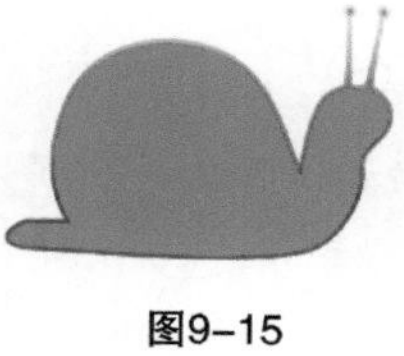

图9-15

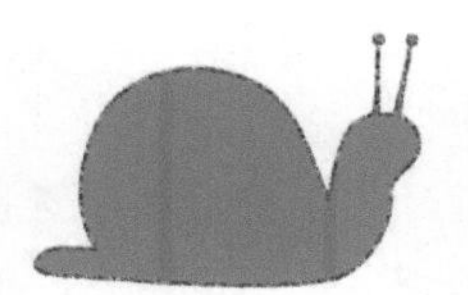

图9-16

单击工具选项栏中描边宽度右边的▾按钮，打开下拉菜单，拖曳滑块可以调整描边宽度，图9-17所示的是该值为3的效果，图9-18所示的是该值为8的效果。

单击工具选项栏中的【描边类型】——▾按钮，可以打开一个下拉面板，如图9-19所示，在该面板中可以设置【描边选项】。

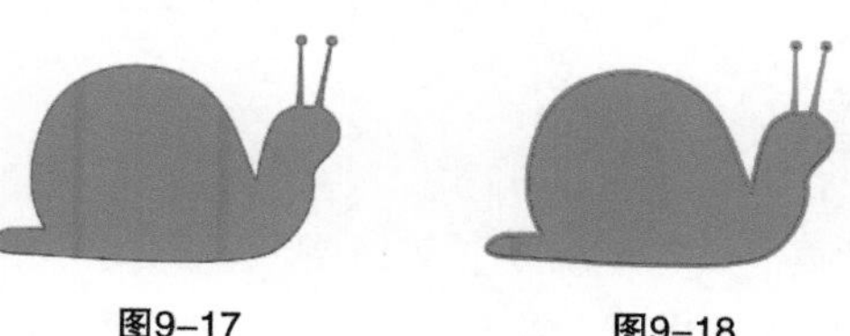

图9-17　图9-18

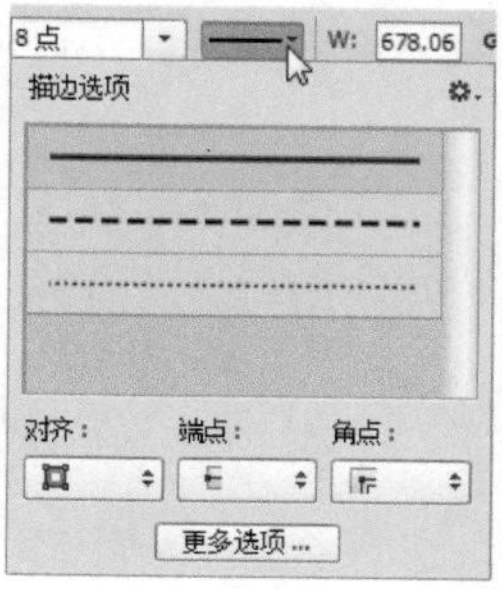

图9-19

【描边选项】的重要参数介绍

描边样式：可以选择用实线、虚线和原点来描边路径，如图9-20~图9-22所示。

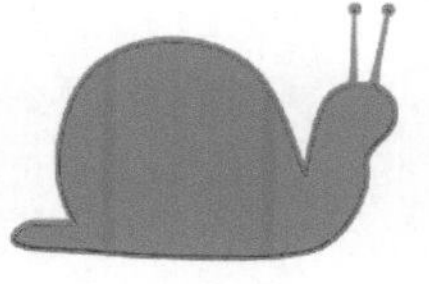

图9-20

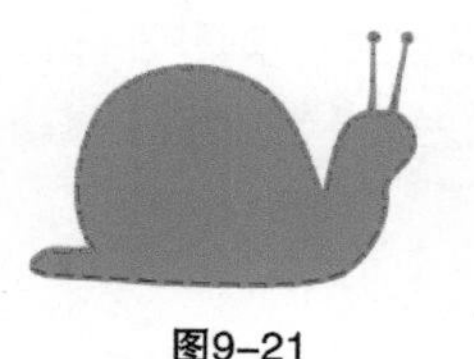

图9-21

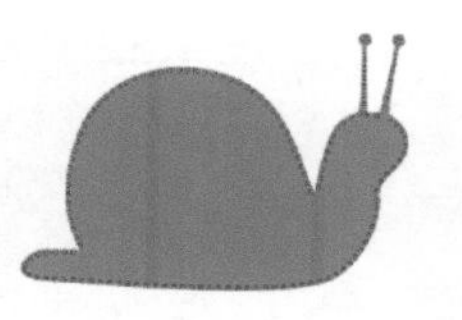

图9-22

对齐：单击⇕按钮，可在打开的下拉菜单中选择描边与路径的对齐方式，包括内部、居中和外部。

端点：单击⇕按钮打开下拉菜单可以选择路径端点的样式，包括端面、圆形和方形。

角点：单击⇕按钮，可以在打开的下拉菜单中选择路径转角处的转折方式，包括斜接、圆形和斜面。

更多选项：单击该按钮，可以打开【描边】对话框，该对话框中除包含前面的选项外，还可以调整虚线的间距，如图9-23所示。

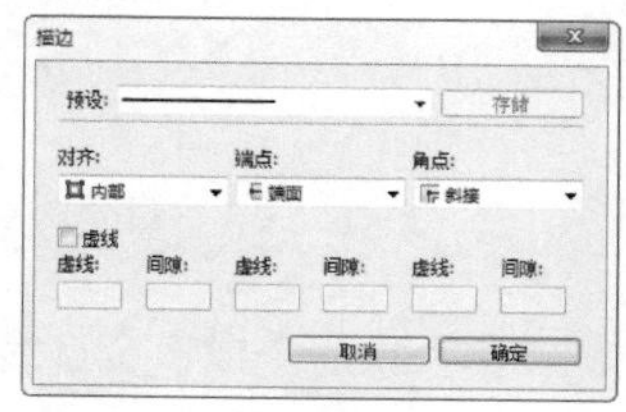

图9-23

9.1.3 路径

在工具选项栏中选择【路径】选项并绘制路径后，可以单击【选区】、【蒙版】或【形状】按钮，将路径转换为选区、矢量蒙版或形状图层，如图9-24所示为绘制的路径，图9-25所示的是单击【选区】按钮的效果，图9-26所示的是单击【蒙版】按钮的效果，图9-27所示的是单击【形状】按钮的效果。

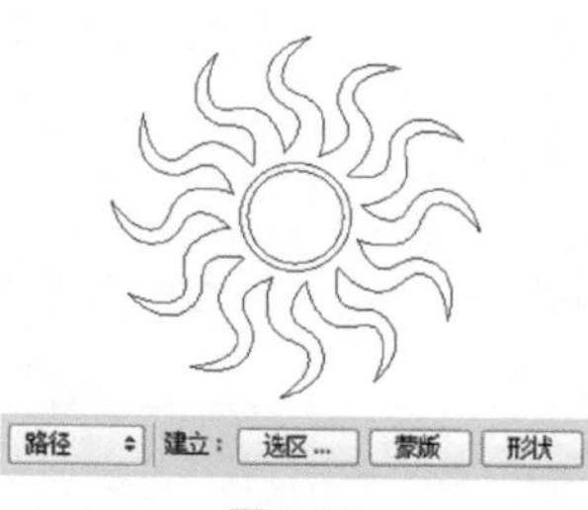

图9-24

图9-25

图9-26

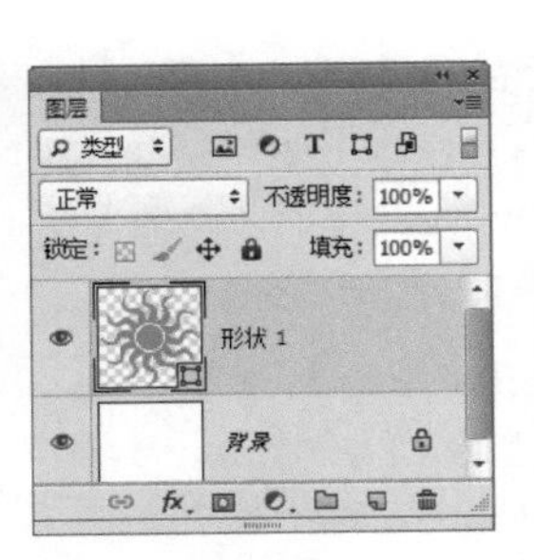

图9-27

9.1.4 像素

在工选项栏中选择【像素】选项后，可以为绘制的图像设置混合模式和不透明度，如图9-28所示。

图9-28

9.2 了解路径与锚点的特征

矢量图是由数学定义的矢量形成的，因此，矢量工具创建的是一种由锚点和路径组成的图形。下面就来介绍路径与锚点的特征以及它们之间的关系，以便为学习矢量工具，尤其是【钢笔工具】打下基础。

9.2.1 认识路径

路径是一种轮廓，它主要有以下4个用途：可以使用路径作为矢量蒙版来隐藏图层区域；将路径转换为选区；可以将路径保存在【路径】面板中，以备随时调用；可以使用颜色填充或描边路径。

将图像导出到页面排版或矢量编辑程序时，将已存储的路径指定为剪贴路径，可以使图像的一部分变得透明。

路径可以使用【钢笔工具】和形状工具来绘制，绘制的路径可以是开放式、闭合式和组合式，如图9-29~图9-31所示。

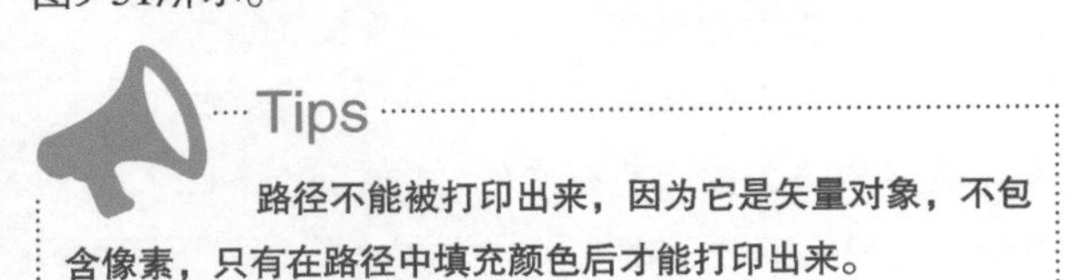

图9-29

图9-30

图9-31

9.2.2 认识锚点

路径由一个或多个直线段或曲线段组成，锚点是标记路径段的端点。锚点分为平滑点和角点两种类型。由平滑点连接的路径段可以形成平滑的曲线，如图9-32所示；角点连接形成直线，如图9-33所示；或者转角曲线，如图9-34所示。曲线路径段上的锚点有方向线，方向线的端点为方向点，它们用于调整曲线的形状。

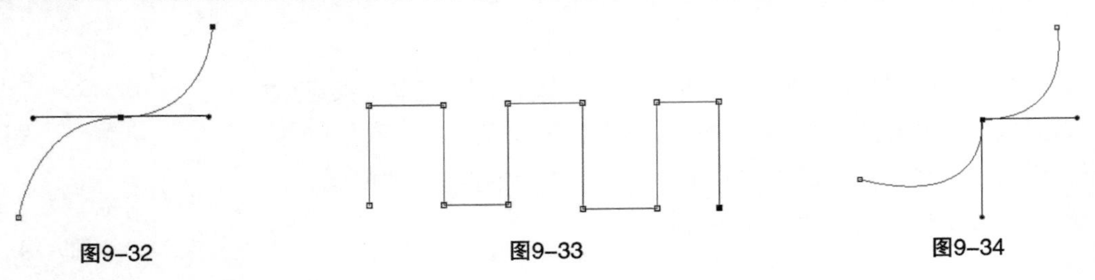

图9-32　　图9-33　　图9-34

9.3 钢笔工具组

【钢笔工具】是Photoshop中最常用的绘图工具，它可以用来绘制各种形状的矢量图形，选取具有复杂边缘的对象。

9.3.1 钢笔工具

【钢笔工具】是最基本、最常用的路径绘制工具，使用该工具可以绘制任意形状的直线或曲线路径，其选项栏如图9-35所示。【钢笔工具】的选项栏中有一个【橡皮带】选项，勾选该选项后，可以在绘制路径的同时观察到路径的走向。

图9-35

随堂练习 用【钢笔工具】绘制梯形

扫码观看本案例视频

- 实例位置 CH09>使用钢笔工具绘制梯形>使用钢笔工具绘制梯形.psd
- 素材位置 无
- 实用指数 ★★★★
- 技术掌握 学习使用【钢笔工具】

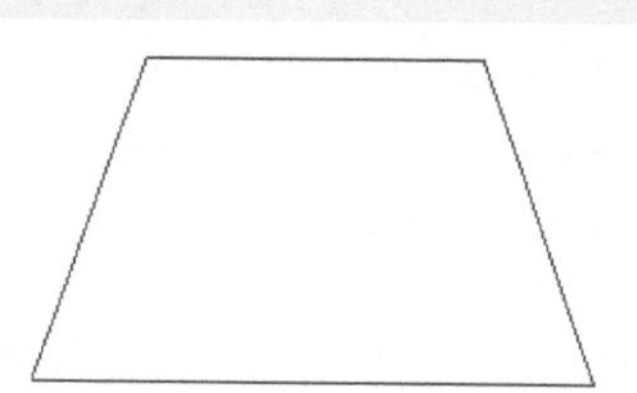

01 按组合键Ctrl+N，新建一个大小为500像素×500像素的文档。然后执行【视图】>【显示】>【网格】，显示出网格，如图9-36所示。

02 选择【钢笔工具】，然后在选项栏中选择【路径】，接着将光标放置在网格上单击鼠标左键，确定路径的起点，如图9-37所示。

03 将光标移动到下一个网格处，然后单击创建一个锚点，两个锚点会连成一条直线路径，如图9-38所示。

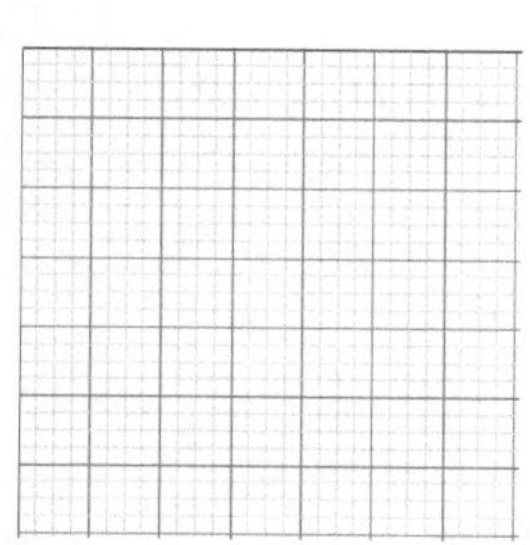

图9-36

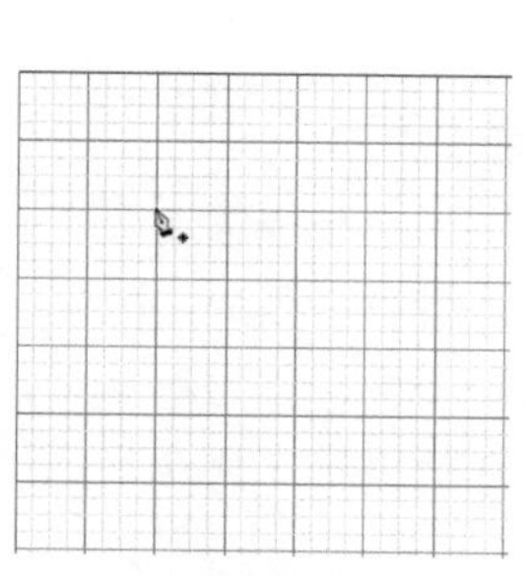

图9-37

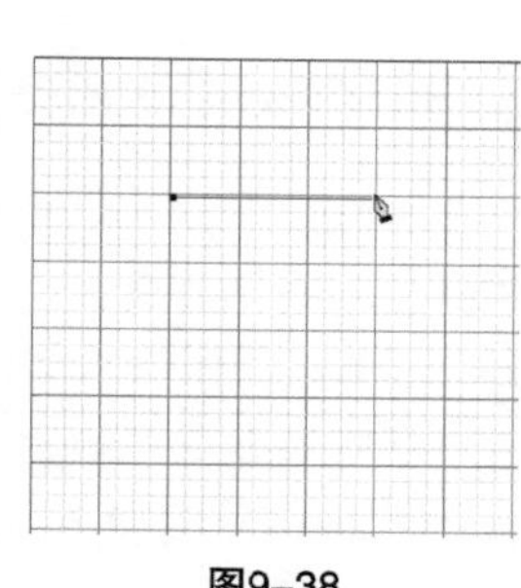

图9-38

04 继续在其他的网格上创建锚点，如图9-39所示。

05 将光标放置在起点上，当光标变成闭合形状时，如图9-40所示；单击鼠标左键闭合路径，然后取消网格，绘制的等腰梯形如图9-41所示。

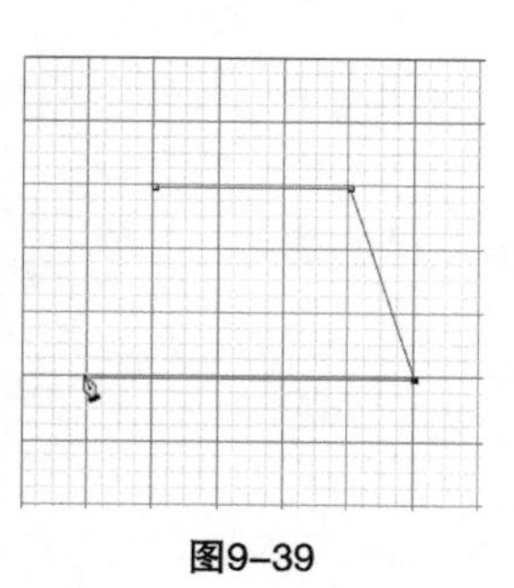

图9-39

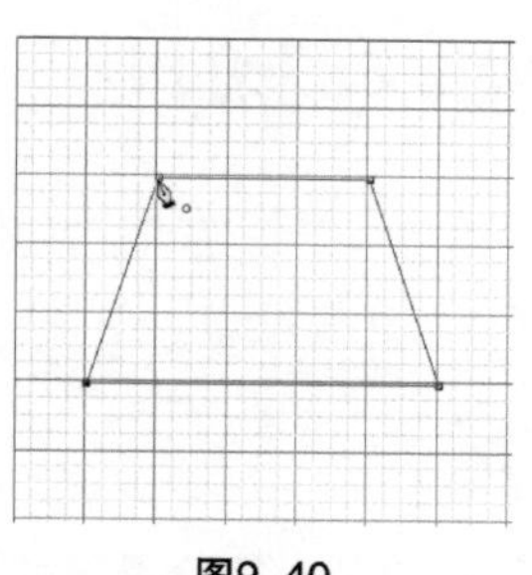

图9-40

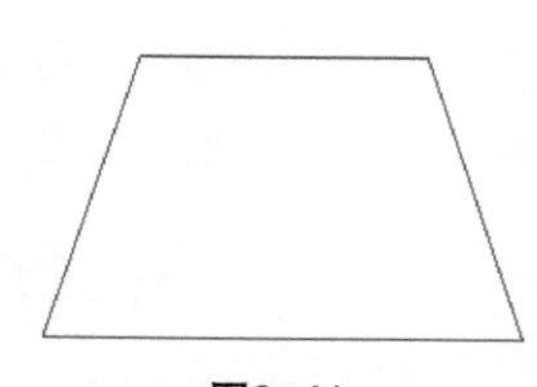

图9-41

9.3.2 自由钢笔工具

图9-42

使用【自由钢笔工具】可以绘制出比较随意的图形，就像用钢笔在纸上绘图一样，如图9-42所示。在绘图时，将自动添加锚点，无需确定锚点，无需确定锚点的位置，完成路径后可进一步对其进行调整。

在工具栏选项中勾选【磁性的】选项，可将它转换为【磁性钢笔工具】。【磁性钢笔工具】与【磁性套索工具】非常相似，在使用时，只需在对象边缘单击，然后放开鼠标左键沿着边缘移动，Photoshop会紧贴对象轮廓生成路径。

9.3.3 添加锚点工具

使用【添加锚点工具】可以在路径上添加锚点。将光标放在路径上，如图9-43所示；当光标变成状时，单击即可添加一个锚点，如图9-44所示；如果单击并拖动鼠标，可以同时调整路径形状。

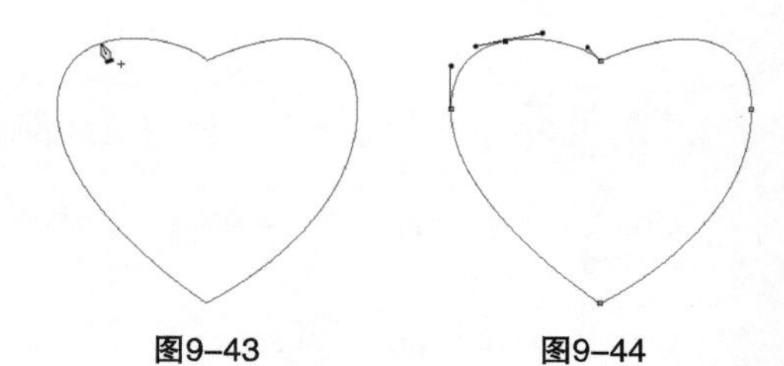
图9-43　图9-44

9.3.4 删除锚点工具

使用【删除锚点工具】可以删除路径上的锚点。将光标放在锚点上，如图9-45所示，当光标变成状时，单击鼠标左键即可删除锚点，如图9-46所示。

图9-45

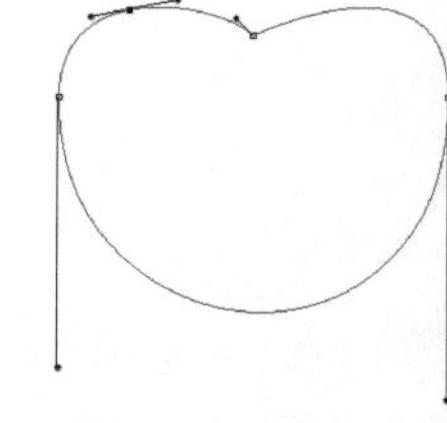
图9-46

Tips

路径上的锚点越多，这条路径就越复杂，而越复杂的路径就越难编辑，这时最好先使用【删除锚点工具】删除多余的锚点，降低路径的的复杂度后再对其进行相应的调整。

9.3.5 转换点工具

【转换点工具】主要用来转换锚点的类型。在平滑点上单击，可以将平滑点转换为角点，如图9-47和图9-48所示。如果当前锚点为角点，单击并拖动鼠标可将其转换为平滑点，如图9-49所示。

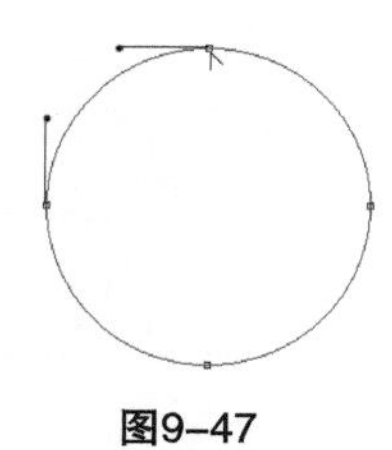
图9-47

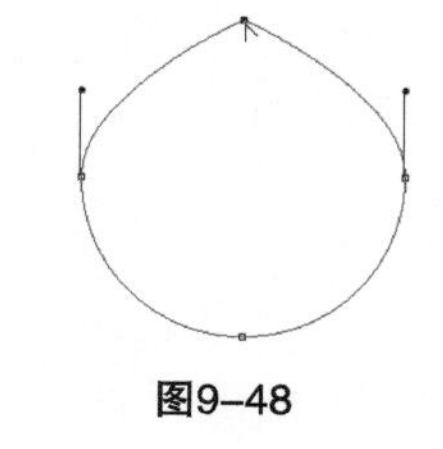
图9-48

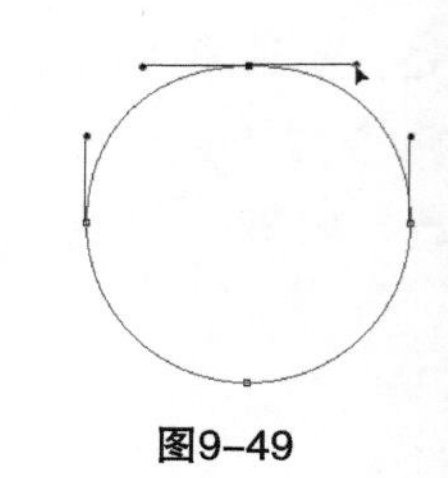
图9-49

9.4 路径的基本操作

使用钢笔等工具绘制出路径以后，还可以在原有路径的基础上继续进行绘制，同时也可以对路径进行变换、定义为形状、建立选区、描边等操作。

9.4.1 路径的运算

用魔棒和快速选择等工具选区对象，通常都要对选区进行相加、相减等运算，以使其符合要求。使用

【钢笔工具】或形状工具时，也要对路径进行相应的运算，才能得到想要的轮廓。

单击工具箱栏中的□按钮，可以在打开的下拉菜单中选择路径运算方式，如图9-50所示。下面有两个矢量图形，如图9-51所示，邮票是先绘制的路径，人物是后绘制的路径。绘制完邮票图形后，单击不同的运算按钮，再绘制人物图形，就会得到不同的运算结果。

图9-50

图9-51

路径运算的重要参数介绍

新建图层：单击该按钮，可以创建新的路径层。

合并形状：单击该按钮，新绘制的形状会与现有的图形合并，如图9-52所示。

减去顶层形状：单击该按钮，可以从现有的图形中减去新绘制的图形，如图9-53所示。

与形状区域相交：单击该按钮，得到的图形为新图形与现有图形相交的区域，如图9-54所示。

排除重叠形状：单击该按钮，得到的图形为合并路径中排除重叠的区域，如图9-55所示。

合并形状组件：单击该按钮，可以合并重叠的路径组件。

图9-52

图9-53

图9-54

图9-55

9.4.2 变换路径

变换路径与变换图像的方法完全相同。在【路径】面板中选择路径，然后执行【编辑】>【变换路径】菜单下的命令即可对其进行相应的变换。

9.4.3 对齐与分布路径

使用【路径选择工具】选择多个子路径，单击工具选项栏中的按钮，打开下拉菜单选择一个对齐与分布选项，即可对所选路径进行对齐与分布操作，如图9-56所示。

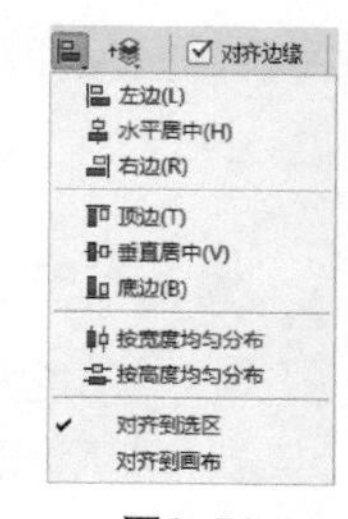

图9-56

需要注意的是，进行路径分布操作时，需要至少选择3个路径组件。此外，选择【对齐到画布】选项，可以相对于画布来对齐或分布对象。例如，单击左边按钮，可以将其对齐到画布的左侧边界上。

9.4.4 定义自定形状

绘制出路径以后，执行【编辑】>【定义自定形状】菜单命令可以将其定为形状，如图9-57所示。

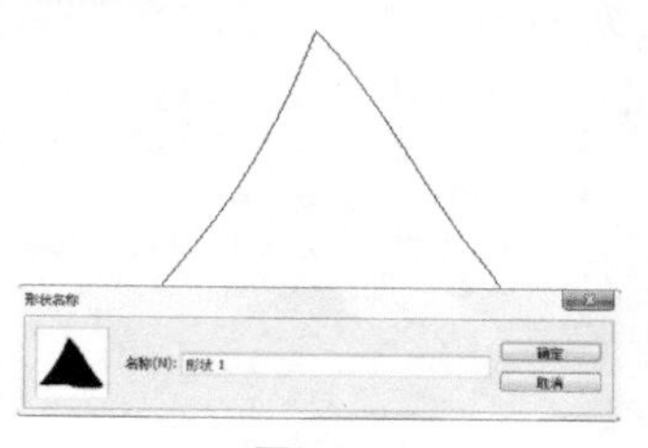

图9-57

9.4.5 将路径转换为选区

绘制出路径以后，如图9-58所示，可以通过以下3种方法将路径转换为选区。

图9-58

第1种：直接按组合键Ctrl+Enter载入路径的选区，如图9-59所示。

第2种：在路径上单击鼠标右键，然后在弹出的菜单中选择【建立选区】命令，如图9-60所示。

第3种：按住Ctrl键在【路径】面板中单击路径的缩略图，或单击【将路径作为选区载入】按钮 ，如图9-61所示。

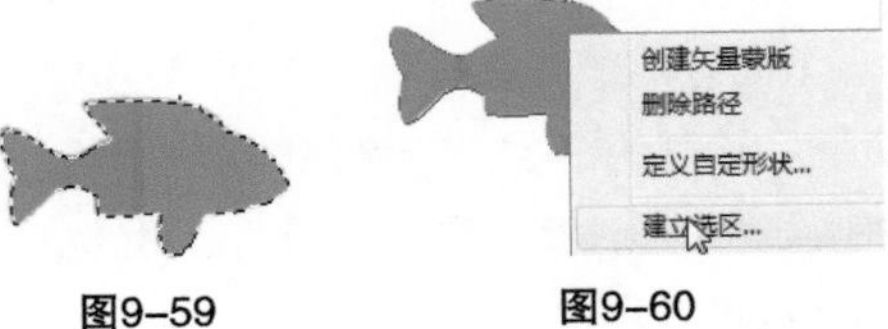

图9-59　图9-60

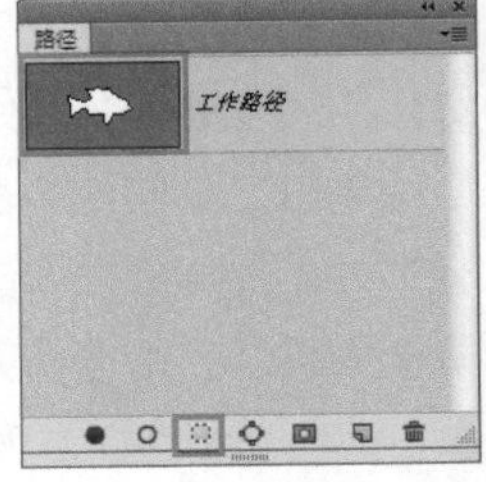

图9-61

9.4.6 填充路径

绘制出路径后，在路径上单击鼠标右键，然后在打开的菜单中选择【填充路径】命令，接着弹出【填充路径】对话框，如图9-62所示。

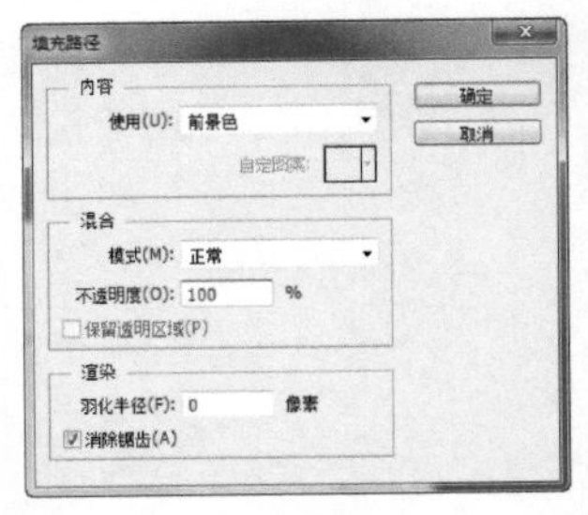

图9-62

9.4.7 描边路径

【描边路径】是一个非常重要的功能，在描边之前需要先设置好描边工具的参数，比如画笔、铅笔、橡皮擦、仿制图章等。绘制出路径后，如图9-63所示；在路径上单击鼠标右键，在弹出的菜单中选择【描边路径】命令，打开【描边路径】对话框，在该对话框中可以选择描边的工具，如图9-64所示；图9-65所示的是使用画笔描边路径的效果。

图9-63

图9-64

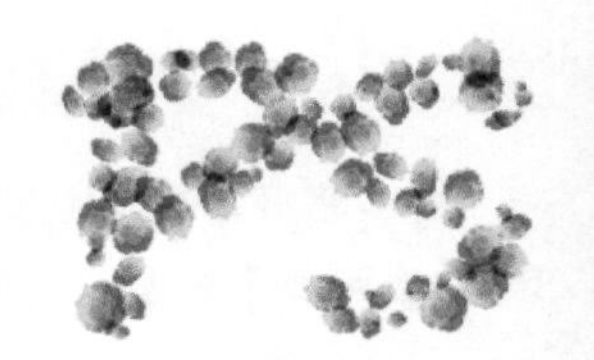
图9-65

Tips

设置好画笔的参数后，按Enter键可以直接为路径描边。另外，在【描边路径】对话框中有一个【模拟压力】选项，勾选该选项，可以使描边的线条产生比较明显的粗细变化。

随堂练习　用【描边路径】制作效果

扫码观看本案例视频

- 实例位置　CH09>用描边路径制作效果>用描边路径制作效果.psd
- 素材位置　CH09>用描边路径制作效果>1.psd
- 实用指数　★★★★
- 技术掌握　学习使用【描边路径】

01 打开学习资源中的“CH09>用描边路径制作效果>1.psd”文件。然后单击【路径】面板中的【路径 1】，如图9-66所示，画面中效果如图9-67所示。

02 选择【画笔工具】，然后打开【画笔预设】面板，如图9-68所示。接着选择面板菜单中的【特殊效果画笔】，如图9-69所示；再在弹出的对话框中单击【确定】按钮载入该画笔库，画笔库如图9-70所示。

图9-66

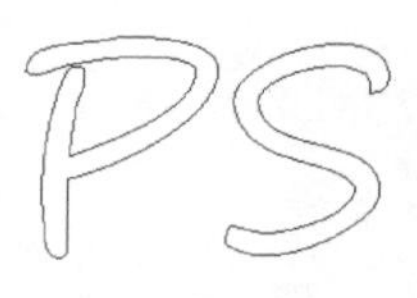
图9-67

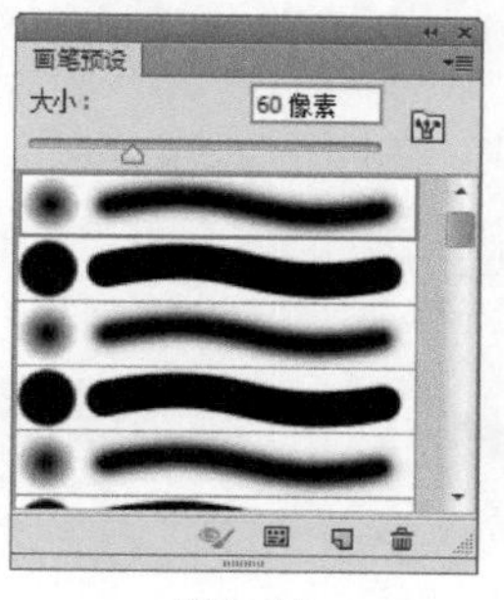

图9-68

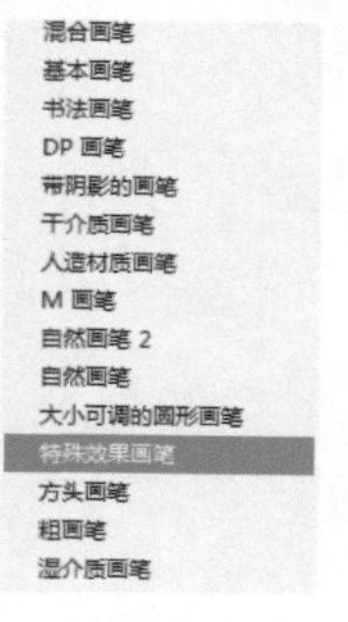

图9-69

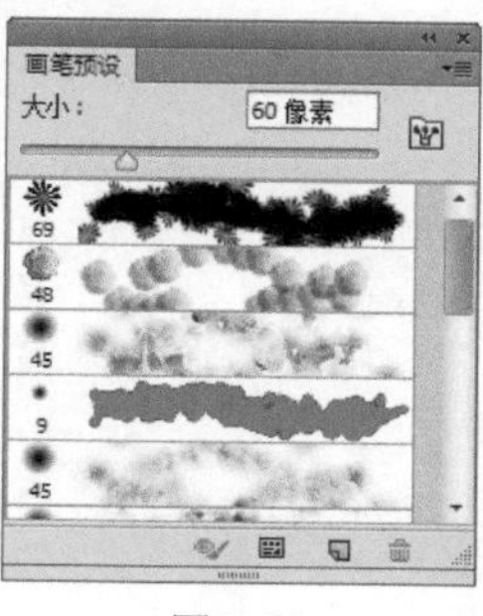

图9-70

03 选择一个笔尖，然后设置【大小】为30像素，如图9-71所示。接着新建一个图层，设置【前景色】为（R:2，G:125，B:0）、【背景色】为（R:99，G:140，B:11）。再单击【路径】面板菜单中的【描边路径】命令，如图9-72所示。

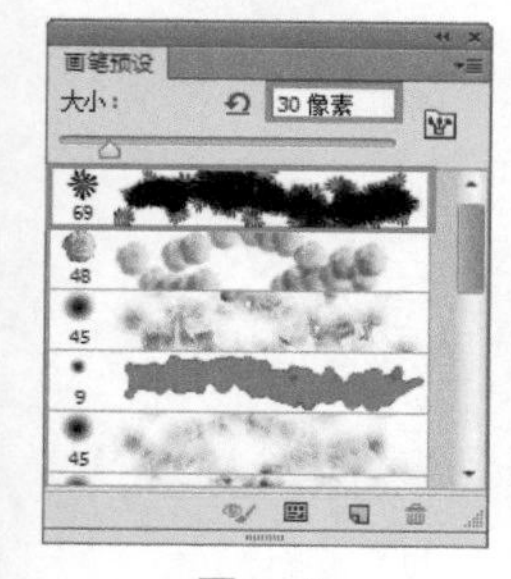

图9-71

04 在打开的【描边路径】对话框中，设置【工具】为【画笔】，如图9-73所示，然后单击【确定】按钮，对路径进行描边，效果如图9-74所示。

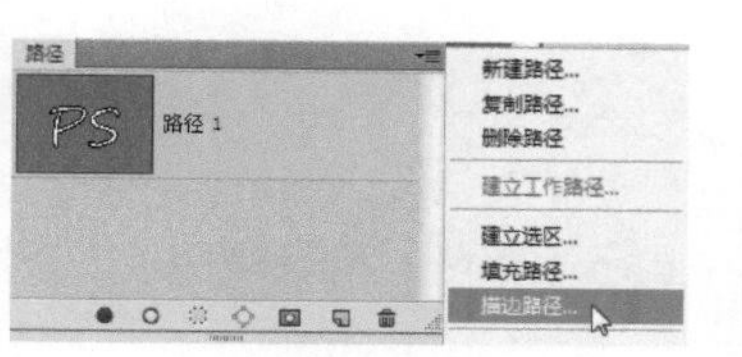

图9-72

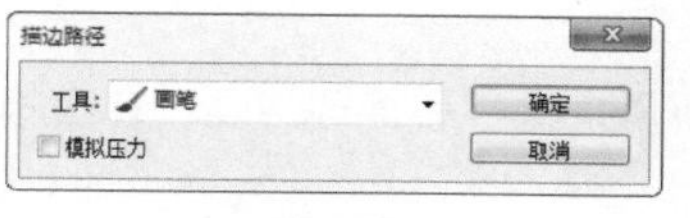

图9-73

图9-74

05 新建一个图层，然后设置【前景色】为（R:190，G:139，B:0）、【背景色】为（R:189，G:4，B:0）。再按住Alt键单击【路径】面板底部的【用画笔描边路径】按钮，接着在打开的【描边路径】对话框中勾选【模拟压力】，最后单击【确定】按钮，如图9-75所示。

06 设置【画笔工具】的画笔【大小】为15像素。然后新建一个图层，再设置前景色为白色，【背景色】为（R:243，G:152，B:0），接着再次描边路径，效果如图9-76所示。

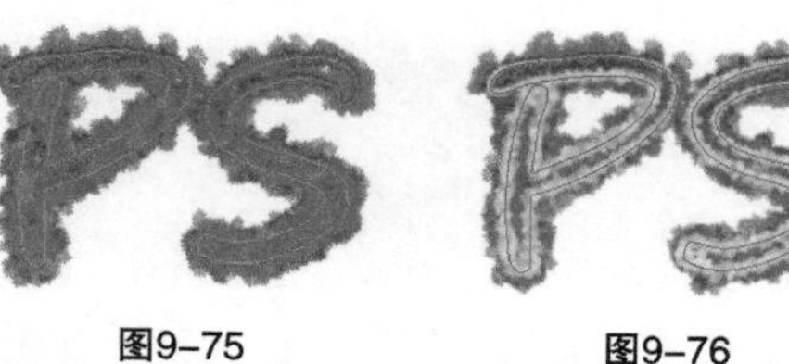
图9-75　图9-76

07 按组合键Ctrl+L，打开【色阶】对话框，然后拖曳滑块增加色调的对比度，如图9-77所示，效果如图9-78所示。接着在【路径】面板空白处单击隐藏路径，效果如图9-79所示。

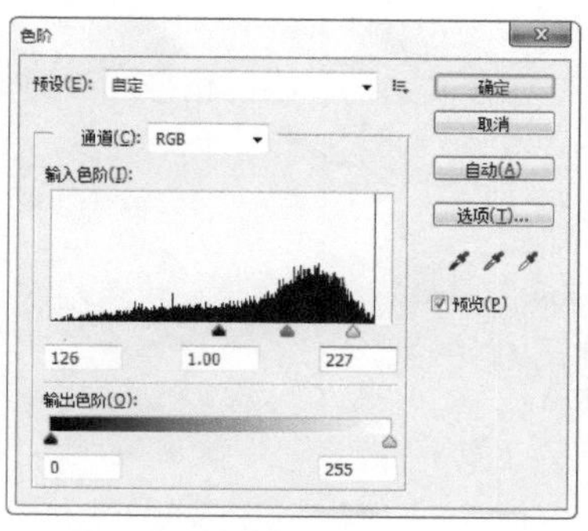

图9-77

图9-78　图9-79

08 选择【图层 3】，然后单击【图层】面板中的fx.按钮，为图层添加【投影】效果，参数设置如图9-80所示，效果如图9-81所示。

09 按住Alt键，然后拖曳【图层 3】后面的效果图标fx到【图层 2】，使图像产生立体感，如图9-82所示，最终效果如图9-83所示。

图9-81

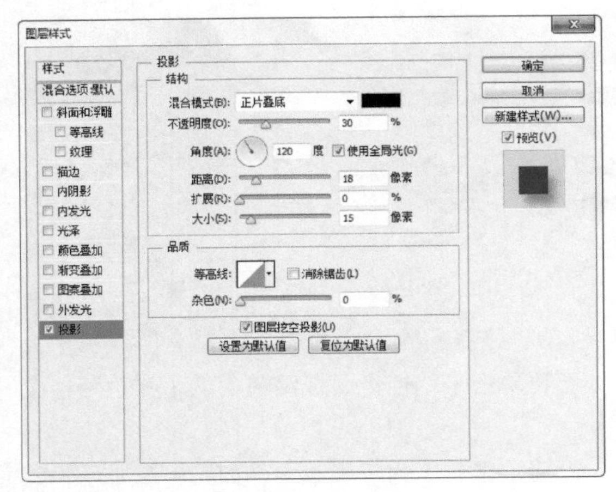

图9-80

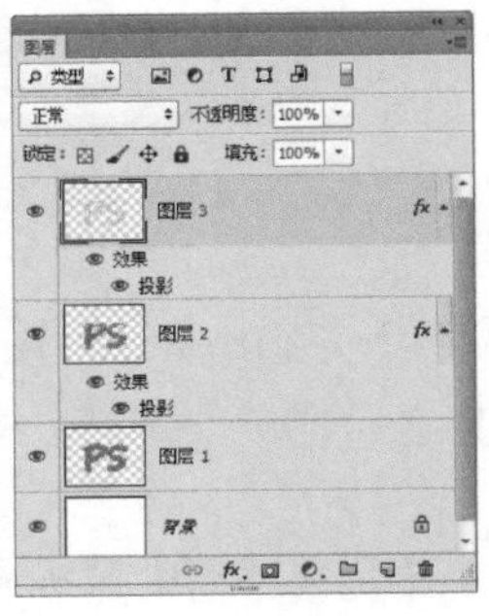

图9-82

图9-83

9.5 【路径】面板

【路径】面板主要用来保存和管理路径，在面板中显示了存储的所有路径、工作路径和矢量蒙版的名称和缩览图。

9.5.1 了解【路径】面板

执行【窗口】>【路径】菜单命令，打开【路径】面板，如图9-84所示，图9-85所示的是面板菜单。

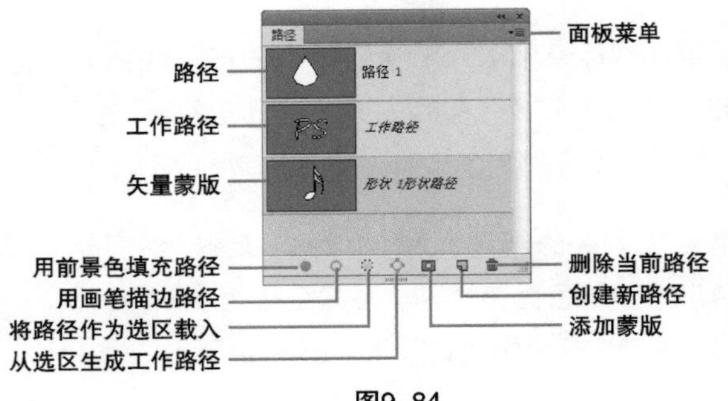

图9-84

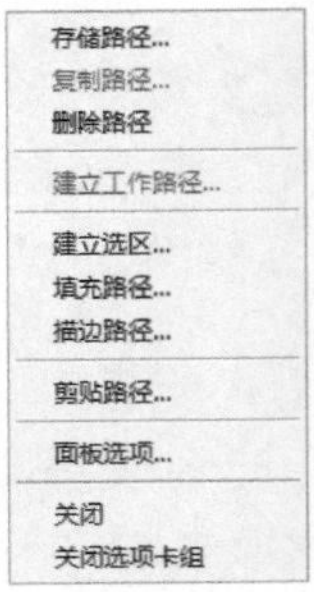

存储路径...
复制路径...
删除路径
建立工作路径...
建立选区...
填充路径...
描边路径...
剪贴路径...
面板选项...
关闭
关闭选项卡组

图9-85

【路径】面板的重要功能和参数介绍

路径/工作路径/矢量蒙版：显示了当前文档中包含的路径、临时路径和矢量蒙版。

用前景色填充路径：用前景色填充路径区域。

用画笔描边路径：用画笔工具对路径进行描边。

将路径作为选区载入：将当前选择的路径转换为选区。

从选区生成工作路径：从当前的选区中生成工作路径。

添加蒙版：从当前路径创建蒙版。

创建新路径：可以创建新的路径层。

删除当前路径：可以删除当前选择的路径。

9.5.2 了解工作路径

使用【钢笔工具】或形状工具绘图时，如果单击【路径】面板中的【创建新路径】按钮，新建一个路径层，然后再绘图，可以创建路径，如图9-86所示；如果没有单击按钮而直接绘图，则创建的是工作路径，如图9-87所示。工作路径是一种临时路径，用于定义形状的轮廓。如果要保存工作路径而不重命名，可以将它拖曳到面板底部的按钮上；如果要存储并重命名，可双击它的名称，在打开的【存储路径】对话框中进行设置。

图9-86

图9-87

9.5.3 新建路径

单击【路径】面板中的【创建新路径】按钮，可以创建一个新的路径层，如图9-88所示。如果要在新建路径层时为路径命名，可以按住Alt键单击按钮，在打开【新建路径】对话框中进行设置，如图9-89和图9-90所示。

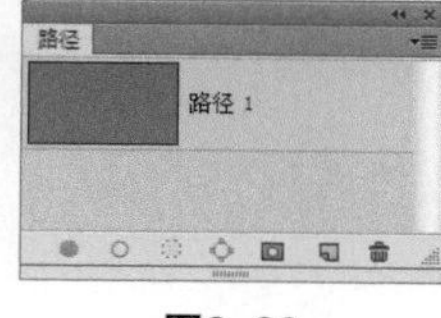

图9-88

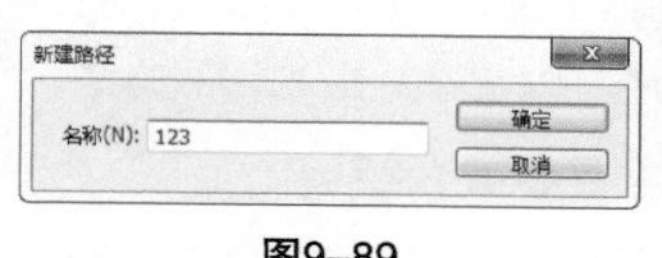

图9-89

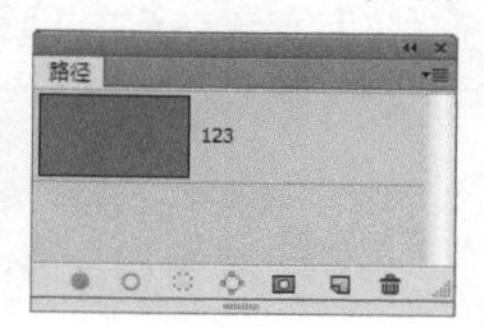

图9-90

9.5.4 选择路径与隐藏路径

单击【路径】面板中的路径，即可选择该路径，如图9-91所示。在面板的空白处单击，可以取消选择路径，如图9-92所示，同时也会隐藏文档窗口中的路径。

图9-91

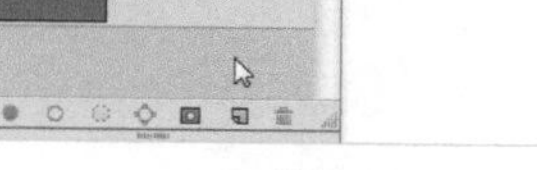

图9-92

选择路径后，文档窗口中会始终显示该路径，即使是使用其他工具进行图像处理时也是如此。如果要保持路径的选取状态，但又不希望路径对视线造成干扰，可按组合键Ctrl+H隐藏画面中的路径。再次按下该快捷键可以重新显示该路径。

9.5.5 复制与删除路径

在【路径】面板中将路径拖曳到按钮上，可以复制该路径。如果要复制并重命名路径，可以选择路径，然后执行面板菜单中的【复制路径】命令来操作。

使用【路径选择工具】选择画面中的路径，执行【编辑】>【拷贝】菜单命令，可以将路径复制到剪切板，如图9-93所示，执行【编辑】>【粘贴】菜单命令，可以粘贴路径。如果在其他图像中执行【粘贴】命令，则可将路径粘贴到该文档中。例如，图9-94所示的是将它粘贴到另一个文件的效果。此外，用【路径选择工具】选择路径后，可直接将其拖曳到其他图像中。

图9-93

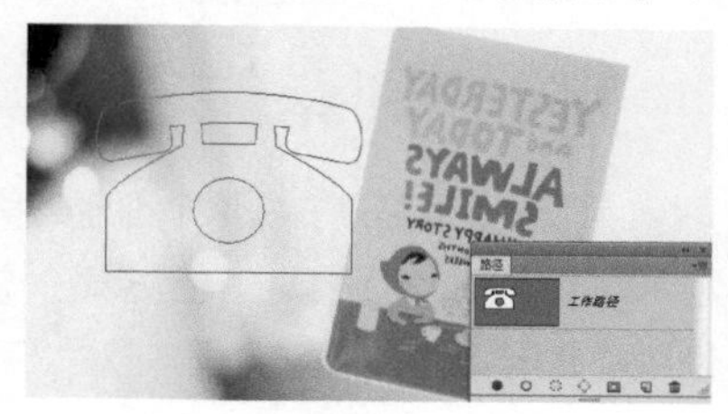

图9-94

在【路径】面板中选择路径，单击【删除当前路径】按钮，在弹出的对话框中单击【是】按钮即可将其删除。将路径拖曳到该按钮上可直接删除。用【路径选择工具】选择路径，再按下Delete键也可将其删除。

9.6 形状工具

Photoshop中的形状工具包括【矩形工具】、【圆角矩形工具】、【椭圆工具】、【多边形工具】、【直线工具】和【自定形状工具】，它们可以绘制出标准的几何矢量图形，也可以绘制用户自定义的图形。

9.6.1 矩形工具

【矩形工具】用来绘制矩形和正方形。选择该工具后，单击并拖动鼠标可以创建矩形；按住Shift键拖动可以创建正方形；按住Alt键拖动会以单击点为中心向外创建矩形；按住组合键Shift+Alt则会以单击点为中心向外创建正方形。单击工具选项栏中的按钮，打开一个下拉面板，如图9-95所示，在面板中可以设置矩形的创建方法。

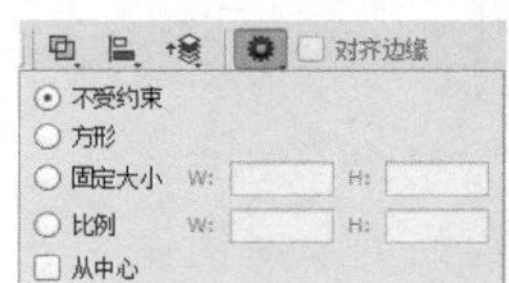

图9-95

【矩形工具】的重要参数介绍

不受约束：可通过拖动鼠标创建任意大小的矩形和正方形，如图9-96所示。

方形：只能创建任意大小的正方形，如图9-97所示。

固定大小：勾选该选项并在它右侧的文本框中输入数值（【W】为宽度，【H】为高度），此后单击鼠标时，只创建预设大小的矩形。图9-98所示的是创建的【W】为5厘米、【H】为10厘米的矩形。

比例：勾选该选项并在它右侧的文本框中输入数值（【W】为宽度比例，【H】为高度比例），此后拖动鼠标时，无论创建多大的矩形，矩形的宽度和高度都保持预设的比例，如图9-99所示（【W】为2、【H】为1）。

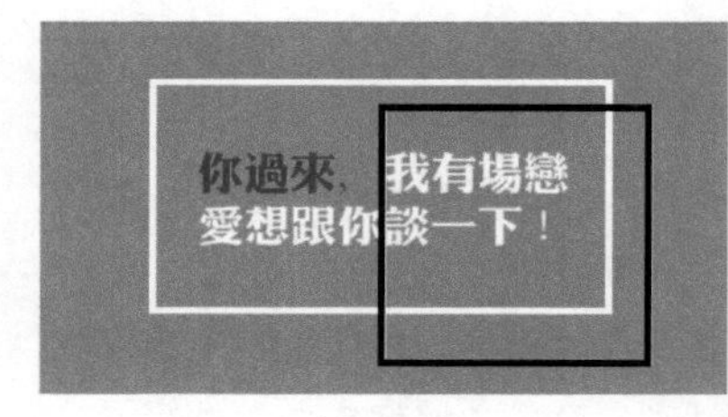

图9-96

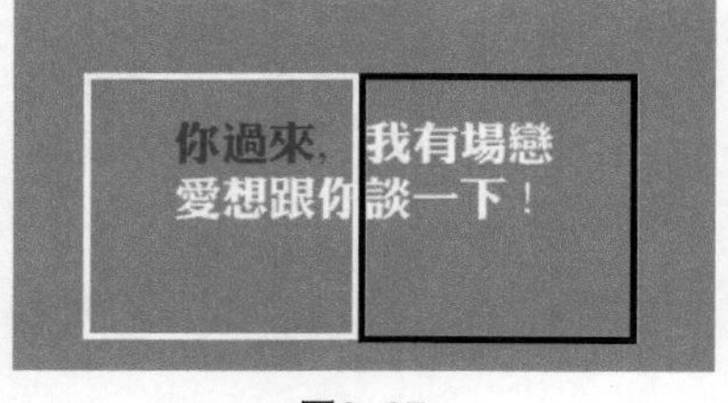

图9-97

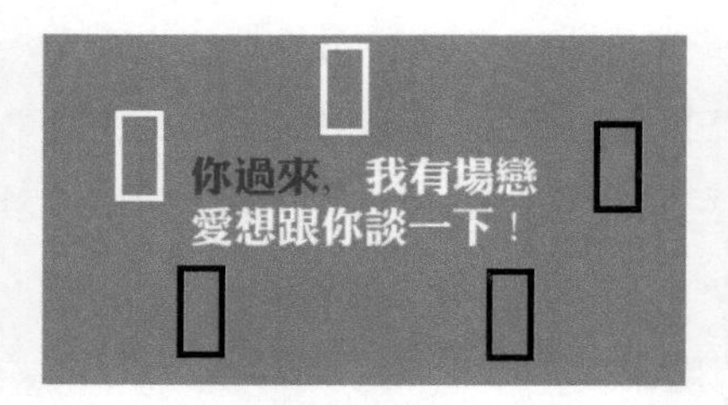

图9-98

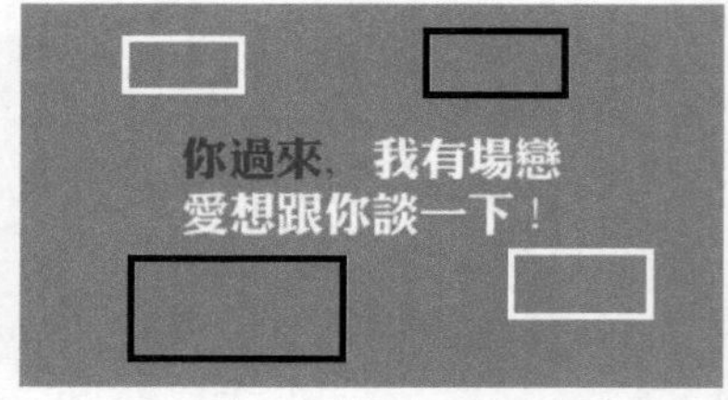

图9-99

从中心：以任何方式创建矩形时，鼠标在画面中的单击点即为矩形的中心，拖动鼠标时矩形将由中向外扩展。

对齐边缘：勾选该选项后，矩形的边缘与像素的边缘重合，不会出现锯齿；取消勾选，矩形边缘会出现模糊的像素。

9.6.2 圆角矩形工具

【圆角矩形工具】用来创建圆角矩形。它的使用方法以及选项都与【矩形工具】相同，只是多了一个【半径】选项。【半径】用来设置圆角半径，该值越高，圆角越广。图9-100和图9-101所示的是分别设置该值为10像素和80像素创建的圆角矩形。

图9-100

图9-101

9.6.3 椭圆工具

【椭圆工具】用来创建圆形和椭圆形，如图9-102~图9-104所示。选择该工具后，单击并拖动鼠标可以创建椭圆形，按住Shift键拖动则可创建圆形。【椭圆工具】的选项及创建方法与【矩形工具】基本相同，即可以创建不受约束的椭圆和圆形，也可以创建固定大小和固定比例的图形。

图9-102

图9-103

图9-104

9.6.4 多边形工具

【多边形工具】用来创建多边形和星形。选择该工具后，首先要在工具选项栏中设置多边形或星形的边数，范围为3~100。单击工具选项栏中的按钮，打开下拉面板，在面板中可以设置多边形的选项，如图9-105所示。

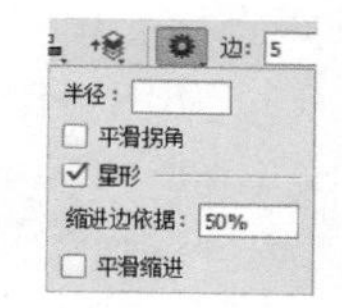

图9-105

【多边形工具】的重要参数介绍

半径：设置多边形或星形的半径长度，此后单击并拖动鼠标时将创建指定半径值的多边形或星形。

平滑拐角：创建具有平滑拐角的多边形和星形，如图9-106所示，图9-107所示的是未勾选该选项创建的多边形和星形。

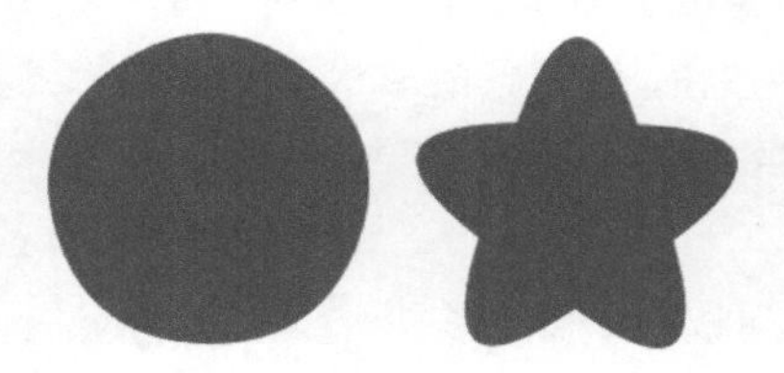

图9-106

图9-107

星形：勾选该选项可以创建星形。在【缩进边依据】选项中可以设置星形边缘向中心缩进的数量，该值越高，缩进量越大，图9-108所示的是该值为50%的效果，图9-109所示的是该值为90%的效果。勾选【平滑缩进】，可以使星形的边平滑地向中心缩进，如图9-110所示。

图9-108

图9-109

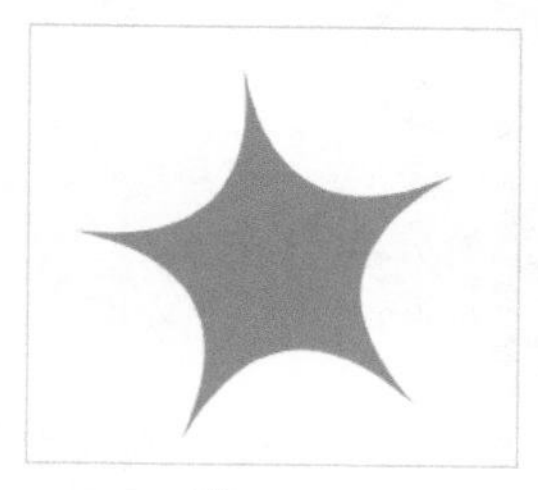

图9-110

9.6.5 直线工具

【直线工具】用来创建直线和带有箭头的线段。选择该工具后，单击并拖动鼠标可以创建直线或线段，按住Shift键可创建水平、垂直或以45%角为增量的直线。它的工具选项栏中包含了设置直线粗细的选项，此外，下拉面板中还包含了设置箭头的选项，如图9-111所示。

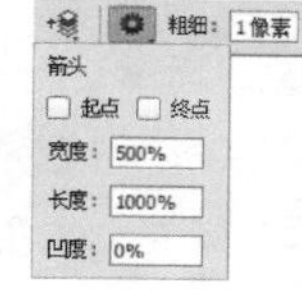

图9-111

【直线工具】的重要参数介绍

起点/终点：可分别或同时在直线的起点和终点添加箭头，如图9-112~图9-114所示。

图9-112

图9-113

图9-114

宽度：可设置箭头宽度与直线宽度的百分比，范围为10%~1000%。图9-115和图9-116所示的是分别使用不同宽度百分比创建的带有箭头的直线。

长度：可设置箭头长度与直线宽度的百分比，范围为10%~5000%。图9-117和图9-118所示的是分别为使用不同长度百分比创建的带有箭头的直线。

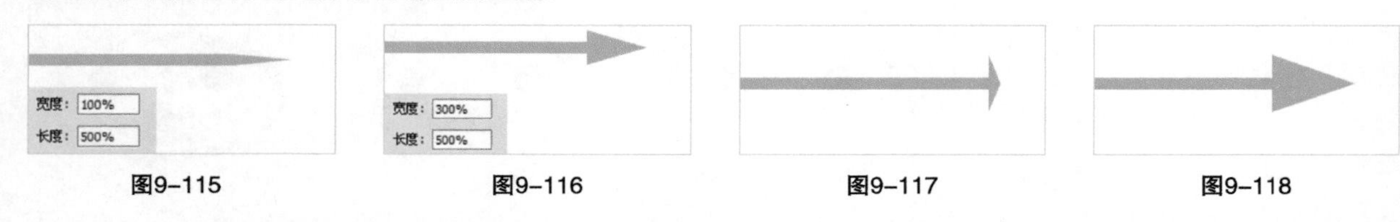

图9-115　图9-116　图9-117　图9-118

凹度：用来设置箭头的凹陷程度，范围为-50%~50%。该值为0%时，箭头尾部平齐，如图9-119所示；该值大于0%时，向内凹陷，如图9-120所示；小于0%时，向外凸出，如图9-121所示。

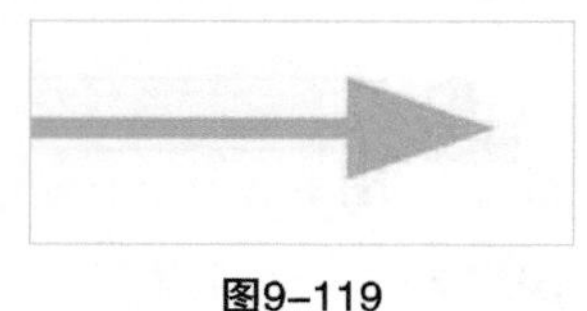

图9-119

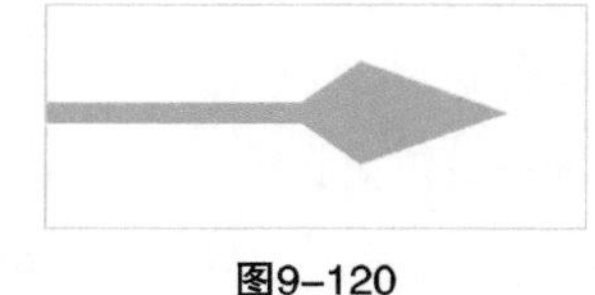

图9-120

图9-121

9.6.7 自定形状工具

使用【自定形状工具】可以创建Photoshop预设的形状、自定义的形状或者是外部提供的形状。选择该工具后，需要单击工具选项栏中的按钮，在打开的形状下拉面板中选择一种形状，如图9-122所示，然后单击并拖动鼠标即可创建该图形。如果要保持形状的比例，可以按住Shift键绘制图形。

如果要使用其他方法创建图形，可以在【自定形状选项】下拉面板中进行设置，如图9-123所示。

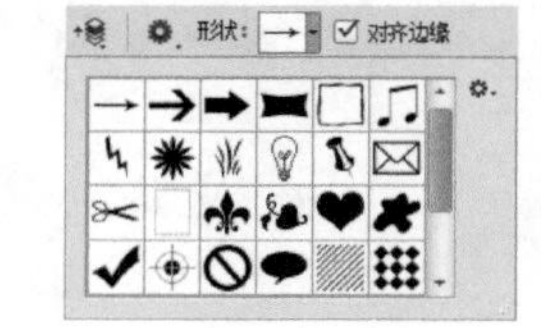

图9-122

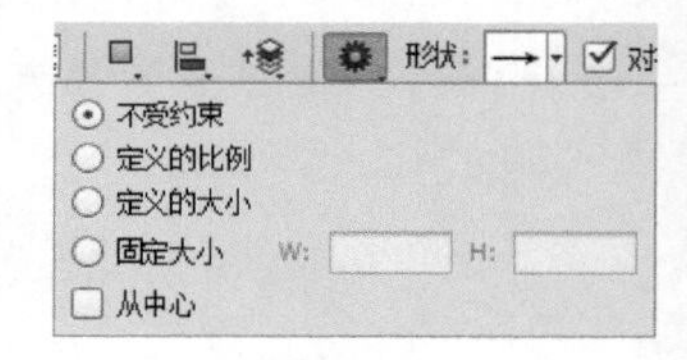

图9-123

Tips

使用矩形、圆形、多边形、直线和自定义形状工具时，创建形状的过程中按下键盘中的空格键并拖动鼠标，可以移动形状。

9.6.8 合并形状

创建两个或多个形状图层后，选择这些图层，如图9-124所示；执行【图层】>【合并形状】下拉菜单中的命令，可以将所选形状合并到一个图层中，如图9-125和图9-126所示。

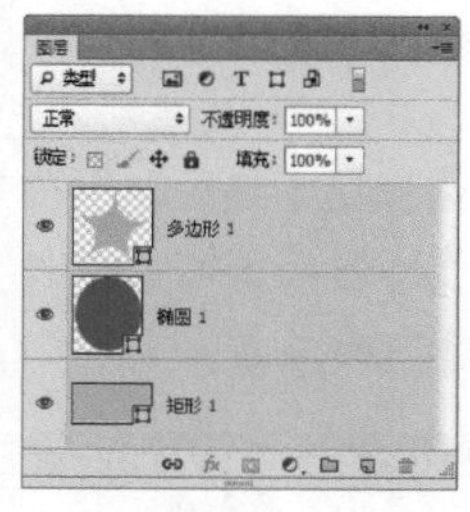

图9-124

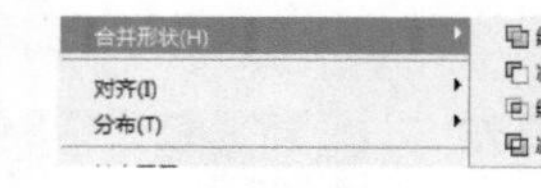

图9-125

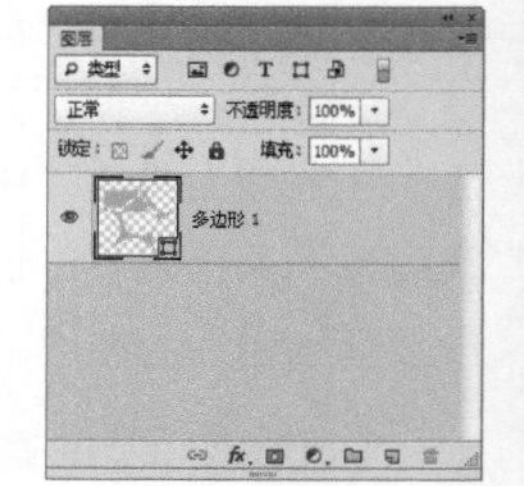

图9-126

CHAPTER

10 文字

本章主要介绍Photoshop中的文字，文字是设计作品的重要组成部分，不仅可以传达信息，还可以起到美化主题的作用。文字属于矢量对象，所以在栅格化之前，对其进行任意的变化都不会出现锯齿。在Photoshop中也可以随时修改文字的内容、字体等属性。

* 了解文字的作用
* 了解点文字和段落文字
* 掌握文字工具的使用方法
* 掌握文字特效制作方法及相关技巧
* 掌握变形文字

10.1 了解文字

Photoshop提供了多个用于创建文字的工具，文字的编辑方法也非常灵活。

10.1.1 文字的类型

文字的创建方法有3种：在点上创建、在段落中创建和沿路径创建。Photoshop提供了4种文字工具，其中【横排文字工具】T和【直排文字工具】↓T用来创建点文字、段落文字和路径文字，【横排文字蒙版工具】和【直排文字蒙版工具】用来创建文字状选区。

文字的划分方式有很多种，如果从排列方式上划分，可分为横排文字和直排文字；如果从形式上划分，可分为文字和文字蒙版；如果从创建的内容上划分，可分为点文字、段落文字和路径文字；如果从样式上划分，可分为普通文字和变形文字。

10.1.2 文字工具选项栏

在使用文字工具输入文字之前，需要在工具选项栏或【字符】面板中设置字符的属性，包括字体、大小和文字颜色等。图10-1所示的是【横排文字工具】的选项栏。

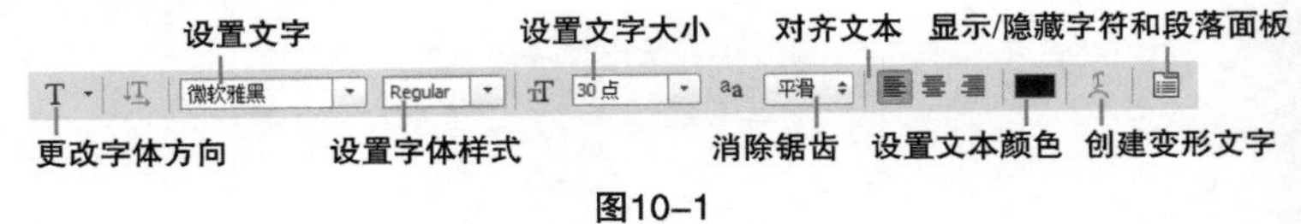

图10-1

文字工具的重要参数介绍

更改文字方向：单击该按钮可以将横排文字转换为直排文字，或者将直排文字转换为横排文字。使用【文字】>【文本排列方向】下拉菜单中的命令也可以进行转换。

设置字体：在该选项下拉列表中可以选择一种字体。

设置字体样式：字体样式是单个字体的变体，包括Light（细体）、Light Italic（细斜体）、Regular（规则的）、Italic（斜体）、Bold（粗体）和Blod Italic（粗斜体）等，如图10-2所示，图10-3所示的是其部分效果。该选项只对部分英文字体有效。

图10-2

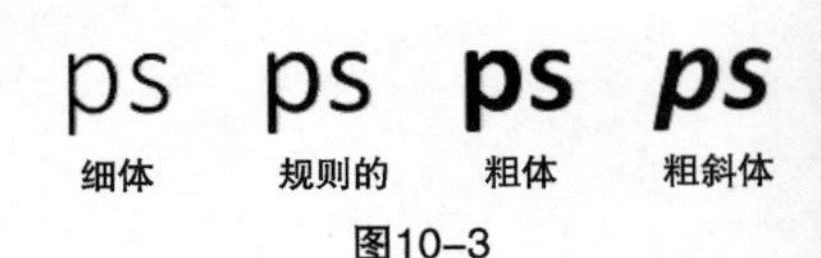

图10-3

设置文字大小：可以设置文字的大小，也可直接输入数值并按下回车键来进行调整。

消除锯齿：为文字选择一种消除锯齿方法后，Photoshop会填充文字边缘的像素，使其混合到背景中，便看不到锯齿了。该选项和【文字】>【消除锯齿】子菜单都是选择【消除锯齿】的方法，如图10-4和图10-5所示。

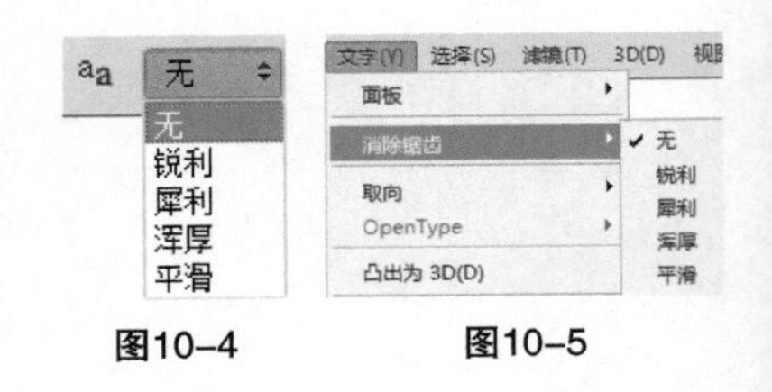

图10-4　图10-5

【无】表示不进行锯齿处理；【锐利】表示文字以最锐利的效果显示；【犀利】表示文字以稍微锐利的效果显示；【浑厚】表示文字以厚重的效果显示；【平滑】表示文字以平滑的效果显示。

设置字体颜色：单击颜色块，可以打开【拾色器】设置文字的颜色。

创建变形文字：单击该按钮，可以打开【变形文字对话框】，为文本添加变形样式，从而创建变形文字。

显示/隐藏字符和段落面板：单击该按钮，可以显示或隐藏【字符】和【段落】面板。

对齐文本：根据输入文字时鼠标单击点的位置来对齐文本，包括【左对齐文本】、【居中对齐文本】和【右对齐文本】，效果如图10-6~图10-8所示。

鼠标单击点

PS

左对齐文本

图10-6

鼠标单击点

PS

居中对齐文本

图10-7

鼠标单击点

PS

右对齐文本

图10-8

> **Tips**
>
> 在文字工具选项栏和【字符】面板中选择字体时，可以看到各种字体的预览效果。Photoshop允许用户自由调整预览。Photoshop允许用户自由调整预览字体大小，方法是打开【文字】>【字体预览大小】菜单，选择一个选项即可，如图10-9所示。
>
> 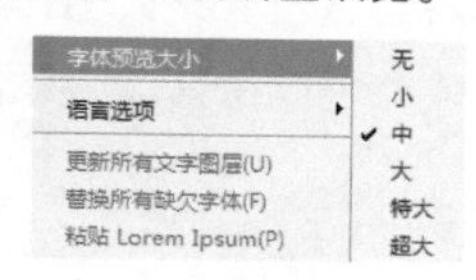
>
>
> 图10-9

10.2 创建点文字和段落文字

点文字是一个水平或垂直的文本行。在处理标题等字数较少的文字时，可以通过点文字来完成。段落文字是在定界框内输入的文字，它具有自动换行、可调整文字区域大小等优势。在需要处理文字量较大的文本（如宣传手册）时，可以使用段落文字来完成。

10.2.1 点文字

点文字是一个水平或垂直的文本行，每行文字都是独立的，行的长度随着文字的输入而不断增加，但是不会自动换行，如图10-10所示。

图10-10

随堂练习 创建点文字

扫码观看本案例视频

- 实例位置 CH10>创建点文字>创建点文字.psd
- 素材位置 CH10>创建点文字>1.jpg
- 实用指数 ★★★★
- 技术掌握 学会创建点文字

01 打开学习资源中的"CH10>创建点文字>1.jpg"文件，如图10-11所示。

图10-11

02 选择【横排文字工具】T，然后在选项栏中设置【字体】为【汉仪菱心体简】、【大小】为120点、【颜色】为白色，如图10-12所示。接着在需要输入文字的位置单击，设置插入点，画面中会出现一个闪烁的I型光标，如图10-13所示；再输入文本，如图10-14所示；最后将光标放在字符外；单击并拖动鼠标，将文字移动到合适位置，如图10-15所示（如果没有相同字体也可以用其他字体代替）。

图10-12

图10-13

图10-14

图10-15

03 按组合键Ctrl+Enter结束文字的输入操作，如图10-16所示。

图10-16

Tips

单击其他工具、单击工具选项栏中的✓按钮、按下数字键盘（右侧小键盘）Enter键、按组合键Ctrl+Enter都可以结束文字的输入操作。此外，输入点文字时，如果要换行，可以按下回车键。

随堂练习 编辑文字内容

扫码观看本案例视频

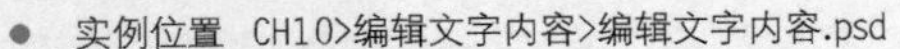

- 实例位置 CH10>编辑文字内容>编辑文字内容.psd
- 素材位置 CH10>编辑文字内容>1.psd
- 实用指数 ★★★★
- 技术掌握 学会编辑文字内容

01 打开学习资源中的“CH10>编辑文字内容>1.psd”文件，选择【横排文字工具】T，然后在文字上单击并拖动鼠标选择部分文字，如图10-17所示。接着在工具选项栏中修改所选文字的颜色（也可以修改字体和大小），如图10-18所示。

图10-17

图10-18

02 在选择部分文字后，重新输入文字，即可修改所选文字，如图10-19所；按Delete键即可删除所选文字，如图10-20所示。

图10-19

图10-20

03 将光标放在文字行上单击，如图10-21所示，即可输入文字，添加内容，如图10-22所示。

图10-21

图10-22

Tips

在输入文字状态下，单击3次可以选择一行文字；单击4次可选择整个段落，按组合键Ctrl+A可选择全部的文本。

10.2.2 段落文字

段落文字是在文本框内输入的文字，它具有自动换行、可调整文字区域大小等优势。段落文字主要用在大量的文本中，如海报、画册等。

随堂练习 创建段落文字

扫码观看本案例视频

- 实例位置 CH10>创建段落文字>创建段落文字.psd
- 素材位置 CH10>创建段落文字>1.jpg
- 实用指数 ★★★★
- 技术掌握 学习创建段落文字

几万英尺的高空，星辰在以肉眼无法觉察的速度移动着。
尘埃是因为自身太渺小，而星辰是因为距离太遥远。
遥远得即使某颗恒星突然熄灭了光芒，你的哀悼也会姗姗来迟
。它会难过么？ 请你在周身笼罩光芒的时候就好好珍惜。

01 打开学习资源中的“CH10>创建段落文字>1.jpg”文件，如图10-23所示。

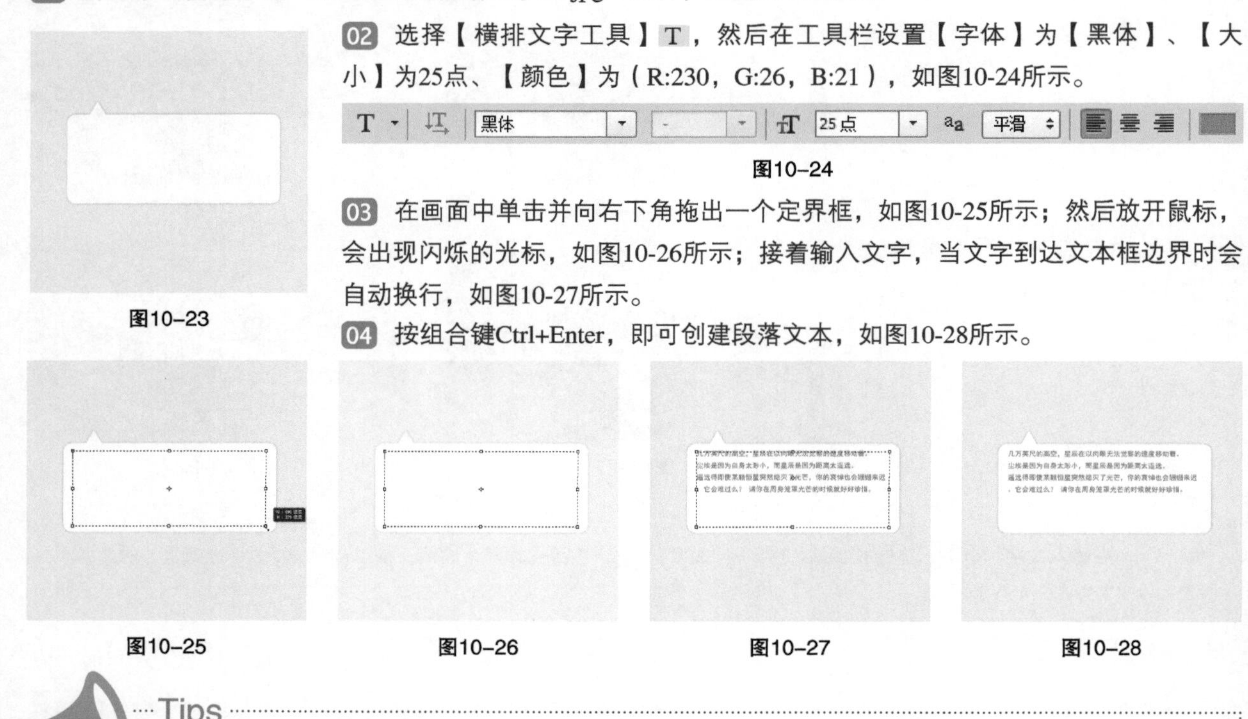

02 选择【横排文字工具】T，然后在工具栏设置【字体】为【黑体】、【大小】为25点、【颜色】为（R:230，G:26，B:21），如图10-24所示。

图10-23

图10-24

03 在画面中单击并向右下角拖出一个定界框，如图10-25所示；然后放开鼠标，会出现闪烁的光标，如图10-26所示；接着输入文字，当文字到达文本框边界时会自动换行，如图10-27所示。

04 按组合键Ctrl+Enter，即可创建段落文本，如图10-28所示。

图10-25　图10-26　图10-27　图10-28

Tips

创建段落文字后，可以根据需要调整定界框的大小，文字会自动在调整后的定界框内重新排列，通过定界框还可以选择缩放和斜切文字。如果定界框内无法显示全部文字时，它右下角的控制点会变为田状。

10.2.3 转换点文本与段落文本

点文本和段落文字可以互相转换。如果是点文本，执行【文字】>【转换为段落文本】菜单命令，可将其转换为段落文本；如果是段落文本，可执行【文字】>【转换为点文本】菜单命令，将其转换为点文本。

将段落文本转换为点文本时，溢出定界框的字符将会被删掉。因此为避免丢失文字，应首先调整定界框，使所有文字在转换前都显示出来。

10.2.4 转换横排文字和直排文字

横排文字和直排文字可以互相转换，方法是执行【文字】>【取向】>【水平/垂直】菜单命令，或单击工具选项栏中的【切换文本取向】按钮，如图10-29和图10-30所示。

图10-29

图10-30

10.3 创建变形文字

变形文字是指对创建的文字进行变形处理后得到的文字，例如，可以将文字变形为扇形或波浪形。下面介绍如何进行文字的变形操作。

输入文字以后，在文字工具的选项栏中单击【创建文字变形】按钮，打开【变形文字】对话框，如图10-31所示，在该对话框中可以选择变形文字的方式。下面以【扇形】样式来介绍变形文字的各项功能，图10-32所示的是原图，图10-33所示的是变形文字。

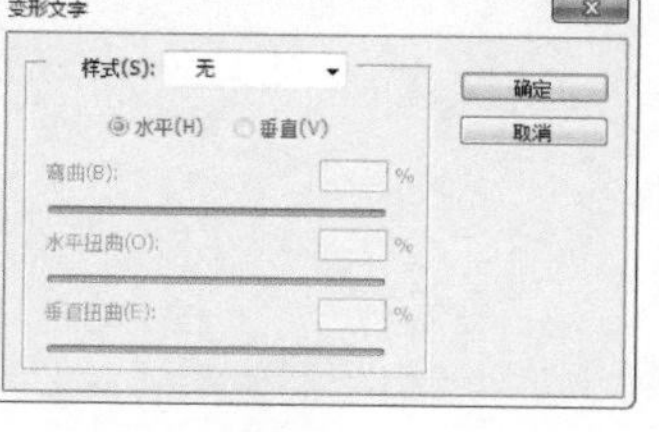

图10-31

图10-32

图10-33

随堂练习 制作变形文字

扫码观看本案例视频

- 实例位置 CH10>制作变形文字>制作变形文字.psd
- 素材位置 CH10>制作变形文字>1.psd
- 实用指数 ★★★
- 技术掌握 学习制作变形文字

01 打开学习资源中的“CH10>制作变形文字>1.psd”文件，如图10-34所示。

02 选择文字图层，如图10-35所示，然后执行【文字】>【文字变形】菜单命令，打开【变形文字】对话框，再在【样式】下拉列表中选择【贝壳】样式，对话框如图10-36所示，效果如图10-37所示。

图10-34

图10-35

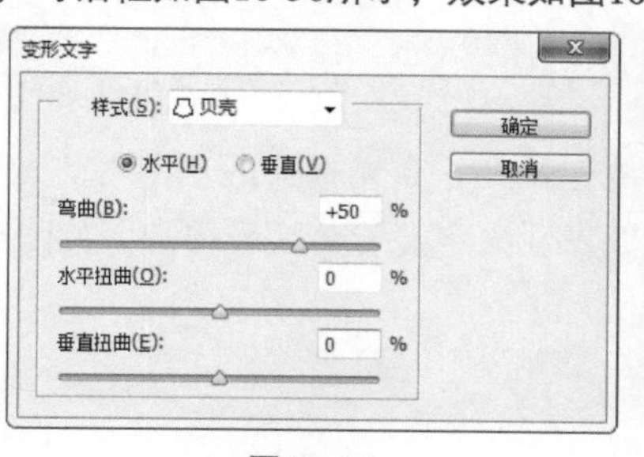

图10-36

图10-37

10.4 创建路径文字

路径文字是指创建在路径上的文字，文字会沿着路径排列，改变路径形状时，文字的排列方式也会随之改变。用于排列文字的路径可以是闭合式的，也可以是开放式的。一直以来，路径文字都是矢量软件才具有的功能，Adobe在Photoshop中增加了路径文字功能后，文字的处理方式就变得更加灵活。

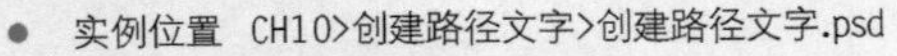

随堂练习 创建路径文字

扫码观看本案例视频

- 实例位置 CH10>创建路径文字>创建路径文字.psd
- 素材位置 CH10>创建路径文字>1.jpg
- 实用指数 ★★★★
- 技术掌握 学习创建路径文字

01 打开学习资源中的“CH10>创建路径文字>1.jpg”文件，如图10-38所示。

02 选择【钢笔工具】，然后沿着箭头的走向绘制一条路径，如图10-39所示。

图10-38

图10-39

03 选择【横排文字工具】T，然后在选项栏设置参数【字体】为【楷体】、【大小】为30点、【颜色】为【白色】，参数设置如图10-40所示。

图10-40

04 将光标放置在路径的起始处，当光标变成状时，单击设置文字插入点，如图10-41所示。然后在路径上输入文本，此时可以发现文字会沿着路径排列，如图10-42所示；接着按组合键Ctrl+Entet结束操作，如图10-43所示。

图10-41

图10-42

图10-43

10.5 【字符】面板

格式化字符是指设置字符的属性。前面曾介绍过，输入文字之前，可以在工具选项栏或【字符】面板中设置文字的字体、大小和颜色等属性，而创建文字之后，也可以通过以上两种方式修改字符的属性。

【字符】面板提供了比工具选项栏更多的选项，如图10-44所示，图10-45所示的是面板菜单。字体系列、字体样式、字体大小、文字颜色和消除锯齿等都与工具选项栏中的相应选项相同，下面介绍其他选项。

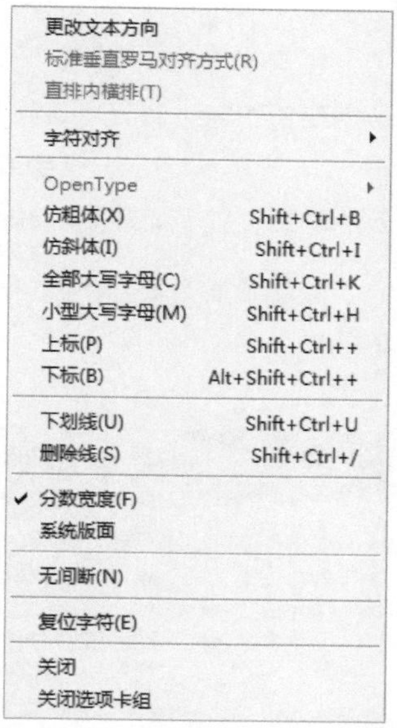

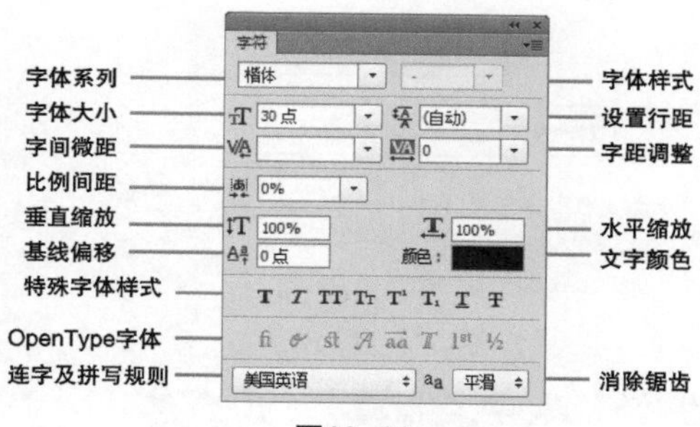

图10-44

更改文本方向
标准垂直罗马对齐方式(R)
直排内横排(T)
字符对齐 ▸
OpenType ▸
仿粗体(X) Shift+Ctrl+B
仿斜体(I) Shift+Ctrl+I
全部大写字母(C) Shift+Ctrl+K
小型大写字母(M) Shift+Ctrl+H
上标(P) Shift+Ctrl++
下标(B) Alt+Shift+Ctrl++
下划线(U) Shift+Ctrl+U
删除线(S) Shift+Ctrl+/
✔ 分数宽度(F)
系统版面
无间断(N)
复位字符(E)
关闭
关闭选项卡组

图10-45

字符面板重要参数介绍

设置行距：行距是指文本中各个文字行之间的垂直间距。同一段落的行与行之间可以设置不同的行距，但文字行中的最大行距决定了该行的行距。图10-46所示的是该值为50的效果，图10-47所示的是该值为100的效果。

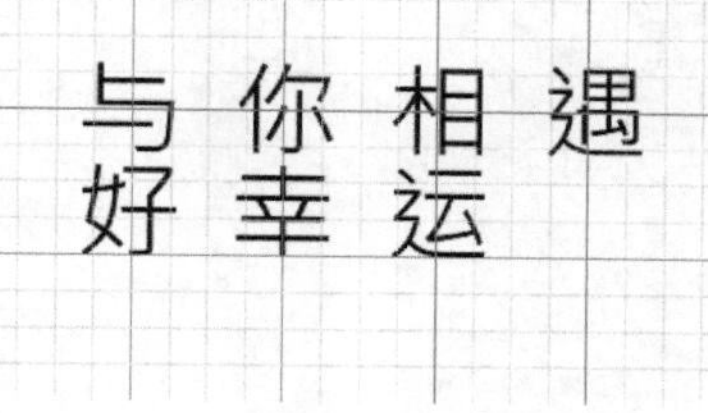

图10-46

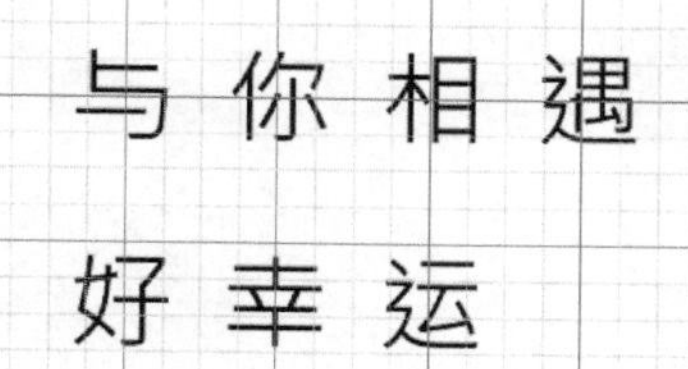

图10-47

字距微调：用来调整两个字符之间的间距，在操作时首先在要调整的两个字符之间单击，设置插入点，如图10-48所示；然后再调整数值，图10-49所示的是增加该值后的文本，图10-50所示的是减少该值后的文本。

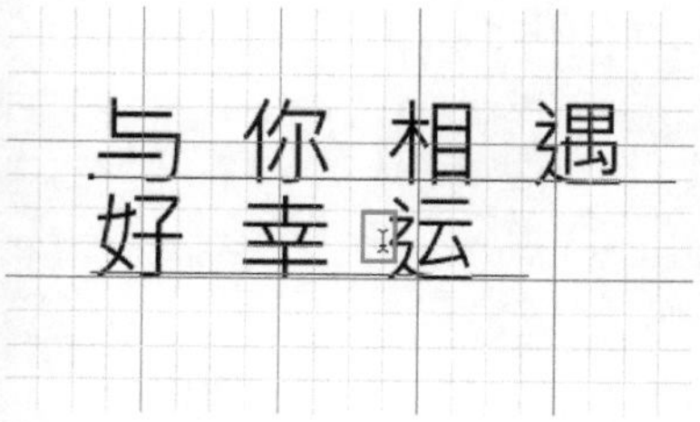

图10-48

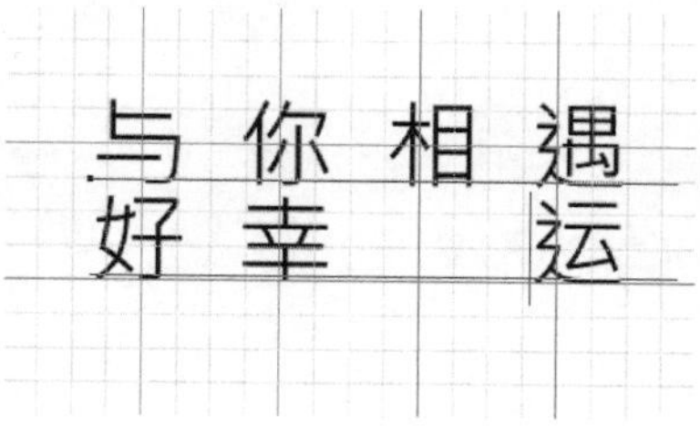

图10-49

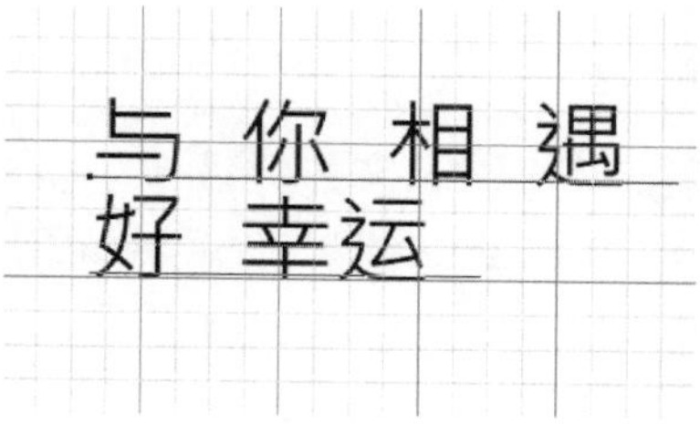

图10-50

字距调整：选择了部分字符时，可调整所选字符的间距，如图10-51所示；没有选择字符时，可调整所有字符的间距，图10-52所示的是缩小所有字符间距的效果。

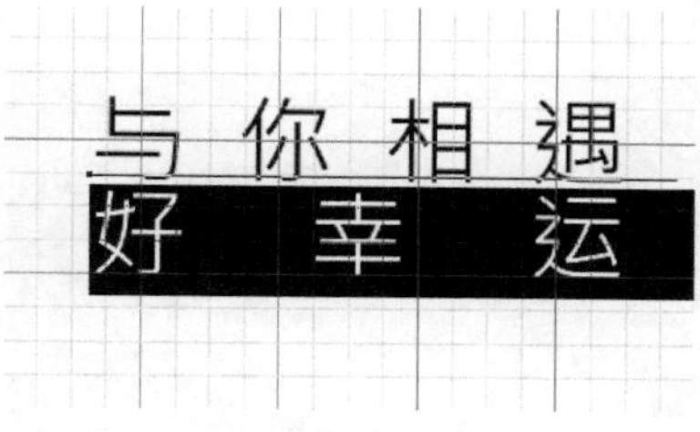

图10-51

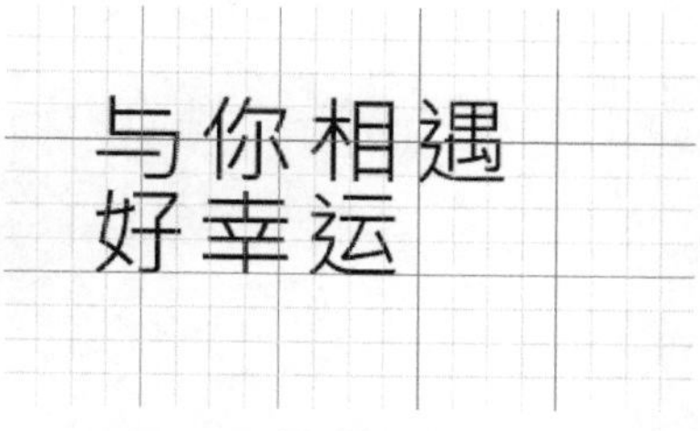

图10-52

比例间距：用来设置所选字符的比例间距。

水平缩放/垂直缩放：【水平缩放】用于调整字符的宽度，【垂直缩放】用于调整字符的高度。这两个百分比相同时，可进行等比缩放；不同时，可进行不等比缩放。

基数偏移：用来控制文字与基线的距离，它可以升高或降低所选文字，如图10-53所示。

特殊字体样式：【字符】面板下面的一排【T】状按钮用来创建仿粗体、斜体等文字样式。

OpenType字体：包含当前PostScript和TrueType字体不具备的功能，如花饰字和自由连字。

文字	文字	文字	文字	文字
-20	-10	0	10	20

图10-53

连字及拼写规则：可对所选字符进行有关连字符和拼写规则的语言设置。Photoshop使用语言词典检查连字符连接。

随堂练习 设置特殊字体样式

扫码观看本案例视频

- 实例位置 CH10>设置特殊字体样式>设置特殊字体样式.psd
- 素材位置 CH10>设置特殊字体样式>1.jpg
- 实用指数 ★★
- 技术掌握 学习设置特殊字体样式

01 打开学习资源中的“CH10>设置特殊字体样式>1.jpg”文件，如图10-54所示。

02 选择【横排文字工具】T，然后设置参数【字体】为【宋体】、【大小】为500 点、【颜色】为(R:247, G:242, B:98)，参数设置如图10-55所示。

图10-54

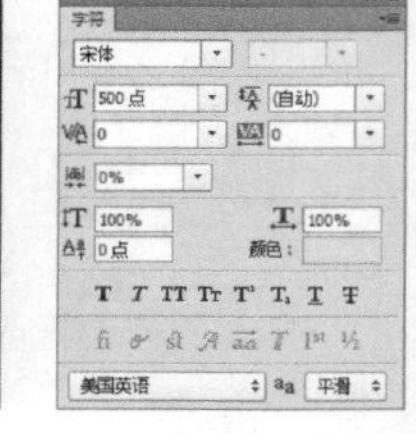

图10-55

03 在画布中单击设置文字插入点，然后输入文本，如图10-56所示。接着选择字符【$】，如图10-57所示；再单击【字符】面板中的T按钮，将字符的文字基线上移成上标，如图10-58所示。

图10-56

图10-57

图10-58

04 选择最后的两个数字0，然后单击【字符】面板中的 T' 按钮，如图10-59所示。再单击 T 按钮，为它添加下划线，最后按组合键Ctrl+Enter结束编辑，如图10-60所示。

图10-59

图10-60

05 双击文字图层空白处，如图10-61所示；打开【图层样式】对话框，然后添加【描边】、【外发光】效果，参数设置如图10-62和图10-63所示，效果如图10-64所示。

图10-61

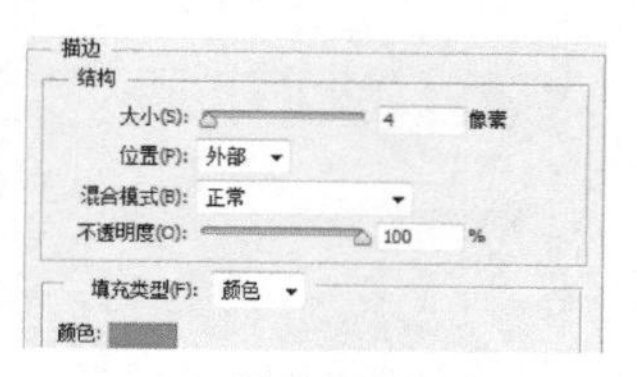

图10-62

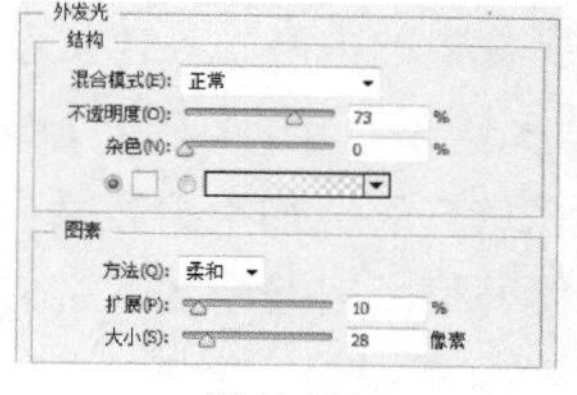

图10-63

图10-64

10.6 格式化段落

格式化段落是指设置文本中的段落属性，如设置段落的对齐、缩进和文本行的间距等。段落是末尾带有回车符的任何范围的文字，对于点文本来说，每行便是一个单独的段落；对于段落文本来说，由于定界框大小的不同，一段可能有多行。【字符】面板只能处理被选择的字符，运用【段落】面板，则不论是否选择了字符都可以处理整个段落。

【段落】面板用来设置段落属性，如图10-65所示，图10-66所示的是面板菜单。

如果要设置单个段落的格式，可以用文字工具在该段落中单击，设置文字插入点并显示定界框，如图10-67所示；如果要设置多个段落的格式，先要选择这些段落，如图10-68所示。如果要设置全部段落的格式，则可在【图层】面板中选择该文本图层，如图10-69所示。

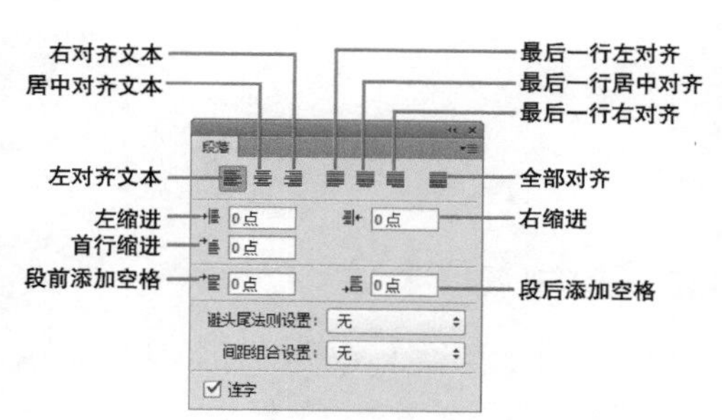

图10-65

中文溢出标点
避头尾法则类型
罗马式溢出标点(R)
✔ 顶到顶行距(P)
底到底行距(B)
对齐(J)...
连字符连接(Y)...
✔ 单行书写器(S)
多行书写器(E)
复位段落(P)
关闭
关闭选项卡组

图10-66

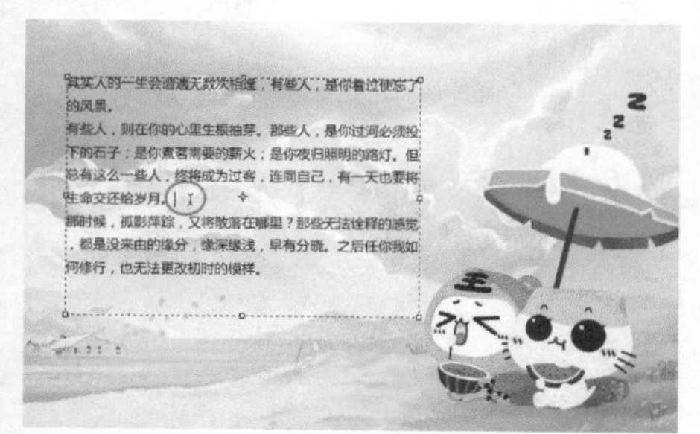

图10-67

图10-68

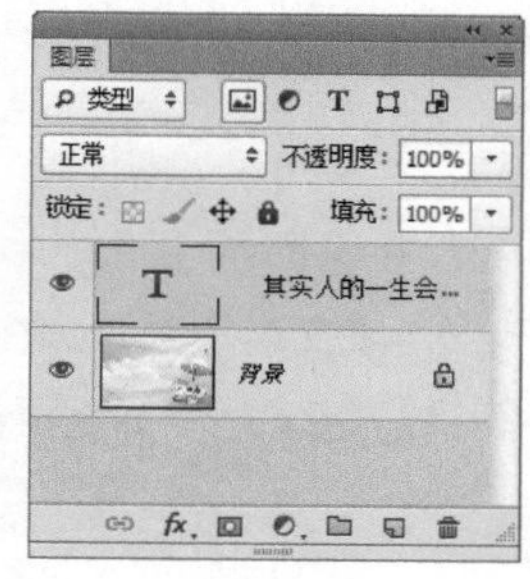

图10-69

10.7 编辑文本

在Photoshop中，除了可以在【字符】和【段落】面板中编辑文本外，还可以通过命令编辑文字，如进行拼写检查、查找和替换文本等。

10.7.1 查找和替换文本

执行【编辑】>【查找和替换文本】菜单命令，可以打开【查找和替换文本】对话框，可以查找当前文本中需要修改的文字、单词、标点或字符，并将其替换为指定的内容。图10-70所示的是【查找和替换文本】对话框。在【查找内容】选项内输入要替换的内容，在【更改为】选项内输入用来替换的内容，然后单击【查找下一个】按钮，Photoshop会搜索并突出显示查找的内容。如果要替换内容，可以单击【更改】按钮；如果要替换所有符合要求的内容，可单击【更改全部】按钮。需要注意的是，已经栅格化的文字不能进行查找和替换操作。

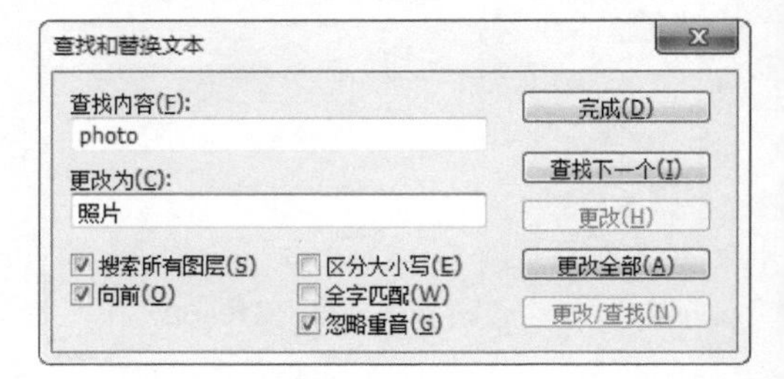

图10-70

10.7.2 基于文字创建工作路径

选择一个文字图层，如图10-71所示；执行【文字】>【创建工作路径】菜单命令，可以基于文字生成工作路径，原文字图层保持不变，如图10-72所示（为了观察路径，隐藏了文字图层）。生成的工作路径可以应用填充和描边，或者通过调整锚点得到变形文字。

图10-71

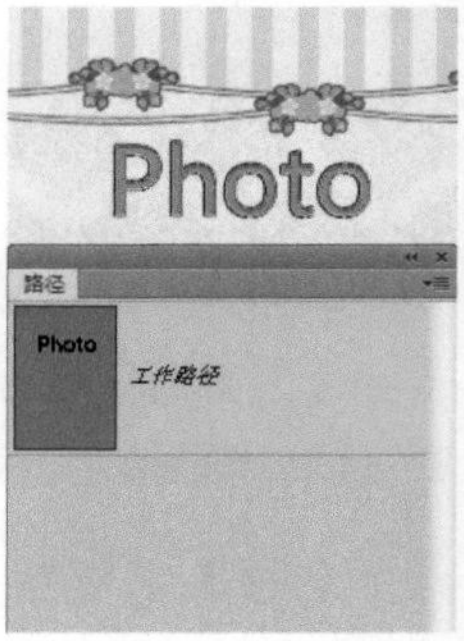

图10-72

10.7.3 将文字转换为形状

选择文字图层，如图10-73所示；执行【文字】>【转换为形状】菜单命令，可以将它转换为具有矢量蒙版的形状图层，如图10-74所示。原文字图层不会保留。

图10-73

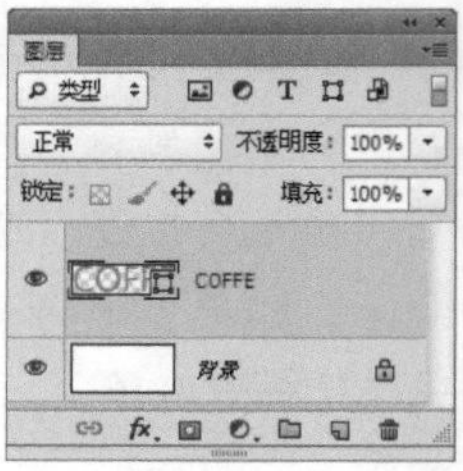

图10-74

10.7.4 栅格化文字

在【图层】面板中选择文字图层，执行【文字】>【栅格化文字图层】菜单命令，或【图层】>【栅格化】>【文字】菜单命令，可以将文字图层栅格化，使文字变为图像。栅格化后的图像可以用画笔工具和滤镜等进行编辑，但不能再修改文字内容。

CHAPTER

11 蒙版

蒙版原本是摄影术语，指的是用于控制照片不同区域曝光的传统暗房技术。而在Photoshop中处理图像时，常常需要隐藏一部分图像，使它们不显示出来，蒙版就是这种可以隐藏图像的工具。

* 了解蒙版的种类
* 掌握图层蒙版的用法
* 掌握矢量蒙版的用法
* 掌握剪贴蒙版的用法

11.1 蒙版总览

蒙版是一种灰度图像，其作用就像一张布，可以遮盖住处理区域中的一部分或全部，对区域内图像进行模糊、上色等操作时，被蒙版遮盖起来的部分就不会受到影响。但只是将其隐藏起来，因此，蒙版是一种非破坏性的编辑工具。图11-1和图11-2所示的是使用蒙版制作的海报。

图11-1

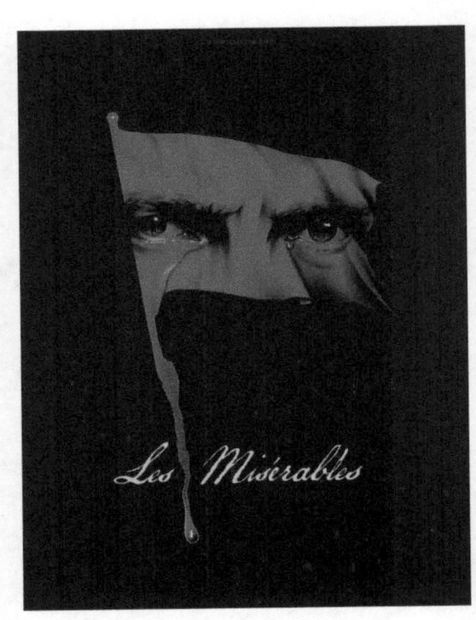

图11-2

11.1.1 蒙版的种类

Photoshop提供了3种蒙版：图层蒙版、剪贴蒙版和矢量蒙版。图层蒙版通过蒙版中的灰度信息来控制图像的显示区域，可用于合成图像，也可以控制填充图层、调整图层、智能滤镜的有效范围；剪贴蒙版通过一个对象的形状来控制其他图层的显示区域；矢量蒙板则通过路径和矢量形状控制图像的显示区域。

11.1.2 【属性】面板

【属性】面板用于调整所选图层中的图层蒙版和矢量蒙版的不透明度和羽化范围，如图11-3所示。此外，使用【光照效果】滤镜、创建调整图层时，也会用到【属性】面板。

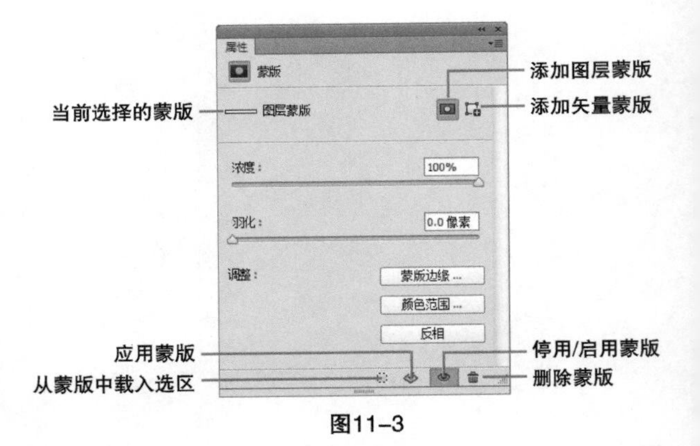

图11-3

【属性】面板的重要参数介绍

当前选择的蒙版：显示了在【图层】面板中选择的蒙版的类型，如图11-4所示，此时在【属性】面板中可对其进行编辑。

添加图层蒙版/添加矢量蒙版：单击▣按钮，可以为当前图层添加图层蒙版；单击□按钮添加矢量蒙版。

浓度：拖曳滑块可以控制蒙版的不透明度，即蒙版的遮盖强度，如图11-5所示。

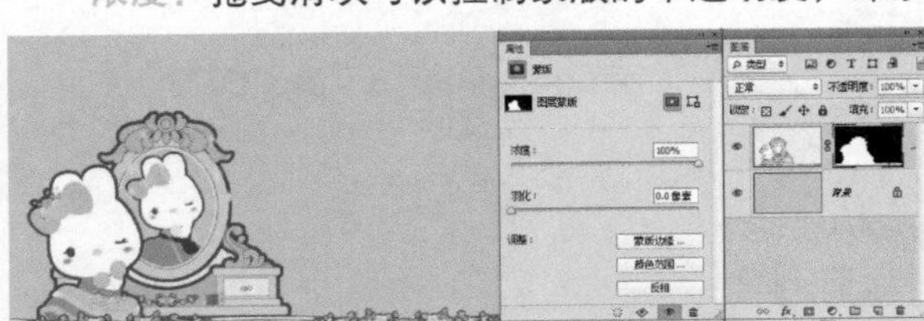

图11-4

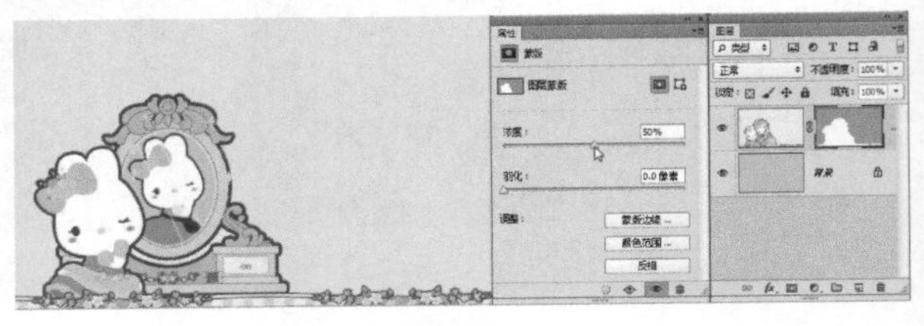

图11-5

羽化：拖曳滑块可以柔化蒙版的边缘，如图11-6所示。

蒙版边缘：单击该按钮，可以打开【调整蒙版】对话框修改蒙版边缘，并针对不同的背景查看蒙版。这些操作与调整选区边缘基本相同。

反相：可以反转蒙版的遮盖区域，如图11-7所示。

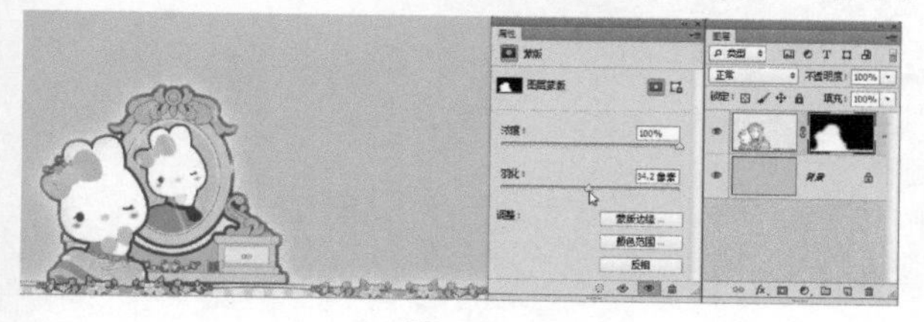

图11-6

图11-7

从蒙版中载入选区：单击该按钮，可以载入蒙版中包含的选区。

应用蒙版：单击该按钮，可以将蒙版应用到图像中，同时删除被蒙版遮盖的图像。

停用/启用蒙版：单击该按钮，或按住Shift键单击蒙版的缩览图，可以停用（或重新启用）蒙版。停用蒙版时，蒙版缩览图会出现一个红色的【×】，如图11-8所示。

图11-8

删除蒙版：单击该按钮，可删除当前蒙版。将蒙版缩览图拖曳到【图层】面板底部的按钮，也可以将其删除。

11.2 矢量蒙版

矢量蒙版是由钢笔、自定形状等矢量工具创建的蒙版，它与分辨率无关，无论怎么缩放都能保持光滑的轮廓，因此，常用来制作Logo、按钮或其他Web设计元素。图层蒙版和剪贴蒙版都是基于像素的蒙版，矢量蒙版则将矢量图形引入到蒙版中，它不仅丰富了蒙版的多样性，也为用户提供了一种可以在矢量状态下编辑蒙版的特殊方式。

11.2.1 创建矢量蒙版

打开一个文档，如图11-9所示，这个文档中包含两个图层，一个【背景】图层（背景是一个相框）和一个【色带】图层，如图11-10所示。下面就以这个文档来讲解如何创建矢量蒙版。

图11-9

图11-10

Tips

绘制出路径以后，按住Ctrl键单击【图层】面板下的按钮，也可以为图层添加矢量蒙版。

先隐藏【色带】图层，然后使用【矩形工具】（在选项栏设置【模式】为【路径】）绘制出相框内侧的大小，如图11-11所示。再显示【色带】图层，接着执行【图层】>【矢量蒙版】>【当前路径】菜单命令，可以基于当前路径为图层创建一个矢量蒙版，如图11-12和图11-13所示。

图11-11

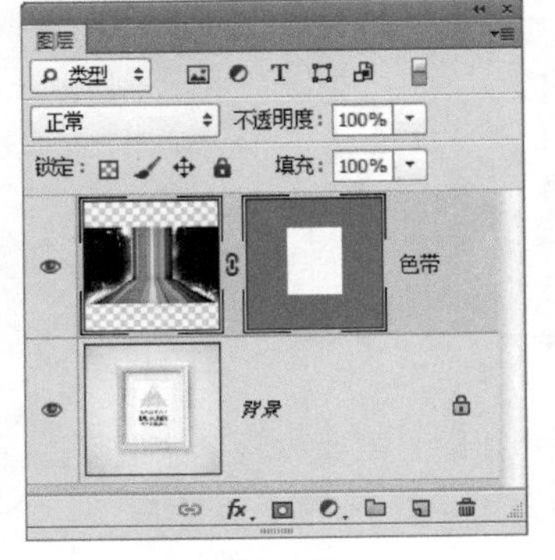

图11-12

图11-13

随堂练习 创建矢量蒙版

扫码观看本案例视频

- 实例位置 CH11>创建矢量蒙版>创建矢量蒙版.psd
- 素材位置 CH11>创建矢量蒙版>1.psd
- 实用指数 ★★★★
- 技术掌握 学习创建矢量蒙版

01 打开学习资源中的“CH11>创建矢量蒙版>1.psd”文件，如图11-14所示。然后单击【图层 1】前面的按钮隐藏图层，如图11-15所示。

图11-14

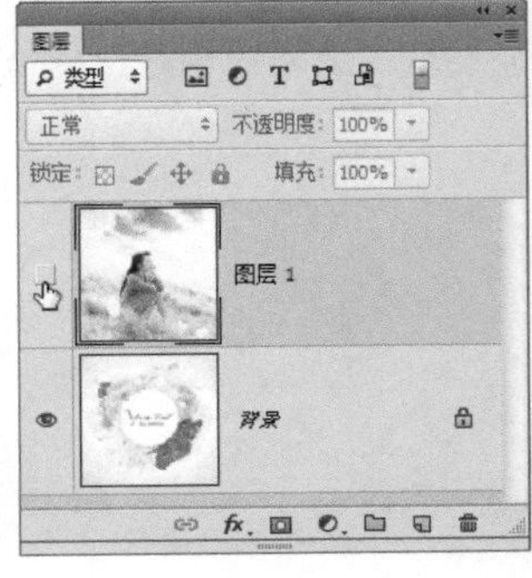

图11-15

02 选择【椭圆工具】按钮，然后在选项栏中设置【工具模式】为【路径】，如图11-16所示，接着在画布中绘制出圆形的路径，如图11-17所示。

图11-16

03 单击【图层 1】前面的按钮显示图层，然后执行【图层】>【矢量蒙版】>【当前路径】菜单命令，或按住Ctrl键单击【图层】面板的按钮，即可基于当前路径创建矢量蒙版，如图11-18和图11-19所示。

图11-17

图11-18

图11-19

Tips

执行【图层】>【矢量蒙版】>【显示全部】命令，可以创建一个显示全部内容的矢量蒙版；执行【图层】>【矢量蒙版】>【隐藏全部】命令，可以创建一个隐藏全部内容的矢量蒙版。

04 双击添加了矢量蒙版的图层，如图11-20所示；打开【图层样式】对话框，然后在左侧列表中单击【描边】效果，参数设置如图11-21所示；接着单击【内阴影】效果，参数设置如图11-22所示；再单击【确定】按钮为矢量蒙版图层添加图层效果，效果如图11-23所示。

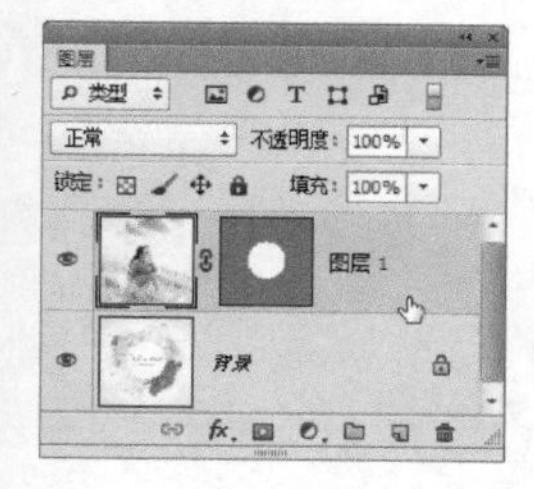

图11-20

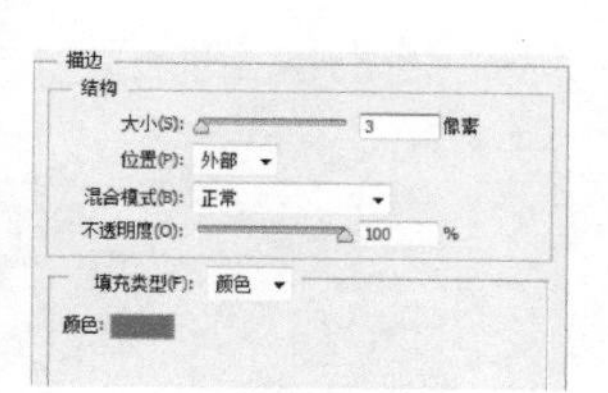

图11-21

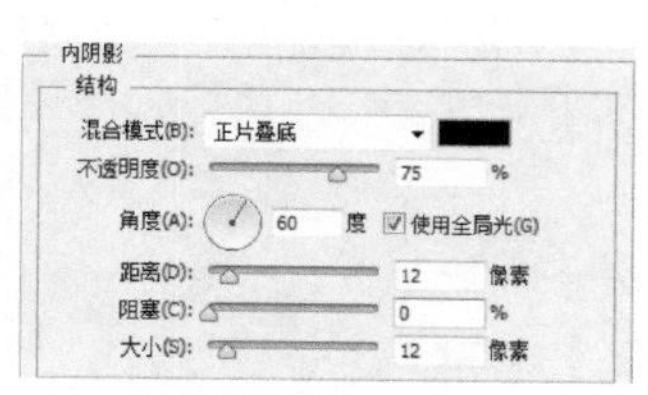

图11-22

图11-23

05 单击矢量蒙版缩览图，进入蒙版编辑状态，此时缩览图外面会出现一个白色的外框，画面中也会显示矢量路径，如图11-24所示。

06 选择【自定形状工具】，然后在选项栏中设置【模式】为【路径】选项，打开形状下拉面板，执行面板菜单中的【全部】命令，载入Photoshop提供的所有形状，如图11-25所示；接着选择图形，在画面中单击并拖动鼠标绘制路径，如图11-26所示。

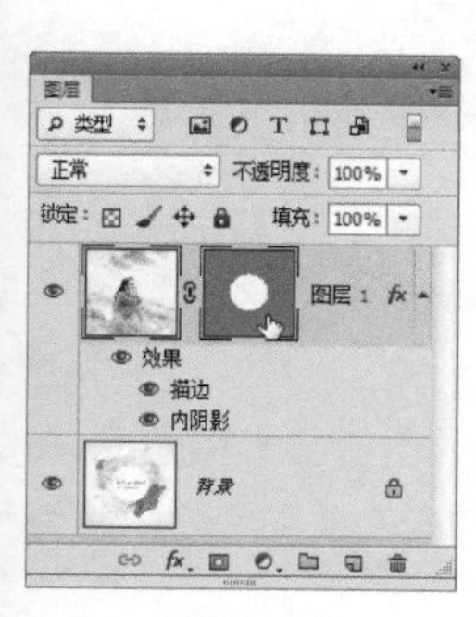

图11-24

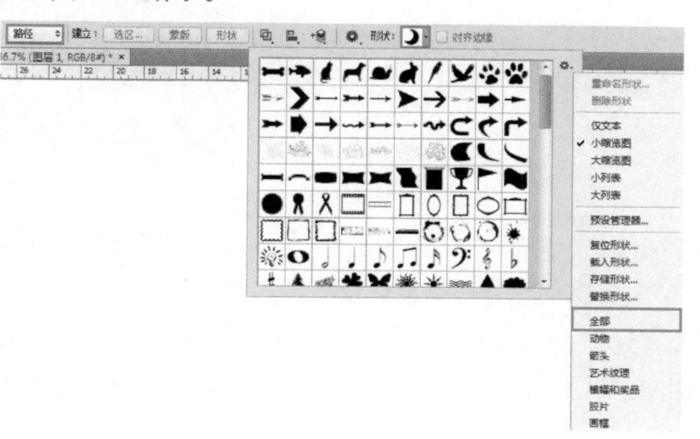

图11-25

图11-26

Tips

在【矢量蒙版】缩览图中直接绘制路径，可以获得该图层的蒙版路径的所有效果。

11.2.2 将矢量蒙版转换为图层蒙版

选择矢量蒙版所在的图层，如图11-27所示；执行【图层】>【栅格化】>【矢量蒙版】菜单命令，可将其栅格化，使之转换为图层蒙版，如图11-28所示。

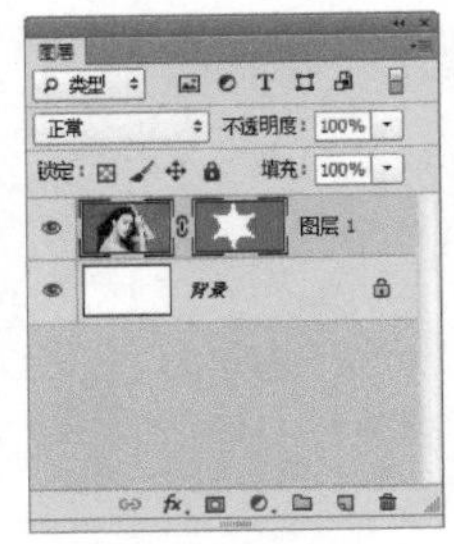

图11-27

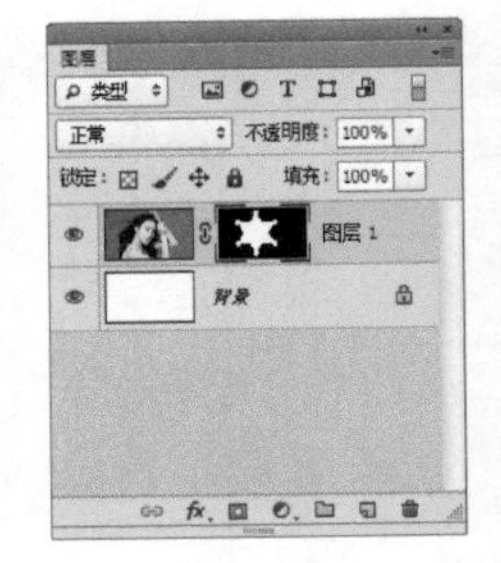

图11-28

11.3 剪贴蒙版

剪贴蒙版可以用一个图层中包含像素的区域来限制它上层图像的显示范围。它的最大优点是可以通过一个图层来控制多个图层的可见内容，而图层蒙版和矢量蒙版都只能控制一个图层。

11.3.1 创建剪贴蒙版

打开一个文档，图层如图11-29所示，效果如图11-30所示。下面以这个文档介绍3种方法创建剪贴蒙版。

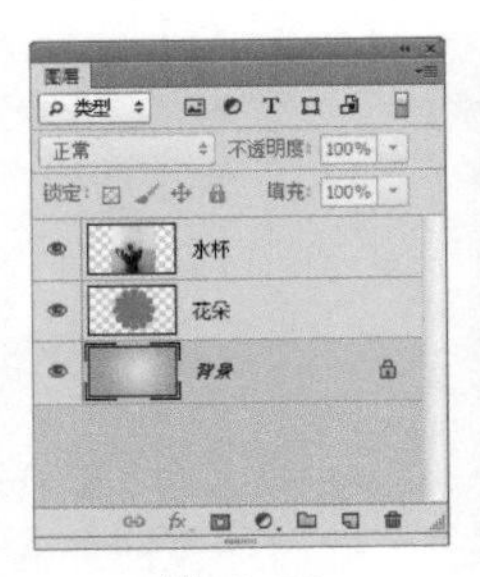

图11-29

图11-30

第1种：选择【水杯】图层，然后执行【图层】>【创建剪贴蒙版】菜单命令，或按组合键Alt+Ctrl+G，可以将【水杯】图层和【花朵】图层创建为一个剪贴蒙版，如图11-31所示。创建剪贴蒙版以后，【水杯】图层就只显示【花朵】图层的区域，如图11-32所示。

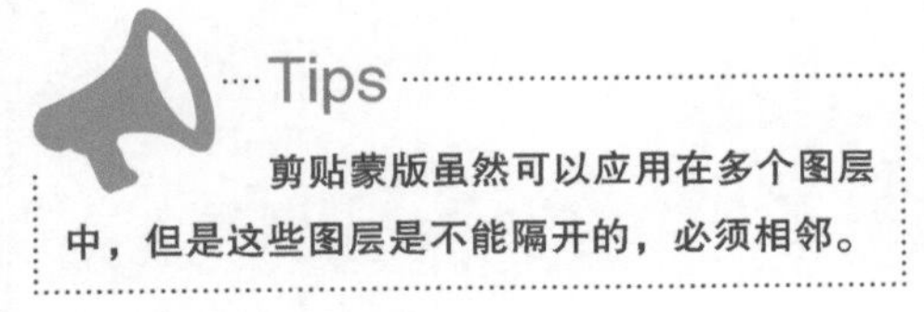

Tips

剪贴蒙版虽然可以应用在多个图层中，但是这些图层是不能隔开的，必须相邻。

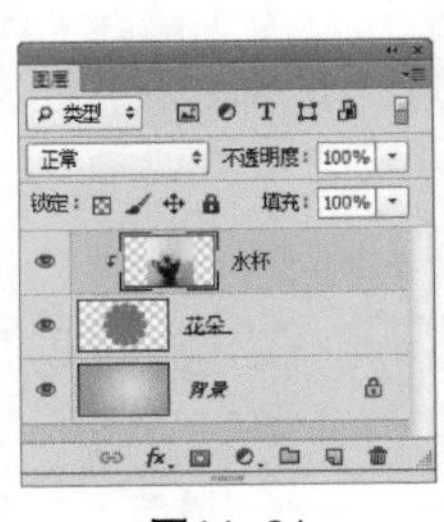

图11-31

图11-32

第2种：在【水杯】图层的名称上单击鼠标右键，然后在弹出的菜单中选择【创建剪贴蒙版】命令，如图11-33所示，即可将【水杯】图层和【花朵】图层创建为一个剪贴蒙版，如图11-34所示。

第3种：先按住Alt键，然后将光标放置在【水杯】图层和【花朵】图层之间的分割线上，待光标变成↓□形状时单击鼠标左键（持续按住Alt键），如图11-35所示，这样也可以将【水杯】图层和【花朵】图层创建为一个剪贴蒙版，如图11-36所示。

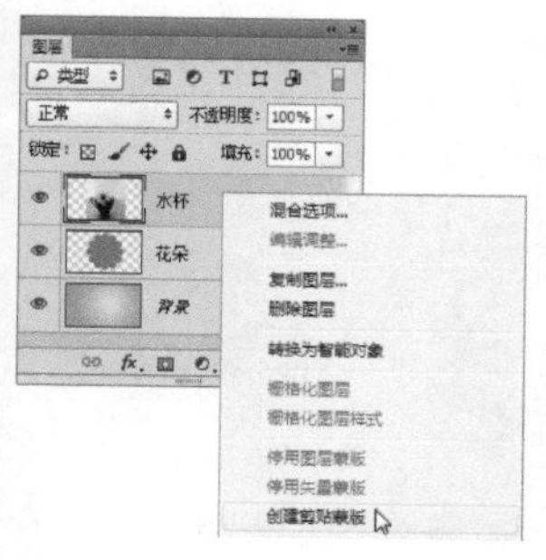
图11-33

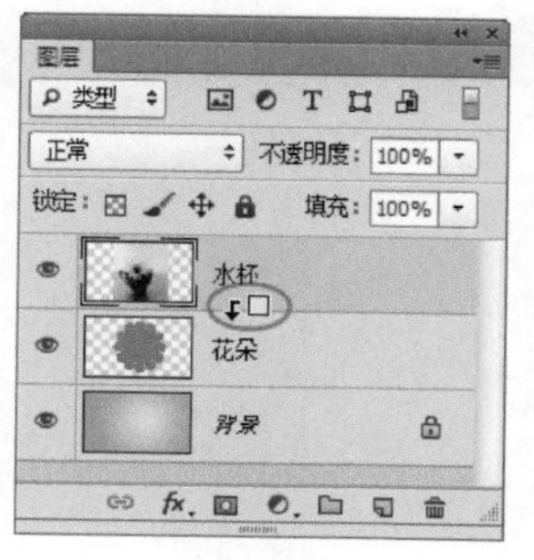
图11-34

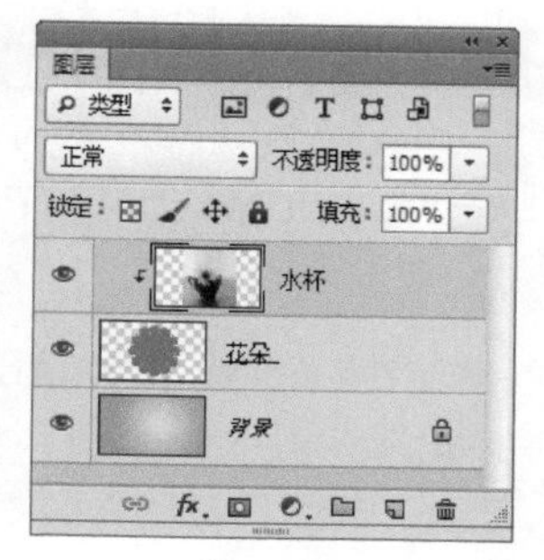
图11-35

图11-36

随堂练习 创建剪贴蒙版

扫码观看本案例视频

- 实例位置 CH11>创建剪贴蒙版>创建剪贴蒙版.psd
- 素材位置 CH11>创建剪贴蒙版>1.psd
- 实用指数 ★★★★★
- 技术掌握 学习创建剪贴蒙版

01 打开学习资源中的“CH11>创建剪贴蒙版>1.psd”文件，图层如图11-37所示，效果如图11-38所示。

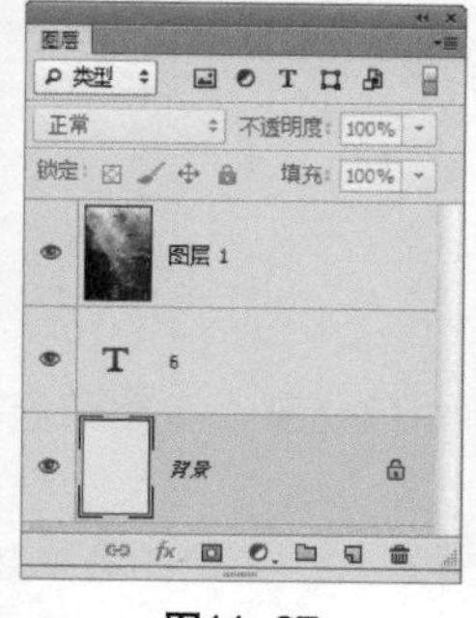
图11-37

图11-38

02 按下组合键Ctrl+Alt+G，将海洋图层与它下面的文字图层创建为一个剪贴蒙版，如图11-39和图11-40所示。

03 选择文字图层，然后双击文字图层空白处，如图11-41所示；打开【图层样式】对话框，接着单击左边的【内阴影】选项，参数设置如图11-42所示；最后单击【确定】按钮，效果如图11-43所示。

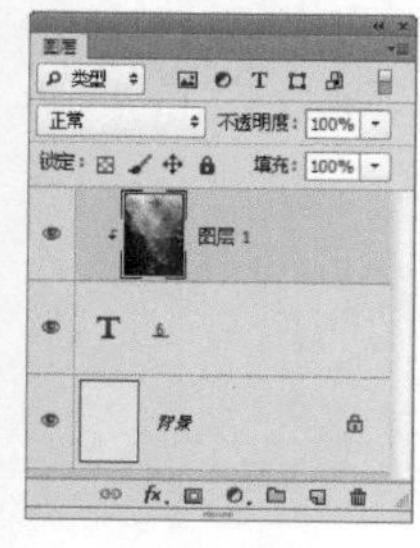
图11-39

图11-40

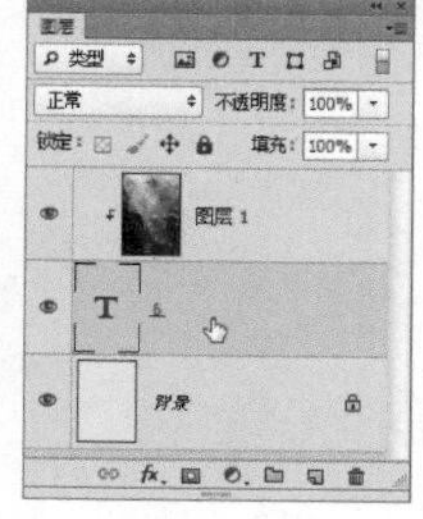
图11-41

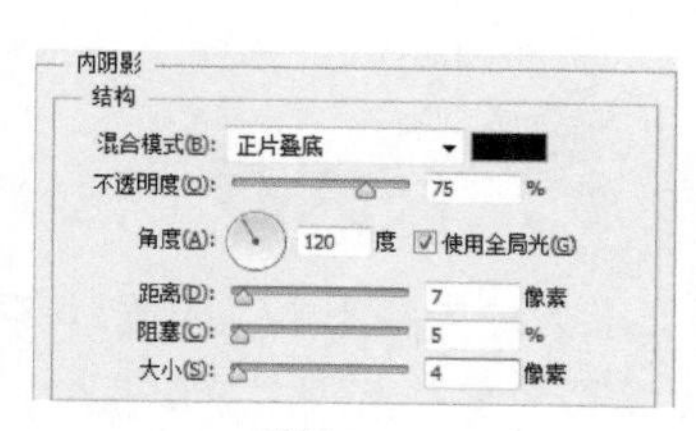

图11-42

图11-43

04 选择文字图层，然后执行【文字】>【栅格化文字图层】菜单命令，图层如图11-44所示。接着选择【背景】图层，执行【滤镜】>【杂色】>【添加杂色】菜单命令，在打开的【添加杂色】对话框设置参数，如图11-45所示，效果如图11-46所示。

05 选择【横排文字工具】T，然后在6的下方输入一些装饰文字，最终效果如图11-47所示。

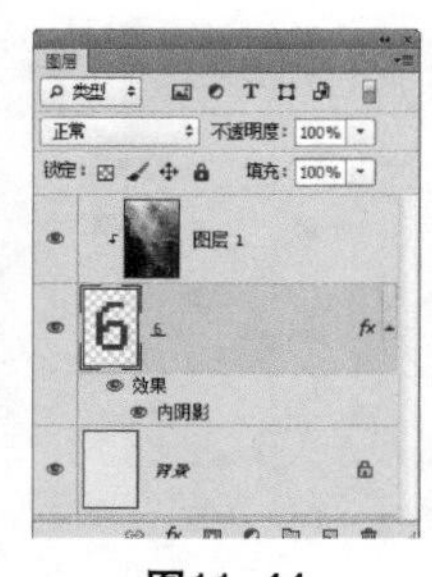
图11-44

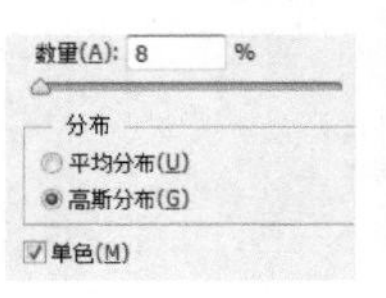
图11-45

图11-46

图11-47

11.3.2 剪贴蒙版的图层结构

在剪贴蒙版组中，下面的图层叫作【基底图层】，它的名称带有下划线；位于它上面的图层叫作【内容图层】，它们的缩览图是缩进的，并带有状图标（指向【基底图层】），如图11-48所示。

【基底图层】中的透明区域充当了整个剪贴蒙版组的蒙版，也就是说，它的透明区域就像蒙版一样，可以将内容层中的图像隐藏起来，因此，只要移动【基底图层】，就会改变内容图层的显示区域，如图11-49所示。

图11-48

图11-49

11.3.3 设置剪贴蒙版的不透明度

剪贴蒙版组使用基底图层的不透明度属性，因此，调整基底图层的不透明度时，可以控制整个剪贴蒙版组的不透明度，如图11-50和图11-51所示。

图11-50

图11-51

11.3.4 释放剪贴蒙版

选择基底图层正上方的内容图层，如图11-52所示；执行【图层】>【释放剪贴蒙版】菜单命令，或按下组合键Alt+Ctrl+G，可以释放全部剪贴蒙版，如图11-53所示。

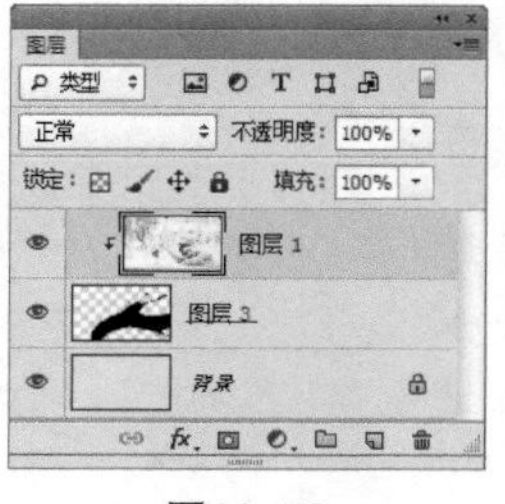
图11-52

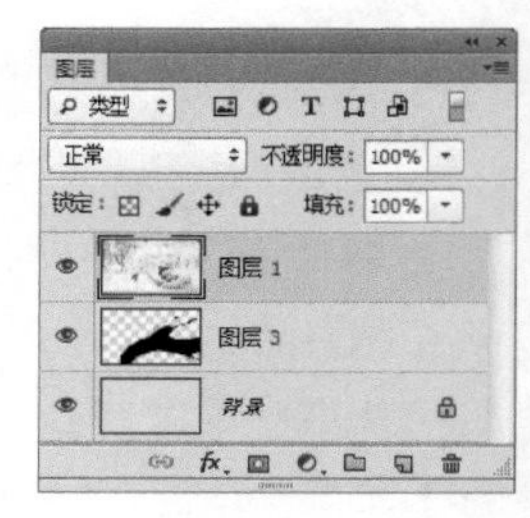
图11-53

Tips

选择一个内容图层，执行【图层】>【释放剪贴蒙版】菜单命令，可以从剪贴蒙版中释放出该图层。如果该图层上面还有其他内容图层，则这些图层也会一同释放。

随堂练习 制作特殊放大镜

扫码观看本案例视频

- 实例位置 CH11>制作特殊放大镜>制作特殊放大镜.psd
- 素材位置 CH11>制作特殊放大镜>1.psd
- 实用指数 ★★★★★
- 技术掌握 学习通过剪贴蒙版制作特殊效果

01 打开学习资源中的“CH11>制作特殊放大镜>1.psd”文件，如图11-54所示；然后单击【图层 1】前面的眼睛图标隐藏该图层，如图11-55所示。

图11-54

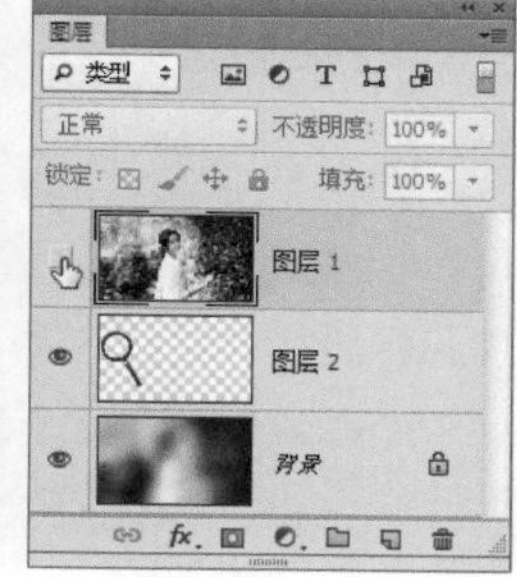

图11-55

02 选择【图层 2】，然后使用【魔棒工具】在放大镜的镜片处单击，创建选区，如图11-56所示。接着在【图层】面板中新建一个图层，再为该选区填充白色，如图11-57所示，最后按下组合键Ctrl+D取消选择。

图11-56

图11-57

03 选择【图层 2】和【图层 3】，然后单击【图层】面板的【链接图层】按钮，将两个图层链接在一起，如图11-58所示。

04 选择【图层 1】，然后单击图层前眼睛图标，如图11-59所示；接着按组合键Alt+Ctrl+G，创建剪贴蒙版，如图11-60所示。

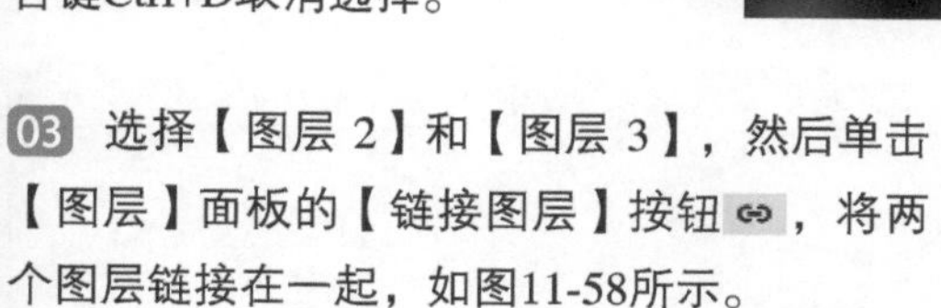

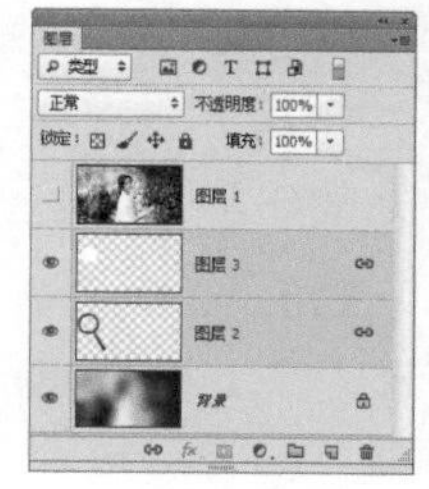

图11-58

图11-59

图11-60

05 选择【移动工具】，然后选择【图层 2】或【图层 3】，此时单击拖动放大镜，可以看到，放大镜移动到哪里，哪里就会显示出人的清晰图像，如图11-61和图11-62所示。

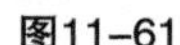
图11-61

图11-62

11.4 图层蒙版

图层蒙版是一个256级色阶的灰度图像，它蒙在图层上面，起到遮盖图层的作用，然而其本身并不可见。图层蒙版主要用于合成图像。此外，创建调整图层、填充图层或者应用智能滤镜时，Photoshop也会自动为其添加图层蒙版，因此，图层蒙版还可以控制颜色调整和滤镜范围。

11.4.1 图层蒙版的原理

在图层蒙版中，纯白色对应的图像是可见的，纯黑色会遮盖图像，灰色区域会使图像呈现出一定程度的透明效果（灰色越深→图像越透明），如图11-63和图11-64所示。基于以上原理，当用户想要隐藏图像的某些区域时，为它添加一个蒙版，再将相应的区域涂黑即可；想让图像呈现出半透明效果，可以将蒙版涂灰。

图11-63

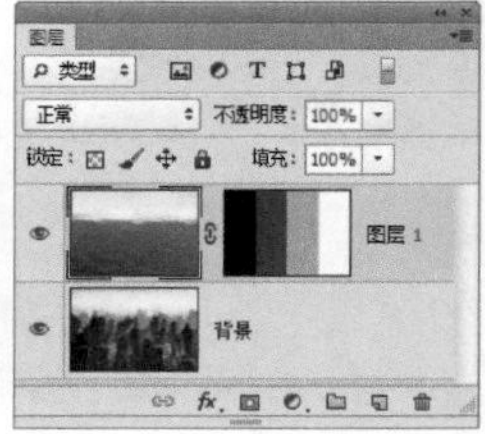
图11-64

图层蒙版是位图图像，几乎所有的绘画工具都可以用来编辑它。例如，用柔角画笔修改蒙版可以使图像边缘产生逐渐淡出的过渡效果，如图11-65和图11-66所示；用渐变编辑蒙版可以将当前图像逐渐融入到另一个图像中，图像之间的融合效果自然、平滑，如图11-67和图11-68所示。

图11-65

图11-66

图11-67

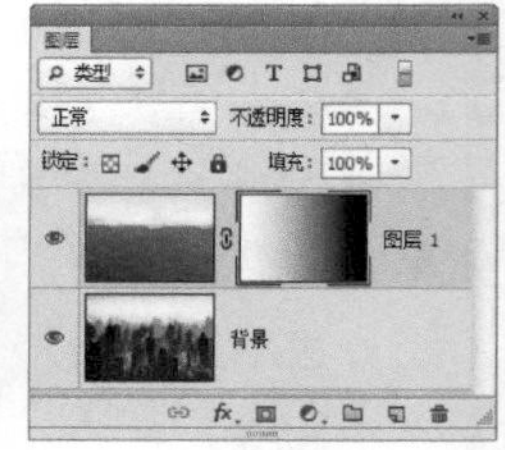
图11-68

11.4.2 创建图层蒙版

创建图层蒙版的方法有很多种，既可以直接在【图层】面板中进行创建，也可以从选区和通道中进行创建。

1.在【图层】面板中创建图层蒙版

选择要添加图层蒙版的图层，然后在【图层】面板下单击【添加图层蒙版】按钮，如图11-69所示，可以为当前图层添加一个图层蒙版，如图11-70所示。

图11-69

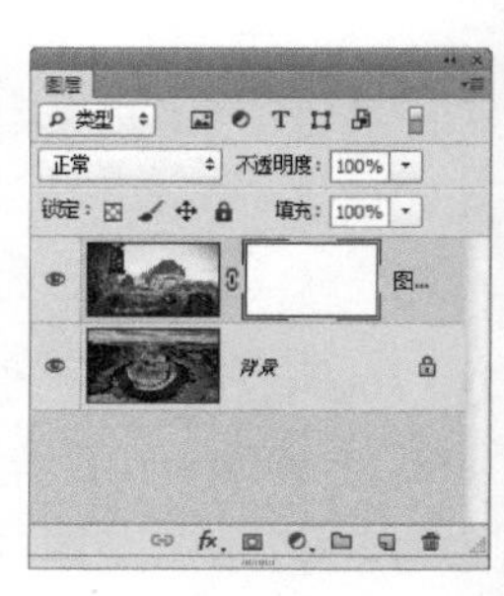
图11-70

2.从选区生成图层蒙版

如果当前图层中存在选区，如图11-71所示；单击【图层】面板下的【添加图层蒙版】按钮，可以基于当前选区为图层添加图层蒙版，选区以外的图像将被蒙版隐藏，如图11-72和图11-73所示。

图11-71

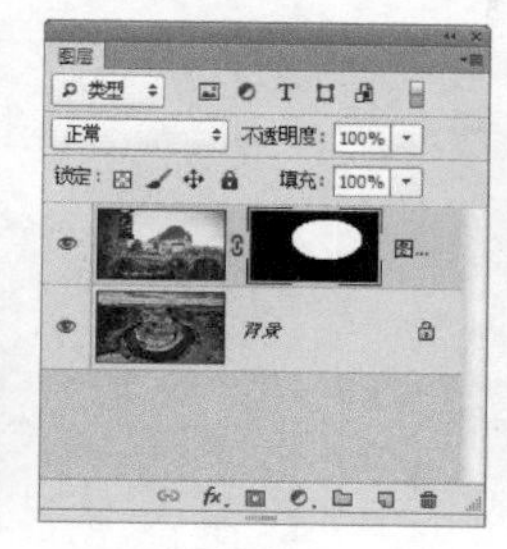

图11-72

图11-73

随堂练习 用图层蒙版合成风景照片

扫码观看本案例视频

- 实例位置 CH11>用图层蒙版合成风景照片>用图层蒙版合成风景照片.psd
- 素材位置 CH11>用图层蒙版合成风景照片>1.jpg，2.jpg
- 实用指数 ★★★★
- 技术掌握 学习用图层蒙版合成风景照片

01 打开学习资源中的“CH11>用图层蒙版合成风景照片>1.jpg，2.jpg”文件，然后使用【移动工具】拖曳多云图像至晴空文档中，图层如图11-74所示，效果如图11-75所示。

02 单击【图层 1】前面的图标，隐藏该图层，图层如图11-76所示，效果如图11-77所示。

图11-74

图11-75

03 选择【背景】图层，然后使用【快速选择工具】选择出天空的选区，如图11-78所示。接着按下组合键Shift+F6，打开【羽化选区】对话框，再设置【羽化半径】为2，最后单击【确定】按钮（使用该命令是为了让接下来的图层蒙版过渡效果更加自然）。

图11-76

图11-77

图11-78

04 选择【图层 1】，然后单击图层前面的👁图标，显示该图层，如图11-79所示。接着设置【前景色】为【白色】，再单击【图层】面板的【添加图层蒙版】图标，图层如图11-80所示，效果如图11-81所示。

图11-79

图11-80

图11-81

11.4.3 复制与转移蒙版

按住Alt键将一个图层的蒙版拖至另外的图层，可以将蒙版复制到目标图层，如图11-82和图11-83所示。如果直接将蒙版拖曳至另外的图层，则可将该蒙版转移到目标图层，源图层将不再有蒙版，如图11-84所示。

图11-82

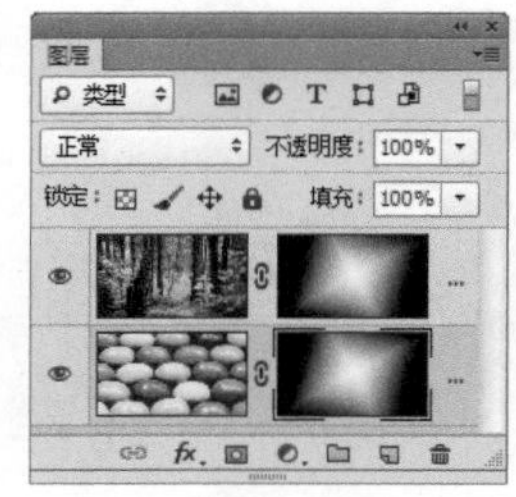

图11-83

图11-84

11.4.4 链接与取消链接蒙版

创建图层蒙版后，蒙版缩览图和图像缩览图中间有一个链接图标，它表示蒙版与图像处于链接状态，此时进行变换操作，蒙版会与图像一同变换。执行【图层】>【图层蒙版】>【取消链接】菜单命令，或者单击该图标，可以取消链接。取消链接后可以单独变换图像，也可以单独变换蒙版。图11-85所示的是链接下移动该图层内容的效果，图11-86所示的是取消链接下移动图像的效果，可以观察区别。

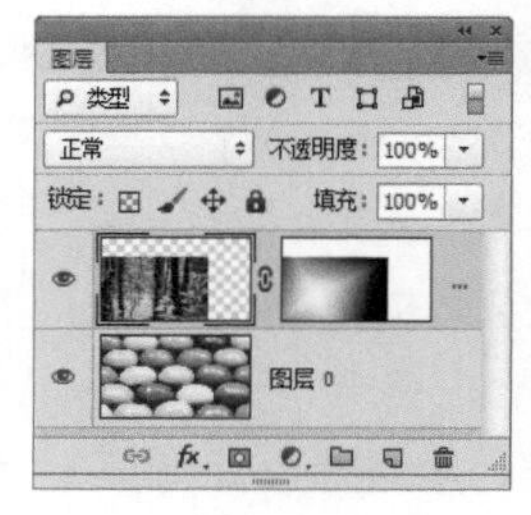

图11-85

图11-86

Tips

添加图层蒙版后，蒙版缩览图外侧有一个白色的边框，它表示蒙版处于编辑状态，此时进行的所有操作将应用于蒙版，如图11-87所示。如果要编辑图像，应单击图像缩览图，将边框转移到图像上，如图11-88所示。

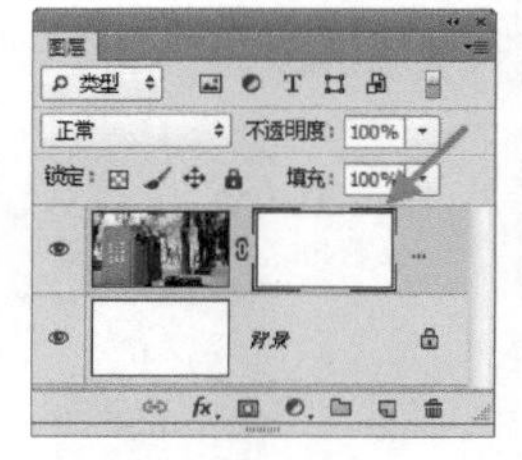

图11-87

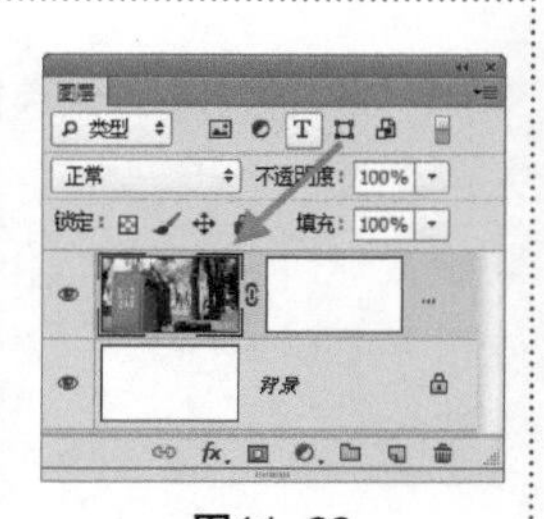

图11-88

11.5 高级蒙版

在【图层样式】对话框中，有一个高级蒙版——【混合颜色带】，它可以隐藏图像。其独特之处体现在既可以隐蔽当前图层中的图像，又可以让下面层中的图像穿透当前层显示出来，或者同时隐藏当前图层和下面层中的部分图像，这是其他任何一种蒙版都无法实现的。【混合颜色带】用来抠火焰、烟花、云彩、闪电等深色背景中的对象。

【混合颜色带】用来控制当前图层与它下面的图层混合时，在混合结果中显示哪些像素。打开一个文件，如图11-89所示，双击【图层 1】，打开【图层样式】对话框。【混合颜色带】在对话框的底部，它包含一个【混合颜色带】下拉列表，【本图层】和【下一图层】两组滑块，如图11-90所示。

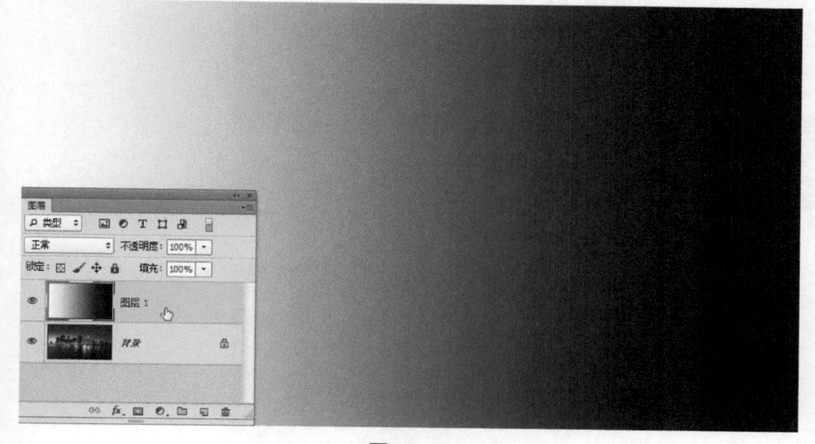

图11-89

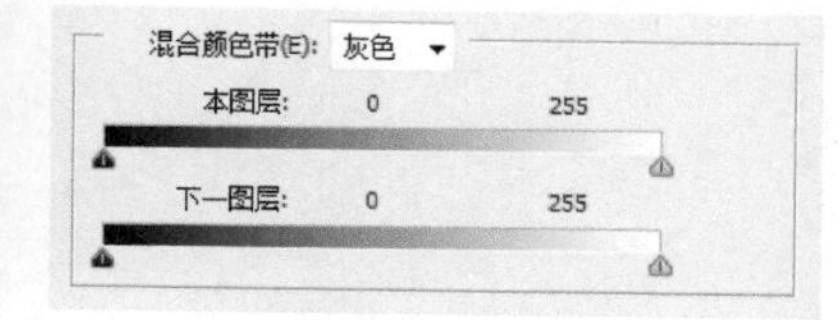

图11-90

【混合颜色带】的重要参数介绍

本图层：【本图层】是指当前正在处理的图层，拖曳本图层滑块，可以隐藏当前图层的像素，显示出下面层中的图像。例如，将左侧的黑色滑块移向右侧时，当前图层中所有比该滑块所在位置暗的像素都会被隐藏，如图11-91所示；将右侧的白色滑块移向左侧时，当前图层中所有比该滑块所在位置亮的位置都会被隐藏，如图11-92所示。

图11-91

图11-92

Tips

使用混合滑块只能隐藏像素，而不是真正删除像素。重新打开【图层样式】对话框后，将滑块拖回原来的起始位置，便可以将隐藏的像素显示出来。

下一图层：【下一图层】是指当前图层下面的那一个图层。拖曳【下一图层】中的滑块，可以使下面图层中的像素穿透当前图层显示出来。例如，将左侧的黑色滑块移向右侧时，可以显示下面图层中较暗的像素，如图11-93所示；将右侧的白色滑块移向左侧时，则可以显示下面图层中较亮的像素，如图11-94所示。

图11-93

图11-94

混合颜色带：在该选项下拉列表中可以选择控制混合效果的颜色通道。选择【灰色】，表示使用全部颜色通道控制混合效果，也可以选择一个颜色通道来控制混合。

CHAPTER

12 通道

通道是Photoshop最核心的功能之一。通道有保存选区、色彩和图像信息3个主要用途。在选区中，通道可以抠图；在色彩中，通道可以调色；在图像中，通道可用于制作特效。掌握了这3种用途，读者就可以轻松理解通道。

* 了解通道的类型及其相关用途
* 掌握通道的基本操作方法
* 掌握如何使用通道调整图像的色调
* 掌握如何使用通道抠取图像

12.1 通道总览

通道是Photoshop的高级功能，它与图像内容、色彩和选区有关。Photoshop提供了3种类型的通道：颜色通道、Alpha通道和专色通道。下面介绍【通道】面板的特征和主要用途。

12.1.1 【通道】面板

【通道】面板可以创建、保存和管理通道。打开一个图像时，Photoshop会自动创建该图像的颜色信息通道，如图12-1所示，图12-2所示的是面板菜单。

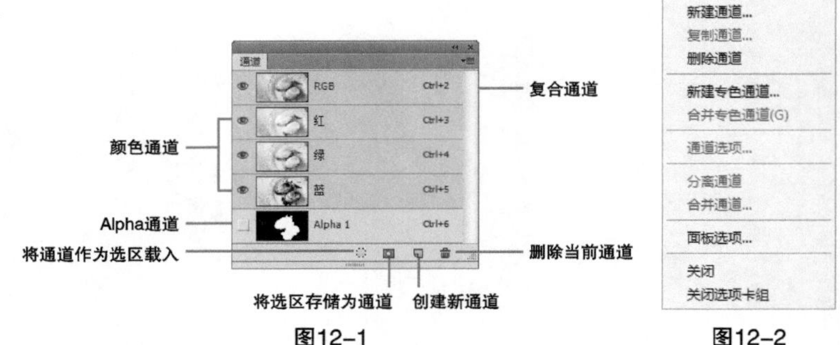

图12-1　　图12-2

【通道】面板的重要参数介绍

复合通道：面板中最先列出的通道是复合通道，在复合通道下可以同时预览和编辑所有颜色通道。

颜色通道：用来记录图像颜色信息的通道。

Alpha通道：用来保存选区的通道。

将通道作为选区载入：单击该按钮，可以载入所选通道内的选区。

将选区存储为通道：单击该按钮，可以将图像中的选区保存在通道内。

创建新通道：单击该按钮，可创建Alpha通道。

删除当前通道：单击该按钮，可删除当前选择的通道，但复合通道不能删除。

12.1.2 颜色通道

颜色通道就像是摄影胶片，它们记录了图像内容和颜色信息。图像的颜色模式不同，颜色通道的数量也不相同。RGB图像包含红、绿、蓝和一个用于编辑图像内容的复合通道，如图12-3所示；CMYK图像包含青色、洋红、黄色、黑色和一个复合通道，如图12-4所示；Lab图像包含明度、a、b和一个复合通道，如图12-5所示；位图、灰度、双色调和索引颜色的图像都只有一个通道。

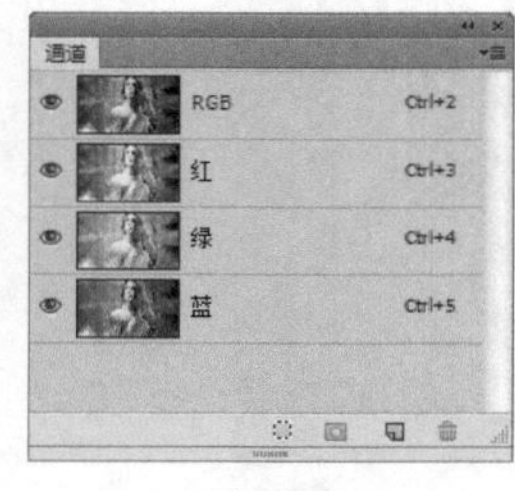

图12-3

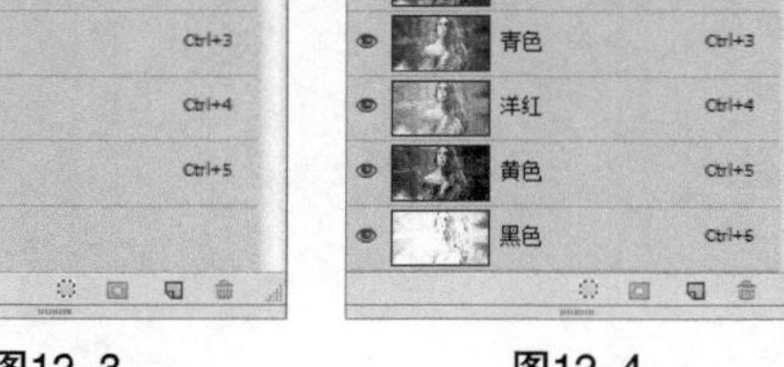

图12-4

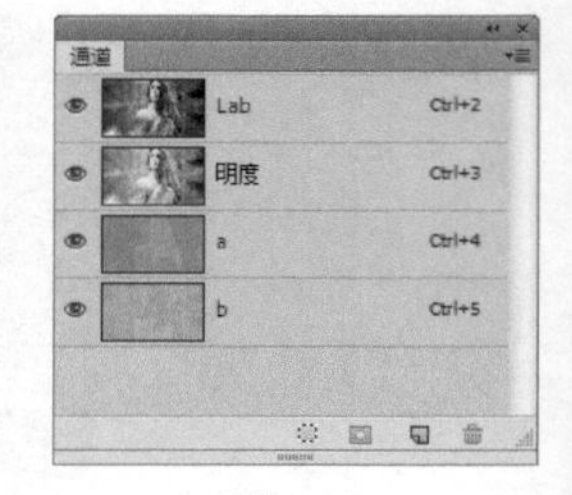

图12-5

12.1.3 Alpha通道

Alpha通道有3种用途：一是用于保存选区；二是可以将选区存储为灰度图像，这样就能够用画笔、加深、减淡等工具以及各种滤镜，通过编辑Alpha通道来修改选区；三是Alpha通道中可以载入选区。

在Alpha通道中，白色代表了可以被选择的区域，黑色代表了不能被选择的区域，灰色代表了可以被部分选择的区域（即羽化选区）。用白色涂抹Alpha通道可以扩大选区范围，用黑色涂抹则收缩选区，用灰色涂抹可以增加羽化范围。图12-6所示的是原图像，在Alpha通道制作一个呈现灰度阶梯的选区，可以选取出图12-7和图12-8所示的图像。

图12-6

图12-7

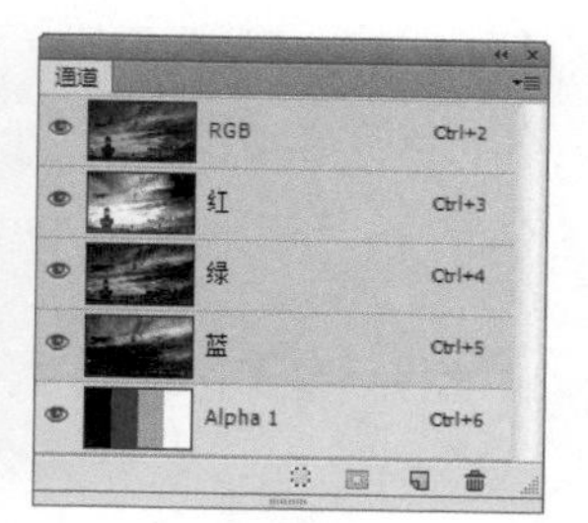

图12-8

12.1.4 专色通道

专色通道用来存储印刷用的专色。专色是特殊的预混油墨，如金属金银色油墨、荧光油墨等，它们用于替代或补充普通的印刷色（CMYK）油墨。通常情况下，专色通道都是以专色的名称来命名的。

12.2 编辑通道

下面介绍如何使用【通道】面板和面板菜单中的命令，创建通道以及对通道进行复制、删除、分离与合并等操作。

12.2.1 通道的基本操作

单击【通道】面板中的一个通道即可选择该通道，文档窗口中会显示所选通道的灰度图像，如图12-9和图12-10所示。按住Shift键单击其他通道，可以选择多个通道，此时窗口中会显示所选颜色通道的复合信息，如图12-11和图12-12所示。通道名称的左侧显示了通道内容的缩览图，在编辑通道时，缩览图会自动更新。

单击RGB复合通道可以重新显示其他颜色通道，如图12-13和图13-14所示，此时可同时预览和编辑所有颜色通道。

图12-9

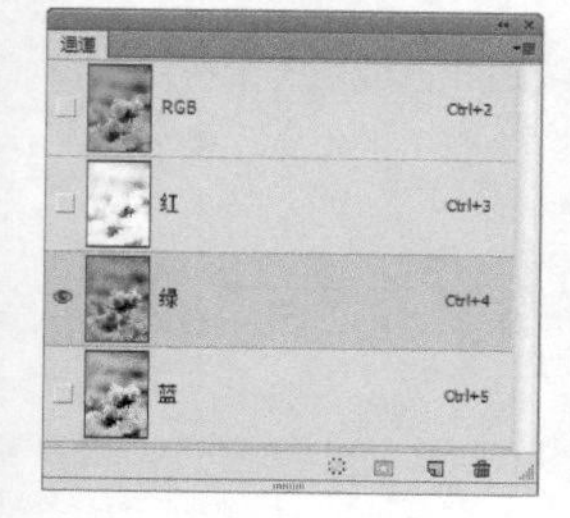

图12-10

图12-11

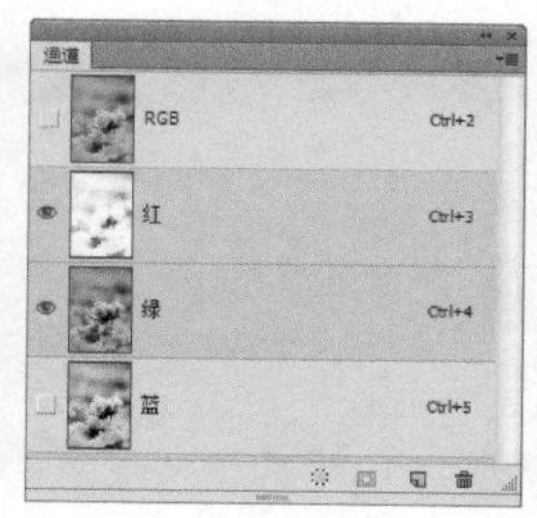

图12-12

图12-13

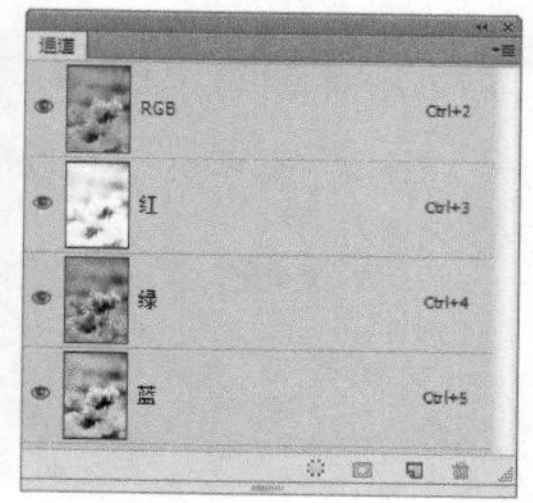

图12-14

Tips

按下Ctrl+数字键可以快速选择通道。例如，如果图像为RGB模式，按组合键Ctrl+3可以选择红通道；按组合键Ctrl+4可以选择绿通道；按组合键Ctrl+5可以选择蓝通道；按组合键Ctrl+2可以回到RGB复合通道。

12.2.2 Alpha通道与选区的互相转换

如果在画面中创建了选区，单击【通道】面板中的按钮可将选区保存到Alpha通道中，如图12-15和图12-16所示。在【通道】面板中选择要载入选区的Alpha通道，单击将通道作为选区载入按钮。即可载入该通道中的选区。

此外，按住Ctrl键单击Alpha通道也可以载入选区，如图12-17和图12-18所示。这样操作的好处是不必来回切换通道。

图12-15

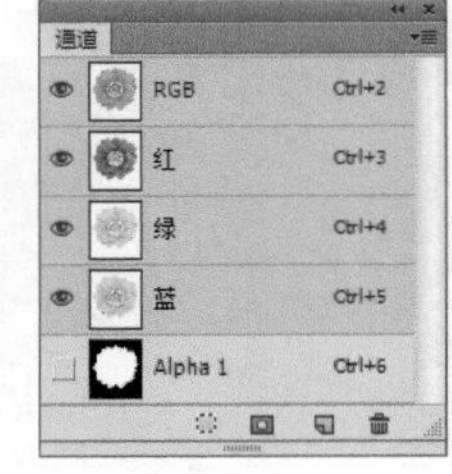

图12-16

图12-17

图12-18

12.2.3 重命名、复制与删除通道

1.重命名通道

双击【通道】面板中一个通道的名称，在显示的文本输入框中可以为它输入新的名称，如图12-19所示。但复合通道和颜色通都不能重命名。

2.复制和删除通道

将一个通道拖曳到【通道】面板底部的按钮上，可以复制该通道，如图12-20所示。在【通道】面板中选择需要删除的通道，单击【删除当前通道】按钮，可将其删除，也可以直接将通道拖曳到该按钮上进行删除。

复合通道不能复制，也不能删除。颜色通道可以复制，但如果删除了，图像就会自动转换为多通道模式。图12-21所示的是删除蓝色通道后的效果。

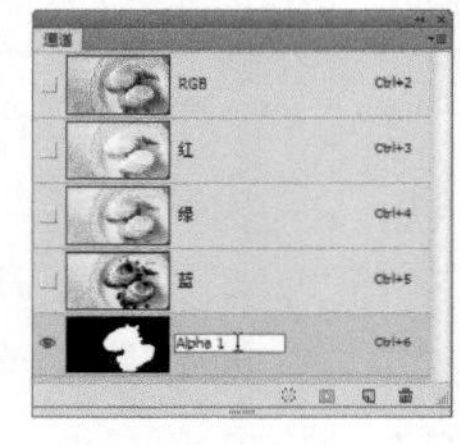
图12-19

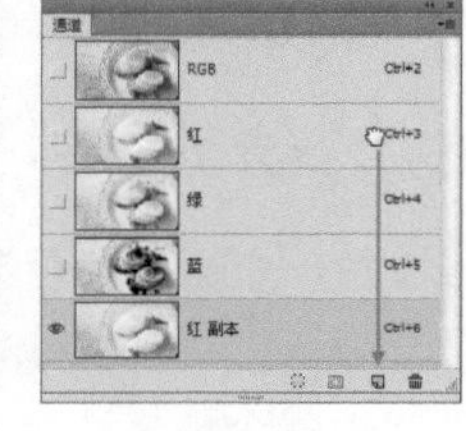
图12-20

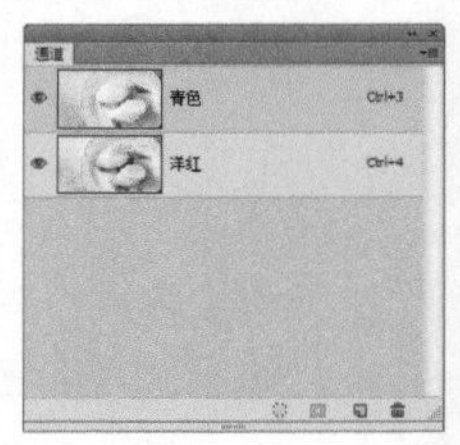
图12-21

12.2.4 新建Alpha/专色通道

1.新建Alpha通道

如果要新建Alpha通道，可以在【通道】面板下面单击【创建新通道】，如图12-22和图12-23所示。

2.新建专色通道

如果要新建专色通道，可以在【通道】面板的菜单中选择【新建专色通道】命令，如图12-24和图12-25所示。

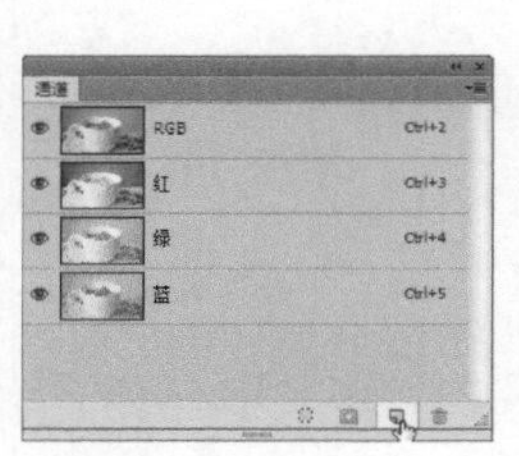
图12-22

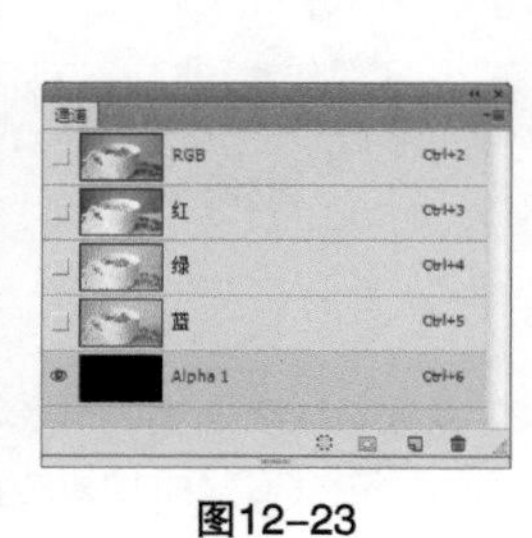
图12-23

图12-24

图12-25

12.2.5 同时显示Alpha通道和图像

编辑Alpha通道时，文档窗口中只显示通道中的图像，如图12-26所示，这使得某些操作，如描绘图像边缘时会因看不到彩色图像而不够准确。遇到这种问题，可在复合通道前单击，显示眼睛图标，

Photoshop会显示图像并以一种颜色替代Alpha通道的灰度图像，这种效果就类似于在快速蒙版状态下编辑选区一样，如图12-27所示。

图12-26

图12-27

12.2.6 合并通道

可以将多个灰度图像合并为一个图像的通道。要合并的图像必须具备3个特点，分别是图像必须为灰度模式，并且已被拼合；具有相同的像素尺寸；处于打开状态。

Tips

已打开的灰度图像的数量决定了合并通道时可用的颜色模式。比如，4张图像可以合并为一个RGB图像或CMYK图像。

随堂练习 用【合并通道】创建彩色图像

扫码观看本案例视频

- 实例位置 CH12>用合并通道创建彩色图像>用合并通道创建彩色图像.psd
- 素材位置 CH12>用合并通道创建彩色图像>1.jpg，2.jpg，3.jpg，4.jpg
- 实用指数 ★★
- 技术掌握 学习通过【合并通道】创建彩色图像

01 打开学习资源中的“CH12>用合并通道创建彩色图像>1.jpg，2.jpg，3.jpg，4.jpg”文件，如图12-28~图12-31所示。

图12-28

图12-29

图12-30

图12-31

Tips

这4张素材的大小都为1920像素×1080像素，并且都是RGB图像。

02 对4张图像都执行【图像】>【模式】>【灰度】菜单命令，将其转换为灰度图像。然后在第1张图像的【通道】面板菜单中选择【合并通道】命令，如图12-32所示，打开【合并通道】对话框，设置【模式】为【CMYK颜色】模式，如图12-33所示。

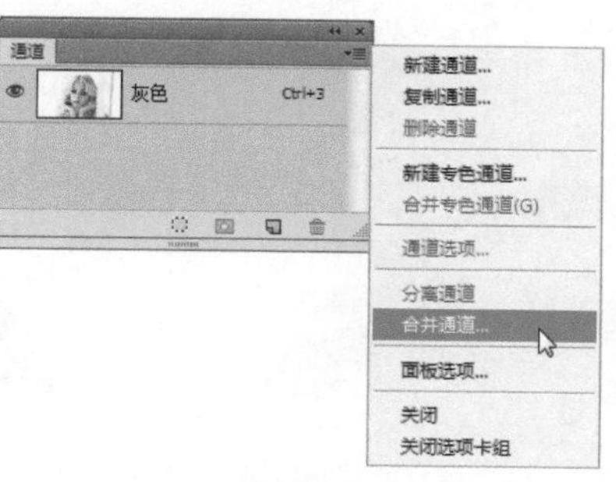

图12-32

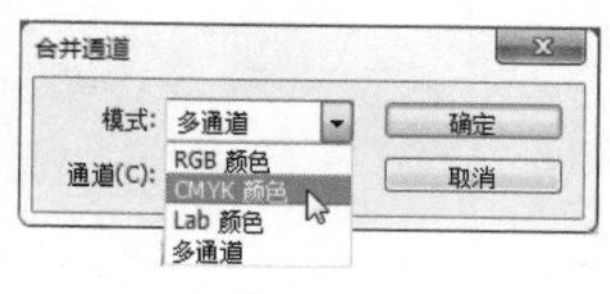

图12-33

03 在【合并通道】对话框中单击【确定】按钮，打开【合并CMYK通道】对话框，在该对话框中可以选择以哪个图像来作为青色、洋红色、黄色和黑色通道，如图12-34所示。选择好通道图像后单击【确定】按钮，此时在【通道】面板中会出现一个CMYK颜色模式的图像，如图12-35所示，最终效果如图12-36所示。

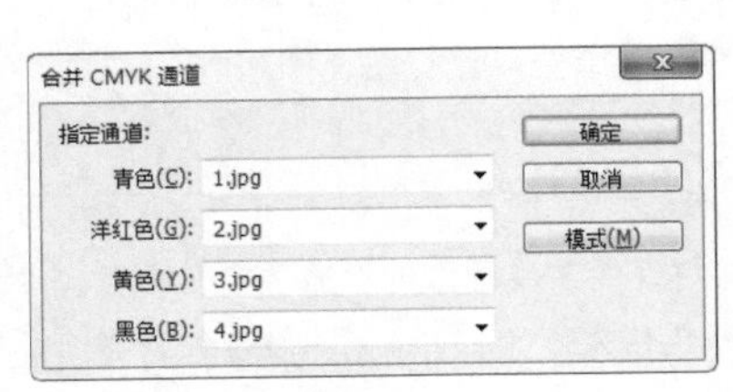

图12-34

图12-35

图12-36

12.2.7 分离通道

打开一张图像，如图12-37所示，这是一张RGB颜色模式的图像。在【通道】面板的菜单中选择【分离通道】命令，如图12-38所示；可以将红、绿、蓝3个通道单独分离成3张灰度图像（会自动关闭彩色图像），同时每个图像的灰度都与之前的通道灰度相同，如图12-39所示。

图12-37

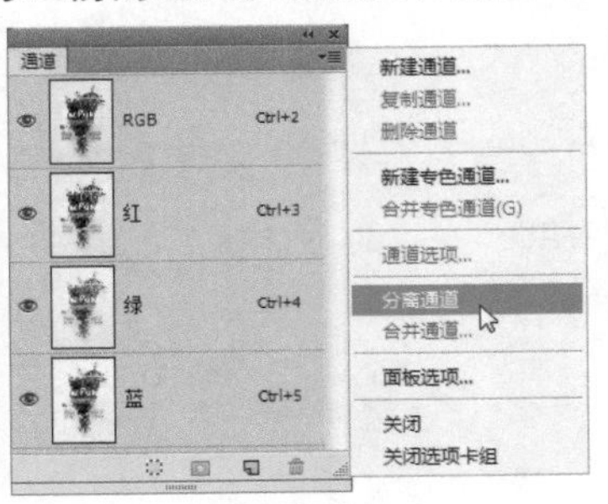

图12-38

图12-39

随堂练习 将通道图像粘贴到图层中

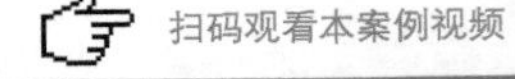

- 实例位置 CH12>将通道图像粘贴到图层中>将通道图像粘贴到图层中.psd
- 素材位置 CH12>将通道图像粘贴到图层中>1.jpg
- 实用指数 ★★
- 技术掌握 学习通过将通道图像粘贴到图层中

01 打开学习资源中的“CH12>将通道图像粘贴到图层中>1.jpg”文件，如图12-40所示。

02 单击选择红通道，如图12-41所示，画面中会显示该通道的灰度图像，然后按组合键Ctrl+A全选，接着按下组合键Ctrl+C复制。

03 按下组合键Ctrl+2，返回到RGB复合通道，显示彩色图像，然后按组合键Ctrl+V就可以将复制的通道粘贴到一个新的图层中，如图12-42和图12-43所示。

图12-40

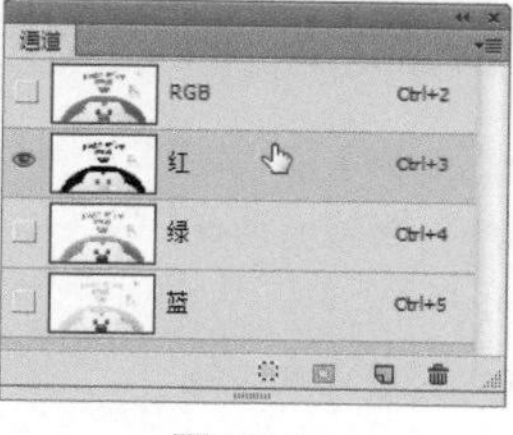

图12-41

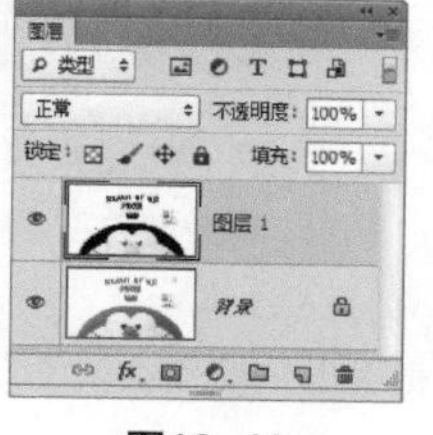

图12-42

图12-43

12.3 通道的高级操作

图层之间可以通过【图层】面板中的混合通道模式选项来相互混合，而通道之间则主要靠【应用图像】和【计算】来实现混合。这两个命令与混合模式的关系密切，常用来修改选区，是高级抠图工具。

12.3.1 用【应用图像】命令混合通道

打开一个文档，如图12-44所示，这个文档中包含一个人像和一个光影，如图12-45所示。下面就以这个文档来讲解如何使用【应用图像】命令来混合通道。

选择【图层 1】，然后执行【图像】>【应用图像】菜单命令，打开【应用图像】对话框，如图12-46所示。【应用图像】命令可以将作为【源】的图像的图层或通道与作为【目标】的图像的图层或通道进行混合。

图12-44

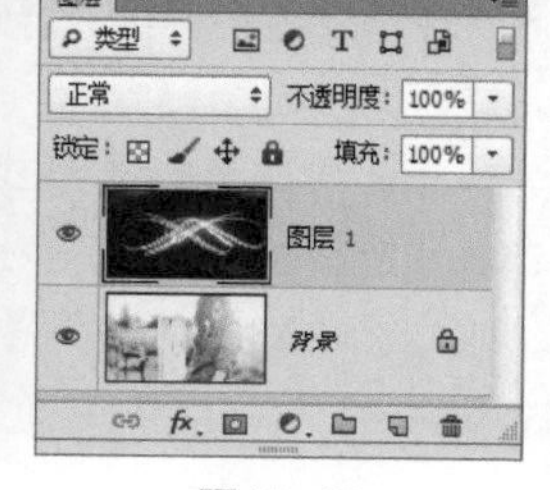

图12-45

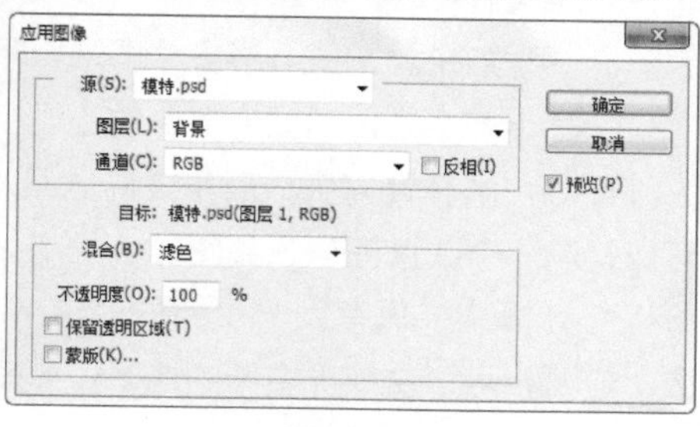

图12-46

【应用图像】命令重要参数介绍

源：该选项组主要用来设置参与混合的源对象。【源】选项用来选择混合通道的文件（必须是打开的文档才能进行选择）；【图层】选项用来选择参与混合的图层；【通道】选项用来选择参与混合的通道；【反相】选项可以使通道先反相，然后再进行混合，如图12-47所示。

图12-47

目标：显示被混合的对象。

混合：该选项组用于控制【源】对象与【目标】对象的混合方式。【混合】选项用于设置混合模式，图12-48所示的是【滤色】混合效果；【不透明度】选项用来控制混合的程度；勾选【保留透明区域】选项，可以将混合效果限定在图层的不透明度区域范围内；勾选【蒙版】选项，可以显示出【蒙版】的相关选项，如图12-49所示，可以选择任何颜色通道和Alpha通道来作为蒙版。

图12-48

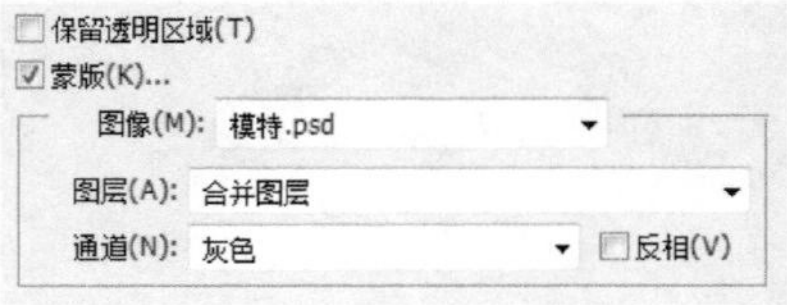

保留透明区域(T)
蒙版(K)...
图像(M): 模特.psd
图层(A): 合并图层
通道(N): 灰色　反相(V)

图12-49

Tips

在【混合】选项中，有两种非常特殊的混合方式，即【相加】与【减去】模式。这两种模式是通道独特的混合模式，【图层】面板中不具备这两种混合模式。

相加：这种混合方式可以增加两个通道中的像素值。【相加】模式是在两个通道中组合非重叠图像的好方法，因为较高的像素值代表较亮的颜色，所以向通道添加重叠像素使图像变亮。

减去：这种混合方式可以从目标通道中相应的像素上减去源通道中的像素值。

12.3.2 用【计算】命令混合通道

【计算】命令可以混合两个来自一个源图像或多个源图像的单个通道，得到的混合结果可以是新的灰度图像或选区、通道。打开一张图像，如图12-50所示；然后执行【图像】>【计算】菜单命令，打开【计算】对话框，如图12-51所示。

图12-50

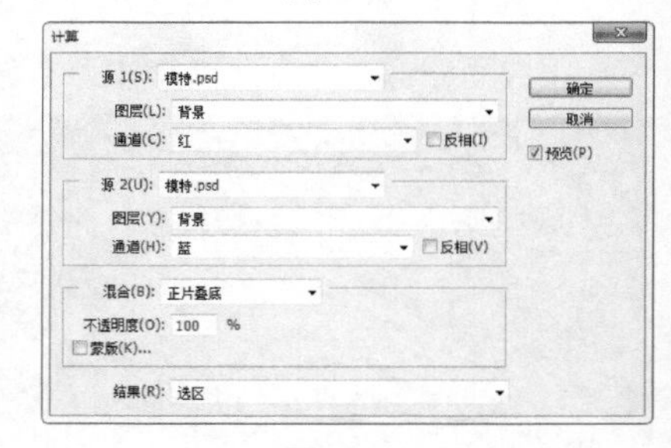

图12-51

【计算】对话框的重要参数介绍

源1：用于选择参与计算的第一个源图像、图层及通道。

源2：用来选择与【源1】混合的第二个源图像、图层和通道。该文件必须是打开的，并且与【源1】的图像具有相同的尺寸和分辨率。

图层：如果源图像具有多个图层，可以在这里进行图层的选择。

混合：与【应用图像】命令的【混合】选项相同。

结果：选择计算完成后生成的结果。选择【新建的文档】方式，可以得到一个灰度图像，如图12-52所示；选择【新建的通道】方式，可以将计算结果保存到一个新的通道中，如图12-53所示；选择【选区】方式，可以生成一个新的选区，如图12-54所示。

图12-52

图12-53

图12-54

12.3.3 用通道调整颜色

通道调色是一种高级调色技术。可以对一张图像的单个通道应用各种调色命令，从而达到调整图像中单种色调的目的。

随堂练习 用通道调出唯美色调照片

扫码观看本案例视频

- 实例位置 CH12>用通道调出唯美色调照片>用通道调出唯美色调照片.psd
- 素材位置 CH12>用通道调出唯美色调照片>1.jpg
- 实用指数 ★★★
- 技术掌握 学习通过通道调出唯美色调照片

01 打开学习资源中的“CH12>用通道调出唯美色调照片>1.jpg”文件，如图12-55所示。

02 按组合键Ctrl+J将【背景】图层复制一层。然后单独选择绿通道，并按组合键Ctrl+A全选图像，接着按组合键Ctrl+C复制图像，如图12-56所示。

03 选择蓝通道，然后按组合键Ctrl+V粘贴图像，可以观察到该通道被绿通道覆盖。再按组合键Ctrl+D取消选择，接着按组合键Ctrl+2回到RGB复合通道，如图12-57所示。

图12-55

图12-56

图12-57

04 单击【调整】面板中的按钮，新建一个【色彩平滑】调整图层，然后在【属性】面板中设置【青色-红色】为-20、【洋红-绿色】为30、【黄色-蓝色】为15，如图12-58所示，效果如图12-59所示。

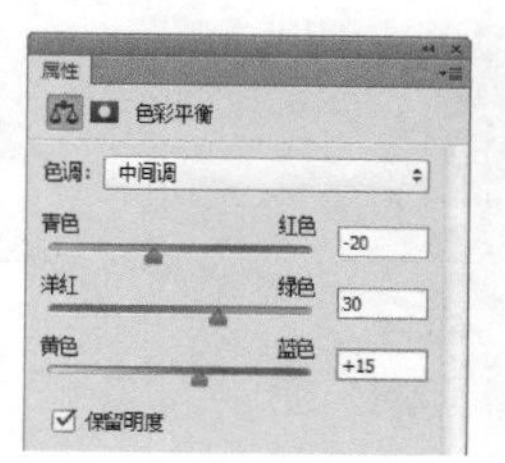

图12-58

图12-59

05 选择【色彩平滑】调整图层的蒙版，然后使用黑色【画笔工具】在人像上涂抹，取消对人物的调整，图层如图12-60所示，效果如图12-61所示。接着按住Alt键拖曳调整图层的蒙版至【图层 1】，如图12-62所示，最终效果如图12-63所示。

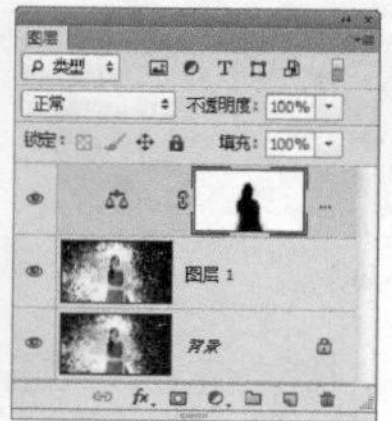
图12-60

图12-61

图12-62

图12-63

12.3.4 用通道抠图

使用通道抠取图像是一种非常主流的抠图方法，常用于抠取毛发、云朵、烟雾以及半透明的婚纱等。通道抠图主要是利用图像的色相差别或明度差别来创建选区，在操作过程中可以多次重复使用【亮度/对比度】、【曲线】、【色阶】等调整命令，以及画笔、加深、减淡等工具对通道进行调整，以得到最精确的选区。

随堂练习 用通道抠取精细图像

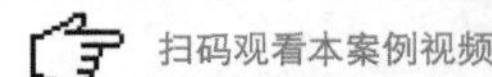

- 实例位置 CH12>用通道抠取精细图像>用通道抠取精细图像.psd
- 素材位置 CH12>用通道抠取精细图像>1.jpg
- 实用指数 ★★★★
- 技术掌握 学习通过通道抠取精细图像

01 打开学习资源中的“CH12>用通道抠取精细图像>1.jpg”文件，如图12-64所示。

02 选择蓝通道，因为蓝通道中需要抠取的整体与背景反差效果最明显，然后在蓝通道上单击右键，复制一个【蓝 副本】通道，接着单击👁图标，显示【蓝 副本】通道，隐藏其他通道，如图12-65所示。

03 按组合键Ctrl+L，打开【色阶】对话框，接着拖曳滑块至图12-66所示，效果如图12-67所示。

图12-64

图12-65

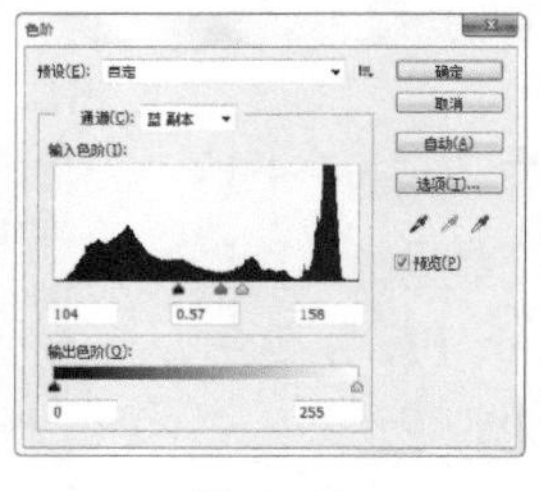

图12-66

图12-67

04 选择【画笔工具】，然后将人物全部涂抹成黑色（配合调节大小、硬度），如图12-68所示；接着把背景部分全部涂抹成白色，如图12-69所示。

图12-68

图12-69

05 按组合键Ctrl+I，反相该通道，如图12-70所示。然后按组合键Ctrl+2回到RGB复合通道，接着按住Ctrl键单击【蓝 副本】通道，载入该通道选区，如图12-71所示。

06 按组合键Ctrl+J复制【背景】图层，得到【图层 1】，然后隐藏【背景】图层，此时可以观察到人物已经被精细地抠取了出来，如图12-72所示。

图12-70

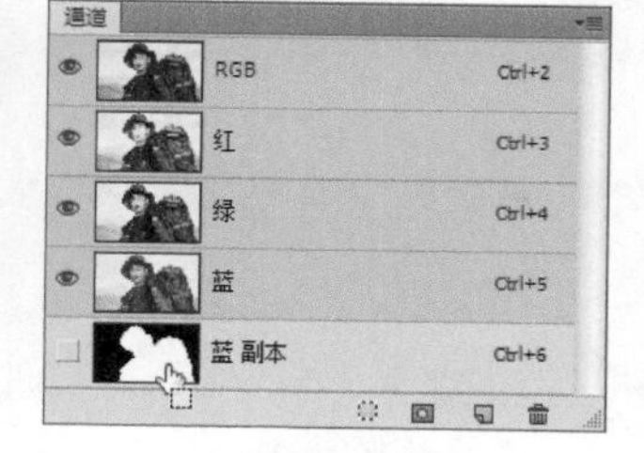

图12-71

图12-72

随堂练习 用通道抠取冰雕

扫码观看本案例视频

- 实例位置 CH12>用通道抠取冰雕>用通道抠取冰雕.psd
- 素材位置 CH12>用通道抠取冰雕>1.jpg
- 实用指数 ★★★★
- 技术掌握 学习通过通道抠取精细图像

01 打开学习资源中的“CH12>用通道抠取冰雕>1.jpg”文件，如图12-73所示。

02 分别观察红、绿和蓝通道，如图12-74~图12-76所示，可以观察到绿通道中冰雕的轮廓最明显。

图12-73

图12-74

图12-75

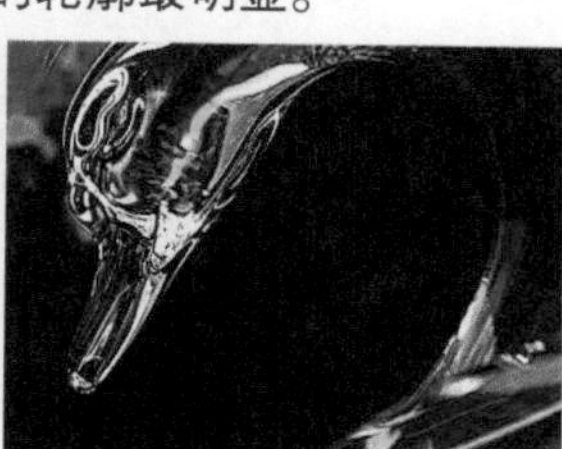

图12-76

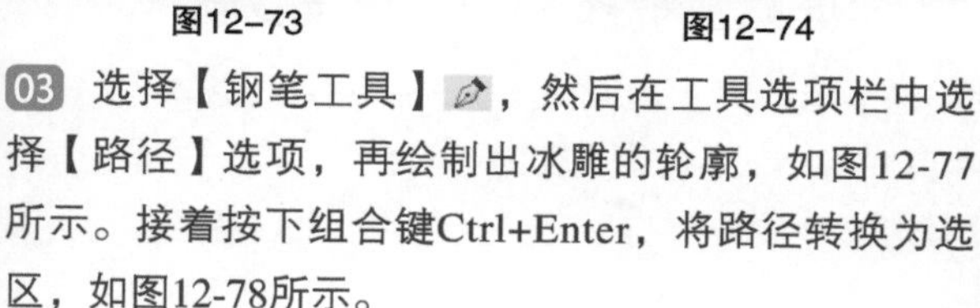

03 选择【钢笔工具】，然后在工具选项栏中选择【路径】选项，再绘制出冰雕的轮廓，如图12-77所示。接着按下组合键Ctrl+Enter，将路径转换为选区，如图12-78所示。

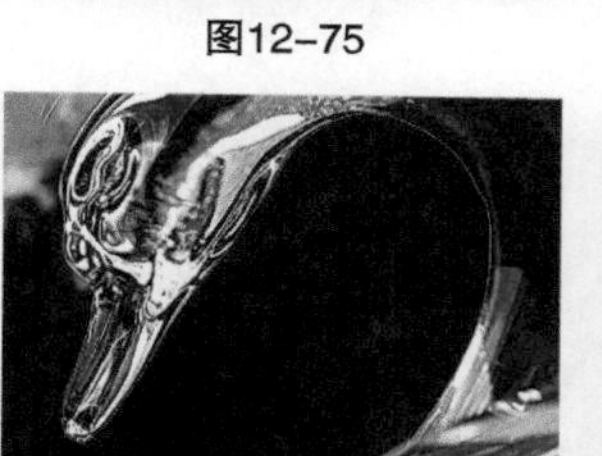

图12-77

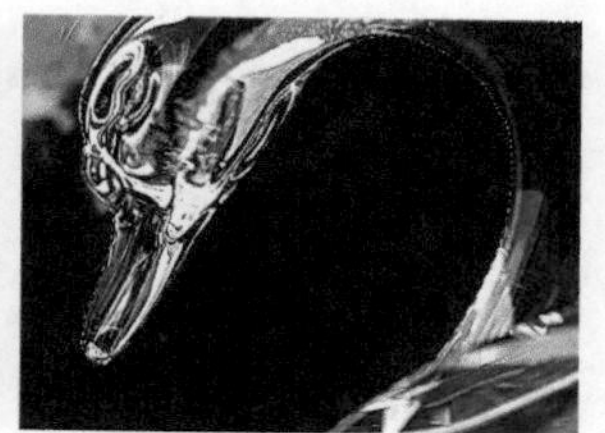

图12-78

04 执行【图像】>【计算】菜单命令，打开【计算】对话框，设置【源1】的【通道】为【选区】，【源2】的【通道】为【红】，混合模式为【正片叠底】，结果为【新建通道】，如图12-79所示。

05 单击【确定】按钮，将混合结果创建为一个新的Alpha通道，如图12-80，然后单击【Alpha 1】通道，载入选区，如图12-81所示。

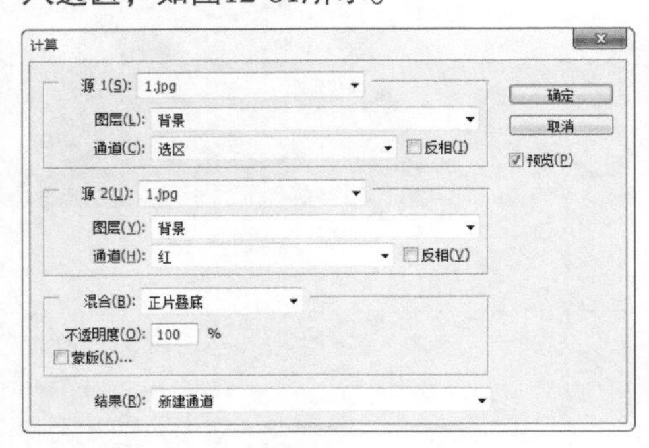

图12-79

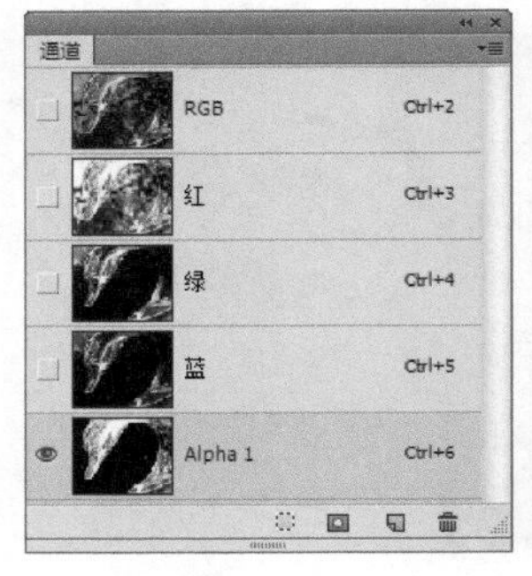

图12-80

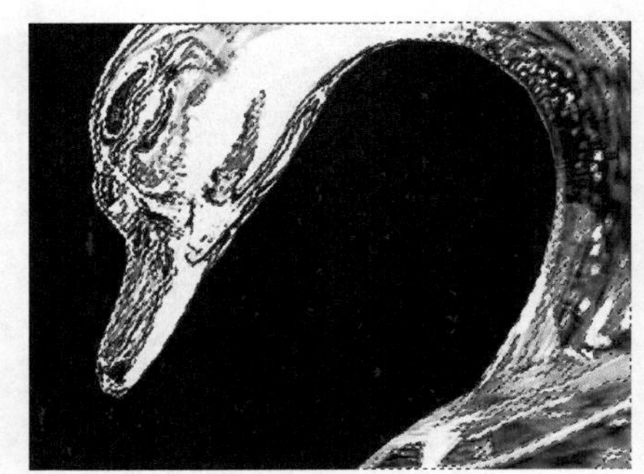

图12-81

06 按住Alt键双击【背景】图层，将它转换为普通图层，它的名称会变为【图层 0】，如图12-82和图12-83所示。

07 单击【图层】面板中的【添加图层蒙版】按钮，用蒙版遮盖背景，如图12-84和图12-85所示。

图12-82

图12-83

图12-84

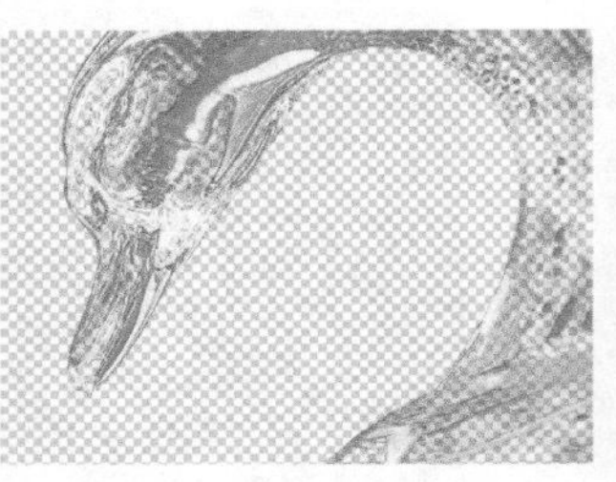

图12-85

08 新建一个图层，然后为该图层填充蓝色，再设置图层【混合模式】为【颜色】。接着按快捷键Alt+Ctrl+G，创建剪贴蒙版，图层如图12-86所示，效果如图12-87所示。

09 打开【2.jpg】文件拖曳至该文档内，然后将该图层拖曳至最底层，图层如图12-88所示，效果如图12-89所示。

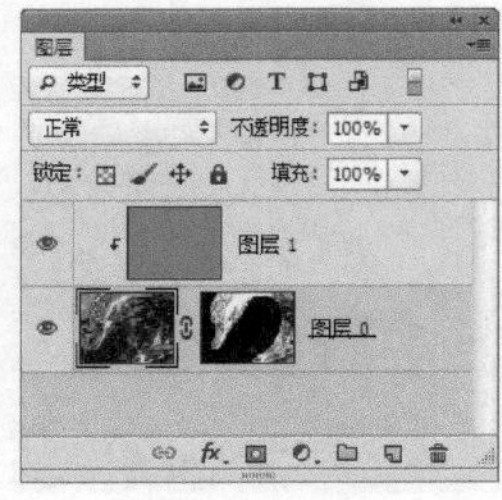

图12-86

图12-87

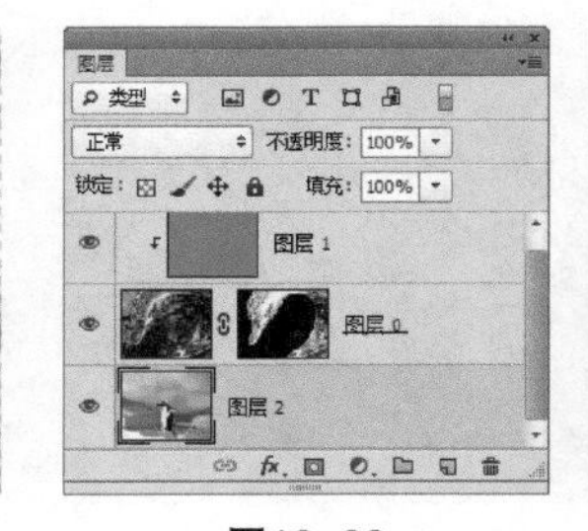

图12-88

图12-89

CHAPTER

13 滤镜

滤镜是Photoshop最具吸引力的功能之一。本章主要介绍滤镜的基本应用知识、应用技巧以及各种滤镜组的艺术效果。通过本章的学习读者应该了解滤镜的基础知识，以及使用技巧与原则，熟悉并掌握各种滤镜组的艺术效果，以便能快速、准确地创作出精彩的图像。

* 认识滤镜和滤镜库
* 掌握智能滤镜的使用方法
* 掌握滤镜的使用原则与相关技巧
* 掌握各个滤镜组的功能与特点

13.1 认识滤镜

Photoshop的滤镜家族中有一百多个【成员】，它们都在【滤镜】菜单中。下面就来详细介绍这些滤镜的类别与使用技巧。

13.1.1 什么是滤镜

滤镜原本是一种摄影器材，如图13-1所示，摄影师将其安装在照相机的镜头前面来改变照片的拍摄方式，以便影响色彩或产生特殊的拍摄效果。例如，图13-2所示的是使用普通镜头拍摄的照片，图13-3所示的是加装了柔光滤镜后拍摄的照片，这种效果用Photoshop的模糊滤镜就能够表现出来。

图13-1

图13-2

图13-3

13.1.2 滤镜的使用技巧

在【滤镜】对话框中按住Alt键，【取消】按钮会变成【复位】按钮，如图13-4所示，单击它可以将参数恢复为初始状态。

使用一个滤镜后，【滤镜】菜单中的第一行会出现该滤镜的名称，如图13-5所示。单击它或按组合键Ctrl+F可以快速应用这一滤镜。如果要修改滤镜参数，可以按组合键Alt+Ctrl+F，打开该滤镜的对话框重新设定。

应用滤镜的过程中如果要终止处理，可以按下Esc键。

使用滤镜时通常会打开滤镜库或者相应的对话框，在预览框中可以预览滤镜效果，单击+和-按钮可以放大和缩小显示比例；单击并拖动预览框内的图像，可移动图像，如图13-6所示；如果想要查看某一区域，可在文档中单击，滤镜预览框中就会显示单击处的图像，如图13-7所示。

图13-4

图13-5

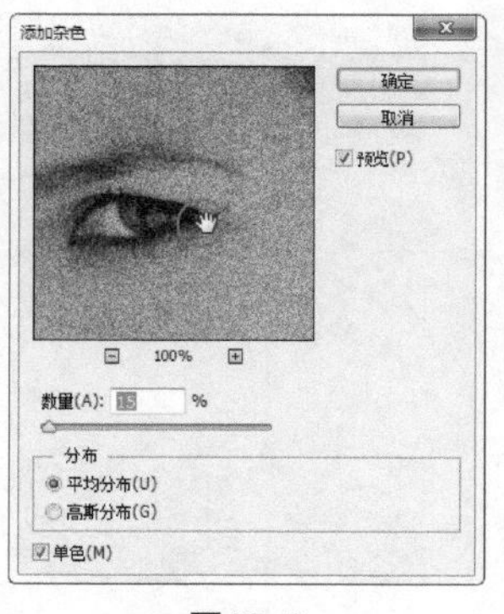

图13-6

图13-7

使用滤镜处理图像后，执行【编辑】>【渐隐】菜单命令可以修改滤镜效果的混合模式和不透明度。图13-8所示的是使用【添加杂色】滤镜处理的图像，图13-9所示的是使用【渐隐】命令编辑后的效果。【渐隐】命令必须是在进行了编辑操作后立即执行，如果这中间又进行了其他操作，则无法使用该命令。

图13-8

图13-9

13.2 智能滤镜

智能滤镜是一种非破坏性的滤镜。普通滤镜通过修改像素来呈现特殊效果。智能滤镜呈现相同的效果，但不会改变像素，因为它是作为图层效果出现在【图层】面板中的，并且还可以被随时修改参数或删除。

13.2.1 智能滤镜与普通滤镜的区别

在默认状态下，用滤镜编辑图像时会修改像素。例如，图13-10所示的是一个图像，图13-11所示的是【影印】滤镜处理后的效果。从【图层】面板中可以看到，【背景】图层的像素被修改了。如果将图像保存并关闭，就无法恢复为原来的效果。

智能滤镜可以将滤镜效果应用于智能对象，不会修改图像的原始数据，如图13-12所示。可以看到，它与普通【染色玻璃】滤镜的效果完全相同。

智能滤镜包含一个类似于图层样式的列表，列表中显示了使用的滤镜，只要单击智能滤镜前面的👁图标，将滤镜效果隐藏（或将其删除），即可恢复原始图像，如图13-13所示。

图13-10

图13-11

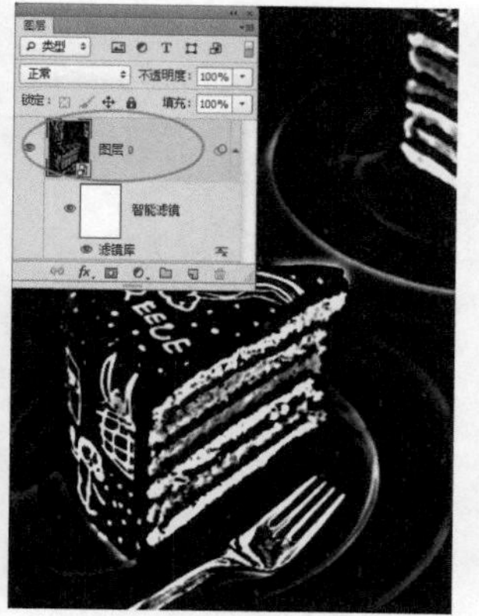

图13-12

图13-13

Tips

除【液化】和【消失点】等少数滤镜之外，其他的都可以作为智能滤镜使用，这其中也包括支持智能滤镜的外挂滤镜。此外，【图像】>【调整】菜单中的【阴影/高光】和【变化】命令也可以作为智能滤镜来应用。

随堂练习 用智能滤镜制作网点照片

扫码观看本案例视频

- 实例位置 CH13>用智能滤镜制作网点照片>用智能滤镜制作网点照片.psd
- 素材位置 CH13>用智能滤镜制作网点照片>1.jpg
- 实用指数 ★★★
- 技术掌握 学习使用智能滤镜

01 打开学习资源中的"CH13>用智能滤镜制作网点照片>1.jpg"文件，如图13-14所示。

02 执行【滤镜】>【转换为智能滤镜】菜单命令，弹出一个提示，然后单击【确定】按钮，将【背景】图层转换为智能对象，如图13-15所示。

Tips

应用于智能对象的任何滤镜都是智能滤镜，因此，如果当前图层为智能对象，可直接对其应用滤镜，而不必将其转换为智能滤镜。

图13-14

图13-15

03 按组合键Ctrl+J复制图层，将前景色调整为蓝色，然后执行【滤镜】>【素描】>【半调图案】菜单命令，打开【滤镜库】，将【图像类型】设置为【网点】，其他参数设置如图13-16所示；接着单击【确定】按钮，对图像应用智能滤镜，如图13-17所示。

Tips

如果有些滤镜功能没有完全显示出来，则执行【编辑】>【首选项】>【增效工具】菜单命令，然后在弹出的对话框中勾选【显示滤镜库的所有组和名称】。

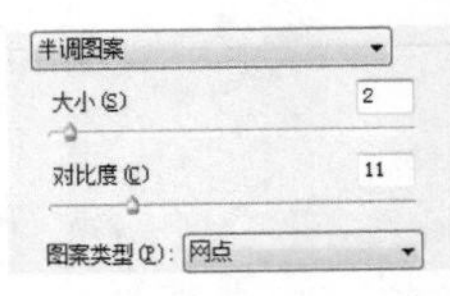

图13-16

图13-17

04 执行【滤镜】>【锐化】>【USM锐化】菜单命令，对图像进行锐化，使网点变得更加清晰，如图13-18和图13-19所示。

05 将【图层 0 副本】的混合模式设置为【正片叠底】，如图13-20所示。然后选择【图层 0】，将前景色调整为（R:173，G:95，B:198），接着执行【滤镜】>【素描】>【半调图案】菜单命令，打开【滤镜库】，使用默认的参数，最后单击【确定】按钮，如图13-21所示。

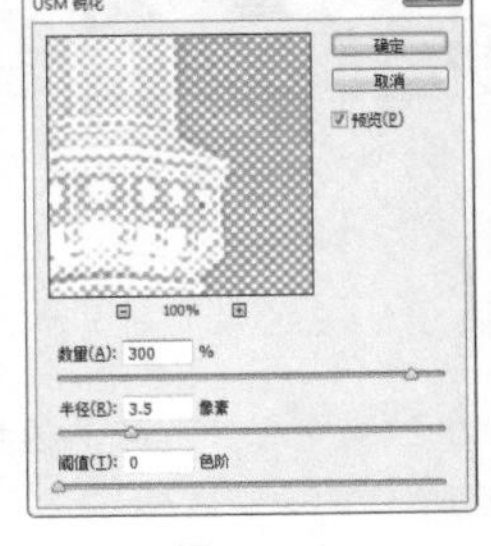

图13-18

图13-19

06 执行【滤镜】>【锐化】>【USM锐化】菜单命令，锐化网点。然后选择【移动工具】，按下↓键轻移图层，使上下两个图层中的网点错开，接着使用【裁剪工具】将照片的边缘裁齐，如图13-22所示。

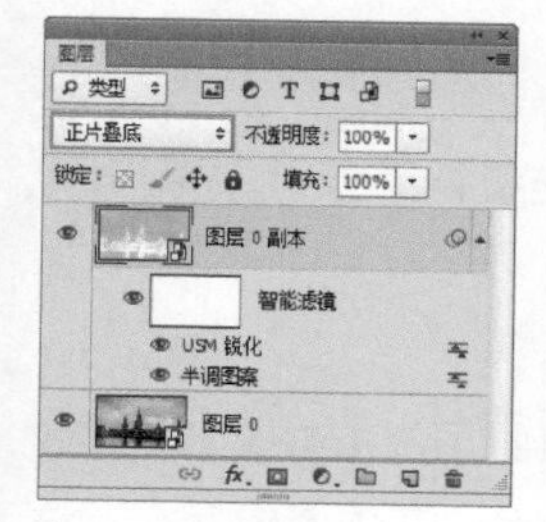

图13-20

图13-21

图13-22

13.2.2 修改智能滤镜

下面使用前面的【随堂练习】来演示如何修改智能滤镜。双击【图层 0 副本】的【半调图案】智能滤镜，如图13-23所示，重新打开【滤镜库】，此时可修改滤镜参数，将【图案类型】设置为【圆形】，单击【确定】按钮关闭对话框，即可更新滤镜效果，如图13-24所示。

双击智能滤镜旁边的编辑混合选项图标，会弹出【混合选项】对话框，如图13-25所示，此时可设置该滤镜的不透明度和混合模式，如图13-26所示。

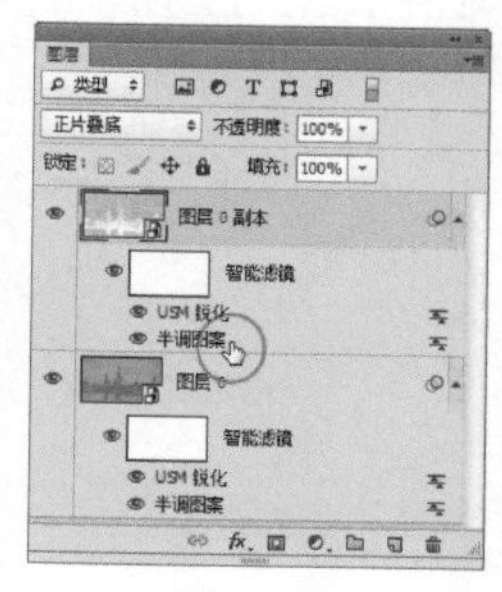
图13-23

图13-24

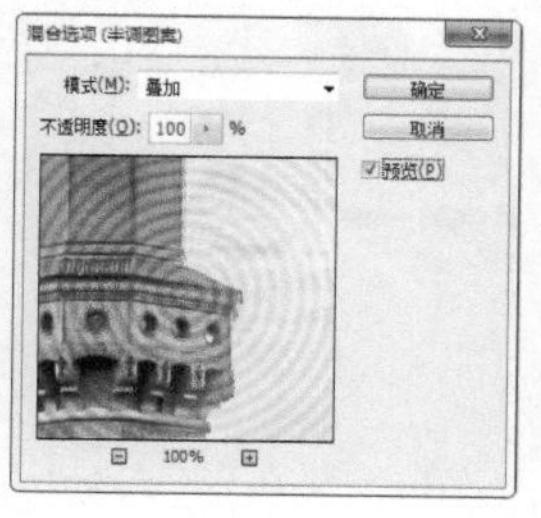

图13-25

图13-26

Tips

对普通图层应用滤镜时，需要使用【编辑】>【渐隐】菜单命令修改滤镜的不透明度和混合模式。而智能滤镜则不同，可以随时双击智能滤镜旁边的编辑混合选项图标来修改不透明度和混合模式。

13.3 【油画】滤镜

【油画】滤镜使用Mercury图形引擎作为支持，能将图像快速转变为油画。使用该滤镜时，可以控制画笔的样式以及光线的方向和亮度，以产生更加出色的效果。图13-27所示的是原图，图13-28所示的是该滤镜的参数选项。

图13-27

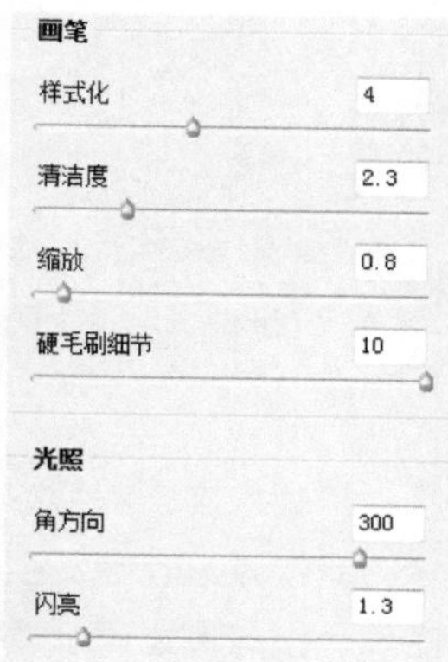

图13-28

13.4 滤镜库

滤镜库是一个整合了【风格化】、【画笔描边】、【扭曲】和【素描】等多个滤镜组的对话框，它可以将多个滤镜同时应用于同一图像，也能对同一图像多次应用同一滤镜，或者用其他滤镜替换原有的滤镜。

13.4.1 滤镜库概览

执行【滤镜】>【滤镜库】菜单命令，或者使用【风格化】、【画笔描边】、【扭曲】、【素描】、【纹理】和【艺术效果】滤镜组中的滤镜时，都可以打开【滤镜库】对话框，如图13-29所示。在【滤镜库】对话框中，左侧是预览区，中间是6组可供选择的滤镜，右侧是参数设置区。

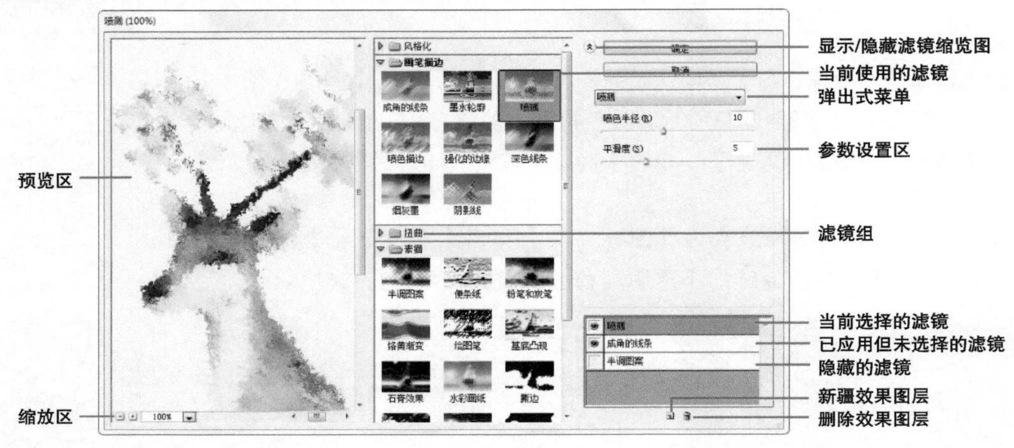

图13-29

13.4.2 效果图层

在【滤镜库】中选择一个滤镜后，它就会出现在对话框右下角的已应用滤镜列表中，如图13-30所示。单击【新建效果图层】按钮，可以添加一个效果图层，此时可以选择其他滤镜，图像效果也会变得更加丰富，如图13-31所示。

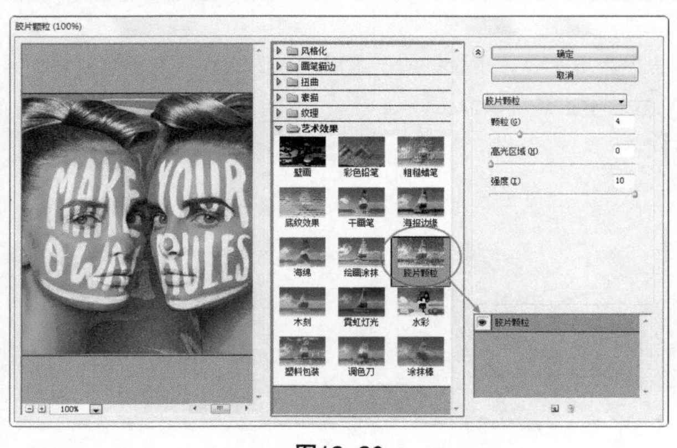

图13-30

图13-31

滤镜效果图层与图层的编辑方法相同，上下拖曳效果图层可以调整它们的堆叠顺序，滤镜效果也会发生改变，如图13-32所示。单击按钮可以删除效果图层。单击图标可以隐藏或显示滤镜。

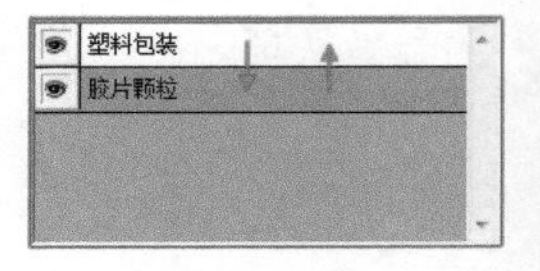

图13-32

随堂练习 用半调图案制作抽丝效果

- 实例位置 CH13>用半调图案制作抽丝效果>用半调图案制作抽丝效果.psd
- 素材位置 CH13>用半调图案制作抽丝效果>1.jpg
- 实用指数 ★★★★
- 技术掌握 学习使用滤镜库

01 打开学习资源中的“CH13>用半调图案制作抽丝效果>1.jpg”文件，如图13-33所示。然后设置前景色为深蓝色，背景色为白色，如图13-34所示。

02 执行【滤镜】>【滤镜库】菜单命令打开【滤镜库】对话框，然后在【素描】滤镜组中找到【半调图案】滤镜，设置【图像类型】为【直线】、【大小】为3、【对比度】为8，如图13-35所示，接着单击【确定】按钮关闭滤镜库。

图13-33

图13-34

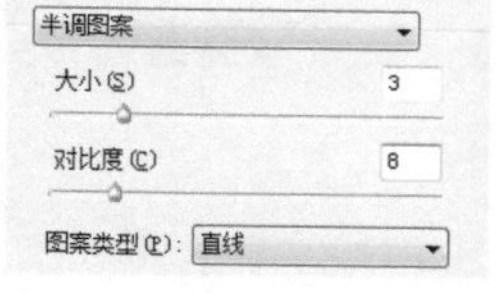

图13-35

03 执行【滤镜】>【镜头校正】菜单命令，打开【镜头校正】对话框，单击【自定】选项卡，然后设置【晕影】选项组中的【数量】为-100，为照片添加暗角效果，如图13-36和图13-37所示。

04 执行【编辑】>【渐隐镜头校正】菜单命令，在打开的对话框中将滤镜的混合模式为【叠加】，如图13-38和图13-39所示。

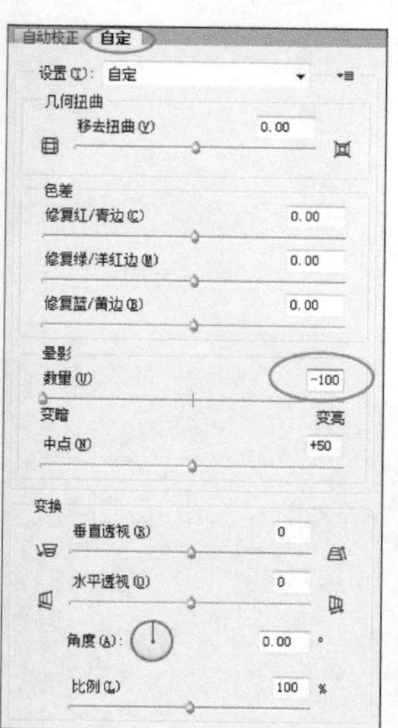

图13-36

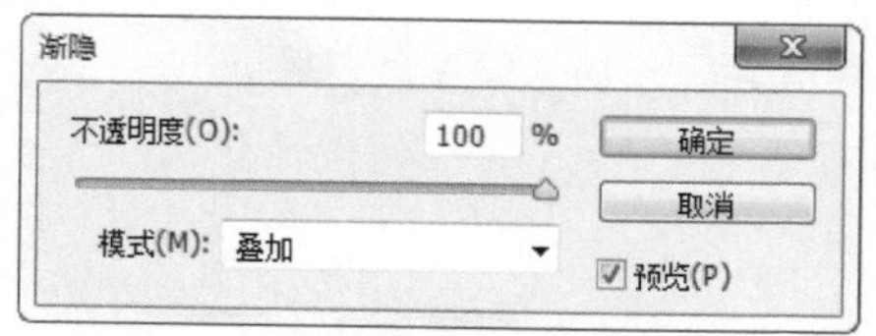

图13-38

图13-37

图13-39

13.5 风格化滤镜组

风格化滤镜组中包含9种滤镜，如图13-40所示，它们可以置换像素、查找并增加图像对比度，产生绘画和印象派风格效果。

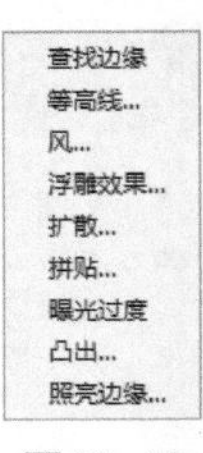

图13-40

13.5.1 查找边缘

【查找边缘】滤镜能自动搜索图像像素对比度变化剧烈的边界，将高反差区变亮，低反差区变暗，其他区域则介于两者之间，硬边变为线条，而柔边变粗，形成一个清晰的轮廓。图13-41所示的是原图，图13-42所示的是应用滤镜的效果。该滤镜无对话框。

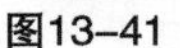

图13-41

图13-42

13.5.2 等高线

【等高线】滤镜可以查找主要亮度区域的转换并为每个颜色通道淡淡地勾勒主要亮度区域的转换，以获得与等高线图中的线条类似的效果，图13-43和图13-44所示的分别是滤镜参数及效果。

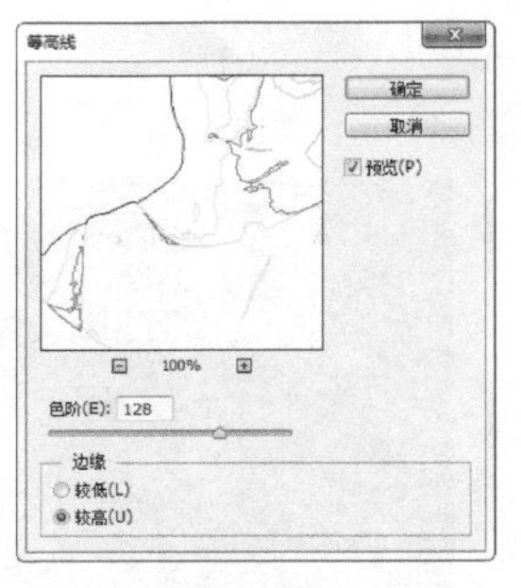

图13-43

图13-44

13.5.3 风

【风】滤镜可在图像中增加一些细小的水平线来模拟风吹效果，如图13-45和图13-46所示。该滤镜只在水平方向起作用，要产生其他方向的风吹效果，需要先将图像旋转，然后再使用此滤镜。

图13-45

图13-46

13.5.4 浮雕效果

【浮雕效果】滤镜可通过勾画图像或选区的轮廓和降低周围色值来生成凸起或凹陷的浮雕效果，如图13-47和图13-48所示。

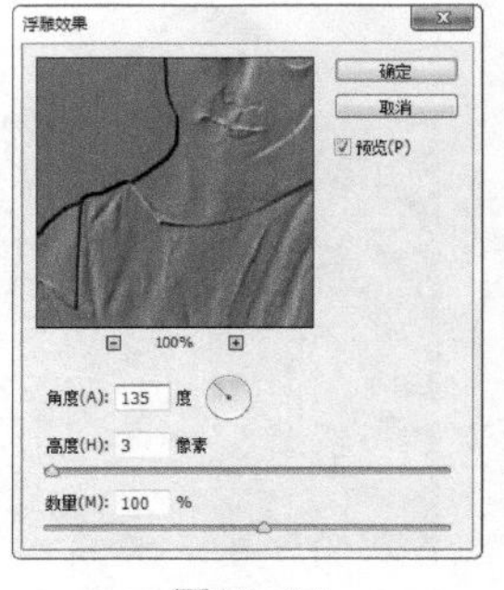

图13-47

图13-48

13.5.5 拼贴

【拼贴】滤镜可根据指定的值将图像分为块状，并使其偏离原来的位置，产生不规则瓷砖凑成的图像效果，如图13-49和图13-50所示。该滤镜会在各砖块之间生成一定的空隙，在【填充空白区域用】选项组内可以选择空隙中使用什么样的内容填充。

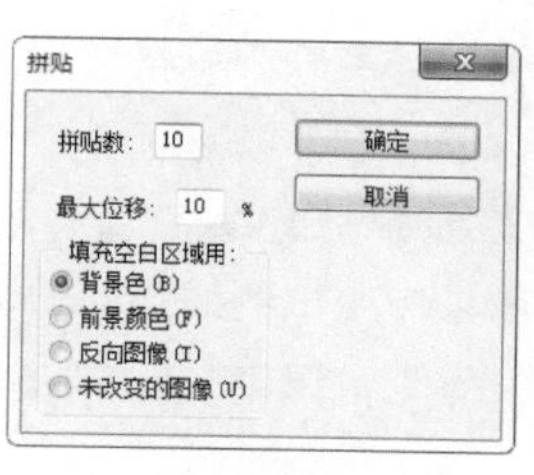

图13-49

图13-50

13.5.6 曝光过度

【曝光过度】滤镜可以混合负片和正片图像，模拟出摄影中增加光线强度而产生的过度曝光效果，如图13-51所示。该滤镜无对话框。

图13-51

13.5.7 凸出

【凸出】滤镜可以将图像分成一系列大小相同且有机重叠放置的立方体或椎体，产生特殊的3D效果。图13-52所示的是该滤镜的对话框。

【凸出】滤镜的重要参数介绍

类型：用来设置图像凸起的方式。选择【块】，可以创建具有一个方形的正面和四个侧面的对象，如图13-53所示；选择【金字塔】，则创建具有相交于一点的4个三角形侧面的对象，如图13-54所示。

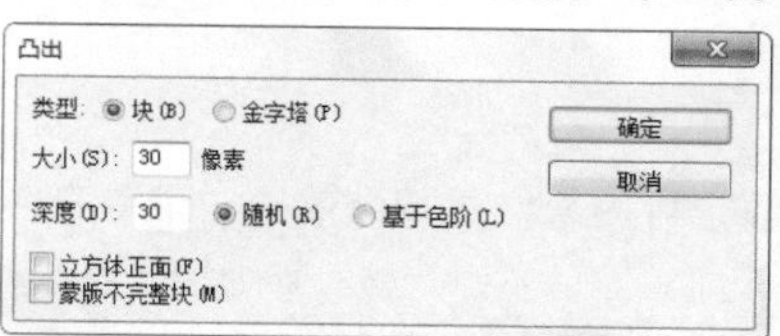

图13-52

图13-53

图13-54

13.6 画笔描边滤镜组

画笔描边滤镜组中包含8种滤镜，如图13-55所示，它们当中的一部分滤镜通过不同的油墨和画笔勾画图像产生绘画效果，有些滤镜可以添加颗粒、绘画、杂色、边缘细节或纹理。这些滤镜不能用于处理Lab和CMYK模式的图像。

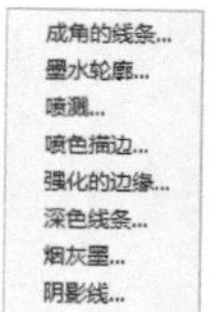

成角的线条...
墨水轮廓...
喷溅...
喷色描边...
强化的边缘...
深色线条...
烟灰墨...
阴影线...

图13-55

13.6.1 成角的线条

【成角的线条】滤镜可以使用对角描边重新绘制图像，用一个方向的线条绘制亮部区域，再用相反方向的线条绘制暗部区域。图13-56所示的是原图像，图13-57和图13-58所示的是滤镜参数及效果。

图13-56

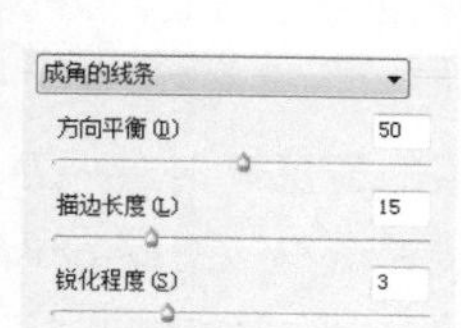

图13-57

图13-58

13.6.2 墨水轮廓

【墨水轮廓】滤镜能够以钢笔画的风格，用纤细的线条在原细节上重绘图像，如图13-59和图13-60所示。

【墨水轮廓】滤镜的重要参数介绍

描边长度：用来设置图像中生成的线条的长度。

深色强度：用来设置线条阴影的强度，该值越高，图像越暗。

光照强度：用来设置线条高光的强度，该值越高，图像越亮。

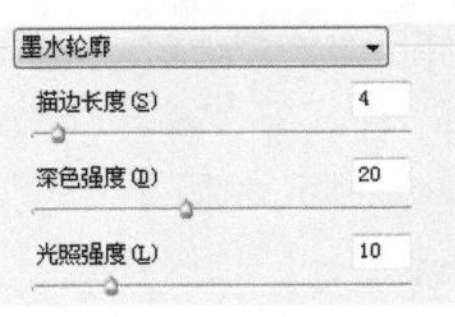

图13-59

图13-60

13.6.3 喷色描边

【喷色描边】滤镜可以使用图像的主导色用成角的、喷溅的颜色线条重新绘画图像，产生斜纹飞溅效果，如图13-61和图13-62所示。

【喷色描边】滤镜的重要参数介绍

描边长度/描边方向：用来设置笔触的长度和线条方向。

喷色半径：用来控制喷洒的范围。

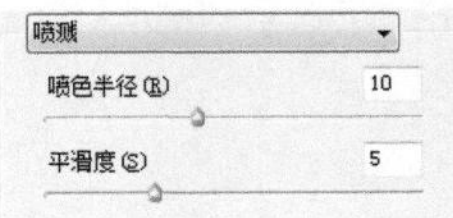

图13-61

图13-62

13.7 模糊滤镜组

模糊滤镜组中包含14种滤镜，如图13-63所示，它们可以削弱相邻像素的对比度并柔化图像，使图像产生模糊效果。在去除图像的杂色，或者创建特殊效果时会经常会用到此滤镜组。

场景模糊...
光圈模糊...
倾斜偏移...
表面模糊...
动感模糊...
方框模糊...
高斯模糊...
进一步模糊
径向模糊...
镜头模糊...
模糊
平均
特殊模糊...
形状模糊...

图13-63

13.7.1 表面模糊

【表面模糊】滤镜能够在保留边缘的同时模糊图像，可用来创建特殊效果并消除杂色或颗粒，图13-64所示的是原图，用该滤镜为人像磨皮，效果非常好，如图13-65和图13-66所示。

图13-64

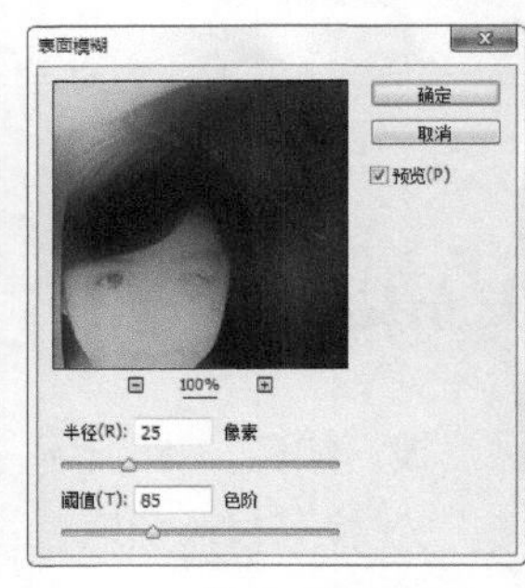

图13-65

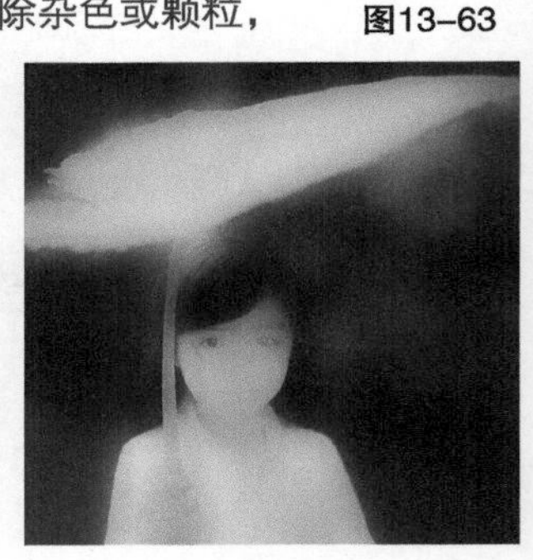
图13-66

13.7.2 动感模糊

【动感模糊】滤镜可以根据需要沿指定方向（-360度至+360度）、以指定强度（1至999）模糊图像，产生的效果类似于以固定的曝光时间给一个移动的对象拍照。在表现对象的速度感时会经常用到滤镜。图13-67所示的是滤镜对话框，图13-68所示的是选中右侧的图像后再进行模糊生成的动感效果。

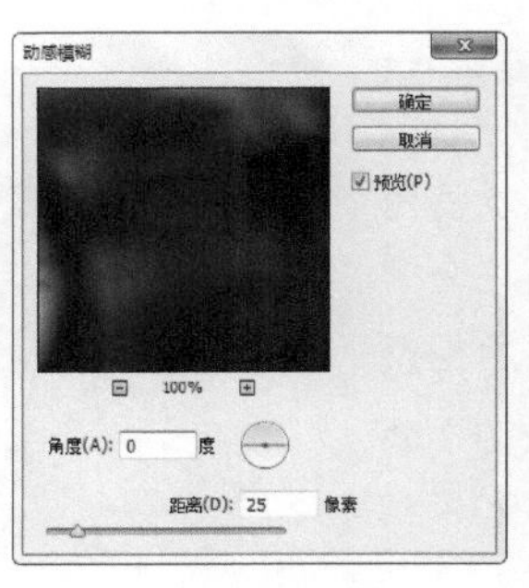

图13-67

图13-68

13.7.3 高斯模糊

【高斯模糊】滤镜可以添加低频细节，使图像产生一种朦胧效果。图13-69和图13-70所示的是滤镜对话框及滤镜效果。通过调整【半径】值可以设置模糊的范围，它以像素为单位，数值越高，模糊效果越强烈。

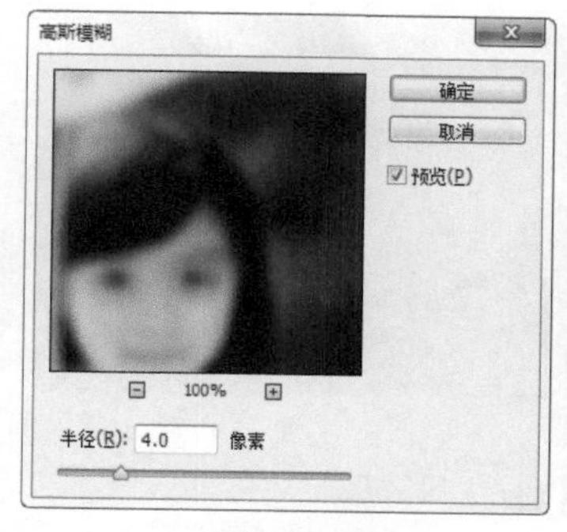

图13-69

图13-70

13.7.4 【模糊】与【进一步模糊】

【模糊】与【进一步模糊】都是对图像进行轻微模糊的滤镜，它们可以在图像中有显著颜色变化的地方消除杂色。其中，【模糊】滤镜对于边缘过于清晰、对比度过于强烈的区域进行光滑处理，生成极轻微的模糊效果；【进一步模糊】滤镜所产生的效果要比【模糊】滤镜强3~4倍。这两个滤镜都没有对话框。

13.7.5 径向模糊

【径向模糊】滤镜可以模拟缩放或旋转的相机所产生的模糊效果，图13-71所示的是原图，图13-72所示的是【径向模糊】对话框。

【径向模糊】滤镜的重要参数介绍

模糊方法：选择【旋转】时，图像会沿同心圆环线产生旋转的模糊效果，如图13-73所示；选择【缩放】，则会产生放射状模糊效果，如图13-74所示。

图13-71

图13-72

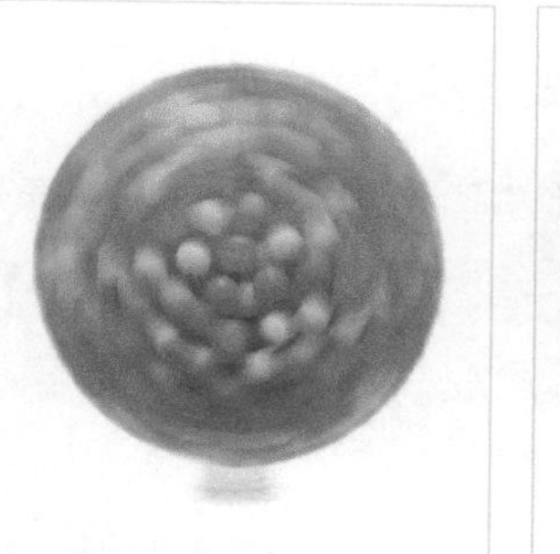
图13-73

图13-74

13.7.6 镜头模糊

【镜头模糊】滤镜可以为图像添加模糊效果，并用Alpha通道或图层蒙版的深度值来映射像素的位置，使图像中的一些对象在焦点内，另一些区域变模糊，生成景深效果。例如，图13-75所示的是一张日历照片，图像中没有景深效果，如果要模糊背景区域，就可以将这个区域存储为选区蒙版或Alpha通道，如图13-76所示。这样在应用【镜头模糊】滤镜时，将【源】设置为【图层蒙版】或Alpha通道，如图13-77所示，就可以模糊选区中的图像，即模糊背景区域，如图13-78所示。

图13-75

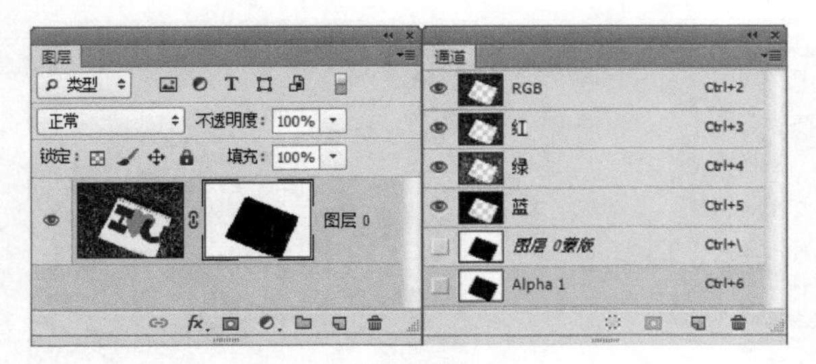

图13-76

图13-77

图13-78

执行【滤镜】>【模糊】>【镜头模糊】菜单命令，打开【镜头模糊】对话框，如图13-79所示。

图13-79

Tips

什么是景深？拍摄照片时，调节相机镜头，使离相机有一定距离的景物清晰成像的过程叫作对焦，景物所在的点，称为对焦点。因为【清晰】并不是一个绝对的概念，所以对焦点前（靠近相机）、后一定距离内景物的成像都可以是清晰的，这个前后范围的总和，就叫作景深。也就是在这个范围之内的景物，都能清楚地被拍摄到。

13.7.7 特殊模糊

【特殊模糊】滤镜提供了半径、阈值和模糊品质等选项设置，可以精确地模糊图像。图13-80所示的是原图像，图13-81所示的是【特殊模糊】对话框。

13.7.8 场景模糊

【场景模糊】滤镜可以通过一个或多个【图钉】对照片场景中不同的区域应用模糊。图13-82所示的是原图，执行【滤镜】>【模糊】>【场景模糊】菜单命令，画面中会出现一个图钉，如图13-83所示。图13-84所示的是【模糊工具】面板和【模糊效果】面板。下面就以【随堂练习】进行更具体学习。

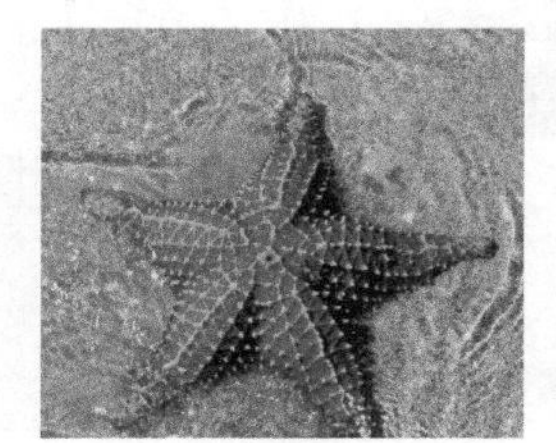

图13-80

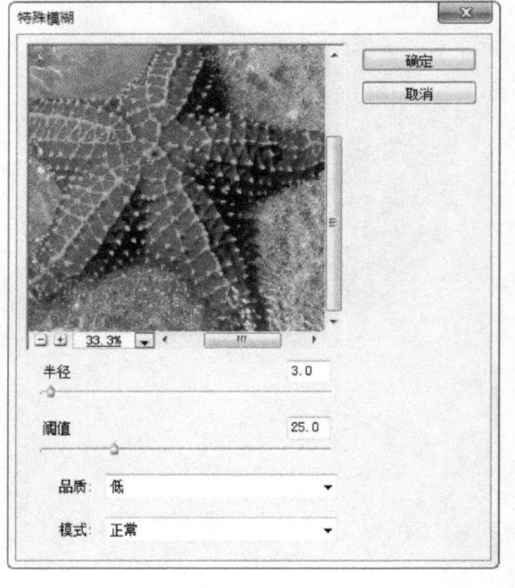

图13-81

图13-82

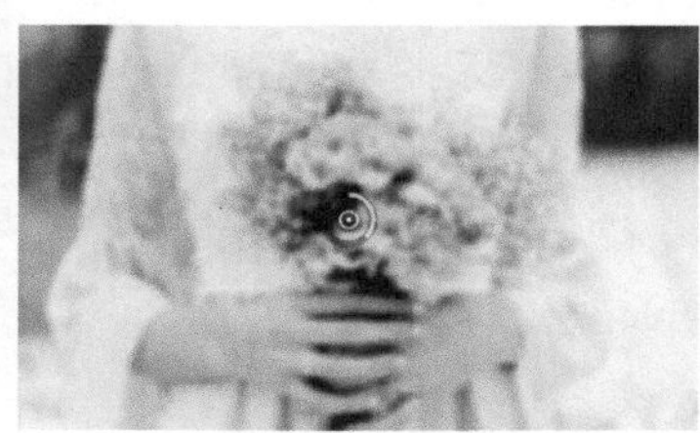

图13-83

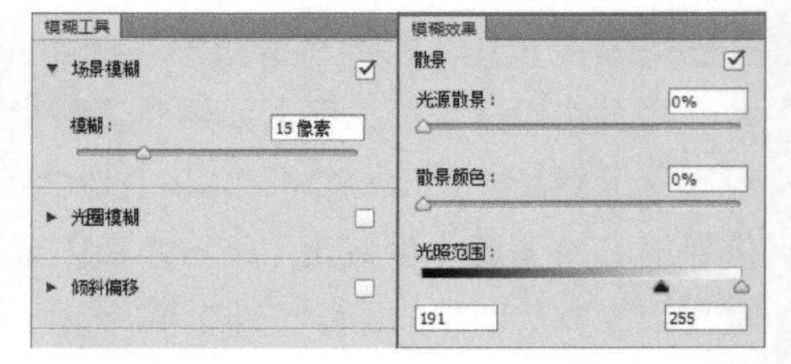

图13-84

随堂练习 用【场景模糊】滤镜编辑照片

扫码观看本案例视频

- 实例位置 CH13>用场景模糊滤镜编辑照片>用场景模糊滤镜编辑照片.psd
- 素材位置 CH13>用场景模糊滤镜编辑照片>1.jpg
- 实用指数 ★★★★
- 技术掌握 学习使用【场景模糊】滤镜

01 打开学习资源中的“CH13>用场景模糊滤镜编辑照片>1.jpg”文件，如图13-85所示。然后执行【滤镜】>【模糊】>【场景模糊】菜单命令，画面中会出现一个【图钉】，如图13-86所示。

图13-85

图13-86

02 将光标放在图标上，单击并将它移动到花蕊上，然后在窗口右侧的【模糊工具】面板中将【模糊】参数设置为0像素，如图13-87所示。

03 在花蕊上单击，再添加一个【图钉】，将它的【模糊】参数也设置为0像素，如图13-88所示。

图13-87

图13-88

04 在画面中添加几个【图钉】，分别单击它们并调整参数，如图13-89所示；然后单击【确定】按钮，应用滤镜效果，如图13-90所示。

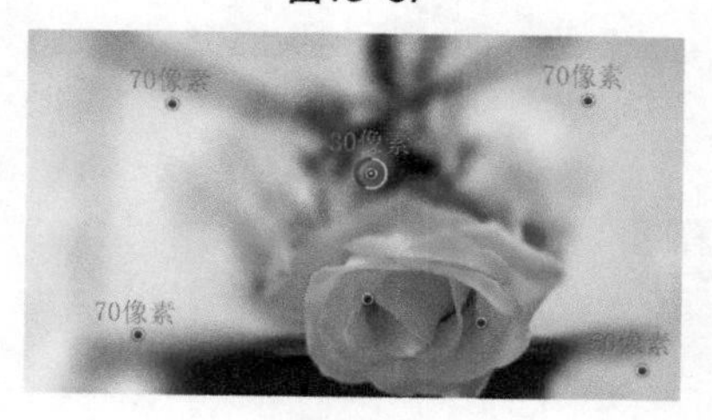

图13-89

图13-90

13.7.9 光圈模糊

【光圈模糊】滤镜可以对照片应用模糊，并创建一个椭圆形的焦点范围。它能够模拟柔焦镜头拍出的梦幻、朦胧的画面效果。打开一张图片，如图13-91所示；然后执行【滤镜】>【模糊】>【光圈模糊】菜单命令显示出相应的选项，如图13-92所示。

图13-91

图13-92

将光标放在图钉上，单击可以移动该光圈，如图13-93所示；将光标放在光圈外侧靠近【图钉】处，单击并拖动鼠标可以旋转和缩放光圈，如图13-94所示；拖曳内侧的光圈，可以调整清晰范围，如图13-95所示。图13-96所示的是效果图。

图13-93

图13-94

图13-95

图13-96

13.7.10 倾斜偏移

【倾斜偏移】就是模拟拍摄效果中的移轴摄影。移轴摄影是一种利用移轴镜头拍摄的方法，照片效果就像是微缩模型一样，非常特别，图13-97所示的就是移轴摄影的效果。

图13-97

打开一张图片，如图13-98所示，执行【滤镜】>【模糊】>【倾斜偏移】菜单命令，显示相应的选项，如图13-99所示；拖曳【图钉】至图像中最清晰的点，如图13-100所示；直线范围内是清晰区域，直线到虚线间是由清晰到模糊的过渡区域，虚线外是模糊区域，拖曳可以调整各个区域的大小，图13-101所示的是该滤镜效果图。

图13-98

图13-99

图13-100

图13-101

13.8 扭曲滤镜组

扭曲滤镜组中包含12种滤镜，如图13-102所示，它们可以对图像进行几何扭曲、创建3D或其他整形效果。在处理图像时，这些滤镜会占用大量内存。在初期试用效果的时候，如果电脑配置比较低，可以考虑在较小尺寸的图像上使用。

波浪...
波纹...
玻璃...
海洋波纹...
极坐标...
挤压...
扩散亮光...
切变...
球面化...
水波...
旋转扭曲...
置换...

图13-102

13.8.1 波浪

【波浪】滤镜可以在图像上创建波状起伏的图案，生成波浪效果。图13-103所示的是原图像，图13-104所示的是滤镜对话框。

图13-103

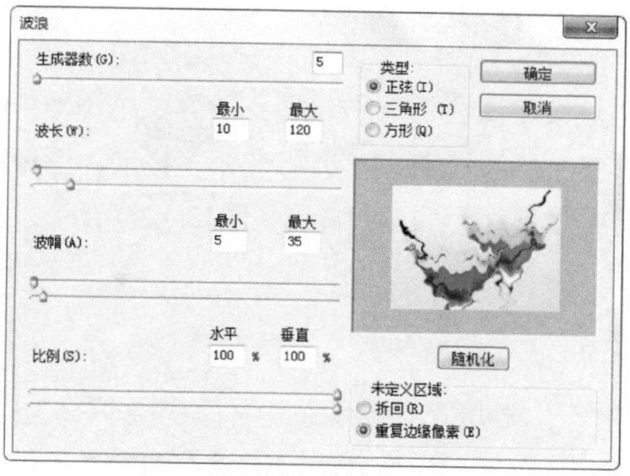

图13-104

13.8.2 波纹

【波纹】滤镜与【波浪】滤镜的工作方式相同，但提供的选项较少，因而只能控制波纹的数量和波纹大小，如图13-105和图13-106所示。

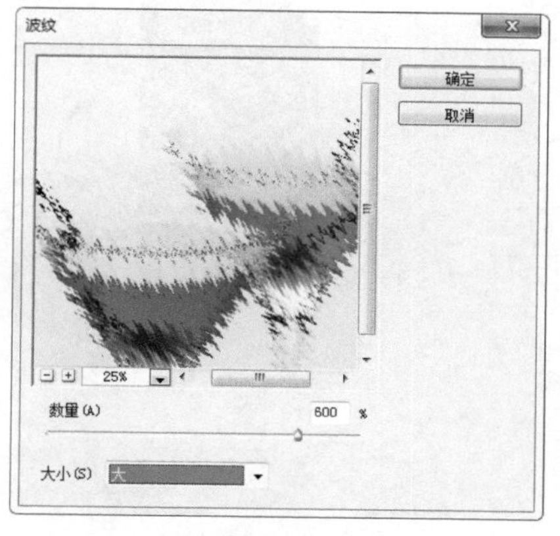

图13-105

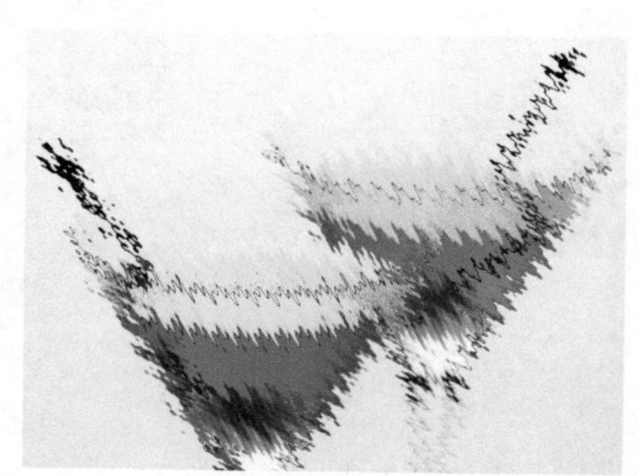

图13-106

13.8.3 玻璃

【玻璃】滤镜可以制作细小的纹理，使图像看起来像是透过不同类型的玻璃观察的。图13-107所示的是该滤镜的参数选项。

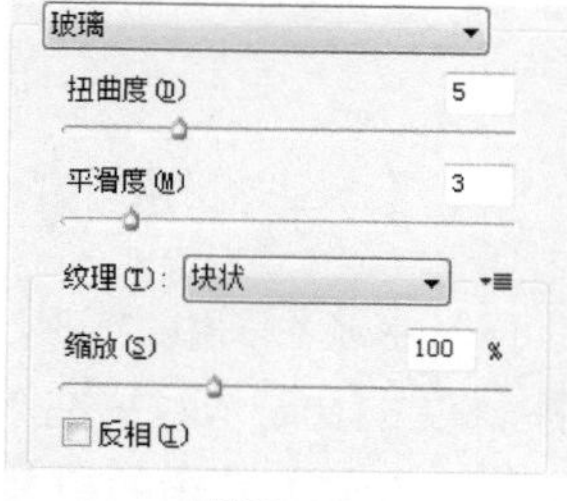

图13-107

【玻璃】滤镜的重要参数介绍

扭曲度：用来设置扭曲效果的强度，该值越高，图像的扭曲效果越强烈。

平滑度：用来设置扭曲效果的平滑程度，该值越低，扭曲的纹理越细小。

纹理：在下拉列表中可以选择扭曲时产生的纹理，包括【块状】、【画布】、【磨砂】和【小镜头】，如图13-108~图13-111所示。单击【纹理】右侧的▾≡按钮，选择【载入纹理】选项，可以载入一个PSD格式的文件作为纹理文件来扭曲图像。

缩放：用来设置纹理的缩放程度。

反相：勾选该项，可以反转纹理凹凸方向。

图13-108

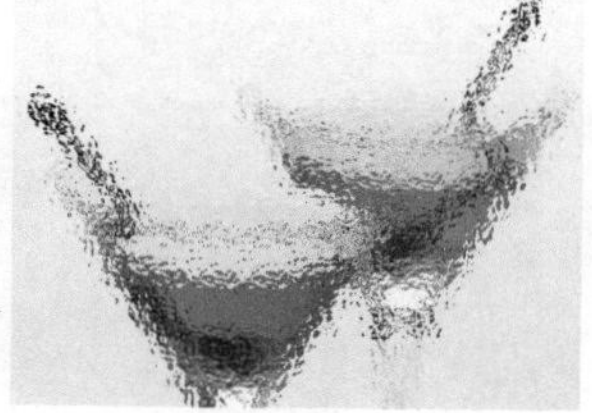

图13-109

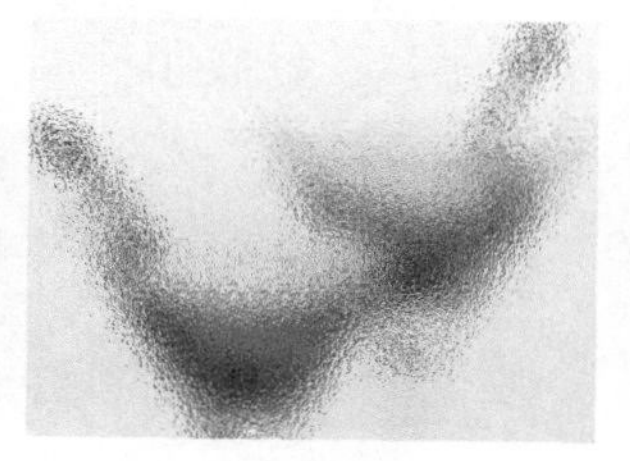

图13-110

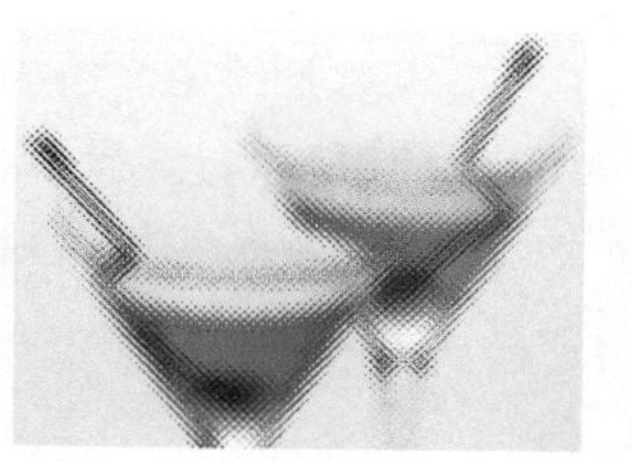

图13-111

13.8.4 海洋波纹

【海洋波纹】滤镜可以将随机分隔的波纹添加到图像表面，它产生的波纹细小，边缘有较多抖动，图像看起来就像是在水下面，如图13-112和图13-113所示。

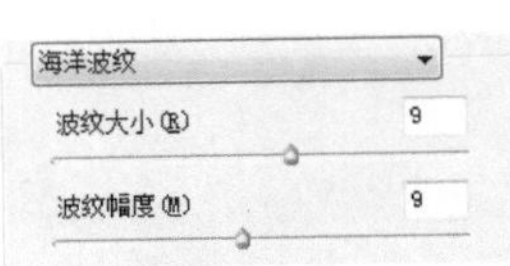

图13-112

图13-113

13.8.5 极坐标

【极坐标】滤镜可以将图像从平面坐标转换为极坐标，或者从极坐标转换为平面坐标。图13-114所示的是原图，图13-115所示的是滤镜对话框，图13-116和图13-117所示的是两种极坐标效果。

图13-114

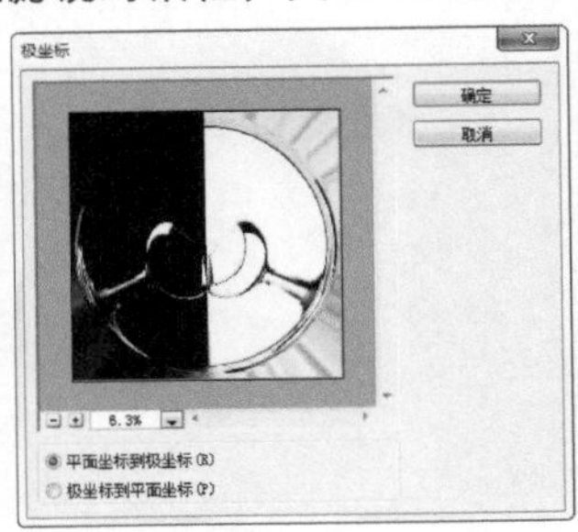

图13-115

图13-116

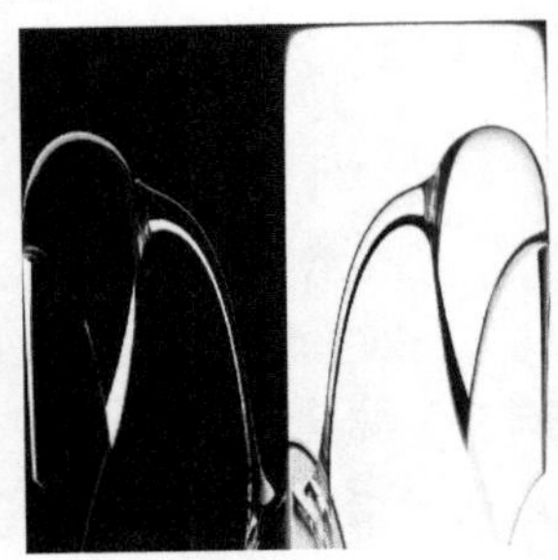
图13-117

13.8.6 球面化

【球面化】滤镜通过将选区折成球形，扭曲图像以及伸展图像以适合选中的曲线，生成3D效果。图13-118所示的是原图，图13-119所示的是【球面化】对话框。

图13-118

图13-119

13.8.7 水波

【水波】滤镜能模拟水中的波纹，产生类似于向水池中投入石子后水面的变化形态。图13-120所示的是在图像中创建的选区，图13-121所示的是【水波】对话框。

【水波】滤镜的重要参数介绍

数量：用来设置波纹的大小，范围为-100~100。负值产生下凹的波纹，正值产生上凸的波纹。

起伏：用来设置波纹数量，范围为1~20，该值越高，波纹越多。

图13-120

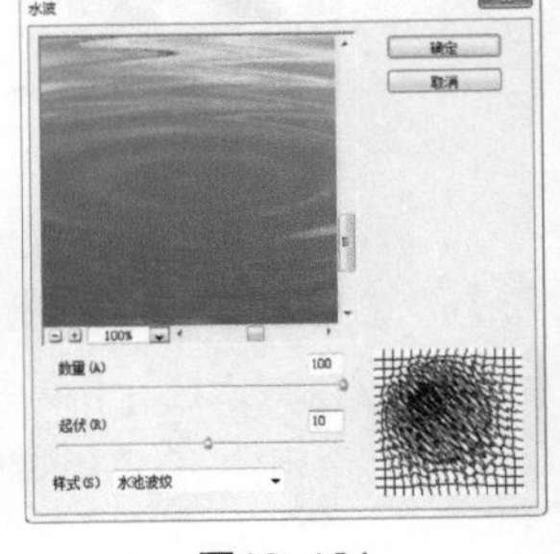
图13-121

样式：用来设置波纹形成的方式。选择【围绕中心】，可以围绕图像的中心产生波纹，如图13-122所示；选择【从中心向外】，波纹从中心向外扩散，如图13-123所示；选择【水池波纹】，可以产生同心状波纹，如图13-124所示。

图13-122

图13-123

图13-124

13.8.8 旋转扭曲

【旋转扭曲】滤镜可以使图像产生旋转的风轮效果，旋转会围绕图像中心进行，中心旋转的程度比边缘大。图13-125和图13-126所示的是原图像和滤镜对话框。【角度】值为正值时沿顺时针方向扭曲，如图13-127所示；为负值时沿逆时针方向扭曲，如图13-128所示。

图13-125

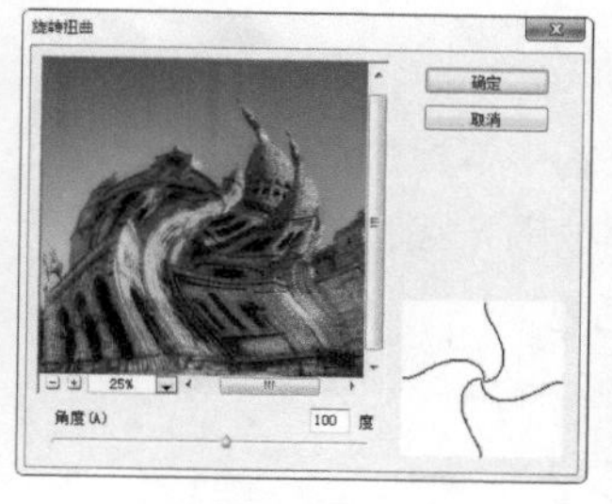

图13-126

图13-127

图13-128

13.9 锐化滤镜组

锐化滤镜组中包含5种滤镜，如图13-129所示。它们可以通过增强相邻像素间的对比度来聚焦模糊的图像，使图像变得清晰。

USM 锐化...
进一步锐化
锐化
锐化边缘
智能锐化...

图13-129

13.9.1 【锐化边缘】与【USM锐化】

【锐化边缘】与【USM锐化】滤镜都可以查找图像中颜色发生显著变化的区域，然后将其锐化。【锐化边缘】滤镜只锐化图像的边缘，同时保留总体的平滑度。【USM锐化】滤镜则提供了选项，如图13-130所示。对于专业的色彩校正，可以使用该滤镜调整边缘细节的对比度。图13-131所示的是原图，图13-132所示的是【锐化边缘】滤镜效果，图13-133所示的是【USM锐化】滤镜效果。

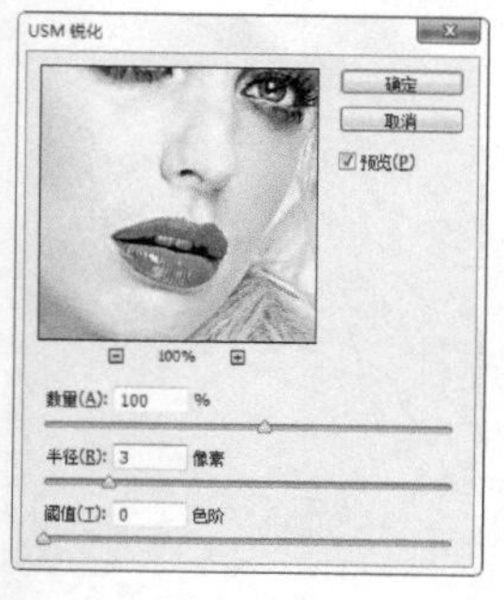

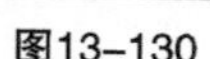

图13-130

图13-131

图13-132

图13-133

13.9.2 【锐化】与【进一步锐化】

【锐化】滤镜通过增加像素间的对比度使图像变得清晰，锐化效果不是很明显。【进一步锐化】比【锐化】滤镜的效果强烈些，相当于应用了2~3次【锐化】滤镜。

13.10 视频滤镜组

视频滤镜组中包含2种滤镜，如图13-234所示，它们可以处理以隔行扫描方式的设备中提取的图像，将普通图像转换为视频设备可以接收的图像，以解决视频图像交换时系统差异的问题。

NTSC 颜色
逐行...

图13-134

13.10.1 NTSC颜色

【NTSC颜色】滤镜可以将色域限制在电视机重现可接受的范围内，防止过饱和颜色渗到电视扫描行中，使Photoshop中的图像可以被电视接收。

13.10.2 逐行

通过隔行扫描方式显示画面的电视，以及视频设备中捕捉的图像都会出现扫描线，【逐行】滤镜可以移去视频图像中的奇数或偶数隔行线，使在视频上捕捉的运动图像变得平滑。图13-135所示的是【逐行】对话框。

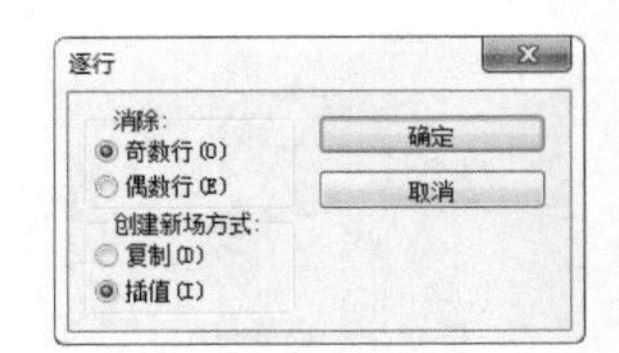

图13-135

13.11 素描滤镜组

素描滤镜组中包含14种滤镜，如图13-136所示，它们可以将纹理添加到图像，常用来模拟素描和速写等艺术效果或手绘外观。其中大部分滤镜在重绘图像时都要使用前景色和背景色，因此，设置不同的前景色和背景色时，可以获得不同的效果。

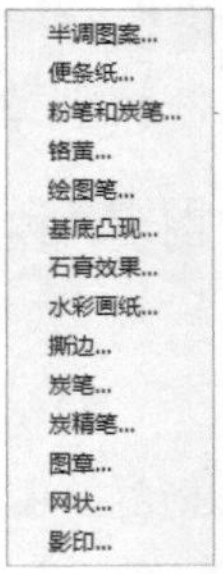

半调图案...
便条纸...
粉笔和炭笔...
铬黄...
绘图笔...
基底凸现...
石膏效果...
水彩画纸...
撕边...
炭笔...
炭精笔...
图章...
网状...
影印...

图13-136

13.11.1 半调图案

【半调图案】滤镜可以在保持连续色调范围的同时，模拟半调网屏效果。图13-137和图13-138所示的是原图像及滤镜参数选项。

图13-137

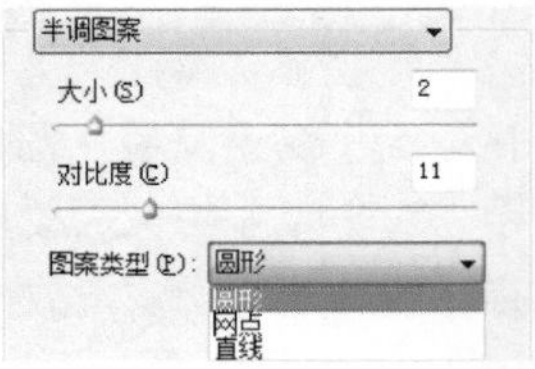

半调图案
大小(S) 2
对比度(C) 11
图案类型(P): 圆形
圆形
网点
直线

图13-138

13.11.2 便条纸

【便条纸】滤镜可以简化图像，创建像是用手工制作的纸张构建的图像，图像的暗区显示为纸张上层中的洞，使背景色显示出来，如图13-139和图13-140所示。

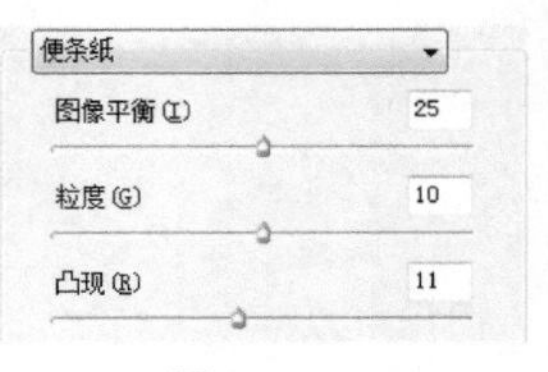

图13-139

图13-140

13.11.3 粉笔和炭笔

【粉笔和炭笔】滤镜可以重绘高光和中间调，并使用粗糙粉笔绘制纯中间调的灰色背景。阴影区域用黑色对角炭笔线条替换，炭笔用前景色绘制，粉笔用背景色绘制，如图13-141和图13-142所示。

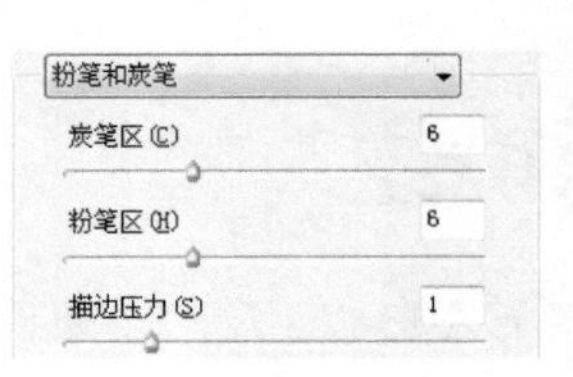

图13-141

图13-142

13.11.4 铬黄

【铬黄】滤镜可以渲染图像，创建如擦亮的铬黄表面般的金属效果，高光在反射表面上是高点，阴影是低点。应用该滤镜后，可以使用【色阶】命令增加图像的对比度，使金属效果更加强烈。图13-143和图13-144所示的是滤镜参数及效果。

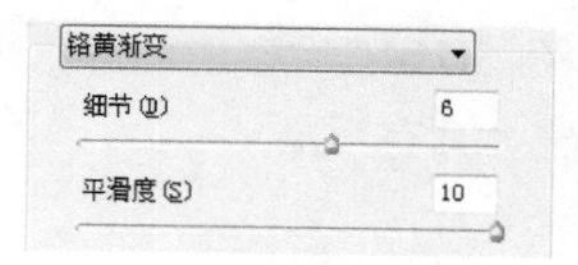

图13-143

图13-144

13.11.5 绘图笔

【绘图笔】滤镜使用细的、线状的油墨描边来捕捉原图像中的细节，前景色为油墨，背景色作为纸张，以替代原图像中的颜色，图13-145和图13-146所示的是滤镜参数及效果。

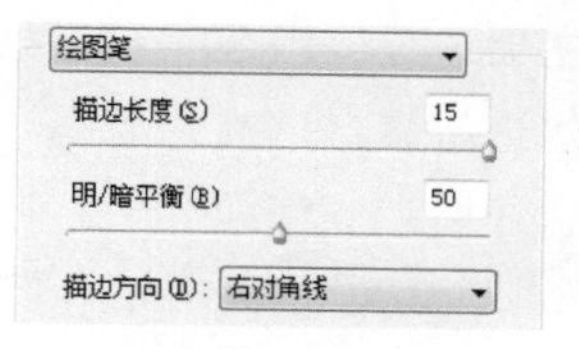

图13-145

图13-146

13.11.6 基底凸现

【基底凸现】滤镜可以变换图像，使之呈现浮雕的雕刻状和突出光照下变化各异的表面。图像的暗区将呈现前景色，而浅色使用背景色，如图13-147和图13-148所示。

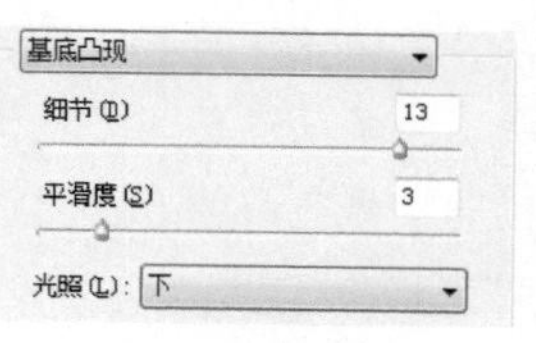

图13-147

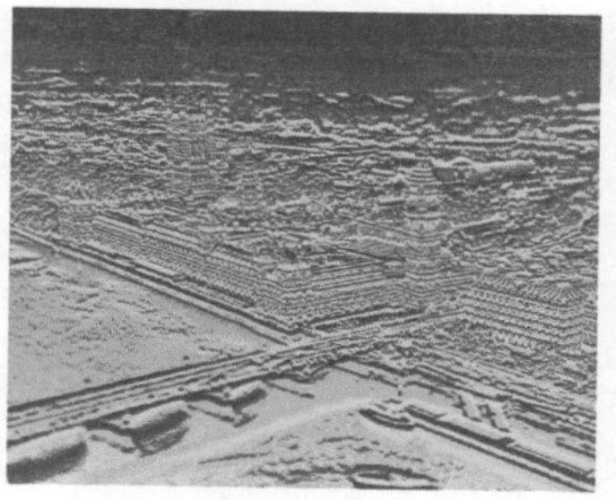
图13-148

13.11.7 石膏效果

【石膏效果】滤镜可以按3D效果塑造图像，然后使用前景色与背景色为结果图像着色，图像中的暗区凸起，亮区凹陷，如图13-149和图13-150所示。

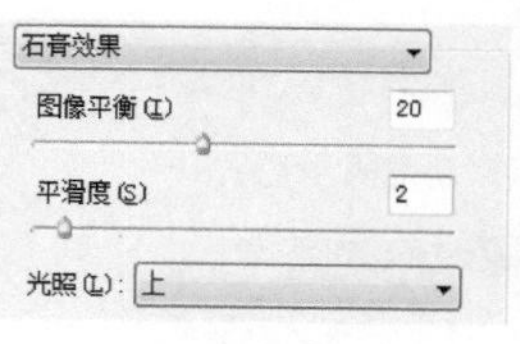

图13-149

图13-150

13.11.8 水彩画纸

【水彩画纸】是素描滤镜组中唯一能够保留原图像颜色的滤镜。它可以用有污点的、像画在潮湿的纤维纸上的涂抹，使颜色流动并混合，如图13-151和图13-152所示。

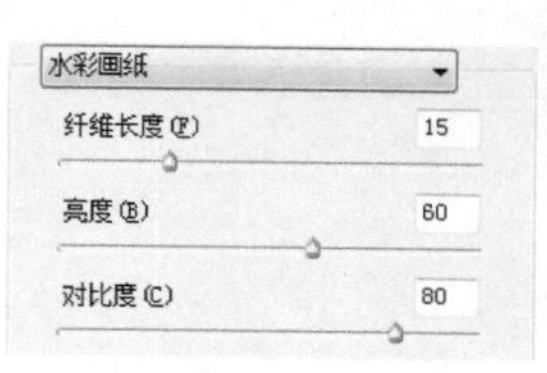

图13-151

图13-152

13.11.9 撕边

【撕边】滤镜可以重建图像，使之像是由粗糙、撕破的纸片组成的，然后使用前景色与背景色为图像着色，如图13-153和图13-154所示。对于文本或高对比度对象，该滤镜尤其有用。

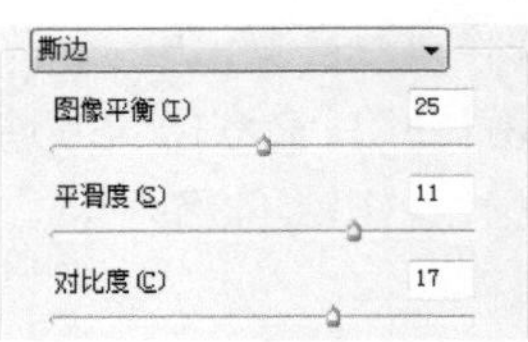

图13-153

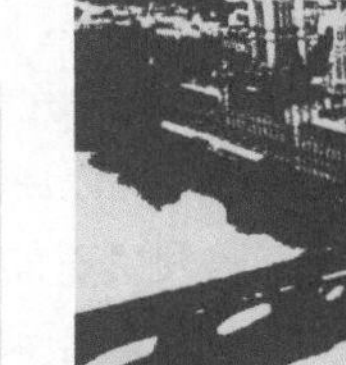
图13-154

13.11.10 炭笔

【炭笔】滤镜可以创建类似于色调分离般的涂抹效果。处理后的图像，主要边缘以粗线条绘制，而中间色调用对角描边进行素描，炭笔是前景色，背景是纸张颜色，如图13-155和图13-156所示。

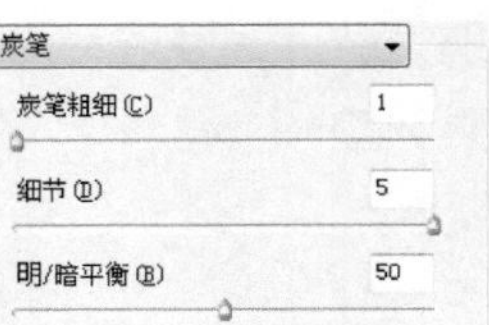

图13-155

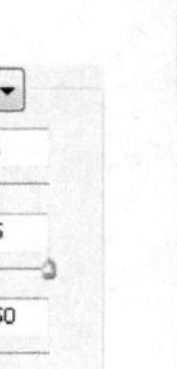
图13-156

13.11.11 炭精笔

【炭精笔】滤镜可在图像上模拟浓黑和纯白的炭精笔纹理，暗区使用前景色，亮区使用背景色，如图13-157和图13-158所示。为了获得更逼真的效果，可以在应用滤镜之前将前景色改为常用的炭精笔颜色，如黑色、深褐色和血红色。要获得减弱的效果，可以将背景色改为白色，在白色背景中添加一些前景色，然后再应用滤镜。

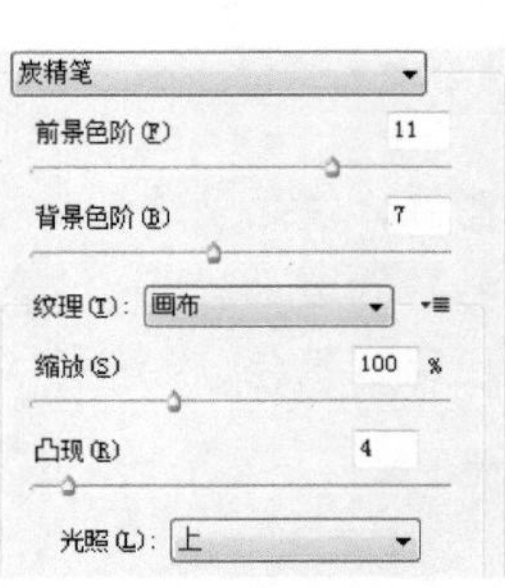

图13-157

图13-158

13.11.12 图章

【图章】滤镜可以简化图像，使之看起来就像是用橡皮或木制图章创建的一样，如图13-159和图13-160所示。该滤镜用于黑白图像时效果最佳。

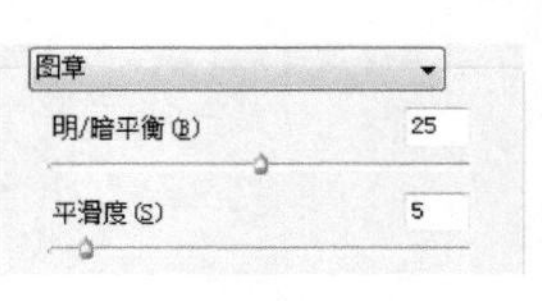

图13-159

图13-160

13.11.13 影印

【影印】滤镜可以模拟影印图像的效果，大的暗区趋向于只拷贝边缘四周，而中间色调要么纯黑色，要么纯白色，如图13-161和图13-162所示。

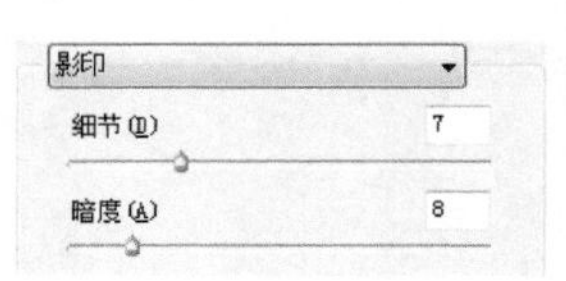

图13-161

图13-162

13.12 纹理滤镜组

纹理滤镜组中包含6种滤镜，如图13-163所示，它们可以模拟具有深度感或物质感的外观，或者添加一种器质外观。

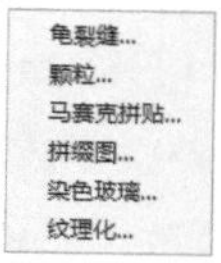

龟裂缝...
颗粒...
马赛克拼贴...
拼缀图...
染色玻璃...
纹理化...

图13-163

13.12.1 龟裂缝

【龟裂缝】滤镜可以将图像绘制在一个高凸现的石膏表面上，以循着图像等高线生成精细的网状裂缝。使用该滤镜可以对包含多种颜色值或灰度值的图像创建浮雕效果。图13-164所示的是滤镜参数选项，图13-165和图13-166所示的是原图像及滤镜效果。

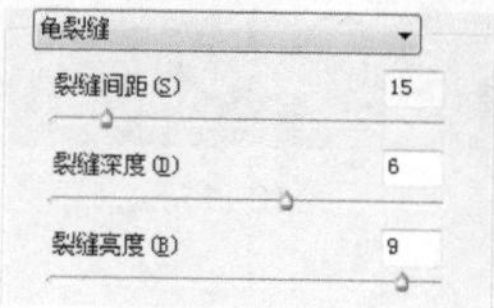

龟裂缝
裂缝间距(S) 15
裂缝深度(D) 6
裂缝亮度(B) 9

图13-164

图13-165

图13-166

13.12.2 颗粒

【颗粒】滤镜可使用常规、软化、喷洒、结块和斑点等不同种类的颗粒在图像中添加纹理。图13-167和图13-168所示的是滤镜参数及效果。

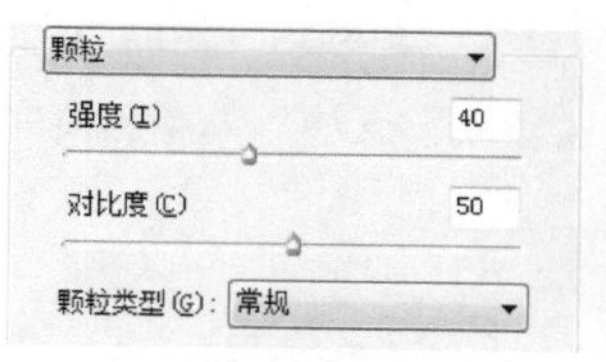

图13-167

图13-168

13.12.3 马赛克拼贴

【马赛克拼贴】滤镜可以渲染图像，使它看起来像是由小的碎片或拼贴组成，然后加深拼贴之间缝隙的颜色，如图13-169和图13-170所示。

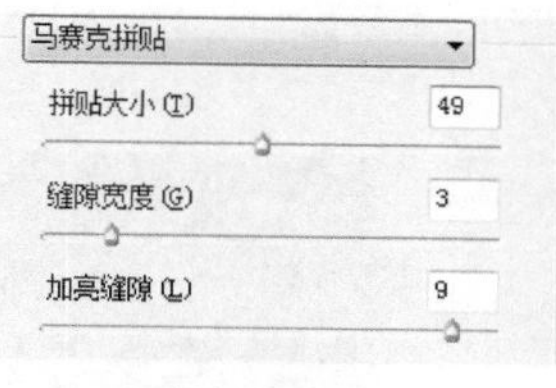

图13-169

图13-170

13.12.4 拼缀图

【拼缀图】滤镜可以将图像分成规则排列的正方形块，每一个方块使用该区域的主要填充。该滤镜可随机减小或增大拼贴的深度，以模拟高光和阴影，如图13-171和图13-172所示。

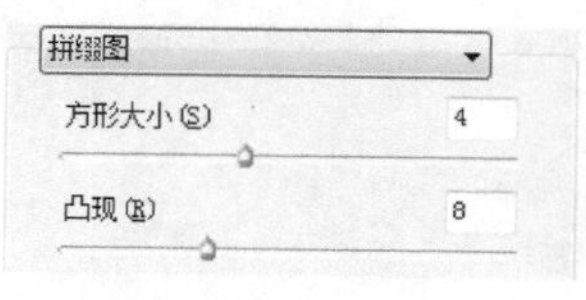

图13-171

图13-172

13.12.5 染色玻璃

【染色玻璃】滤镜可以将图像重新绘制为单色的相邻单元格，色块之间的缝隙用前景色填充，使图像看起来像是彩色玻璃，如图13-173和图13-174所示。

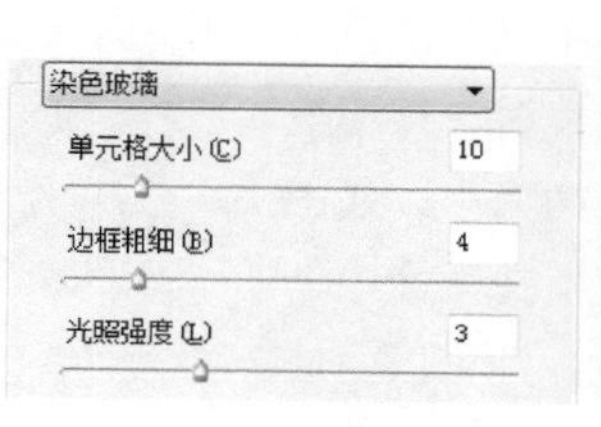

图13-173

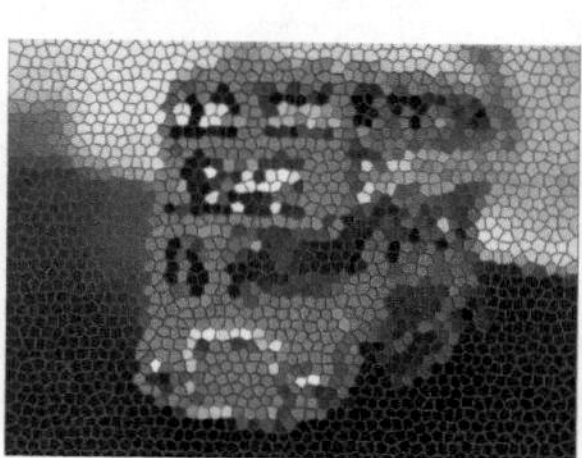

图13-174

13.12.6 纹理化

【纹理化】滤镜可以生成各种纹理，在图像中添加纹理质感。纹理类型包括【砖形】、【粗麻布】、【画布】和【砂岩】。如果单击【纹理】选项右侧的▾≡按钮，则可以载入一个PSD格式的文件作为纹理文件。图13-175所示的是滤镜参数，图13-176~图13-178所示的是分别为【砖形】、【粗麻布】和【画布】纹理效果。

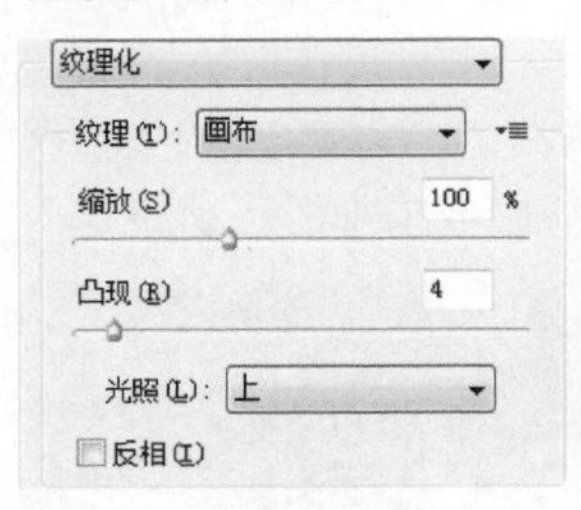

图13-175

图13-176

图13-177

图13-178

13.13 像素化滤镜组

像素化滤镜组中包含7种滤镜，如图13-179所示，它们可以通过使单元格中颜色值相近的像素结块来清晰地定义一个选区，可用于创建彩块、点状、晶格和马赛克等特殊效果。

彩块化
彩色半调...
点状化...
晶格化...
马赛克...
碎片
铜版雕刻...

图13-179

13.13.1 彩色半调

【彩色半调】滤镜可以使图像变为网点状效果。它先将图像的每一个通道划分出矩形区域，再以和矩形区域亮度成比例的圆形替代这些矩形，圆形的大小与矩形的亮度成比例，高光部分生成的网点较小，阴影部分生成的网点较大。图13-180所示的是滤镜参数选项，图13-181和图13-182所示的是原图及滤镜效果。

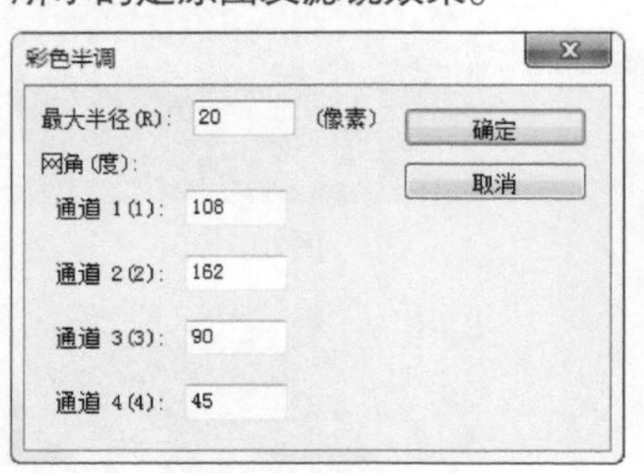

图13-180

图13-181

图13-182

13.13.2 马赛克

【马赛克】滤镜可以使像素结为正方形块，再给块中的像素应用平均的颜色，创建马赛克效果。使用该滤镜时，可通过【单元格大小】调整马赛克的大小，如图13-183和图13-184所示。如果在图像中创建一个选区，再应用该滤镜，则可以生成电视中的马赛克画面效果。

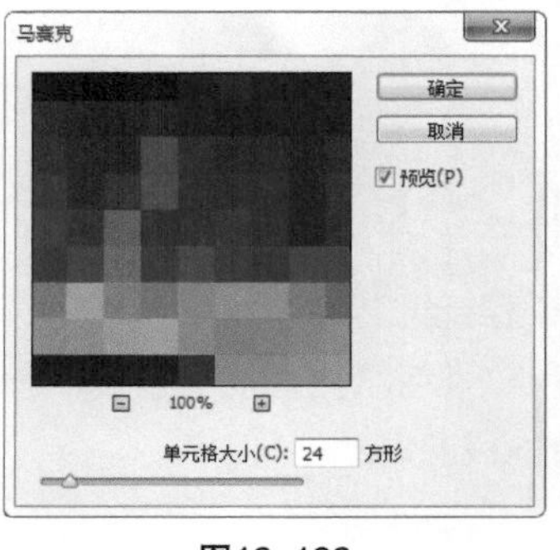

图13-183

图13-184

13.13.3 铜板雕刻

【铜板雕刻】滤镜可以在图像中随机生成各种不规则的直线、曲线和斑点，使图像产生年代久远的金属板效果，图13-185所示的是该滤镜包含的选项，在【类型】下拉列表中可以选择一种网点图案。

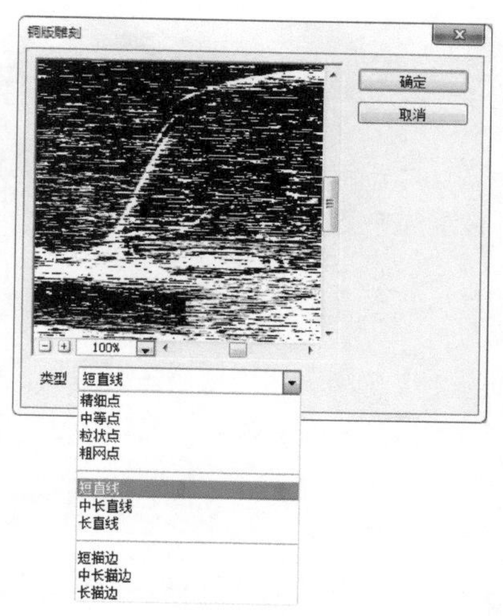

图13-185

13.14 渲染滤镜组

渲染滤镜组中包含5种滤镜，如图13-186所示，这些滤镜可以在图像中创建灯光效果、3D形状、云彩图案、折射图案和模糊的光反射，是非常重要的特效制作滤镜。

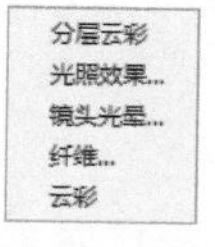

图13-186

13.14.1 云彩

【云彩】滤镜可以使用介于前景色与背景色之间的随机值生成柔和的云彩团，效果如图13-187所示。

图13-187

13.14.2 光照效果

【光照效果】滤镜是一个强大的灯光效果制作滤镜，它包含17种光照样式、3种光源，可以产生无数种光照。它还可以使用灰度文件的纹理（称为凹凸图）产生类似3D状立体效果。

13.14.3 镜头光晕

【镜头光晕】滤镜可以模拟亮光照射到相机镜头所产生的折射，常用来表现玻璃、金属等反射的反射光，或用来增强日光和灯光效果。图13-188所示的是原图像，图13-189所示的是滤镜对话框。

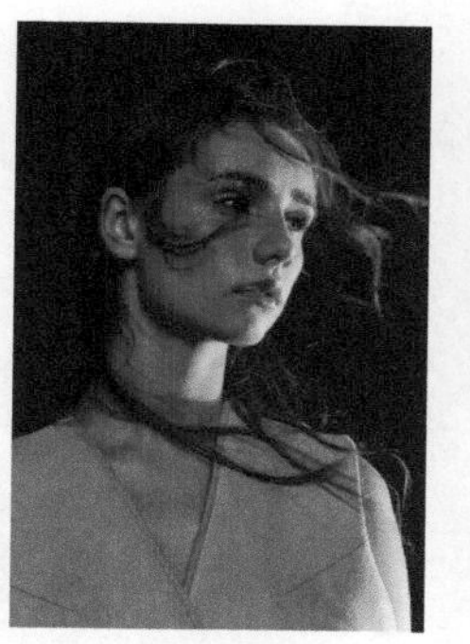
图13-188

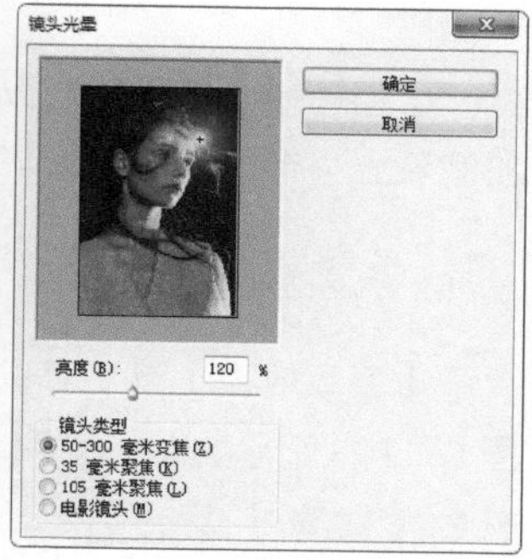

图13-189

【镜头光晕】滤镜的重要参数介绍

光晕中心：在对话框中的图像缩览图上单击或拖曳十字线，可以指定光晕的中心。

亮度：用来控制光晕的强度，变化范围为10%~300%。

镜头类型：可以模拟不同类型镜头产生的光晕，效果如图13-190~图13-193所示。

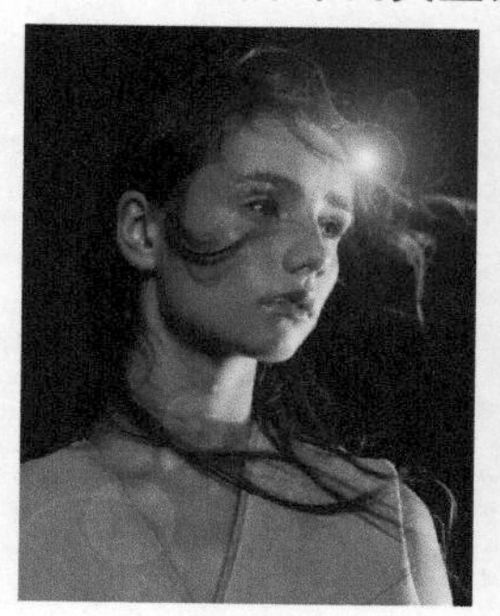
图13-190

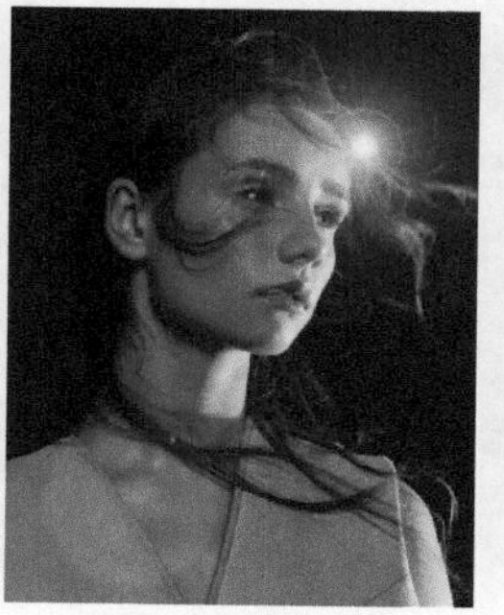
图13-191

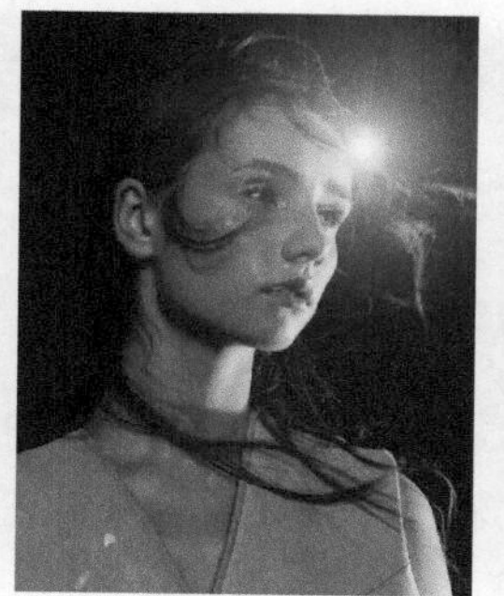
图13-192

图13-193

13.15 艺术效果滤镜组

艺术效果滤镜组中包含15种滤镜，如图13-194所示，它们可以模仿自然或传统介质效果，使图像看起来更贴近绘画或艺术效果。

壁画...
彩色铅笔...
粗糙蜡笔...
底纹效果...
干画笔...
海报边缘...
海绵...
绘画涂抹...
胶片颗粒...
木刻...
霓虹灯光...
水彩...
塑料包装...
调色刀...
涂抹棒...

图13-194

13.15.1 壁画

【壁画】滤镜使用短而圆的、粗略涂抹的小块颜料，以一种粗糙的风格绘制图像，使图像呈现一种古壁画般的效果。图13-195所示的是原图，图13-196和图13-197所示的是滤镜参数及效果。

13.15.2 彩色铅笔

【彩色铅笔】滤镜用彩色铅笔在纯色背景上绘制图像，可保留重要边缘，外观呈粗糙阴影线，纯色背景会透过平滑的区域显示出来，如图13-198和图13-199所示。

图13-195

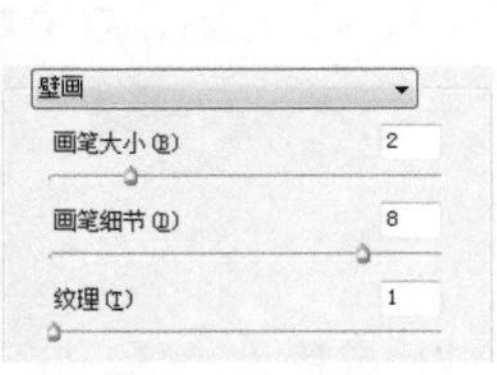

图13-196

图13-197

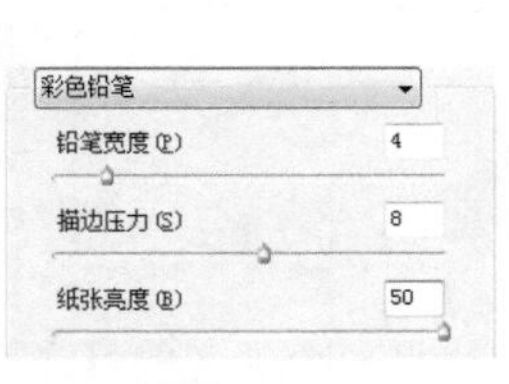

图13-198

图13-199

13.15.3 粗糙蜡笔

【粗糙蜡笔】滤镜可以在带有纹理的背景上应用粉笔描边，如图13-200和图13-201所示。在亮色区域，粉笔看上去很厚，几乎看不见纹理，在深色区域，粉笔似乎被擦去了，纹理会显露出来。

13.15.4 底纹效果

【底纹效果】滤镜可以在带有纹理的背景上绘制图像，然后将最终图像绘制在该图像上，如图13-202和图13-203所示，它的【纹理】等选项与【粗糙蜡笔】滤镜相应选项的作用相同。

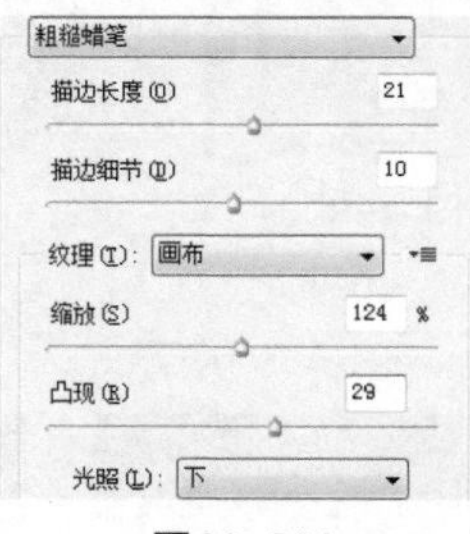

图13-200

图13-201

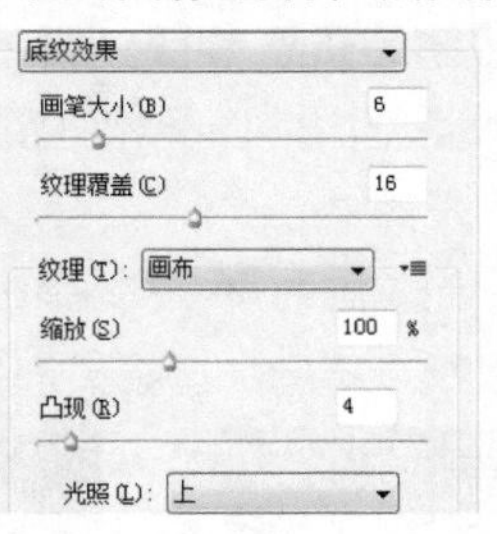

图13-202

图13-203

13.15.5 干画笔

【干画笔】滤镜使用干画笔技术（介于油彩和水彩之间）绘制图像边缘，并通过将图像的颜色范围降到普通颜色范围来简化图像，如图13-204和图13-205所示。

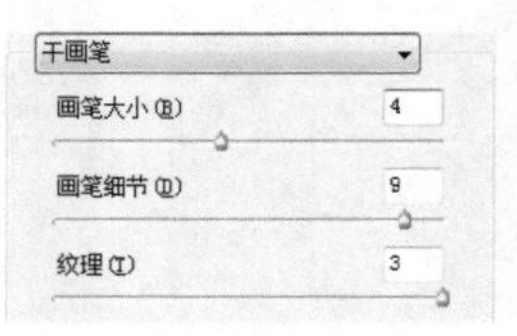

图13-204

图13-205

13.15.6 海报边缘

【海报边缘】滤镜可以按照设置的选项自动跟踪图像中颜色变化剧烈的区域，在边界上填入黑色的阴影，大而宽的区域有简单的阴影，而细小的深色细节遍布图像，使图像产生海报效果，如图13-206和图13-207所示。

13.15.7 绘画涂抹

【绘画涂抹】滤镜可以使用简单、末处理光照、暗光、宽锐化、宽模糊和火花等不同类型的画笔创建绘画效果，如图13-208和图13-209所示。

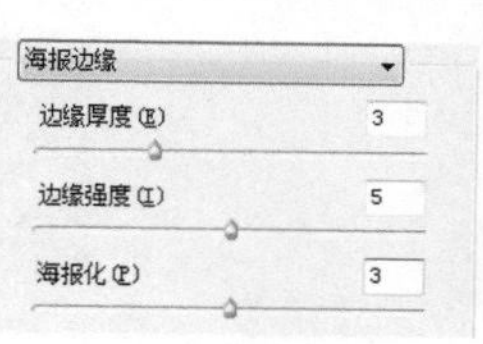

图13-206

图13-207

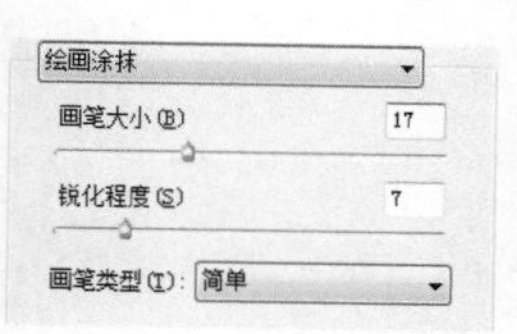

图13-208

图13-209

13.15.8 胶片颗粒

【胶片颗粒】滤镜将平滑的图案应用于阴影和中间色调，将一种更平滑、饱和度更高的图案添加到亮区，如图13-210和图13-211所示。在消除混合的条纹和将各种来源的图像在视觉上进行统一时，该滤镜非常有用。

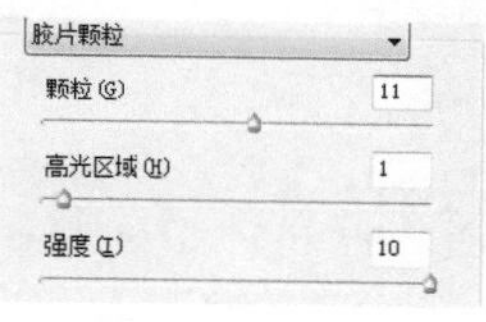

图13-210

图13-211

13.15.9 木刻

【木刻】滤镜可以使图像看上去像是由从彩纸上剪下的边缘粗糙的剪纸片组成的，如图13-212和图13-213所示。高对比度的图像看起来呈剪影状，而彩色图像看上去是由几层彩纸组成的。

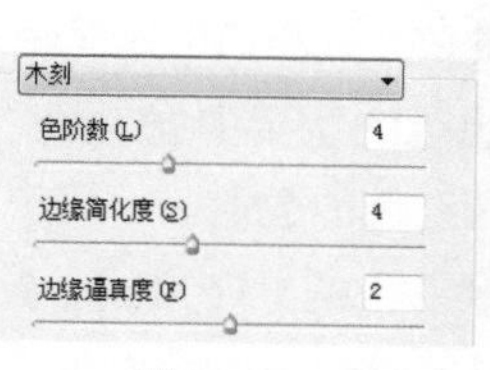

图13-212

图13-213

13.15.10 水彩

【水彩】滤镜能够以水彩的风格绘制图像，它使用蘸了水和颜料的中号画笔绘制以简化细节，当边缘有显著的色调变化时，该滤镜会使颜色饱满，如图13-214和图13-215所示。

13.15.11 塑料包装

【塑料包装】滤镜可以给图像涂上一层光亮的塑料，以强调表面细节，如图13-216和图13-217所示。

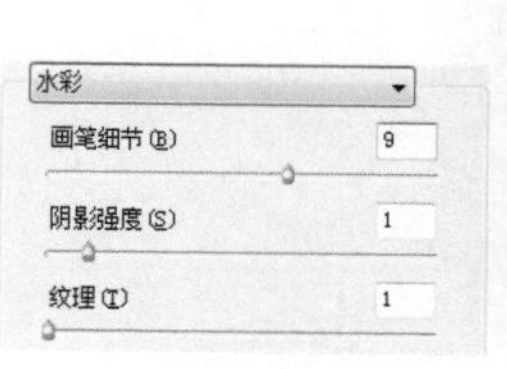

图13-214

图13-215

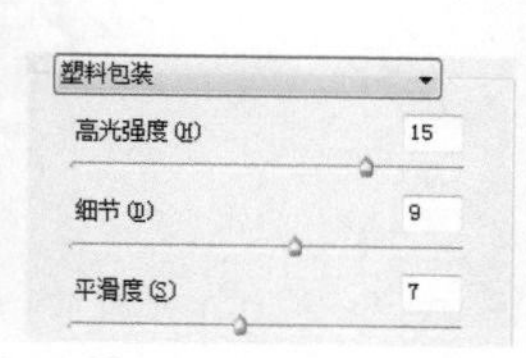

图13-216

图13-217

13.15.12 调色刀

【调色刀】滤镜可以减少图像的细节，以生成描绘得很淡的画布效果，并显示出下面的纹理，如图13-218所示和图13-219所示。

13.15.13 涂抹棒

【涂抹棒】滤镜使用较短的对角线条涂抹图像中的暗部区域，从而柔化图像，亮部区域会因为变亮而丢失细节，使整个图像显示出涂抹扩散的效果，如图13-220和图13-221所示。

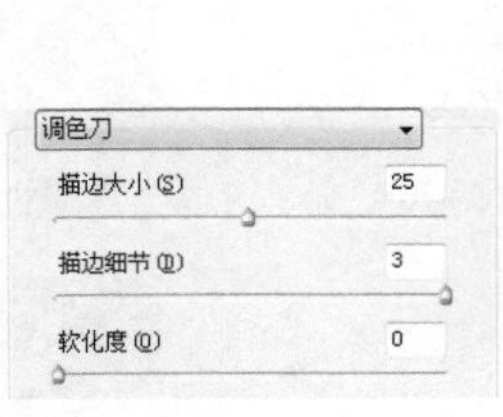

图13-218

图13-219

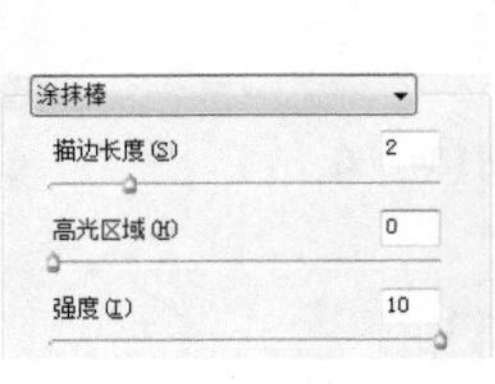

图13-220

图13-221

13.16 杂色滤镜组

杂色滤镜组中包含5种滤镜，如图13-222所示，它们可以添加或去除杂色或带有随机分布色阶的像素，创建与众不同的纹理。

减少杂色...
蒙尘与划痕...
去斑
添加杂色...
中间值...

图13-222

【添加杂色】滤镜可以将随机的像素应用于图像，模拟在高速胶片上拍照的效果，如图13-223和图13-224所示。该滤镜可用来减少羽化选区或渐变填充中的条纹，或者使经过重大修饰的区域看起来更加真实。或者在一张空白的图像上生成随机的杂点，制作成杂纹或其他底纹。

【添加杂色】滤镜的重要参数介绍

数量：用来设置杂色的数量。

分布：用来设置杂色的分布方式。选择【平均分布】，会随机在图像中加入杂点，效果比较柔和；选择【高斯分布】，则会通过沿一条钟形曲线分布的方式来添加杂色，杂点较强烈。

单色：勾选该选项，杂点只影响原有像素的亮度，像素的颜色不会改变，如图13-225和图13-226所示。

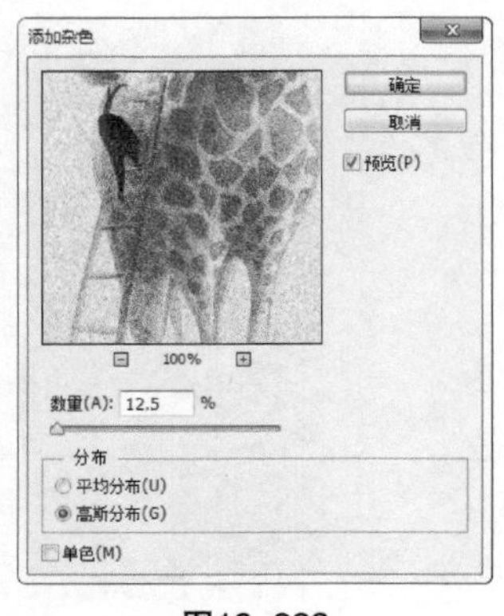

图13-223

图13-224

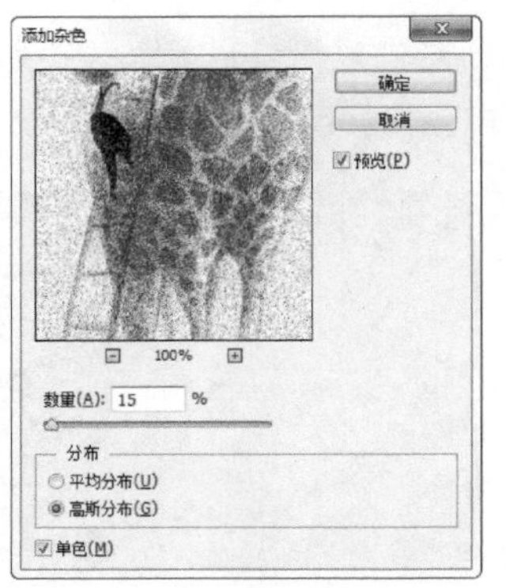

图13-225

图13-226

CHAPTER

14 综合实例

本章作为全书的一个综合章节，将之前所学的基础知识和实际运用结合在一起形成综合案例，这些实例突出了多种功能协作的特点。读者只有灵活运用各种工具和命令，才能对Photoshop进行熟练地运用和掌握。

* 制作牛奶字
* 制作瑜伽狗
* 制作长腿模特
* 制作真人面具
* 制作牛奶裙
* 制作撕边人体

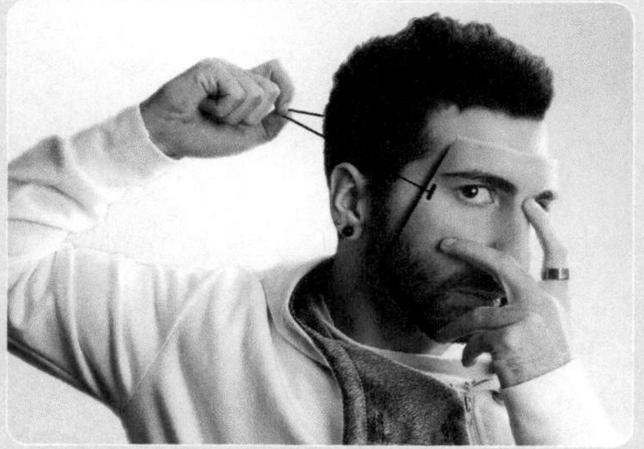

14.1 制作牛奶字

扫码观看本案例视频

- 实例位置 CH14>制作牛奶字>制作牛奶字.psd
- 素材位置 CH14>制作牛奶字>1.psd
- 实用指数 ★★★★
- 技术掌握 通道、滤镜、图层样式、剪贴蒙版

◎ 制作思路

本案例是制作特效类字体，重点是用图层样式制作牛奶质感的文字，对于纯色素材（如本案例中的文本），用图层样式中的【斜面和浮雕】模拟液体或其他的特殊质感即方便又真实。【阴影】样式的作用是拉开主体与背景之间的层次，使主体更加突出。【波浪】滤镜用于模拟奶牛身上的斑点效果。

◎ 制作步骤

01 打开学习资源中的“CH14>制作牛奶字>1.psd”文件，图层如图14-1所示，效果如图14-2所示，然后单击【奶牛】图层前面的👁图标隐藏该图层，如图14-3所示。

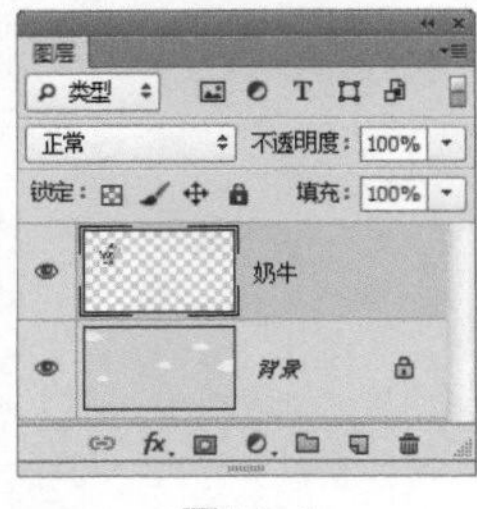

图14-1

图14-2

图14-3

02 单击【通道】面板中的按钮，创建一个通道，如图14-4所示。然后选择【横排文字工具】T，打开【字符】面板，选择字体并设置字号，文字颜色为白色，接着在画面中单击并输入文字，如图14-5所示。

03 按组合键Ctrl+D取消选择，然后将【Alpha 1】通道拖曳到面板底部的按钮上复制，接着执行【滤镜】>【艺术效果】>【塑料包装】菜单命令，参数设置如图14-6所示，效果如图14-7所示。

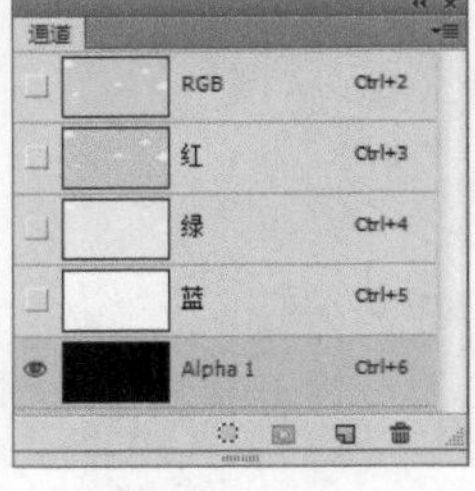

图14-4

图14-5

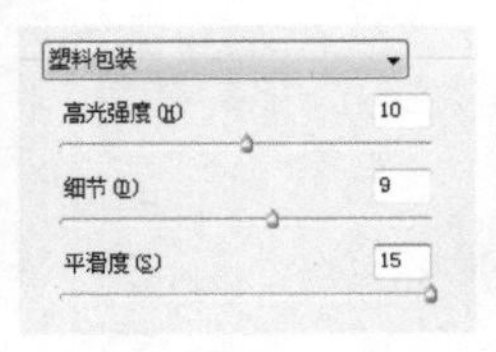

图14-6

图14-7

04 按住Ctrl键单击【Alpha 1 副本】通道，载入该通道中的选区，如图14-8所示；然后按组合键Ctrl+2返回

RGB复合通道，显示出彩色图像，如图14-9所示。

05 单击【图层】面板底部的按钮，新建一个图层，然后在选区内填充白色，如图14-10和图14-11所示，接着按组合键Ctrl+D取消选择。

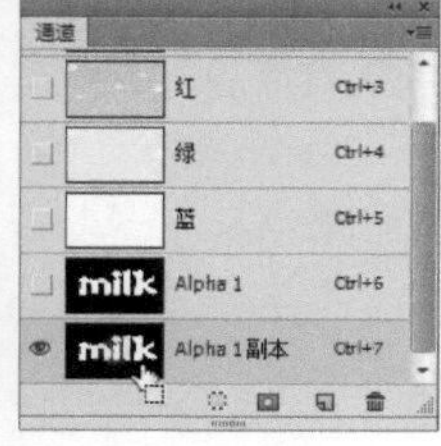

图14-8

图14-9

图14-10

图14-11

06 按住Ctrl键单击【Alpha 1】通道，载入该通道中的选区，如图14-12所示。然后执行【选择】>【修改】>【扩展】菜单命令扩展选区，如图14-13和图14-14所示。

07 单击【图层】面板底部的按钮，基于选区创建蒙版，如图14-15和图14-16所示。

图14-12

图14-13

图14-14

图14-15

图14-16

08 双击文字图层，打开【图层样式】对话框，然后在左侧列表中选择【投影】和【斜面和浮雕】选项，添加这两种效果，参数设置如图14-17和图14-18所示，效果如图14-19所示。

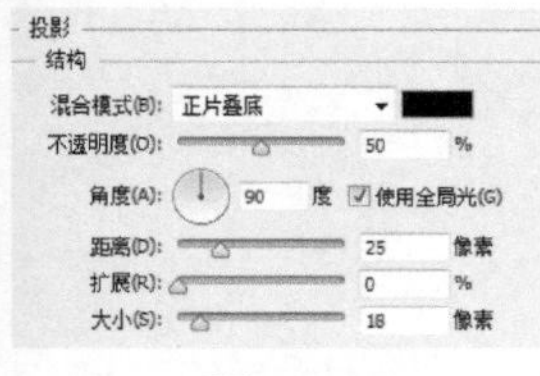

图14-17

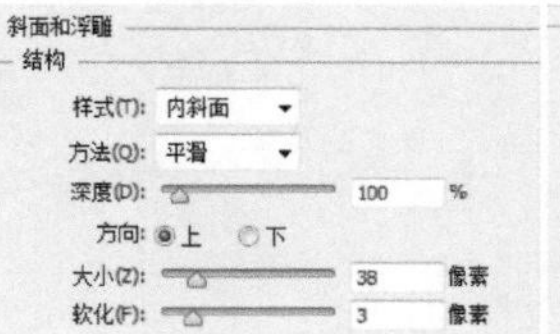

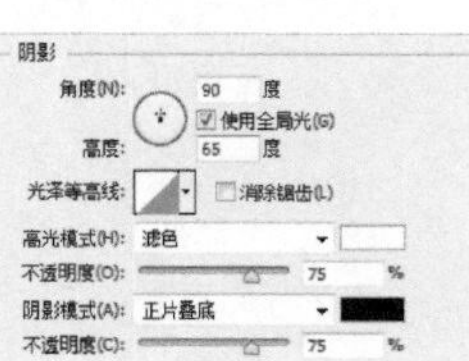

图14-18

图14-19

09 单击【图层】面板底部的按钮，新建一个图层，然后将前景色设置为黑色。接着选择【椭圆工具】，再在工具选项栏选择【像素】选项，最后按住Shift键在画面中绘制几个圆形，如图14-20所示。

10 执行【滤镜】>【扭曲】>【波浪】菜单命令，参数设置如图14-21所示；对圆点进行扭曲，如图14-22所示。

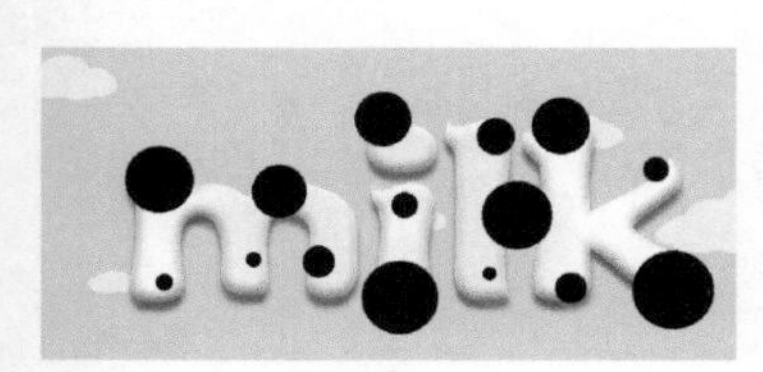

图14-20

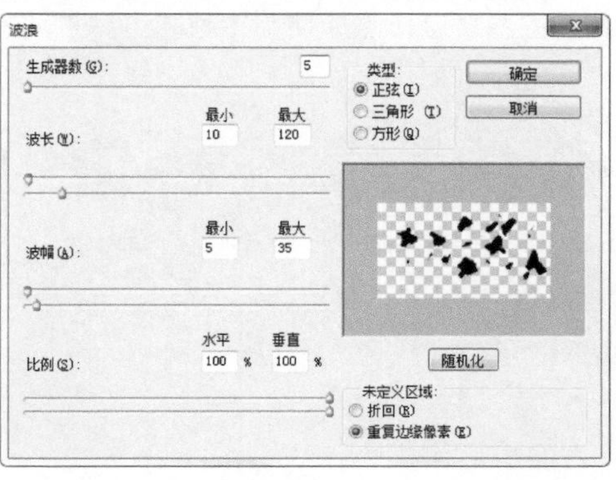

图14-21

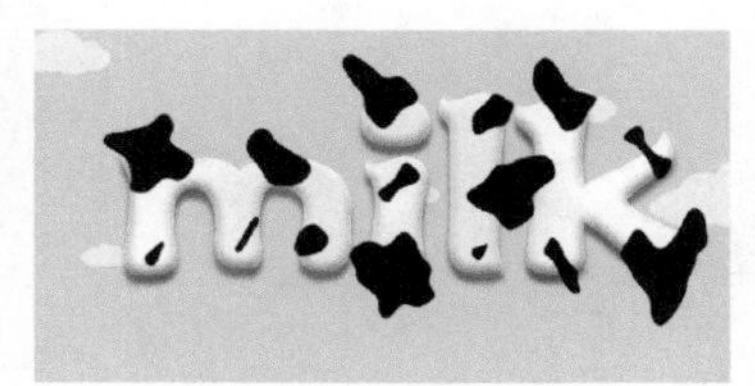

图14-22

11 按组合键Ctrl+Alt+G创建剪贴蒙版，将花纹的显示范围限定在下面的文字区域内，然后显示【奶牛】图层，接着使用【移动工具】调整内容的位置，最终效果如图14-23所示。

图14-23

◎ 案例总结

本案例是通过调整【斜面和浮雕】的参数来模拟液体牛奶的质感，通过调整【斜面和浮雕】样式的参数可以模拟各种效果。

14.2 制作瑜伽狗

扫码观看本案例视频

- 实例位置 CH14>制作瑜伽狗>制作瑜伽狗.psd
- 素材位置 CH14>制作瑜伽狗>1.psd
- 实用指数 ★★★
- 技术掌握 蒙版、自由变换

◎ 制作思路

本案例是通过蒙版和自由变换来合成图像，重点在于对蒙版的理解，合理地运用蒙版来达到自己想要的效果。

◎ 制作步骤

01 打开学习资源中的“CH14>制作瑜伽狗>1.psd”文件，如图14-24所示，图层如图14-25所示。

02 单击按钮，为【狗】图层添加图层蒙版，然后使用【画笔工具】将小狗的后腿和尾巴涂成黑色，将其隐藏，如图14-26和图14-27所示。

图14-24

图14-25

图14-26

图14-27

03 按住Alt键向下拖曳【狗】图层进行复制，然后单击蒙版缩览图，进入蒙版编辑状态，将蒙版填充为白色，如图14-28所示，使狗狗全部显示在画面中。接着按下组合键Ctrl+T显示定界框，拖曳定界框将小狗旋转，再适当缩小图像，如图14-29所示，最后按下回车键确认操作。

04 在蒙版中涂抹黑色，只保留一条后腿，将其余部分全部隐藏，如图14-30和图14-31所示。

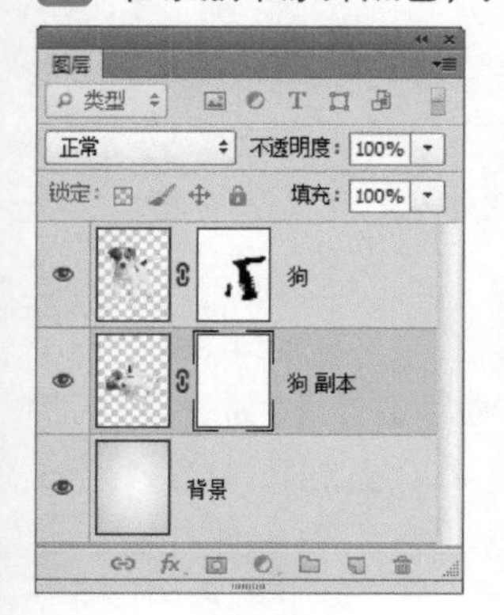

图14-28

图14-29

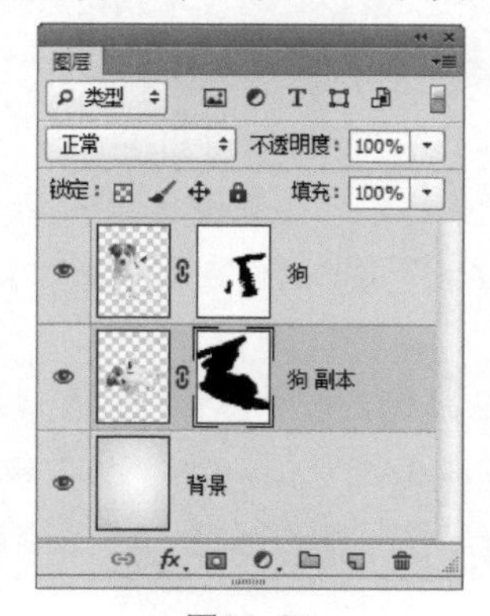

图14-30

图14-31

05 再次向下复制当前图层，编辑蒙版并调整一下腿的位置，如图14-32和图14-33所示。然后通过【曲线】命令将两条后腿调得暗一些，练瑜伽的狗狗就制作完了。

◎ 案例总结

除了蒙版外，本案例也考察了读者对素材的理解。在制作狗的后肢时，初学者可能会在有一只腿没有素材上感到困惑，此时就考验读者对素材的灵活运用，将另一只腿稍稍改变即可！

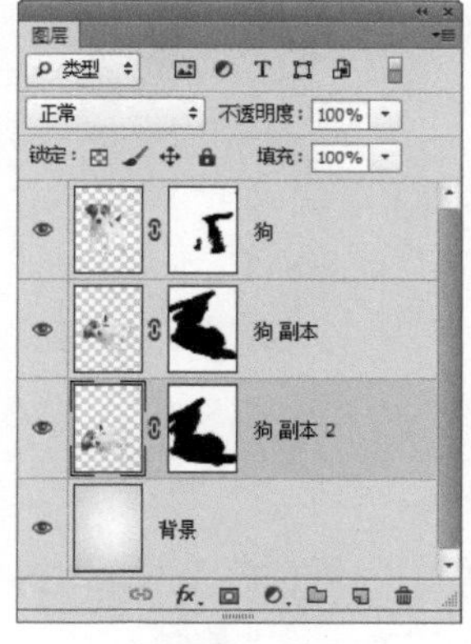

图14-32

图14-33

14.3 制作长腿模特

- 实例位置 CH14>制作长腿模特>制作长腿模特.psd
- 素材位置 CH14>制作长腿模特>1.psd
- 实用指数 ★★
- 技术掌握 自由变换

扫码观看本案例视频

◎ 制作思路

本案例是通过变换来调整图像，整体拉长图像会让图像扭曲变形，将其部分拉长即可达到想要的效果而又不破坏整体的效果。此功能经常用于摄影后期，可以让一些腿较短的模特也有大长腿的效果。

◎ 操作步骤

01 打开学习资源中的“CH14>制作长腿模特>1.psd”文件，如图14-34所示。然后按组合键Ctrl+J复制【背景】图层，如图14-35所示。

图14-34

图14-35

02 选择【矩形选框工具】，创建一个图14-36所示的选区；然后按组合键Ctrl+T显示定界框，如图14-37所示，拖曳定界框的边界，如图14-38所示；接着按下回车键确认操作，最后按组合键Ctrl+D取消选择，最终效果如图14-39所示。

图14-36

图14-37

图14-38

图14-39

◎ 案例总结

本案例使用的是基础功能，但是在实际中运用很多，几乎所有的摄影后期都会用到该方法来修正模特身形。多用、多看、多学，能纯熟地运用才是学习的最终目的。

14.4 制作真人面具

扫码观看本案例视频

- 实例位置 CH14>制作真人面具>制作真人面具.psd
- 素材位置 CH14>制作真人面具>1.psd
- 实用指数 ★★★★
- 技术掌握 图层蒙版、图层样式

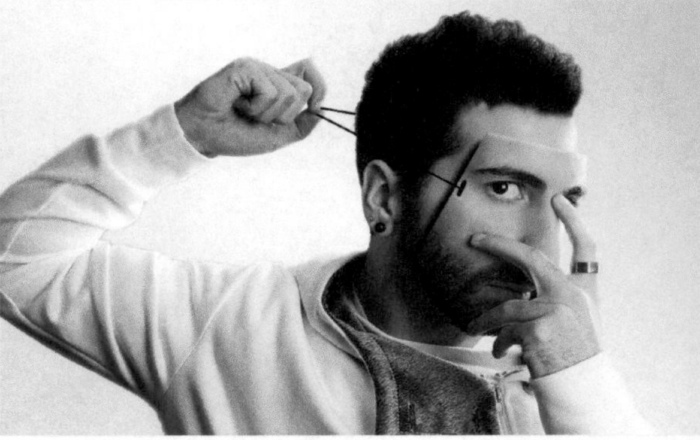

◎ 制作思路

本案例重点在于综合运用各种工具合成图像。对于此类案例来说，寻找一个合适的素材比较重要，找到合适的素材后综合运用各种工具即可一步一步实现自己想要的效果。

◎ 操作步骤

01 打开学习资源中的“CH14>制作真人面具>1.psd”文件，如图14-40所示，图层如图14-41所示。

02 选择【多边形套索工具】，然后在画面中勾选出面具轮廓，如图14-42所示。接着按组合键Ctrl+J复制图层，命名为【面具】，如图14-43所示。

图14-40

图14-41

图14-42

图14-43

03 按组合键Ctrl+T，然后将面具向右旋转，如图14-44所示，单击【确定】按钮。单击按钮，接着选择【斜面和浮雕】命令，再在弹出的图层样式对话框中设置参数，如图14-45所示，效果如图14-46所示。

图14-44

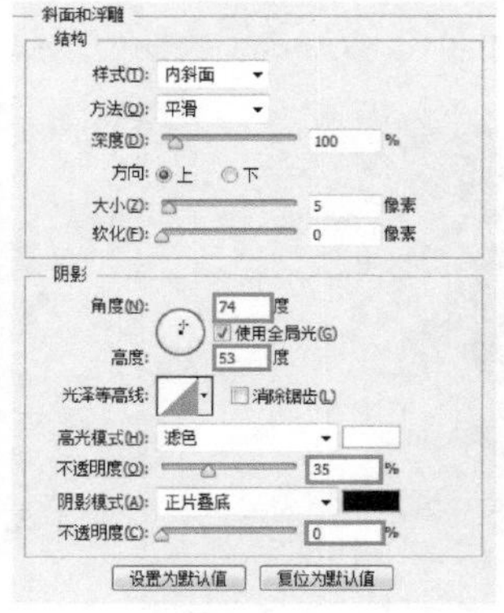

图14-45

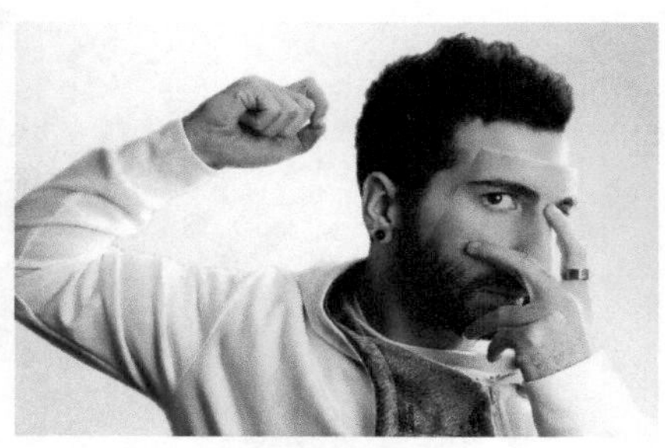
图14-46

04 使用【橡皮擦工具】和【仿制图章工具】修补图像的细节，使被旋转过的地方不会过于生硬，如图14-47所示。

05 选择【人物】图层，然后单击按钮，新建一个图层，重命令为【面具影子】，如图14-48所示。接着按住Ctrl键单击【面具】缩览图，载入图层该选区，再设置前景色为黑色，最后按组合键Alt+Delete填充前景色，图层如图14-49所示。

图14-47

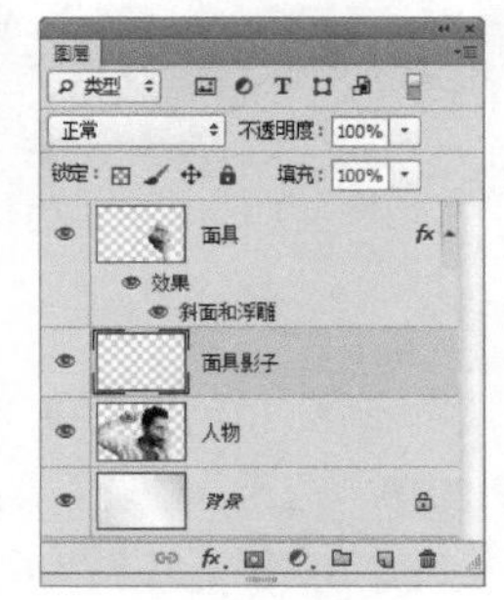

图14-48

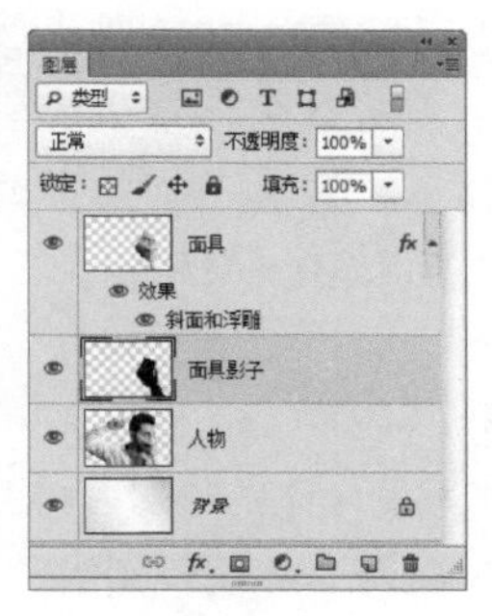

图14-49

06 按组合键Ctrl+D取消选择，然后使用【移动工具】向左下拖曳对象，如图14-50所示。接着执行【滤镜】>【模糊】>【高斯模糊】菜单命令，参数设置如图14-51所示，效果如图14-52所示。

07 单击【添加图层蒙版】按钮，为【面具影子】图层添加一个图层蒙版，然后使用【画笔工具】擦除多余部分，图层如图14-53所示，效果如图14-54所示。

图14-50

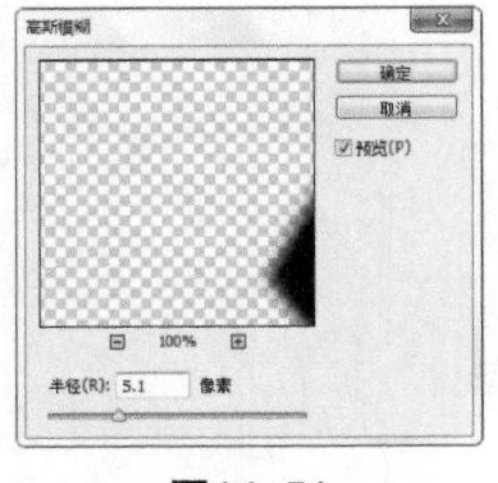

图14-51

图14-52

图14-53

图14-54

08 选择【面具】图层，然后单击【添加图层蒙版】按钮，为【面具】图层添加一个图层蒙版，如图14-55所示；接着使用【画笔工具】为面具开一个孔，如图14-56所示。

09 选择【人物】图层，然后单击【添加图层蒙版】按钮，为【人物】图层添加一个图层蒙版，接着使用【画笔工具】擦去多余的衣服，图层如图14-57所示，效果如图14-58所示。

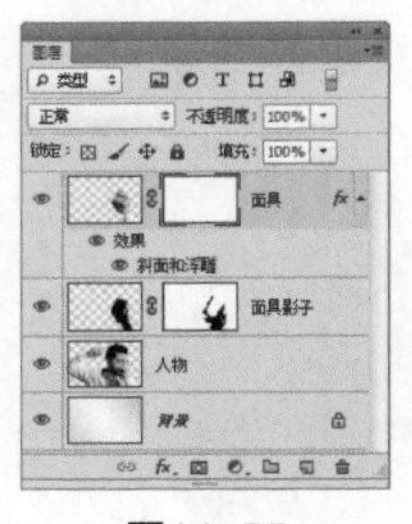

图14-55

图14-56

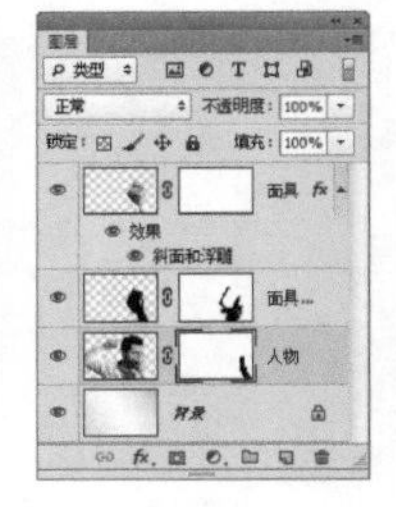

图14-57

图14-58

10 在图层面板最顶部新建一个图层，重命名为【线】。然后选择【钢笔工具】，在选项栏设置参数，如图14-59所示。接着在画面中给面具线绘制路径，如图14-60所示。再单击【添加图层蒙版】按钮，为【线】图层添加一个图层蒙版，最后使用【画笔工具】擦去手指部分的线，最终效果如图14-61所示。

图14-59

图14-60

图14-61

◎ 案例总结

本案例考察的是对各种工具的综合运用，这些工具的使用都不难。在Photoshop中使用不同的工具可以达到相同的效果，所以不管使用的是什么工具，只要能达到的自己想要的效果，就实现了学习软件的最终目的。

14.5 制作牛奶裙

扫码观看本案例视频

- 实例位置 CH14>制作牛奶裙>制作牛奶裙.psd
- 素材位置 CH14>制作牛奶裙>1.jpg，牛奶素材.psd
- 实用指数 ★★★★★
- 技术掌握 图层、抠图、滤镜

◎ 制作思路

本案例的重点是使用素材来合成图像。对于本案例的裙子，如果想要制作液体的效果，就要借助Photoshop的滤镜了，运用图层样式已经很难达到想要的效果了。导入合适的素材再结合蒙版进行处理，在图像合成中是非常常见的，这样可以让合成的作品更加真实。

◎ 操作步骤

01 打开学习资源中的“CH14>制作牛奶裙>1.jpg”文件，如图14-62所示。

02 选择【快速选择工具】（由于裙子和背景比较接近，一次选择所有裙子会将背景一起选中，所以采取分不同部分选择），然后选择出裙子的一部分，如图14-63所示。接着按组合键Ctrl+J，复制图层，图层如图14-64所示。

图14-62

图14-63

图14-64

03 选择【背景】图层，然后使用【快速选择工具】选取出剩下的一部分裙子，如图14-65所示。接着按组合键Ctrl+J，复制图层，图层如图14-66所示。

图14-65

图14-66

04 选择【背景】图层，然后使用【快速选择工具】选取剩下的裙子，如图14-67所示。接着按组合键Ctrl+J，复制图层，图层如图14-68所示。

05 因为裙子有层次的分别，所以把裙子图层按照需要排列，先选择【图层 1】，然后使用【快速选择工具】选取出裙子身体的部分，如图14-69所示。接着按组合键Ctrl+Shift+J剪切图层，将该图层重命名为【裙子身体】，最后将其移动至【背景】图层上方，如图14-70所示。

图14-67

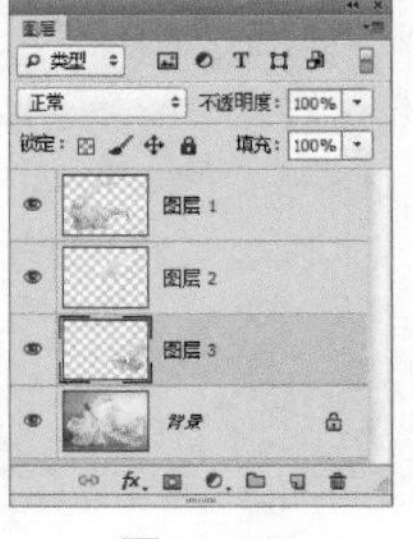
图14-68

图14-69

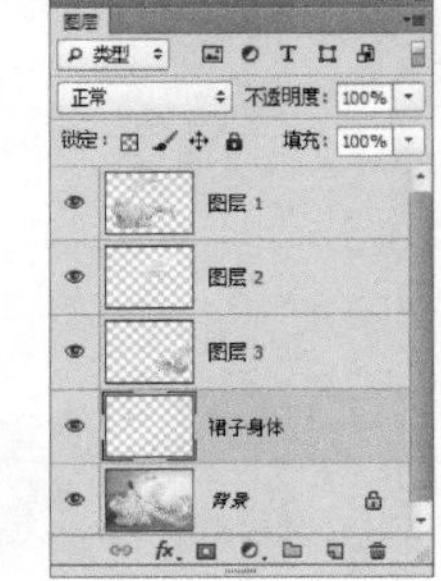
图14-70

06 选择【图层 1】，然后使用【套索工具】选取出最上端的丝带，如图14-71所示。接着按组合键Ctrl+Shift+J剪切图层，将该图层重命名为【裙子1】，图层如图14-72所示。

07 选择【图层 1】，然后将其重命名为【裙子2】，接着同时选中【图层 2】和【图层 3】，如图14-73所示；最后按组合键Ctrl+E合并图层，并将其合并后的图层重命名为【裙子3】，如图14-74所示。

图14-71

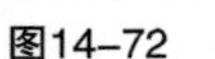
图14-72

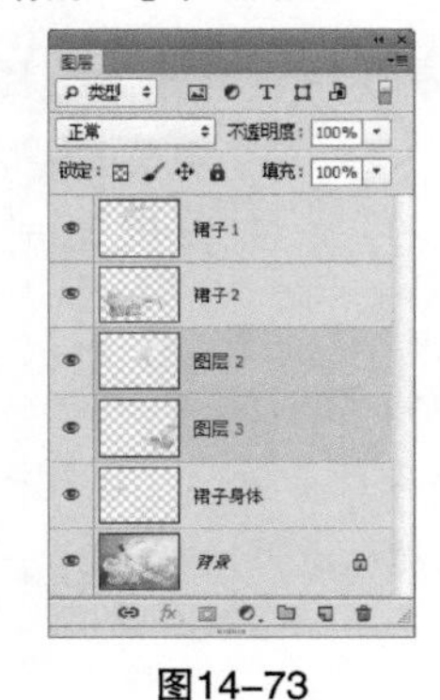
图14-73

图14-74

08 反复单击【背景】图层前面的图标隐藏该图层，如图14-75所示。对比裙子是否抠取完整，如果有明显面积未被抠出，使用【套索工具】将其选出，然后配合使用组合键Ctrl+J复制图层和组合键Ctrl+E合并图层，将其合并进相关的裙子图层中；如果抠取的比较完整，则直接进行下一步骤。

09 选择【裙子1】，然后执行【图像】>【调整】>【去色】菜单命令，去除环境光中夹杂的黄色。接着按组合键Ctrl+M，打开【曲线】对话框，再将曲线调亮，使之更加接近牛奶的颜色，如图14-76所示，效果如图14-77所示。

图14-75

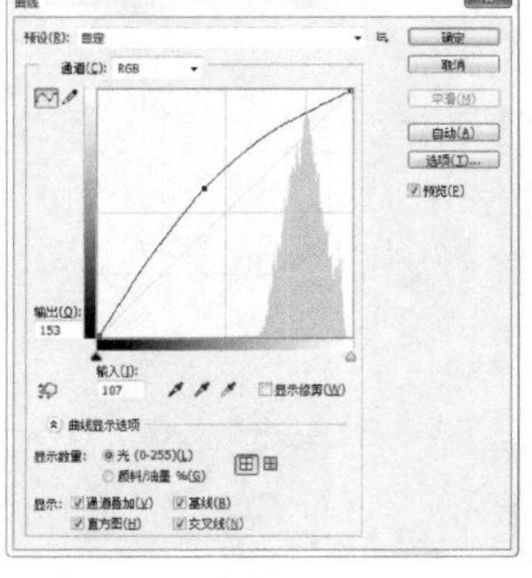
图14-76

图14-77

10 执行【滤镜】>【艺术效果】>【塑料包装】菜单命令，然后设置参数，如图14-78所示，效果如图14-79所示，该滤镜是为了模拟牛奶的效果。

11 分别拖曳【裙子1】、【裙子2】、【裙子3】和【裙子身体】至【创建新组】按钮，将它们分别归入不同的组中，如图14-80所示。

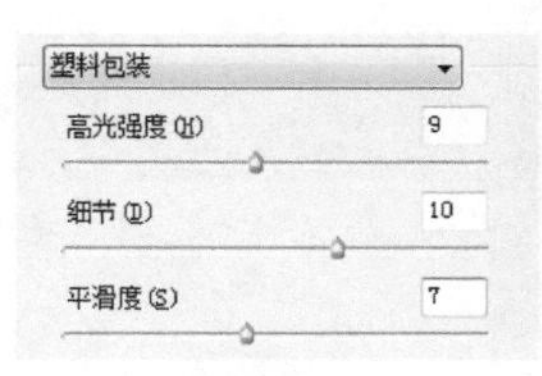

图14-78

图14-79

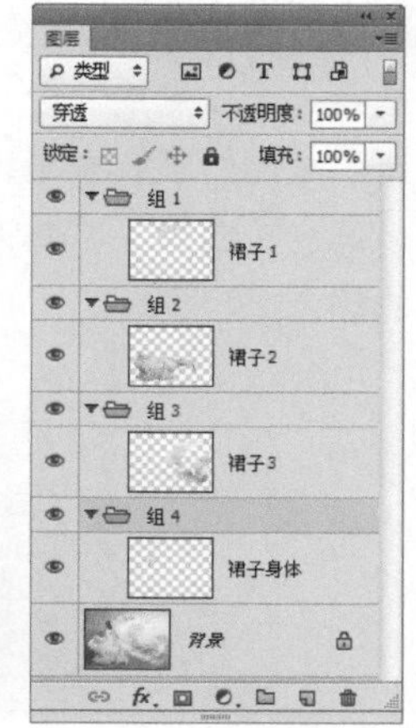

图14-80

12 选择【裙子1】，然后打开【牛奶素材.psd】文件，如图14-81所示。在素材上单击右键，再在打开的下拉菜单中单击该素材的名称，将其选中，如图14-82所示。接着使用【矩形选框工具】选中该素材，如图14-83所示，最后按组合键Ctrl+C复制该素材。

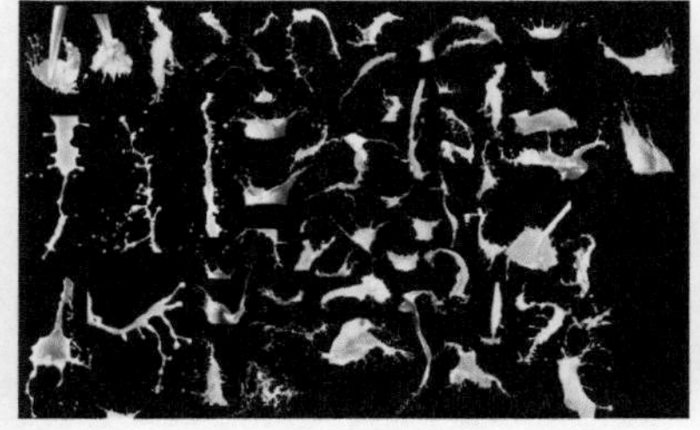

图14-81

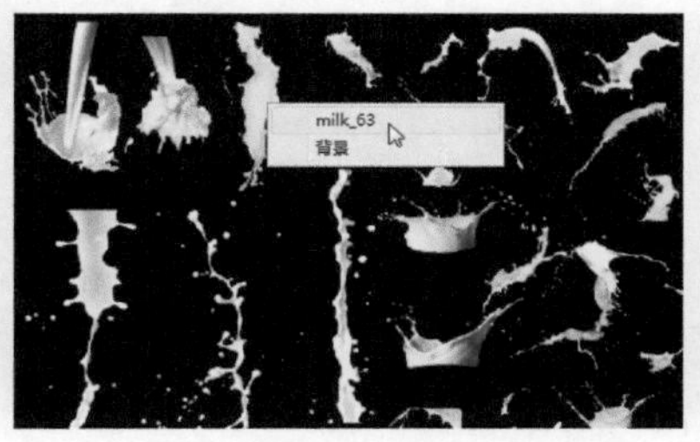

图14-82

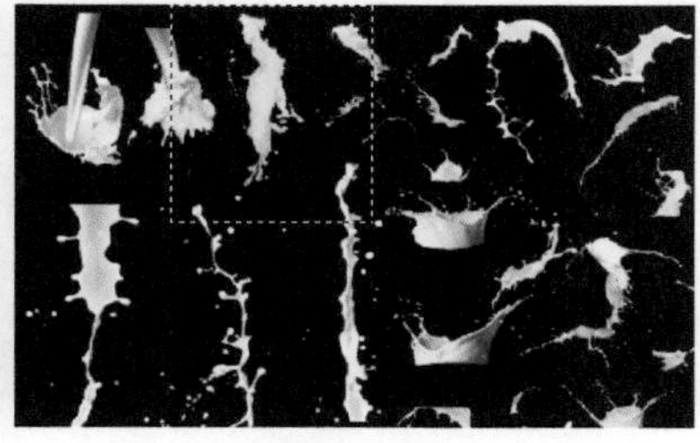

图14-83

13 回到原文档，按组合键Ctrl+V粘贴素材，然后按组合键Ctrl+T自由变换素材，将其按照裙子的大致形状来修饰边缘，如图14-84所示。接着单击按钮为素材添加图层蒙版。再使用【画笔工具】，使用一个柔角笔尖将素材部分隐藏，使其与裙子更加融合，如图14-85所示，图层如图14-86所示。最后使用同样的方法，利用素材对【裙子1】的边缘进行修饰，如图14-87所示（可以随意大胆地制作，如果素材和裙子颜色有明显区别，可以配合【曲线】命令调整素材的颜色）。

图14-84

图14-85

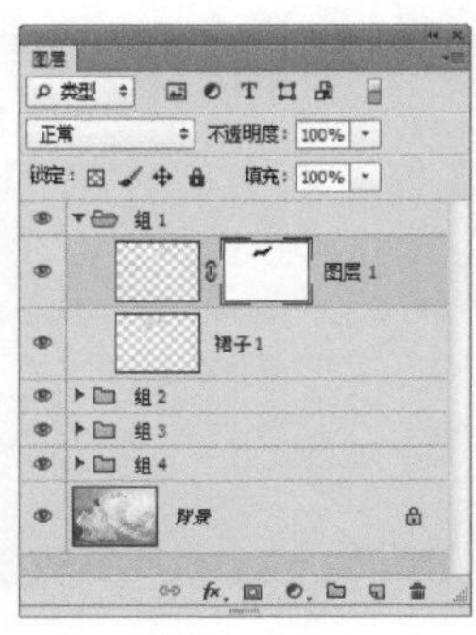

图14-86

图14-87

14 选择【裙子2】，然后执行【去色】命令去色、【曲线】命令调亮，再按组合键Ctrl+F，即可对该图层执行上一次滤镜命令，如图14-88所示。接着继续使用【牛奶素材】来修饰该【裙子2】的边缘，如图14-89所示（此时观察裙子，如果较暗，可以配合【曲线】将其调亮来贴近牛奶的颜色）。

图14-88

图14-89

15 选择【裙子3】，然后执行【去色】命令去色、【曲线】命令调亮，再按组合键Ctrl+F，继续对该图层执行上一次滤镜命令，如图14-90所示。接着继续使用【牛奶素材】来修饰该【裙子3】的边缘，如图14-91所示。

图14-90

图14-91

16 选择【裙子身体】，然后执行【去色】命令去色、【曲线】命令调亮，再按组合键Ctrl+F，继续对该图层执行上一次滤镜命令，如图14-92所示。接着继续使用【牛奶素材】来修饰该【裙子身体】的边缘，效果如图14-93所示。

图14-92

图14-93

17 选择【画笔工具】，为裙子添加一些简单的阴影效果，效果如图14-94所示。然后复制【背景】图层，按组合键Ctrl+Shift+]，将该图层置为顶层。接着执行【滤镜】>【模糊】>【高斯模糊】菜单命令，设置【半径】为2.0，再设置该图层不透明度为20%，使图像变得更加柔和，最终效果如图14-95所示。

图14-94

图14-95

◎ 案例总结

本案例的制作需要非常多的耐心，制作过程中重复的步骤较多，而找到合适的素材是作品成功的关键。在制作中要根据实际情况对素材进行修改。

14.6 制作撕边人体

扫码观看本案例视频

- 实例位置 CH14>制作撕边人体>制作撕边人体.psd
- 素材位置 CH14>制作撕边人体>1.jpg
- 实用指数 ★★★★
- 技术掌握 自由变换、变形

◎ 制作思路

本案例的重点是对于细节的掌握。在制作撕边的效果时，使用【斜面和浮雕】为皮肤制作卷起时的厚度感，以及卷起皮肤下的阴影效果，都是对细节的处理，处理好细节可以让图像变得更具真实感。

◎ 操作步骤

01 打开学习资源中的“CH14>制作撕边人体>1.jpg”文件，如图14-96所示。

02 按组合键Ctrl+J复制图层，然后执行【图像】>【调整】>【去色】菜单命令，如图14-97所示。接着将该图层重命名为【人体】，如图14-98所示。

图14-96

图14-97

图14-98

03 按组合键Ctrl+J再次复制【人体】图层。然后单击按钮，新建一个图层，重命名为【参考线】，如图14-99所示。接着使用【画笔工具】绘制两条参考线，作为后续切割皮肤的参考，如图14-100所示。

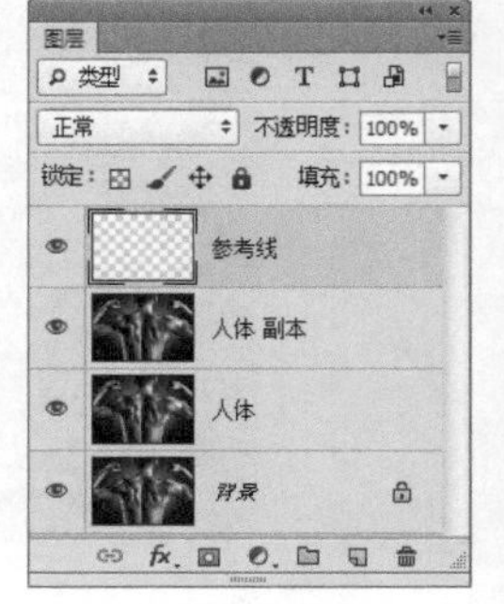

图14-99

图14-100

04 选择【人物 副本】图层，然后使用【多边形套索工具】沿着参考线勾选，分别将此图层用组合键Ctrl+Shift+J剪切成四块，并分别重命名。接着单击【参考线】、【人体】和【背景】前面的图标，将它们隐藏，图层如图14-101所示。

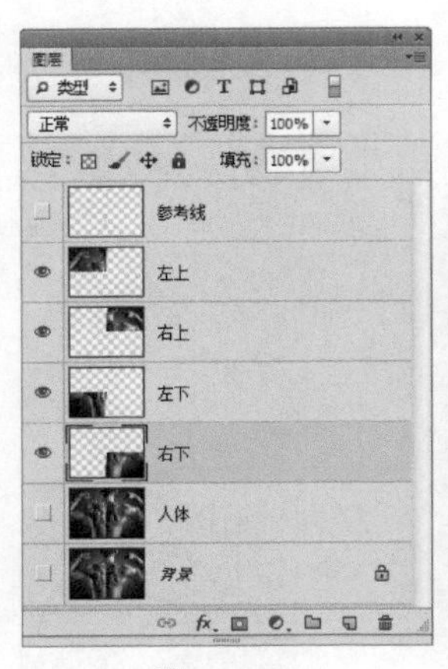

图14-101

05 选择【左上】图层，然后执行【编辑】>【变换】>【变形】菜单命令，如图14-102所示；接着拖曳右下角的控制点，使其产生一种皮肤外翻的效果，如图14-103所示。

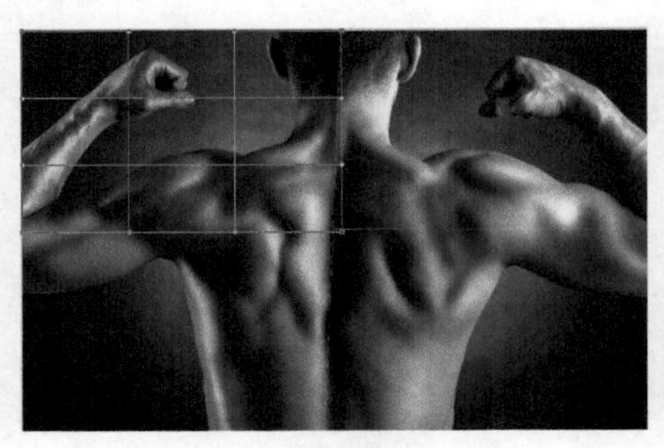
图14-102

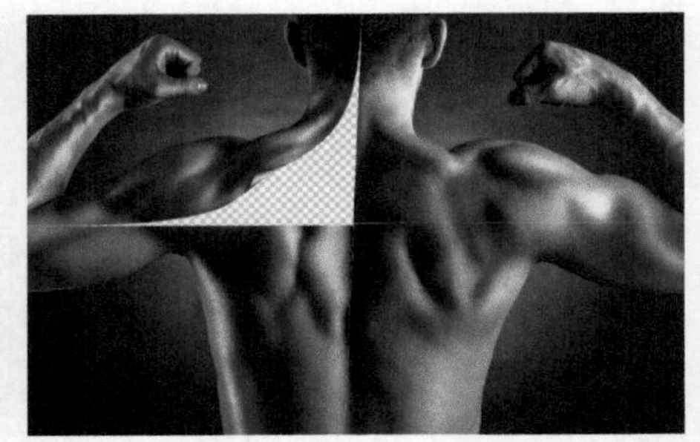
图14-103

06 选择【左下】图层，然后执行【编辑】>【变换】>【变形】菜单命令，调整该图层右上控制点，如图14-104所示。接着选择【右下】图层，执行【编辑】>【变换】>【变形】菜单命令，调整该图层左上控制点，如图14-105所示。

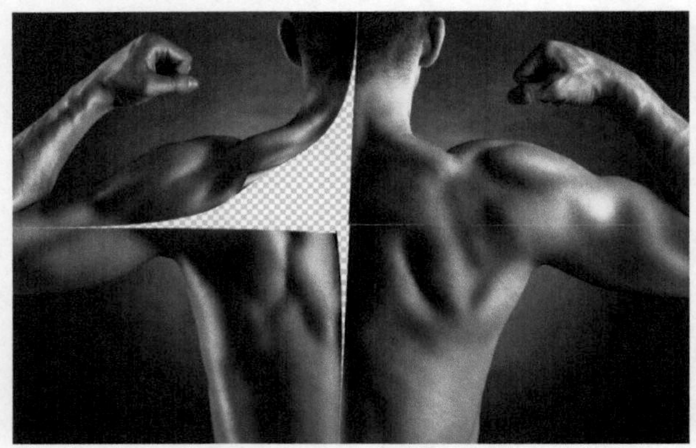
图14-104

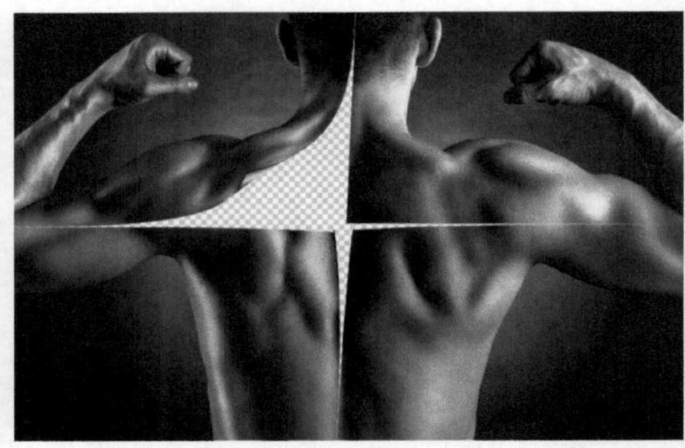
图14-105

07 选择【背景】图层，然后按组合键Ctrl+J，再按组合键Ctrl+]，将其前移一层。接着单击图层前面的图标，将其显示，图层如图14-106所示，效果如图14-107所示。

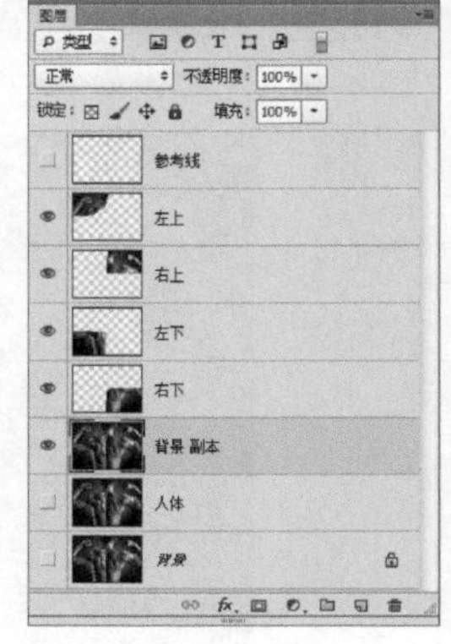

图14-106

图14-107

08 单击【调整】面板的按钮，新建一个【曲线】调整图层，然后调整曲线，如图14-108所示；增加图像的对比度，效果如图14-109所示。

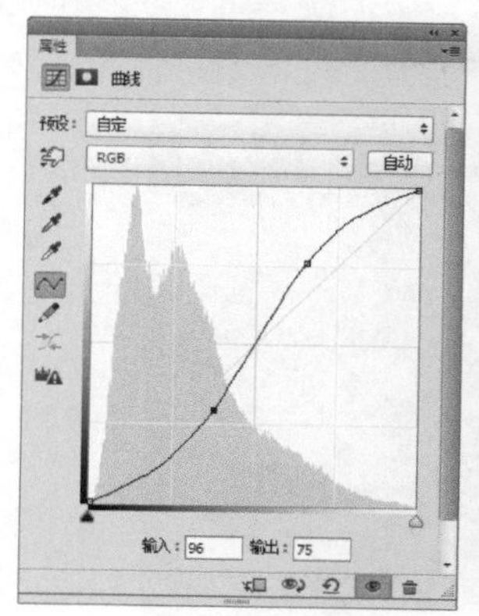

图14-108

图14-109

09 接下来为翘起的皮肤添加阴影效果。单击按钮，新建一个图层，重命名为【阴影】，如图14-110所示。然后使用【画笔工具】，选择一个柔角笔尖，为撕开的皮肤绘制阴影的轮廓，如图14-111所示。

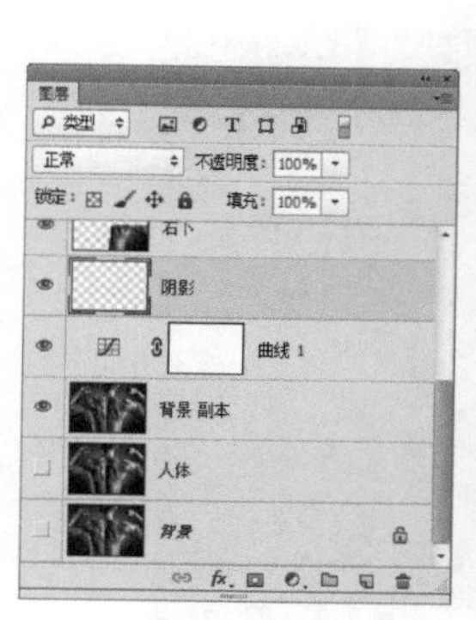

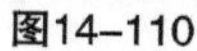

图14-110

图14-111

10 接下来为翘起的皮肤添加一个厚度感。选择【左上】图层，然后执行【图层】>【图层样式】>【斜面和浮雕】菜单命令，参数设置如图14-112所示，效果如图14-113所示。

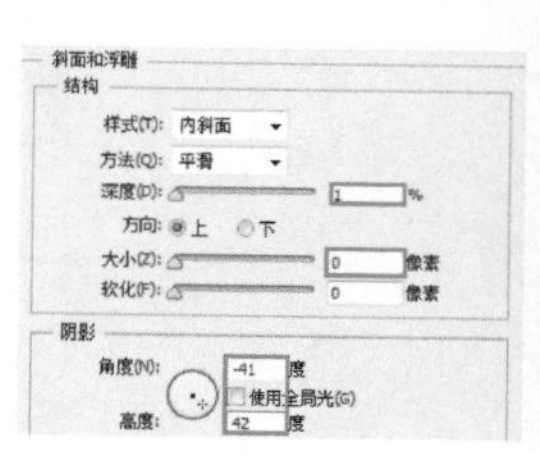

图14-112

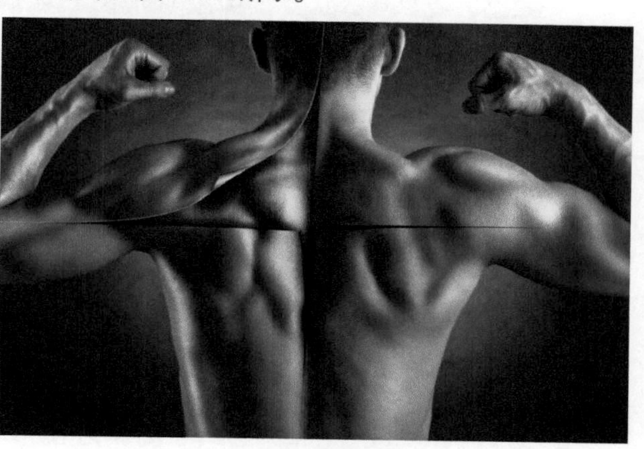

图14-113

11 使用同样的方法调整剩下的三个皮肤图层。需要注意的是，由于每个皮肤厚度感和光感变化不同，所以各自需要调整的【角度】和【高度】不同，效果如图14-114所示。为图像添加一些文字作为装饰，最终效果如图14-115所示。

图14–114

图14–115

◎ 案例总结

在设计这种平面海报效果时，当想好了创意后，在制作的过程中，随时要注意图像中该有的细节，比如灯光的方向导致阴影的方向不同，撕开的皮肤应有的厚重感。在把握好细节后，熟练地掌握这款软件也就指日可待了！